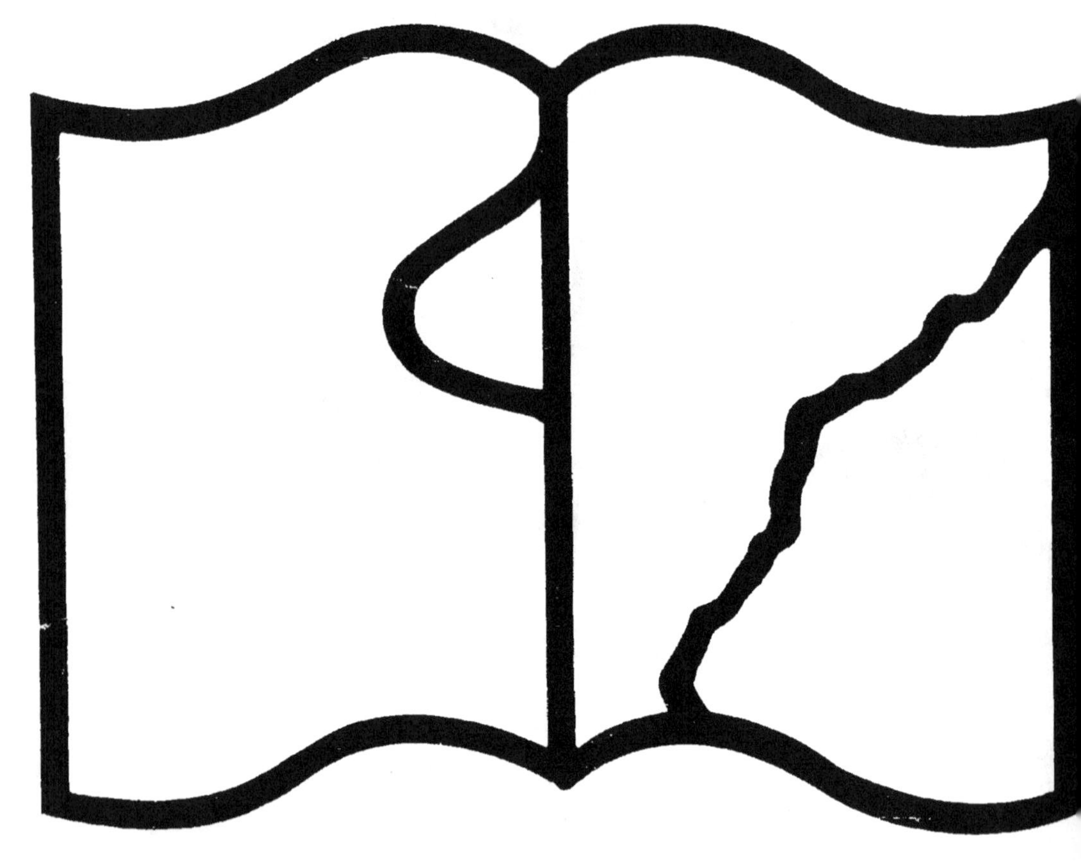

Texte détérioré — reliure défectueuse

NF Z 43-120-11

TRAITÉ

DES

PROPRIÉTÉS PROJECTIVES

DES FIGURES.

PARIS. — IMPRIMERIE DE GAUTHIER-VILLARS, SUCCESSEUR DE MALLET-BACHELIER,
Rue de Seine-Saint-Germain, 10, près l'Institut.

TRAITÉ

DES

PROPRIÉTÉS PROJECTIVES

DES FIGURES,

OUVRAGE UTILE A CEUX QUI S'OCCUPENT DES APPLICATIONS DE LA GÉOMÉTRIE DESCRIPTIVE ET D'OPÉRATIONS GÉOMÉTRIQUES SUR LE TERRAIN;

PAR J.-V. PONCELET.

> Il n'y a qu'une manière d'avancer les sciences, c'est de les simplifier, ou d'y ajouter quelque chose de nouveau : s'il pouvait y en avoir une de les faire rétrograder, ce serait de compliquer ce qui avait été rendu simple, et de remettre un voile sur ce qui avait été découvert.
>
> POINSOT, Réclamations contre les Exercices de Cauchy (*Bulletin des Sciences de Férussac*, t. VII, p. 226).

TOME SECOND.

DEUXIÈME ÉDITION, REVUE PAR L'AUTEUR ET AUGMENTÉE DE SECTIONS ET D'ANNOTATIONS NOUVELLES OU JUSQU'ICI INÉDITES.

PARIS,

GAUTHIER-VILLARS, IMPRIMEUR-LIBRAIRE

DE L'ÉCOLE IMPÉRIALE POLYTECHNIQUE, DU BUREAU DES LONGITUDES,

SUCCESSEUR DE MALLET-BACHELIER,

Quai des Augustins, 55.

1866

PRÉFACE DU TOME SECOND.

Ce second volume est subdivisé, comme le premier, en quatre Sections principales, plus une Partie supplémentaire.

Les Sections I et II, composées de la théorie générale des *centres de moyenne harmonique* et de celle des *polaires réciproques*, sont la reproduction textuelle des Mémoires présentés ou lus par l'auteur en avril et juin 1824 à l'Académie des Sciences de l'Institut. Rédigés à l'avance pour servir de base fondamentale à ce second volume, ils étaient destinés à faire immédiatement suite au texte du premier, dont ils offraient l'application et le développement. L'impression de ces deux Mémoires dans le savant *Journal de Mathématiques* de l'honorable Dr Crelle, en 1828 et 1829, a éprouvé des retards regrettables, par des causes indépendantes de ma volonté et suffisamment indiquées dans les Notes qui accompagnent les titres des différentes subdivisions de ce volume.

La troisième Section, sur l'*Analyse des transversales*, et la quatrième qui en contient les *applications* aux systèmes de lignes et de surfaces géométriques, ont été également présentées ou lues sous la forme de Mémoires détachés, dans la séance du lundi 5 septembre 1831, à l'Académie des Sciences. Toutefois le premier de ces deux Mémoires a paru dans le *Journal mathématique de Berlin* (t. VIII, cahiers de janvier à avril 1832); tandis que le second (Sect. IV), qui traite spécialement des *involutions multiples* ou *composées* et de leurs applications à des questions diverses, notamment à la détermination des *osculatrices coniques* en un point donné d'une courbe géométrique et aux théories qui s'y rapportent, se trouve ici publié pour la première fois.

Toutes ces Sections, du reste, ont, comme dans le premier volume, pour base fondamentale les recherches que, à partir de 1813 jusqu'en 1831, j'ai entreprises sur divers points de la nouvelle branche de Géométrie. L'ensemble de ces recherches constitue la doctrine des *propriétés projectives;* mais, parmi elles, j'ai toujours distingué celles qui ont servi de point de départ à toutes les autres, et dont j'ai publié quelques courts extraits dans le tome VIII (1817 à 1818) des anciennes *Annales de Mathématiques* imprimées à Nîmes, extraits qui ont ainsi devancé de beaucoup le tome Ier de ce Traité, paru seulement au mois d'août de l'année 1822.

Chacune des Sections dont je viens de parler est précédée de considérations générales qui ont pour objet de fixer l'attention des lecteurs sur la nature et l'importance des études géométriques relatives aux *propriétés projectives des figures*. La Section III, notamment, est accompagnée d'une longue introduction commune à cette Section et à la suivante, dans laquelle je fais connaître le plan et le but que je m'étais proposés en publiant le tome Ier du présent Traité. Cette manière de procéder, qui ôte au second volume un caractère d'ensemble précieux dans tout ouvrage didactique, provient de la nature même de mes travaux et des nombreux incidents survenus ou des interruptions éprouvées à diverses époques, dont on a pu prendre une idée dans l'*Avertissement* du tome Ier de cette seconde édition. L'espèce d'affectation, que j'ai mise dans ces sortes de préambules, à rappeler mes droits à l'estime des géomètres, vient aussi de la connaissance que j'avais du complet épuisement du tome VIII des anciennes *Annales de Mathématiques* qui, renfermant mes premières publications, aurait pu servir d'appui aux Mémoires postérieurs et à la revendication de droits de priorité; ce que j'avais beaucoup trop négligé jusqu'en 1826, du moins vis-à-vis du public généralement confiant et peu soucieux d'approfondir de telles questions.

En effet, dans l'Introduction de vingt-deux pages du tome Ier de cet ouvrage, j'ai presque constamment effacé ma personnalité pour faire place à celle de mes prédécesseurs et à l'exposé des idées philosophiques qui servent de base à la partie, si vaste, de la science que je voulais propager. Loin de faire ressortir dans cette Introduction, selon un usage généralement consacré de nos jours, le mérite de mes propres découvertes, je me suis surtout attaché à présenter celui des autres sous le jour le plus favorable en leur attribuant gracieusement, gratuitement peut-être, des notions que beaucoup ne possédaient point auparavant, mais qui auront stimulé leur esprit après le singulier accueil fait aux Mémoires de Géométrie présentés par moi à l'Académie des Sciences de Paris, en 1820 et 1824. Ces Mémoires, en effet, sont devenus pour moi, à partir de 1825 et 1826, la source d'amères déceptions et de discussions d'autant plus pénibles qu'il m'a été impossible de ménager les amours-propres autant que je l'eusse désiré.

En exposant brièvement, trop brièvement sans aucun doute, le fond de mes idées et de mes doctrines sur le principe de continuité dont les géomètres algébristes ne paraissent pas encore bien comprendre l'importance et la nécessité absolue, pour la rigueur des démonstrations et des conclusions même en Analyse algébrique, je me suis attiré la sévère critique, je dirai plus, le blâme et le persiflage de personnes incapables de se constituer juges, faute d'études suffisantes. En exagérant le mérite de certains auteurs qui m'avaient précédé dans quelques parties élémentaires du *Traité des Propriétés projectives des figures* de 1822, mais qui n'avaient point encore créé de nouveaux mots pour pallier des erreurs graves ou s'approprier des idées au fond très-simples; en négligeant surtout de faire connaître ce que j'avais ajouté à des notions demeurées jusqu'alors incomplètes et restreintes, pour leur imprimer le caractère général qu'elles possèdent aujourd'hui, j'ai donné lieu de croire à ceux qui ne lisent que les préfaces et les introductions avec un esprit presque toujours distrait ou prévenu, que j'avais emprunté les choses les plus essentielles, les théories les plus remarquables à mes prédécesseurs, non pas seulement aux Carnot, aux Monge, aux Dupin, aux Livet, aux Brianchon, mais à d'autres moins illustres, dont j'avais cité les noms à la suite des premiers, et qui, se méprenant sur la nature et la véritable portée des éloges accordés à certains de leurs travaux dans cette maladroite Introduction, ont trouvé, dans les critiques de Cauchy relatives au principe de continuité, un motif spécieux d'encouragement pour les tentatives d'usurpation qui ont amené les discussions, les pertes de temps regrettables dont j'ai déjà parlé. C'est ce qui m'a contraint de joindre au corps de cet ouvrage une *Section supplémentaire* composée d'*articles* ayant trait à des objets divers, tels que des notions sur les porismes de Pappus et d'Euclide, sur l'accueil reçu par mes écrits en pays étrangers, sur les propriétés géométriques des *réseaux*, etc.; articles groupés en quatre paragraphes, eux-mêmes précédés de considérations philosophiques et historiques servant d'introduction à la partie qui touche à des polémiques récentes ou anciennes.

Les considérations relatives principalement à Desargues, à Pascal, à Roberval, à Euclide même, mais surtout les tristes réflexions qui les accompagnent dans tout le cours de ce préambule, feront vivement regretter aux amis sincères de la science, que les dignités et les honneurs justement acquis par les Monge, les Lagrange, les Laplace, les Berthollet, les Cuvier les aient détournés du soin d'éditer, de perfectionner eux-mêmes, dans le silence de la retraite, leurs œuvres impérissables. Ils regretteront davantage encore que des hommes jaloux et sanguinaires n'aient point accordé à Lavoisier les délais qu'il réclamait avant l'exécution d'une odieuse et inique sentence.

Ces mêmes considérations expliquent aussi pourquoi Lagrange, vers la fin de sa carrière, désespérait de l'avenir des Sciences mathématiques, qu'il laissait pleines de complications; car oubliant ses premiers travaux, il était loin de songer que la Géométrie, qu'il avait tant recommandée aux auditeurs des Écoles Normales de 1795, fournirait bientôt à l'ancienne Analyse algébrique, alors stérile, de nouveaux et fertiles sujets de développement ou d'approfondissement.

Paris, en mai 1866.

PONCELET.

TRAITÉ

DES

PROPRIÉTÉS PROJECTIVES

DES FIGURES.

SECTION PREMIÈRE.

THÉORIE GÉNÉRALE DES CENTRES DE MOYENNES HARMONIQUES (*).

Exposé préliminaire.

Dans le *Traité* publié l'année dernière (1822) sur les *Propriétés projectives des figures*, je me suis moins attaché à faire un recueil de théorèmes et de problèmes de Géométrie, qu'à poser des principes généraux et féconds, à l'aide desquels on pût aborder les uns et les autres pour ainsi dire sans hésitation, et à la manière dont cela se pratique dans l'application de l'Algèbre à la Géométrie, dite *Analyse des coordonnées*. Je crois avoir mis, en effet, tout lecteur géomètre en état de découvrir, par lui-même, et de démontrer au besoin, cette foule de propositions qui appartiennent aux figures composées, en général, de points, de droites, de sections coniques, de plans et de surfaces du second ordre quelconques, propositions qu'à cause de leur élégante simplicité et de leur utilité dans les arts, les anciens, aussi bien

(*) Lu à l'Académie des Sciences de l'Institut le 8 mars 1824. (Commissaires : MM. Legendre, Ampère et Cauchy.) Ce Mémoire, rédigé dans le courant de l'année 1823, a été remis à M. Arago vers la fin de novembre, même année, lors de son séjour à Metz. On peut voir, à la page 349 du tome XVI des *Annales de Mathématiques*, publiées par M. Gergonne, le Rapport qui en a été fait à l'Académie royale des Sciences, par M. Cauchy.

que les modernes, ont cultivées avec une sorte de prédilection, et qui pour la plupart et jusqu'à ces derniers temps avaient été traitées par des méthodes si restreintes, si différentes les unes des autres et souvent si pénibles, qu'il était comme impossible d'en saisir l'ensemble et d'en deviner la commune origine.

Qu'il me soit permis ici de fixer un instant l'attention des lecteurs sur quelques-uns de ces principes généraux, qu'on n'a point encore assez appréciés peut-être, et qui me paraissent aussi neufs qu'importants en Géométrie; cet exposé succinct répandra quelque jour sur l'objet des recherches qui m'occupent actuellement, et m'y conduira de la manière la plus naturelle et la plus philosophique.

Parmi ces principes, je placerai en première ligne, par l'étendue des conséquences qui en dérivent, ceux qui se rattachent à la *doctrine des projections*, et à l'aide desquels on transforme des figures très-générales en d'autres tout à fait particulières et *vice versâ;* de telle sorte que les propriétés des unes étant connues, on en conclut, sur-le-champ, les propriétés des autres, du moins celles de ces propriétés dont la nature est assez générale pour se conserver dans les diverses *projections centrales* de la figure, et que, pour cette raison, j'ai nommées *projectives.*

Le caractère de ces sortes de propriétés n'était pas difficile à établir pour ce qui concerne les relations purement *descriptives* ou *graphiques;* il se reconnaît toujours au simple énoncé, et j'ai donné d'ailleurs les lois des modifications qu'il éprouve dans les cas particuliers où certains objets s'éloignent à l'infini, ou prennent des situations déterminées, telles que celles du *parallélisme* et de l'*asymptotisme.*

Quant aux relations purement *métriques* ou concernant les rapports de mesure des lignes, leur caractère de *projectibilité*, si je puis m'exprimer ainsi, ne pouvait être présenté d'une manière entièrement générale, à cause de la complication des expressions, et j'ai dû me borner à l'établir pour une classe particulière de relations métriques, et cependant encore très-étendue, puisqu'elle comprend tout ce qu'on connaît actuellement sur les propriétés projectives des figures, et qu'elle en indique une infinité d'autres qui ne le sont pas encore. J'ai même lieu de croire qu'il n'est aucune relation métrique projective qui ne puisse être ramenée à cette classe particulière par des transformations convenables de calcul (*). Mais cette restriction même est un grand avantage, puisque indépendamment du caractère de simplicité qu'elle

(*) *Voyez* la Note II à la fin de cette Section.

imprime aux relations métriques, elle les rend encore aptes à demeurer applicables, non plus seulement aux projections ou perspectives ordinaires de la figure, mais aux *projections sphériques* faites du centre de la sphère et pour lesquelles les simples *distances* sont remplacées par les *sinus des arcs de grands cercles* correspondants, et à cette espèce de projection beaucoup plus générale que j'ai nommée, faute d'expressions convenables, *perspective dans un plan* ou *plane*, et *perspective dans l'espace* ou *en relief;* genre de projections sur lesquelles on n'avait encore rien donné, rien écrit, et qui mérite cependant toute l'attention des géomètres, et particulièrement celle des sculpteurs, qui manquent encore de préceptes rigoureux et généraux pour le tracé de cette espèce de tableaux qu'on est convenu de nommer *bas-reliefs*.

En effet, je crois avoir établi ces préceptes dans le *Supplément* placé à la fin de mon ouvrage, et, de la même manière que j'avais montré, dès la première Partie, comment, par la projection centrale ordinaire, on peut ramener les figures composées de sections coniques et de lignes concourantes, en d'autres beaucoup plus élémentaires composées uniquement de cercles et de droites parallèles, j'ai aussi établi, dans ce Supplément, les moyens d'étendre aux surfaces du second ordre en général, et à l'aide de la *perspective-relief*, les propositions qui concernent simplement les sphères et systèmes de sphères, et je crois en avoir montré d'assez belles applications pour faire saisir l'esprit général de la méthode, et en faire apprécier toute l'utilité et l'importance.

Un autre principe très-étendu, auquel peut-être on n'avait pas assez accordé d'attention dans la Géométrie rationnelle, c'est le *principe de continuité,* en vertu duquel on donne aux différentes propositions de la Géométrie l'extension et la généralité qui leur manquent d'ordinaire, d'après la manière restreinte dont il arrive souvent qu'on envisage les figures et les résultats des raisonnements qu'on leur applique. L'admission et l'emploi de la loi de continuité m'étaient tout à fait indispensables pour donner aux principes de la doctrine des projections et aux diverses conséquences qui en dérivent la certitude et l'étendue nécessaires, outre qu'ils offraient les moyens d'interpréter et d'introduire ouvertement en Géométrie la considération des *infinis* et des *imaginaires* qui jouent un rôle si important et si nécessaire dans l'Analyse algébrique et, on peut le dire, dans toutes les applications du calcul. La conséquence de l'admission de la continuité a été la théorie des *sécantes,* des *cordes idéales* et en général de tout objet qui, sans cesser d'exister dans les transformations d'une même figure, a pourtant cessé de dépendre, d'une manière purement géométrique, d'autres objets auxquels il se rapportait, et qui le définissaient ou le construisaient dans la figure primitive.

Enfin, je signalerai un dernier principe, que je n'ai pas dû ni voulu exposer avec toute la généralité qui lui est propre, dans le *Traité des Propriétés projectives*, et qui constitue ce que j'ai nommé la *théorie des polaires réciproques*, par analogie à ce que les géomètres avaient déjà appelé le *pôle* et la *polaire* des lignes et des surfaces du second ordre.

Au premier aperçu, on pourrait croire que le principe dont il s'agit est moins général et moins vaste que les précédents, en ce qu'il ne constituerait qu'une théorie particulière relative aux lignes et aux surfaces du second ordre; mais on se tromperait étrangement, car il est tel, qu'au simple énoncé d'une proposition suffisamment générale de l'étendue, ou, pour m'énoncer avec plus de précision, d'une relation *projective* et de *situation*, on est toujours en état d'en assigner, sur-le-champ, une autre toute différente, tout aussi générale et qu'il serait souvent très-difficile d'établir par des moyens directs, à moins toutefois que la proposée ne soit elle-même sa réciproque, ce dont il y a des exemples.

J'ai exposé les premiers éléments de cette doctrine, ainsi généralisée, dans un numéro des *Annales de Mathématiques* (*), en partant de quelques théorèmes déjà précédemment établis par les géomètres sur les pôles et polaires des lignes et surfaces du second ordre, théorèmes qui sont d'ailleurs une conséquence très-simple des principes généraux de la projection centrale combinés avec la loi de continuité; et je ne connais que le Rédacteur de ce recueil, M. Gergonne, qui s'en soit servi depuis (**) pour établir la proposition réciproque d'un fort beau théorème dû à M. Coriolis, répétiteur à l'École Polytechnique, lequel s'était contenté simplement d'en faire insérer l'énoncé dans ces mêmes *Annales*.

Il me serait impossible de donner ici une idée tant soit peu générale de la théorie des polaires réciproques, sans entrer dans des détails qui excéderaient les bornes que je me suis prescrites et que je ne dois pas dépasser quant à présent; je me contenterai donc de renvoyer aux ouvrages cités, en remarquant toutefois que je n'en ai présenté là qu'une indication très-rapide, fort incomplète et qui suffisait à l'objet des recherches que j'avais en vue. Je n'y ai même fait mention uniquement que de ce qui concerne la réciprocité des relations *graphiques* ou *descriptives* qui subsistent entre la figure

(*) T. VIII, année 1818, p. 201. (*Voy.* aussi les pages 476 à 503 du tome II des *Applications d'Analyse et de Géométrie*, où cet article est accompagné de Notes et réflexions diverses, datant de 1864.)

(**) *Ibid.*, t. XI, année 1821, p. 335.

primitive et sa dérivée; or, il est très-facile d'étendre toute cette doctrine aux relations *purement métriques* qui rentrent dans la classe de celles que j'ai nommées *projectives*, et c'est ce que je me propose de faire bientôt, quand j'en viendrai à exposer les propriétés des lignes et des surfaces courbes géométriques, dont la démonstration repose nécessairement sur la *théorie des polaires réciproques*.

C'est là aussi que j'aurai occasion de développer, avec toute l'étendue qui leur est propre, les principes de la *théorie des transversales* établis par M. Carnot dans la *Géométrie de position*, et que jusqu'ici on n'avait guère appliqués qu'aux systèmes de lignes droites et aux sections coniques. J'ai dû me borner, dans le *Traité des Propriétés projectives*, à faire voir comment les principes fondamentaux et déjà connus de cette théorie pouvaient se démontrer directement à l'aide des considérations de la perspective ou projection centrale, et je devais éviter d'en déduire des conséquences, des applications dont l'exposé eût pu paraître étranger au but général de l'ouvrage et m'eût entraîné dans des développements trop considérables. Je ne saurais d'ailleurs me proposer, quant à présent, de présenter à l'Académie une Notice, même sommaire, des résultats auxquels je suis ainsi parvenu; cette Notice serait ici prématurée et conviendra mieux à l'époque où je serai en situation de lui offrir le travail lui-même; mon but actuel est seulement de mettre sous ses yeux un aperçu général des efforts que j'ai faits précédemment et que je me propose encore de faire pour agrandir le domaine, déjà si vaste, de la Géométrie rationnelle, et surtout pour lui créer des ressources, des méthodes universelles qui paraissent encore lui manquer, et sembleraient plus particulièrement appartenir à la Géométrie analytique.

En effet, on a dû s'apercevoir facilement, d'après ce qui précède, que la doctrine des *propriétés projectives*, celle de la *perspective-relief*, le *principe* ou la *loi de continuité*, enfin la *théorie des polaires réciproques* et la *théorie des transversales* étendue aux lignes et surfaces courbes, ne forment pas simplement des classes plus ou moins étendues de problèmes et de théorèmes, mais constituent proprement, pour la Géométrie pure, des principes, des méthodes d'investigation et d'invention, des moyens d'extension et d'exposition, dans le genre de ceux qu'on a nommés principes d'*exhaustion*, méthode des *infiniment petits*, etc.

Dans la théorie des lignes et des surfaces géométriques que je me propose de faire paraître par portions et successivement, je n'adopterai aucune de ces méthodes d'une manière exclusive; je les mettrai toutes indifféremment à contribution selon l'avantage qu'elles pourront offrir dans chaque cas, et je montrerai ainsi l'étendue des ressources qui leur sont propres et des conséquences que l'on en peut déduire. Mais, comme la théorie des courbes et des surfaces géométriques est étroitement liée à la doctrine du *centre des moyennes harmoniques*, qui est proprement une généralisation de celle du *centre des moyennes distances;* que cette doctrine n'est point connue et n'a été enseignée nulle part, je débute par un premier Mémoire qui en renferme les principes les plus utiles et les plus remarquables, et dont je me contenterai de donner ici une notion aussi succincte qu'il me sera possible de le faire.

La *proportion harmonique*, comme on sait, tire son nom des trois principaux accords de la musique, et elle fait la base de l'*échelle diatonique.* Transportée dans le domaine de la Géométrie par les anciens et les modernes, elle les a déjà conduits à d'intéressantes propriétés des lignes, dont la plupart sont exposées dans le *Traité des Propriétés projectives;* elle semble, en un mot, devoir jouer un rôle brillant et nécessaire dans toutes les questions et propriétés qui ne concernent que la direction indéfinie des lignes et non leur mesure; il est facile, en effet, de démontrer qu'elle remplace partout, en projection, la division en parties égales, qui se présente si fréquemment dans la plupart des figures régulières de la Géométrie.

Supposons qu'à partir d'un même point et sur une même droite, on porte, dans le même sens, trois distances, dont la 1re moins la 2e soit à la 2e moins la 3e comme la 1re est à la 3e, ces trois distances seront en *proportion harmonique;* et si l'on porte, à partir du même point et toujours dans le même sens, un nombre quelconque de distances, telles que trois quelconques d'entre elles, qui sont consécutives, forment une proportion harmonique, la suite de toutes ces distances formera ce qu'on nomme une *progression harmonique;* or on démontrera qu'il en sera encore ainsi pour toutes les projections centrales ou perspectives de la figure sur une droite arbitraire. Maintenant, si l'on suppose l'origine commune des segments harmoniques à l'infini, soit dans la figure primitive, soit dans la projection, les points restants formeront une échelle de parties égales; et pour le dire en passant, c'est cette même propriété qui, dans l'art du dessin, a fait donner à la division en parties harmoniques le nom d'*échelle perspective* ou *fuyante.*

M. Brianchon, dans ses *Applications de la Théorie des transversales*, a donné quelques-unes des propriétés de l'échelle et de la progression harmonique, et j'en indique, dans mon Mémoire, plusieurs autres qui étaient indispensables pour établir la théorie du *centre des moyennes harmoniques*, et qui sont la conséquence assez simple d'une remarque faite par Mac-Laurin sur la proportion harmonique, savoir, que « dans une telle proportion, la *valeur* » *inverse ou réciproque* de la seconde des trois distances auxquelles elle se » rapporte est *moyenne arithmétique* entre les réciproques de la première » et de la troisième; » il en résulte, en effet, que lorsque des distances ou segments, comptés d'un même point et sur une même droite, sont en *progression harmonique*, les réciproques de ces distances sont, de leur côté, en *progression arithmétique*, ce qui justifie complétement la première de ces dénominations, et fournit à l'instant le moyen de calculer un terme quelconque de la suite dont le rang est assigné.

Mac-Laurin, qui n'avait point à examiner les propriétés de la progression harmonique, s'est contenté de déduire de sa remarque la définition suivante de la *moyenne harmonique :* « La moyenne harmonique entre un nombre » quelconque de quantités est telle, que sa réciproque est moyenne arith- » métique entre toutes celles des autres, prises avec un signe convenable (*). » Il en a déduit, en outre, une construction assez simple pour déterminer cette moyenne harmonique ou cette somme de réciproques, dans le cas de plusieurs distances ou segments rangés sur une même droite et comptés d'un même point; son but était d'arriver, par là, à un théorème fort beau de Côtes sur les courbes algébriques et à quelques autres analogues sur la courbure de ces lignes, qui se présentent comme des corollaires très-particuliers du résultat de mon travail.

Tel est le point d'où je suis parti pour établir la doctrine du centre de moyennes harmoniques, qui fait le sujet du Mémoire que j'ai l'honneur de présenter à l'Académie, et voici maintenant à quoi je suis parvenu.

J'ai commencé par transformer la relation qui définit la moyenne harmonique, d'après Mac-Laurin, en une autre plus générale et qui fût immédiatement projective dans le sens que j'ai précédemment indiqué; j'ai de suite été conduit à reconnaître que le point qui répond à cette moyenne, en supposant toujours les distances ou segments comptés sur une même droite et d'une même origine, devenait proprement le *centre de moyennes distances* des points appartenant aux autres, toutes les fois qu'on venait à supposer l'origine commune à l'infini, soit dans la figure primitive, soit dans ses projections; rapprochement qui était impossible d'après la définition de Mac-Laurin, et qui m'a conduit à nommer, par analogie, le point en question, *centre de moyennes harmoniques* des points proposés, par rapport à l'origine commune d'où se mesurent les segments harmoniques.

(*) *Voyez* le *Traité des Courbes géométriques*, par MAC-LAURIN.

Dès lors je me suis trouvé en état de traduire, en les généralisant, soit les définitions, soit les propriétés qui concernent le *centre des moyennes distances* d'un nombre quelconque de points situés arbitrairement dans un plan ou dans l'espace; et pour le faire, je n'ai eu besoin constamment que de me servir des principes établis dans le tome I du *Traité des Propriétés projectives*. J'ai obtenu, de cette manière, ce que j'ai déjà nommé précédemment la théorie du *centre des moyennes harmoniques*. Mais ce n'est pas tout : comme les géomètres sont parvenus, dans ces derniers temps, à étendre la théorie du centre des moyennes distances au cas où les moyennes arithmétiques sont prises relativement à des coefficients numériques quelconques, j'en ai fait tout autant pour celle du centre de moyennes harmoniques, et je suis arrivé ainsi à des conséquences qui offrent un nouveau champ de spéculations et de découvertes aux géomètres, et qui, dans des mains plus habiles, ne tarderont peut-être pas à produire des applications aussi heureuses qu'utiles.

Quoi qu'il en soit, j'ai exposé dans la dernière Partie de ce Mémoire quelques-unes des propriétés qui découlent de la théorie du centre des moyennes harmoniques, pour les systèmes de points, de droites et de plans, et, afin de ne pas en multiplier inutilement le nombre, je me suis borné à celles dont la nature générale permet de les appliquer immédiatement aux courbes et aux surfaces géométriques d'un ordre quelconque; mettant ainsi ceux qui liront cet écrit en état de pressentir une telle extension, et de se familiariser, peu à peu, avec ce qu'elle pourrait, au premier aspect, avoir de trop difficile ou de trop abstrait.

§ Ier.

De la division harmonique des lignes droites, des progressions, des échelles et des moyennes harmoniques.

Il existe entre la division harmonique et la division en parties égales une analogie très-grande, qui conduit à une foule de conséquences et de rapprochements curieux : avant de l'exposer dans toute sa généralité, il convient de l'examiner dans le cas le plus simple, celui d'une droite ou distance, portant uniquement un point de division entre ses extrémités; mais, attendu que les propriétés relatives à ce cas sont généralement connues des géomètres, je ne ferai que rappeler celles qui me sont nécessaires, et renverrai pour plus de développement au *Traité des Propriétés projectives des figures*.

1. Soit AB (*fig.* 1, *Pl. I*) une droite ou distance quelconque; prenons sur cette droite et son prolongement les points Q et P, tels qu'on ait

$$\frac{PA}{PB}=\frac{QA}{QB}=\frac{PQ-PA}{PB-PQ},$$

la distance AB sera divisée *harmoniquement* en P et Q, et cette définition devra s'étendre au cas même où l'un quelconque des points proposés sera supposé à l'infini; mais alors le rapport des segments qui lui appartiennent dans la relation ci-dessus sera l'unité; donc il en sera de même du rapport des deux autres segments restants. Que P, par exemple, passe à l'infini, on aura, d'après cette définition, $QA = QB$; et par conséquent le point Q, *conjugué* à P, divisera en parties égales la distance AB. Ainsi la division en parties harmoniques d'une droite n'est qu'une extension de la division en parties égales, ou plutôt celle-ci est comprise implicitement dans l'autre, pourvu qu'on restitue le point de division qui est passé à l'infini, et qui est *conjugué* au point milieu. On admet d'ailleurs que les droites qui renferment un même point situé à l'infini sont parallèles.

2. Cela posé, projetons, d'un point quelconque S, les quatre points A, B, P, Q ainsi définis, sur une droite arbitraire P'B'; on prouve aisément que les nouveaux points A', B', P', Q' conservent entre eux la relation harmonique

$$\frac{P'A'}{P'B'}=\frac{Q'A'}{Q'B'}=\frac{P'Q'-P'A'}{P'B'-P'Q'};$$

c'est-à-dire que cette relation est *projective* (*voyez* plus loin l'article 18). Or, d'après ce qui précède, cela doit s'étendre même au cas pour lequel l'un quelconque des points proposés, ou l'un quelconque des points de la projection, passe à l'infini; ce qui exige alors que la transversale qui porte ce point soit parallèle à sa projetante; donc la division harmonique se changeant, pour cette transversale, en division de parties égales, on voit que l'une de ces divisions est la perspective ou projection centrale de l'autre, et peut servir directement à la construire.

3. Mais on peut pousser plus loin ce rapprochement, en mettant la relation harmonique sous une forme d'abord indiquée par Mac-Laurin (*Traité des Courbes géométriques*).

En effet, de la proportion

$$\frac{PA}{PB}=\frac{PQ-PA}{PB-PQ}$$

on tire immédiatement

$$2PA.PB = PB.PQ + PA.PQ,$$

ou, en divisant tout par $2PA.PB.PQ$,

$$\frac{1}{PQ} = \frac{1}{2}\left(\frac{1}{PA} + \frac{1}{PB}\right),$$

relation entièrement analogue à celle qui a lieu pour la division en parties égales, lorsqu'on remplace le point P par un point quelconque p (*fig.* 2), et les rapports $\frac{1}{PQ}$, $\frac{1}{PA}$, $\frac{1}{PB}$ par les simples segments pQ, pA, pB; on a effectivement, en supposant que Q soit le milieu de AB,

$$pQ = \frac{1}{2}(pA + pB).$$

4. En nommant, avec Mac-Laurin, *réciproque* d'une ligne son *rapport inverse* à l'unité de mesure, la relation ci-dessus pour la division harmonique exprimera que la réciproque de PQ est moyenne arithmétique entre les réciproques des segments PA et PB; c'est pourquoi, quand une ligne AB (*fig.* 1) est divisée harmoniquement aux points P et Q, ou que les segments PA, PQ et PB, relatifs au point P, sont en proportion harmonique, on dit que le segment PQ est *moyen harmonique* entre les deux autres PA et PB; et comme, dans le cas ci-dessus de la division en parties égales, le point Q est nommé le *centre de moyenne distance* de A et de B, nous pourrons dire également que, dans celui de la division harmonique, le point Q est le *centre de moyenne harmonique* des points A et B; et cela non d'une manière absolue, mais seulement par rapport au point P qui sert d'*origine* commune aux segments harmoniques.

5. De plus, d'après ce qui a été observé ci-dessus (2), en mettant la figure en projection ou perspective sur une droite quelconque P'B' (*fig.* 1), le point Q', qui répond à celui dont il s'agit, sera encore un centre de moyenne harmonique par rapport aux points A' et B' de la projection, et relativement au point P' qui sert d'origine aux nouveaux segments : ainsi, dans le faisceau des projetantes SA, SB, SP, SQ, on pourra nommer la droite SQ *l'axe des moyennes harmoniques* de SA et SB, par rapport à la droite SP, qui sera *l'axe des origines harmoniques;* la transversale P'B' étant d'ailleurs prise *parallèlement* à ce dernier axe, tous ses points Q' deviendront des *centres de moyennes distances* d'après l'article 2 déjà cité.

6. Pour compléter l'analogie entre les deux relations

$$\frac{1}{PQ}=\frac{1}{2}\left(\frac{1}{PA}+\frac{1}{PB}\right),\quad pQ=\frac{1}{2}(pA+pB),$$

on peut remarquer qu'elles éprouvent dans leurs termes les mêmes variations de signes pour les mêmes changements de position des points qui leur correspondent.

Supposons, par exemple, que dans le cas de la division harmonique (*fig.* 1) le point P passe, d'un mouvement continu, de la gauche à la droite de A : à l'instant où la distance PA deviendra nulle, le segment QA devra (1) l'être aussi, de même que PQ ; par conséquent le point Q passera, à son tour, de la droite à la gauche du point A, et les distances PA, PQ, ayant changé de sens, devront changer en même temps de signe dans la relation ci-dessus, qui deviendra ainsi

$$-\frac{1}{PQ}=\frac{1}{2}\left(-\frac{1}{PA}+\frac{1}{PB}\right)\quad \text{ou}\quad \frac{1}{PQ}=\frac{1}{2}\left(\frac{1}{PA}-\frac{1}{PB}\right)$$

pour le cas où le point P aurait pris la place du point Q, et réciproquement. C'est en effet ce dont on peut s'assurer directement à l'aide de la relation primitive ; car, en la mettant sous cette forme

$$\frac{QA}{QB}=\frac{PQ-QA}{PQ+QB},$$

on en tire

$$\frac{1}{QP}=\frac{1}{2}\left(\frac{1}{QA}-\frac{1}{QB}\right),$$

résultat qui tient d'ailleurs à ce que d'après la définition ci-dessus (1) les points Q et P jouissent de propriétés réciproques à l'égard de A et de B.

D'après cela, on voit que la règle des signes, pour la relation harmonique, *est que, en considérant toujours comme positif le terme* $\frac{1}{PQ}$, *les termes* $\frac{1}{PA}$, $\frac{1}{PB}$, *qui entrent dans le second membre de cette relation, devront être affectés du signe + ou du signe —, selon que, par rapport à l'origine* P, *les points auxquels ils répondent seront placés du même côté que le point* Q *ou d'un côté différent;* or c'est ce qui a lieu précisément (*fig.* 2) dans la relation

$$pQ=\frac{1}{2}(pA+pB).$$

Donc la même règle des signes est applicable à ces deux espèces de relations, et par conséquent elles conserveront une forme semblable pour la même disposition des points à l'égard des origines P et p auxquelles elles se rapportent; seulement, en conservant ces points A et B, on ne saurait changer, dans le cas de la division harmonique, l'origine P sans que le point Q change en même temps, au lieu qu'il reste fixe dans celui de la division en parties égales.

7. Les choses ainsi entendues, supposons (*fig.* 1) qu'on divise en deux parties égales, au point Q_1, la distance PQ moyenne harmonique entre PA et PB; on aura donc

$$\frac{2}{PQ} = \frac{1}{PQ_1} = \frac{1}{PA} + \frac{1}{PB};$$

et, par conséquent, si l'on mène par le point P une suite de transversales PAB, PA″B″,..., dans l'angle ASB, puis qu'on prenne, sur chacune d'elles, des points Q_1, Q''_1,..., tels qu'on ait, eu égard à la règle des signes posée ci-dessus,

$$\frac{1}{PQ_1} = \frac{1}{PA} + \frac{1}{PB}, \quad \frac{1}{PQ''_1} = \frac{1}{PA''} + \frac{1}{PB''}, \ldots,$$

les points ainsi définis seront (2 et 5) sur une droite $Q_1Q''_1$, parallèle à l'axe SQ des moyennes harmoniques des côtés de l'angle ASB, et passant par ses points a et b où chacune des parallèles Pa, Pb à l'un de ses côtés rencontre l'autre. Car, pour ces positions particulières de la transversale PAB, ou PA″B″, le point Q_1, ou Q''_1, se confond avec l'un des points correspondants A ou B, d'après la relation ci-dessus, attendu que l'un des segments correspondants devient infini.

Or, de là résulte un moyen, indiqué par Mac-Laurin, pour construire directement le point $Q_1Q''_1$ lorsqu'on connaît les points P, A et B. Quant au centre Q des moyennes harmoniques, il est plus simple et plus élégant de le déterminer à l'aide du procédé suivant, qui n'exige que l'emploi de la ligne droite ou de la règle : ayant mené par l'origine P des segments harmoniques, une transversale arbitraire PA″B″ dans l'angle des projetantes SA, SB, on joindra, par de nouvelles droites AB″, BA″, les points ainsi obtenus sur ces projetantes avec les points donnés A, B, et le point S′ de leur intersection appartiendra à la projetante SQ du point Q cherché. Il est visible, en effet, que si l'on substitue l'angle AS′B à l'angle ASB, et la droite PS′ à la droite PS, l'axe des moyennes harmoniques (5) de cet angle par rapport à P, et qui renferme nécessairement Q et Q″, devra aussi passer par le sommet S′ et se confondre par conséquent avec celui SQ de l'angle ASB; on conclurait d'ailleurs la même chose en observant que la figure peut être mise en projection ou perspective sur un nouveau plan, de façon que P passe à l'infini ou que les droites PAB, PA″B″ deviennent parallèles, et c'est ainsi que nous avons démontré cette proposition généralement connue, à l'article 154 du tome Ier du *Traité des Propriétés projectives*.

8. Considérons maintenant une droite af (*fig.* 3), divisée en un nombre quelconque de parties égales aux points b, c, d, e,...; le point à l'infini de cette droite pourra être regardé (1) comme l'origine commune des segments harmoniques relatifs à trois points de division consécutifs quelconques, en y comprenant les points extrêmes a et f; donc (2), si l'on projette le système de tous ces points sur une droite arbitraire $a'f'$ en a', b', c', d', e', f', il en sera de même du point p' qui est la projection du point à l'infini de af, à l'égard de trois points de division consécutifs quelconques de $a'f'$; c'est-à-dire que les segments relatifs à p' et à ces points formeront une proportion harmonique; donc la suite de tous les segments pa', pb', pc', pd',..., pf', formera une proportion harmonique *continue*, et l'on pourra dire, avec M. Brianchon (*Application de la Théorie des transversales, etc.*, § 68), que ces segments forment une *progression harmonique*.

Pour justifier davantage encore cette expression, nous remarquerons que, d'après l'article 2 et les articles suivants, il doit régner entre les réciproques des segments harmoniques qui répondent au point p' et aux différents points de division de $a'f'$, la même relation qu'entre les simples distances d'un point quelconque p de af, aux différents points de division a, b, c,..., f; mais ces dernières forment une progression arithmétique, donc il en est de même des réciproques qui leur correspondent.

En effet, on aura pour la droite af et le point arbitraire p :

$$2pb = pa + pc,\quad 2pc = pb + pd,\quad 2pd = pc + pe,\ldots,$$

ou

$$pb - pa = pc - pb = pd - pb = pe - pd,\ldots,$$

comme aussi l'on a (3), pour la droite af' par rapport à l'origine des divisions harmoniques p',

$$\frac{2}{p'b'} = \frac{1}{p'a'} + \frac{1}{p'c'},\quad \frac{2}{p'c'} = \frac{1}{p'b'} + \frac{1}{p'd'},\quad \frac{2}{p'd'} = \frac{1}{p'c'} + \frac{1}{p'e'},\ldots,$$

ou

$$\frac{1}{p'b'} - \frac{1}{p'a'} = \frac{1}{p'c'} - \frac{1}{p'b'} = \frac{1}{p'd'} - \frac{1}{p'b'} = \frac{1}{p'e'} - \frac{1}{p'd'}\ldots.$$

9. Il résulte de ce rapprochement, en particulier, qu'on pourra calculer

un terme quelconque de la progression harmonique, par les mêmes règles que l'on calcule un terme de la progression arithmétique, au moyen des extrêmes, quand son rang est assigné.

Supposons, par exemple, que la droite af soit divisée en $m+n$ parties égales aux points b, c, d,..., et qu'il y ait par conséquent $m+n+1$ segments pa, pb, pc,..., pf correspondants au point arbitraire p; proposons-nous de rechercher le segment pd du point d qui appartient à la $n^{\text{ième}}$ partie à compter de a: nous aurons, dans le cas dont il s'agit, des divisions égales,

$$pd = pa + ad = pa + \frac{n}{m+n} af = pa + \frac{n}{m+n}(pf - pa),$$

ou

$$pd = \frac{m}{m+n} pa + \frac{n}{m+n} pf = \frac{1}{m+n}(mpa + npf);$$

donc on aura aussi, dans le cas de la division harmonique, c'est-à-dire pour la perspective $a'f'$,

$$\frac{1}{p'd'} = \frac{1}{m+n}\left(\frac{m}{p'a'} + \frac{n}{p'f'}\right),$$

relation qui, en vertu de la continuité, doit même s'étendre au cas où les nombres m et n sont *incommensurables* entre eux, et qui servira immédiatement à résoudre tous les problèmes analogues à ceux où il s'agit de diviser des distances en parties proportionnelles à des nombres donnés. On voit, en outre, qu'elle a une forme tout à fait semblable à celle (3) qui concerne la simple division harmonique de $a'f'$ en p' et d'; si l'on y suppose en effet m et n égaux à l'unité, on retombera sur celle dont il s'agit. C'est pourquoi on pourrait dire que le segment $p'd'$, relatif au point de division d', est *moyen harmonique* entre les segments $p'a'$ et $p'f'$ *pour les coefficients* m et n, et que le point d' lui-même est le *centre des moyennes harmoniques* de a' et f' relativement à p' et à ces mêmes coefficients.

Enfin il résulte encore de ce qui précède que les points extrêmes a' et f' d'une *échelle harmonique* étant donnés, ainsi que le nombre des parties dont elle se compose et l'origine p' des segments harmoniques, on pourra construire successivement, à l'aide du calcul et sans recourir à l'échelle des divisions égales af, l'échelle harmonique dont il s'agit, à laquelle son usage dans la perspective a fait donner le nom d'*échelle perspective ou fuyante* (*).

(*) Je ne crois pas que ces dernières propriétés de l'échelle harmonique aient encore été remarquées des géomètres; elle en possède quelques autres intéressantes, auxquelles les précédentes nous conduiraient aisément, mais dont l'examen nous écarterait de notre objet. On peut consulter, à cet égard, le Mémoire de M. Brianchon, déjà cité art. 8.

10. On déduirait beaucoup d'autres conséquences remarquables de ce qui précède; nous nous contenterons d'observer que, pour se construire une échelle harmonique sur un dessin, ou pour diviser une ligne $a'f'$ en un certain nombre de parties harmoniques par rapport à un point quelconque p' pris pour origine et qu'on nomme quelquefois *point de fuite* dans les Traités de perspective, il n'est point indispensable de recourir au calcul, comme nous venons de le faire, ni même de construire d'abord une échelle ordinaire de parties égales comme l'indique la *fig.* 3; des opérations purement *linéaires*, ou qui s'exécutent avec la règle seule, suffisent pour atteindre le même but.

Remarquons d'abord que, quand une droite $a'f'$ est divisée en parties harmoniques aux points b', c', d', e',..., par rapport à un point p' qui sert d'origine aux segments harmoniques, la même chose aura lieu encore (2 et 8) dans toutes ses projections centrales ou perspectives sur une autre droite quelconque; c'est-à-dire que, quel que soit le centre de projection s que l'on ait choisi en particulier, si l'on coupe le faisceau des projetantes sp', sa', sb',..., sf' qui lui correspondent par une droite arbitraire, le système de points qui en résulte forme encore une échelle harmonique ayant pour origine le point répondant à p'; c'est-à-dire, en un mot, que l'échelle harmonique est *projective*. Si, de plus, on prend pour transversale une droite af parallèle à la projetante sp', ou que l'origine des segments harmoniques passe à l'infini dans la projection, l'échelle harmonique se changera en une échelle ordinaire de parties égales (2 et 8).

11. Supposons donc (*fig.* 4) que a' et b' étant les deux premiers points de division d'une échelle harmonique, et p l'origine des segments harmoniques ou le *point de fuite*, il s'agisse de construire successivement toutes les autres parties de l'échelle, prolongée de part et d'autre de a' jusqu'à l'infini : on tirera arbitrairement les deux droites pe'', ps'' par le point p, et l'on joindra, par d'autres droites $a''b'$, $a''a'$, un point quelconque a'' de pe'' aux points donnés a' et b'; ces droites iront déterminer sur ps'' deux points s' et s'', dont on se servira ainsi qu'il suit pour construire l'échelle harmonique $a'b'c'd'$....

On tirera $s''b'$ qui rencontrera pe'' en b''; traçant $s'b''$, elle ira rencontrer pf' au 3e point de division harmonique c'; traçant ensuite $c's''$, elle rencontrera pe'' en c'', et $s'c''$ ira construire le 4e point de division d'; il est évident que l'on pourra poursuivre cette opération à volonté, soit à droite, soit à gauche du point a', ce qui donnera l'échelle harmonique demandée a', b', c', d',... (*).

(*) Ces constructions sont entièrement analogues à celles que M. Brianchon a données pour la

En effet, si l'on met la figure en projection sur un nouveau plan parallèle à $ps's''$, c'est-à-dire tel, que cette droite passe à l'infini, les quadrilatères $a'b'b''a''$, $b'c'b''a''$,..., seront des parallélogrammes, et par conséquent la droite $a'f'$ sera une échelle ordinaire de parties égales pour la nouvelle figure, de sorte qu'elle en est une de parties harmoniques pour l'ancienne.

12. Supposons maintenant que, s'étant donné une distance quelconque af, il s'agisse de la diviser en un certain nombre de parties harmoniques relativement au point quelconque p pris pour origine : on tracera arbitrairement une droite pf' passant par p, et l'on construira, comme ci-dessus, une échelle harmonique quelconque $a'b'c'd'\ldots f'$ par rapport à ce point, mais dont le nombre des divisions soit précisément celui des parties qu'on veut obtenir sur af. Cela posé, on tracera les droites aa', ff' qui, par leur intersection, donneront le point s, dont on se servira pour projeter les points de division de l'échelle $a'f'$ sur af. Il est évident, en effet, qu'à cause que la relation harmonique est projective, les points b, c,..., ainsi obtenus, seront les points demandés.

Mais si, le nombre de parties harmoniques de af étant $m+n$, on demandait simplement le point d qui appartient à la $n^{ième}$ partie, comme dans le problème ci-dessus (9) résolu à l'aide du calcul, ayant d'ailleurs construit l'échelle harmonique $a'f'$, il n'y aurait autre chose à faire qu'à projeter le $n^{ième}$ point de division d' en d sur af, à partir de s.

Ces dernières considérations, quoiqu'elles nous aient un peu écarté de notre premier objet, nous seront néanmoins utiles pour ce qui concerne la partie des applications.

§ II.

Du centre de moyenne harmonique de points quelconques rangés en ligne droite.

13. Jusqu'ici nous nous sommes bornés à comparer la division en parties égales à celle en parties harmoniques; mais on peut étendre plus loin l'objet de ces définitions, en observant, en général, que toutes les relations ou propriétés qui ont pour fondement la division en parties égales doivent pou-

---

division d'une distance en parties égales dans les *Applications de la Théorie des transversales* (*voyez* §§ 51 et 52); mais, dans ce cas, elles ne peuvent s'effectuer uniquement avec la règle ou des alignements.

voir se convertir en des relations ou propriétés analogues de la division harmonique; or de cette nature sont évidemment toutes celles qui concernent les *centres de moyennes distances*.

Soient, par exemple, a, b, c (*fig.* 5) trois points quelconques situés en ligne droite; soit q le centre des moyennes distances de ces points, p un point quelconque pris pour origine des segments : on aura, comme on sait,

$$pq = \frac{pa + pb + pc}{3},$$

pourvu qu'on ait égard à la règle des signes posée ci-dessus (6). Projetons les points a, b, c, q sur une droite quelconque $a'd'$, à partir d'un point arbitraire s, et soient a', b', c', q' les points de la projection : on peut se demander quel rôle le point q' jouera par rapport aux points a', b', c'. Or, je dis qu'en nommant p' le point qui représente, sur $a'c'$, celui à l'infini de ad, et dont la projetante sp' est ainsi parallèle à ad, on aura

$$\frac{1}{p'q'} = \frac{1}{3}\left(\frac{1}{p'a'} + \frac{1}{p'b'} + \frac{1}{p'c'}\right),$$

toujours en ayant égard à la règle des signes qui vient d'être indiquée.

Pour le prouver, il nous suffira de rechercher la manière dont on peut obtenir les points q et q' au moyen de ceux dont ils dépendent respectivement.

Pour le point q, il faut, comme on sait, prendre le milieu x de ab, puis diviser cx en trois parties égales, et prendre le premier point de division q, à partir de x, pour le point demandé; en effet, on aura

$$2\,px = pa + pb,$$

$$pq = px + \frac{1}{3}(pc - px) = \frac{2\,px + pc}{3} = \frac{pa + pb + pc}{3}.$$

Or, pour obtenir ce qui concerne le point q' de la projection, il suffira évidemment de remplacer la division en parties égales par la division harmonique, en prenant p' pour origine; c'est-à-dire (3 et 9) que, dans les relations ci-dessus, il faudra simplement remplacer les segments qui se rapportent au point arbitraire p par les réciproques de ceux qui répondent au point p', projection de celui à l'infini de ac; on aura donc

$$\frac{1}{p'q'} = \frac{1}{3}\left(\frac{1}{p'a'} + \frac{1}{p'b'} + \frac{1}{p'c'}\right).$$

Ce qui précède montre aussi, d'après l'article 12, comment il faudrait s'y prendre pour construire directement le point q' avec la règle, et sans recourir à la division en parties égales qu'indique la figure.

14. Le cas où l'on remplacerait les trois points a, b, c par quatre points quelconques serait encore plus facile à établir. En effet, s'il s'agissait d'obtenir leur centre de moyennes distances, il suffirait évidemment de prendre le milieu ou le centre des moyennes distances de deux quelconques de ces points, puis celui des deux autres, puis enfin le centre des moyennes distances des deux centres partiels ainsi trouvés, ce qui donnerait de suite, en nommant d le quatrième point, et conservant d'ailleurs les mêmes dénominations que ci-dessus,

$$pq = \frac{pa + pb + pc + pd}{4},$$

et, par conséquent, en passant à la projection sur une droite quelconque $a'c'$,

$$\frac{1}{p'q'} = \frac{1}{4}\left(\frac{1}{p'a'} + \frac{1}{p'b'} + \frac{1}{p'c'} + \frac{1}{p'd'}\right).$$

En général, on voit que, quel que soit le nombre m des points a, b, c, d,..., rangés sur une même droite, le centre q des moyennes distances de tous ces points sera unique et tel, qu'en le projetant ainsi que ces points sur une droite quelconque en q', a', b', c', d',..., et nommant p' le point qui représente celui à l'infini de la proposée abc, on aura

$$\frac{1}{p'q'} = \frac{1}{m}\left(\frac{1}{p'a'} + \frac{1}{p'b'} + \frac{1}{p'c'} + \frac{1}{p'd'} + \ldots\right),$$

ou

$$\frac{m}{p'q'} = \frac{1}{p'a'} + \frac{1}{p'b'} + \frac{1}{p'c'} + \frac{1}{p'd'} + \ldots,$$

pourvu encore qu'on ait égard à la règle des signes posée art. 6. On voit de plus (12) comment on pourra construire, avec la règle seule et sans recourir aux centres des moyennes distances, le point q' dont il s'agit, quand tous les autres a', b', c', d',..., seront donnés ainsi que le point p' qui sert d'origine commune aux segments harmoniques; mais cette construction se faisant d'une manière successive et assez pénible, quand le nombre des points donnés est tant soit peu considérable, nous indiquerons plus tard des moyens généraux et simples pour y parvenir.

15. Mac-Laurin, qui a eu à considérer dans son *Traité des Courbes géométriques*, quelques-unes des propriétés du point q' défini par les relations métriques ci-dessus, et qui n'a point aperçu l'analogie qui régnait entre ce point

et le centre des moyennes distances, ni les moyens de déduire l'un de ces points de l'autre, s'y prenait d'une manière différente pour construire la valeur de $p'q'$: il déterminait, à l'aide du procédé de l'article 7, le point dont la distance à p' a pour réciproque la somme des réciproques de $p'a'$ et de $p'b'$, c'est-à-dire $\frac{1}{p'a'}+\frac{1}{p'b'}$, puis le nouveau point dont la distance à p a pour réciproque la somme des réciproques du point déjà obtenu et du point c', c'est-à-dire $\frac{1}{p'a'}+\frac{1}{p'b'}+\frac{1}{p'c'}$, puis, etc.; car, en nommant Q' le dernier point ainsi obtenu, on aura

$$\frac{1}{p'Q'}=\frac{1}{p'a'}+\frac{1}{p'b'}+\frac{1}{p'c'}+\ldots=\frac{m}{p'q'},$$

et par conséquent $p'q'=m.p'Q'$. Cette méthode a, comme on voit, l'inconvénient d'exiger l'emploi de la règle et du compas réunis, au lieu que la précédente n'exige simplement que celui de la règle.

Mac-Laurin nomme $p'q'$ la *moyenne harmonique* des segments $p'a'$, $p'b'$, $p'c'$,...; nous pourrons donc dire aussi, par analogie, que le point q', projection du centre de moyennes distances des points $a, b, c,\ldots$, en nombre m, est lui-même le *centre des moyennes harmoniques* des points a', b', c',..., de la projection, par rapport à p' qui représente le point à l'infini de pc : or, cette définition s'accorde parfaitement avec celle de l'article 4, dont elle n'est guère que l'extension; et, comme ici le faisceau des projetantes sa', sb', sc',..., conserve les mêmes propriétés à l'égard de sp', sq', quelle que soit la transversale $p'c'$, on pourra dire encore que la projetante sq' est *l'axe des centres de moyennes harmoniques* du faisceau dont il s'agit; et cela non d'une manière absolue, mais seulement par rapport à la projetante sp' qui, à son tour, conservera le nom d'*axe des origines harmoniques*, et qui, venant à passer à l'infini avec les points s, changera évidemment la projetante sq' en un simple *axe des centres de moyennes distances*.

16. Les relations qui définissent le centre q' (*fig.* 5) des moyennes harmoniques étant projectives (14), ou telles, qu'elles subsistent dans toutes les projections centrales de la figure, on voit que les définitions et propriétés précédentes seront applicables directement à un faisceau quelconque de droites projetantes qui s'appuieraient sur des points donnés en ligne droite, sur leur centre de moyenne harmonique et sur l'origine relative à ce centre; c'est-à-dire que toute transversale déterminera, dans ce faisceau, un nouveau système de points qui auront entre eux la même corrélation que les premiers,

sauf le cas où la transversale sera parallèle à l'axe des origines, et pour lequel, l'origine des segments harmoniques passant à l'infini, le centre des moyennes harmoniques se changera évidemment en un centre de moyennes distances.

Enfin on voit que si, par l'origine des segments harmoniques de plusieurs points situés en ligne droite, on mène une droite ou un axe quelconque, et qu'on abaisse, de ces différents points et de leur centre de moyennes harmoniques, des ordonnées sur cet axe, qui soient parallèles entre elles et à un autre axe arbitraire, celle qui répond au centre de moyennes harmoniques sera encore la moyenne harmonique de toutes celles qui répondent aux points proposés; propriété qui est entièrement analogue à celle du centre des moyennes distances, si ce n'est que, pour ce dernier, l'origine étant entièrement arbitraire, il en est de même des axes de projection.

17. Au surplus, on peut partir de la définition générale du centre des moyennes harmoniques, pour établir directement ses diverses propriétés, sans recourir aux considérations précédentes, qui d'ailleurs nous paraissent mériter l'attention des géomètres. Or, cette nouvelle manière d'envisager la question va nous conduire à d'autres résultats non moins remarquables que les premiers.

Soient a, b, c, d,... (*fig.* 6), des points quelconques en nombre m rangés sur une même droite, et p un point arbitraire de cette droite pris pour origine des segments; regardons, d'après la règle de l'article 6, comme positifs tous les segments qui sont à droite de p et comme négatifs ceux qui sont dirigés dans le sens contraire. Cela posé, si l'on choisit, sur la droite dont il s'agit, un point q tel que

$$\frac{m}{pq} = \frac{1}{pa} + \frac{1}{pb} + \frac{1}{pc} + \frac{1}{pd} + \cdots,$$

en attribuant à chaque terme le signe qu'il doit avoir d'après le sens du segment qu'il renferme, le point q, ainsi déterminé, sera unique, et le centre des moyennes harmoniques des points a, b, c, d,..., relativement à p. Il s'agit, en premier lieu, de prouver que ce point est *projectif*, c'est-à-dire tel, qu'en le mettant en projection sur une droite quelconque $p'd'$ et à partir d'un point arbitraire s de l'espace, aussi bien que le système de tous les points que l'on considère sur pd, la relation ci-dessus aura toujours lieu entre ces différents points.

Pour y parvenir, nous mettrons cette relation sous la forme suivante, afin d'en mieux étudier les propriétés,

$$\frac{1}{pq}-\frac{1}{pa}+\frac{1}{pq}-\frac{1}{pb}+\frac{1}{pq}-\frac{1}{pc}+\frac{1}{pq}-\frac{1}{pd}+\ldots=0.$$

Mais

$$\frac{1}{pq}-\frac{1}{pa}=\frac{pa-pq}{pa.pq}=-\frac{aq}{ap.pq},\quad \frac{1}{pq}-\frac{1}{pb}=-\frac{bq}{bp.pq},$$

$$\frac{1}{pq}-\frac{1}{pc}=\frac{cq}{cp.pq},\ldots;$$

donc, substituant et supprimant le facteur pq commun à tous les termes, il viendra

$$-\frac{aq}{ap}-\frac{bq}{bp}+\frac{cq}{cp}+\frac{dq}{dp}+\ldots=0,$$

équation dans laquelle les termes négatifs proviennent uniquement des points a, b,..., qu'on a supposés à gauche de q. Mais, d'après la règle des signes admise ci-dessus pour la définition du point q, chaque terme devra conserver le signe qu'il a actuellement, ou en changer, selon que le point a, b, c,..., auquel il se rapporte, sera à droite ou à gauche du point p; donc l'équation ci-dessus pourra être remplacée généralement par cette autre

$$\frac{aq}{ap}+\frac{bq}{bp}+\frac{cq}{cp}+\frac{dq}{dp}+\ldots=0,$$

pourvu que, dans chaque position des points du système, on attribue le signe + ou le signe — à un segment quelconque, selon qu'il est situé sur la droite ou sur la gauche de celle des origines p ou q à laquelle il se rapporte, ou, ce qui revient au même et ce qui est plus simple encore, pourvu qu'on attribue à chaque terme de la relation ci-dessus le signe + ou le signe —, selon que les deux segments qui y entrent sont de même sens ou de sens contraire, par rapport à leur extrémité commune (*).

D'après cela, on pourra énoncer ainsi d'une manière générale la relation dont il s'agit :

L'origine p et le centre q des moyennes harmoniques d'un nombre quelconque de points a, b, c, d,..., rangés en ligne droite, sont tels que, si l'on prend successivement le rapport des distances de chacun de ces points à q et à p, la somme de tous ces rapports sera nulle, en attribuant le signe + ou le signe — à un rapport quelconque, selon que le point correspondant est situé sur l'un des prolongements de la distance pq ou entre ses extrémités.

(*) *Voyez*, sur la loi des signes de position en général, le IIIe Cahier du tome II des *Applications d'Analyse et de Géométrie* (1864).

18. Cet énoncé n'est évidemment que l'extension de celui qui se rapporte au cas particulier de l'article 1 d'où nous sommes partis, et dans lequel on ne considère que deux points a et b; prouvons maintenant qu'il s'applique à toutes les projections de la figure faite, d'un point quelconque s de l'espace, sur une droite arbitraire $p'd'$ du plan spd, et par conséquent qu'il en est de même de la relation (17) d'où nous sommes partis.

En effet, d'après les articles 9 et suivants du tome Ier de ce Traité, on a, en nommant P la perpendiculaire abaissée de s sur pd, et $p, q, a, b, c, \ldots$, les projetantes $sp, sq, sa, sb, sc, \ldots$,

$$aq = \sin(asq)\frac{a.q}{P}, \quad bq = \sin(bsq)\frac{b.q}{P}, \quad cq = \sin(csq)\frac{c.q}{P}, \ldots,$$

$$ap = \sin(asp)\frac{a.p}{P}, \quad bp = \sin(bsp)\frac{b.p}{P}, \quad cp = \sin(csp)\frac{c.p}{P}, \ldots.$$

Donc, en substituant ces expressions dans la dernière relation ci dessus, et supprimant les facteurs communs à tous les termes, on aura

$$\frac{\sin asq}{\sin asp} + \frac{\sin bsq}{\sin bsp} + \frac{\sin csq}{\sin csp} + \ldots = 0,$$

ce qui exprime qu'il y a entre les sinus des angles projetants la même relation qu'entre les segments qui leur correspondent respectivement. Or, de là on conclut aisément, et par réciproque, que cette relation ayant lieu pour le faisceau des droites projetantes, il faut nécessairement qu'elle subsiste entre les segments d'une transversale quelconque $p'd'$ prise pour axe de projection des segments; donc enfin la relation examinée est de sa nature *projective*, ainsi qu'il s'agissait de le démontrer directement; c'est-à-dire que, dans le faisceau ci-dessus, les projetantes sp et sq sont des *axes* (15) *d'origines* et de *moyennes harmoniques* relativement à toutes les autres.

19. Remarquons en passant que, quoique la relation examinée en dernier lieu subsiste entre les sinus des angles projetants des différents segments qui y entrent, on ne saurait pourtant en conclure que celle d'où nous sommes partis (17) jouisse de la même propriété; or, je dis que cette dernière relation aura encore lieu de la même manière, non plus entre les sinus des angles projetants des différents segments, mais entre les tangentes trigonométriques de ces angles, c'est-à-dire qu'on aura

$$\frac{m}{\tan psq} = \frac{1}{\tan psa} + \frac{1}{\tan psb} + \frac{1}{\tan psc} + \ldots$$

En effet, la relation de départ étant projective d'après ce qui précède, devra subsister pour une transversale $p'd'$ perpendiculaire à la projetante sp du point p, mais les segments $p'q'$, $p'a'$, $p'b'$, $p'c'$,..., de cette transversale sont évidemment alors proportionnels aux tangentes trigonométriques des angles projetants qui leur correspondent respectivement; donc la relation ci-dessus a lieu entre ces tangentes, comme il s'agissait de le démontrer et comme il serait facile de l'établir de plusieurs autres manières.

20. La transformation que nous avons fait subir (art. **17**) à la relation qui définit le centre des moyennes harmoniques n'est pas la seule qui puisse lui convenir, et il en est d'autres qui ne sont pas moins dignes de remarque et qui sont tout aussi générales.

En effet, soit A un point quelconque de la direction de pd, pris pour nouvelle origine des segments servant à remplacer l'origine p, on aura identiquement

$$pa - pq = \mathrm{A}a - \mathrm{A}q, \quad pb - pq = \mathrm{A}b - \mathrm{A}q, \quad pc - pq = \mathrm{A}c - \mathrm{A}q,$$
$$pd - pc = \mathrm{A}d - \mathrm{A}c, \ldots,$$

pourvu qu'on regarde comme positifs les segments des points placés à la droite de A, et comme négatifs ceux des points placés à la gauche de ce point; donc on aura aussi

$$\frac{1}{pq} - \frac{1}{pa} = \frac{pa - pq}{pa.pq} = \frac{\mathrm{A}a - \mathrm{A}q}{pa.pq} = \frac{\mathrm{A}a}{pa.pq} - \frac{\mathrm{A}q}{pq}.\frac{1}{pa},$$
$$\frac{1}{pq} - \frac{1}{pb} = \frac{\mathrm{A}b}{pb.pq} - \frac{\mathrm{A}q}{pq}.\frac{1}{pb}, \quad \frac{1}{pq} - \frac{1}{pc} = \frac{\mathrm{A}c}{pc.pq} - \frac{\mathrm{A}q}{pq}.\frac{1}{pc} + \ldots;$$

d'où, en substituant dans la première des transformées de l'article **17**, et multipliant tout par pq,

$$\frac{\mathrm{A}a}{pa} + \frac{\mathrm{A}b}{pb} + \frac{\mathrm{A}c}{pc} + \frac{\mathrm{A}d}{pd} + \ldots = \mathrm{A}q\left(\frac{1}{pa} + \frac{1}{pb} + \frac{1}{pc} + \ldots\right) = \frac{m.\mathrm{A}q}{pq},$$

relation qui est assujettie à la même règle de signes que celle de l'endroit cité, et qui, de plus, la renferme comme cas particulier, puisqu'elle redonne celle-ci quand on y suppose $\mathrm{A}q = 0$ ou qu'on suppose le point A en q. En admettant même que l'origine arbitraire A soit à l'infini, les *segments infinis*, devant être censés *égaux*, disparaîtront comme facteurs communs à tous les termes, et l'on retombera sur la relation

$$\frac{1}{pa} + \frac{1}{pb} + \frac{1}{pc} + \frac{1}{pd} + \ldots = \frac{m}{pq},$$

d'où nous sommes partis en premier lieu.

Mais la relation générale obtenue en dernier lieu conduit à beaucoup d'autres relations semblables, selon que l'on suppose le point A placé en a ou b ou c,...; par exemple, si $Aa = o$, on aura

$$\frac{m.aq}{pq} = \frac{ab}{pb} + \frac{ac}{pc} + \frac{ad}{pd} + \ldots,$$

relation dans laquelle il faudra avoir égard à la règle de signes posée ci-devant, en regardant a et p comme les origines des divers segments.

Elle deviendrait de même, pour $Ab = o$, $Ac = o$, etc.,

$$\frac{m.bq}{pq} = \frac{ba}{pa} + \frac{bc}{pc} + \frac{bd}{pd} + \ldots,$$

$$\frac{m.cq}{pq} = \frac{ca}{pa} + \frac{cb}{pb} + \frac{cd}{pd} + \ldots,$$

d'où l'on en déduirait une infinité d'autres.

Ces diverses relations, y compris celle d'où elles dérivent, satisfont toutes aux conditions indiquées art. **18**; donc, non-seulement elles sont projectives, mais elles ont encore lieu d'une manière semblable entre les sinus des angles projetants qui répondent aux différents segments.

21. Ce qui précède suffit pour faire apercevoir que le point q, ou le *centre des moyennes harmoniques* de points rangés en ligne droite, offre, dans ses propriétés, l'analogie la plus grande avec ce que l'on nomme le *centre des moyennes distances* de points pareils; pour la mettre dans tout son jour, il ne s'agit évidemment (**14**) que d'examiner ce qui arrive dans les relations ci-dessus, pour le cas où l'on suppose le point p, qui sert d'origine aux segments harmoniques, situé à l'infini sur ad. Mais alors tous les segments qui se comptent de ce point sont infinis et doivent être censés égaux comme ne différant entre eux que d'une quantité finie; donc la relation générale trouvée ci-dessus,

$$\frac{m.Aq}{pq} = \frac{Aa}{pa} + \frac{Ab}{pb} + \frac{Ac}{pc} + \frac{Ad}{pd} + \ldots,$$

se réduira simplement à la suivante :

$$m.Aq = Aa + Ab + Ac + Ad + \ldots,$$

dans laquelle les différents termes devront, d'après ce qui précède, être affectés du signe + ou du signe −, selon que le point auquel ils se rapportent sera à droite ou à gauche de l'origine A des segments, et qui aura lieu, quelle que soit la position de cette origine relativement aux points donnés a, b, c,...; or, on reconnaît ici la propriété caractéristique de ce qu'on nomme le centre des moyennes distances.

De plus, puisque la relation générale ci-dessus est projective de sa nature, on voit que l'un de ces systèmes pourra toujours être envisagé comme la projection centrale ou perspective de l'autre, ainsi que cela a déjà été établi d'une manière différente art. 14 et 16 de cette Section. On peut d'ailleurs, comme on va le voir, partir directement de la définition particulière du centre des moyennes distances pour en déduire celle, beaucoup plus générale, qui convient au centre des moyennes harmoniques.

En effet, si nous nommons p le point à l'infini de Ad (*fig.* 6), et q le centre des moyennes distances des points a, b, c, d,..., nous pourrons, d'après le raisonnement déjà établi ci-dessus, mettre la relation particulière qui définit ce centre q, sous la formule générale

$$\frac{m.\mathrm{A}q}{pq}=\frac{\mathrm{A}a}{pa}+\frac{\mathrm{A}b}{pb}+\frac{\mathrm{A}c}{pc}+\frac{\mathrm{A}d}{pd}+\ldots;$$

or, cette relation, dans laquelle les segments qui se mesurent du point p sont infinis et égaux, satisfait aux conditions indiquées art. 18; donc elle aura lieu à la fois pour toutes les perspectives du système proposé sur des droites arbitraires; et par conséquent, dans ces perspectives, le centre des moyennes distances deviendra le centre des moyennes harmoniques.

22. Supposons maintenant que, dans l'équation générale relative au centre des moyennes harmoniques q, les segments relatifs à ce centre deviennent infinis, ou, si l'on veut, supposons le point q à l'infini, ce qu'on peut toujours obtenir en mettant la figure en projection sur une droite quelconque parallèle à la projetante sq de ce point; le rapport des segments infinis Aq, pq devenant l'unité, on aura pour définir alors le point correspondant p, la nouvelle relation

$$m=\frac{\mathrm{A}a}{pa}+\frac{\mathrm{A}b}{pb}+\frac{\mathrm{A}c}{pc}+\frac{\mathrm{A}d}{pd}+\ldots.$$

Mais l'origine A étant entièrement arbitraire, on peut également la supposer à l'infini, confondue avec q, ce qui réduit la relation ci-dessus à la suivante,

$$\frac{1}{pa}+\frac{1}{pb}+\frac{1}{pc}+\frac{1}{pd}+\ldots=0,$$

en supprimant les facteurs ou segments infinis et égaux; or, sous cette forme, elle est une conséquence très-simple de celle d'où nous sommes partis (17) pour la définition du centre q des moyennes harmoniques.

On voit, d'après cela, que les points p et q ne sont pas réciproques, et ne jouissent pas entre eux des mêmes propriétés à l'égard des points $a, b, c, d,\ldots$, comme semblerait l'indiquer le cas particulier où ces derniers points sont au nombre de deux seulement (6); aussi arrive-t-il que, bien qu'il ne corresponde qu'un seul point q ou centre des moyennes harmoniques à un même point p pris pour origine (**14**), et aux m points donnés a, b, c, $d,\ldots$, cependant il existe, en général, $m - 1$ points p répondant à un même point q, choisi à volonté, et aux m points donnés a, b, $c,\ldots$. C'est ce qu'il est aisé de démontrer avec ou sans calcul; mais, comme cette démonstration exige des développements qui ne seraient pas ici à leur place, nous nous abstiendrons, pour le moment, de la donner (*).

23. Avant de terminer ce sujet, nous remarquerons que les diverses transformations que nous avons fait subir à la relation du n° **17**, et qui expriment autant de propriétés du centre des moyennes harmoniques, sont uniquement basées sur ce que le nombre m est précisément égal à celui qui marque le nombre des points donnés $a, b, c,\ldots$. Pour toute autre valeur de m, ces transformations seraient évidemment impossibles, ou du moins on serait conduit à d'autres résultats, et la relation cesserait d'être projective sous sa forme actuelle. Dans ces mêmes circonstances, pour construire le point q défini par cette relation, il faudra nécessairement faire usage de *mesures graduées* ou du compas, tandis que la construction du centre des moyennes harmoniques n'exige, comme on l'a fait voir (**14**), que l'usage de la règle seule.

Supposons, par exemple, qu'il s'agisse de construire le point Q (*fig.* 6) tel qu'on ait, eu égard à la règle des signes établie ci-dessus,

$$\frac{n}{pQ} = \frac{1}{pa} + \frac{1}{pb} + \frac{1}{pc} + \frac{1}{pd} + \ldots,$$

n étant un nombre quelconque. On pourra d'abord construire avec la règle le centre des moyennes harmoniques q des points donnés a, b, c, $d,\ldots$, par rapport à l'origine p; ce qui donnera, m étant le nombre de ces points,

$$\frac{m}{pq} = \frac{1}{pa} + \frac{1}{pb} + \frac{1}{pc} + \frac{1}{pd} + \ldots,$$

d'où

$$\frac{n}{pQ} = \frac{m}{pq} \quad \text{et} \quad pQ = \frac{n}{m} pq,$$

expression qu'on ne pourra construire qu'à l'aide de mesures graduées ou du compas.

(*) On la trouvera dans les dernières Sections de ce volume, dont la rédaction date d'une époque de beaucoup postérieure à celle (1816) de la simple ébauche que renferme le IIme cahier du tome II des *Applications d'Analyse et de Géométrie* (1864).

Il est évident qu'on pourrait aussi opérer directement, comme il a été indiqué art. **15**.

24. En général, une équation dont les deux membres seraient composés de la somme d'une suite de réciproques assujetties à la règle des signes posée ci-dessus, et d'ailleurs multipliées par des coefficients numériques quelconques, sera ou non projective dans sa forme actuelle, et appartiendra ou non à la *Géométrie de la règle*, toutes les fois que la somme des coefficients numériques relatifs à chaque terme, sera, abstraction faite des signes de position, ou ne sera pas la même de part et d'autre.

Pour fixer nos idées, supposons d'abord que l'on ait entre les points p, q, a, b, c,... (*fig.* 6), la relation

$$\frac{m+m'+m''+\ldots}{pq}=\frac{m}{pa}+\frac{m'}{pb}+\frac{m''}{pc}+\ldots$$

dans laquelle m, m', m'',..., sont des coefficients numériques quelconques, positifs ou négatifs, mais indépendants de la position des points a, b, c,..., q, à l'égard de p; cette équation étant d'ailleurs assujettie à la règle des signes posée art. **6**, elle se changera évidemment en ces deux autres, par des transformations analogues à celles des n^{os} **17** et **20** :

$$\frac{m.aq}{ap}+\frac{m'bq}{bp}+\frac{m''cq}{cp}+\frac{m'''dq}{dp}+\ldots=0,$$

$$\frac{m.\mathrm{A}a}{pa}+\frac{m'.\mathrm{A}b}{pb}+\frac{m''.\mathrm{A}c}{pc}+\frac{m'''.\mathrm{A}d}{pd}+\ldots=(m+m'+m''+\ldots)\frac{\mathrm{A}q}{pq},$$

A étant une nouvelle origine quelconque; et réciproquement, de celle-ci on pourra conclure la relation première. Mais ces relations sont projectives (**18**), donc il en sera de même de la première; je dis en outre qu'elles appartiennent à la *Géométrie linéaire* ou *de la règle.*

En effet, au moyen de la règle, on trouvera (**12**) le point x de ab tel, qu'en supposant ab divisée en $m+m'$ parties harmoniques par rapport à p, ax en contienne m', et bxm; or on aura, d'après l'article 9,

$$\frac{m+m'}{px}=\frac{m}{pa}+\frac{m'}{pb}.$$

Pareillement, on trouvera avec la règle sur cx le point x' qui répond à la $m^{ième}$ partie harmonique de cette distance supposée en contenir $m+m'+m''$, et l'on aura

$$\frac{m+m'+m''}{px'}=\frac{m+m'}{px}+\frac{m''}{pc}=\frac{m}{pa}+\frac{m'}{pb}+\frac{m''}{pc};$$

et ainsi de suite. Donc on arrivera à un dernier point de division X tel que

$$\frac{m+m'+m''+\ldots}{pX}=\frac{m}{pa}+\frac{m'}{pb}+\frac{m''}{pc}+\ldots,$$

et qui ne sera par conséquent que le point q lui-même, lequel se trouvera ainsi construit *linéairement* ou avec la règle seule.

25. Supposons maintenant (*fig.* 7) qu'on ait la relation harmonique quelconque

$$\frac{n}{pq}+\frac{n'}{pr}+\frac{n''}{ps}+\ldots=\frac{m}{pa}+\frac{m'}{pb}+\frac{m''}{pc}+\ldots,$$

relativement à des points a, b, c,..., q, r, s, situés en ligne droite, et à l'origine p des segments harmoniques.

D'après ce qui précède, on pourra d'abord remplacer tous les points a, b, c,..., par un point X, constructible à l'aide de la règle, et tel qu'on ait

$$\frac{m+m'+m''+\ldots}{pX}=\frac{m}{pa}+\frac{m'}{pb}+\frac{m''}{pc}+\ldots;$$

on en trouvera, de la même manière, un autre Y tel qu'on ait

$$\frac{n+n'+n''+\ldots}{pY}=\frac{n}{pq}+\frac{n'}{pr}+\frac{n''}{ps}+\ldots;$$

donc, d'après la relation proposée, il viendra

$$\frac{n+n'+n''+\ldots}{pY}=\frac{m+m'+m''+\ldots}{pX}.$$

Si donc $n+n'+n''+\ldots=m+m'+m''+\ldots$, le point X devra se confondre avec le point Y, et par conséquent la relation d'où l'on est parti appartiendra uniquement à la Géométrie de la règle, et sera d'ailleurs projective d'après ce qui précède, tandis qu'elle exigera pour être construite la règle et le compas dans toute autre supposition.

26. Ces diverses considérations nous permettent de généraliser la définition du centre des moyennes harmoniques, à peu près comme l'ont déjà fait MM. Carnot et Simon Lhuilier de Genève, à l'égard du centre des moyennes distances : en posant, par exemple, pour la définition de ce point, l'équation

$$\frac{m+m'+m''+\ldots}{pq}=\frac{m}{pa}+\frac{m'}{pb}+\frac{m''}{pc}+\ldots,$$

q pourra encore être appelé le *centre des moyennes harmoniques* de a, b,

$c, \ldots$, relativement à p, mais pour des coefficients numériques quelconques positifs $m, m', m'', \ldots$. Quant au cas où quelques-uns de ces coefficients seraient négatifs, indépendamment des signes de position des segments auxquels ils se rapportent, on pourrait nommer le point correspondant q l'*ex-centre des moyennes harmoniques*, comme l'a fait, d'une manière analogue, M. Lhuilier pour le cas des simples distances. En effet, la relation ci-dessus conduisant à cette autre, d'après ce qui a été observé plus haut (24),

$$(m + m' + m'' + \ldots)\frac{Aq}{pq} = \frac{mAa}{pa} + \frac{m'Ab}{pb} + \frac{m''Ac}{pc} + \ldots,$$

on retombera directement sur les définitions du *centre* et de l'*ex-centre* des moyennes distances, par M. Lhuilier, en supposant (21) que le point p passe à l'infini.

27. Je crois inutile de pousser plus loin ces rapprochements, entièrement analogues à ceux qui ont été établis dans ce qui précède, pour le cas particulier où les coefficients $m, m', m'', \ldots$, sont simplement égaux à l'unité; et je ferai seulement remarquer que les diverses définitions et propositions établies jusqu'à présent, pour ce cas particulier, doivent s'étendre, de la même manière, au cas général : ainsi, par exemple, le point p sera toujours l'*origine des segments harmoniques*, et si, d'un point quelconque s de l'espace, on mène aux différents points que l'on considère des projetantes sp, sq, sa, sb, $sc, \ldots$, celles qui appartiennent à p et à q devront continuer à s'appeler (15) les *axes* des origines et des moyennes harmoniques de toutes les autres, etc.

Dans le paragraphe suivant, je montrerai comment on peut étendre toute cette doctrine du centre des moyennes harmoniques au cas où l'on considère des points quelconques situés dans un plan ou dans l'espace.

§ III.

Du centre des moyennes harmoniques d'un système de points quelconques situés ou non dans un même plan.

28. Nous n'avons encore envisagé, jusqu'à présent, que les propriétés relatives au centre des moyennes harmoniques de points rangés en ligne droite; mais ce que nous avons dit pour ce cas particulier va nous conduire, sans peine, à ce qui concerne le système d'un nombre quelconque de points situés à volonté sur un plan ou dans l'espace; car tout consiste simplement à partir de la définition ordinaire du centre des moyennes distances pour en déduire, à l'aide de la perspective ou projection centrale, celle qui convient au centre des moyennes harmoniques en général, et même les diverses propriétés qui peuvent lui appartenir. Il est entendu d'ailleurs que, dans tout ce qui va suivre, le centre des moyennes distances et celui des moyennes harmoniques seront pris par rapport à des coefficients numériques quelconques, répondant respectivement aux points proposés suivant les définitions admises n° 26.

Considérons d'abord le cas où le système des points proposés A, B, C, D,... (*fig.* 8), appartient à un même plan, et soit Q le centre des moyennes distances de ces points; l'une des propriétés essentielles du point Q, c'est que, si l'on fait la projection du système sur une droite arbitraire *bd* et par des parallèles A*a*, B*b*, C*c*,..., à un axe quelconque, la projetante Q*q* de Q sera l'*axe des moyennes distances* (15 et 27) de celles des autres points du système, de sorte que, pour la transversale arbitraire *bd*, le point Q qui appartient à cet axe sera le centre des moyennes distances des points *a*, *b*, *c*, *d*,..., relatifs à leurs diverses projetantes, ou, en d'autres termes, il sera (21), par rapport au point à l'infini de *bd*, le centre des moyennes harmoniques de ces mêmes points.

Cela posé, voyons ce qui se passe dans la perspective de la figure sur un nouveau plan arbitraire : tout système de projetantes parallèles A*a*, B*b*, C*c*,..., sera devenu (*fig.* 9) un faisceau de droites convergeant en un même point S, et tous leurs points de concours semblables seront rangés sur une même droite PS, *projection* de celle qui contient les divers points à l'infini du premier plan (t. I, Sect. I, n° 106); le point *p* où la droite PS ira rencontrer la transversale arbitraire *bd* qui lui correspond, représentera donc aussi le point à l'infini de *bd* dans la figure primitive 8, de sorte que le point *q* sera devenu (26) dans la *fig.* 9, le centre des moyennes harmoniques des points *a*, *b*, *c*,..., par rapport à *p*. Mais la droite *bd* est arbitraire; donc, pour tout faisceau de projetantes semblable à celui qui précède, la projetante SQ*q* de Q sera (27) l'axe des moyennes harmoniques des projetantes SA, SB, SC,..., des points proposés, par rapport à la droite invariable SP, qui, ici, sert d'axe commun aux origines de segments.

29. D'après cela, on peut dire que le point Q (*fig.* 9) est le *centre des moyennes harmoniques* des points proposés A, B, C,..., et cela non d'une manière absolue, mais seulement par rapport à la droite particulière PS, qu'on

peut appeler l'*axe des origines harmoniques*. Or, il s'agit de prouver maintenant qu'un système quelconque de points A, B, C,... (*fig.* 9), étant donné sur un plan, aussi bien qu'une droite PS prise pour axe des origines harmoniques, on peut toujours déterminer un point Q, et seulement un point Q qui jouisse par rapport à cette droite des propriétés qui viennent d'être examinées, ou qui soit le centre des moyennes harmoniques des points proposés A, B, C,..., relativement à cette droite PS.

Qu'on mette, en effet, la figure en perspective sur un plan quelconque parallèle à la droite PS, c'est-à-dire tel, que cette droite passe à l'infini dans la nouvelle figure; il est clair, d'après ce qui précède, que s'il existe pour la figure primitive un ou plusieurs points qui soient des centres de moyennes harmoniques par rapport aux proposés et à PS, tous ces centres devront se changer à la fois en des centres de moyennes distances pour la nouvelle figure; mais un système de points quelconques ne saurait avoir plus d'un centre de moyennes distances et possède cependant toujours un tel centre: donc pareillement le système des points proposés a toujours un centre de moyennes harmoniques par rapport à une droite donnée à volonté sur son plan, et ne saurait avoir qu'un seul point pareil pour chaque position attribuée à cette droite, ce qui entraîne la proposition suivante :

Une droite, prise pour axe des origines, étant donnée à volonté dans le plan d'un système de points quelconques, il existe un autre point et seulement un point qu'on peut nommer le centre des moyennes harmoniques *des premiers par rapport à la droite proposée, et dont la propriété est telle, que, si d'un point quelconque de cette droite on mène des projetantes aux points donnés, l'axe* (27) *des moyennes harmoniques de toutes ces projetantes, par rapport à la droite donnée, ira toujours passer par le point fixe ou centre des moyennes harmoniques dont il s'agit.*

30. Les propriétés ci-dessus du centre des moyennes harmoniques de points quelconques situés sur un plan se rapportent évidemment (24) à celles que nous avons nommées *projectives;* donc, si d'un point quelconque de l'espace on fait la projection ou perspective de la figure sur un nouveau plan quelconque, le centre des moyennes harmoniques des points proposés ne cessera pas d'être un centre de moyennes harmoniques en projection, par rapport à la droite qui représente l'axe des origines harmoniques du premier système; on pourra donc dire aussi que, dans l'espace la *projetante* de ce point est l'*axe des moyennes harmoniques* des projetantes qui appartiennent aux points proposés, et cela non d'une manière absolue, mais relativement au *plan projetant* de la droite d'où se comptent les segments harmoniques, plan qu'on peut aussi nommer pour cette raison *plan des origines harmoniques*.

Ces définitions sont évidemment des extensions de celles de l'article 27, relatives aux faisceaux de droites convergentes tracées dans un même plan, et elles donnent lieu à l'énoncé qui suit :

Un système de points quelconques étant situé dans un même plan, et un plan quelconque étant donné à volonté dans l'espace, si, d'un point choisi arbitrairement dans ce dernier plan, on mène des droites ou projetantes *aux différents points du premier, puis qu'on détermine, par rapport au second plan considéré comme plan des origines, l'axe des moyennes harmoniques de ces droites, tous les axes semblables iront passer par un même point, qui sera* (29) *le centre des moyennes harmoniques des proposés, relativement à la droite d'intersection de son plan et du plan des origines.*

31. Maintenant il ne nous sera pas difficile d'étendre ces considérations au cas où les points proposés A, B, C, D,... (*fig.* 9), au lieu d'être sur un même plan, sont situés d'une manière quelconque dans l'espace.

Remarquons d'abord qu'un système pareil a toujours un centre de moyennes distances et n'en a qu'un seul dont la propriété est que : « Si l'on » projette, par des *parallèles quelconques*, tous les points proposés sur un » plan arbitraire, la projection de ce centre sera encore le centre des » moyennes distances de la projection des autres points du système ; c'est-à- » dire que la projetante qui lui est relative, sera *l'axe des moyennes dis-* » *tances* de celles des autres points de la figure. »

Mais, d'après les principes que nous avons établis dans le tome Ier de ce *Traité* (*Supplément*, nos 5, 6 et suivants), la figure qu'on vient de considérer peut toujours être censée la *perspective-relief* d'une autre, dans laquelle tous les points à l'infini de l'espace, relatifs à la première, sont remplacés par ceux d'un plan unique ; de sorte que les différents faisceaux de projetantes parallèles de cette figure sont devenus des faisceaux de droites convergeant en des points de ce plan. De plus, dans la nouvelle figure, les centres et axes de moyennes distances sont devenus (30) des centres et axes de moyennes harmoniques par rapport au plan dont il s'agit ou aux droites qui le concernent ; et, d'un autre côté, quelle que soit la situation d'un plan à l'égard d'un système de points quelconques donnés dans l'espace, on peut toujours, d'après les principes cités, considérer ce système comme la perspective en relief d'un autre pour lequel le plan dont il s'agit est passé à l'infini ; donc enfin :

Un système de points quelconques et un plan étant donnés dans l'espace, il existe toujours un autre point et un seul point, qu'on peut nommer centre des moyennes harmoniques *des proposés par rapport au plan que l'on considère en particulier, et dont la propriété est telle, que, si on le projette ainsi que tous les proposés sur un nouveau plan arbitraire et à partir d'un point quelconque du premier pris pour centre de projection, il demeure dans cette projection un centre de moyennes harmoniques relativement à la droite d'intersection des deux plans ; c'est-à-dire que la projetante qui le renferme est* (30) *l'axe des moyennes harmoniques de toutes les autres, relativement au plan qui contient tous les centres de projection, et qui est ici encore le* plan des origines harmoniques.

32. S'il était permis de se servir du compas ou du tracé des parallèles, ce qui précède montre assez comment on devrait opérer pour obtenir le *centre des moyennes harmoniques* d'un système de points quelconques situés dans un plan ou en général dans l'espace; car, en mettant le système de ces points en perspective de façon que la droite ou le plan des origines harmoniques, qu'on s'est donné arbitrairement, passe à l'infini, tout reviendrait à déterminer le centre des moyennes distances des points de la nouvelle figure et à le projeter sur la première.

Mais si l'on veut simplement opérer avec la règle, il faudra s'y prendre d'une autre manière.

Par exemple, si les points proposés A, B, C, D,... (*fig.* 9) sont dans un même plan, ainsi que la droite PS qui sert d'origine aux segments harmoniques, il faudra, de deux points différents S, S' de cette droite, faire la perspective ou projection centrale des proposés sur deux droites arbitraires telles que *pd* par exemple; cherchant ensuite, par les procédés du n° 24, et pour chaque droite *pd*, le centre des moyennes harmoniques *q* des points *a*, *b*, *c*, *d*,... de la projection, et cela par rapport au point *p* qui appartient à l'axe PS des origines harmoniques, les projetantes *q*S des centres partiels ainsi obtenus iront (29) se couper au centre unique Q des moyennes harmoniques que l'on cherche.

Si les points proposés A, B, C,..., étaient situés d'une manière quelconque dans l'espace, il suffirait évidemment de remplacer, dans les opérations ci-dessus, l'axe PS des origines harmoniques et les transversales arbitraires *pd* par des plans.

33. Mais on peut aussi opérer directement sur les points proposés, sans recourir à la projection, ainsi que cela se pratique lorsqu'il s'agit de trouver

le centre des moyennes distances; et cette méthode aura en même temps l'avantage d'être plus expéditive que la précédente.

Pour cela, il suffit d'observer, d'après ce qui précède, que l'un de ces systèmes peut toujours être envisagé comme la perspective de l'autre, et qu'il n'y a de différence entre eux, qu'en ce que, pour le cas des moyennes distances, le point, la droite, le plan qui servent d'origine aux segments harmoniques sont situés entièrement à l'infini, de sorte que les systèmes de lignes qui y convergent sont des systèmes de parallèles, tandis que les divisions harmoniques sont remplacées par les divisions en parties égales, et *vice versâ* pour l'autre système de points.

Soient, par exemple, A, B, C (*Pl. II, fig.* 10), trois points quelconques dont il faille trouver le centre des moyennes harmoniques Q par rapport à la droite PP'; on se rappellera que, dans le cas où la droite PP' est à l'infini, et où le point Q devient (*fig.* 11) le centre des moyennes distances de A, B, C, on n'a qu'à prendre les points milieux q, q', q'' des côtés du triangle ABC, et à joindre par une droite chacun de ces points au sommet opposé du triangle; car ces droites donneront par leur croisement le point Q demandé. Opérant donc de la même manière sur le triangle proposé ABC (*fig.* 10), en prenant (2 et 7) pour les points q, q', q'' les centres de moyennes harmoniques des couples de sommets correspondants, et cela en choisissant pour origines respectives des segments harmoniques les points P, P', P'', où les côtés du triangle ABC vont rencontrer la droite PP', le point Q ainsi construit sera le centre des moyennes harmoniques des sommets A, B, C par rapport à cette droite.

34. Pour le cas de quatre points A, B, C, D (*fig.* 12), dont on veut avoir le centre Q des moyennes harmoniques par rapport à la droite P'P'', on prendra ces points pour les sommets d'un quadrilatère ABCD, dont on prolongera les côtés jusqu'à la droite P'P''; on déterminera ensuite les centres des moyennes harmoniques q, q', q'', q''' des paires de sommets appartenant à chaque côté, et cela relativement au point de rencontre de ce côté et de la droite P'P''; joignant ensuite ceux de ces centres qui se trouvent sur les côtés opposés du quadrilatère, on aura les droites qq'', $q'q'''$ dont l'intersection Q sera le point demandé; car c'est ainsi qu'on opérerait si la droite P'P'' passant à l'infini, il s'agissait de déterminer le centre Q des moyennes distances des points A, B, C, D.

On pourrait d'ailleurs remplacer le quadrilatère ABCD par tout autre qui aurait les mêmes sommets; on pourrait aussi chercher le centre des moyennes harmoniques de trois quelconques des points proposés, et le joindre au quatrième par une droite qui devrait renfermer le point cherché, etc. ; dans tous les cas on obtiendra un point unique Q, comme cela a lieu lorsqu'on suppose l'axe des origines P′P″ à l'infini.

35. Si l'on avait cinq points à considérer, on rechercherait d'abord le centre des moyennes harmoniques de quatre quelconques de ces points, et la droite qui le joindrait au cinquième renfermerait le centre des moyennes harmoniques du système total des points donnés; une nouvelle opération analogue donnerait donc ce centre lui-même. En général, on pourra prendre le centre des moyennes harmoniques d'un certain nombre de points, puis le centre pareil des points restants; la droite qui renfermera les deux centres ainsi trouvés contiendra aussi celui du système total des points donnés. Mais, au lieu de rechercher une nouvelle droite qui contienne ce dernier centre, on pourra se contenter de déterminer, sur la première (9 et 12), le centre des moyennes harmoniques des deux centres partiels déjà trouvés, relativement aux nombres qui marquent de combien de points ces centres respectifs proviennent, etc.

On voit comment il faudrait s'y prendre pour un nombre quelconque de points qui seraient supposés dans l'espace; il suffirait, dans les opérations ci-dessus, de remplacer la transversale P′P″ par un plan, ainsi qu'il a déjà été expliqué (32).

36. Ce qui précède est simplement relatif au cas où les coefficients numériques, par rapport auxquels on prend les centres de moyennes harmoniques, sont égaux à l'unité ou égaux entre eux; mais il est évident, d'après les articles 26, 27, etc., que tout ce que nous avons pu dire, jusqu'à présent, de ce cas particulier, est immédiatement applicable à celui où les coefficients seraient des nombres quelconques répondant respectivement aux points donnés. Ainsi, par exemple, si l'on a trois points A, B, C (*fig* 10), dont m, m', m'' sont les coefficients numériques respectifs, et qu'il s'agisse d'en trouver le centre de moyennes harmoniques Q, par rapport à ces coefficients et à la droite PP′; on prendra d'abord (9 et 12) le centre des moyennes harmoniques q des points A et B, par rapport aux coefficients m et m' qui leur correspondent, et au point P de la droite des origines PP′; puis on prendra pareillement le centre des moyennes harmoniques q' des points B et C, par rapport aux coefficients numériques m' et m'' et au point P′ de PP′; les droites qC et q'A iront encore se croiser au point Q demandé, et il en serait de même de la droite q''B, qui appartient au centre de

moyennes harmoniques q'' de A et de C, par rapport aux coefficients numériques m et m'' de ces points.

En effet, si l'on met la figure en perspective de façon que la droite PP' passe à l'infini, le point Q deviendra évidemment le centre des moyennes distances des points A, B, C par rapport aux coefficients m, m', m''.

D'après cet exemple et d'après ce qui a été dit pour le cas particulier où les coefficients numériques sont égaux à l'unité, on voit ce qu'il y aurait à faire pour celui où l'on aurait un nombre quelconque de points auxquels correspondraient respectivement des coefficients numériques donnés, s'il s'agissait de trouver, pour ces coefficients, le centre des moyennes harmoniques des points dont il s'agit.

37. Il n'est pas inutile d'observer que le cas particulier où les coefficients numériques sont égaux entre eux, ou égaux à l'unité, donne lieu à des simplifications notables dans la construction générale ci-dessus du centre des moyennes harmoniques. Car, par exemple, s'il s'agit des sommets d'un triangle ABC (*fig.* 10), tout consistera alors, pour avoir les trois droites cq, Aq' et Bq'' qui contiennent leur centre Q des moyennes harmoniques, à former un nouveau triangle A'B'C' circonscrit au premier, dont les côtés aillent concourir respectivement aux points P, P' et P'', où les côtés qui leur sont opposés dans le premier vont rencontrer l'axe ou le plan des origines harmoniques PP'. En effet, en se reportant à la projection (*fig.* 11), où l'on suppose PP' à l'infini, il sera facile de voir que les droites AA', BB', CC' qui joignent les sommets opposés des triangles seront précisément celles qui se croisent au point Q demandé.

On peut d'ailleurs remarquer que le triangle inscrit $qq'q''$, qui a ses sommets aux centres de moyennes harmoniques q, q', q'' des côtés du proposé ABC, jouit, à son égard, des mêmes propriétés que le triangle circonscrit A'B'C'; de sorte que, si l'on connaissait seulement l'un quelconque q de ses sommets, on obtiendrait les deux autres par le simple tracé des droites P'$q''q$, P''$q'q$.

38. Plus généralement, si l'on a un nombre quelconque de points A, B, C, D (*fig.* 12) situés ou non dans un même plan, et que P'P'' soit l'axe ou le plan des origines harmoniques, il suffira de connaître le centre q des moyennes harmoniques de deux quelconques A, B de ces points, pour en déduire sur-le-champ ceux qui appartiennent à tous les points proposés en les prenant deux à deux.

Supposons, par exemple, que les points A, B, C, D, ..., soient pris pour les sommets d'un polygone ABCD..., il sera très-facile d'obtenir sur chaque côté le centre des moyennes harmoniques des sommets adjacents; car, d'après ce qui précède, pour avoir le centre q' des sommets B et C, ayant déjà le centre q de A et B, on n'aura qu'à tracer la droite qq' qui va rencontrer l'axe des origines harmoniques P'P'' au même point que la diagonale AC du polygone appartenant aux trois sommets consécutifs A, B, C que l'on considère.

Pareillement, pour obtenir le centre q'' qui appartient au côté suivant CD, on n'aura qu'à tracer la droite $q'q''$ qui va rencontrer l'axe des origines au point où le rencontre la diagonale BD, déterminée par les sommets extrêmes des côtés BC et CD que l'on considère et auxquels appartiennent les points q' et q''. En continuant donc ainsi jusqu'au dernier côté du polygone ABCD..., on formera un nouveau polygone $qq'q''q'''$... inscrit au premier, dont les côtés rencontreront respectivement l'axe des origines P'P'' aux points où le coupent les diagonales du premier polygone qui joignent ses sommets alternatifs, et dont les sommets seront précisément les centres de moyennes harmoniques qu'on cherche sur les côtés du polygone ABCD....

Il est clair qu'ayant une fois les centres de moyennes harmoniques des différents côtés du polygone ABCD..., on aura sans peine celui qui appartient à une diagonale ou à deux sommets quelconques, car cette diagonale est elle-même le dernier côté de l'un ou de l'autre des polygones dans lesquels elle divise le proposé, polygones dont on connaît déjà les centres de moyennes harmoniques des différents côtés à l'exception de celui du dernier, qu'on pourra obtenir ainsi par le tracé des simples lignes droites.

39. Toutes ces constructions peuvent d'ailleurs s'établir directement, en supposant qu'on mette la figure en perspective de façon que la droite ou le plan P'P'' des origines harmoniques passe à l'infini; et l'on voit en même temps quelle espèce de simplifications elles apportent dans la détermination ci-dessus (art. 35) du centre de moyennes harmoniques d'un nombre quelconque de points situés à volonté sur un plan ou dans l'espace; or ces remarques ne sont pas simplement curieuses, comme on va s'en convaincre par ce qui suit.

En effet, ce qui précède fournit un moyen très-simple et très-expéditif pour construire, sur une droite pd (*fig.* 9), le centre q des moyennes harmoniques d'un nombre quelconque de points a, b, c,..., par rapport à un dernier point p pris pour origine de segments harmoniques; car, ayant mené d'un point quelconque S, situé au dehors de la droite pd, les projetantes Sa, Sb, Sc, Sd,..., puis, ayant pris à volonté de nouveaux points A, B, C, D,..., sur chacune d'elles et répondant respectivement à ceux dont on cherche le centre des moyennes harmoniques, tout consistera à construire, comme il vient d'être expliqué dans ce qui précède, le centre pareil Q des points A, B, C, D,..., par rapport à PS pris pour axe des origines, et à projeter ce centre, de S sur pd, en q, qui sera (28 et 29) le point demandé.

40. Cette construction est plus simple que celle qui a été indiquée art. 14, et l'on peut remarquer qu'elle s'étend immédiatement au cas général où le centre q des moyennes harmoniques que l'on cherche est relatif (26) à des coefficients numériques quelconques m, m', m'',..., répondant respectivement aux points donnés a, b, c, d,..., puisqu'il suffit évidemment, au lieu de se borner à ne prendre qu'un seul point A, B, C,..., sur chacune des projetantes Sa, Sb, Sc,..., qui appartiennent aux proposés, d'en choisir autant qu'il est marqué par le coefficient numérique relatif à cette projetante ou au point d'où elle dérive.

Que l'on ait, par exemple, deux points a, b, auxquels correspondent respectivement les coefficients numériques m et m', on devra prendre m points arbitraires sur la projetante Sa, et m' points pareils sur la projetante Sb; cherchant ensuite le centre Q des moyennes harmoniques de ces $m + m'$ points et le projetant en q sur pb, q sera le centre des moyennes harmoniques de a et de b relativement à m et m'; c'est-à-dire qu'on aura (9)

$$\frac{m+m'}{pq} = \frac{m}{pa} + \frac{m'}{pb},$$

ou (24)

$$m\frac{aq}{ap} + m'\frac{bq}{bp} = 0,$$

en ayant égard à la règle des signes posée art. 17.

Les points A, B, C,..., qu'on doit prendre sur les diverses projetantes Sa, Sb, Sc,..., pouvant avoir une position quelconque, on devra profiter de cette détermination pour simplifier les opérations relatives à la recherche des points Q et q; mais ces simplifications se présentent d'une manière trop facile, dans les projections de la figure où ces points deviennent des centres de moyennes distances, pour qu'il soit nécessaire d'entrer dans des détails; et l'on serait conduit d'ailleurs à des résultats qui n'auraient qu'un léger avantage sur ceux des articles 9 et suivants, où l'on ne considère simplement que deux points a, b et les coefficients numériques m et n relatifs à ces points.

§ IV.

Application de la théorie du centre des moyennes harmoniques aux propriétés des figures rectilignes et polyédrales.

41. La théorie qui vient de nous occuper donne lieu à un grand nombre de propriétés nouvelles concernant les figures rectilignes; beaucoup de ces propriétés, entièrement analogues à celles qu'on déduit ordinairement de la théorie du centre des moyennes distances, sont par là même faciles à découvrir et peuvent être abandonnées aux investigations du lecteur; mais il en est d'autres qui, se rattachant à des propriétés du centre des moyennes distances moins généralement connues, et qui, étant susceptibles d'être transportées dans la théorie des courbes et des surfaces géométriques, méritent qu'on leur accorde une attention plus particulière; or, c'est à cet objet que nous allons consacrer les dernières pages de ce Mémoire.

Remarquons, en premier lieu, que la plupart des principes que nous avons établis sur le centre des moyennes harmoniques peuvent être envisagés comme autant de propriétés distinctes des figures composées simplement de points, de droites et de plans quelconques.

Par exemple, les principes des n°s 24 et suivants conduisent immédiatement à cet énoncé :

Étant donné à volonté, dans un plan, un faisceau de droites projetantes Sp, Sa, Sb, Sc,..., (fig. 7), *c'est-à-dire convergeant en un même point* S, *si, ayant choisi l'une quelconque d'entre elles* Sp *pour axe des origines harmoniques, on mène arbitrairement des transversales droites* ps, p's',..., *dans ce faisceau, puis qu'on détermine, sur chacune d'elles, le centre des moyennes harmoniques* q, q',..., *des points d'intersection* a, b, c,..., a', b', c',..., *qui lui appartiennent, par rapport aux points* p, p',..., *de l'axe* Sp *des origines harmoniques et relativement à des coefficients numériques quelconques* (26), *la suite des centres pareils sera une seule et même droite* Sq, *passant par* S, *et que nous avons nommée* l'axe des moyennes harmoniques *du faisceau formé par toutes les autres projetantes.*

42. Au lieu de mener arbitrairement les transversales *ps*, *p's'*,..., on peut exiger qu'elles passent par un même point du plan de la figure, et prendre ce point sur l'axe S*p* des origines harmoniques, en *p* par exemple, auquel cas cet axe devient inutile pour déterminer les centres *q*, puisque le point *p*

est, pour toutes les transversales, l'origine commune et unique des segments harmoniques: le théorème ci-dessus subsiste évidemment toujours; mais ainsi particularisé, il offre l'avantage singulier de pouvoir s'étendre à un système de droites quelconques situées dans un plan, et non plus simplement à un système de droites convergeant en un même point S; bien plus, pour arriver au théorème ainsi généralisé, il suffit, comme on va le voir, de partir du cas particulier où l'on ne considère que deux droites uniques Sa et Sb, cas qui se déduit immédiatement des principes exposés art. 8 et 9 de cette Section.

Soient, en effet, AB, BC, CD,... (*Pl. II, fig.* 13), des droites indéfinies situées sur un plan, p un point arbitraire pris pour pôle des transversales pb qui rencontrent respectivement en $a, b, c, d,\ldots$, les droites fixes dont il s'agit; je dis que si l'on détermine, sur chaque transversale pb, le centre q des moyennes harmoniques des points $a, b, c, d,\ldots$, par rapport au pôle p pris pour origine des segments et aux coefficients numériques quelconques $m, m', m'',\ldots$, la suite des points q sera une droite unique qQ$'$ qu'on pourra appeler l'*axe des moyennes harmoniques* des droites proposées, relativement à p et aux différents coefficients qui leur correspondent respectivement.

Pour le prouver, considérons d'abord deux droites AB, BC, auxquelles répondent les coefficients numériques m et m'; si, sur les transversales pd, nous prenons sans cesse les centres q' de moyennes harmoniques qui répondent aux points a et b de l'angle ABC, et aux coefficients m et m', d'après ce qui précède, la suite des centres q' sera une droite q'B passant par le sommet de l'angle, et à laquelle correspondra (24 et 26) un nouveau coefficient $m + m'$. Soit Q le point où cette droite rencontre CD, la troisième des droites données; prenons sur la transversale variable pb le nouveau centre q'' de moyennes harmoniques des points c et q' qui appartiennent aux côtés CDc et BQq' de l'angle cQq', et cela par rapport au point p et aux coefficients m'', $m + m'$ répondant respectivement à ces côtés; le point q'' sera le centre des moyennes harmoniques de a, b, c, et la suite de ces centres sera une nouvelle droite q''Q passant par Q, à laquelle correspondra un coefficient $m + m' + m''$, et qui rencontrera la quatrième AD des droites données en un point Q$'$ qu'il faudra prendre pour nouveau sommet d'angle, etc. On arrivera donc, en continuant ainsi, à une dernière droite qQ$'$ qui sera le lieu des centres de moyennes harmoniques de tous les points d'intersection $a, b, c, d,\ldots$, de la transversale mobile et des droites proposées, et qui en sera *l'axe de moyennes harmoniques* pour les coefficients $m, m', m'',\ldots$, et relativement au pôle p; théorème qu'on peut énoncer très-simplement de cette manière :

Un système de droites quelconques étant donné dans un plan, si l'on coupe ce système par une suite de droites transversales passant par un même point ou pôle, puis qu'on détermine, pour chaque transversale, le centre de moyennes harmoniques des points d'intersection correspondants, en prenant le pôle pour origine des segments, la suite de tous les centres pareils sera une droite unique, c'est-à-dire l'axe de moyennes harmoniques des proposées par rapport au pôle et aux coefficients donnés (*).

43. Remarquons que chacune des manières dont nous avons enseigné (20, 24, 26) à définir graphiquement ou numériquement le point q de la transversale mobile pb donne lieu à un énoncé particulier du théorème qui précède. Ainsi, par exemple, si l'on définit le point q par la relation

$$\frac{m.aq}{ap}+\frac{m'.bq}{bp}+\frac{m''.cq}{cp}+\frac{m'''.dq}{dp}+\ldots=0,$$

ou par celle-ci

$$\frac{m+m'+m''+\ldots}{pq}=\frac{m}{pa}+\frac{m'}{pb}+\frac{m''}{pc}+\ldots,$$

la suite des points q sera une ligne droite.

Il en sera de même évidemment de la suite des points q déterminés par la relation plus générale

$$\frac{k}{pq}=\frac{m}{pa}+\frac{m'}{pb}+\frac{m''}{pc}+\ldots,$$

dans laquelle k est un coefficient numérique quelconque. Maintenant si, dans cette dernière relation, on suppose tous les coefficients égaux à l'unité, on

---

(*) Dans le cas particulier où, les coefficients m, m',..., étant égaux à l'unité, on ne considère que le système de trois lignes droites, et où l'on prend pour pôle p le centre de gravité ou des moyennes distances du triangle formé par ces droites, l'axe des moyennes harmoniques passe tout entier à l'infini, et l'on a, pour une transversale quelconque issue de p et rencontrant en a, b, c, les côtés du triangle,

$$\frac{1}{pa}+\frac{1}{pb}+\frac{1}{pc}=0;$$

et, en effet, cette relation, en ayant égard à la loi des signes (17), est satisfaite pour les trois positions de la transversale où elle passe par l'un des sommets du triangle; car on a alors, par exemple, $pb=pc=2pa$.

Ce théorème a été démontré par MAC-LAURIN dans son *Traité des courbes géométriques*.

retombera sur le cas particulier démontré directement par Mac-Laurin, dans son *Traité des lignes géométriques*, à l'aide du principe de l'article 7 qui lui est dû. Mais on peut généraliser davantage encore ces diverses propositions.

44. Si nous remplaçons en effet, dans le théorème ci-dessus, les différentes droites données par des plans situés d'une manière quelconque dans l'espace, la suite des points q ne sera plus simplement sur une droite, mais sur un dernier plan qu'on pourra nommer *le plan des moyennes harmoniques* relativement au pôle des transversales.

On pourrait établir ce théorème directement et d'une manière analogue à celle que nous venons de mettre en usage pour les systèmes de lignes droites, en partant du cas particulier, et très-facile à démontrer, où l'on n'a que deux plans à considérer; mais on peut le déduire aussi très-simplement du théorème qui précède.

Par le point qui sert de pôle aux transversales et d'origine aux segments harmoniques, menons, en effet, un plan arbitraire ; il coupera les plans proposés suivant un système de droites ayant, d'après le théorème cité, une droite unique pour axe des moyennes harmoniques par rapport à ce pôle ; or tous les axes semblables se rencontreront évidemment deux à deux ; donc ils seront tous compris dans un seul plan, qui sera le plan même des moyennes harmoniques des proposés, suivant la définition admise ci-dessus. Ainsi :

Un système de plans quelconques a toujours, par rapport à un point fixe pris pour origine et pour pôle des transversales, un plan unique de moyennes harmoniques, c'est-à-dire renfermant tous les centres de moyennes harmoniques des points d'intersection qui appartiennent aux diverses transversales.

45. Remplaçons encore, dans le théorème de l'article 42, le pôle par une droite servant *d'axe* des origines harmoniques, les transversales droites par des plans transversaux passant par cet axe ; enfin supposons les droites proposées situées d'une manière quelconque dans l'espace : je dis que la suite des centres (29) de moyennes harmoniques des points d'intersection de ces droites et des différents plans transversaux, par rapport à l'axe commun des origines, sera une dernière ligne droite, qu'on pourra nommer *l'axe de moyennes harmoniques* des proposées par rapport au premier axe.

Projetons, en effet, sur un plan quelconque, le système des droites proposées et l'axe des origines harmoniques, à partir d'un point quelconque de cet axe pris pour centre de projection, c'est-à-dire de façon que cet axe y devienne un point; tous les plans transversaux seront représentés par des droites en projection, et les centres de moyennes harmoniques qui appartiennent aux points d'intersection de ces plans et des droites proposées resteront encore (29) de pareils centres pour les points de la projection, par rapport au point ou pôle qui représente l'axe des origines harmoniques; mais ces derniers centres sont (42) sur une droite, donc les autres restent dans le plan projetant unique de cette droite; et, comme pareille chose doit avoir lieu pour tout autre centre et tout autre plan de projection, on voit que les différents centres de moyennes harmoniques que l'on considère dans l'espace doivent se trouver à l'intersection commune, et par conséquent unique, de tous les plans projetants analogues à celui qu'on vient d'examiner en particulier. Donc enfin nous pouvons énoncer ce théorème :

Un système de droites quelconques étant donné dans l'espace, si l'on coupe ce système par une suite de plans transversaux passant par une même droite ou charnière, puis qu'on détermine, pour chaque plan, le centre (art. 32 et suivants) *de moyennes harmoniques des points d'intersection qui lui appartiennent, en prenant la charnière pour axe des origines harmoniques, la suite de tous ces centres sera une même droite,* axe des moyennes harmoniques *des proposées.*

46. Supposons que, dans les figures relatives aux théorèmes qui précèdent, le point et la droite qui servent de pôle ou de charnière aux droites et aux plans transversaux passe à l'infini, ces systèmes de droites et de plans transversaux deviendront respectivement parallèles, et les centres de moyennes harmoniques des points qui s'y trouvent se changeront (26 et 29) en des centres de moyennes distances; on arrivera donc, pour ces derniers centres, à des théorèmes qui ne seront que des cas très-particuliers de ceux dont il s'agit, et qu'il sera d'ailleurs très-facile d'établir directement d'après les propriétés généralement connues de cette sorte de centres. Or, en partant de là, on pourra réciproquement s'élever aux théorèmes généraux par des principes de projection analogues à ceux qui ont été mis en usage dans le Chapitre précédent (31); car on remarquera aisément que la figure relative à l'un de ces systèmes peut toujours être regardée comme la perspective plane ou en relief de l'autre.

47. La doctrine du centre des moyennes harmoniques donne lieu à plusieurs autres propriétés générales des systèmes de points, de droites et de plans, qui ne le cèdent en rien, pour l'élégance, à celles qui précèdent. Parmi ces propriétés, on peut ranger les principes mêmes qui ont été énoncés art. 29, 30 et 31, lesquels sont purement relatifs à des systèmes de points quelconques rangés sur un plan ou dans l'espace; nous nous contenterons

d'en indiquer rapidement quelques autres, qu'il n'eût pas été convenable d'examiner aux endroits cités.

Soit un système de plans quelconques passant par une même droite; concevons un dernier plan par cette droite, dont les différents points soient pris pour origine des segments harmoniques, et qui sera par conséquent *le plan des origines harmoniques* relativement à tous les autres. Cela posé, traçons à volonté une droite transversale, et déterminons sur elle le centre de moyennes harmoniques de toutes ses intersections avec les derniers plans par rapport au point de section du plan des origines; il est évident, d'après les principes posés art. 42 et 44, que *ce centre et tous ses semblables seront compris dans un seul et même plan passant par la droite commune aux proposés,* et qu'on pourra nommer *le plan des moyennes harmoniques* de ceux-ci par rapport au plan des origines. Ce même faisceau de plans convergeant en une même droite sera évidemment tel, que *tout plan transversal y déterminera un faisceau de droites concourant en un même point,* et ayant (27) un axe des origines et un axe des moyennes harmoniques; enfin *il existera entre les sinus et les tangentes trigonométriques des angles formés par ces plans, des relations analogues à celles que nous avons vu* (18 et 19) *appartenir aux faisceaux harmoniques de simples droites projetantes situées dans un plan unique,* mais qui seront plus générales étant relatives à des coefficients numériques quelconques.

48. Supposons maintenant que tous les plans proposés concourent simplement en un même point; en prenant une droite arbitraire, passant par ce point, pour axe des origines, *le lieu des centres harmoniques relatifs aux diverses transversales qui s'appuient sur cet axe sera évidemment encore un plan unique passant par le point commun aux proposés;* car il renfermera à la fois et tous les axes de moyennes harmoniques (27) des faisceaux de droites convergentes déterminées dans les plans proposés par tout plan transversal passant par *l'axe des origines,* et tous les axes de moyennes harmoniques (42) des systèmes de droites résultant de l'intersection de ces mêmes plans par un plan transversal arbitraire, relativement au point où ce plan rencontre l'axe des origines; ce qui ne saurait avoir lieu évidemment sans qu'il soit un seul et même plan.

49. Ces lemmes étant établis, *concevons un système de points quelconques dans l'espace, et un plan pris pour plan des origines harmoniques; par une droite quelconque de ce plan, menons de nouveaux plans vers les points donnés, et déterminons pour chaque système pareil* (47) *le plan des moyennes har-*

moniques par rapport au plan commun des origines : ce plan et tous ses semblables passeront par un seul et même point (31), *centre de moyennes harmoniques des proposés.*

Ce théorème offre, comme on voit, une autre manière d'énoncer le principe de l'article 31 déjà cité :

Concevons encore un système de droites quelconques situées dans l'espace, et prenons une dernière droite arbitraire pour axe des origines harmoniques ; cela posé, d'un point quelconque de cet axe menons aux diverses droites des plans, et prenons (48), *par rapport à l'axe dont il s'agit, le plan des moyennes harmoniques de ce système de plans : ce plan et tous ses semblables passeront* (45) *par une seule et même droite qui sera l'axe des moyennes harmoniques des proposées.*

50. Les divers exemples que nous venons de donner doivent suffire pour montrer la nature des propositions qu'il est possible de déduire des divers principes de la doctrine du centre des moyennes harmoniques, pour les systèmes de points, de droites et de plans quelconques. Il y en aurait d'autres bien plus difficiles à établir, et qui sont en quelque sorte les réciproques des précédentes : ainsi, par exemple, ayant vu (42) que le lieu des centres de moyennes harmoniques des différentes transversales passant par un point ou pôle, et rencontrant un système de droites données dans un plan, est une seule et dernière droite, axe des moyennes harmoniques des proposées, on pourrait se demander réciproquement quelle est l'enveloppe de tous les axes semblables de moyennes harmoniques des différents points d'une même droite prise dans le plan des proposées, etc. ; mais cette question et toutes ses analogues exigent d'autres principes pour être résolues, et elles se rattachent intimement à la théorie des courbes et surfaces géométriques, que nous nous proposons d'établir dans d'autres Mémoires, auxquels celui-ci ne sert pour ainsi dire que d'introduction.

Il semble d'ailleurs qu'on ne trouvera pas superflus et dénués d'intérêt par eux-mêmes les développements dans lesquels nous venons d'entrer, et dont la plupart nous seront très-utiles pour la suite de ces recherches. Par ces mêmes considérations, nous croyons pouvoir, avant de terminer, ajouter à tout ce qui précède quelques réflexions tendant à modifier et à rendre plus concis l'énoncé de plusieurs des théorèmes qu'on vient de faire connaître, en même temps qu'elles serviront à établir l'espèce de dépendance qui existe entre la théorie des centres de moyennes harmoniques et les principes déjà connus de la théorie des transversales.

51. Considérons le système de trois droites quelconques pA, pB, pC (*fig.* 14), situées dans un plan et convergeant en un même point p; soient α, β et γ trois points quelconques de leurs directions respectives; on aura, pour exprimer que ces trois points sont en ligne droite,

$$\text{triangle}\ \alpha p\gamma = \text{triangle}\ \alpha p\beta + \text{triangle}\ \beta p\gamma,$$

et, par conséquent,

$$p\alpha.p\gamma.\sin\alpha p\gamma = p\alpha.p\beta.\sin\alpha p\beta + p\beta.p\gamma.\sin\beta p\gamma;$$

d'où, en divisant tout par le produit $p\alpha.p\beta.p\gamma$,

$$\sin ApC\frac{1}{p\beta} = \sin ApB\frac{1}{p\gamma} + \sin BpC\frac{1}{p\alpha}.$$

Supposons que le point α soit, par rapport à p, le centre de moyennes harmoniques des points a, a', a'',..., situés sur la droite pA, et cela pour les coefficients numériques quelconques m, m', m'',...; pareillement que β soit le centre de moyennes harmoniques des points b, b', b'',..., de pB par rapport à p et pour les mêmes coefficients; qu'enfin γ soit le centre pareil des points c, c', c'',...; le nombre des points situés sur chaque droite étant d'ailleurs le même, on aura (26)

$$\frac{m+m'+m''+\ldots}{p\alpha} = \frac{m}{pa} + \frac{m'}{pa'} + \frac{m''}{pa''} + \ldots = \Sigma\left(\frac{m}{pa}\right),$$

$$\frac{m+m'+m''+\ldots}{p\beta} = \frac{m}{pb} + \frac{m'}{pb'} + \frac{m''}{pb''} + \ldots = \Sigma\left(\frac{m}{pb}\right),$$

$$\frac{m+m'+m''+\ldots}{p\gamma} = \frac{m}{pc} + \frac{m'}{pc'} + \frac{m''}{pc''} + \ldots = \Sigma\left(\frac{m}{pc}\right),$$

dans lesquelles Σ est le signe abrégé de *somme*.

Si nous mettons ces valeurs des réciproques de $p\alpha$, $p\beta$, $p\gamma$ dans la relation trouvée ci-dessus, elle deviendra

$$\sin ApC.\Sigma\left(\frac{m}{pb}\right) = \sin ApB.\Sigma\left(\frac{m}{pc}\right) + \sin BpC.\Sigma\left(\frac{m}{pa}\right),$$

nouvelle relation qui permet d'exprimer ainsi très-simplement le théorème du n° 43:

Ayant sur un plan un système de droites quelconques abc, a' b' c', a'' b'' c'',..., si, d'un point p pris à volonté sur ce plan, on mène trois transversales arbitraires pA, pB, pC *rencontrant respectivement les proposées en a, a', a'',..., b, b', b'',..., c, c', c'',..., on aura constamment, pour des coefficients numé-*

riques m, m', m'',..., *appartenant respectivement à ces mêmes droites,*

$$\sin \mathrm{A}p\mathrm{C}.\Sigma\left(\frac{m}{pb}\right) = \sin \mathrm{A}p\mathrm{B}.\Sigma\left(\frac{m}{pc}\right) + \sin \mathrm{B}p\mathrm{C}.\Sigma\left(\frac{m}{pa}\right).$$

Il est évident, en effet, que cette relation exprime tout autant que le théorème de l'article cité; car on en conclut d'abord que le centre des moyennes harmoniques de a, a', a'',..., celui de b, b', b'',..., enfin celui de c, c', c'',..., sont en ligne droite, quelles que soient les transversales pA, pB, pC menées à travers le système des proposées; laissant donc deux d'entre elles fixes, et faisant varier la troisième autour de p, on voit que la suite des centres des moyennes harmoniques qui lui appartiennent sera une seule et même droite.

52. La relation que nous venons d'établir ci-dessus pour exprimer que les trois points α, β, γ situés sur les transversales pA, pB, pC convergeant en un même point p appartiennent à une même droite, et la relation beaucoup plus générale que nous avons déduite du théorème de l'article 43, relativement à un système quelconque de points a, b, c,..., a', b', c',..., a'', b'', c'',..., situés trois par trois en ligne droite, doivent être considérées toutes deux comme des cas particuliers et des conséquences très-simples de celles qui ont lieu pour trois transversales arbitraires pA, pB, pC (*fig.* 15) formant par leurs rencontres mutuelles un triangle pqr, au lieu de converger en un même point.

En effet, on a alors, comme on sait (*), dans les hypothèses ci-dessus,

$$\alpha p.\beta r.\gamma q = \alpha q.\beta p.\gamma r,$$
$$(pa).(rb).(qc) = (qa).(pb).(rc),$$

dans la dernière desquelles (pa) représente le produit de tous les segments pa, pa', pa'',..., (rb) celui de tous les segments rb, rb', rb'',..., et ainsi de suite pour les autres.

Or, si nous mettons la première de ces relations sous cette forme

$$\alpha p(\beta p + pr).\gamma q = (\alpha p + pq).\beta p.(\gamma q + qr),$$

nous en retirerons la suivante, en développant et divisant par pr,

$$\alpha p.\gamma q = \alpha p.\beta p.\frac{qr}{pr} + \beta p.\gamma q.\frac{pq}{qr} + \beta p.\frac{pq.qr}{pr},$$

(*) CARNOT, *Essai sur la Théorie des transversales*, *Traité des Propriétés projectives*, *etc.*

qui devient, en remplaçant les rapports des côtés du triangle pqr par les sinus des angles opposés, et en supposant ensuite que p, q, r se confondent en un seul point p (*fig.* 14),

$$p\alpha.p\gamma.\sin ApC = p\alpha.p\beta.\sin ApB + p\beta.p\gamma.\sin BpC,$$

laquelle est précisément la relation obtenue directement à l'article **51**, pour le cas où les transversales pA, pB, qC concourent en un même point.

53. D'après cela, il est donc naturel de considérer les relations générales qui concernent un nombre quelconque de points rangés sur les trois transversales en question, comme étant pareillement des modifications l'une de l'autre; et c'est, en effet, ce qu'apprend le calcul appliqué à ce cas général d'une manière analogue à celle qui vient d'être mise en usage pour le cas particulier; mais nous établirons cette conséquence dans un prochain Mémoire, indépendamment de tout calcul, c'est-à-dire par des considérations purement géométriques, et cela même quels que soient les points que l'on considère sur les côtés du triangle transversal pqr, la seule condition étant qu'ils satisfassent à la relation générale déjà posée ci-dessus

$$(pa).(rb).(qc) = (qa).(pb).(rc).$$

Quant au cas présent, où l'on suppose les points a, b, c,..., a', b', c',..., a'', b'', c'',..., situés trois par trois en ligne droite, la même dépendance peut être établie très-simplement sans recourir à des transformations algébriques prolixes.

En effet, d'après ce qui précède, on aura pour ces différents groupes de points, lorsque (*fig.* 14) le triangle pqr s'évanouit,

$$\sin ApC\frac{1}{pb} = \sin ApB\frac{1}{pc} + \sin BpC\frac{1}{pa},$$

$$\sin ApC\frac{1}{pb'} = \sin ApB\frac{1}{pc'} + \sin BpC\frac{1}{pa'},$$

$$\sin ApC\frac{1}{pb''} = \sin ApB\frac{1}{pc''} + \sin BpC\frac{1}{pa''};$$

....

multipliant la première de ces équations par m, la deuxième par m', la troisième par m'',..., etc., m, m', m'',..., étant des nombres quelconques relatifs aux droites abc, $a'b'c'$, $a''b''c''$,..., ajoutant enfin toutes les nouvelles équations, on retombera directement sur la relation générale posée art. **51**. Ainsi, le principe de l'article **43** est une conséquence très-simple de la théorie des transversales rectilignes, et il serait facile de prouver la même chose des autres principes posés en cet endroit; mais, au lieu de nous arrêter à ces détails, nous nous contenterons d'ajouter quelques nouvelles remarques à toutes celles qui précèdent, renvoyant à la Note ci-après pour montrer comment on peut les étendre facilement au cas de l'espace.

54. La relation à laquelle nous sommes parvenus pour exprimer que les trois points α, β, γ (*fig.* 14) sont situés en ligne droite sur les transversales pA, pB, pC, peut être mise sous une autre forme, qui offre l'avantage particulier d'être indépendante des lignes trigonométriques, et de ne point devenir insignifiante quand le point p s'éloigne à l'infini, comme cela arrive pour la première. Coupons en effet le faisceau des droites pA, pB, pC par la nouvelle droite ABC, nous aurons

$$\frac{\text{triangle } ApC}{\text{triangle } BpC} = \frac{AC}{BC} = \frac{pA.pC.\sin ApC}{pB.pC.\sin BpC};$$

d'où l'on tire

$$\sin ApC = \frac{AC}{BC}.\frac{pB}{pA}.\sin BpC.$$

On aurait de même, par la comparaison des triangles ApB et BpC,

$$\sin ApB = \frac{AB}{CB}.\frac{pC}{pA}.\sin BpC;$$

substituant ces valeurs dans la relation citée, supprimant le facteur sin BpC, et multipliant ensuite tous les termes par $BC.pA$, il viendra

$$\frac{AC.pB}{p\beta} = \frac{AB.pC}{p\gamma} + \frac{BC.pA}{p\alpha},$$

nouvelle relation qui, satisfaisant aux conditions indiquées art. **18**, est projective de sa nature; elle n'apprend d'ailleurs guère plus que celle d'où nous sommes partis, quand on suppose le point p à l'infini, puisqu'elle se réduit alors à celle-ci $AC = AB + BC$, qu'on doit considérer comme une simple identité géométrique.

Mais, en observant qu'on a

$$pB = p\beta + B\beta,\quad pc = p\gamma + C\gamma,\quad pA = p\alpha + A\alpha,$$

on en déduira sur-le-champ

$$AC.\frac{B\beta}{p\beta} = AB.\frac{C\gamma}{p\gamma} + BC.\frac{A\alpha}{p\alpha},$$

qui est également projective, mais n'a pas l'inconvénient de devenir identique quand les droites pA, pB, pC sont parallèles (*fig.* 16), ou que p s'éloigne à l'infini.

On a alors, en effet, à cause que les distances infinies $p\beta$, $p\gamma$, $p\alpha$ peuvent être censées égales entre elles,

$$AC.B\beta = AB.C\gamma + BC.A\alpha,$$

pour exprimer que les points α, β, γ sont situés en ligne droite, de même que les points A, B, C.

Supposons maintenant que l'on considère, sur les transversales pA, pB, pC, un nombre quelconque de points $a, b, c, \ldots, a', b', c', \ldots, a'', b'', c'', \ldots$, rangés trois par trois en ligne droite : on aura donc, pour remplacer la relation générale de l'article 51, dans le cas de la *fig.* 14, en représentant par le signe Σ une somme de termes analogues, et ayant égard à la loi naturelle des signes de position,

$$AC.\Sigma\left(m\,\frac{Bb}{pb}\right) = AB.\Sigma\left(m\,\frac{Cc}{pc}\right) + BC.\Sigma\left(m\,\frac{Aa}{pa}\right),$$

et dans celui de la *fig.* 16, où le point p est à l'infini,

$$AC.\Sigma(m.Bb) = AB.\Sigma(m.Cc) + BC.\Sigma(m.Aa),$$

relations dont la première exprime que les *centres des moyennes harmoniques*, et la seconde que les *centres des moyennes distances* des groupes de points respectifs $a, a', a'', \ldots, b, b', b'', \ldots, c, c', c'', \ldots$, sont situés en ligne droite, et qui, l'une et l'autre, peuvent être considérées, ainsi que celle du n° 51, comme des modifications particulières de la relation (52) qui se rapporte au cas général où les transversales pA, pB, pC sont quelconques et forment un triangle pqr (*fig.* 15).

Au surplus, nous aurions pu partir directement de la relation qui appartient à la *fig.* 16 et qu'il est facile d'établir *à priori*, pour en déduire de suite celle qui se rapporte à la *fig.* 14, en employant à cet effet des principes de projection analogues à ceux qui ont été mis en usage à la fin du n° 21 ; mais la marche précédente nous a paru plus directe et plus lumineuse.

NOTE I.

SUR LES MOYENS D'EXPRIMER QUE QUATRE POINTS QUELCONQUES, APPARTENANT RESPECTIVEMENT A UN MÊME NOMBRE DE DROITES CONVERGEANT EN UN POINT UNIQUE DE L'ESPACE, SONT SITUÉS SUR UN SEUL ET MÊME PLAN.

Soient α, β, γ et δ (*fig.* 17) quatre points quelconques situés respectivement sur les côtés pq, qr, rs et sp du quadrilatère gauche $pqrs$; on aura, comme on sait, d'après la théorie des transversales, pour exprimer que ces quatre points sont dans un même plan, la relation

$$\alpha p.\beta q.\gamma r.\delta s = \alpha q.\beta r.\gamma s.\delta p;$$

d'où il serait aisé de déduire (52) celle qui est relative au cas où, le quadrilatère $pqrs$ s'évanouissant, les droites pq, qr, rs et ps concourent simplement en un même point p (*fig.* 18). Mais on peut arriver au même but d'une manière entièrement directe et simple, par des procédés analogues à ceux qui ont été mis en usage (51) pour le cas particulier de trois points situés en ligne droite, en considérant non plus l'aire des triangles, mais la solidité des pyramides qui s'y appuient et ont le point p pour sommet commun.

En effet, pour que les quatre points α, β, γ, δ, placés sur les transversales $p\mathrm{A}$, $p\mathrm{B}$, $p\mathrm{C}$, $p\mathrm{D}$, se trouvent compris dans un même plan, il est nécessaire évidemment et il suffit qu'on ait la relation

$$\text{sol.}\,p\alpha\gamma\delta + \text{sol.}\,p\alpha\gamma\beta = \text{sol.}\,p\alpha\beta\delta + \text{sol.}\,p\beta\gamma\delta;$$

or on a, d'après les principes connus et en représentant par l'expression $\sin(p\delta, \alpha p\gamma)$ le sinus de l'angle formé par la droite $p\delta$ avec le plan $\alpha p\gamma$, et par $(\alpha\beta\gamma)$ l'aire du triangle qui a pour sommets les points α, δ, γ,

$$\text{sol.}\,p\alpha\gamma\delta = \frac{(\alpha\beta\gamma)\,p\delta.\sin(p\delta, \alpha p\gamma)}{3} = \frac{1}{3}\sin(\alpha p\gamma).\sin(p\delta, \alpha p\gamma).p\alpha.p\gamma.p\delta,$$

ou, ce qui revient au même,

$$\text{sol.}\,p\alpha\gamma\delta = \frac{1}{3}\sin(\mathrm{A}p\mathrm{C}).\sin(p\mathrm{D}, \mathrm{A}p\mathrm{C}).p\alpha.p\gamma.p\delta.$$

On aurait pareillement, et selon les mêmes conventions,

$$\text{sol.}\,p\alpha\beta\gamma = \frac{1}{3}\sin(\mathrm{A}p\mathrm{C}).\sin(p\mathrm{B}, \mathrm{A}p\mathrm{C}).p\alpha.p\beta.p\gamma,$$

$$\text{sol.}\,p\alpha\beta\delta = \frac{1}{3}\sin(\mathrm{B}p\mathrm{D}).\sin(p\mathrm{A}, \mathrm{B}p\mathrm{D}).p\alpha.p\beta.p\delta,$$

$$\text{sol.}\,p\beta\gamma\delta = \frac{1}{3}\sin(\mathrm{B}p\mathrm{D}).\sin(p\mathrm{C}, \mathrm{B}p\mathrm{D}).p\beta.p\gamma.p\delta;$$

donc, substituant et divisant par le produit $\frac{1}{3}.p\alpha.p\beta.p\gamma.p\delta$, il viendra la relation

$$\frac{\sin(\mathrm{A}p\mathrm{C}).\sin(p\mathrm{D},\mathrm{A}p\mathrm{C})}{p\beta}+\frac{\sin(\mathrm{A}p\mathrm{C}).\sin(p\mathrm{B},\mathrm{A}p\mathrm{C})}{p\delta}$$
$$=\frac{\sin(\mathrm{B}p\mathrm{D}).\sin(p\mathrm{A},\mathrm{B}p\mathrm{D})}{p\gamma}+\frac{\sin(\mathrm{B}p\mathrm{D}).\sin(p\mathrm{C},\mathrm{B}p\mathrm{D})}{p\alpha},$$

qui est entièrement analogue à celle de l'article 51, et d'où l'on déduirait des conséquences semblables pour le cas d'un nombre quelconque de groupes de quatre points rangés dans un plan, tel que celui des points α, β, γ et δ.

Considérons maintenant un plan arbitraire ABCD, auquel correspondent les quatre points A, B, C, D sur les droites pA, pB, pC, pD, nous aurons, comme ci-dessus, en nommant P la perpendiculaire abaissée de p sur le plan ABCD,

$$\text{sol}.\,p\mathrm{ACD}=\frac{1}{3}\,\mathrm{P}.(\mathrm{ACD})=\frac{1}{3}\sin(\mathrm{A}p\mathrm{C}).\sin(p\mathrm{D},\mathrm{A}p\mathrm{C}).p\mathrm{A}.p\mathrm{C}.p\mathrm{D},$$
$$\text{sol}.\,p\mathrm{ABC}=\frac{1}{3}\,\mathrm{P}.(\mathrm{ABC})=\frac{1}{3}\sin(\mathrm{A}p\mathrm{C}).\sin(p\mathrm{B},\mathrm{A}p\mathrm{C}).p\mathrm{A}.p\mathrm{B}.p\mathrm{C},$$
$$\text{sol}.\,p\mathrm{ABD}=\frac{1}{3}\,\mathrm{P}.(\mathrm{ABD})=\frac{1}{3}\sin(\mathrm{B}p\mathrm{D}).\sin(p\mathrm{A},\mathrm{B}p\mathrm{D}).p\mathrm{A}.p\mathrm{B}.p\mathrm{D},$$
$$\text{sol}.\,p\mathrm{BCD}=\frac{1}{3}\,\mathrm{P}.(\mathrm{BCD})=\frac{1}{3}\sin(\mathrm{B}p\mathrm{D}).\sin(p\mathrm{C},\mathrm{B}p\mathrm{D}).p\mathrm{B}.p\mathrm{C}.p\mathrm{D};$$

substituant, dans la relation déjà trouvée ci-dessus, les produits des sinus tirés de ces dernières, et simplifiant, il viendra

$$(\mathrm{ACD})\frac{p\mathrm{B}}{p\beta}+(\mathrm{ACB})\frac{p\mathrm{D}}{p\delta}=(\mathrm{BAD})\frac{p\mathrm{C}}{p\gamma}+(\mathrm{BCD})\frac{p\mathrm{A}}{p\alpha},$$

nouvelle relation qui est projective suivant les principes posés art. 45 du tome I du *Traité des Propriétés projectives*, et d'où l'on déduirait plusieurs autres relations analogues, en remplaçant les rapports d'aires triangulaires par ceux des lignes de la figure ABCD. Contentons-nous de remarquer que puisqu'on a pour la position actuelle des lignes de la *fig.* 18

$$p\mathrm{A}=p\alpha+\mathrm{A}\alpha,\quad p\mathrm{B}=p\beta+\mathrm{B}\beta,\quad p\mathrm{C}=p\gamma+\mathrm{C}\gamma,\quad p\mathrm{D}=p\delta+\mathrm{D}\delta,$$

on peut, à son tour, la transformer en celle-ci :

$$(\mathrm{ACD})\cdot\frac{\mathrm{B}\beta}{p\beta}+(\mathrm{ACB})\cdot\frac{\mathrm{D}\delta}{p\delta}=(\mathrm{BAD})\cdot\frac{\mathrm{C}\gamma}{p\gamma}+(\mathrm{BCD})\cdot\frac{\mathrm{A}\alpha}{p\alpha},$$

qui jouit de la même propriété, et a, de plus, l'avantage de demeurer applicable au cas où le point p est censé à l'infini ; elle devient effectivement alors

$$(\mathrm{ACD}).\mathrm{B}\beta+(\mathrm{ACB}).\mathrm{D}\delta=(\mathrm{BAD}).\mathrm{C}\gamma+(\mathrm{BCD}).\mathrm{A}\alpha,$$

comme il serait aisé de le vérifier directement pour ce cas particulier.

Ces diverses relations sont entièrement analogues à celles qui ont été exposées dans le texte pour le cas du plan, et donnent lieu à des conséquences et à des rapprochements qu'il est facile de deviner, et sur lesquels il est peu nécessaire d'insister.

NOTE II.

SUR LES RELATIONS LINÉAIRES PROJECTIVES ENTRE LES DISTANCES DE POINTS RANGÉS SUR UNE MÊME DROITE, ET LES FORMULES TRIGONOMÉTRIQUES QUI EN DÉRIVENT.

Avant de terminer, je crois devoir présenter, à l'occasion des recherches qui sont le sujet de cette Section, une observation générale et très-importante, sur laquelle je n'ai pas suffisamment insisté dans le tome Ier du *Traité des Propriétés projectives des figures*; c'est que :

Il n'est, pour ainsi dire, aucune relation métrique, entre les distances d'une figure, qui ne puisse être préparée, généralisée ou transformée d'une manière convenable pour satisfaire aux conditions particulières de projectibilité *indiquées aux articles* 9, 10 *et* 45 *de ce Traité, et rappelées au n°* 18 *du présent volume.*

On en a vu un grand nombre d'exemples dans l'un et dans l'autre de ces écrits, mais ils n'y ont été amenés, en quelque sorte, qu'accidentellement, et l'on n'a nullement insisté sur les principes et les moyens qui pourraient y conduire directement ou généralement.

Or ces moyens, comme on a dû s'en apercevoir, consistent principalement dans les suivants :

1° Se servir des relations qui expriment la *juxtaposition* ou *contiguïté* des distances rangées sur une même droite, pour transformer la relation proposée en une autre qui satisfasse aux conditions déjà citées, en introduisant même, si cela est nécessaire, de nouveaux points parmi ceux de la figure;

2° Restituer, par la pensée, les points qui, dans le passage de la figure générale à celle qu'on examine, ont pu s'éloigner à l'infini en faisant ainsi disparaître, par suite de leur égalité, certaines distances qui multipliaient ou divisaient les termes de cette dernière relation;

3° Enfin chercher à rétablir ces distances dans la relation, sans la troubler et de façon que, sous sa nouvelle forme, elle satisfasse aux conditions prescrites, et devienne par conséquent applicable aux projections centrales ou perspectives de la figure ainsi modifiée par la restitution des points à l'infini.

Le premier de ces moyens convient particulièrement aux relations et aux figures que, par leur nature générale, on reconnaît être essentiellement projectives, quoique, dans leur état actuel, elles ne satisfassent pas aux conditions particulières précédemment indiquées; les autres conviennent principalement aux relations et aux figures qui, ayant une forme tout à fait particulière et déterminée, ne sauraient la conserver en perspective ou projection centrale : les articles 17 et 20 de cette Section nous ont offert des exemples qui se rapportent au premier de ces moyens, et l'article 21 en contient un seul qui se rapporte aux derniers ; mais la théorie du centre des moyennes distances eût pu aisément en fournir un grand nombre de cette sorte. Enfin, il est des relations et des figures qui permettent l'emploi simultané de ces deux moyens ; et, parmi ces relations, celles qui expriment la *juxtaposition* des distances rangées sur un même droite sont, sans contredit, les plus simples et les plus remarquables, outre qu'elles sont susceptibles de conduire à des principes de Trigonométrie aussi beaux qu'étendus. Je crois, en conséquence, devoir choisir ces relations particulières pour nouvel exemple propre à éclairer les applications des préceptes qui précèdent, d'autant plus que ces sortes d'identités jouent un rôle nécessaire et fort important parmi toutes celles qui peuvent en général appartenir aux figures. Observons d'ailleurs, une fois pour toutes, que dans le cas dont il s'agit, où tous les points sont sur une même droite, les conditions de projectibilité se réduisent simplement à ce que les différents termes de la relation proposée renferment les mêmes lettres, ou qu'en considérant ces différentes lettres comme autant de quantités simples, elles puissent disparaître comme facteurs, soit dans chaque terme séparément, soit dans l'ensemble de tous les termes (*voyez* les n°s 9 et suivants du tome Ier déjà cité).

Cela posé, considérons d'abord trois points quelconques A, B, C (*fig.* 19) situés en ligne droite: on aura, pour la position actuelle de ces points,

$$AC = AB + BC,$$

relation qui, sous cette forme, ne satisfait pas aux conditions ci-dessus, quoiqu'elle subsiste bien évidemment dans les projections centrales des points de la figure sur une droite arbitraire pn.

Pour la transformer en une autre qui satisfasse à ces conditions, nous chercherons, en premier lieu, à y introduire, selon ce qui a été prescrit ci-dessus, quelques-uns des segments qui se rapportent au point situé à l'infini sur AC, point que nous représenterons par P, et cela de manière à ne pas troubler l'égalité. Or, c'est à quoi l'on parvient évidemment en multipliant chacun des termes de cette relation par celui des segments infinis et égaux PA, PB, PC, qui n'appartient à aucun des points relatifs à ce terme. Cette relation se changera ainsi en cette autre,

$$AC.PB = AB.PC + BC.PA,$$

dont les différents termes renferment les mêmes lettres; et l'on voit aussi comment il faudrait agir pour préparer, de la même manière, toute relation linéaire du premier degré entre les simples distances de points rangés en ligne droite.

Sous cette nouvelle forme, d'ailleurs, la relation qui précède n'exprime évidemment rien de plus que celle d'où elle provient, attendu que le point P est censé à l'infini. Mais étant projective, elle ne devra pas cesser d'avoir lieu en mettant les points A, B, C et P en perspective sur la nouvelle droite arbitraire pn, à partir d'un point quelconque S; on aura donc, en nommant a, b, c et p les nouveaux points, dont le dernier appartient évidemment à la projetante pS parallèle à AC,

$$ac.pb = ab.pc + bc.pa,$$

relation qui a lieu, de la même manière (18), entre les sinus des angles projetants relatifs à chacune des distances qui y entrent.

On pourrait croire que cette relation est simplement relative à une certaine position particulière de p à l'égard de a, b, c; mais il est facile de prouver le contraire; car ayant choisi, à volonté, un tel point sur une droite abc, on pourra toujours mettre la figure en projection sur une autre droite AC, de façon que p passe à l'infini, puisqu'il suffit de prendre AC parallèle à la projetante Sp de ce point; or, la relation ci-dessus, qui est projective, sera satisfaite naturellement pour la projection AC; donc elle aura pareillement lieu pour la droite ac, quels que soient les points a, b, c, p.

Voyons maintenant comment, par des transformations convenables, nous aurions pu arriver directement à la relation dont il s'agit en partant de celle $ac = ab + bc$ qui n'en est qu'un cas particulier relatif à l'hypothèse où P serait à l'infini.

A cet effet, multiplions l'équation $ac = ab + bc$ par la distance pb: on aura successivement, pour la position actuelle de a, b, c et p,

$$ac.pb = ab.pb + bc.pb = ab(pc - bc) + bc(pa + ab) = ab.pc + bc.pa,$$

qui est précisément celle qui a été obtenue ci-dessus par une voie très-différente (*).

(*) Un savant géomètre, dont l'érudition est incontestable, attribue au grand Euler (Pétersbourg, 1747 et 1748) cette remarquable et élégante relation entre les six segments de quatre points rangés sur une même droite, et dont il a fait la base de ses écrits en 1837 et 1852, d'où sont proscrites soigneusement les

Sans nous arrêter longuement aux cas particuliers, nous considérerons de suite un nombre quelconque de points $a, b, c, d, \ldots, m, n$ (*fig.* 19), rangés sur une même droite; il est évident qu'il existera entre les distances de ces points, pris trois à trois, quatre à quatre, etc., une infinité de relations purement linéaires et évidentes, telles que celle $ac = ab + bc$ qui vient de nous occuper précédemment; or, si l'on prend arbitrairement un nouveau point p sur la droite en question, il sera très-aisé, d'après ce qui précède, d'en déduire, sur-le-champ, un égal nombre d'autres relations plus générales et jouissant de propriétés analogues à celles de la transformée

$$ac.pb = ab.pc + bc.pa.$$

Par exemple, ayant pour la position actuelle des points $a, b, c, d, \ldots, m, n$, la relation générale

$$an = ab + bc + cd + \ldots + mn,$$

on en conclura la suivante, en multipliant chacun de ses termes par le produit des segments relatifs au point p et à tous ceux des proposés qui n'appartiennent pas à ce terme,

$$\begin{aligned} an\,(pb.pc.pd\ldots pm) &= ab\,(pc.pd\ldots pm.pn) + bc\,(pa.pd\ldots pm.pn) \\ &+ cd\,(pa.pb\ldots pm.pn) + \ldots + mn\,(pa.pb.pc.pd\ldots). \end{aligned}$$

Il est visible, en effet, que cette relation remplit toutes les conditions prescrites, qu'elle peut s'établir par les mêmes moyens et donner lieu aux mêmes réflexions que celles que nous avons émises pour le cas particulier de trois points.

Pour la justifier *à posteriori*, nous la mettrons sous cette forme beaucoup plus simple, en divisant chacun de ses termes par le produit de tous les segments relatifs au point p et aux différents points proposés,

$$\frac{an}{pa.pn} = \frac{ab}{pa.pb} + \frac{bc}{pb.pc} + \frac{cd}{pc.pd} + \ldots + \frac{mn}{pm.pn};$$

et, en effet, on est immédiatement conduit à la relation suivante

$$\frac{pn - pa}{pa.pn} = \frac{pb - pa}{pa.pb} + \frac{pc - pb}{pb.pc} + \frac{pd - pc}{pc.pd} + \ldots + \frac{pn - pm}{pm.pn},$$

qui, en effectuant les divisions partielles, se réduit évidemment à une simple identité entre les diverses réciproques des distances $pa, pb, pc, \ldots$ Cette remarque, à laquelle on n'eût peut-être pas songé sans ce qui précède, conduirait également aux diverses autres relations analogues à celle que nous avons établie ci-dessus; ainsi, par exemple, on aurait, k étant le nombre des points proposés $a, b, c, \ldots, m, n$,

$$\frac{(k-3)\,an}{pa.pn} = \frac{ab}{pa.pb} + \frac{ac}{pa.pc} + \ldots + \frac{am}{pa.pm} + \frac{nm}{pn.pm} + \ldots + \frac{nc}{pn.pc} + \frac{nb}{pn.pb}.$$

Au surplus, les relations précédentes ayant lieu pour des points quelconques rangés en ligne droite doivent être soigneusement distinguées de celles qui expriment des conditions particulières, propres à faire trouver un ou plusieurs de ces points, à l'aide de certains autres supposés donnés. Elles ne sont, en dernière analyse, comme on voit, que des sortes d'identités exprimant et la *juxtaposition*

---

notions de l'infini et des transformations polaires et projectives; mais il est aisé de comprendre, d'après la diversité des procédés et la grande généralité de nos méthodes qui embrassent toutes les relations métriques projectives d'un nombre quelconque de points, que je n'ai rien dû emprunter à Euler ou à d'autres dans mes Mémoires de 1824 et même de 1830, qui constituent le texte principal du tome II des *Propriétés projectives*. (Note de 1864.)

des distances qui y entrent, et leur situation en ligne droite; mais, en ce sens même, elles sont très-dignes d'être remarquées pour les conséquences qu'on en peut déduire en général, soit par rapport aux autres relations projectives entre les distances, soit relativement à celles qui ont lieu entre les lignes trigonométriques des arcs et des angles; car il est évident que, puisqu'elles satisfont toutes aux conditions des n°s 9 et suivants du tome Ier du présent Traité, rappelées art. 18 de cette Section, elles doivent subsister également et sans conditions quelconques, soit entre les sinus des angles formés par un nombre quelconque de droites Sa, Sb, Sc, ..., passant par un même point S, soit entre les sinus des arcs $a'b'$, $b'c'$, $c'd'$, ..., qui mesurent ces angles sur une circonférence de cercle ayant pour centre le sommet commun S de tous ces angles.

Ainsi, par exemple, on aura, entre ces différents sinus la relation très-générale

$$\frac{\sin(a'n')}{\sin(p'a').\sin(p'n')} = \frac{\sin(a'b')}{\sin(p'a').\sin(p'b')} + \frac{\sin(b'c')}{\sin(p'b').\sin(p'c')} + \ldots + \frac{\sin(m'n')}{\sin(p'm').\sin(p'n')},$$

qu'on peut changer en cette autre, en rapportant tout à l'origine commune p' des arcs,

$$\frac{\sin(p'n'-p'a')}{\sin(p'a').\sin(p'n')} = \frac{\sin(p'b'-p'a')}{\sin(p'a').\sin(p'b')} + \frac{\sin(p'c'-p'b')}{\sin(p'b').\sin(p'b')} + \ldots + \frac{\sin(p'n'-p'm')}{\sin(p'm').\sin(p'n')},$$

et qui comprend, sous cette nouvelle forme, comme cas particuliers, presque toutes les formules fondamentales de la Trigonométrie, ainsi qu'on peut le voir par les articles 139, 140 et suivants de la *Géométrie de position*, où cette même relation générale est exposée d'après des principes fort différents de ceux qui précèdent.

Au surplus, on déduirait beaucoup d'autres relations non moins générales des considérations qui précèdent, et en y supposant ensuite certains angles ou certains arcs égaux à un quadrant, on obtiendrait celles qui concernent les cosinus, etc.; mais je laisserai au lecteur le soin de cette investigation et de ces rapprochements très-curieux, et me contenterai d'ajouter une dernière remarque à toutes celles qui précèdent: c'est que les relations entre les simples distances de points rangés sur une même droite, et qui satisfont aux conditions particulières déjà souvent indiquées, s'appliquent directement aux arcs de cercle et aux angles quelconques ayant un sommet commun, et peuvent être établies de la même manière; de sorte que, pour passer de là aux relations qui concernent les lignes trigonométriques, il ne s'agit que de remplacer chaque arc et chaque angle par le sinus qui lui est propre, proposition qui mérite particulièrement d'être remarquée des géomètres.

Enfin, je ne crois pas devoir passer sous silence une autre observation très-générale, et qui découle immédiatement des n°s 18 et 19 du *Traité des Propriétés projectives* (t. I): c'est que « toute la théorie du centre des moyennes harmoniques, qui se trouve exposée dans la présente Section, s'étend immédiatement aux figures tracées sur la surface de la sphère, en remplaçant les droites indéfinies par des circonférences de grands cercles, et les distances ou portions de droites par les sinus des portions correspondantes de ces circonférences (*). »

(*) *Voyez* à la fin de ce volume une ADDITION relative au contenu de cette Note (1864).

SECTION II.

THÉORIE GÉNÉRALE DES POLAIRES RÉCIPROQUES (*)

(Comprenant le principe de *réciprocité* polaire des relations métriques *projectives*).

Exposé préliminaire.

Dans la précédente Section, relative aux *centres de moyennes harmoniques*, j'ai annoncé que la *théorie des polaires réciproques* était susceptible d'une extension telle, qu'au simple énoncé d'une proposition suffisamment générale de l'étendue, elle permet d'en assigner sur-le-champ une autre toute différente et tout aussi générale, à moins cependant que la proposée ne soit elle-même sa réciproque, ce dont il y a des exemples. J'ai ajouté qu'à l'exception de quelques principes élémentaires, je n'avais donné jusqu'ici (avril 1824) qu'une idée très-imparfaite de cette théorie, soit dans le tome Ier du *Traité des Propriétés projectives des figures*, soit dans le tome VIII des *Annales de*

(*) Cette théorie, rédigée dans l'hiver de 1823 à 1824, est le développement naturel de celle que j'avais adressée en 1817 au Rédacteur des anciennes *Annales de Mathématiques*. Elle constitue un second Mémoire qui, imprimé dans le tome IV (1829) du *Journal de Mathématiques de Crelle*, a été présenté et lu par moi à l'Académie des Sciences de l'Institut, dans la séance du 12 avril 1824 (Commissaires, MM. Legendre, Poinsot et Cauchy) : le Rapport en a été approuvé seulement dans la séance du 18 février 1828, c'est-à-dire après quatre années d'une pénible attente pour l'auteur, qui, dans son éloignement de Paris, s'est vu ainsi privé des avantages attachés à la prompte publication de ses travaux, et a été, par là et contre son gré, entraîné à une polémique, à des revendications mentionnées dans divers passages de ses *Applications d'Analyse et de Géométrie*.

On trouvera à la fin de cette Section un *post-scriptum* qui contient le résumé rapide des paroles qu'il m'a été permis d'ajouter à l'*Exposé préliminaire*, dans la séance d'avril 1824, et dont la singulière appréciation (*voir* le tome II des *Applications*, p. 529) aura, sans nul doute, encouragé le long silence du Rapporteur, les usurpations dont j'ai eu à me plaindre, et les fâcheuses réserves ou dénégations dont mes anciens travaux ont été l'objet en France et à l'étranger, de la part de savants timorés, mal éclairés ou hostiles aux doctrines de la nouvelle Géométrie, auxquelles, du moins, on ne refuse plus guère de nos jours, d'avoir considérablement agrandi le champ des idées mathématiques, et, plus particulièrement, le nombre des propriétés *descriptives*, *métriques* ou *angulaires* de l'étendue figurée, qui se rapportent à la classe très-vaste de celles que j'ai nommées *projectives*. — (Note de 1865.)

Mathématiques (*), n'y ayant en effet simplement qu'effleuré le cas de l'espace, et m'étant constamment borné aux relations purement descriptives des figures; enfin j'ai annoncé que cette théorie était indispensable pour établir certaines propositions qui doivent entrer dans la partie de ces recherches relative aux courbes et aux surfaces géométriques en général. Je me propose ici de reprendre cette théorie et de lui donner toute l'étendue et tous les développements nécessaires pour en constituer un véritable corps de doctrine qui puisse se suffire à lui-même.

Vu son importance et son utilité générale dans toutes les questions et recherches géométriques, ayant d'ailleurs le dessein de réunir, par la suite, et de faire paraître sous un même titre les différents Mémoires de Géométrie que je me propose de rédiger successivement, je n'ai pas dû craindre de revenir sur le petit nombre des principes déjà exposés dans les ouvrages cités plus haut, et de m'appesantir sur ceux qui ne seraient point encore connus ou qui pourraient présenter quelques difficultés à être saisis par le grand nombre des lecteurs; j'ai même fait suivre chaque théorie particulière de plusieurs exemples qui, bien que des conséquences fort simples de ces théories, n'en sont pas moins très-propres à les éclairer et à en montrer l'esprit et la fécondité; j'ose donc espérer que l'Académie ne jugera pas trop sévèrement le résultat de mon nouveau travail, et qu'elle voudra bien excuser des détails et des développements nécessités par la nature du sujet et par le but particulier que je cherche à atteindre.

Pour donner une idée tant soit peu générale de l'objet que je me propose et des principes qui m'ont dirigé, il est nécessaire de rappeler que le *pôle* et la *polaire* d'une section conique ne sont autre chose que le *sommet de l'angle circonscrit* à une telle courbe, et la direction indéfinie de la *corde de contact* des côtés de cet angle; tandis que, pour la surface du second ordre, le *pôle* et le *plan polaire* se confondent respectivement avec le *sommet du cône circonscrit* à cette surface et avec le *plan indéfini du contact* de ce cône.

Cela posé, considérons d'abord une figure quelconque sur le plan d'une section conique prise pour auxiliaire : on démontre aisément que, si un certain point se meut sur une ligne droite de la figure donnée, la polaire de ce point pivote sur le pôle de cette droite, et réciproquement; or de là on conclut plus généralement que, si ce même point est assujetti à décrire une courbe quelconque, sa polaire en enveloppera une autre ayant à son tour la

(*) *Voyez* aussi le tome II des *Applications d'Analyse et de Géométrie*, où l'article des anciennes *Annales de Montpellier*, ci-dessus mentionnées, se trouve rapporté textuellement et accompagné d'utiles commentaires (p. 476 à 504). — (Note de 1865.)

première pour enveloppe des polaires de ses différents points; de sorte qu'on peut dire de ces deux courbes qu'elles sont polaires réciproques à l'égard de la section conique auxiliaire. Substituant donc ainsi à chaque point, chaque droite, chaque courbe de la figure proposée, la droite, le pôle et la courbe qui leur appartiennent, on formera une nouvelle figure qui elle-même pourra s'appeler la *polaire réciproque* de la première, et sera tellement liée avec elle que, d'après la théorie ordinaire du pôle et de la polaire simple, les *relations descriptives* ou *de situation* de l'une pourront se traduire immédiatement en des relations pareilles de l'autre.

C'est à montrer l'espèce de réciprocité qu'ont entre elles les deux figures dans différents cas, et relativement aux diverses positions des points et des lignes, que j'ai consacré la première partie de ce travail.

Ainsi, par exemple, j'y examine l'espèce de relations que conservent entre eux deux polygones réciproques polaires sur le plan d'une section conique, et je détermine le degré et les affections générales qui appartiennent aux courbes polaires qui peuvent être considérées comme les limites de ces polygones, etc. Au surplus, je le répète, j'avais déjà exposé les éléments de cette théorie dans un article inséré au tome VIII des *Annales de Mathématiques*, année 1818, en montrant, par quelques exemples, tout le parti qu'on en pouvait tirer pour la recherche des propriétés générales des figures, et j'y suis revenu avec plus de détails dans le *Traité des Propriétés projectives*, t. Ier, dont les Sections II et III contiennent un grand nombre d'applications très-remarquables et très-propres à montrer l'importance et l'utilité de ce genre de spéculations.

Pour passer du cas du plan à celui de l'espace, il suffit de substituer une surface du second ordre quelconque à la section conique auxiliaire, et de remplacer la polaire par un plan : observant ensuite, avec MM. Monge, Livet et Brianchon, que quand un point ou pôle est assujetti à demeurer sur un plan ou sur une droite donnée, le plan polaire de ce point pivote lui-même sur le pôle du premier plan, ou sur une droite qu'on peut nommer la *polaire* de la première droite, et réciproquement, on établit aisément la définition et les principales relations descriptives des figures rectilignes et polyédrales, qui sont polaires réciproquement dans l'espace, par rapport à une surface quelconque du second ordre prise pour auxiliaire : or, de là on passe immédiatement, par la loi de continuité, aux courbes à double courbure, aux surfaces développables et aux surfaces quelconques qui sont réciproques polaires dans l'espace, et peuvent être considérées comme les limites respectives des figures rectilignes et polyédrales dont il s'agit.

MM. Livet et Brianchon avaient déjà recherché (XVIIIe Cahier du *Journal de l'École Polytechnique*) quelle était l'enveloppe des plans polaires d'un point assujetti à demeurer constamment sur une courbe à double courbure ou sur une surface donnée, et ils avaient facilement reconnu, par l'analyse algébrique, que c'était, dans le premier cas, une surface développable qui se réduit à un cône lorsque la courbe proposée est plane, et, dans le second, une surface quelconque à double courbure, susceptible d'être engendrée par une droite en même temps que la proposée. Mais ces habiles géomètres n'ont pas recherché quelle espèce de relations et de réciprocité ont entre elles la figure primitive et sa dérivée; et, à l'exception du cas particulier où la surface directrice est du second ordre, ou se réduit à une section conique, ils n'ont point déterminé le degré de la surface polaire : or c'est ce que j'ai établi généralement dans la seconde partie de cet écrit, et par les seuls principes de la Géométrie rationnelle, en montrant de plus que l'*enveloppe des plans polaires* d'une surface donnée est en même temps le *lieu des pôles des plans tangents* de cette surface; de sorte qu'elles jouissent de relations descriptives entièrement réciproques à l'égard de la surface du second ordre servant d'auxiliaire, remarque qui seule suffit pour justifier l'épithète de *polaires réciproques* que je leur ai appliquée.

J'examine, au surplus, les principales relations descriptives qui peuvent appartenir à la surface primitive et à sa dérivée, et je mets ainsi le lecteur en état de traduire sur-le-champ, toute *propriété de situation* relative à une figure quelconque donnée, en une autre essentiellement distincte et applicable à la figure qui en est la réciproque polaire. C'est ce que je démontre par l'application à plusieurs théorèmes particuliers qu'il serait, je crois, difficile d'établir de toute autre manière. Parmi ces théorèmes, je me contenterai d'indiquer ceux qui concernent l'intersection plane des nappes de développables circonscrites à deux surfaces quelconques du second degré, et le lieu de tous les centres de surfaces du même degré, qui sont tangentes à la fois à huit plans donnés quelconques, etc.

Ce qui précède concerne uniquement les relations purement descriptives, et, parmi ces relations, celles qui n'ont trait qu'à la direction indéfinie des lignes et des surfaces, sans égard à aucun rapport de grandeur; or j'ai consacré les trois derniers paragraphes de cette Section à examiner quelle espèce de modifications doivent éprouver, dans le passage de la figure donnée à sa polaire réciproque, soit les *relations d'angles* et de *lignes trigonométriques*, soit les *relations métriques* entre les simples distances; j'ai trouvé que, quand ces relations sont de la nature de celles que j'ai nommées ailleurs *projectives*, la traduction pouvait toujours avoir lieu de l'une à l'autre figure, et j'ai indiqué les moyens de l'opérer, dans tous les cas, par une substitution de mots et de lettres mis à la place les uns des autres, qui se réduit à une sorte de mécanisme. Ainsi, non-seulement on est en état de découvrir, par la théorie des polaires réciproques, de nouvelles propriétés descriptives des figures, à l'aide des propriétés descriptives déjà connues et établies par les géomètres, mais on peut en faire tout autant pour les relations métriques entre les angles et pour une classe très-étendue de relations pareilles entre les simples distances, puisqu'elle comprend, comme cas particuliers, toutes celles de la *Théorie des transversales* et de la *Géométrie de la règle*.

Je ne dirai rien d'ailleurs des applications que j'ai faites de ces préceptes généraux à la démonstration ou à la recherche des théorèmes concernant les angles et les distances de certaines figures; je ferai seulement remarquer que, loin d'avoir épuisé le nombre des applications particulières et même des principes, je me suis constamment attaché aux plus simples et aux plus utiles d'entre eux, me contentant fort souvent d'en indiquer à la hâte quelques autres comme exercices, ou parce qu'ils me paraissaient dignes de fixer l'attention des géomètres. On verra en effet que la mine est d'une richesse pour ainsi dire intarissable, et que, si l'on voulait seulement citer ou énoncer les théorèmes de Géométrie qui peuvent découler de la théorie des polaires réciproques, par sa simple application aux propositions déjà connues, il faudrait y consacrer des volumes entiers et un temps considérable.

La théorie des polaires réciproques se rattache, de la manière la plus intime, à celle du *centre des moyennes harmoniques*, dont nous avons établi les principes dans la précédente Section : c'est ce qu'on a pu voir dans les écrits déjà rappelés au commencement de ces préliminaires; mais, avant de l'exposer dans toute la généralité qui lui est propre, je crois nécessaire de réunir sous un même point de vue et de résumer en peu de mots les différentes notions et définitions établies en ces divers endroits, de manière à arriver, par une marche à la fois claire et rapide, aux nouveaux principes qui font l'objet de la théorie dont nous allons maintenant nous occuper d'une manière tout à fait spéciale; et, afin d'aller du simple au composé, nous commencerons par le cas facile où les objets de la figure sont situés dans un seul et même plan.

§ Ier.

Des figures polaires réciproques dans un plan.

55. Supposons que, d'un point quelconque P (*fig.* 20, *Pl. III*) pris sur le plan d'une ligne du second ordre, on mène une suite de droites telles que AB, rencontrant respectivement la courbe en deux points A et B, puis qu'on détermine (4 et 7) sur chacune d'elles le centre Q des moyennes harmoniques des points A, B par rapport au pôle commun P des rayons vecteurs pris pour origine des segments harmoniques : tous les centres pareils seront, comme on sait, situés sur une seule et même droite ou *polaire* TT' que, d'après nos précédentes définitions (42), nous pourrions aussi nommer l'*axe des moyennes harmoniques* de la courbe relativement à l'origine commune ou au pôle P, qui, à son tour, pourrait s'appeler le *centre des moyennes harmoniques* de la courbe relativement à la droite dont il s'agit, prise pour axe des origines harmoniques, puisque la relation PA : PB :: QA : QB, qui lie l'origine P au centre Q des moyennes harmoniques de chaque transversale, est réciproque entre ces points.

Pour justifier sur-le-champ et *à priori* ces définitions, il suffit de remarquer que chaque transversale PB, menée par le point fixe P, ne renferme qu'un seul centre Q des moyennes harmoniques, et que ce centre ne peut jamais se confondre avec le point P, quelle que soit la position de la transversale mobile; de sorte que le lieu des points Q est nécessairement du premier degré, c'est-à-dire une ligne droite (*Propriétés projectives*, Section IV, n° 539).

Remarquons d'ailleurs, pour compléter ce rapprochement, que la polaire TT' d'un point P n'est autre chose que la *direction indéfinie de la corde, réelle* ou *idéale*, qui joint les points de *contact* T, T' des tangentes à la courbe, issues de ce point, et (1) que cette polaire s'éloigne à *l'infini*, ou se change en un *diamètre* de la section conique, selon que le *pôle* lui-même se *confond avec le centre* de cette section conique, ou s'éloigne à l'infini sur son plan; de sorte que *le pôle d'un diamètre est à l'infini sur le diamètre conjugué, et le pôle de toute droite à l'infini se confond avec le centre même de la courbe.*

56. Cela posé, considérons quelque part sur le plan de la section conique proposée un nouveau point quelconque p servant de *pôle* aux sécantes ou transversales rectilignes *ab* de la courbe; à ce pôle correspondra la nouvelle polaire *tt'* rencontrant en Q la première, et, pour les transversales QP, Qp

qui y passent, le point Q sera à la fois le *centre des moyennes harmoniques* des cordes AB et *ab* déterminées par ces transversales, et cela par rapport aux pôles respectifs P et *p*. Mais les points Q et P, Q et *p* sont *réciproques* entre eux d'après la relation qui les définit : donc le point Q peut, à son tour, être considéré comme le *pôle* de la droite P*p*, puisque les points P et *p* suffisent pour la déterminer complétement, c'est-à-dire que cette droite est la *polaire* de Q par rapport à la section conique, comme la droite TT′ l'est déjà relativement au point P. Or de là résulte ce théorème qui sert de base à tout ce qui va suivre :

Si un certain point P *est situé sur une droite* P*p tracée dans le plan d'une section conique quelconque, sa* polaire TT′ *passera nécessairement par le* pôle Q *de cette droite, et réciproquement.*

57. Le point P étant le pôle de TT′, comme le point Q est le pôle de P*p*, le système du point P et de la droite P*p* qui le renferme, et le système du point Q et de la droite TT′, défini par le premier, devront jouir de propriétés réciproques à l'égard de la section conique *auxiliaire* ou *directrice;* c'est pourquoi on peut dire que ces systèmes sont *polaires réciproques* l'un de l'autre.

58. Considérons, sur le plan d'une conique quelconque (*fig.* 21), deux droites arbitraires AB et AC se rencontrant en A; soit P le pôle de AB, et P′ le pôle de AC ; d'après ce qui précède, la polaire de A devra renfermer à la fois les points P et P′, c'est-à-dire que PP′ est cette polaire. D'un autre côté, le système du point A et de AB est réciproque de PP′ et P, comme aussi le système de A et AC est réciproque de PP′ et P′; donc on peut dire que le système de BAC tout entier est *réciproque polaire* de P, P′ et PP′. Il est évident, d'ailleurs, que si, au lieu de deux droites indéfinies AB et AC et de leur point de rencontre A, nous avions considéré primitivement le système des deux points P, P′ et de la droite PP′ qui les renferme, nous serions arrivés aux mêmes conséquences.

Enfin on voit pareillement que « le système d'un nombre quelconque » de droites AB, AC, AD,..., situées dans le plan d'une section conique, » et qui *convergeraient en un même point* A, aurait pour *réciproque polaire* » un système pareil de points P, P′, P″,..., *rangés sur une même droite* PP′ » *polaire de* A″. »

59. En général, un système de m droites quelconques tracées dans un plan a pour réciproque polaire un système pareil de points en nombre égal, et les $\frac{1}{2}m(m-1)$ points d'intersection de ces droites, prises deux à

deux, sont remplacés par les $\frac{1}{2}m(m-1)$ droites ou distances qui joignent aussi deux à deux leurs pôles respectifs, de telle sorte qu'il passerait autant de ces distances par l'un quelconque de ces pôles, que dans la figure primitive il y a de points d'intersection sur la polaire correspondante à ce pôle, c'est-à-dire $m-1$.

Ainsi, « les m droites du premier système et leurs intersections respec-
» tives ont pour *réciproques polaires* le système d'un égal nombre de points
» réunis deux à deux par les lignes droites ou *distances indéfinies* qui leur
» appartiennent, et, *vice versâ*, ce dernier système a pour *réciproque polaire*
» le premier. »

Enfin, puisque les points d'intersection des m droites de celui-ci sont les pôles respectifs des distances de l'autre, « les droites ou *diagonales* qui
» joignent ces points deux à deux ont, à leur tour, pour réciproques po-
» laires (58) les intersections correspondantes de ces mêmes distances pro-
» longées; » telle est donc l'espèce de relation graphique qui subsiste entre une figure plane rectiligne et sa polaire réciproque à l'égard d'une section conique tracée arbitrairement sur leur plan commun.

60. Considérons, par exemple, l'un quelconque des polygones ABCDE (*fig.* 22), formés par le système des droites proposées; ses côtés BA, BC, CD,..., ayant pour pôles respectifs les points *a, b, c, d, e*, ses sommets B, C,..., A auront pour polaires respectives (58) les droites *ab, bc, cd,..., ae* qui joignent deux à deux consécutivement les pôles dont il s'agit, et forment par conséquent le polygone *abcd...*, qu'on peut nommer le *polaire réciproque* du proposé.

En effet, d'après ce qui précède, les côtés et sommets de celui-ci auront à leur tour pour pôles et polaires les sommets et côtés respectifs du premier, et la même relation de réciprocité aura lieu entre les *points de rencontre* des côtés et les *diagonales* de ces polygones, à l'égard de la section conique auxiliaire; c'est-à-dire que les *diagonales* et les *points de rencontre des côtés* de l'un auront réciproquement pour pôles et polaires respectifs les *points de rencontre des côtés* de l'autre et ses *diverses diagonales*.

D'après cela on voit, entre autres, que si certains *points de rencontre* des côtés de l'un des polygones étaient situés en *ligne droite*, les *diagonales* qui leur correspondent dans l'autre concourraient (58) en un *même point, pôle* de cette droite, et *vice versâ*.

61. Supposons maintenant que l'on coupe par une droite ou *transversale*

arbitraire les côtés prolongés de l'un des polygones polaires ci-dessus, cette transversale sera remplacée dans l'autre par un point pôle de cette droite, et tout point d'intersection avec un côté le sera par une droite ou polaire passant (58) par ce pôle et par le pôle du côté dont il s'agit, c'est-à-dire par le sommet correspondant du polygone réciproque. Ainsi, le « système de la *transversale* et de ses *points de rencontre avec les côtés* du polygone proposé sera remplacé par le *faisceau des droites* qui joignent le *pôle* de cette transversale aux différents sommets du *polygone polaire;* et réciproquement, un pareil faisceau de droites convergentes, dans l'un des polygones, sera remplacé par le système des points de rencontre d'une droite transversale des côtés du polygone polaire. »

62. Considérons encore deux polygones quelconques sur le plan d'une section conique prise pour auxiliaire, ainsi que les polygones polaires qui leur appartiennent; supposons qu'on prolonge les côtés de l'un de ces deux polygones jusqu'à ses intersections avec ceux de l'autre : il est évident (59 et 60) que les points ainsi obtenus seront remplacés, dans les polygones polaires des proposées, par les droites qui joignent deux à deux les sommets de ces derniers. D'après cela on voit en particulier, que, si un certain nombre des *points d'intersection* dont il s'agit, appartenant à des *côtés différents, étaient en ligne droite*, les polaires qui leur correspondent, et qui appartiennent également à des *sommets différents* des polygones réciproques, *se croiseraient en un même point* (58).

Ces exemples me semblent devoir suffire en ce moment pour montrer l'espèce de dépendance graphique qui lie entre elles la figure primitive et sa dérivée, lorsqu'on n'envisage que des systèmes de points et de lignes droites situés dans un même plan; et attendu que cette dépendance est réciproque de l'une à l'autre des deux figures, il nous est permis de les appeler *polaires réciproques* à l'égard de la section conique auxiliaire. Les principes qui précèdent rendent d'ailleurs très-faciles les moyens de multiplier indéfiniment le nombre de ces exemples et de se familiariser avec eux; c'est pourquoi je crois devoir aborder de suite le cas où l'on a à considérer des lignes géométriques d'ordre quelconque.

63. Soit une telle courbe située sur le plan d'une section conique prise pour directrice des pôles; d'après la loi de continuité, on pourra regarder indifféremment cette courbe comme la *limite de deux polygones inscrits* ou *circonscrits d'un nombre infini de côtés infiniment petits;* appliquant donc à ces polygones les raisonnements établis ci-dessus (60) pour un polygone

quelconque fini, on aura à considérer une nouvelle courbe, limite commune des polygones polaires des proposés, et qui sera à la fois *le lieu des pôles des éléments ou des tangentes de la première et l'enveloppe des polaires des points qui lui appartiennent.*

On pourra donc décrire, par deux procédés différents et faciles, la courbe dont il s'agit, qu'on peut nommer la *polaire réciproque* de l'autre, puisque, en vertu de ce qui a été dit (60) pour les simples polygones polaires, la courbe proposée doit à son tour être considérée à la fois, ou comme *le lieu des pôles des tangentes de celle dont il s'agit,* ou comme *l'enveloppe des polaires des points qui lui appartiennent.*

D'ailleurs on arrive directement aux mêmes conséquences à l'aide du principe de l'article 56, en observant que, si « un certain point se déplace infiniment peu sur la première courbe ou sur la tangente en ce point, sa polaire, qui, par hypothèse, est une tangente de l'autre, tendra à pivoter sur le point de contact de cette tangente; car, d'après le principe cité, ce point de contact est à son tour évidemment le pôle de l'élément ou de la tangente que l'on a considérée sur la première; » c'est-à-dire que, *si, en un point quelconque de l'une des deux courbes, on mène une tangente à cette courbe, sa polaire touchera l'autre courbe en un point qui sera réciproquement le pôle de cette tangente.*

Ainsi, ces deux systèmes de tangentes et de points de contact seront *polaires réciproques* l'un de l'autre, comme les courbes mêmes dont ils font partie.

64. Supposons maintenant qu'on *inscrive* ou *circonscrive* un polygone quelconque à l'une de nos deux courbes, il est évident, d'après ce qui précède, que le polaire réciproque de ce polygone sera, au contraire, *circonscrit* ou *inscrit* à l'autre courbe ; de telle sorte que les *sommets inscrits* se changeront en des *côtés tangents* ou *circonscrits,* polaires de ces sommets par rapport à la section conique auxiliaire, tandis que les *cordes* ou *côtés inscrits* se changeront en des *sommets d'angles* ou de polygones *circonscrits,* et *vice versâ* pour la seconde figure. Toutes les autres relations de réciprocité indiquées ci-dessus (60), pour deux polygones polaires quelconques, continueront d'ailleurs de subsister entre les deux polygones, l'un inscrit et l'autre circonscrit aux deux courbes réciproques.

65. Pour développer encore plus ces considérations, concevons qu'on trace une *droite* ou *transversale* quelconque à travers l'une des deux courbes : elle la *rencontrera, en général, en autant de points qu'il est marqué par son*

degré. Or (63) chacun de ces points est le pôle d'une certaine tangente de la courbe réciproque, et (58) cette tangente passe nécessairement par le pôle de la transversale arbitraire; donc « le système de cette *transversale* et des *points d'intersection* qui lui appartiennent sera remplacé, dans la figure réciproque, par le système d'un égal nombre de *tangentes* issues d'un même point, pôle de cette transversale. »

Ces deux systèmes sont d'ailleurs réciproques, c'est-à-dire que, à l'inverse, « si, d'un même point, on mène à l'une des deux courbes toutes » les tangentes qui lui appartiennent, ce système aura pour polaire une » droite rencontrant l'autre courbe en un nombre de points indiquant le » degré de cette dernière courbe et précisément égal au nombre des tan- » gentes de la première qui sont respectivement les polaires de ces points. »

66. Il suit de là, entre autres, que :

Le degré de la polaire réciproque d'une courbe donnée est au plus égal au nombre qui exprime combien, d'un point arbitraire, on peut mener de tangentes à cette dernière courbe.

Car si l'on trace à volonté une droite ou transversale au travers de cette polaire réciproque, le nombre de ses intersections avec elle sera marqué par celui des tangentes à la proposée qui passent par le pôle de la transversale.

Mais on prouve aisément, à l'aide de la loi de continuité ou de toute autre manière, que le nombre des tangentes qu'il est possible de mener à une courbe plane du degré m, par un point quelconque de son plan, est en général et au plus $m(m-1)$; donc aussi :

Une courbe de degré m a pour réciproque polaire une autre courbe qui est, en général et au plus, du degré $m(m-1)$.

D'où il suit, en particulier, que :

Toute ligne du second ordre a pour réciproque polaire une ligne qui est elle-même de cet ordre.

Sans nous arrêter aux conséquences qu'on peut déduire de là pour les sections coniques, conséquences qui, pour la plupart, sont indiquées dans le tome Ier de ce *Traité*, nous ferons, sur ce qui précède, plusieurs remarques essentielles et que nous ne devons pas passer sous silence.

67. D'abord il paraît évident que, quoique la polaire réciproque d'une courbe de degré m soit en général du degré $m(m-1)$, on ne peut cependant (65) lui mener, d'un point pris arbitrairement sur son plan, que m tangentes au plus, bien qu'il semble en général que le nombre des tangentes possibles pour une courbe du degré $m(m-1)$ soit $m(m-1)[m(m-1)-1]$;

mais cela tient à ce que cette courbe est d'une espèce particulière parmi toutes celles du même degré, et qu'une courbe du degré m n'a pas toujours et nécessairement $m(m-1)$ tangentes, réelles ou imaginaires, passant par un point pris à volonté sur son plan.

En effet, d'une part, il est visible que si la courbe (m) que l'on considère a un ou plusieurs points multiples, le nombre des tangentes véritables dont il s'agit sera nécessairement diminué, attendu que les droites qui joignent ce point multiple au point donné, quoique ayant deux ou plusieurs points communs avec la courbe et confondus en un seul, n'en sont pas moins, en général, des *sécantes* de cette courbe, qui, d'ailleurs, ne sauraient être distinguées, sous certains rapports, des véritables tangentes, puisqu'elles remplissent exactement les mêmes conditions.

D'une autre part, en se reportant à nos deux polaires réciproques, dont l'une est du degré m, on s'apercevra sans peine (63) que tout *point multiple* de l'une a pour polaire une *tangente commune* à un nombre de branches de sa réciproque marqué par l'*ordre de multiplicité* du point dont il s'agit, et *vice versâ*, qu'une telle tangente a pour pôle un point multiple de l'*ordre* marqué par le nombre des *points de contact* de cette tangente ; enfin on voit que ces points de contact sont les pôles des tangentes au point multiple de la réciproque.

Or une courbe plane quelconque du degré m a évidemment, en général, un certain nombre n de *tangentes communes* à deux de ses branches; donc la réciproque polaire aura pareillement ce même nombre n de *points doubles*, et par conséquent le nombre $m(m-1)[m(m-1)-1]$, que nous avons trouvé pour exprimer celui des tangentes à cette polaire qui passent par un point donné, devra être diminué de $2n$.

En effet, il est aisé de s'assurer, par la loi de continuité, que la droite qui passe par un point double doit être considérée comme la réunion en une seule de deux tangentes de la courbe, c'est-à-dire qu'elle fait doublement partie des $M(M-1)$ tangentes que d'un point quelconque on peut en général mener à une courbe plane géométrique du degré M. Elle diminuerait ce nombre de trois unités, si elle appartenait à un point triple, et en général de p unités, si elle appartenait à un point multiple de l'ordre p ; mais on voit, d'après ce qui précède, que de tels points singuliers ne peuvent exister que pour des courbes d'une espèce tout à fait particulière, tandis que le contraire a lieu pour les points qui ne sont que doubles.

68. Une conséquence de ce qui précède, c'est que la polaire réciproque d'une courbe du degré m n'est pas toujours du degré $m(m-1)$, comme on l'a avancé ci-dessus (66); ce degré peut être moindre si la proposée a des points multiples, car le nombre des tangentes véritables qu'on peut mener à (m) par un point quelconque de son plan, sera diminué d'autant d'unités qu'il y a de branches distinctes passant à la fois par tous ces points multiples, et il devra en être de même du nombre $m(m-1)$ qui exprime, en général, le degré de la polaire réciproque de (m); le pôle de toute droite qui passe simplement par un point multiple de cette dernière ne faisant pas partie de la réciproque, et appartenant simplement à une tangente commune à plusieurs branches de cette réciproque.

Enfin, d'après la remarque faite plus haut, une telle tangente est la polaire d'un point multiple de la courbe (m), et un point quelconque de sa direction a nécessairement (56) pour polaire une droite quelconque passant par ce point multiple, tandis que les seuls points de contact de cette tangente avec la réciproque de (m) sont les pôles des véritables tangentes du point multiple dont il s'agit; de sorte que, dans la recherche ci-dessus (65, 66) des intersections d'une droite arbitraire et de la réciproque de la courbe (m), on ne doit pas tenir compte des intersections relatives aux tangentes de (m) qui passent simplement par les divers points multiples, à moins qu'on ne veuille considérer les polaires de tels points singuliers comme faisant réellement partie de la réciproque, par ce seul motif que leurs différents points sont les pôles d'une série de droites qui, sous certains rapports, peuvent être censées des tangentes de la courbe primitive (m).

69. Les *points d'inflexion*, de *rebroussement* et les *points conjugués* donnent lieu à des remarques analogues.

En effet, le *point conjugué* d'une courbe pouvant être considéré comme une *branche isolée et infiniment petite* de cette courbe, ou, plus généralement, comme l'*intersection réelle de deux branches imaginaires* de cette même courbe, toutes les droites qui y passent doivent être considérées comme de véritables tangentes dont les pôles, par rapport à la section conique auxiliaire, sont situés sur une même droite appartenant tout entière à la polaire réciproque de la courbe proposée. Or, la droite menée d'un point quelconque donné au point conjugué représentant au moins le système de deux tangentes issues de ce point et confondues en une seule, on voit que la polaire d'un point conjugué peut être envisagée comme le système de deux branches de la courbe réciproque, confondues en une seule et même droite. Faisant donc abstraction de cette droite, on voit que le degré de la réciproque sera abaissé au moins de *deux unités :* il le serait évidemment de *quatre,* si le point conjugué était *double* ou représentait deux branches de courbe devenues infiniment petites, etc.

70. Par un *point de rebroussement* du premier ou du second genre, il passe également une infinité de tangentes; ainsi, ce que nous venons de dire du point conjugué s'y applique directement : cependant, comme le point de rebroussement a de plus une tangente réellement déterminée, renfermant deux éléments consécutifs et superposés de la courbe, la polaire réciproque de celle-ci aura un *point singulier* répondant au premier, et que la discussion, par rapport à la section conique auxiliaire, apprend être un *point d'inflexion* quand le rebroussement est du *premier genre* ou que la *tangente passe entre les branches*, et un *point de rebroussement du second genre* quand celui du proposé est de ce genre, ou que la tangente laisse d'un même côté les deux branches qui y passent.

A l'inverse, un *point d'inflexion* a pour réciproque polaire un *point de rebroussement du premier genre ;* mais comme, d'après la loi de continuité, les droites qui passent par un tel point ne sauraient plus être prises pour des tangentes de la courbe proposée, la remarque précédente n'a plus lieu, à moins qu'on ne regarde la tangente en ce point comme faisant partie de la courbe, et en constituant une véritable branche.

71. J'ajouterai une dernière remarque à toutes celles qui précèdent, concernant *les branches infinies* et *les asymptotes* des courbes qui sont polaires réciproques par rapport à une section conique donnée dans leur plan commun : c'est que les points à l'infini de l'une de ces courbes ont pour polaires les tangentes de la réciproque issues du centre de la section conique auxiliaire, tandis que les asymptotes relatives à ces points sont les polaires des points de contact de ces mêmes tangentes; de telle sorte, par exemple, que, quand l'une des deux courbes a une ou plusieurs *branches paraboliques*, c'est-à-dire dont les asymptotes sont entièrement à l'infini, sa réciproque a un même nombre de branches passant par le centre de la section conique auxiliaire, lequel est ainsi un point multiple.

Ce qui précède offre, comme on voit, les moyens de discuter parfaitement le cours et les affections diverses que peut présenter la polaire réciproque d'une courbe quelconque continue, donnée sur le plan d'une section conique, choisie à volonté pour servir d'auxiliaire ou de directrice; bien plus, on est en état de découvrir le degré véritable de cette polaire réciproque dans chaque cas particulier, et de trouver même, sans recourir à la description effective, la position des divers points singuliers et des asymptotes qui lui appartiennent, ou, plus généralement, la direction de ses branches infinies; sur quoi il est essentiel de remarquer que plusieurs des points à l'infini de ces branches peuvent eux-mêmes être des points singuliers, tout comme cela arrive pour les points à distance donnée et finie.

Pour se rendre compte de cette particularité, il suffit, en effet, de considérer un point singulier ordinaire, et à distance donnée, d'une courbe quelconque, et de supposer ensuite qu'on mette la figure en projection centrale ou perspective sur un plan parallèle à la projetante de ce point, c'est-à-dire de façon que ce même point passe à l'infini dans la nouvelle figure.

Ainsi il y a des *points d'inflexion* et *de rebroussement*, des *points multiples* et *conjugués*, etc., *à l'infini* comme *à distance donnée*, ce qui, je crois, n'a pas encore été remarqué des géomètres, ou du moins n'a pas attiré leur attention autant que le sujet le mérite par lui-même.

72. Nous sommes maintenant en état de passer au cas où la figure contiendrait deux ou un nombre quelconque de courbes situées sur le plan d'une section conique prise pour auxiliaire, et de découvrir ce qui se passe dans la polaire réciproque de cette figure; car, d'après ce qui a été dit art. 63, il paraîtra évident que tout *point d'intersection* commun à deux des courbes de l'une des figures a pour polaire, dans l'autre, une tangente commune aux réciproques de ces courbes; et *vice versâ*, toute tangente commune à ces mêmes courbes a pour pôle l'un des points de rencontre des courbes réciproques : ainsi le nombre des *points de rencontre* et des *tangentes communes* appartenant à l'une des figures est précisément égal à celui des *tangentes* et des *points de rencontre* qui appartiennent à l'autre; de plus, ces deux systèmes ont entre eux les diverses relations examinées (art. 59) pour un système quelconque de points et de droites et son système polaire.

Par exemple, *les points de concours des tangentes communes* de l'un des systèmes sont les pôles des *sécantes ou cordes communes* de l'autre, et *vice versâ*, comme aussi les *droites qui joignent deux à deux* les points de concours dont il s'agit ont pour pôles, dans l'autre système, *les points où se coupent deux à deux* les sécantes communes, etc.

73. Soient deux courbes, l'une du degré m et l'autre du degré n, situées dans le plan commun d'une section conique prise pour directrice : leurs polaires réciproques seront, en général (66), des degrés $m(m-1)$, $n(n-1)$, et, comme on sait, elles se rencontreront aussi en général et au plus en $mn(m-1)(n-1)$ points, auxquels correspondront, d'après ce qui pré-

cède, un égal nombre de tangentes communes des courbes primitives; donc on a ce théorème :

Deux courbes géométriques de degrés m et n étant tracées sur un même plan, le nombre des tangentes communes à ces courbes est, en général et au plus, $mn(m-1)(n-1)$.

Quant au nombre des tangentes communes aux polaires réciproques de ces courbes, il ne saurait évidemment surpasser celui mn, qui appartient aux points mêmes de rencontre des courbes m et n; sur quoi on pourrait faire des réflexions analogues à celles que nous avons rapportées ci-dessus (67 et 68) pour le cas où les tangentes partent d'un même point.

Ajoutons, pour terminer, que lorsque les courbes m et n ont un *point de contact ou d'osculation d'un certain ordre*, les polaires réciproques de ces courbes en ont pareillement un de ce même ordre et qui correspond au premier; car p étant cet ordre, il en résulte que les courbes m et n ont $p+1$ *tangentes consécutives communes* confondues en une seule au point de contact, de sorte que les réciproques de ces courbes ont aussi $p+1$ *points consécutifs communs* confondus en un seul au point correspondant; on voit en outre que, dans ce même cas, le nombre des points communs distincts et des tangentes communes distinctes des courbes de l'un et de l'autre système, se trouve diminué de p unités.

74. Je crois inutile d'examiner les diverses autres relations de situation qui peuvent exister entre le système des courbes primitives et de leurs réciproques, par exemple celles qui auraient lieu pour des *tangentes* et des *points communs à l'infini*, soit de *simple contact*, soit d'*osculation*, etc.; j'en dirai tout autant de celles qui peuvent appartenir en commun au système d'un nombre quelconque de courbes situées dans un même plan : ce qui a été dit du cas particulier d'une seule courbe suffira toujours pour faire découvrir ces relations sans difficulté, si l'on s'est bien pénétré de la théorie des polaires réciproques.

Au surplus, les principes qui viennent d'être exposés concernent proprement les relations descriptives des figures planes, et, parmi ces relations, celles qui n'ont trait qu'au cours indéfini des lignes, sans égard à aucune mesure, à aucune grandeur déterminée ou constante, en un mot celles qui n'ont trait qu'aux *propriétés de situation* des lignes et des points tracés dans un plan commun. Nous examinerons plus loin ce qui arrive pour les relations qui, au contraire, concernent uniquement les *rapports de grandeur* que nous avons nommés *métriques;* et, quant aux applications de ces mêmes théories, nous renverrons au précédent volume du *Traité des Propriétés projectives*, qui en offre de nombreux exemples relatifs aux systèmes de sections coniques et de lignes droites. Nous ne saurions revenir ici sur ces applications spéciales sans faire un double emploi, d'autant plus qu'elles se présentent comme d'elles-mêmes, et ne donnent lieu à aucune observation nouvelle, à aucune difficulté particulière. C'est pourquoi nous allons de suite passer au cas où les figures que l'on considère sont situées d'une manière quelconque dans l'espace.

§ II.

Des figures polaires réciproques dans l'espace.

75. La théorie des polaires réciproques, dans l'espace, offre la plus grande analogie avec celle qui concerne les figures simplement tracées dans un plan; elle n'en est même, comme on va le voir, qu'une extension facile.

Soit, en effet, une surface du second ordre quelconque, et un point pris arbitrairement pour *pôle* des rayons vecteurs, ou d'une suite de transversales rectilignes rencontrant respectivement la surface en deux points; le raisonnement déjà mis en usage (55) pour les courbes du second ordre prouvera encore que le lieu des *centres de moyennes harmoniques* des différents couples de points d'intersection, par rapport au pôle considéré comme *origine* commune des segments, sera du premier degré ou une surface plane. On arriverait d'ailleurs à la même conséquence en considérant ce qui se passe dans les différents plans menés par le pôle des transversales, et en observant que les polaires (55) qui répondent respectivement aux différentes courbes d'intersection de ces plans et de la surface proposée doivent nécessairement s'entrecouper deux à deux, et être ainsi comprises dans un même plan, qu'on peut nommer indifféremment *le plan des moyennes harmoniques, le plan polaire* relatif au *pôle* considéré en particulier.

Il est évident d'ailleurs que le plan polaire, quand il rencontre la surface proposée ou que le pôle est au dehors de cette surface, contient les différents points de contact de celle-ci avec les tangentes issues du pôle; c'est-à-dire que, dans tous les cas, il est le *plan de contact*, réel ou idéal, de la surface conique circonscrite à la proposée, et qui a son sommet au pôle.

Enfin on voit que, quand le pôle d'un plan s'éloigne à l'infini, ce plan passe par le centre de la surface auxiliaire, ou devient un *plan diamétral* conjugué à la direction du *diamètre* qui contient le pôle; comme aussi, quand le plan polaire passe tout entier à l'infini, le pôle devient le *centre* même de la surface auxiliaire, et *vice versâ*.

76. Considérons à présent trois points arbitrairement situés par rapport à une surface du second ordre quelconque : les trois plans polaires qui leur correspondent respectivement dans la surface, iront se couper en un même point, et les cordes de la surface, qui appartiennent aux trois droites joignant ce point à chacun des proposés, seront (55) divisées harmoniquement par le couple des deux points dont il s'agit; le point d'intersection des plans polaires de nos trois points proposés a donc lui-même pour polaire un plan qui passe par ces trois points; d'où résulte ce principe entièrement analogue à celui qui a été établi (56) pour le cas particulier des sections coniques, et qui, comme lui, est fondamental :

Si un certain point est situé sur un plan quelconque, le plan polaire de ce point, par rapport à une surface du second ordre quelconque, passera nécessairement par le pôle de ce plan, et vice versâ, *de sorte que ces deux systèmes seront* polaires réciproques *à l'égard de la surface auxiliaire du second ordre.*

Il suit de là aussi que : *un nombre quelconque de plans passant par un même point a pour réciproque polaire un nombre pareil de points ou pôles situés dans un même plan; et,* vice versâ, *un nombre quelconque de points situés dans un même plan, a pour polaire réciproque un système pareil de plans passant par un même point.*

77. Considérons maintenant une droite quelconque dans l'espace, et prenons arbitrairement deux points sur sa direction; les plans polaires de ces points se rencontreront suivant une nouvelle droite, qui sera évidemment telle, *que tout point de sa direction aura réciproquement pour plan polaire un plan passant par la première droite;* car le point dont il s'agit, appartenant à la fois aux deux premiers plans, son plan polaire, d'après ce qui précède, doit renfermer aussi les pôles de ces plans, c'est-à-dire les deux points pris à volonté sur la droite donnée.

La réciproque de cette proposition est également vraie, c'est-à-dire que *tout plan passant par la droite donnée a pour pôle un point de l'autre droite;* car un tel plan renferme les deux points ci-dessus pris à volonté sur la droite proposée, et par conséquent son pôle doit appartenir à la fois (76) aux plans polaires de ces deux points ou à la droite de leur intersection commune; de plus, si l'on applique à cette seconde droite les raisonnements qu'on vient d'établir sur la première, il sera facile de prouver qu'elles jouissent entièrement des mêmes propriétés réciproques à l'égard de la surface du second ordre auxiliaire; on peut donc dire qu'elles sont *polaires réciproques* et énoncer ce théorème :

La droite, polaire réciproque d'une droite à l'égard d'une surface du second ordre, est à la fois le lieu des pôles des différents plans qui passent par la première, et l'intersection commune des plans polaires des différents points de cette première; de sorte que ces propriétés sont réciproques entre les deux droites dont il s'agit.

78. Ajoutons, comme chose évidente d'après ce qui précède, que, si par l'une quelconque de ces droites on mène, dans la surface auxiliaire, une suite de plans sécants, ils rencontreront l'autre droite en des points qui seront respectivement, pour les courbes d'intersection, les pôles de la première. On voit encore que, si l'on joint par une nouvelle droite deux quelconques des points de celles-là, sa direction ira rencontrer la surface auxiliaire en deux autres points qui la diviseront *harmoniquement* ou en *segments proportionnels;* de sorte que, en supposant l'une quelconque de ces droites à l'infini, *dans une direction donnée par un plan,* sa polaire deviendra un *diamètre* de la surface auxiliaire, et *vice versâ.*

Enfin, *si l'on considère deux ou un nombre quelconque de droites passant par un même point, leurs polaires réciproques seront* (77) *situées dans le* plan polaire *unique de ce point,* et, à l'inverse, *si un nombre quelconque de droites sont situées dans un seul et même plan, leurs polaires réciproques passeront par un point unique,* pôle *de ce plan.*

79. En remarquant que la réciproque polaire d'une droite n'est autre chose que la direction indéfinie de la sécante, réelle ou idéale, qui, sur la surface du second ordre, renferme les points de contact des plans tangents issus de cette même droite, on déduira aisément de ce qui précède les théorèmes spéciaux établis d'abord par Monge, Livet, Brianchon et Chasles sur les droites polaires ou *conjuguées.*

Mon objet n'est point d'ailleurs d'examiner les conséquences particulières qu'on peut déduire de là pour les surfaces du second degré, conséquences qui ont été également exposées, par les géomètres cités, dans les anciens *Recueils de l'École Polytechnique;* je me contenterai ici de remarquer que les considérations précédentes sont basées sur la définition la plus générale des lignes et des surfaces du second ordre, et qu'elles offrent la plus grande analogie avec celles qui ont été exposées à la fin de la première Section, relativement aux *centres* et aux *axes de moyennes harmoniques* des figures rectilignes et polyédrales.

80. Après ce qui vient d'être dit sur les réciproques polaires du point, du plan et de la droite, il ne sera pas difficile de découvrir les diverses relations graphiques ou descriptives qui peuvent avoir lieu entre une figure composée d'une manière quelconque des mêmes objets, et celle qui en est la *polaire réciproque* par rapport à une surface du second ordre prise à volonté pour directrice. Cette discussion étant d'ailleurs entièrement analogue à celle que nous avons établie pour les figures planes, nous nous bornerons à quelques exemples généraux relatifs aux polygones et aux polyèdres, en les choisissant de préférence parmi ceux qui peuvent nous servir à passer immédiatement aux relations de réciprocité qui concernent les courbes et les surfaces à double courbure, considérées comme limites des polygones et des polyèdres qui leur sont inscrits ou circonscrits respectivement.

81. Soit d'abord un *polygone rectiligne et gauche* situé d'une manière quelconque dans l'espace : il y aura dans ce polygone plusieurs choses distinctes à considérer, telles que les *sommets*, les *côtés*, les *angles aux sommets* et les plans comprenant ces angles respectifs, qu'on peut nommer *plans aux sommets* ou *au périmètre*. Supposons qu'on prolonge indéfiniment les *côtés* de ce polygone, on pourra les considérer comme les *arêtes* d'une sorte de surface composée de faces planes angulaires et que nous nommerons, pour abréger, *polyèdre angulaire* ou *indéfini*. A son tour, le polygone proposé pourra être envisagé comme résultant de l'intersection mutuelle des *arêtes consécutives* de ce polyèdre.

Cela posé, si nous appliquons à ce système les considérations offertes par la théorie des polaires réciproques, deux *arêtes* ou *côtés consécutifs* quelconques auront pour polaires (78) deux droites situées dans le plan polaire du sommet appartenant à ces côtés, et qui se rencontreront ainsi en un point, à son tour pôle du plan qui contient ces mêmes arêtes ou côtés. La suite des droites pareilles formera, par ses intersections successives, un nouveau *polygone gauche*, et celle des plans qui leur appartiennent formera un nouveau *polyèdre indéfini* ayant ces droites pour arêtes; polygone et polyèdre qu'on pourra nommer les *polaires réciproques* des premiers à l'égard de la surface auxiliaire du second degré, attendu les relations de réciprocité qui les lient entre eux d'après ce qui précède.

Remarquons d'ailleurs que, quand l'un des polygones est tout entier compris dans un *plan*, et que sa surface *polyèdre s'évanouit* en quelque façon, l'autre se réduit à un *point* (78) *pôle de ce plan;* de sorte que la surface polyèdre réciproque se change en un véritable *angle solide* ayant ce même point pour sommet, et dont les faces ont réciproquement pour pôles les sommets du polygone plan proposé.

82. Si, revenant au cas général de deux polygones gauches quelconques polaires à l'égard d'une surface du second ordre donnée, nous passons aux *courbes à double courbure,* limites de l'un et de l'autre de ces polygones, de même que nous l'avons fait (63) dans le cas du plan, il résultera de ce qui précède que ces deux courbes jouissent entre elles de cette propriété, que *les tangentes de l'une sont les polaires de celles de l'autre, tandis que les points de la première sont les pôles des* plans osculateurs *de la seconde, et* vice versâ.

Mais, d'après ce qui vient d'être observé pour les simples polygones, il existe, dans le cas de l'espace, une autre considération essentielle qui n'a pas lieu dans le cas du plan : c'est que la suite des tangentes à une courbe à double courbure, et dont elle peut être censée l'intersection continuelle, forme une véritable *surface développable* ayant cette courbe pour *arête de rebroussement,* et pour plans tangents les différents *plans osculateurs* de cette même courbe. Il en résulte, en effet, que l'*enveloppe* des plans polaires des différents points d'une courbe à double courbure n'est pas simplement la polaire de cette courbe, mais le système complet des tangentes à cette polaire, c'est-à-dire la *développable osculatrice* qui lui appartient : or cette propriété est réciproque entre les deux courbes dont il s'agit et leurs développables osculatrices.

Quant aux différents *plans tangents* à l'une de nos deux courbes, et il en existe une infinité passant par un même point ou une même tangente de cette courbe, ils ont évidemment pour pôles (77) les différents points de la développable réciproque appartenant à l'arête polaire de la tangente dont il s'agit.

83. Concluons, de tout ce qui précède, qu'une courbe à double courbure et sa développable osculatrice étant données dans l'espace, ou, ce qui est aussi général et revient au même, une surface développable et son arête de rebroussement étant données de même, il correspondra à ce système un système analogue composé également d'une développable et de son arête de rebroussement, système qu'on pourra nommer le *réciproque polaire* du premier, par rapport à la surface du second ordre prise pour auxiliaire, et dont les propriétés seront telles, que :

« 1° Les droites génératrices de l'une des développables seront les réci-
» proques polaires de celles de l'autre ;

» 2° Les plans tangents de l'une des développables, ou les plans oscula-

» teurs de son arête de rebroussement, seront les polaires des différents » points de l'arête de rebroussement de l'autre; et, *vice versâ*, les points de » son arête de rebroussement seront les pôles des plans tangents de la dé- » veloppable réciproque ou des plans osculateurs de l'arête de rebrousse- » ment de cette développable;

» 3° Tout plan passant par une génératrice de l'une des développables, » c'est-à-dire par une tangente à son arête de rebroussement, aura pour » pôle un point de la développable de l'autre système; et, *vice versâ*, un » point quelconque de l'une des surfaces développables aura pour plan po- » laire un plan passant par une génératrice de l'autre, c'est-à-dire qu'il sera » simplement tangent à l'arête de rebroussement de cette surface, etc. »

Il convient d'ajouter à tout ceci que, quand l'une des courbes que l'on considère est *plane*, auquel cas sa développable osculatrice est elle-même comprise tout entière dans le plan qui lui appartient, la courbe de l'autre système se réduit simplement à un *point* (81) pôle du plan dont il s'agit; de sorte que la développable correspondante est alors une véritable *surface conique*.

84. Proposons-nous maintenant de rechercher directement le degré de la développable réciproque d'une courbe à double courbure donnée, aussi bien que celui de l'arête de rebroussement de cette développable. Soit, à cet effet, m le degré de la courbe donnée, et appelons n celui de sa développable osculatrice : nous verrons bientôt qu'il existe une relation nécessaire entre les nombres m et n.

Cela posé, le degré de la développable réciproque de la courbe (m) sera évidemment égal au nombre des points d'intersection d'une droite arbitraire avec cette développable : or, d'après ce qui précède, cette droite a pour polaire réciproque dans le système proposé une autre droite, et les plans polaires des points d'intersection qui s'y trouvent sont des plans passant (77) par cette droite réciproque, et (83) simplement tangents à la courbe. D'un autre côté, par une droite donnée à volonté dans l'espace, on ne peut mener, en général et au plus, que $m(m-1)$ plans tangents à une courbe de degré m, puisque, si l'on fait la projection orthogonale de la figure sur un plan perpendiculaire à la droite, la question revient (66) à demander le nombre des tangentes à la projection de la courbe, qui passent par le point unique de la projection de la droite, et que le degré de cette courbe n'a pas cessé d'être m. Donc enfin le degré de la développable réciproque d'une courbe de degré m est, en général et au plus, $m(m-1)$.

Quant à l'arête de rebroussement de cette développable, son degré est marqué par le nombre des points suivant lesquels elle est rencontrée par un plan arbitraire; or ce plan a pour pôle, dans le système primitif, un point quelconque, et ses intersections ont pour réciproques des plans passant par ce point et touchant (83) la développable (n) de (m). Mais le nombre des plans tangents que, d'un point quelconque donné, on peut, en général, mener à une développable de degré n, est égal au nombre des tangentes qui répondent à ce point et à une section plane quelconque faite par ce même point dans la surface, section qui est également du degré n; donc le nombre des plans tangents dont il s'agit, et par conséquent le degré cherché de l'arête de rebroussement de la développable réciproque, est $n(n-1)$.

85. Nous avons dit qu'il existe une relation nécessaire entre les nombres m et n, qui expriment les degrés respectifs d'une courbe à double courbure et de sa développable osculatrice, ou, ce qui revient au même, de l'arête de rebroussement d'une surface développable et de cette surface elle-même. Pour la découvrir, cherchons en combien de points une droite arbitraire rencontre la surface dont il s'agit, lorsque le degré de son arête de rebroussement est m : à chaque point pareil répondra une génératrice de la surface, tangente à la courbe (m), de sorte que le plan qui la renferme, ainsi que la transversale arbitraire, sera lui-même tangent à cette courbe; le nombre des points d'intersection cherché sera donc égal à celui des plans tangents qu'on peut mener à la courbe (m), par la droite dont il s'agit : or nous avons fait voir ci-dessus que ce dernier est, en général, $m(m-1)$; donc tel est aussi, en général et au plus, le degré n de la développable osculatrice de la courbe (m).

Il suit de là évidemment que, dans la seconde des questions ci-dessus, il faudra remplacer le nombre n par celui $m(m-1)$ que nous venons de trouver, ce qui donnerait pour le degré de l'arête de rebroussement, polaire réciproque de la développable (n) de (m), $(m-1)[m(m-1)-1]$. Mais cette première limite peut être diminuée, quoique les raisonnements que nous avons établis, pour le cas où n est immédiatement donné sans que l'on connaisse m, soient en eux-mêmes très-rigoureux et très-concluants dans ce cas général; en effet, la connaissance du degré m de l'arête de rebroussement permet de modifier ainsi ces premiers raisonnements.

86. Le degré de l'arête de rebroussement polaire réciproque de la développable (n) est égal, comme on l'a vu (84), au nombre qui exprime combien, d'un point donné arbitrairement, on peut mener de plans tangents à cette développable (n), ou de plans osculateurs à l'arête de rebrousse-

ment (m) de cette développable. Or le système de tous les points de contact de ces plans tangents avec la développable (n) est lui-même sur une autre développable de degré $n-1$ (*), laquelle rencontre bien la développable (n) en $n(n-1)$ génératrices en général, mais ne rencontre l'arête de rebroussement (m) qu'en $m(m-1)$ points au plus, dont les plans osculateurs remplissent seuls complétement les conditions de la question ; donc $m(n-1) = m[m(m-1)-1]$ est, en général, le degré de l'arête de rebroussement, polaire réciproque de la surface (n) ou $m(m-1)$.

Nous pourrions faire, sur ces dernières considérations, et en général sur toutes celles qui précèdent, relatives aux degrés des courbes et des surfaces, des réflexions analogues à celles que nous avons présentées, dans les nos 67, 68 et suivants, sur les simples courbes planes et leurs réciproques ; mais elles se présentent d'une manière trop facile, et elles nous écarteraient trop de notre sujet pour qu'il soit convenable de nous y arrêter.

87. Pour terminer ce que nous avions à dire sur les courbes à double courbure et les surfaces développables, nous remarquerons qu'une telle courbe n'a jamais qu'une seule développable osculatrice, mais qu'il en est une infinité qui lui sont simplement tangentes, c'est-à-dire dont les éléments plans la touchent en chaque point de son périmètre, de la même manière qu'une surface développable quelconque n'a qu'une arête de rebroussement unique, composée d'ailleurs d'une ou de plusieurs branches distinctes et pour laquelle les plans tangents de la surface sont des plans osculateurs, tandis que cette même surface renferme une infinité d'autres courbes à double courbure simplement touchées en chaque point par les plans tangents de la surface.

Or, si l'on considère ce qui se passe par rapport à une surface du second ordre prise pour auxiliaire, il sera aisé de reconnaître (83) qu'une surface développable (n) étant circonscrite à une courbe à double courbure quelconque (m), ou, ce qui est la même chose, passant par cette courbe, la suite des pôles des plans tangents à cette surface sera une courbe à double courbure (p), située elle-même sur la développable enveloppe des plans polaires des points de la courbe proposée (m) ; si donc, pour fixer entièrement la position de la surface développable (n), on l'assujettit à passer par une seconde courbe à double courbure donnée (m'), la courbe (p) qui est la

(*) Cette proposition, qu'on démontre aisément par l'analyse algébrique, sera établie directement dans la suite de ces recherches, relatives aux propriétés générales des courbes et des surfaces géométriques.

polaire réciproque de cette surface dans l'autre système, ou le lieu des pôles de ses plans tangents, sera à la fois sur la développable réciproque de la première (m) des deux courbes proposées, et sur la développable réciproque de la seconde (m') de ces courbes, c'est-à-dire qu'elle sera à *l'intersection commune* de ces développables. Mais, d'après ce que nous avons vu ci-dessus (84), le degré de ces développables est en général $m(m-1)$, $m'(m'-1)$, m et m' étant ceux des courbes proposées; donc $mm'(m-1)(m'-1)$ est aussi celui de l'intersection dont il s'agit : d'où l'on conclut réciproquement (84) que le *degré de la développable circonscrite à nos deux courbes* (m) et (m') *est, en général,* $mm'(m-1)(m'-1)[mm'(m-1)(m'-1)-1]$, bien qu'on ne puisse lui mener, au plus, que $mm'(m-1)(m'-1)$ plans tangents d'un point quelconque donné.

88. Il serait inutile de nous appesantir davantage sur ces applications particulières, relatives aux surfaces développables et aux courbes à double courbure; les principes et les exemples généraux qui précèdent doivent suffire pour montrer comment on doit s'y prendre dans chaque cas : en conséquence, nous allons passer immédiatement à ce qui concerne les surfaces quelconques; mais auparavant nous devons dire quelques mots touchant les figures polyédrales, dont ces surfaces peuvent être regardées comme les limites.

Considérons donc un polyèdre quelconque dans l'espace, et prenons à volonté une surface du second ordre pour auxiliaire; d'après ce qui a été établi art. 76 et suiv., il est clair que la figure polaire de ce polyèdre sera elle-même un autre polyèdre, dont les *sommets*, les *faces* et les *arêtes* seront respectivement les polaires réciproques des *faces*, des *sommets* et des *arêtes* du proposé; de telle sorte, par exemple, que les sommets de l'un seront les pôles des faces de l'autre, et *vice versâ;* ainsi l'on peut dire de ces polyèdres qu'ils sont *polaires réciproques* l'un de l'autre.

Considérons entre autres un *hexaèdre ordinaire* quelconque, composé, comme on sait, de six faces et de huit sommets : son polaire réciproque aura donc, au contraire, six sommets et huit faces, de sorte que ce sera un *octaèdre à faces triangulaires;* car le nombre des sommets appartenant à chaque face sera égal au nombre des faces appartenant à chaque sommet de l'hexaèdre, c'est-à-dire trois. En général, on voit que les angles solides de l'un des polyèdres seront toujours (81) remplacés par des polygones plans de l'autre, contenant le même nombre d'arêtes que ces angles et autant de sommets qu'ils ont de faces planes.

89. On peut déduire de là plusieurs rapprochements curieux entre les polyèdres de diverses espèces, et qu'il serait peut-être moins facile de saisir de toute autre manière : ainsi, par exemple, un polyèdre d'une espèce quelconque étant donné, on peut toujours construire un autre polyèdre ayant autant de faces que le premier a de sommets, et autant de sommets que le premier a de faces; de telle sorte que ses angles solides seront de même espèce que les polygones plans du premier, et *vice versâ*. Enfin on voit que deux polyèdres réciproques sont toujours tels, que le nombre de leurs arêtes est le même de part et d'autre ; mais nous ne saurions nous arrêter ici davantage à ces corollaires particuliers de la théorie des polaires réciproques.

90. Pour compléter ce que nous venons de dire sur les polyèdres polaires, nous ferons observer que la droite ou *diagonale* qui appartient à deux sommets quelconques de l'un d'eux a pour réciproque la *droite d'intersection* des deux faces qui ont pour pôles ces mêmes sommets, et *vice versâ;* qu'ensuite *toute droite qui rencontre les faces de l'un des polyèdres* ou leurs prolongements a pour polaire réciproque une autre *droite* (77), *intersection commune de plans passant par les sommets* de l'autre polyèdre et qui ont pour pôles respectifs les intersections de la première; qu'enfin *tout plan rencontrant les arêtes* de l'un des polyèdres a pour réciproque (76) *le point d'intersection commune de plans contenant les arêtes* de l'autre.

91. En passant de ce qui précède aux surfaces, comme on l'a fait pour les simples polygones et les courbes, on en conclura que :

Une surface quelconque étant donnée et une surface du second ordre étant prise à volonté pour auxiliaire, *il existe toujours une autre surface, polaire réciproque de la première, et qui est à la fois le lieu des pôles de ses plans tangents et l'enveloppe des plans polaires des différents points qui lui appartiennent.*

Cette propriété est d'ailleurs réciproque entre les deux surfaces, c'est-à-dire que :

Si, en un point quelconque de l'une des surfaces, on mène le plan tangent correspondant, le plan polaire de ce point touchera l'autre surface en un point qui sera réciproquement le pôle de ce plan tangent.

D'après cela, on prouve aisément encore (77) que :

Toute tangente en un point de l'une des surfaces a pour polaire une tangente à l'autre surface, en un point dont le plan tangent a réciproquement pour pôle le point de contact de la première.

92. Il est presque inutile de dire que tout polyèdre inscrit à l'une des deux surfaces a pour réciproque un polyèdre circonscrit à l'autre, et *vice versâ*. Quant aux polygones inscrits ou circonscrits, ils offrent des circonstances particulières que nous aurons occasion d'examiner plus loin.

Remarquons d'ailleurs que, quand l'une des surfaces est susceptible d'être engendrée en général par une droite mobile, c'est-à-dire lorsque c'est une *surface réglée* quelconque et non développable, l'autre en est nécessairement une aussi (77); or, il est aisé de prouver que la réciprocité observée ci-dessus, pour les surfaces polaires en général, aura encore lieu dans le cas actuel, c'est-à-dire que chacune de ces surfaces sera à la fois l'enveloppe des plans polaires des points de l'autre, et le lieu des pôles des plans tangents à cette autre.

Au contraire, quand les génératrices de la surface proposée se rencontrent consécutivement ou que cette surface est développable, les choses se passent tout différemment, et la réciprocité n'a plus lieu, comme on a déjà pu en juger d'après ce qui a été dit (82) à l'occasion des courbes à double courbure. Car, tandis que *le lieu des pôles des plans tangents* à une surface développable est simplement *une courbe à double courbure, l'enveloppe des plans polaires de ses différents points* est au contraire une véritable *surface développable* comme la proposée, et qui est osculatrice de cette courbe; circonstances qui semblent tenir (82) à ce que, sous certains rapports, il est comme impossible de distinguer une courbe à double courbure de sa développable osculatrice, ou, ce qui revient au même, une développable de son arête de rebroussement.

Revenons au cas général des surfaces quelconques à double courbure.

93. Supposons que, en vue de découvrir le degré de la surface réciproque polaire d'une surface de degré m donnée dans l'espace, on considère une droite transversale arbitraire de cette réciproque : chacun des points d'intersection de cette droite aura pour réciproque (91) un plan tangent à la surface (m) passant (77) par la droite polaire de celle dont il s'agit; donc le degré de la polaire réciproque d'une surface (m) est égal à celui qui exprime combien, d'une droite donnée à volonté dans l'espace, on peut mener de plans tangents à cette surface (m).

Pour découvrir ce dernier nombre, nous supposerons que, de deux points quelconques de la droite proposée, on mène deux cônes enveloppes de la surface (m), les courbes de contact de ces cônes se couperont en des points qui seront évidemment ceux des points de contact des plans tangents demandés, et leur nombre sera précisément égal à celui de ces plans; mais on démontre que la courbe de contact d'un cône circonscrit à une surface du degré m est sur une autre surface du degré $m - 1$, quoique ce cône soit lui-même du degré $m(m - 1)$; donc les points de contact des plans tangents ci-dessus sont à l'intersection commune de la surface (m) et de deux autres surfaces du degré $m - 1$; donc aussi leur nombre ou celui des plans tangents est, en général et au plus, $m(m - 1)^2$, et par conséquent :

La polaire réciproque d'une surface de degré m est, en général et au plus, du degré $m(m - 1)^2$.

C'est évidemment aussi, en général, le degré de toute section plane faite dans cette surface polaire.

94. On remarquera que tout *cône circonscrit* à l'une de nos deux surfaces a pour polaire réciproque (83) une *section plane* de l'autre, et *vice versâ;* mais toute section plane faite dans une surface de degré m est elle-même du degré m; donc (84) tout cône enveloppe de la polaire réciproque de (m) est du degré $m(m - 1)$ seulement, bien que le degré de cette surface polaire soit, en général, $m(m - 1)^2$, d'après ce qui précède. Supposons, par exemple, $m = 2$: on aura à la fois $m(m - 1)^2 = 2$ et $m(m - 1) = 2$, c'est-à-dire que :

La polaire réciproque d'une surface du second degré est elle-même du second degré, et toute surface conique circonscrite à cette polaire est pareillement de ce degré.

En se rappelant (75) que le *pôle* et le *plan polaire* d'une surface du second degré ne sont autre chose que le *sommet* et le *plan de contact* d'une surface conique quelconque circonscrite à cette même surface, on conclura en particulier, de ce qui précède, qu'un pareil système a pour *polaire*, à l'égard de la surface auxiliaire, un nouveau point et un nouveau plan qui ont entre eux *la même corrélation* par rapport à la surface du second degré réciproque de la proposée.

95. Considérons maintenant un *polygone gauche quelconque inscrit* à l'une (m) de nos deux surfaces réciproques (m) et (m') : il est évident (81) que son réciproque polaire sera lui-même un autre polygone dont les différents angles aux sommets seront simplement compris (91) dans des plans tangents à la seconde (m') de ces surfaces, formant ainsi un *polyèdre indéfini* (80) *circonscrit* à cette surface suivant des points qui seront les pôles respectifs des plans tangents aux sommets du premier polygone. Or, les intersections consécutives de ces derniers plans tangents donnent lieu à un autre

solide indéfini circonscrit à la surface (m), et ayant à son tour pour réciproque le polygone formé par les points de contact déterminés sur (m'), pris pour sommets successifs de ce polygone ; donc ces deux polygones inscrits, sans être réciproques polaires, sont néanmoins tels, que les côtés de l'un sont les polaires des arêtes du solide indéfini circonscrit aux sommets de l'autre, et que ses sommets sont les pôles des faces planes de ce même solide.

Les choses se passent d'une manière différente pour le cas où l'on considère un polygone circonscrit à l'une (m) des surfaces ; car son réciproque est évidemment (91) lui-même circonscrit à l'autre (m'), et ses angles ne sont plus compris dans des plans tangents à cette autre surface. On apercevra encore mieux la différence qui existe entre les deux cas, en supposant qu'on inscrive aux surfaces (m) et (m') les polygones qui ont pour sommets les points de contact des côtés des premiers ; car les polyèdres circonscrits qui leur appartiennent renfermeront simplement sur leurs surfaces les contours des polygones circonscrits dont il s'agit, de telle sorte que les sommets de ceux-ci seront situés sur les arêtes respectives de ceux-là.

96. Passant donc au cas où les polygones inscrits ou circonscrits aux surfaces proposées deviennent des *courbes véritables* qui se confondent en une seule pour chaque surface, les polyèdres circonscrits deviendront des *surfaces développables* elles-mêmes *circonscrites aux proposées suivant ces courbes, et dont chacune sera l'enveloppe des plans polaires des points de la courbe de contact de l'autre :* les *arêtes de rebroussement* de ces développables restant d'ailleurs *distinctes de leurs courbes de contact,* puisque les osculatrices développables de celles-ci, polaires réciproques (83) de ces arêtes, sont supposées quelconques à l'égard des surfaces proposées. Quant aux degrés des développables et des courbes de contact de la figure réciproque, ils se détermineraient aisément par des moyens analogues à ceux qui ont été mis en usage précédemment.

Enfin, nous croyons devoir ajouter que, d'après les considérations précédentes et d'après la définition des *tangentes conjuguées* des surfaces, donnée par M. Dupin (*Développements de Géométrie,* p. 41 et suivantes), le système de deux pareilles tangentes d'une surface a pour polaire un autre système de *deux tangentes conjuguées* de la réciproque de cette surface.

97. Nous pourrions encore ici reproduire, sur les dépendances graphiques qui lient entre elles les surfaces polaires, des réflexions et des remarques analogues à celles que nous avons établies (n°s 67 et suiv.) pour les simples

courbes tracées dans un plan; car les surfaces présentent, aussi bien que les courbes, des modifications de forme tout à fait particulières dans certaines régions de leurs cours. Ainsi, non-seulement elles ont des *points multiples* et *conjugués*, des *points de rebroussement* et *d'inflexion*, mais elles ont aussi des lignes tout entières, soit *conjuguées*, soit *multiples*, nommées *lignes de striction*, enfin des *lignes d'inflexion* et *de rebroussement*, etc.: or, ces lignes et ces points singuliers donnent lieu à des considérations importantes, qu'il ne faut pas négliger dans la recherche du degré et des affections des surfaces polaires; mais, comme elles conduiraient à une discussion qui n'a de difficulté que la longueur, nous croyons, d'après ce qui a été dit du cas simple des courbes, devoir ne pas nous y arrêter en ce moment.

Ces observations s'appliquent d'ailleurs également aux points et aux courbes des surfaces polaires, qui sont à l'infini : ainsi, par exemple, tout point à l'infini de l'une de ces surfaces a pour polaire un plan tangent à l'autre, passant (75) par le centre de la surface du second ordre auxiliaire, et *vice versâ*; or, le plan tangent en un tel point, qu'on peut nommer *asymptotique* de la surface correspondante, a pour pôle le point de contact du premier plan. *La suite des points à l'infini* de l'une des surfaces est donc remplacée par la *suite des plans tangents* de l'autre, qui passent *par le centre de la surface du second degré auxiliaire*, et *la suite des plans asymptotiques* de cette même surface est remplacée par *la courbe des points de contact* des différents plans tangents dont il s'agit; d'où il résulte, en particulier, que *la développable asymptotique de l'une des surfaces est la polaire de la courbe de contact du cône, circonscrit à l'autre, qui a son sommet au centre de la surface du second ordre auxiliaire*. Or, c'est ce qu'on aurait pu conclure immédiatement des principes qui précèdent (94), en se rappelant que *tous les points à l'infini de l'espace doivent être censés appartenir à un plan* qui a pour pôle (75) le centre dont il s'agit.

Pour les raisons déjà déduites ci-dessus, nous ne nous arrêterons pas à discuter ce qui arrive dans le cas où le plan à l'infini touche une ou plusieurs nappes de l'une des deux surfaces, ni les diverses autres circonstances que peuvent présenter en général les nappes infinies de ces surfaces.

98. Après ce qui vient d'être dit sur les surfaces polaires réciproques à l'égard d'une surface du second ordre prise pour auxiliaire, il ne sera pas difficile de découvrir ce qui se passe dans le cas où l'on considère un système de deux ou de plusieurs surfaces de degrés quelconques et le système de leurs polaires réciproques.

Par exemple, si l'on considère deux surfaces de degrés m et n et leurs polaires réciproques de degrés (93) $m(m-1)^2$, $n(n-1)^2$, il paraît évident : 1° que la courbe d'intersection des deux premières surfaces, qui est du degré mn, aura pour réciproque une surface développable circonscrite aux systèmes des deux dernières, et que cette développable sera (84) du degré $mn(mn-1)$ au plus; 2° que la développable circonscrite aux surfaces (m) et (n) a aussi réciproquement pour polaire la courbe d'intersection des surfaces polaires $m(m-1)^2$, $n(n-1)^2$, laquelle est évidemment, en général, du degré $mn(m-1)^2(n-1)^2$; 3° que, par conséquent (84), la développable circonscrite aux surfaces m et n est elle-même au plus du degré $mn(m-1)^2(n-1)^2[mn(m-1)^2(n-1)^2-1]$, et le nombre des plans tangents qu'on peut lui mener d'un point donné, lequel est aussi celui des plans tangents communs à la fois aux surfaces (m) et (n), passant par le point en question, ne peut surpasser le nombre $mn(m-1)^2(n-1)^2$ inférieur à celui de cette développable, etc., etc.

99. Supposons encore que les surfaces (m) et (n) se touchent en un point ou aient un plan tangent commun en ce point : il est clair (91) que leurs réciproques se toucheront pareillement en un autre point correspondant au premier; et, par suite, si ces mêmes surfaces (m) et (n) se touchent en s'enveloppant suivant une courbe tout entière, leurs polaires réciproques se toucheront de même suivant une courbe tout entière, de telle sorte que chacune de ces courbes (96) pourra être considérée réciproquement comme le *lieu des pôles des plans tangents* qui appartiennent à l'autre, et dont *l'enveloppe* est la *développable circonscrite* à la fois aux deux surfaces tangentes suivant cette autre.

Si d'ailleurs les deux surfaces (m) et (n), au lieu de se toucher suivant une courbe entière, ne s'osculaient que suivant une *portion de courbe*, c'est-à-dire si, au point commun à ces surfaces, deux courbes tracées sur elles avaient un *contact d'un certain ordre*, et que de plus les surfaces se touchassent simplement suivant la portion commune à ces courbes, il en serait de même encore de leurs surfaces polaires. Enfin, si les différentes courbes tracées sur les surfaces (m) et (n), à partir d'un point commun et dans la même direction, avaient toutes *un contact de l'ordre p* entre elles, c'est-à-dire si ces surfaces avaient autour du point en question *un contact de l'ordre p*, on voit que leurs polaires réciproques auraient *un contact du même ordre* au point qui correspond au premier.

100. Mais il serait fort inutile de pousser plus loin ce rapprochement

entre les figures qui, dans l'espace, sont réciproques polaires l'une de l'autre à l'égard d'une surface du second ordre prise pour auxiliaire; la discussion, aidée des principes généraux qui précèdent, suffira pour faire découvrir, dans chaque cas particulier, l'espèce de relations graphiques ou descriptives qui lieront entre elles la figure primitive et sa dérivée; de sorte qu'on sera toujours en état de traduire leurs propriétés de situation, et par là d'en découvrir de nouvelles si l'on en connaissait déjà. C'est ainsi, par exemple, que, pour le cas de l'espace, les propriétés des *polygones plans* et des *courbes planes* se changeront (81 et 83) en d'autres appartenant aux *angles solides* et aux *surfaces coniques;* que les propriétés des *courbes à double courbure* se changeront en d'autres des *surfaces développables*, et réciproquement; qu'enfin celle des *polygones* et des *polyèdres inscrits* aux courbes et aux surfaces se changeront en d'autres propriétés des *polygones et des polyèdres, indéfinis ou définis, circonscrits,* au contraire, à de telles lignes et surfaces.

Au surplus, il est essentiel de le rappeler ici sur de nouveaux frais, l'échange dont il s'agit ne saurait avoir lieu pour toute espèce de propriétés ou de relations descriptives, mais seulement pour les *propriétés de situation* des figures, et qui, étant ainsi indépendantes de toute relation particulière de grandeur, se trouvent comprises parmi celles que nous avons nommées ailleurs *propriétés projectives*.

101. Une autre remarque tout aussi importante, c'est que les propriétés des courbes et des surfaces ne pourront donner lieu à de nouvelles propriétés, lorsqu'on leur appliquera les considérations de la théorie des polaires réciproques, qu'autant qu'elles seront des *propriétés de genre* et non d'espèce, ou plutôt qu'autant qu'elles appartiendront à la fois à toutes les courbes et à toutes les surfaces, quel qu'en soit le degré. Je vais m'expliquer plus clairement.

Concevons sur un plan une courbe du degré m, sa polaire réciproque sera donc en général du degré $m(m-1)$; cela étant admis, si la courbe proposée (m) jouit d'une certaine propriété ou relation graphique projective, on pourra, à coup sûr, traduire cette relation en une autre qui appartiendra à sa réciproque $m(m-1)$. Mais celle-ci n'est que d'une espèce particulière (67) parmi toutes celles du même degré; donc on ne saurait affirmer que la propriété qu'on lui a découverte appartienne en effet à toutes les courbes de ce degré. Au contraire, si la propriété qu'on suppose déjà connue pour la courbe (m) est une propriété commune à la fois à toutes les courbes, quel qu'en soit le degré, c'est-à-dire si m est indéterminé, alors la polaire réciproque $m(m-1)$ en jouira en même temps que la primitive (m), et par conséquent celle-ci, dont le degré est d'ailleurs quelconque, jouira en même temps de la propriété réciproque, qui se déduit de l'autre par la théorie des pôles et polaires. Or, si la première propriété n'est pas elle-même sa réciproque, on en aura découvert une tout à fait différente et tout aussi générale, puisqu'elle appartiendra en même temps à toutes les courbes géométriques.

§ III.

Propriétés spéciales aux surfaces du second degré.

102. Le cas des courbes et des surfaces du second degré fait exception à la règle que nous venons de poser, c'est-à-dire que toute propriété graphique et projective d'une telle ligne et surface peut se traduire immédiatement en une autre appartenant aux courbes ou surfaces diverses de ce dégré, sans que, pour cela, cette propriété appartienne indistinctement aux courbes et aux surfaces géométriques en général. Or, cela tient à ce que les polaires réciproques d'une courbe ou d'une surface du second degré sont elles-mêmes de ce degré (66 et 93); de sorte que les propriétés qu'elles possèdent doivent aussi appartenir à ces réciproques.

Dans le *Supplément* placé à la fin du précédent volume du *Traité des Propriétés projectives des figures*, j'ai indiqué quelques-unes des conséquences qu'on peut déduire de cette remarque particulière, pour les surfaces du second ordre; ce qui précède met en état d'en découvrir beaucoup d'autres. Mais ayant principalement pour objet, dans ce Mémoire, la théorie générale des polaires réciproques, je me bornerai à un petit nombre de nouveaux exemples, dans la simple vue de faciliter l'intelligence des principes, et de montrer le degré d'utilité ou d'importance qui peut leur être propre dans les recherches relatives aux figures.

103. Considérons deux surfaces quelconques du second ordre : leurs réciproques polaires seront elles-mêmes deux autres surfaces quelconques de cet ordre, dont l'intersection mutuelle sera une courbe à double courbure du quatrième degré, polaire (98) de la développable circonscrite à la fois aux surfaces proposées, laquelle est ainsi au plus du douzième degré (84)(*).

(*) *Voyez*, à la fin de ce volume (*Section supplémentaire*), une *Note sur l'abaissement ou réduction dont sont susceptibles, dans certains cas, les résultats numériques des diverses formules* de cette Section II, qui concernent les courbes à double courbure et les surfaces développables ou non développables dont il y est fait mention. — (Note de 1865.)

Mais nous avons prouvé, dans l'endroit déjà cité ci-dessus (*Supplément*, t. I, n°s 611 et suiv.), que « les branches d'une telle courbe peuvent toujours » être placées sur quatre surfaces coniques du second degré, dont les sommets respectifs ont pour plans polaires communs, à l'égard des surfaces » auxquelles ils appartiennent, les plans qui renferment les trois autres » sommets de cônes semblables; » et, d'un autre côté, chaque cône a pour polaire, dans le système proposé ou primitif, une ligne du second ordre (94) dont les différents points appartiennent nécessairement (87) à la développable circonscrite aux deux surfaces de ce système, et qui est la pénétration commune de deux de ses nappes, c'est-à-dire que c'est une des lignes de *striction* de ces nappes; donc, en premier lieu :

La surface développable circonscrite à deux surfaces quelconques du second ordre offre, en général, quatre lignes de striction distinctes, planes et du second ordre seulement.

Et, comme les sommets des cônes qui les remplacent dans le système réciproque ont mêmes plans polaires à l'égard des surfaces de ce système, il en résulte en outre que :

Les plans de striction du système primitif ont aussi mêmes pôles dans les deux surfaces proposées. Donc, d'après les articles 612 et 615 du tome Ier, *ces pôles sont, à leur tour, les sommets des cônes du second ordre qui contiennent la courbe d'intersection des deux surfaces proposées;* mais, selon ce que nous venons de rappeler, chacun d'eux est aussi le pôle du plan qui renferme les trois autres; *donc enfin ces quatre pôles sont, trois par trois, situés sur les quatre plans de striction*, c'est-à-dire qu'ils sont l'intersection mutuelle de ces quatre plans.

Quant aux deux courbes de contact de la surface développable circonscrite à la fois à deux surfaces quelconques du second ordre, il est facile de prouver qu'elles *sont en général du quatrième degré, et placées à l'intersection respective des surfaces proposées et de deux autres surfaces comme elles du second degré.*

En effet, considérons en particulier la courbe de contact qui appartient à l'une (m) des deux surfaces, et supposons que, prenant cette surface pour auxiliaire, on détermine (91) celle qui est la polaire réciproque de l'autre (m'), cette polaire réciproque sera aussi du second degré; mais, d'après sa nature, elle est le lieu des pôles des plans tangents à la surface (m') par rapport à la surface auxiliaire (m), et d'ailleurs le pôle de tout plan tangent à cette auxiliaire se confond nécessairement (75) avec le point de contact même de ce plan; donc, si l'on recherche les points où la réciproque ci-dessus coupe la surface auxiliaire, les plans tangents à ces points seront en même temps tangents à la seconde (m') des surfaces proposées ; et par conséquent la suite des points d'intersection pareils formera une courbe à double courbure du quatrième degré, qui sera précisément, sur (m), la courbe de contact de la développable circonscrite aux deux surfaces du second ordre proposées (m) et (m'). On déterminerait, de la même manière, celle qui appartient à l'autre de ces deux surfaces.

On remarquera que *la courbe de contact*, qui vient d'être déterminée sur chacune des deux surfaces considérées, est précisément celle qui sépare entre elles sur cette surface l'*ombre*, la *pénombre* et la partie *entièrement éclairée*, quand on suppose l'autre surface lumineuse ; or, ce qui précède donnerait lieu à une construction assez simple de la courbe de séparation d'ombre et de lumière pour les surfaces du second degré, et qui n'exigerait d'autres instruments que la règle et le compas, lorsqu'une fois on aurait obtenu un seul point de la courbe dont il s'agit ; ce qui est facile.

104. Considérons encore un système quelconque de surfaces du second ordre ayant *une même courbe d'intersection ;* on prouve aisément que :

Les plans polaires qui répondent à ces surfaces et à un même point quelconque de l'espace, concourent tous suivant une même droite.

En effet, si, par le point donné, on conduit un plan quelconque, il rencontrera les surfaces proposées en autant de lignes du second ordre passant par les quatre points d'intersection de ce plan et de la courbe commune aux surfaces ; or ce même plan ira déterminer, dans chacun des plans polaires du point donné, autant de droites qui seront évidemment (75), pour les courbes de ce plan, les polaires du point dont il s'agit ; et, d'après le n° 388 du tome Ier du *Traité des Propriétés projectives des figures*, ces polaires passent toutes par un même point distinct du premier ; donc aussi les plans polaires auxquels elles appartiennent vont concourir en une même droite, comme il s'agissait de le démontrer.

Cela étant posé, appliquons à ce système général les principes qui font l'objet de ce Mémoire, c'est-à-dire recherchons ce qui se passe dans le système des surfaces du second degré polaires réciproques des proposées à l'égard d'une dernière surface quelconque du même degré prise pour auxiliaire ; il est évident que ces nouvelles surfaces auront (98) une même développable circonscrite à la fois à tout leur système, et polaire réciproque de la courbe d'intersection commune à toutes celles du premier système. Or le point arbitraire de ce premier système sera remplacé par un plan, et ses différents plans polaires, par rapport aux surfaces proposées, le seront par des points pôles respectifs (94) de ce plan à l'égard des nouvelles surfaces; enfin tous les points semblables seront situés (77) sur une ligne droite réciproque de celle où concourent, d'après ce qui précède, les plans polaires dont il s'agit; donc, tout étant (109) réciproque entre l'ancien et le nouveau système, on pourra en conclure la proposition générale qui suit :

Lorsque plusieurs surfaces du second degré ont une même développable circonscrite, un plan quelconque a pour pôles, dans ces surfaces respectives, une suite de points rangés sur une même droite, qui contient (75) *tous les centres de ces surfaces quand le plan est supposé à l'infini.*

105. On démontre encore, par un genre de raisonnement analogue à celui que nous venons de mettre en usage précédemment, que:

Lorsque plusieurs surfaces du second ordre passent toutes par les mêmes huit points d'intersection, leurs plans polaires respectifs, par rapport à un point quelconque de l'espace, concourent tous en une seule et même droite.

Passant donc à la figure polaire, on aura à considérer un système de surfaces du second ordre à la fois tangentes aux huit mêmes plans, ce qui est le plus grand nombre de plans qui puissent toucher en même temps trois surfaces quelconques du second ordre. Or, par les mêmes raisons que ci-dessus, le point arbitraire du système primitif est remplacé par un plan dans le nouveau système, et les plans polaires qui lui appartiennent sont remplacés par les pôles de ce plan pris relativement aux surfaces dérivées; donc, puisque ces plans polaires contiennent une même droite d'après le précédent théorème, les pôles qui les remplacent seront réciproquement (77) compris sur une autre droite; proposition qu'on peut énoncer ainsi :

Lorsque plusieurs surfaces du second ordre ont les huit mêmes plans tangents communs, un plan quelconque a pour pôles, dans ces surfaces respectives, une suite de points rangés sur une seule et même droite.

Huit plans quelconques peuvent toujours être censés former par leurs rencontres successives, et lorsqu'on les prend dans un certain ordre, un octaèdre indéfini (80) ou à faces triangulaires; on peut donc énoncer plus simplement encore le théorème qui précède en cette manière :

Le lieu des pôles d'un plan donné, par rapport à une suite de surfaces de second ordre inscrites à un même octaèdre indéfini, est une ligne droite qui contient à la fois (75) *tous les centres de ces surfaces, lorsque le plan est supposé à l'infini.*

Les principes établis dans le précédent volume du *Traité des Propriétés projectives*, pour le cas des sections coniques, conduiraient à plusieurs autres théorèmes sur les systèmes de surfaces du second ordre, au moyen desquels on en déduirait d'autres tout aussi généraux à l'aide de la théorie des polaires réciproques; de là ensuite on serait conduit à divers corollaires intéressants et utiles, qui permettraient d'aborder, d'une manière purement géométrique, plusieurs des cas généraux de ce problème très-difficile et jusqu'ici non complétement résolu :

Construire une surface du second ordre assujettie à passer par des points ou à toucher des plans et des droites en nombre suffisant pour la déterminer parfaitement de grandeur et de position.

Mais nous ne saurions nous arrêter ici sur ces conséquences et ces théories particulières, qui d'ailleurs méritent toute l'attention des géomètres.

106. Pour donner un dernier exemple propre, par l'étendue des conséquences qui en dérivent, à montrer les avantages que peuvent offrir les principes de la théorie des polaires réciproques, nous rappellerons que *les propriétés projectives des surfaces du second degré, qui ont une section plane commune, réelle ou idéale, sont les mêmes* (tome Ier, *Supplément*, art. 637) *que celles qui appartiennent aux systèmes de sphères quelconques*, propriétés nombreuses et bien connues des géomètres. Or, si l'on applique à ces propriétés générales des surfaces du second ordre les principes qui font l'objet du présent paragraphe, on verra sans peine qu'elles se convertiront toutes en d'autres propriétés des surfaces du second degré qui, au lieu d'avoir un plan de section commune, ont (94 et 99) un *cône enveloppe commun*, ce cône pouvant d'ailleurs être *imaginaire* comme la section dont il s'agit, et n'ayant alors de réel que son sommet et le plan indéfini de son contact avec chaque surface individuelle, c'est-à-dire le *plan polaire* de ce sommet. Dans cette transformation, d'ailleurs, les plans tangents communs deviennent des points communs, les sections planes deviennent des cônes enveloppes, et réciproquement, etc., etc.

De là résulte donc une foule de propriétés nouvelles des surfaces du second degré assujetties à toucher un même cône, et des moyens de construire ces surfaces d'après des conditions données; enfin on voit qu'on serait conduit pareillement aux propriétés générales des surfaces du second degré qui sont *inscrites à la fois à deux cônes*, ou qui se *touchent suivant une courbe tout entière*, *réelle* ou *idéale*, en partant simplement de celles, si bien connues, relatives aux sphères qui ont, *à l'infini*, *une section plane commune de contact*, ou qui sont *concentriques* (*voyez* le *Supplément* déjà cité, n° 630).

Mais nous laisserons là ces applications particulières, que nous nous contenterons d'avoir indiquées et qu'il serait facile de multiplier, pour reprendre, dans le paragraphe suivant, l'exposition générale des principes de la théorie des polaires réciproques.

§ IV.

Des relations d'angles relatives aux figures polaires réciproques dans un plan ou dans l'espace.

107. Jusqu'ici nous nous sommes uniquement occupés des relations graphiques ou *descriptives* des figures, celles qui ne concernent que la direction indéfinie, l'intersection et le contact des lignes et des surfaces; il nous reste à examiner ce qui a lieu pour les relations purement *métriques*, ou qui n'ont trait qu'aux rapports généraux de grandeur des parties rectilignes et angulaires des figures.

Pour faciliter cet examen, nous remarquerons, en premier lieu, qu'il n'est pas nécessaire, comme nous l'avons fait précédemment, de prendre, pour courbe ou surface auxiliaire des pôles ou polaires, une ligne ou surface du second ordre, et que, sans rien ôter à la généralité des raisonnements et des conséquences, on peut tout aussi bien se contenter de choisir une *circonférence de cercle* ou une *surface de sphère*, ce qui rend beaucoup plus simple la description des figures polaires de figures données, et l'étude des changements qui s'opèrent dans leurs propriétés métriques par suite de cette espèce particulière de transformation.

Rappelons d'abord, en peu de mots, les relations très-simples qui existent entre le pôle et la droite ou le plan polaires, dans les cas tout particuliers dont il s'agit.

108. Puisque le pôle d'une droite située sur le plan d'un cercle est, en général (55), le sommet de l'angle circonscrit à ce cercle, dont la corde de contact a pour direction indéfinie celle de cette droite, on en peut de suite conclure que, relativement à cette courbe particulière, *la direction du diamètre ou du rayon qui renferme le pôle d'une droite quelconque est nécessairement perpendiculaire à cette droite;* mais c'est ce qu'on pourrait aussi établir directement et sans restriction, en s'appuyant simplement sur la définition générale du pôle et de la polaire, posée art. 55.

Maintenant, si l'on remplace le cercle par une *sphère* quelconque, on arrive à la même conséquence pour le pôle et le plan polaire dans l'espace; c'est-à-dire que *le rayon ou le diamètre indéfini qui renferme le pôle d'un plan quelconque est perpendiculaire à ce plan.*

Ce théorème se déduirait d'ailleurs du précédent, en considérant ce qui se passe dans les différents plans qui renferment à la fois le pôle et le centre de la sphère.

Le cas de l'espace donne encore lieu à la considération des droites *réciproques polaires* (77); or il est également facile de reconnaître que, pour le cas de la sphère, *le plan diamétral qui contient l'une de ces droites est perpendiculaire à l'autre;* de sorte qu'il existe un diamètre de cette sphère dont la direction est perpendiculaire à la fois sur ces droites, et qui se trouve divisé *harmoniquement* aux deux points où il les rencontre. Il serait d'ailleurs inutile de rappeler ici les autres relations descriptives qui appartiennent aux polaires réciproques, et qui ont été exposées aux n°s 77 et suivants.

109. Ces préliminaires étant établis, nous considérerons d'abord les relations de réciprocité qui peuvent avoir lieu entre les *ouvertures d'angles* dans la figure proposée et dans celle qui en est la polaire réciproque à l'égard d'un *cercle* ou d'une *sphère auxiliaire* quelconque.

Soit ABC (*fig.* 23, *Pl. III*) un angle quelconque situé sur le plan d'un cercle (S) de rayon arbitraire et dont le centre est S. Soient A' et C' les pôles respectifs des côtés AB et BC de cet angle; les rayons indéfinis SA' et SC' seront donc perpendiculaires à ces côtés, et l'angle en S ou A'SC' sera supplément de l'angle en B, qui comprend le centre S entre ses côtés, ou est *égal* à celui des angles en B qui, au contraire, ne comprend pas le centre S entre ses côtés; ces angles auront donc, dans tous les cas, *mêmes sinus*. Quant à la polaire du sommet B, elle devra passer par les pôles A' et C'; ce sera par conséquent la droite A'C' qui, *sous-tendant* l'angle au centre S ou A'SC, est *perpendiculaire* à celle SB, qui joint ce centre au sommet B.

Si maintenant nous remplaçons le cercle (S) par une sphère, et les droites AB et BC par des plans quelconques, il arrivera pareille chose à l'égard des pôles A' et C' de ces plans, si ce n'est que la droite A'C', qui les joint, sera la polaire même de l'arête B, commune à ces plans ou à l'angle qu'ils forment.

Dans le cas actuel d'une sphère (S), on peut aussi avoir à considérer, au lieu de deux plans, deux droites AB, BC se rencontrant en B, et formant par conséquent un *angle plan;* alors les choses se passeront un peu différemment; car les réciproques de ces droites ne seront plus des points, mais des droites A'B', C'B' situées elles-mêmes dans un plan (78) polaire du sommet B, et dont l'intersection B′ sera, à son tour, le pôle du plan ABC. Néanmoins les plans SA′B′, SB′C′, qui contiennent respectivement ces polaires et le centre de la sphère, étant (108) perpendiculaires aux droites AB et BC, formeront encore entre eux un angle *supplément* de celui ABC de ces droites, qui est *tourné* vers le centre S; proposition qui aura même lieu pour deux droites quelconques dans l'espace, c'est-à-dire qui ne se rencontreraient pas, et pour les polaires réciproques appartenant à ces droites.

Quant à l'angle A′B′C′ formé par les polaires, il n'a *aucun rapport déterminé* avec l'angle ABC; en effet, d'après ce qui précède, il est le supplément de l'angle formé par les deux plans SAB, SBC qui contiennent le centre de la sphère ainsi que les droites AB, BC, et qui sont perpendiculaires aux réciproques A′B′, B′C′ de ces droites; or cet angle dépend, comme on voit, non-seulement de l'*ouverture* absolue de l'angle ABC, mais encore de sa *position* à l'égard du centre S de la surface auxiliaire.

Enfin on peut avoir à considérer, dans le cas de l'espace, l'angle formé par un plan AB avec une droite BC; alors la direction du rayon SA qui renferme le pôle A′ de ce plan, et la direction du plan diamétral SB′C′ qui renferme la polaire B′C′ de cette droite, formeront encore un angle *égal* à celui des deux angles en B, dont le côté et l'*èdre*, ou la *face*, ne comprennent pas entre eux le centre S, ou mieux ne sont pas *dirigés* vers ce centre.

En général, pour énoncer d'une manière simple les résultats qui précèdent et qui puisse les faire graver aisément dans la mémoire, on peut dire que « l'angle de deux droites, ou de deux plans, ou d'un plan et d'une droite quelconques situés dans l'espace, est supplément de celui *sous lequel on voit* leurs pôles ou polaires réciproques du centre de la sphère, prise pour auxiliaire, ou est égal à ce même angle, selon que ce dernier *comprend* ou *ne comprend pas* ce centre entre ses èdres ou *côtés*. »

110. D'après cela on voit que :

« Si deux figures quelconques sont polaires réciproques à l'égard d'un
» cercle ou d'une sphère, et qu'il existe entre les ouvertures d'angles de
» l'une une certaine relation donnée, on pourra, de suite, en conclure une
» relation semblable entre les angles formés, autour du centre de la sphère
» ou du cercle auxiliaire, par les diamètres ou plans diamétraux dont la
» direction contient les pôles ou polaires des côtés et des èdres des premiers
» angles. »

Et réciproquement :

« Si l'on connaissait une telle relation d'angles au centre pour l'une des

» figures, on serait en état d'en conclure, de suite, une autre semblable » entre les angles mêmes des plans et des droites de la réciproque polaire. »

Considérons, par exemple, un *polygone équiangle* sur un plan : son polaire réciproque (60), par rapport à un cercle quelconque, sera tel, que les droites ou *rayons* dirigés vers ses différents sommets feront des *angles consécutifs égaux* entre eux, pourvu qu'on les prolonge indéfiniment; ces angles d'ailleurs seront ceux *sous lesquels on voit* les différents côtés du polygone polaire, du centre du cercle directeur.

Considérons encore un angle solide dont les *angles dièdres* soient égaux entre eux : le polygone plan qui est (81) son polaire réciproque, jouira de la *même propriété* que ci-dessus relativement au centre de la sphère prise pour auxiliaire; et si, de plus, les *angles plans* du solide proposé étaient tous égaux entre eux, non-seulement les angles au centre, *plans*, sous lesquels on voit les différents côtés du polygone réciproque, seraient égaux entre eux, mais il en serait encore de même des angles *dièdres sous lesquels on voit* les angles au périmètre de ce polygone.

111. Ces remarques s'étendraient aisément à un *polyèdre équiangle* et à son polaire réciproque, en observant que les différents angles solides du premier ont pour réciproques les polygones plans du second, et *vice versâ*.

En général, on traduira d'une manière semblable toutes les relations d'angles qui pourraient avoir lieu dans l'un de ces polyèdres; car, si l'on considère, par exemple, un des angles solides qui le composent, le centre de la sphère auxiliaire étant compris dans l'intérieur de cet angle, il sera aisé de voir, d'après ce qui précède (109), qu'en menant de ce centre des droites vers les sommets du polygone polaire de l'angle solide proposé, on formera un nouveau solide dont les *angles plans* seront *suppléments des angles dièdres* respectifs du premier, et dont les *angles dièdres* seront, à leur tour, *suppléments* des *angles plans* de ce premier solide; de sorte que le nouveau et l'ancien angle solide seront proprement ce que les géomètres sont convenus d'appeler des *angles solides supplémentaires*.

La même chose ayant lieu entre les divers angles solides et les divers polygones plans des deux polyèdres réciproques, on voit quelle espèce de relation subsistera, en général, entre les angles propres de l'un et les angles au centre qui appartiennent à l'autre. Mais, sans nous arrêter aux conséquences qu'on pourrait déduire de là pour les polyèdres en général et pour certains polyèdres en particulier, nous allons donner quelques exemples simples et faciles qui montreront l'importance et l'utilité des remarques ci-dessus (109), en même temps qu'elles serviront à en faire connaître l'esprit dans les applications à des propriétés données.

112. Supposons, en premier lieu, que la figure étant tout entière comprise dans le plan du cercle auxiliaire (S), *fig.* 23, on considère un angle quelconque ABC, *constant de grandeur* et dont les côtés soient assujettis à se mouvoir autour de deux points quelconques A, C de leurs directions; les pôles A′ et C′ des côtés de cet angle devront aussi rester sur les polaires A′B′, C′B′ des points fixes A et C, et l'angle au centre A′SC′ sera constant comme *supplément* de l'angle en B.

A l'inverse, un point quelconque S et deux droites fixes A′B′, A′C′ étant donnés sur un plan, aussi bien qu'un angle constant A′SC′ mobile autour du point S, la figure polaire de ce système, à l'égard d'un cercle quelconque dont le centre est en S, sera précisément composée d'un angle constant ABC mobile autour de pôles fixes A et C, comme celle d'où nous sommes partis.

Mais le sommet B d'un tel angle se meut toujours sur un cercle passant par les points fixes A et B; donc la polaire A′C′ qui sous-tend l'angle A′SC′ *roule* ou *glisse*, de son côté, sur une *section conique* tangente aux droites fixes A′B′, A′C′; ce qui donne lieu au théorème que nous avons fait connaître au n° 472 du tome Ier de ce *Traité*.

113. Si l'angle constant ABC, au lieu de pivoter autour des points fixes A, C, demeurait perpétuellement *circonscrit* à une section conique quelconque, on voit que la corde A′C′, polaire de son sommet, demeurerait au contraire sans cesse *inscrite* (63) à une autre section conique, en *sous-tendant un angle constant* A′SC′ mobile autour du point S.

Et réciproquement, on peut toujours regarder le système d'une section conique et d'un angle constant A′SC′ mobile autour d'un point quelconque S de son plan, pris pour sommet, comme le *réciproque polaire* du premier système. Toutes les fois donc que le sommet B décrira une *section conique*, la corde inscrite A′C′, roulera pareillement sur une autre *section conique* : or c'est ce qui aura lieu, en particulier, lorsque l'angle B ou son supplément S sera droit; ainsi les théorèmes des n°s 487 et 488 de l'ouvrage déjà cité sont *réciproques* l'un de l'autre.

Maintenant on remarquera que, quand la courbe à laquelle est circonscrit l'angle B est une *parabole*, ayant par conséquent une *tangente à l'infini*, sa polaire réciproque, circonscrite à toutes les cordes A′C′, *passe* (71) *par le centre* S du *cercle auxiliaire*, c'est-à-dire par le sommet de l'angle S; et réciproquement, que si le sommet de l'angle constant et mobile S se trouve sur la courbe qui contient les extrémités des cordes A′C′ sous-tendantes de l'angle en S, la courbe sur laquelle roulera l'angle ABC sera une *parabole*. Mais alors le sommet B de cet angle se meut sur une section conique, qui devient une *ligne droite* quand l'*angle* équivaut à un *quadrant;* donc pareillement la corde A′C′ roule sur une autre section conique, qui se *réduit à un point* quand l'angle A′SC′ est *droit,* et par conséquent les théorèmes des n°s 452 et 481 de l'ouvrage cité sont les *réciproques* de ceux énoncés art. 482.

114. Ces considérations peuvent s'étendre à l'espace.

En effet, *trois plans* quelconques, formant un angle solide, auront pour réciproques polaires, à l'égard d'une sphère quelconque, *trois points* compris dans le plan qui a pour pôle le sommet de l'angle solide, et qui, étant joints par des droites au centre de cette sphère, donneront lieu à un nouvel angle solide *supplémentaire* (**111**) du premier. Si donc l'un de ces angles se meut en demeurant *constant,* il en ira de même de l'autre; et, d'après la théorie des polaires réciproques (91 et 93), si le premier a ses faces perpétuellement tangentes à une même surface du second degré, les points ou pôles qui déterminent les arêtes du second demeureront continuellement sur une autre surface du second degré quelconque, et *vice versâ,* de telle sorte que le lieu des sommets du premier angle solide sera remplacé (91) par la surface enveloppe des plans qui contiennent ces trois pôles. Or Monge a démontré, en particulier, que, « quand trois plans rectangulaires, tangents à une surface du second degré, se meuvent autour de cette surface, le sommet de l'angle *trièdre rectangulaire* qu'ils forment décrit en général une sphère »; donc aussi :

Quand un angle trièdre rectangulaire est mobile sur son sommet, le plan qui joint trois quelconques des points d'intersection de ses arêtes avec une surface du second degré quelconque, ou, si l'on veut, le plan du triangle qui sous-tend l'angle trièdre dans cette surface, roule et glisse sur une autre surface qui est du second degré comme la première.

Quand le point qui sert de *sommet commun* à tous les angles trièdres rectangulaires *est sur la surface proposée,* on démontre directement, avec M. Frégier, que les plans mobiles correspondants pivotent sur un *point unique;* mais alors, en se reportant à la figure primitive polaire réciproque de celle dont il s'agit, on reconnaît que la surface à laquelle est sans cesse circonscrit l'angle trièdre rectangulaire a un plan tangent à l'infini (97) polaire du centre de la sphère auxiliaire ou du point qui sert de sommet à tous les angles de l'autre système; donc cette surface est alors l'un des *paraboloïdes,* et le lieu des sommets des angles trièdres rectangulaires qui lui sont circonscrits, à la place d'être une sphère comme dans le cas ci-dessus, est simplement le plan directeur *polaire du point fixe de l'autre système;* de la même manière que, pour la *parabole,* le lieu des sommets des angles droits circonscrits est une droite unique, *directrice ordinaire* ou *polaire focale* de cette parabole, etc.

115. Sans entrer dans de plus grands détails sur les propositions qui précèdent, et sans discuter en particulier les relations qui peuvent lier entre eux les divers objets qu'elles concernent, nous nous contenterons de remarquer, d'une manière générale, que :

1° *La réciproque polaire d'une circonférence de cercle, à l'égard d'un cercle quelconque de son plan pris pour auxiliaire, est une section conique ayant pour* foyer *le centre de ce dernier cercle, et pour* directrice *la polaire du centre du premier;* 2° *la réciproque polaire d'une sphère, à l'égard d'une autre sphère quelconque prise pour auxiliaire, est pareillement une surface du second ordre de* révolution *ayant pour* foyer principal *le centre de cette dernière sphère, et pour* plan directeur *le plan polaire du centre de la première.*

Les réciproques de ce théorème sont également vrais; c'est-à-dire que :

La polaire d'une section conique ou d'une surface du second ordre de révolution quelconque, qui a pour foyer le centre d'un cercle ou d'une sphère pris pour auxiliaire, est une autre sphère ou un autre cercle ayant pour centre le pôle du plan directeur ou de la directrice.

C'est, en effet, ce qu'il est aisé de reconnaître en rapprochant, par exemple, les remarques du n° **112**, de cette propriété très-anciennement connue des sections coniques : « l'angle sous lequel on voit, du foyer d'une section conique, la partie d'une tangente quelconque terminée aux deux tangentes qui répondent aux extrémités du grand axe de la courbe, est toujours constant et égal à un quadrant. »

116. Il suit de là, en particulier, que :

Les diverses propriétés angulaires et descriptives dont jouissent les cercles et les sphères peuvent se traduire immédiatement en d'autres propriétés d'angles appartenant au foyer commun des sections coniques et des surfaces du second degré de révolution, ce dont nous avons déjà montré de beaux et de nombreux exemples, Chapitre I, Section IV du tome Ier du *Traité des Propriétés projectives des figures.*

Remarquons en outre que, puisqu'un système quelconque de cercles tracés dans un plan, ou un système quelconque de sphères dans l'espace, a toujours, *à l'infini*, soit une *sécante*, soit une *section plane idéale commune* (même ouvrage, Section Ire, et *Supplément*), les lignes et les surfaces du second ordre qui en sont les polaires réciproques par rapport à un autre cercle ou à une autre sphère pris pour auxiliaires, auront aussi idéalement (**106**) pour *point de concours des tangentes communes*, ou pour *sommet de cône enveloppe commun*, le *centre* qui sert à la fois de *foyer* à tout leur système ; de sorte qu'elles jouiront entre elles, sous ce rapport, de propriétés descriptives analogues à celles qui appartiennent aux systèmes de cercles ou de sphères ayant un *centre de similitude commun*, ou, plus généralement, aux systèmes de lignes et de surfaces du second ordre, qui ont un *centre d'homologie commun*, c'est-à-dire qui sont la *projection*, la *perspective-relief* les unes des autres (*).

De là résulterait donc une foule de propositions et de rapprochements curieux ; mais nous ne saurions insister sur ces conséquences particulières et faciles, sans nous écarter du but général que nous cherchons à atteindre ; c'est pourquoi nous allons passer à un dernier exemple relatif aux propriétés d'angles des figures dans l'espace.

117. MM. Hachette et J. Binet ont démontré, p. 71 du tome II de la *Correspondance polytechnique*, que, « si, entre deux droites fixes quelconques, on fait mouvoir deux plans rectangulaires, la surface engendrée par la droite intersection de ces plans est une hyperboloïde à une nappe ou surface gauche quelconque du second degré. » Appliquant donc à cet énoncé les principes exposés plus haut (**109**), on sera immédiatement conduit à cet autre théorème qu'on peut regarder comme le réciproque du premier :

Deux droites étant situées à volonté dans l'espace, si, entre ces droites, on fait mouvoir un angle droit dont le sommet soit en un point fixe de l'espace, et dont les côtés s'appuient respectivement sur ces droites, la suite de celles qui appartiennent à la fois aux paires de points de rencontre des droites fixes et des côtés de l'angle mobile, sera une surface gauche (92) *du second ordre, ou hyperboloïde à une nappe.*

118. En général, on voit que : *il n'est, en quelque sorte, aucune propriété concernant les angles constants d'une certaine figure située dans l'espace ou dans un plan, de laquelle on ne puisse déduire, à l'aide des principes qui précèdent, une autre tout aussi générale, quoique essentiellement distincte de la proposée.*

(*) *Traité des Propriétés projectives*, tome I, Sect. III, Chap. I ; Sect. IV, Chap. I, et *Supplément*.

Parmi les diverses relations d'angles qui peuvent appartenir aux figures et qui sont remarquables autant par leur utilité propre que par leur généralité, je me contenterai de citer celles qui concernent les *normales*, les *développées* et les *lignes de courbure* des courbes et des surfaces, qu'il serait aisé de transformer, à l'aide de la théorie des polaires réciproques, en d'autres également générales quoique, sans contredit, d'un bien moindre intérêt. Je citerai encore la *description organique* par le moyen d'*angles constants,* que Newton a donnée pour les lignes du second degré, enfin toute la *Géométrie organique* du célèbre Mac-Laurin, fondée sur ce théorème de Newton, aussi bien que les recherches postérieures du même géomètre, imprimées dans les *Transactions philosophiques de la Société Royale de Londres pour* 1735.

Ces diverses propositions nous conduiraient sur-le-champ à d'autres entièrement nouvelles, où, au lieu de décrire les courbes par le mouvement de certains points mobiles, on les construirait par l'enveloppe de leurs tangentes, etc., etc. Mais, encore une fois, nous ne saurions nous arrêter à ces corollaires faciles de la théorie des polaires réciproques, et il doit nous suffire d'avoir montré, par quelques exemples simples, la nature et l'étendue des applications qu'on peut en faire.

119. Au surplus, tout ce qui précède ne concerne uniquement que les relations d'angles *d'ouverture donnée* et *constante;* mais il est évident qu'on peut traduire d'une manière semblable celles qui concerneraient des angles variables quelconques et dont on connaîtrait la loi en fonction des lignes trigonométriques; car, à l'aide des principes établis aux n°s 109 et suivants, on pourra toujours traduire ces relations en d'autres concernant des angles suppléments des premiers, et qui auront pour sommet commun un point quelconque de l'espace pris pour centre du cercle ou de la sphère auxiliaire.

Par exemple, si, au lieu des normales d'une surface ou d'une courbe quelconque, on considère les systèmes de droites ou de plans formant entre eux et avec une courbe ou une surface donnée des angles arbitraires dont les *sinus* seraient assujettis à une loi déterminée, les réciproques de ces droites, à l'égard d'un cercle ou d'une sphère auxiliaire choisis à volonté, seront comprises (109) dans des plans passant par le centre de cette sphère, et formant respectivement des angles dont les sinus devront avoir entre eux précisément la relation donnée entre les premiers. Ainsi, en particulier, les propriétés générales des *faisceaux de droites réfléchies* ou *réfractées* pourront se traduire immédiatement en d'autres d'une espèce toute différente et qui, sans être par elles-mêmes d'une égale importance, n'en seront pas moins utiles à considérer. On conçoit, en effet, que la recherche des relations qui appartiennent à ce système dérivé pourra, dans certains cas particuliers, être plus simple et plus facile que pour la figure primitive elle-même.

Nous n'en dirons pas davantage sur ce sujet, attendu que nous aurons occasion, dans le paragraphe suivant, de considérer une classe très-étendue de relations entre les sinus des angles, et de démontrer ainsi, d'une manière plus particulière, le parti avantageux que l'on peut tirer des principes qui viennent d'être mis en avant dans ce qui précède.

§ V.

Des relations projectives entre les lignes trigonométriques et les distances des figures polaires réciproques dans un plan.

120. Nous avons vu (**58**) qu'un faisceau quelconque de droites VA, VB, VC,..., VF (*fig.* 24, *Pl. III*) convergeant en un même point V sur un plan, et qu'on peut simplement appeler *faisceau projetant*, avait pour réciproque, par rapport à une section conique quelconque (S) prise pour auxiliaire, un système pareil de points A', B', C',..., F', rangés sur une même droite, et *vice versâ;* donc, si l'on suppose, en particulier, que (S) soit un cercle, toute relation existant entre les *sinus des angles projetants* formés autour du point V aura lieu également (**110**) entre les sinus des angles formés par les droites ou *rayons vecteurs* qui, du centre S, projettent les pôles respectifs de ces droites, c'est-à-dire entre les angles projetants des distances, rangées sur D'E', qui ont pour extrémités respectives les pôles des côtés des premiers angles; et réciproquement, toute relation entre les sinus des angles au centre S aura lieu pareillement entre ceux des angles correspondants formés autour du pôle V de D'E'.

Cela posé, admettons qu'entre les distances des points donnés A', B', C',..., F', il existe une ou plusieurs relations métriques projectives de la nature de celles que nous avons définies art. 9 et suivants du tome Ier du *Traité des Propriétés projectives,* et qui ont été rappelées au n° **18** de la précédente Section, la même relation aura donc lieu entre les sinus des angles qui projetteraient ces distances du point quelconque S; et, par suite de ce qui précède, elle aura lieu également entre les sinus des angles du faisceau V. Donc toute droite AF, prise pour transversale de ce faisceau, y déterminera des points A, B, C,..., F, qui auront entre eux précisément la même relation projective que les points A′, B′, C′,..., F′ qui leur correspondent. Et réciproquement :

« S'il existe entre les sinus des angles du faisceau V, ou entre les distances » qui sous-tendent ces angles sur la transversale arbitraire AF, une relation » de la nature de celles qui précèdent, cette même relation aura lieu aussi » entre les distances correspondantes des pôles A′, B′, C′,..., F′ des côtés de » ces angles. »

121. Tout ce qui suit se rapportant essentiellement aux relations métriques qui sont de la nature de celles dont nous venons de rappeler le caractère particulier, nous nous contenterons, pour la simplicité du langage, de les désigner par l'épithète générale de *relations projectives;* on devra se rappeler en conséquence que, non-seulement de telles propriétés subsistent à la fois pour la figure donnée et pour toutes ses *projections centrales* ou *perspectives* sur un plan quelconque, mais qu'encore ces mêmes relations devront satisfaire aux conditions prescrites dans les endroits cités; de sorte qu'elles auront lieu également entre les sinus des *angles projetants* des diverses distances qui y entrent, c'est-à-dire des angles dont les couples de côtés s'appuient respectivement sur les extrémités de ces distances, et sur un point quelconque de l'espace pris pour sommet ou *centre de projection.*

Pareillement, par *relation projective* entre les *sinus* d'angles d'un faisceau quelconque de droites convergeant en un même point, nous entendrons toujours parler d'une relation qui subsisterait également entre les distances correspondantes d'une figure sur les différents points de laquelle s'appuieraient les droites ou projetantes du faisceau, et qui serait projective pour cette figure.

Or il suit de cette définition que, si l'on coupe un tel faisceau par un plan arbitraire, et que, dans la relation qui lui appartient, on remplace chaque sinus d'angle par la distance qui, sur le plan arbitraire, sous-tend cet angle, la nouvelle relation devra avoir lieu également entre toutes les distances pareilles, et sera d'ailleurs projective pour la figure à laquelle ces distances appartiennent.

En supposant qu'on voulût distinguer de tous les autres le faisceau de droites qui vient d'être défini en particulier, on pourrait le nommer *faisceau projectif;* il est visible, en effet, qu'un pareil faisceau, mis en perspective, conservera toujours les mêmes propriétés (*voyez* le tome Ier du *Traité des Propriétés projectives,* n^os **10, 576** et suivants).

122. Soit maintenant une figure quelconque AMBC... (*fig.* 25), donnée sur le plan d'un cercle (S) pris pour auxiliaire, et supposons qu'il existe entre les distances AM, AB, BN,... de cette figure une *relation métrique projective :* ces propriétés seront donc telles que, si l'on mène d'un point quelconque V du plan de la figure un faisceau de droites projetantes VA, VM, VB,... vers les extrémités A, M, B,... de ces diverses distances, il y aura entre les sinus des angles formés par ces droites la même relation qu'entre les distances dont ils sont les angles projetants respectifs.

Passant donc à la figure réciproque de la proposée à l'égard du cercle auxiliaire quelconque (S), et observant que les projetantes VA, VM, VB,... ont pour pôles une suite de points A', M', B',... rangés sur la polaire de V, et situés aux intersections respectives de cette polaire et de celles qui appartiennent aux extrémités A, M, B,... des distances que l'on considère, on en conclura (**120**) que la relation projective qui existe entre ces distances a lieu également dans la figure réciproque, entre les distances des points ou pôles qui appartiennent à la polaire de V; mais le point V est arbitraire, donc on peut énoncer ce théorème général, dont le réciproque est également vrai :

Une figure quelconque étant donnée sur un plan, s'il existe entre les diverses distances de ses points une relation métrique projective, la même relation existera aussi, dans la polaire réciproque de cette figure, prise par rapport à un cercle auxiliaire quelconque de son plan, entre les distances correspondantes formées sur une droite arbitraire par les intersections de cette droite avec les polaires des extrémités respectives des premières.

Et réciproquement :

S'il existe une relation pareille entre les distances des points d'intersection d'une transversale arbitraire et des diverses droites de l'une de ces figures, la même relation aura lieu aussi entre les distances de sa réciproque, qui ont pour extrémités respectives les pôles des droites dont il s'agit, pourvu toutefois qu'elle soit de la nature projective, quand on l'applique à cette réciproque.

123. Mais ce n'est pas tout encore : la relation métrique que nous supposions exister entre les droites MA, MB, MN,... de la figure proposée ayant lieu aussi, d'après sa nature (**121**), entre les sinus des angles projetants de ces distances, formés autour de S, pris en particulier pour centre de projection; et, d'un autre côté, chacun de ces angles, tel que DSC par exemple, ayant même sinus (**109**) que l'angle D'*c*C' formé par les polaires *c*D', *c*C' des extrémités D et C de la distance correspondante CD, on voit que, dans la figure réciproque de la proposée AMBD... la relation ci-dessus entre les distances se change en une relation pareille entre les sinus des angles formés par les polaires des extrémités de chacune d'elles; d'où ce nouveau théorème général :

S'il existe entre les distances d'une figure plane quelconque une relation métrique projective, la même relation aura lieu encore, dans la réciproque de cette figure prise par rapport à un cercle auxiliaire quelconque de son plan, entre les sinus des angles formés par les polaires des extrémités respectives de ces distances.

Et réciproquement :

S'il existe une certaine relation entre les sinus des angles de certaines droites de la figure primitive, la même relation aura lieu aussi entre les distances de la réciproque dont les extrémités respectives sont les pôles de ces droites, pourvu que cette relation soit, de sa nature, projective quand on l'applique à cette réciproque.

124. On peut remarquer, en passant, qu'attendu la nature particulière des relations que nous venons d'examiner, ces différents théorèmes auraient lieu d'une manière analogue dans le cas où, à la place d'un cercle, on prendrait une section conique quelconque pour directrice ou auxiliaire; car on peut toujours considérer l'un de ces systèmes comme la perspective ou projection centrale de l'autre, pourvu néanmoins que les figures auxquelles ils se rapportent soient elles-mêmes projectives de leur nature, et ne concernent par conséquent aucune grandeur constante et déterminée.

Au surplus, je crois devoir le dire expressément, cette observation, qui s'applique également au cas de l'espace que nous aurons bientôt à examiner, n'ajoute rien à la généralité des conséquences qu'il est possible de déduire des théorèmes précédents (**107**), quoique leur énoncé suppose que les figures polaires réciproques soient prises simplement par rapport à un cercle auxiliaire; les réflexions générales présentées art. **100** et suivants sont donc également applicables au cas particulier dont il s'agit.

125. Nous allons terminer l'exposition de ces principes relatifs aux figures planes par quelques applications particulières à des propositions déjà connues, seulement pour en faire pressentir la fécondité et les rendre familiers à l'esprit du lecteur.

Et d'abord nous ferons observer d'une manière générale que les propriétés nombreuses de la *Géométrie de la règle* et de la *théorie des transversales* peuvent toutes recevoir l'application de ces principes, de sorte qu'elles sont susceptibles d'être immédiatement traduites en d'autres également intéressantes, et dont la plupart sont encore peu connues ou même entièrement ignorées des géomètres. En effet, ces relations ou propriétés, comme nous l'avons montré ailleurs, se rapportent essentiellement à ce que nous venons d'appeler *relations* ou *propriétés projectives;* mais, pour n'en pas rester à ces assertions générales, nous allons examiner successivement quelques exemples fort simples, en abandonnant au lecteur le soin de faire de semblables applications aux autres relations de la théorie des transversales.

Soit un polygone plan quelconque coupé par une droite arbitraire prise pour transversale, chaque point d'intersection formera deux segments sur le côté correspondant, et l'on sait que le produit de la moitié de ces segments, qui n'ont pas d'extrémités communes, égale le produit de tous les autres segments; or, en passant à la polaire réciproque de cette figure, on aura à considérer (61) un nouveau polygone ABCD... F (*fig.* 26), des sommets duquel on aurait mené des droites vers un point quelconque V de son plan représentant le pôle de la transversale. Mais chaque segment du premier polygone doit être remplacé (123) par le sinus de l'angle des polaires qui répondent à ses extrémités, c'est-à-dire (61) par le sinus de l'angle de chaque nouveau côté AB avec l'un des rayons vecteurs AV ou BV correspondants; donc :

Le produit des sinus de la moitié de ces angles qui appartiennent à des sommets différents du polygone ABCD... F, *égale le produit des sinus de tous les autres,* c'est-à-dire qu'on a

$$\sin VAF.\sin VFE.\sin.VED.\sin.VDC\ldots\sin VBA$$
$$=\sin VEA.\sin.VEF.\sin VDE.\sin VCD\ldots\sin VAB.$$

D'ailleurs le polygone dont il s'agit est quelconque aussi bien que le polygone primitif ou son réciproque, et il en est de même encore du point V; donc le théorème qui précède est général et s'applique à toute espèce de polygones plans.

126. Le même principe a été établi d'une autre manière par M. Carnot, p. 301 de la *Géométrie de position;* mais ce savant géomètre n'a pas remarqué que, si à travers le système de toutes les droites, formé tant par les côtés du polygone ABCD... F que par les rayons ou projetantes qui joignent ses sommets au point V, on mène une nouvelle droite quelconque $b'e'$ prise pour transversale, la relation qui existe entre les sinus des angles ci-dessus avait également lieu entre les segments af', fe', ed',..., interceptés par ces mêmes angles ou leurs suppléments sur cette transversale; or, c'est ce qui

résulte évidemment du principe de l'article **122**, appliqué au cas particulier dont il s'agit.

Cette nouvelle proposition est d'ailleurs une conséquence des remarques faites aux articles **174** et **175** du tome Ier du *Traité des Propriétés projectives des figures*, puisque les segments de la transversale $b'e'$ sont véritablement la projection faite, du point V, des paires de segments formés sur les différents côtés du polygone ABCD... F, à compter de cette même transversale.

127. Considérons encore un triangle, des sommets duquel on aurait abaissé, par un point quelconque, des droites sur les côtés opposés; elles détermineront, sur chacun de ces derniers, deux segments, et tous ces segments auront entre eux, comme on sait, une relation analogue à celle qui vient d'être définie précédemment. En passant donc à la figure réciproque, on conclura immédiatement des principes déjà cités cette nouvelle proposition :

« Un triangle ABC (*fig.* 27) étant coupé par une droite arbitraire B'C'A',
» si l'on joint chacun de ses sommets avec le point d'intersection du côté
» opposé, par une nouvelle droite, cette droite partagera en deux autres
» l'angle correspondant du triangle ou son supplément; or si l'on multiplie
» entre eux les sinus de trois quelconques de ces angles qui n'appartiennent
» pas aux mêmes sommets, ce produit sera égal à celui des sinus des trois
» autres angles. »

On voit, en outre, que le système des trois droites ainsi tracées et des côtés du triangle sera coupé par une nouvelle transversale rectiligne arbitraire ab, en six points, dont les distances auront entre elles la même relation que les sinus des angles correspondants. Ces deux propositions s'étendraient aisément d'ailleurs à des polygones d'un nombre quelconque de côtés, au moyen du théorème de l'article **159** du tome Ier du *Traité des Propriétés projectives*.

128. Les mêmes principes, appliqués aux propositions qui font le sujet des articles **515** et **527** de ce même volume, et qui sont relatives aux polygones inscrits et cirsonscrits à des sections coniques quelconques, feraient voir que ces propositions sont réciproques entre elles; de telle manière que, l'une d'elles étant supposée établie, l'autre s'ensuit immédiatement.

On s'assurera pareillement que les propositions des n[os] **29**, **44** et **45** de la précédente Section relative aux *centres de moyennes harmoniques*, sont respectivement les réciproques de celles du n° **42**, et des première et deuxième propositions du n° **49**, etc. On pourrait même en énoncer plusieurs autres d'un genre analogue, et que nous avons négligé de faire connaître dans la

Section dont il s'agit; mais nous nous contenterons d'indiquer ces diverses recherches comme des exercices propres à faciliter l'intelligence des principes de la théorie des polaires réciproques, et nous passerons de suite à quelques exemples entièrement neufs, concernant les sections coniques et les courbes géométriques en général.

129. Soit d'abord une section conique quelconque (*fig.* 28), coupée par un triangle *abc*, dont les directions (A), (B), (C) des côtés prolongés sont prises pour transversales de la courbe; on aura, comme on sait, d'après le théorème de Carnot, en nommant p et p' les intersections de ab avec cette courbe, q et q' celles de bc, enfin r et r' celles de ac, la relation *projective* suivante :

$$\frac{ap.ap'}{bp.bp'}\cdot\frac{bq.bq'}{cq.cq'}\cdot\frac{cr.cr'}{ar.ar'}=1.$$

Si, de là, nous passons à la figure réciproque à l'égard d'un cercle pris pour auxiliaire, nous aurons à considérer (60 et 65) un nouveau triangle ABC (*fig.* 29), dont les sommets seront les pôles respectifs des côtés du premier et *vice versâ*, et une nouvelle section conique pour laquelle les paires de points p, p', q, q', r, r', appartenant aux intersections de la première et des côtés du triangle *abc*, se seront changées en des paires de tangentes (p), (p'); (q), (q'); (r), (r') issues des sommets respectifs C, A, B du triangle polaire ABC; donc on aura (123), d'après la relation ci-dessus, et en convenant d'exprimer par (a,p), (a,p'), etc., les angles formés respectivement par les droites (a) et (p), (a) et (p'), etc.,

$$\frac{\sin(a,p).\sin(a,p')}{\sin(b,p).\sin(b,p')}\cdot\frac{\sin(b,q).\sin(b,q')}{\sin(c,q).\sin(c,q')}\cdot\frac{\sin(c,r).\sin(c,r')}{\sin(a,r).\sin(a,r')}=1,$$

relation qu'on peut se contenter d'écrire ainsi pour plus de simplicité :

$$\frac{[\sin(a,p)][\sin(b,q)][\sin(c,r)]}{[\sin(b,p)][\sin(c,q)][\sin(a,r)]}=1,$$

et qui donne lieu à cet énoncé :

Un triangle étant situé quelque part sur le plan d'une section conique quelconque, si, de ses différents sommets, on mène des paires de tangentes à la courbe, chacune d'elles divisera l'angle correspondant du triangle ou son supplément en deux autres; cela posé, si l'on forme les différents produits de sinus des paires d'angles compris entre chaque côté et les tangentes issues de l'un de ses sommets, puis qu'on multiplie entre eux trois quelconques de ces produits rela-

tifs à trois sommets différents du triangle, on obtiendra un résultat qui sera le même que celui qu'on aurait en multipliant entre eux les trois autres produits restants.

Ajoutons (122) que, si l'on trace à volonté une transversale rectiligne br' à travers le système de toutes ces tangentes et des trois côtés du triangle ABC, et qu'on nomme respectivement a, b, c ses intersections avec les côtés (a), (b), (c); p, p' ses intersections avec les tangentes (p), (p'), et ainsi de suite, on aura également la nouvelle relation

$$\frac{ap.ap'}{bp.bp'}\cdot\frac{bq.bq'}{cq.cq'}\cdot\frac{cr.cr'}{ar.ar'}=1,$$

entièrement analogue à celle d'où nous sommes partis, et qui est relative au triangle transversal abc de la *fig.* 28.

130. Maintenant, si l'on observe que cette dernière relation, mise pour abréger sous la forme

$$\frac{(ap).(bq).(cr)}{(bq).(cq).(ar)}=1,$$

s'applique ou s'étend à une courbe quelconque du degré m prise pour transversale du triangle abc (*fig.* 28), on en conclura facilement (101) que les propositions inverses qui précèdent auront lieu également pour un triangle quelconque ABC (*fig.* 29) tracé sur le plan d'une telle courbe, et pour les trois groupes de $m(m-1)$ tangentes issues des sommets de ce triangle; tout consistera simplement à étendre, d'une manière convenable, la signification des produits de segments et de sinus compris dans chaque parenthèse, tels que (ap), $[\sin(a,p)]$, de la même manière qu'on l'a fait pour le cas simple d'une section conique.

Enfin, puisque la proposition du triangle transversal, d'où nous sommes partis précédemment, s'étend à un polygone d'un nombre de côtés quelconque, il en est de même aussi des propositions inverses que nous en avons déduites à l'aide de la théorie des polaires réciproques.

Nous terminerons ici ces exemples, qu'il serait facile de multiplier, pour reprendre, dans le paragraphe suivant, la théorie que nous n'avons encore exposée que pour le cas où les figures sont dans un même plan.

§ VI.

Des relations projectives entre les lignes trigonométriques et les distances des figures polaires réciproques dans l'espace.

131. Prenons toujours une surface sphérique dont S (*fig.* 24) est le centre, pour servir d'*auxiliaire* ou de *directrice* aux pôles et polaires; et considérons, en premier lieu, une suite de plans VA, VB, VC,..., passant par une même droite V; leurs pôles respectifs A', B', C',..., seront, comme on sait (77), situés sur une même droite D'E' polaire de V; et, si l'on joint chacun de ces pôles avec le centre S de la sphère auxiliaire, par des droites ou *rayons vecteurs*, les angles appartenant à ce faisceau de droites auront mêmes sinus (109) que les angles correspondants du système de plans convergents VA, VB, VC,...; si donc (121) il existe une certaine relation projective entre les sinus des premiers, elle aura lieu également entre ceux des seconds et *vice versâ*. Mais, d'après sa nature particulière, une telle relation ne saurait avoir lieu entre les sinus des angles du faisceau SA', SB', SC',..., sans avoir lieu également entre les distances correspondantes qui séparent les points ou pôles A', B', C',..., de la droite D'E', et *vice versâ*. Donc :

S'il existe une relation métrique projective entre les distances de points quelconques rangés en ligne droite, elle aura lieu, de même, entre les sinus des angles correspondants dans des plans polaires de ces points.

Et réciproquement :

S'il existe une pareille relation entre les sinus des angles d'un système de plans passant par une même droite, la même relation aura lieu aussi entre les distances correspondantes des pôles de ces plans rangés en ligne droite.

132. On remarquera à ce sujet que, d'après la nature particulière des propriétés métriques projectives (121), « plusieurs points A, B, C,..., F, rangés sur une même droite, ne sauraient avoir entre eux une telle relation, sans que cette relation n'eût lieu également entre les sinus des angles correspondants formés par les plans VA, VB, VC,..., qui passeraient par ces points respectifs et par une droite quelconque V, » et réciproquement que : « si elle a lieu pour les sinus de tels plans, elle aura lieu également pour les distances comprises, entre ces plans, sur une transversale quelconque AF. »

Plus généralement encore :

« Si une relation métrique projective a lieu entre les distances apparte-

» nant aux points d'une figure quelconque ABMCN... (*fig.* 25) située dans » l'espace, cette relation existera pareillement entre les sinus des angles » dièdres dont les plans passeraient par leurs extrémités respectives et par » une droite quelconque V. »

En effet, si l'on fait la projection orthogonale de toute la figure sur un plan perpendiculaire à l'arête commune V, cette même relation aura lieu, soit entre les distances simples de la projection, soit entre les sinus des angles qui mesurent, sur le nouveau plan, les angles du faisceau de plans que l'on considère dans l'espace.

Quant à la proposition réciproque, elle ne peut avoir lieu (**121**) qu'autant que la relation qu'on supposerait exister entre les sinus des plans convergents, transportée aux distances de la figure correspondante, remplirait, pour cette figure, les conditions assignées aux relations métriques projectives que nous considérons en particulier.

D'après les raisons déjà spécifiées à la fin du n° **121**, on pourra, pour plus de simplicité, désigner un système de plans tels que celui qui vient d'être défini, par l'épithète de *faisceau projectif*.

133. Concevons maintenant que les plans VA, VB, VC,... (*fig.* 24), au lieu de passer par une même droite, comme précédemment, soient seulement assujettis à avoir un point commun V; leurs pôles A′, B′, C′,..., cesseront d'être en ligne droite et seront simplement (**76**) placés dans le plan D′E′ polaire de V; quant aux rayons ou projetantes SA′, SB′, SC′,..., les sinus de leurs angles seront toujours égaux à ceux des plans qui passent par V et leur correspondent respectivement. Mais, lorsqu'il existe entre les distances d'une figure plane A′B′C′D′... une relation projective de la nature de celles que nous avons envisagées jusqu'à présent, elle doit aussi avoir lieu (**121**) entre les sinus des angles projetants de ces distances, formés autour d'un point quelconque S pris pour centre de projection, et réciproquement; donc une semblable relation ne saurait avoir lieu, soit entre les angles dièdres des plans V, soit entre les angles plans des rayons S qui joignent leurs pôles au centre S, soit enfin entre les distances correspondantes de ces différents pôles, sans qu'elle n'eût lieu, de la même manière, pour les deux autres systèmes; principe qu'on peut énoncer ainsi :

S'il existe, entre les distances des points d'une figure plane quelconque D′E′, *une relation métrique projective, la même relation aura lieu aussi entre les sinus des angles dièdres formés par les plans polaires respectifs de ces points, plans qui convergent en un même point* V.

Et réciproquement :

S'il existe une certaine relation entre les sinus des angles dièdres d'un faisceau (V) *de plans convergeant en un même point, elle aura lieu également entre les distances des paires de points qui sont les pôles de ces plans; pourvu toutefois qu'elle satisfasse aux conditions de projectibilité* (**121**) *dans la nouvelle figure.*

134. Supposons, en outre, que, d'une droite quelconque X, on dirige des plans vers tous les points A′, B′, C′,..., du plan D′E′; la relation projective qui est censée avoir lieu entre les distances de ces points aura lieu également entre les sinus des angles dièdres qui comprennent leurs extrémités respectives (**132**); donc les pôles de ces plans, rangés sur une droite AF polaire de X, et situés à la rencontre de cette droite et des plans VA, VB,..., seront tels (**131**), qu'il existera, entre leurs distances mutuelles, la même relation projective qu'entre les sinus des angles dièdres des plans qui en renferment les extrémités, ou qu'entre les distances de la figure plane A′, B′, C′,...; c'est-à-dire que :

Le système des plans qui convergent en V *est tel, que toute droite* AF, *prise pour transversale, y détermine des points dont les distances respectives ont, entre elles, la même relation projective que celle qui existe entre les sinus des angles dièdres correspondants.*

La réciproque de cette proposition s'établirait de la même manière, c'est-à-dire que :

Si un faisceau de plans, convergeant en un même point V, *est tel, que toute droite, prise pour transversale, y détermine un système de points jouissant d'une relation projective, la même relation aura lieu aussi entre les sinus des angles dièdres correspondants.*

N'oublions pas toutefois que cette dernière relation doit satisfaire aux conditions de projectibilité, dans la figure formée par le système des pôles des plans, ainsi qu'il a été spécifié expressément à la fin de l'article **133**.

Par les raisons déjà déduites également dans le n° **121**, pour les simples faisceaux de lignes droites, on pourrait nommer le faisceau de plans dont il s'agit *faisceau projectif*, et la relation de sinus qui lui appartient, *relation projective.*

Enfin, si l'on coupe un tel faisceau de plans par un dernier plan arbitraire, il en résultera un système de lignes droites jouissant évidemment de la même propriété que ce faisceau à l'égard d'une transversale rectiligne quelconque : or un tel système de droites est très-remarquable en général, et nous avons déjà eu l'occasion d'en étudier les propriétés réciproques aux nos 122 et 123.

135. Au lieu d'un système de plans VA, VB, VC,... (*fig.* 24), considérons maintenant un système de droites convergeant en un point unique V de l'espace, et représentées par les mêmes lettres; les polaires réciproques A', B', C',... de ces droites seront situées (78) dans un plan unique D'E', polaire de V.

Cela posé, admettons que le faisceau des droites V soit un faisceau projectif (121); en le coupant par un plan *arbitraire* AF, il en résultera un certain nombre de points dont les distances respectives auront entre elles la relation métrique projective qui appartient aux sinus des angles de ce faisceau. Mais, en passant à la figure A', B', C',..., polaire réciproque de celle dont il s'agit, à l'égard de la sphère (S), le plan AF sera remplacé par un point X pôle de ce plan, et ses différentes intersections A, B, C,..., avec les droites du faisceau, le seront par des plans passant par le point X et les différentes droites A', B', C',..., réciproques de celles VA, VB, VC du même faisceau; donc, d'après les théorèmes ci-dessus (133), les relations projectives qui ont lieu entre les sinus des angles de ces dernières droites appartiendront aux angles dièdres correspondants des plans XA', XB', XC',..., qui, du point arbitraire X, projettent les droites A', B', C',..., réciproques de celles-là.

Ainsi le faisceau X des plans projetants sera analogue à celui qui a été défini ci-dessus (134); il devra donc aussi jouir des mêmes propriétés; et, par exemple, « si on le coupe par une droite transversale arbitraire, il existera entre les distances respectives des points d'intersection, les mêmes relations projectives qu'entre les sinus des angles dièdres qui embrassent ces distances par les extrémités; » c'est ce que, au surplus, on pourrait établir directement à l'aide de la théorie des polaires réciproques, et par l'examen de ce qui se passe dans le faisceau primitif des projetantes V. Remarquons seulement que si, dans le plan des droites A', B', C',..., on trace une autre transversale rectiligne, les points où elle ira rencontrer ces droites devront jouir de la propriété dont il s'agit. En effet, tout revient évidemment à prouver (131 et 77) que :

« Si, d'une droite arbitraire passant par le sommet du faisceau (V), on mène » des plans vers les différentes droites de ce faisceau, les sinus des angles » de ces plans auront entre eux les mêmes relations projectives que ceux des » angles formés respectivement par ces droites ». Or c'est ce qui a nécessairement lieu (132), puisque ces plans et ces droites s'appuient sur les différents points d'une figure A, B, C,..., dont les distances ont entre elles, par hypothèse, les relations projectives d'abord mentionnées. Concluons donc de tout ce qui précède, que :

Étant donné, dans l'espace, un faisceau projectif de droites convergeant en un même point, c'est-à-dire (**121**) *qui s'appuient sur les différents points d'une figure jouissant d'une certaine relation métrique projective,* 1° *la même relation aura lieu entre les sinus des angles correspondants des faisceaux;* 2° *le système* plan, *des polaires réciproques des droites qui le composent, sera tel, qu'en le coupant par une droite arbitraire, les distances respectives des intersections auront entre elles la relation projective dont il s'agit;* 3° *si, d'un point quelconque de l'espace, on mène des plans vers ces mêmes polaires, les sinus de leurs angles auront encore entre eux la même relation.*

Il est d'ailleurs entendu que, dans ces diverses figures et relations, on a soin de prendre toujours les angles et les distances qui se correspondent directement.

Quant à la proposition réciproque, elle est assez évidente par elle-même pour qu'il soit superflu de l'énoncer.

136. De ce qui précède on tire une nouvelle propriété du système de droites que nous avons considéré (art. **134**), laquelle peut s'énoncer ainsi :

Quand un système de droites quelconques A′, B′, C′,..., *situées dans un plan, est tel, qu'en le projetant d'un certain point* X *de l'espace, par de nouveaux plans, les angles dièdres qu'ils forment ont entre leurs sinus une certaine relation métrique projective* (**134**), *la même relation a lieu également pour tout autre faisceau de plans projetants, déterminés par un point quelconque de l'espace.*

J'ajouterai, en dernier lieu, que : quand les droites du faisceau primitif (V) sont dans un même plan, non-seulement il en est ainsi de leurs réciproques A′, B′, C′,..., mais encore celles-ci concourent également en un point unique, pôle du plan des premières; de plus, il est visible que les relations projectives de l'un de ces faisceaux appartiendront aussi à l'autre, en sorte qu'ils seront parfaitement réciproques entre eux.

137. Ces préliminaires nous mettent en état d'aborder directement le cas général où l'on a à considérer des relations métriques projectives appartenant à une figure quelconque dans l'espace, ou à sa polaire réciproque à l'égard d'une sphère prise à volonté pour auxiliaire.

Soit en effet A, M, B, N, C,... (*fig.* 25) le système des points proposés, S le centre de la sphère prise pour auxiliaire; supposons qu'il existe une certaine relation métrique projective entre les distances AM, MB;... CP, PD, appartenant à ces points; par un raisonnement analogue à celui du n° **123** et qu'il est inutile de reproduire, on conclura que la même relation devra avoir lieu entre les sinus des angles dièdres correspondants des plans aA', aM',..., cP', cC' polaires des extrémités de ces distances respectives. On pourra donc énoncer, pour le cas de l'espace, ce théorème entièrement analogue à celui de l'endroit cité :

S'il existe, entre les diverses distances d'une figure donnée dans l'espace, une relation métrique projective, la même relation aura lieu également entre les sinus des angles dièdres formés par les plans polaires des extrémités respectives de ces distances, par rapport à une sphère auxiliaire quelconque.

Et réciproquement :

S'il existe une certaine relation entre les sinus des angles dièdres des plans d'une figure quelconque, la même relation aura lieu aussi entre les distances de la réciproque, dont les extrémités respectives sont les pôles de ces paires de plans, pourvu que cette relation soit, de sa nature, projective quand on l'applique à cette réciproque.

138. Supposons maintenant que, d'une droite quelconque V de l'espace, on mène des plans vers les différents points de la figure AMBC... considérée ci-dessus, le faisceau de ces plans sera *projectif* (**132**) puisque, par hypothèse, les distances de cette figure ont entre elles une relation projective; donc on conclura immédiatement ce théorème, du principe de l'article **131**, en observant que les plans VA, VB, VM,..., dont il s'agit et qui renferment les différents points de la figure proposée, ont leurs pôles situés à la rencontre de la polaire de la droite quelconque V et des plans polaires des points respectifs A, B, M,... :

S'il existe, entre les diverses distances d'une figure donnée dans l'espace, une relation métrique projective, la même relation existera pareillement, dans la figure réciproque, entre les distances correspondantes formées, sur une droite arbitraire, par les intersections de cette droite avec les plans polaires des extrémités respectives des premières distances.

Et réciproquement :

S'il existe une semblable relation entre les distances des points d'intersection d'une droite arbitraire et des divers plans d'une figure donnée dans l'espace, la même relation aura lieu aussi entre les distances de la figure réciproque qui ont pour extrémités respectives les pôles des plans dont il s'agit; pourvu toutefois (**132**) *que cette relation soit, de sa nature, projective quand on l'applique à cette réciproque.*

Autrement, en effet, la relation aurait simplement lieu (131) entre les sinus des angles dièdres formés par un faisceau de plans menés, d'une droite arbitraire, vers les différents points de cette même réciproque.

139. Les principes des n^{os} **133, 134** et suivants, concernant les faisceaux de droites et de plans, conduisent à plusieurs autres théorèmes analogues relatifs aux figures polaires dans l'espace; mais il serait superflu de s'y arrêter, vu qu'ils sont faciles à deviner et à saisir, lorsqu'on s'est bien pénétré de ces principes, et en général de ceux qui appartiennent à la théorie des polaires réciproques dans l'espace.

Au surplus, dans les applications de ces divers principes à des figures données, il ne faudra pas dédaigner la remarque suivante, très-propre à faciliter les moyens de traduire les énoncés des relations qui leur sont applicables.

« Ayant marqué à l'ordinaire, par des lettres quelconques, les différents points de la figure proposée, on en placera d'autres entièrement différentes sur les droites, les plans, les lignes et les surfaces qui y entrent, c'est-à-dire que chacune de ces lignes et surfaces se trouvera représentée par une lettre distincte dans la figure proposée. »

» Cela fait, on affectera des mêmes lettres les points, les plans, les droites, » les lignes et les surfaces de la figure polaire, qui sont respectivement ré- » ciproques de ceux de la figure primitive; on n'aura plus alors qu'à rem- » placer, dans les relations métriques qui leur appartiennent respective- » ment, chaque distance qui y entre par le sinus de l'angle des deux droites » ou des deux plans représentés par les lettres de ses extrémités; et récipro- » quement, à remplacer chaque sinus d'angle par la distance des deux » points représentés par les lettres qui désignent ses èdres ou côtés ; par » exemple, les distances ab, bc se changeront en $\sin(a, b)$, $\sin(b, c)$, et » *vice versâ*, etc. »

Du reste, pour éviter la confusion, on pourra mettre entre parenthèses les lettres qui appartiennent aux lignes et aux surfaces, en réservant les lettres simples pour les points.

140. On a déjà eu occasion de voir, à la fin du paragraphe précédent (129), l'usage que l'on peut faire de cette notation très-simple, et les avantages qui en résultent pour la traduction des relations métriques des figures qui sont polaires réciproques sur le plan d'un cercle pris pour auxiliaire. Les considérations et les principes qui précèdent mettent en état d'étendre les conséquences auxquelles nous sommes parvenus alors, au cas où les figures que l'on considère sont situées dans l'espace, et où les courbes sont remplacées par des surfaces quelconques du même ordre : c'est à indiquer rapidement quelques-unes de ces applications particulières que je vais consacrer les dernières pages de ce Mémoire, afin de ne pas m'écarter de la marche que j'ai constamment suivie jusqu'à présent.

Sans m'occuper d'ailleurs du cas, en quelque sorte élémentaire, des figures rectilignes et polyédrales dans l'espace, coupées simplement par des droites ou des plans arbitraires, lequel conduirait sans peine à plusieurs propositions intéressantes et que je dois me borner à recommander à l'attention des géomètres, je ferai de suite observer, d'après Carnot, que le principe (129) du triangle et du polygone plan, coupés par une courbe géométrique du degré m, s'applique également à un polygone gauche coupé par une surface géométrique du même ordre prise pour transversale de ce polygone. Or, de là résulte pour l'espace un principe entièrement analogue à celui de l'article 130, et qui est tout aussi général.

141. En effet, le polygone gauche dont il s'agit aura pour réciproque, à l'égard d'une sphère, un *polyèdre indéfini* (81) dont les arêtes seront réciproques des côtés de ce polygone; de sorte que les plans tangents, menés de ces arêtes à la surface polaire de la proposée, auront pour pôles respectifs (77 et 91) les intersections de celle-ci avec les côtés correpondants du polygone gauche. Tout consistera donc (101, 137 et 138) à substituer, pour le cas actuel de l'espace, un polyèdre indéfini au triangle des théorèmes énoncés en particulier (129); pour la section conique, une surface de l'ordre m à cette section conique; les arêtes du polyèdre aux sommets du triangle; les plans tangents passant par ces arêtes respectives, aux tangentes relatives à ces sommets; enfin les angles dièdres formés par chaque plan tangent et l'une des faces correspondantes du polyèdre, à l'angle formé par chaque tangente et par l'un des côtés correspondants du triangle.

L'énoncé des deux théorèmes auxquels on arrive ainsi se simplifie un peu dans le cas où le polygone primitif se réduit à un triangle, et dans celui où il se trouve compris tout entier dans un plan; car alors le polyèdre réciproque se réduit lui-même (81) à un angle solide trièdre ou à un angle solide d'un nombre quelconque de faces ou d'arêtes passant par un même point.

Au surplus, les principes des nos 133 et suivants, appliqués de même à la proposition du polygone gauche coupé par une surface quelconque de l'ordre m, conduiraient à d'autres conséquences non moins intéressantes et non moins étendues que celles qui viennent de nous occuper; mais il nous suffit pour le moment d'indiquer, d'une manière générale, ces corollaires faciles de la théorie des polaires réciproques.

142. Pour terminer, nous considérerons encore une courbe à double courbure quelconque de l'ordre m; l'enveloppe des plans polaires de ses points sera (82 et 84) une surface développable de l'ordre $m(m-1)$, à laquelle le théorème du polygone transversal demeurera applicable directement en vertu de la loi de continuité. Or, tout point d'intersection d'une certaine droite avec cette développable sera remplacé (83) par un plan tangent de la courbe primitive, passant par la réciproque de cette droite; donc *le théorème qui précède, relatif à un polyèdre indéfini, des arêtes duquel on a mené des plans tangents à une surface géométrique, subsiste également pour le cas où l'on substitue une courbe à double courbure quelconque à cette surface.*

Il serait inutile d'étendre davantage ces exemples et ces applications de nos principes, et je crois en avoir dit assez pour montrer tout le parti qu'on en peut tirer dans le besoin et pour lever toute espèce de difficultés. Je crois, en outre, avoir prouvé que le nombre des propositions de la *Théorie des transversales* et de la *Géométrie de la règle*, ou, pour m'exprimer plus généralement, le nombre des *relations* et des *propriétés projectives* des figures peut, dès à présent, être *doublé et même triplé*, sans qu'on éprouve d'autre embarras que de modifier leur énoncé d'après des règles bien connues et bien établies.

Dans la suite de ces recherches je m'occuperai uniquement des propriétés générales des courbes et des surfaces géométriques, et j'aurai souvent occasion d'employer les principes de la théorie des polaires réciproques et d'en montrer ainsi l'utilité et la fécondité d'une manière plus positive. Je ne doute pas d'ailleurs que les géomètres ne s'empressent d'adopter une théorie qui offre autant de ressources, et dont les principes seraient peut-être difficilement suppléés par d'autres dans certaines recherches générales relatives aux figures.

Post-Scriptum de 1828. — Il n'a paru jusqu'ici de ce Mémoire, que l'*analyse* que j'en ai adressée, à la fin de 1826, à M. le rédacteur des *Annales de Mathématiques*, et le Rapport de MM. les Commissaires de l'Institut, inséré, en avril dernier, dans le *Bulletin des Sciences* de M. le baron de Férussac. Mais, comme la matière dont il traite a fait récemment l'objet des recherches de plusieurs géomètres, je crois devoir déclarer qu'il paraît ici conforme au manuscrit déposé, en 1824, à l'Académie des Sciences, et qui a été paraphé, dans toutes ses parties, par M. le baron Fourier, secrétaire perpétuel.

Je crois aussi devoir prévenir que, lors de la lecture que je fis, au sujet de ce Mémoire, dans la séance du 12 avril 1824, je développai et fis ressortir plusieurs des applications générales qui s'y trouvent simplement indiquées et qui ont été depuis mentionnées dans l'*analyse* ci-dessus. Telles sont, en particulier, les propriétés *angulaires* et *descriptives* concernant les lignes et surfaces du second ordre que je nommai *homofocales* ou *confocales*, parce qu'elles ont un *foyer commun*, propriétés qui sont, en général (166), les *polaires réciproques* de celles qui appartiennent à un système de cercles ou de sphères quelconques situés dans un plan ou dans l'espace, et qui deviennent les réciproques de celles des cercles ou des sphères *concentriques* (115), quand les lignes et les surfaces ont *même polaire* ou *même plan polaire focal*, c'est-à-dire même *directrice* ou même *plan directeur*.

Je montrai par des exemples comment ces propriétés sont, quant aux relations de situation, entièrement analogues à celles des lignes et des surfaces du second degré qui, étant inscrites dans un même angle ou dans un même cône, peuvent être envisagées comme la *perspective, dans un plan* ou *en relief*, les unes des autres, propriétés développées dans le tome Ier de cet ouvrage, et qui, dans le cas actuel, résultent de ce que le foyer commun est, en effet, *idéalement* pour toutes les surfaces, le *sommet d'un tel angle ou d'un tel cône* circonscrit, ou, plus généralement, ce que j'ai nommé un *centre de projection*, un *centre d'homologie* (*).

Parmi les propriétés particulières du *foyer général* des surfaces du second degré, je signalai comme les plus importantes celles des *sections planes* de ces surfaces, qui, d'un tel foyer, *sont vues sous l'aspect de cercles* qui appartiendraient tous à une sphère ayant ce foyer pour centre, et celles qu'ont les *tangentes conjuguées* de ces surfaces, *d'être vues, de ce même foyer, sous un angle droit* formé par les plans qui contiennent ces tangentes, propriétés qui ont servi à M. Dupin (*Applications de Géométrie*, IVe Mémoire, p. 210

(*) Dans le cas particulier où les lignes et surfaces ont, en outre, même directrice et même plan directeur, c'est-à-dire même droite ou même plan polaire focal, leur système a cette droite et ce plan pour *corde idéale commune* ou *plan idéal commun de contact*; ce qui entraîne, comme j'en ai déjà fait la remarque au n° 456 du tome I de ce *Traité*, une foule de propriétés dont celles qui concernent simplement les sections coniques ont été spécialement étudiées dans le dernier Chapitre de la Section III du même volume, et d'ailleurs sont tout à fait analogues à celles qui appartiennent aux cercles et aux sphères concentriques : l'un de ces systèmes étant la projection centrale ou perspective de l'autre.

et suivantes) pour établir sa belle *théorie des faisceaux lumineux réfléchis à leur rencontre avec une surface quelconque.*

Je fis voir encore « qu'un système quelconque de surfaces du second ordre, » confocales, lequel peut comprendre aussi des sphères ayant le foyer commun » pour centre, s'entrecoupent deux à deux suivant des *sections coniques* » dont les plans concourent trois à trois en une *même droite*, et quatre à » quatre en un *même point;* que les *développables circonscrites* à ces surfaces, » prises deux à deux, sont des *cônes du second degré* qui s'entrecoupent » suivant des *courbes du même degré* et dont les sommets sont, trois par » trois, en *ligne droite,* et quatre par quatre en un *même plan;* que les » *pôles* de tout plan passant par le foyer commun, pris par rapport à ces sur- » faces respectives, sont situés sur un même *rayon vecteur* perpendiculaire » à ce plan; que les *cônes circonscrits* à ces surfaces, suivant les sections dé- » terminées par ce même plan, s'entrecoupent deux à deux suivant des *lignes* » *du second degré* dont les plans sont aussi les *plans de section* des surfaces » auxquelles ils appartiennent, etc., etc.; qu'enfin ces diverses relations per- » mettent de construire très-simplement, et *sous des conditions données*, » toute surface du second degré dont le foyer général est assigné ou doit » être commun à cette surface et à d'autres surfaces données, et qu'elles » permettent aussi de construire les plans de section commune à un système » de surfaces confocales, etc., etc. »

C'est à cela, comme on sait, que revient, en dernière analyse, la recherche du *centre de la sphère tangente à quatre autres dans l'espace,* puisque ce centre doit se trouver à l'intersection mutuelle de surfaces du second degré de révolution, qui ont pour foyer commun le centre de l'une quelconque des sphères données.

Metz, le 20 août 1828.

SECTION III.

ANALYSE DES TRANSVERSALES APPLIQUÉE AUX COURBES ET SURFACES GÉOMÉTRIQUES (*).

Introduction historique commune aux Sections III et IV.

J'ai annoncé, dans le tome VIII des *Annales de Mathématiques de Montpellier* (année 1827), des moyens généraux pour construire *linéairement*, ou avec une simple règle, les tangentes des courbes géométriques; j'étais en effet parvenu, dès le commencement de 1816, à ce résultat ainsi qu'à beaucoup d'autres concernant le cercle osculateur et les sections coniques osculatrices des divers ordres, en un point donné d'une telle courbe censée décrite. Dans une lettre en date de mai 1818, j'annonçai ces résultats à M. Servois, savant géomètre dont je m'honorerai toujours d'avoir été l'ami et

(*) Cette IIIe Section est conforme au Mémoire manuscrit lu et déposé à l'Académie des Sciences de l'Institut dans la séance du 5 septembre 1831 (Commissaires, MM. Lacroix et Poinsot), puis inséré au tome VIII du *Journal de Mathématiques de Crelle*, en quatre fragments séparés par de longs intervalles, fragments dont le premier a paru dans le Cahier de janvier 1832, avec cette épigraphe tirée de l'*Essai* de Carnot sur les ingénieux et admirables éléments de la doctrine dont cette IIIe Section est le complément et le développement :

« La théorie des transversales n'est, à proprement parler, que la théorie des coordonnées qui, » au lieu de faire un angle, sont prises sur une même droite. »

Les seuls changements apportés au texte original de ce Mémoire consistent dans le déplacement et le changement de réduction des titres et sous-titres qui s'accordaient mal avec les exigences typographiques et le but de la nouvelle édition, dont la première manquait de toutes figures dans le recueil de Berlin, et à laquelle, en outre, le IIe Cahier du tome II des *Applications d'Analyse et de Géométrie* (Paris, 1864) pourra servir, au besoin, d'utile commentaire, d'exercices ou d'éclaircissement. Je saisirai d'ailleurs cette occasion pour faire remarquer qu'il s'est glissé, dans la note au bas de la page 159 du Cahier précité, une erreur de date relative à la présentation de l'*Analyse des transversales* à l'Institut de France, qui a eu lieu véritablement le 5 septembre 1831, et non pas le 5 septembre de l'année 1830, comme je viens de le vérifier sur le manuscrit existant au secrétariat de l'Académie des Sciences, et comme on peut aussi le lire aux pages 79 et 118 du tome VII de la *Correspondance mathématique* de M. Quetelet, qui voulut bien insérer dans son *Journal* un extrait de mes Mémoires sur l'*Analyse des transversales* et les *Polaires réciproques*, qu'on trouvera rapporté à la fin de ce volume. — (Note de 1865.)

le disciple; je lui signalai comme exemple les corollaires particuliers relatifs aux courbes du troisième degré, lesquelles donnent lieu à des théorèmes et à des constructions d'une simplicité vraiment remarquable, et qui peut se comparer à ce que l'on connait des belles propriétés des hexagones inscrits et circonscrits aux sections coniques dues à Pascal et à Brianchon. Je fis également part de ces corollaires à différents autres géomètres qu'il serait inutile de citer ici. Enfin, je donnai à la *Société académique de Metz*, dans sa séance de décembre 1821, communication de l'ensemble de mes recherches sur les *Propriétés projectives des lignes géométriques d'ordre quelconque* (*).

M. Arago, membre de l'Académie des Sciences de Paris, qui était présent à cette séance, voulut bien me témoigner tout l'intérêt que lui inspiraient la nouveauté et la généralité de ces recherches; il m'encouragea même à les mettre promptement au jour; mais, d'après le plan que je m'étais dès lors formé, cette publication devait être précédée de celle du *Traité des Propriétés projectives des figures* (t. Ier), qui eut lieu en effet l'année suivante (1822), et dans laquelle je n'avais presque uniquement en vue que les lignes et les surfaces des deux premiers degrés, ainsi que les principes généraux de projection qui pouvaient m'être utiles pour établir ultérieurement la théorie géométrique des courbes et des surfaces d'un ordre quelconque.

J'annonçai néanmoins, en terminant l'Introduction de cet ouvrage, les recherches toutes spéciales que j'avais entreprises sur ce dernier sujet, et, dans la Section II du texte, p. 80, n° 151, je fis voir comment, par les principes de la projection centrale, on peut immédiatement passer, du théorème de Newton relatif aux produits des abscisses et des appliquées parallèles des courbes géométriques, au principe plus général de Carnot concernant les triangles et les polygones plans ou gauches coupés arbitrairement par de telles lignes ou par des surfaces géométriques quelconques.

En remarquant que, par suite de l'universalité de ces théorèmes, les lignes et surfaces dont il s'agit doivent jouir de certaines propriétés qui leur sont communes avec les sytèmes analogues de lignes droites et de surfaces planes; en affirmant qu'il était facile d'en déduire un grand nombre de conséquences particulières, mon intention était de faire pressentir la fécondité et l'extension que pouvait recevoir la doctrine des transversales, dont les admirables éléments sont un des principaux titres scientifiques de l'illustre et infortuné géomètre que je viens de citer; mais je ne sache pas que, depuis la publi-

---

(*) *Voyez* le *Compte rendu des travaux* de cette *Académie*, par M. Herpin, *pendant l'année* 1821 *à* 1822, imprimé à Metz, chez Lamort, en mai 1822.

cation du *Traité des Propriétés projectives*, personne ait encore tenté d'ouvrir cette nouvelle route de découvertes dans laquelle, je le répète, j'avais déjà parcouru un certain chemin dès l'année 1818, et dont Carnot lui-même ne semble pas avoir soupçonné toute la fécondité, si l'on en juge par ce qu'il a écrit dans sa *Géométrie de position* et dans son *Essai sur la théorie des transversales* touchant les applications du principe général qui lui est dû.

En 1823, je profitai de quelques loisirs pour rédiger, sur les *centres de moyennes harmoniques* et sur la *théorie des polaires réciproques*, les deux Mémoires que je présentai, à l'entrée de l'année suivante, à l'Académie royale des Sciences de Paris, et qui furent publiés tardivement (années 1828 et 1829) dans le *Journal de Mathématiques de M. Crelle* (*), lequel, dès lors, avait justement acquis une réputation européenne. Ces Mémoires, ainsi que l'indiquent leurs titres, devaient servir d'introduction ou de préliminaires à l'ouvrage étendu que je me proposais de faire paraître sur les *Propriétés projectives des courbes et des surfaces géométriques*. En traitant en particulier des nouvelles et élégantes propositions auxquelles donne lieu la théorie du *centre des moyennes harmoniques* pour les systèmes de plans et de droites arbitraires, je ne manquai pas de signaler d'une manière expresse l'extension dont leur énoncé est susceptible quand on y remplace ces systèmes par des lignes ou surfaces géométriques d'ordre quelconque.

Voici comment je m'exprime dans un passage qui termine le discours préliminaire de l'écrit qui contient cette théorie : « J'ai exposé, dans la dernière partie de mon Mémoire, quelques-unes des propriétés qui découlent de la théorie du centre des moyennes harmoniques pour les systèmes de points, de droites et de plans; et, afin de n'en pas multiplier inutilement le nombre, je me suis constamment borné à celles dont la nature générale permet de les appliquer immédiatement aux courbes et aux surfaces géométriques d'un ordre quelconque, mettant ainsi ceux qui liront ce Mémoire en état de pressentir cette extension et de se familiariser par degrés avec ce qu'elle pourrait, au premier aperçu, avoir de trop difficile ou de trop abstrait. » (*Voyez* la page 8, Sect. I, de ce volume.)

Pour ceux qui ont donné quelque attention au contenu du Mémoire dont il s'agit, notamment aux articles qui commencent au n° 41, il paraîtra évident, en effet, que cette extension est une conséquence nécessaire, et de ce que les principales propriétés des *centres, axes* et *plans de moyennes harmoniques* qui y sont exposées peuvent être toutes déduites directement du

(*) *Voyez* t. III, p. 213, et t. IV, p. 1.

théorème cité de Carnot, et de ce que ce même théorème est indistinctement applicable aux courbes et aux surfaces géométriques comme aux systèmes de droites et de plans arbitraires.

Lorsque j'annonçai, dans ces deux Mémoires de 1824, la publication prochaine et successive de mes recherches relatives aux courbes et aux surfaces géométriques, je pensais que le service dont j'étais alors chargé comme ingénieur me laisserait, d'année en année et pendant les courts intervalles de la suspension des travaux, assez de loisir pour mettre la dernière main à chaque partie; mais ma nomination de professeur à l'École de l'artillerie et du génie à Metz, en 1825, le cours de Mécanique appliquée aux machines que je fus chargé d'y créer, joint au fâcheux état de ma santé (en 1827 et 1828), me contraignirent d'ajourner toute rédaction définitive. Il résulte de ce retard que j'ai été prévenu dans la publication de quelques-unes d'entre elles, notamment de celles qui concernent la communauté d'intersection des lignes et surfaces géométriques, ainsi que les propriétés de leurs centres, axes et plans de moyennes harmoniques. En s'occupant avec succès de ces dernières recherches, depuis l'année 1826, MM. Bobillier, Chasles et Gergonne se sont servis d'ailleurs de moyens très-différents de ceux que j'ai moi-même mis en usage, et qui reposent essentiellement sur les principes de l'Analyse des coordonnées combinés avec quelques données fournies par la Géométrie intuitive, et notamment par la théorie des *projections centrales* et des *polaires réciproques*.

Du reste, avant 1825, époque depuis laquelle je n'ai rien ajouté d'essentiel à mes recherches géométriques, on ne connaissait, si je ne me trompe, sur l'objet que j'avais spécialement entrepris de traiter, que : 1° les trois théorèmes de Newton sur les appliquées parallèles des courbes, leurs diamètres conjugués à une direction donnée, et la coïncidence de ces diamètres avec ceux des asymptotes; 2° les trois théorèmes qui se déduisent respectivement de ceux-là, par nos principes de projection centrale, en remplaçant les sécantes parallèles par des droites convergeant au même point, les asymptotes par un système quelconque de tangentes dont les points de contact sont rangés en ligne droite, *le centre de moyennes distances* par le *centre de moyennes harmoniques* : théorèmes dont le premier, d'ailleurs, n'est autre que celui de Carnot déjà plusieurs fois cité, dont le second ou son annexe a été découvert par le célèbre Côtes, et dont le troisième, dû à Mac-Laurin, se trouve exposé dans le *Traité des Propriétés générales des lignes géométriques*, imprimé, sous la forme d'*Appendice*, à la suite de l'*Algèbre posthume* de cet auteur, édition de Londres 1748; 3° enfin, plusieurs autres théorèmes exposés également dans ce *Traité* de Mac-Laurin, et qui ont trait au *cercle osculateur*, à la *parabole osculatrice* des lignes planes géométriques, auxquelles il faut joindre diverses propriétés intéressantes sur les lignes du troisième ordre, que cet illustre géomètre a envisagées d'une manière tout à fait spéciale, et qu'il déduit, de même que les précédentes, de ce principe général : « Si, d'un » point fixe pris arbitrairement sur le plan d'une courbe géométrique » quelconque, on mène une droite arbitraire, puis les tangentes aux inter- » sections de cette droite avec la courbe, supposées en nombre égal à celui » qui exprime le degré de cette courbe; qu'enfin, ayant tracé à volonté » une nouvelle transversale par le point fixe dont il s'agit, on fasse, d'une » part, la somme algébrique des *réciproques* ou *valeurs inverses* des abscisses » interceptées par la courbe sur cette transversale et à compter du point » fixe; d'une autre, la somme pareille relative au système des tangentes is- » sues des points de la première transversale : 1° les deux sommes seront » égales entre elles; 2° elles seront constantes quelles que soient les trans- » versales menées par le point fixe. »

Mac-Laurin déduit cette proposition remarquable du théorème de Newton sur le rapport invariable du produit des abscisses au produit des appliquées parallèles des courbes, en recherchant directement, à l'aide des données de la figure, l'expression des différentielles logarithmiques de ces produits, qui sont évidemment égales entre elles. Mais il est clair que la considération directe des coefficients des deux derniers termes des équations qui ont pour racines les abscisses relatives à la courbe ou au système des tangentes ci-dessus, conduirait sur-le-champ et sans discussions géométriques à la proposition dont il s'agit, de la même manière que la considération du dernier terme des équations qui ont pour racines les appliquées et abscisses correspondantes des courbes a conduit Newton au théorème sur les produits de ces abscisses et appliquées, de même enfin que la considération du second terme de la première de ces deux équations lui a fait découvrir la propriété des diamètres, etc. (*).

Cette remarque, au surplus, n'a point échappé à Mac-Laurin, qui, après s'être servi de la proposition fondamentale ci-dessus pour en déduire le théorème de Côtes sur la droite *lieu des centres de moyennes harmoniques des intersections d'une courbe géométrique et d'une droite mobile autour d'un*

(*) En général, la considération d'une fonction symétrique quelconque des racines de l'équation qui donne les abscisses des intersections de la courbe avec une droite ou un axe variable suivant une loi donnée, conduit à une infinité de théorèmes analogues à celui de Côtes, et qui sont également susceptibles de s'étendre aux surfaces géométriques de tous les ordres.

point fixe, s'est proposé ensuite de démontrer le même théorème par les considérations qui résultent directement de la théorie des équations algébriques.

Si nous insistons sur cette remarque, c'est pour mettre en parfaite évidence la corrélation qui a lieu entre les théorèmes de Newton, de Côtes, de Mac-Laurin et de Carnot, corrélation qui est telle, que, bien que ces théorèmes dérivent de la considération de termes distincts dans l'équation qui a pour racines les abscisses ou segments proposés, néanmoins ils peuvent aussi se déduire les uns des autres, d'une manière purement géométrique et par forme de simples corollaires. C'est en effet ce que nous avons reconnu dès nos premières recherches (1816) sur les propriétés projectives des courbes et surfaces géométriques, dans lesquelles, prenant le théorème de Carnot pour point de départ, nous en avons déduit *à posteriori* ceux de Newton, de Côtes et de Mac-Laurin, ainsi que beaucoup d'autres d'un genre très-différent et qui n'étaient point encore connus des géomètres.

Nous aperçûmes aussi tout d'abord, que ces mêmes théorèmes, démontrés seulement pour les courbes planes, étaient susceptibles de s'étendre immédiatement aux lignes à double courbure et aux surfaces géométriques, à peu près de la même manière que les propriétés des sections coniques s'étendent aux surfaces du second degré, et celles des systèmes de droites comprises dans un plan unique, aux systèmes de droites ou de plans situés à volonté dans l'espace.

Enfin nous reconnûmes que ces divers théorèmes avaient leurs corrélatifs ou réciproques, et que l'ensemble des uns et des autres donnait lieu à une série de propositions entièrement analogues à celles qui constituent la théorie des *pôles, polaires* et *plans polaires* des lignes ou surfaces du second degré, et celles du *centre*, des *diamètres* ou *plans diamétraux* de ces lignes et surfaces. Mais, pour mettre cette analogie dans tout son jour, il nous a fallu, au préalable, donner à la *théorie du centre des moyennes harmoniques* ainsi qu'à celle *des polaires réciproques* toute l'extension et la généralité dont elles sont susceptibles comme doctrines fondamentales; et c'est ce qui nous a déterminé, dès 1823, à rédiger et à publier séparément nos deux Mémoires sur ces matières, dans lesquels nous n'avons pour ainsi dire pas perdu de vue un seul instant l'objet de nos recherches subséquentes sur les propriétés projectives des courbes ou surfaces géométriques d'un ordre quelconque.

Revenant maintenant au théorème de Carnot, qui n'est, comme on l'a vu, que l'extension de celui de Newton sur les produits des abscisses et des appliquées parallèles des courbes, nous ferons remarquer que la démonstration directe qu'on en trouve à la page 292 de la *Géométrie de position* est bien loin d'être aussi satisfaisante que pourraient le désirer les amateurs des méthodes intuitives et purement géométriques; de sorte que ce théorème reste encore à démontrer, si l'on ne veut point recourir aux principes de l'Analyse des coordonnées, ou si mieux, on ne préfère l'envisager, *à priori*, comme une simple définition des lignes et des surfaces géométriques, fondée sur ce que l'on connait déjà des lignes et des surfaces des deux premiers degrés et des systèmes composés d'un certain nombre de ces lignes ou surfaces, auxquels les théorèmes de Carnot et de Newton sont immédiatement applicables.

Desargues, comme je l'ai déjà fait observer ailleurs (t. Ier du *Traité des Propriétés projectives des figures, Introduction*, p. XXVIII, et *Annotations*, édition de 1865, p. 409), avait eu la singulière et lumineuse idée de traiter les courbes géométriques comme un assemblage de lignes droites en nombre égal à celui qui marque le degré de ces courbes, ou le plus grand nombre des points suivant lesquels elles peuvent être coupées par une transversale arbitraire; c'est-à-dire qu'il leur appliquait les mêmes raisonnements, leur attribuait les mêmes propriétés, toutes les fois sans doute qu'il ne s'agissait que de ces relations générales et indépendantes de grandeurs déterminées, que nous avons nous-même nommées *projectives*, et qui font le caractère propre des spéculations de la théorie des transversales ou de la Géométrie de la règle, relations qu'on voit déjà subsister, sans aucune modification essentielle, pour les systèmes de lignes droites comme pour les sections coniques ou lignes du second ordre. Mais ce n'est là encore qu'une pure induction qui, bien que très-forte si l'on prétend tenir compte des différences spécifiques qui distinguent les simples assemblages de lignes droites des courbes véritables, ne peut néanmoins être admise tout au plus que comme moyen d'investigation, ainsi que le faisait observer notre illustre Descartes dans une lettre au P. Mersenne, concernant les recherches géométriques de Desargues, qui fut son contemporain et son ami.

Ce qui s'oppose d'ailleurs à ce qu'on admette *à priori* le théorème de Carnot ou celui de Newton comme définition des courbes géométriques, c'est que ces courbes possèdent en elles-mêmes un caractère qui les définit universellement et d'une manière purement intuitive, celui de ne pouvoir être coupées, au moyen d'une droite ou d'un plan arbitraires, qu'en un nombre de points limité et déterminé pour chacune d'elles; d'où il résulte qu'en partant des théorèmes dont il s'agit, on n'est point sûr d'embrasser à la fois toutes les lignes d'un même degré, et qu'il devient indispensable de démontrer, pour chaque ligne d'espèce donnée ou définie par une construction géométrique, qu'elle jouit effectivement du caractère supposé par ces théorèmes, avant de lui appliquer aucune des conséquences qui en dérivent. Or, une semblable démonstration pourrait, dans certains cas, présenter des difficultés presque insurmontables au point de vue purement géométrique.

Ces considérations nous avaient depuis longtemps engagé à rechercher, du théorème de Newton sur les appliquées parallèles des courbes, une démonstration qui fût indépendante de leur définition au moyen des équations algébriques entre les coordonnées ordinaires, et uniquement fondée sur la limitation du nombre des intersections possibles de la courbe avec une droite ou transversale arbitraire. Ce genre de démonstration, dont nous avions déjà donné une idée et divers exemples dans nos précédents Mémoires de Géométrie et spécialement dans le tome Ier du *Traité des Propriétés projectives* (Sect. IV, Chap. III, p. 332 et suiv.; *Supplément*, p. 384 et suiv.), repose sur le *Principe de continuité* (*), que nous aurons souvent occasion de mettre en usage en traitant des propriétés projectives des courbes ou surfaces géométriques, et sur lequel il convient que nous revenions un instant dans ces préliminaires.

Envisagé dans son application aux courbes planes continues, c'est-à-dire aux courbes dont les différentes parties, les différentes branches sont assujetties à une même loi géométrique, à un même mode de génération, ce principe consiste spécialement en ce que toute droite tracée arbitrairement au travers d'une telle courbe doit toujours être censée la rencontrer en un nombre de points invariable et égal à celui qui désigne son degré; ce qui, d'après ce qu'on sait déjà des lignes du second ordre, oblige à admettre aussi bien les intersections imaginaires que les intersections réelles, les intersections situées à l'infini que celles qui se trouvent à distance donnée, et d'où il résulte généralement que toutes les fois qu'il sera possible de prouver, en toute rigueur et en ayant égard uniquement au mode de génération d'une ligne courbe située sur un plan, qu'une certaine droite tracée dans ce plan n'a en commun avec elle que m points, soit réels, soit imaginaires, situés ou non à l'infini, confondus en un seul ou réunis par groupes distincts de deux ou de plusieurs points, il sera par là même démontré que la courbe est effectivement et au plus du degré marqué par le nombre m.

En particulier, si cette courbe est engendrée par la trace de certains

(*) *Voyez* aussi, sur ce Principe, les réflexions des pages XXI et suivantes de l'*Introduction* du *Traité* dont il s'agit.

points assujettis à une construction unique, et qui se trouvent situés sur une droite mobile autour d'un autre point donné servant de *pôle fixe;* pour pouvoir prononcer affirmativement sur le degré de la courbe, il suffira de rechercher le nombre total des points dont il s'agit, et de s'assurer qu'aucune des branches de cette courbe ne passe par le pôle fixe, ou qu'aucun de ses points générateurs ne vient à se confondre avec ce pôle, pour certaines positions de la transversale mobile qui les renferme : autrement, en effet, le nombre des intersections se trouverait augmenté de celui qui marque la multiplicité de la courbe en ce pôle, je veux dire du nombre des branches distinctes, réelles ou imaginaires, qui y passent, ou du nombre de coïncidences distinctes des points générateurs avec ce même pôle.

Si d'ailleurs les transversales, au lieu d'être concourantes en un point fixe, étaient simplement assujetties à demeurer parallèles entre elles ou à une droite donnée, les mêmes choses auraient encore lieu, si ce n'est que le pôle étant alors situé à l'infini, on devrait, dans chaque cas, rechercher le nombre des positions distinctes de la transversale pour lesquelles l'un de ces points générateurs passe à l'infini et se confond ainsi avec ce pôle; or, c'est ce que la discussion exacte apprendra toujours, dans chaque cas spécial, et quand le mode de construction des points générateurs que contient chaque transversale sera rigoureusement défini. Mais, afin de ne pas courir le risque de se tromper dans l'appréciation du degré ou du nombre total et effectif des intersections des transversales, il sera indispensable de procéder, d'une manière entièrement directe, à la recherche de ces intersections, comme s'il s'agissait de résoudre un problème ordinaire de Géométrie, et de ne point s'en rapporter simplement à ce que pourrait apprendre une discussion purement intuitive ou fondée sur les apparences offertes par le tracé effectif de la courbe, laquelle devra toujours être censée non encore décrite.

La solution de ce problème, qui se compose, comme on voit, de deux parties distinctes, pourra presque toujours être ramenée à celle d'un autre où il s'agira de découvrir les intersections d'une certaine droite avec une courbe de degré donné *à priori*, ce qui lèvera toute espèce d'incertitude, puisqu'on connaîtra ainsi rigoureusement le nombre de ces intersections quelle qu'en soit la nature, c'est-à-dire réelle, imaginaire, etc. Si, au contraire, les intersections cherchées n'étaient déterminées que par les relations purement métriques qui les lient, soit entre elles, soit avec des grandeurs connues, il faudrait prendre garde de ne négliger aucune des combinaisons essentielles et distinctes des inconnues et des données, c'est-à-dire aucune des permutations, des changements de position et d'ordre, qui, sous le point de vue géométrique ou arithmétique, peuvent s'opérer entre ces diverses quantités, et donner lieu ainsi à la multiplicité des solutions de chaque problème.

Qu'au nombre des données se trouvent, par exemple, les intersections de la transversale, mobile autour du pôle fixe, avec une certaine courbe simple, assujettie à un même mode de génération ou de construction dans toutes ses parties et dont le degré soit connu, on devra se rappeler qu'en vertu de la continuité ces diverses intersections jouent absolument le même rôle et ne doivent point être distinguées les unes des autres, de sorte qu'il est permis de les permuter entre elles sans, pour cela, changer ou altérer en rien l'état des questions qui s'y rapportent. Or cette circonstance tient à ce que les différentes branches ou parties des courbes simples sont rentrantes sur elles-mêmes ou se fondent, pour ainsi dire, les unes dans les autres sans solution de continuité, et elle n'aurait plus lieu évidemment si ces courbes n'étaient pas assujetties, dans toute leur étendue, à une loi unique, ou si elles se composaient de différentes lignes particulières et qui seraient soumises à des modes de génération distincts.

Mais nous n'avons point l'intention de nous étendre ici sur le principe de continuité considéré même dans la théorie des courbes; nous y reviendrons peut-être un jour d'une manière toute spéciale, selon la promesse que nous en avons déjà faite dans l'*Introduction* du *Traité des Propriétés projectives* (*); il nous suffira, pour le moment, d'avoir posé ou rappelé les généralités qui précèdent, dont les applications particulières présentent rarement des difficultés sérieuses, comme le prouvent les différents exemples qui en ont été donnés dans le *Traité* dont il s'agit.

Qu'il s'agisse, en particulier, de démontrer le théorème de Côtes mentionné plus haut, et qui n'est que l'extension, aux lignes géométriques en général, de celui du n° 42 de notre *Mémoire sur les centres de moyennes harmoniques*, relatif aux simples systèmes de lignes droites situées dans un plan : attendu qu'on n'a qu'un seul centre à considérer sur chacune des transversales issues du pôle fixe, et que ce centre ne peut jamais coïncider avec le pôle, dès que ce dernier est indépendant de la courbe, on voit que le lieu examiné ne saurait être que du premier degré ou une simple ligne droite. Mais cela suppose expressément, comme on voit, que les moyennes harmoniques soient prises par rapport à des coefficients numériques égaux

(*) *Tome premier*; promesse réalisée par la publication, en 1864, du *tome deuxième* des *Applications d'Analyse et de Géométrie*, auquel j'ai déjà renvoyé le lecteur pour certains éclaircissements ou développements indispensables.

entre eux ou à l'unité; car, s'il en était autrement, la permutation qui, d'après ce qui précède, devrait être opérée entre les coefficients relatifs aux diverses branches de la courbe, donnerait lieu à un nombre $m(m-1)$ de centres des moyennes harmoniques pour chaque transversale, m étant d'ailleurs le degré de cette courbe ou le nombre de ces branches.

Comme nous nous proposons, dans ce travail, de conclure directement le théorème de Côtes du principe des transversales de Carnot, nous n'insisterons pas sur la démonstration qui précède, et nous passerons de suite à celle qui concerne le théorème fondamental de Newton, relatif aux abscisses et appliquées parallèles des courbes géométriques. A cet effet, nous nommerons q, q', q'',... (*fig.* 30, *Pl. IV*) les intersections réelles ou idéales d'une telle courbe, supposée du degré m, avec la parallèle ab à une droite ou axe fixe tracé arbitrairement dans son plan, et p, p', p'',.... les intersections de cette même courbe avec une parallèle quelconque ac à une autre droite fixe aussi donnée, parallèle dont le point de rencontre avec le premier axe sera, de plus, représenté par la lettre a. Cela posé, nous savons déjà que si, au lieu d'une courbe unique et distincte, du degré m, nous avions à considérer un assemblage de droites ou de sections coniques dont la somme des degrés fût égale à m, nous aurions sans cesse la relation

$$\frac{ap.ap'.ap''\ldots}{aq.aq'.aq''\ldots}=\text{const.}=k,$$

qui exprime que le produit des *ordonnées* ou *appliquées* ap, ap', ap'',... est à celui des *abscisses* correspondantes aq, aq', aq'',... dans un rapport qui demeure invariable quelle que soit la position du point a sur l'axe fixe, et bien que certains des segments qui y entrent puissent devenir nuls, infinis, imaginaires, ou changer de sens et de signe avec la position de ce point ou des appliquées qui lui correspondent. Or cela tient uniquement à ce que les produits dont il s'agit n'ont qu'une seule valeur pour une même position du point a, valeur indépendante de l'ordre dans lequel on combine entre eux leurs facteurs simples, soit numériquement ou par le calcul, soit géométriquement ou par des constructions graphiques qu'il est facile d'imaginer, et sur lesquelles nous n'insisterons pas, attendu qu'elles se rapportent à des problèmes élémentaires bien connus.

Supposons, en effet, qu'on porte, sur chacune des droites ou directions d'appliquées parallèles ac, et à compter de l'axe fixe ou du point a, une longueur ay qui ait, avec une certaine ligne prise pour *unité* de mesure, le même rapport que k avec l'unité numérique ou absolue, et qui, de plus, ait le sens que réclame la loi des signes de position ou la construction effective et géométrique de ay; il est évident qu'on n'obtiendra, dans le cas de la courbe comme dans celui d'un simple assemblage de droites ou de lignes du second ordre, qu'un seul point y, et que la suite de tous ces points formera une ligne continue assujettie, dans toutes ses parties, à la même loi, au même mode de génération; or je dis que cette ligne est généralement une droite parallèle à l'axe fixe ab, comme cela a lieu notoirement pour le cas où la proposée se compose d'un système de lignes du premier ou du second degré; ce qui revient à dire que ay ou k demeure constant pour tous les cas possibles.

D'abord il est aisé de se convaincre que jamais le point générateur y ne peut s'éloigner à l'infini du point a ou de l'axe fixe ab; car il faudrait, pour que cela eût lieu, ou que l'un des segments qui entrent dans le numérateur ap, ap', ap'',... de k devînt lui-même infini, ce qui ne peut être, à moins que la direction ac des appliquées n'ait été prise, contrairement à nos hypothèses, parallèlement à l'une des branches ou des asymptotes de la courbe, ou à moins que la droite ac tout entière ne soit supposée à l'infini. Mais, en comparant ce qui arrive, dans ce dernier cas, avec ce qui aurait lieu pour celui d'un simple assemblage de lignes droites ou de sections coniques, il sera facile de voir que le rapport k n'en conserve pas moins une valeur unique, qui est finie si la direction de l'axe fixe ab et celle ac des appliquées sont quelconques par rapport aux directions des différentes branches de la courbe proposée, valeur qu'on peut même calculer ou construire géométriquement si les m asymptotes de cette courbe ou les directions de ses m branches infinies sont données. En effet, traçant, par exemple, les m droites pq, $p'q'$, $p''q''$,..., censées parallèles à ces directions respectives et qui joignent les intersections fixes q, q', q'',... aux intersections correspondantes p, p', p'',... de l'appliquée ap ou ac supposée tout entière à l'infini, la valeur du rapport k sera donnée pour ces m droites, et la même que celle qui appartient aux intersections dont il s'agit.

Les différentes appliquées parallèles apc ne contenant donc qu'un seul point y à distance donnée et n'en ayant aucun à l'infini, il résulte du principe général rappelé ci-dessus que la suite de tous ces points y est une ligne du premier degré ou une simple droite. Je dis en outre que c'est une parallèle à l'axe qq' des abscisses; et, pour le prouver, il ne s'agit que de faire voir clairement qu'elle ne saurait rencontrer cet axe en un point qui soit situé à une distance assignable ou finie; or, cela paraîtra parfaitement clair si l'on considère que, pour l'appliquée correspondante à ce point, l'un des segments ap, ap', ap'',..., soit ap, devrait s'évanouir; ce qui ne peut être qu'autant que l'intersection p de la courbe relative à ce segment se trouve en a sur l'axe qq', et sans que par conséquent l'une aq au moins des abscisses ou segments du dénominateur de la fraction k ne devienne aussi nulle. Mais la loi de continuité assigne une tangente en ce même point p de la courbe, dont le rapport de l'ordonnée à l'abscisse est précisément le même que celui des segments nuls et infiniment petits ap et aq que l'on considère. Donc ce dernier rapport et, par suite, la valeur de ay ou de k ne cessent point d'être déterminés, et ne peuvent devenir nuls tant que le point d'origine a des appliquées se trouve à une distance donnée ou finie sur l'axe des abscisses, ou tant qu'il n'arrive pas que les éléments tangentiels de la courbe en ses différentes intersections q, q', q'',... avec cet axe se trouvent confondus avec la direction même de ce dernier; toutes circonstances qui ne peuvent avoir lieu d'après la généralité de nos hypothèses sur la situation respective de la courbe et des axes fixes considérés.

Concluons donc, en second lieu, que la droite des points y, ne pouvant généralement rencontrer l'axe qq' en des points situés à une distance donnée, il faut bien que cette droite lui soit parallèle, ou que ay, ainsi que le rapport k du produit des appliquées ap, ap', ap'',... à celui des abscisses correspondantes aq, aq', aq'', demeurent invariables pour toutes les positions possibles de ces appliquées parallèles à une droite donnée, et, par suite aussi, pour toutes celles que peut prendre l'axe des abscisses en se transportant parallèlement à lui-même dans le plan de la courbe, ce qui constitue proprement le théorème de Newton qu'il s'agissait de démontrer.

Nous n'insisterons pas sur ce qui arrive dans les cas particuliers où l'axe des abscisses est pris tangentiellement à l'une des branches de la courbe, c'est-à-dire parallèment à l'une des asymptotes, parce que la loi de continuité indique clairement alors comment on doit entendre le théorème ci-dessus, et que les circonstances sont absolument les mêmes que celles qui se présentent dans le cas bien connu des lignes du second ordre. D'ailleurs ces détails, sur lesquels nous aurons occasion de revenir, ne seraient point à leur place dans cette introduction, où nous avons seulement prétendu prouver que le théorème qui doit servir de base principale à nos recherches peut être établi *à priori*, en se fondant uniquement sur le principe de continuité combiné avec les données d'une Géométrie générale dont j'ai exposé les premiers éléments dans le précédent volume des *Propriétés projectives*.

Après avoir donné, dans ce qui précède, un aperçu en quelque sorte historique de mes recherches sur les propriétés projectives des courbes géométriques et des vues qui m'ont principalement guidé en m'y livrant, de loin en loin, depuis 1816, il me reste à dire un mot du plan que j'ai adopté dans cette présente rédaction, qui, bien loin d'offrir un traité suivi et méthodique sur la matière, comme j'ai déjà dit en avoir eu primitivement l'intention, n'est qu'une esquisse fort imparfaite, je l'avoue, des principaux résultats auxquels je suis depuis longtemps parvenu, et que le peu de loisirs dont je puis actuellement disposer (1830) ne me permet pas de perfectionner davantage ni de mettre dans l'ordre rigoureux que je leur eusse souhaité.

Prenant donc pour définition, propre à caractériser à la fois toutes les lignes et surfaces géométriques, la relation qui subsiste entre les différents segments formés sur les côtés d'un triangle arbitraire par les intersections de ces lignes et surfaces, et voulant donner tout d'abord une idée de l'extension que peuvent recevoir les principes de la doctrine des transversales, j'ai débuté, dans un premier paragraphe, par appliquer ces principes aux lignes du second ordre, considérées d'une manière individuelle ou dans leur combinaison, et qui ont tant et depuis si longtemps occupé la sagacité des géomètres, qu'il semble que, dorénavant, il n'y ait absolument plus rien de vraiment neuf et d'intéressant à en dire. La facilité surprenante avec laquelle on arrive ainsi aux propriétés projectives les plus générales et les plus belles de ces lignes, me semble bien propre d'ailleurs à éveiller l'attention du lecteur et à l'initier à l'esprit de la méthode.

Passant de là à ce qui concerne les lignes du troisième ordre, j'ai fait voir comment la théorie des transversales peut, sur-le-champ, conduire à la découverte de leurs principales propriétés projectives, déjà mentionnées dans la partie historique de cette introduction comme étant les corollaires de théorèmes plus généraux concernant les lignes d'un ordre quelconque. Quelques-unes de ces propriétés, relatives aux points d'inflexion et aux quadrilatères complets inscrits, ont été longuement et péniblement démontrées dans le *Traité des courbes géométriques* de Mac-Laurin, qui, ainsi que je l'ai également fait observer précédemment, a envisagé les propriétés des courbes du troisième degré d'une manière tout à fait spéciale.

Lors de mes premières recherches sur cette matière, j'avais eu l'intention de donner une certaine étendue à l'article qui concerne la théorie des lignes du troisième ordre, à cause de la singulière analogie qu'offrent leurs propriétés avec celles des sections coniques ordinaires; je me proposais, par exemple, de les construire par points sous différentes données, de construire leurs systèmes d'intersections ou leurs systèmes de tangentes relatives à des droites ou à des points de position assignée, de rechercher tous leurs points singuliers ainsi que les propriétés dont jouissent ces points par rapport aux points ordinaires de la courbe, etc. Mais, comme ces différentes questions se reproduisent également pour les lignes de tous les degrés et donnent lieu aux mêmes solutions générales, je me suis ici borné à quelques propositions spéciales propres à servir d'exemple de la fécondité des principes et de la fertilité de leurs applications. Ce que j'ai dit d'ailleurs, dans ce même article, concernant les intersections et les contacts divers des lignes du troisième ordre et des sections coniques, doit être considéré uniquement comme une sorte d'introduction à ce que je me propose de donner dans la seconde partie de ces recherches touchant les osculatrices des lignes d'ordre supérieur.

Laissant là bientôt ces préliminaires, je passe, dans un second paragraphe, à ce qui concerne les courbes planes géométriques d'un ordre quelconque considérées d'une manière individuelle et par rapport aux systèmes de transversales rectilignes qui peuvent les couper. Je fais voir comment on doit entendre ou appliquer, dans ce cas simple, l'équation ou relation fondamentale qui définit à la fois toutes ces lignes; je m'occupe ensuite des différentes transformations ou traductions, soit métriques, soit descriptives, dont elle est susceptible dans certains cas, et notamment pour certaines situations particulières des transversales, où, sous sa forme primitive, elle devient *illusoire, identique*, et cesse ainsi de demeurer applicable au système. Ces circonstances se présentent, entre autres, quand une ou plusieurs des intersections propres des transversales se trouvent situées sur la courbe ou se confondent entre elles, et elles donnent ainsi lieu à de nouveaux théorèmes sur les lignes ou surfaces géométriques, comme elles fournissent des méthodes variées et simples pour le tracé de leurs tangentes et plans tangents dans les différents cas. On verra que les transformations dont il s'agit reposent principalement sur le mode d'élimination général par lequel on peut débarrasser l'équation primitive ou ses dérivées de certains segments qui y entrent et qui les rendent illusoires dans les cas précités.

Du reste, à l'exception de ce qui concerne la relation que nous avons nommée *involution simple* de certains systèmes de points en ligne droite, relation qu'on doit considérer comme fondamentale, nous avons fort peu insisté sur les propositions ou corollaires particuliers qui peuvent découler de nos principes, dont l'exposition méthodique est d'ailleurs le but essentiel de la première partie de ce Mémoire : c'est ainsi, par exemple, que nous ne faisons qu'indiquer, chemin faisant, les nombreux corollaires relatifs aux points singuliers ou multiples des courbes, aux polygones qui leur sont inscrits ou circonscrits, à leurs systèmes d'asymptotes, etc.

Ayant montré, dans ce qui précède, comment on peut rendre la relation fondamentale applicable à tous les états de la figure, à toutes les situations possibles des transversales, nous nous occupons, dans un nouveau paragraphe, de la détermination ou du tracé même des lignes géométriques par leurs systèmes d'intersections avec des transversales données, en nous fondant uniquement sur les propriétés qui dérivent de l'équation de définition de ces lignes. Cette discussion nous conduit à plusieurs résultats curieux; et notamment à celui-ci : « Lorsqu'une ligne géométrique plane, » d'un degré quelconque, est donnée par un nombre suffisant de ses sys- » tèmes d'intersections avec des droites ou transversales arbitraires, on peut, » non-seulement décrire la courbe tout entière par points, mais, de plus, » trouver directement ses intersections avec une autre transversale donnée, » le tout par des méthodes purement *linéaires,* ou qui n'exigent, en der- » nière analyse, que la construction de simples lignes droites; par quoi on » doit entendre d'ailleurs que toutes les courbes auxiliaires qui servent à la » solution du problème sont elles-mêmes constructibles par de simples » intersections de lignes droites. »

Ce paragraphe, qui était indispensable pour justifier l'adoption de notre équation fondamentale comme définition caractéristique et suffisante des courbes et surfaces géométriques, contient d'ailleurs le germe de toutes les recherches sur la communauté d'intersection des lieux, qui seront mentionnées plus loin, et spécialement sur la détermination des lignes et des surfaces qui sont assujetties à des conditions données.

Après nous être ainsi étendu sur ce qui concerne les systèmes d'intersections des lignes géométriques avec des droites arbitraires, il était naturel de s'occuper des questions inverses relatives à leurs systèmes de tangentes issues de points donnés; questions qui dérivent immédiatement de nos principes sur la *théorie des polaires réciproques,* attendu que toutes les relations métriques et descriptives précédemment examinées sont, de leur nature, *projectives* ou telles, qu'elles subsistent à la fois dans toutes les projections coniques de la figure; conformément à ce qui est réclamé par les considérations des n°s 120 et suiv. du *Mémoire* (Sect. II) qui contient cette théorie. Mais, comme l'exposition des principes de cette même doctrine a suscité quelques doutes dans l'esprit de certaines personnes, notamment en ce qui concerne le degré des courbes polaires réciproques de courbes planes données; comme d'ailleurs nous n'avons fait que glisser sur cette importante et épineuse matière, dans les n°s 66 et suiv. du Mémoire en question, et que, dans la crainte d'anticiper par trop sur le sujet de nos recherches relatives aux propriétés des courbes ou surfaces géométriques, nous y avons même négligé de démontrer, *à priori* et par les méthodes qui nous sont propres, quelques-uns des théorèmes dont nous sommes partis, tels que celui sur le nombre et le degré des intersections de ces courbes et surfaces, celui sur le nombre et l'espèce de leurs tangentes ou plans tangents passant par les mêmes points ou les mêmes droites, ces différents motifs nous ont engagé à revenir sur ces questions fondamentales, qui demandent encore à être éclaircies et approfondies, bien qu'elles aient fait dans ces derniers temps (1828) l'objet des méditations d'habiles géomètres analystes.

En effet, la solution de telles questions dépend, comme on peut le voir à l'endroit déjà cité, du perfectionnement d'une autre théorie, celle des points *singuliers* des courbes, qui n'est point encore complétement faite malgré les savantes recherches de nos premiers géomètres (*), et elle tient aussi aux difficultés les plus ardues de la science de l'élimination. Mais, quoique les considérations d'une Géométrie purement intuitive, appuyée de notions qui dérivent de l'admission du principe de continuité, nous aient permis d'entrer plus avant dans le fond de la question, nous ne saurions nous flatter cependant d'en avoir éclairci entièrement les difficultés et d'avoir dissipé tous les nuages dont elle demeure encore enveloppée.

A l'occasion de ces discussions, nous présentons les éléments d'un nouveau mode de transformation des figures qui diffère essentiellement, du moins en apparence, de celui qui ressort de la théorie des pôles et polaires des lignes du second degré, mais qui, malheureusement, fait retomber sur les mêmes résultats relativement aux questions de réciprocité, et n'offre d'autre avantage que celui d'une facilité plus grande dans les moyens de construire la transformée ou dérivée d'une figure donnée.

Tel est l'exposé succinct des matières contenues dans cette première partie de nos recherches, dont la seconde a spécialement pour objet l'exposition des principales conséquences relatives aux propriétés projectives des systèmes de lignes et de surfaces géométriques.

Cette second partie, dont nous renvoyons la publication à un prochain

(*) *Voyez* le *Traité du Calcul différentiel et du Calcul intégral* de M. Lacroix, t. III, et la *Théorie des points singuliers* donnée par M. Poisson, dans le XIVe Cahier du *Journal de l'École Polytechnique*.

Mémoire ou Section, n'offre, pour ainsi dire, que le développement et les applications des principes exposés, dans la première, sur l'Analyse des transversales : elle se subdivise également en plusieurs paragraphes, dont nous nous contenterons d'exposer sommairement le contenu, déjà mentionné au commencement de cette introduction.

1° Des systèmes de lignes et de surfaces géométriques, de même degré, qui ont les mêmes intersections communes, ou que touchent les mêmes plans, les mêmes surfaces développables enveloppes; tracé effectif de l'une d'entre elles au moyen de toutes les autres, par des *constructions purement linéaires* ou qui se rapportent uniquement à la *Géométrie de la règle;* de l'involution complète des systèmes de points, de lignes et de surfaces; des lieux géométriques; problème de Pappus résolu pour la première fois par Descartes; combinaison des lieux et de leur décomposition en lieux plus simples.

2° Application de l'Analyse des transversales à la théorie et à la recherche des osculatrices du deuxième degré et des divers ordres, en des points déterminés des lignes et des surfaces géométriques; tracé de ces osculatrices par points ou par l'enveloppement des tangentes, à l'aide de constructions purement linéaires, etc.

3° Principales conséquences relatives aux centres, aux axes et aux plans de moyennes distances ou de moyennes harmoniques des lignes et surfaces géométriques individuelles, ou des systèmes de lignes et de surfaces géométriques assujetties à des conditions données; solution nouvelle du problème relatif aux faisceaux convergents de tangentes, tracé et propriétés des polaires successives, etc.

Dans cette seconde partie, destinée seulement à l'indication rapide des principaux résultats de nos propres recherches et de celles des autres sur les courbes et surfaces de tous les degrés, nous avons négligé une infinité de corollaires, neufs ou piquants, qui eussent ralenti notre marche, sans rien ajouter d'essentiel aux considérations théoriques qui peuvent servir à faire saisir l'esprit général de nos méthodes, et à en démontrer l'utilité et la fécondité.

En insistant principalement sur les applications de la Théorie des transversales, nous avons voulu prouver que cette théorie, envisagée comme nous le faisons, constitue aussi un corps de doctrine à part, une sorte d'*Analyse géométrique* très-digne de fixer l'attention des savants et surtout des auteurs d'Éléments, par la simplicité et la facilité de l'algorithme, la généralité et l'étendue des conséquences, la fertilité et la variété des ressources qu'elle

18.

offre dans la solution des questions les plus relevées. Si l'on prend d'ailleurs la peine de comparer le contenu des présents Mémoires avec les belles et récentes découvertes sur les propriétés des courbes et surfaces de tous les degrés, qui ont été exposées par MM. Gergonne, Bobillier, Chasles, Plucker, etc., dans les *Annales de Mathématiques*, la *Correspondance de Bruxelles* et le *Journal* de M. Crelle (année 1827 à 1830), on se convaincra, j'espère, que, malgré le retard involontaire qu'a éprouvé la publication de mes propres recherches sur cette matière, antérieures de plusieurs années, elles n'ont point encore perdu, à certains égards, l'intérêt et le mérite de la nouveauté (*).

Au surplus, en exposant les principaux théorèmes sur les intersections des lignes et des surfaces géométriques, je ne me suis nullement astreint à en opérer à chaque pas, comme l'ont fait quelques-uns de ces géomètres, la traduction en d'autres théorèmes relatifs aux tangences de ces lignes et surfaces; ce qui est toujours facile au moyen des principes généraux de la *Théorie des polaires réciproques*. J'ai dû me contenter d'en montrer, de loin en loin, des exemples, en insistant plus particulièrement sur ceux qui pouvaient offrir le plus d'intérêt par l'étendue des conséquences ou par les moyens d'y parvenir.

A ce même sujet, nous devons ici reproduire une observation importante par sa généralité : c'est qu'en partant directement des théorèmes sur les tangentes ou plans tangents des lignes et surfaces géométriques, qui sont les corrélatifs ou réciproques de ceux de Carnot, sur les intersections des transversales arbitraires, et dont les énoncés se trouvent rapportés à la fin du *Mémoire sur la théorie des polaires réciproques* (Sect. II, n^{os} **128** et suiv., **141** et **142**); en partant, dis-je, de ces théorèmes inverses, on peut, par une analyse analogue à celle qui fait l'objet de ce travail, arriver, sur-le-champ et sans pétition nouvelle de principe, à toutes les conséquences ou propositions réciproques dont il vient d'être parlé; ce qui donnerait lieu à un autre moyen de découvertes géométriques, à un autre corps de doctrine analogue à celui qui constitue l'Analyse même des transversales. En laissant donc de côté, fort souvent, tout ce qui concerne cette réciprocité, nous éviterons d'entasser inutilement des théorèmes dont l'exposition, ne coûtant

(*) En rendant ce public hommage à quelques-uns des travaux des géomètres dont je citais en 1831 les noms aujourd'hui mieux connus, les lecteurs instruits comprendront qu'il ne s'agissait là exclusivement que de certaines matières traitées dans la Section IV ci-après, où je me proposais, comme dans le tome Ier, de rendre à chacun la juste part qui lui était due, si mes occupations m'en eussent laissé le loisir nécessaire. — (Note de 1865.)

pour ainsi dire que la peine d'en transcrire les énoncés, serait d'un bien faible intérêt pour les lecteurs, qui estiment principalement, dans les spéculations mathématiques, l'utilité des applications ou la nouveauté et la fertilité des routes qu'elles peuvent ouvrir à l'esprit dans la recherche de la vérité.

§ Ier.

Exposé de la méthode dans son application aux lignes planes des trois premiers degrés.

Pour donner tout de suite une idée de nos méthodes, et en rendre l'exposition générale plus claire et plus facile, nous commencerons par les appliquer au cas simple des lignes du second ordre, ou du système de deux droites indéfinies situées à volonté sur un même plan : quelques exemples suffiront pour montrer comment les principes de la théorie des transversales conduisent directement aux propriétés les plus universelles de ces lignes.

APPLICATION DE LA MÉTHODE AUX LIGNES DU SECOND ORDRE.

143. *Quadrilatère inscrit au système de deux droites; involution.* — Soit ABCD (*fig.* 31, *Pl. IV*) un quadrilatère quelconque, avec ses deux diagonales AC et BD se rencontrant au point G, et dont E, F sont les points de concours des couples de côtés opposés AB et CD, AD et BC. Soit ae une droite ou transversale arbitraire, rencontrant les directions indéfinies des diagonales AC, BD aux points e, f, et celles des côtés AB, BC, CD, DA aux points a, b, c, d respectivement. On aura, en vertu du théorème fondamental de Carnot, et en tant que le triangle Eac se trouve coupé par le système des deux côtés opposés ADF, BCF du quadrilatère, considéré comme une ligne du second ordre,

$$\frac{\mathrm{EA}.\mathrm{EB}}{\mathrm{ED}.\mathrm{EC}}\cdot\frac{ad.ab}{cd.cb}\cdot\frac{c\mathrm{D}.c\mathrm{C}}{a\mathrm{A}.a\mathrm{B}}=1.$$

Le même triangle, coupé par le système des deux diagonales ACe, BDf, donnera pareillement

$$\frac{\mathrm{ED}.\mathrm{EC}}{\mathrm{EA}.\mathrm{EB}}\cdot\frac{a\mathrm{A}.a\mathrm{B}}{c\mathrm{D}.c\mathrm{C}}\cdot\frac{ce.cf}{ae.af}=1;$$

comparant entre elles ces équations, on en déduira cette troisième

$$\frac{ab.ad}{ae.af}=\frac{cb.cd}{ce.cf}.$$

Il est clair qu'en traitant de même les triangles Fbd, efG, qui sont formés par la transversale arbitraire ef et par le couple des deux autres côtés opposés ou des diagonales du quadrilatère ABCD, on aurait également

$$\frac{ba.bc}{be.bf}=\frac{da.dc}{de.df},\quad \frac{ea.ec}{eb.ed}=\frac{fa.fc}{fb.fd},$$

relations qui, étant combinées entre elles et avec la précédente par voie de multiplication ou de division, donnent lieu à ces quatre autres

$$ec.ab.df=eb.af.de,\quad ea.cd.bf=cd.cf.ab,$$
$$ad.be.cf=ae.be.df,\quad ad.bf.ce=de.af.bc.$$

Ce sont là, en effet, les sept relations démontrées par M. Brianchon dans son *Mémoire sur les lignes du second ordre*, imprimé à Paris en 1817; relations qui, d'après Desargues, expriment que les six points d'intersection a, b, c, d, e, f de la transversale arbitraire sont *en involution*.

On sait d'ailleurs que l'une quelconque d'entre elles comporte nécessairement les six autres, qui ainsi n'expriment individuellement que la même propriété de situation des points auxquels elles s'appliquent, savoir : que, « si l'on décrit, à volonté, sur un plan, un quadrilatère simple quelconque, » dont les côtés et les diagonales, à la réserve d'un seul ou d'une seule, » soient assujettis à passer respectivement par cinq quelconques de ces » points pris dans un ordre convenable, le dernier côté ou la dernière » diagonale ira naturellement passer par le dernier point. »

144. *Quadrilatère inscrit à une conique quelconque; théorème de Desargues.* — Supposons maintenant que le quadrilatère ABCD soit inscrit à une ligne du second ordre quelconque, comme il l'est en effet au système indéfini des deux diagonales AC et BD; soient e' et f' les nouvelles intersections de la transversale arbitraire ef avec la courbe, intersections qui peuvent d'ailleurs être réelles ou imaginaires, distinctes ou confondues en une seule, etc., on aura d'abord, entre les six points a, b, c, d, e, f, les sept relations ci-dessus. De plus, si l'on considère, à son tour, la courbe comme transversale des triangles formés par l'arbitraire ef, soit avec chacun des couples de côtés opposés du quadrilatère ABCD, soit avec le système des diagonales de ce quadrilatère, on en déduira trois nouvelles équations qui, étant combinées entre elles et avec les précédentes par voie de division ou de multiplication, conduiront à sept autres relations indépendantes des points e et f des diagonales, et qui exprimeront que les intersections e', f', relatives à la courbe, jouent, par rapport aux intersections a, b, c, d des côtés du quadrilatère, absolument le même rôle que les intersections propres e, f des diagonales ; proposition qui a son analogue pour les courbes géométriques d'un ordre quelconque, comme on le verra plus tard, et qui peut s'énoncer ainsi d'une manière fort simple :

Un quadrilatère quelconque étant inscrit à une ligne du second ordre, toute transversale coupe les côtés de ce quadrilatère et la courbe en six points qui sont en involution.

Ce principe, comme on sait (*), est d'une fécondité remarquable : outre qu'il conduit immédiatement, et par forme de simples corollaires, aux propriétés des pôles et polaires des lignes du second ordre, à celles de la division harmonique des lignes droites, au tracé des tangentes, etc., il permet encore de construire directement les courbes du second degré par points, soit à l'aide du calcul, soit par de simples intersections de lignes droites. Mais ces dernières qualités, il ne les possède pas d'une manière exclusive, et l'on arrive aux mêmes résultats, plus rapidement encore, en partant directement de notre principe fondamental, qui a l'avantage de s'appliquer immédiatement aux lignes et surfaces géométriques de tous les ordres, et qui, en particulier, définit ou caractérise celles du second ordre, de la manière la plus générale et la plus précise, comme on va le voir.

145. *Tracé par points des coniques.* — Soient (*fig.* 32) p, p', q, q' et r cinq points choisis arbitrairement sur le périmètre d'une ligne du second ordre ; traçons les droites pp', qq' se rencontrant en b, et proposons-nous de trouver l'intersection r' de la courbe avec une droite quelconque rr' qui, passant par r, rencontrerait en a et c respectivement les deux premières. Le triangle abc, considéré comme transversale de la courbe, nous donnera, pour déterminer r',

$$\frac{ap.ap'}{bp.bp'}\cdot\frac{bq.bq'}{cq.cq'}\cdot\frac{cr.cr'}{ar.ar'}=1,$$

relation dans laquelle tout est connu sauf le rapport de cr' à ar' ; on pourra donc calculer ou construire géométriquement ce rapport, et, par suite, obtenir le point r' sur la direction rr' ; car, quoiqu'il y ait deux points qui résolvent la question par rapport aux sommets a et c du triangle abc, il ne saurait néanmoins y avoir ici aucune incertitude sur la véritable position de celui r' dont il s'agit (*voyez* le n° 149 ci-après). Faisant donc varier la position de la droite rr', ou ac, autour du point r, on obtiendra successi-

(*) *Voyez* le *Mémoire* déjà cité de M. Brianchon, ainsi que le tome Ier des *Propriétés projectives des figures*, Sect. II, Chap. I.

vement tous les points de la ligne du second ordre qui passe par les cinq points donnés p, p', q, q' et r.

On simplifiera un peu l'équation ci-dessus et par conséquent le calcul ou le nombre des opérations nécessaires pour trouver le point r, en traçant, une fois pour toutes, la transversale qr qui rencontre en K le côté du triangle abc dont les points q et r ne dépendent pas; car cette transversale donnera lieu à la nouvelle équation

$$\frac{ar}{cr}\cdot\frac{cq}{bq}\cdot\frac{b\mathrm{K}}{a\mathrm{K}}=1,$$

de laquelle on tire, après l'avoir multipliée par la précédente,

$$\frac{ap.ap'}{bp.bp'}\cdot\frac{bq'}{cq'}\cdot\frac{cr'}{ar'}\cdot\frac{b\mathrm{K}}{a\mathrm{K}}=1.$$

Au lieu de déterminer directement r' sur la droite rb, on pourrait encore se borner à construire le point L où la direction de bc est rencontrée par celle de $p'r'$. Or, en considérant $p'r'$L comme une nouvelle transversale du triangle abc, on aura

$$\frac{ar'}{cr'}\cdot\frac{bp'}{ap'}\cdot\frac{c\mathrm{L}}{b\mathrm{L}}=1;$$

et, en multipliant par la précédente,

$$\frac{ap}{bp}\cdot\frac{bq'}{cq'}\cdot\frac{b\mathrm{K}}{a\mathrm{K}}\cdot\frac{c\mathrm{L}}{b\mathrm{L}}=1,$$

nouvelle équation où tout est connu, sauf le rapport de cL à bL, qu'elle servira à déterminer ainsi que le point L dont dépend finalement r'.

146. *Tracé, détermination des tangentes.* — Veut-on supposer maintenant que les points r et q, par exemple, au lieu d'être distincts, soient confondus en un seul, ou que Krq soit une tangente de la courbe en ce point? On le pourra, car il n'y aura rien à changer dans l'égalité obtenue en dernier lieu.

Cette relation, jointe aux précédentes, sera donc très-propre à déterminer la tangente au point dont il s'agit, à l'aide des quatre autres points quelconques p, p', q' et r' de la courbe.

Pareillement encore, les points r, q, q', p' étant donnés, on pourrait supposer que p' et r' vinssent, à leur tour, se confondre en un seul, sans que les relations dont il s'agit éprouvassent aucun changement, de sorte qu'elles ne cesseraient pas de donner la direction de L$r'p'$ devenue une tangente de la courbe.

Enfin, pour rendre ces mêmes relations indépendantes de la position respective des points p et q', on tracera la droite pq', rencontrant en I le côté opposé ac du triangle abc; et, la considérant comme une nouvelle transversale de ce triangle, on aura

$$\frac{bp}{ap} \cdot \frac{cq'}{bq'} \cdot \frac{a\mathrm{I}}{c\mathrm{I}} = 1,$$

équation qui, multipliée par la dernière des précédentes, conduit à cette autre

$$\frac{b\mathrm{K}}{a\mathrm{K}} \cdot \frac{c\mathrm{L}}{b\mathrm{L}} \cdot \frac{a\mathrm{I}}{c\mathrm{I}} = 1,$$

laquelle, ne renfermant aucun des segments relatifs aux intersections de la courbe et du triangle abc, subsiste évidemment quelle que soit la position respective de l'un et de l'autre, pourvu seulement que leurs intersections ne soient point imaginaires, et qu'aucun des côtés de ce triangle ne passe à l'infini.

147. *Remarque générale.* — Quoi qu'il arrive, on pourra toujours débarrasser la relation dont il s'agit des segments qui la rendent illusoire, en imaginant, par les intersections correspondantes, soit une nouvelle section conique quelconque ou même une simple circonférence de cercle, si ces intersections sont entièrement impossibles, soit de nouvelles droites quelconques si ces intersections sont seulement éloignées à l'infini sur le plan de la figure; après quoi on se servira des relations qui appartiennent à ces différentes lignes, pour éliminer de la proposée tous les segments qui proviennent des intersections impossibles.

Je reviendrai bientôt sur la combinaison des lignes du second ordre que suppose la première hypothèse; quant à la seconde, j'admettrai, pour offrir un exemple, que ce soit le côté bc qui s'éloigne à l'infini sur le plan du triangle, et je me proposerai d'éliminer, de la dernière des relations ci-dessus, les segments $b\mathrm{L}$ et $c\mathrm{L}$ qui appartiennent à ce côté et dont le rapport devient seul indéterminé, puisque celui des segments infinis $b\mathrm{K}$ et $c\mathrm{I}$, qui ne diffèrent entre eux que d'une quantité donnée, doit être censé égal à l'unité.

Traçant donc une droite quelconque, telle que K′I′ (*fig.* 32), qui contienne le point L censé à l'infini sur $p'r'$, ou, ce qui revient au même, qui soit parallèle à la droite $p'r'$, on aura, en nommant K′ et I′ ses intersections avec les côtés ab et ac du triangle, la nouvelle équation

$$\frac{b\mathrm{K}'}{a\mathrm{K}'} \cdot \frac{c\mathrm{L}}{b\mathrm{L}} \cdot \frac{a\mathrm{I}'}{c\mathrm{I}'} = 1,$$

qui, étant divisée par la proposée, membre à membre, donnera

$$\frac{bK'}{bK}\cdot\frac{cI}{cI'}\cdot\frac{aK}{aK'}\cdot\frac{aI'}{aI}=1, \quad \text{ou} \quad \frac{aK}{aK'}=\frac{aI}{aI'},$$

attendu que les rapports de bK' à bK, de cI à cI' sont égaux à l'unité. Or cette dernière relation, qui est indépendante du point à l'infini, n'exprime évidemment autre chose que le parallélisme de la droite K'I' avec celle qui joindrait les points K et I obtenus comme il a été dit ci-dessus.

148. *Hexagone inscrit aux coniques.* — On peut arriver tout d'un coup à l'équation

$$\frac{bK.cL.aI}{aK.bL.cI}=1,$$

relative au cas général. Car, en tant que la courbe est considérée comme transversale du triangle *abc*, on a

$$\frac{ap.ap'\times bq.bq'\times cr.cr'}{bp.bp'\times cq.cq'\times ar.ar'}=1;$$

et, en tant que le même triangle est censé coupé par le système des trois droites qrK, $p'r'L$, $q'pI$, on a aussi

$$\frac{bp.bp'\times bK\times cq.cq'\times cL\times ar.ar'\times aI}{ap.ap'\times bK\times bq.bq'\times bL\times cr.cr'\times cI}=1,$$

équation qui, multipliée par la précédente, redonne celle dont il s'agit.

On remarquera d'ailleurs que les six points p, p', q, q', r, r' peuvent être censés pris, d'une manière entièrement arbitraire, sur le périmètre de la courbe proposée, et ne sont autre chose que les sommets de l'hexagone quelconque $pq'qrr'p'p$ inscrit à cette courbe. Or je dis que la relation qui vient de nous occuper et qui concerne les points de concours I, K, L, des côtés respectivement opposés de cet hexagone, exprime que ces *trois points sont toujours situés en ligne droite.*

En effet, il suffit évidemment de prouver qu'ils sont en nombre pair sur le périmètre même du triangle *abc*, ou en nombre impair sur les prolongements de ses côtés; ce qui est incontestable puisque les six intersections de ce triangle avec la courbe, et ses neuf intersections avec le système des trois transversales qrK, $p'r'L$, $q'pI$, parmi lesquelles se trouvent les I, K, L, sont elles-mêmes en nombre pair sur le contour de ce périmètre, ou en nombre impair sur ses prolongements, de sorte qu'en retranchant, des neuf dernières intersections, les six premières, les intersections restantes doivent nécessairement se trouver aussi dans les mêmes circonstances.

149. *Remarques générales.* — Pour bien saisir l'esprit de ce raisonnement, il est essentiel de remarquer que les relations du genre de celles qui nous occupent peuvent fort bien subsister entre les segments de points situés sur les côtés d'un triangle ou leurs prolongements, sans que, pour cela, ces relations expriment nécessairement une propriété relative à une certaine ligne géométrique ou à une combinaison de droites ou de lignes de cette espèce. Le théorème général de Carnot suppose en effet implicitement que les intersections considérées se trouvent en nombre égal sur chaque côté; que l'on ne néglige aucune de celles qui peuvent être confondues avec d'autres, imaginaires ou situées à l'infini; que les produits des segments soient pris dans l'ordre qu'assigne l'énoncé du théorème; qu'enfin et notamment les intersections réelles soient en nombre pair sur le périmètre même du triangle ou du polygone transversal, en regardant *zéro* comme un nombre pair.

Les premières conditions sont évidentes par elles-mêmes; quant à la dernière, elle est une conséquence inévitable du principe de continuité appliqué aux intersections des courbes décrites en vertu de lois géométriques quelconques. En effet, quelle que soit une telle courbe, on pourra toujours construire, d'une infinité de manières différentes, un triangle ou un polygone qui, étant considéré comme transversal de cette courbe, ne contienne aucun des points de celle-ci sur le contour même de son périmètre. Supposant donc que ce polygone change de position et de grandeur, par degrés insensibles ou continus, de manière à venir coïncider finalement avec le polygone considéré, il paraît évident qu'attendu la continuité de la courbe, une branche quelconque de cette courbe ne pourra pénétrer dans l'intérieur du polygone variable que de deux manières différentes : 1° en passant par l'un de ses sommets; 2° en devenant tangente à l'un de ses côtés. Dans l'un et l'autre de ces cas, le nombre des intersections de la courbe, qui sont venues se placer sur le périmètre même du polygone, sera de 2, d'abord confondus en un seul sur le même côté ou sur deux côtés différents, mais bientôt distincts. La même chose ayant lieu pour de nouveaux points d'intersection qui passeraient du dehors au dedans du périmètre du polygone et réciproquement, on voit que le nombre effectif des points réels qui se trouvent situés sur le contour de ce périmètre est nécessairement pair, ainsi que nous l'avons avancé.

La même conséquence peut se déduire aussi de la considération des changements de position et de signe que doivent subir, dans la relation proposée ou sur la figure, les différents segments qui appartiennent aux intersections des côtés du polygone et de la courbe; car, d'après la forme même de cette relation, il est clair qu'aucun des segments dont il s'agit ne peut devenir nul ou négatif sans qu'aussitôt un segment, appartenant à un point différent, ne devienne nul ou négatif en même temps, et sans que par conséquent deux points distincts ne quittent simultanément le périmètre du polygone transversal, ou ne viennent s'y placer à la fois.

Ces remarques nous seront principalement utiles pour la partie de ces recherches qui concerne les applications de la théorie des transversales aux lignes géométriques d'un ordre quelconque.

150. *Système de coniques à intersections communes; involution.* — On vient de voir avec quelle singulière facilité la théorie des transversales conduit aux propriétés les plus générales et les plus fécondes des lignes du second ordre, car nos lecteurs auront reconnu, dans celle qui a été démontrée en dernier lieu, sur l'hexagone inscrit à ces courbes, le théorème de Pascal qui est fondamental, et qu'on retrouve dans presque toutes les recherches relatives aux propriétés de situation des figures. Il nous reste maintenant à prouver que la même méthode s'applique, avec une égale facilité, aux systèmes de courbes du deuxième degré.

Considérons, par exemple, l'ensemble de deux lignes du second ordre quelconques situées dans un même plan, ainsi que l'un des trois couples formés respectivement par celles de leurs cordes ou sécantes communes qui sont conjuguées deux à deux (t. Ier, Sect. III) ou se rencontrent hors du périmètre des deux courbes; je dis que, si l'on vient à couper ces courbes et l'un quelconque des couples dont il s'agit, par une droite ou transversale arbitraire, les six intersections ainsi obtenues seront en *involution* entre elles (**144** et **145**).

En effet, cette transversale et les deux sécantes conjuguées déterminent, par leurs rencontres mutuelles, un triangle qui, étant considéré successivement comme transversale des lignes proposées, donnera lieu à deux relations qui ne différeront entre elles que par les produits des couples de segments appartenant aux intersections de la droite arbitraire, puisque les intersections relatives aux deux sécantes communes sont censées les mêmes pour les deux courbes. Divisant donc ou multipliant ces relations de manière à éliminer les segments relatifs à ces dernières intersections, on en déduira une autre qui, ne contenant plus que les produits dont il s'agit, se confondra avec l'une des six équations établies au n° 143 ci-dessus, dont nous avons vu qu'une seule entraîne avec elle les cinq autres et suffit pour établir qu'il y a *involution* entre les six points correspondants.

Substituons maintenant, à l'une de nos deux courbes, une troisième section conique qui ait les mêmes intersections qu'elles ou les mêmes sécantes conjuguées communes, il est clair qu'elle donnera lieu à une nouvelle équation analogue à la précédente. Enfin si l'on élimine, à leur tour, de ces dernières équations, les produits de segments relatifs aux sécantes communes, on en obtiendra une troisième, toujours de la même forme et qui donnera lieu à ce théorème fondamental :

Les intersections d'une droite ou transversale arbitraire avec trois lignes du second ordre quelconques, ayant les mêmes intersections ou les mêmes sécantes communes, forment entre elles une involution de six points (*).

Cet énoncé s'étend évidemment au système de trois surfaces du second ordre quelconques, coupées par une transversale arbitraire et qui ont la même courbe d'intersection commune.

151. *Généralisation.* — Plus généralement, soit (*fig.* 33) le système de deux sections coniques quelconques situées sur un même plan; soit abc un triangle formé par les intersections de trois transversales arbitraires ab, bc et ca, dont la première rencontre nos deux courbes aux points p et p', P et P' respectivement, la seconde aux points q et q', Q et Q', la troisième enfin aux points r et r', R et R'; on aura, en vertu du principe de Carnot,

$$\frac{ap.ap' \times bq.bq' \times cr.cr'}{bp.bp' \times cq.cq' \times ar.ar'} = 1,$$

$$\frac{a\mathrm{P}.a\mathrm{P}' \times b\mathrm{Q}.b\mathrm{Q}' \times c\mathrm{R}.c\mathrm{R}'}{b\mathrm{P}.b\mathrm{P}' \times c\mathrm{Q}.c\mathrm{Q}' \times a\mathrm{R}.a\mathrm{R}'} = 1,$$

(*) Ce théorème, qui, ainsi que ses inverses (*voyez* plus loin n° 153), renferme une des premières applications que nous ayons faites de l'Analyse des transversales, sera étendu, dans la *seconde partie* de ces recherches, aux lignes et surfaces géométriques de tous les ordres, et nous conduira à un grand nombre de conséquences curieuses. M. Sturm, qui, le premier, en a donné une démonstration analytique pour les lignes du second ordre, s'est attaché à en montrer la fécondité dans un excellent Mémoire inséré à la page 173 du tome XVII des *Annales de Mathématiques*, et dont la suite, qui devait contenir les applications du théorème inverse, n'a point été publiée, au grand regret de ceux qui cultivent la Géométrie. Parmi les choses remarquables que contient la partie de ce Mémoire qui a reçu le jour, se trouve, entre autres, une démonstration de la propriété de l'hexagone inscrit de Pascal, fondée absolument sur les mêmes principes que celle que nous en avons donnée ci-dessus n° 148, et à laquelle nous étions parvenu dix ans auparavant.

et par conséquent

$$\frac{ap.ap' \times bq.bq' \times cr.cr'}{bp.bp' \times cq.cq' \times ar.ar'} \times \frac{bP.bP' \times cQ.cQ' \times aR.aR'}{aP.aP' \times bQ.bQ' \times cR.cR'} = 1.$$

Supposons en particulier que les six points p, q, r, P, Q, R soient pris sur une troisième ligne du second ordre quelconque, il est clair qu'en vertu même du principe cité, tous les segments relatifs à ces points disparaîtront de la relation ci-dessus, et que la nouvelle équation n'exprimera autre chose si ce n'est que les six derniers points p', q', r', P', Q', R' se trouveront, de leur côté, sur une troisième section conique conjuguée à la précédente.

Supposons encore qu'un ou plusieurs des points appartenant aux mêmes transversales ou aux mêmes côtés du triangle abc soient communs aux deux lignes du second ordre proposées, ou se confondent deux à deux; les segments relatifs à ces points disparaîtront de la relation dont il s'agit, qui demeurera toujours propre à faire trouver l'une des intersections restantes au moyen de toutes les autres.

Par exemple, si les points r et R, r' et R' se réunissent respectivement en un seul ou deviennent communs aux deux courbes, auquel cas la transversale ac se changera en une sécante ou corde indéfinie commune à ces courbes, on aura, entre toutes les intersections restantes, la relation

$$\frac{ap.ap' \times bq.bq'}{bp.bp' \times cq.cq'} \times \frac{bP.bP' \times cQ.cQ'}{aP.aP' \times bQ.bQ'} = 1,$$

qui pourra servir à construire l'une des deux courbes au moyen de l'autre et de certains points donnés, sans qu'il soit nécessaire, pour cela, de recourir aux intersections communes de ces courbes, lesquelles pourront ainsi devenir imaginaires ou se confondre par couples sans que les constructions cessent d'être applicables.

Si les points q' et Q' se réunissaient, à leur tour, en un seul commun à la fois aux deux courbes, la relation ci-dessus se simplifierait encore; et elle exprimerait, conformément à ce qui a déjà été démontré précédemment, que les six intersections appartenant à la transversale ab sont en *involution;* si, de plus, il arrivait que les points q et Q se confondissent également en un seul commun à la fois aux deux courbes, etc., etc.

152. *Cas des intersections imaginaires ou coïncidentes.* — Enfin on pourrait encore faire intervenir de nouvelles transversales rectilignes contenant, deux par deux, les intersections des proposées, et éliminer de la relation primitive tout ce qui leur appartient en commun. Ces intersections pourraient

donc devenir imaginaires, ou se confondre par couples, sans que la relation transformée cessât, pour cela, de conserver une signification réelle, et de fournir des moyens de construire l'une des deux courbes à l'aide de l'autre, censée décrite, et de certaines données. En particulier, il en résulterait des méthodes pour le tracé des osculatrices des lignes du second ordre assujetties en outre à remplir certaines conditions; mais, comme ces méthodes se trouvent indiquées, pour la plupart, dans la Section III du tome Ier du *Traité des Propriétés projectives*, et qu'elles sont susceptibles de s'étendre, d'une manière analogue, aux osculatrices des lignes géométriques de tous les degrés, nous n'en dirons pas davantage pour le moment, et renverrons le lecteur soit au volume dont il s'agit, soit au § II de la Section IV de celui-ci.

Notre objet étant ici uniquement de faire pressentir la fécondité du principe des transversales, il conviendrait peu de nous étendre sur les nombreux corollaires qui peuvent découler de son application particulière aux lignes du second ordre, corollaires qui se trouvent également exposés dans le *Traité des Propriétés projectives*, et qui sont trop connus des géomètres pour exciter désormais l'intérêt. Seulement nous ferons remarquer que beaucoup de ces corollaires seraient difficiles à établir si l'on voulait y appliquer directement le principe de Carnot, tandis qu'on les obtiendra sans aucune hésitation, en combinant les conséquences immédiates de ce principe avec les considérations qui résultent de la *Théorie des polaires réciproques*, considérations qui permettent de traduire, sur-le-champ, chaque théorème sur les intersections des lignes courbes, en un autre sur leurs tangences.

153. *Théorèmes réciproques relatifs aux systèmes de coniques.* — C'est ainsi, par exemple, que le théorème de Pascal, sur l'hexagone inscrit aux lignes du second ordre, qui a été démontré au n° 146 ci-dessus, conduit immédiatement à celui de Brianchon, sur l'hexagone circonscrit à ces mêmes lignes, et que, des théorèmes établis aux n°s 143, 144 et 149, on conclut également ceux qui suivent :

« 1° Si d'un point, choisi à volonté sur le plan d'un quadrilatère com-
» plet formé par la rencontre mutuelle de quatre droites quelconques, on
» mène d'autres lignes droites aux six sommets de ce quadrilatère, ces six
» lignes droites seront en *involution*, c'est-à-dire telles, qu'en les coupant
» par une transversale arbitraire, les intersections qui en résulteront for-
» meront elles-mêmes entre elles une involution (144). »

« 2° Un quadrilatère simple quelconque étant circonscrit à une ligne du
» second ordre, si, d'un point choisi à volonté sur son plan, on mène des

» droites vers ses quatre sommets et de plus deux tangentes à la courbe, ces » six lignes droites seront en *involution.* »

« 3° Trois lignes du second ordre quelconques étant inscriptibles à la fois » dans le même quadrilatère, ou ayant les mêmes *centres d'homologie*, » c'est-à-dire les mêmes points de concours des tangentes communes, les » six tangentes menées, d'un point arbitraire, à ces sections coniques, sont » en *involution.* »

Ces mêmes théorèmes et tous leurs analogues pourraient, au surplus, être déduits directement de la proposition générale qui a été démontrée aux nos 129 et 130 de la précédente Section. Mais, sans plus m'arrêter sur ces corollaires, je me hâte de dire quelques mots touchant les applications de la théorie des transversales aux lignes du troisième ordre.

APPLICATION DE LA MÉTHODE AUX LIGNES DU TROISIÈME ORDRE.

154. *Théorème principal qui en dérive.* — Soit une courbe plane du troisième degré considérée comme transversale d'un triangle quelconque *abc* (*fig.* 34), tracé sur son plan et dont le côté *ab* la rencontre aux trois points p, p', p''; le côté *bc* aux trois points q, q', q''; le côté *ca* aux trois derniers points r, r', r'': on aura, en vertu du principe des transversales dû à Carnot,

$$\frac{ap.ap'.ap''\times bq.bq'.bq''\times cr.cr'.cr''}{bp.bp'.bp''\times cq.cq'.cq''\times ar.ar'.ar''}=1.$$

Supposons, en particulier, que le système des trois couples de points p et p', q et q', r et r' soit à une ligne quelconque du second ordre, on aura aussi l'équation

$$\frac{ap.ap'\times bq.bq'\times cr.cr'}{bp.bp'\times cq.cq'\times ar.ar'}=1,$$

qui réduit la précédente à cette autre

$$\frac{ap''\times bq''\times cr''}{bp''\times cq''\times ar''}=1,$$

exprimant évidemment (148 et 149) que les trois dernières intersections p'', q'', r'', appartenant à des côtés différents du triangle *abc*, sont situées sur une même ligne droite.

Réciproquement, si ces intersections sont supposées en ligne droite, l'équation qui leur est relative réduira la proposée à celle qui exprime que les six intersections p, p', q, q', r, r' appartiennent à une simple ligne du second ordre.

Ce théorème, qui s'applique immédiatement au système de trois droites quelconques d'un même plan, considéré comme une ligne du troisième ordre, et que nous verrons, dans le § IV, s'étendre aux courbes géométriques de tous les ordres, coupées par des transversales rectilignes quelconques et en nombre arbitraire, ce théorème, dis-je, peut s'énoncer très-simplement en cette manière :

Si, parmi les neuf intersections d'une ligne plane du troisième ordre avec trois transversales arbitraires, six quelconques appartiennent à une même ligne du deuxième ordre, les trois intersections restantes seront à une simple ligne droite; et réciproquement, si trois quelconques de ces neuf intersections, appartenant à des transversales distinctes, sont situées sur une même droite, les six intersections restantes seront à une simple ligne du second ordre.

155. *Corollaires relatifs aux tangentes accouplées et asymptotes.* — Cet énoncé général conduit à une foule de conséquences particulières relatives aux courbes du troisième degré, dont il nous suffira ici d'indiquer rapidement les principales et les plus dignes d'intérêt.

Supposons, par exemple, qu'on remplace, dans ce même énoncé, la ligne du second ordre dont il y est fait mention, par le système de deux nouvelles droites arbitraires, le théorème subsistera toujours à l'égard des trois dernières intersections qui demeureront en ligne droite; et si, plus particulièrement encore, on suppose que les droites composant ce système viennent à se réunir en une seule, on sera conduit à ce corollaire :

Lorsque les points de contact de trois tangentes d'une ligne quelconque du troisième ordre sont situés sur une même droite, les trois intersections nouvelles de la courbe et de ces tangentes sont elles-mêmes en ligne droite.

Donc aussi :

Les trois asymptotes d'une ligne du troisième ordre rencontrent la courbe en trois nouveaux points qui sont situés sur une même droite.

156. *Points d'inflexion.* — On sait que la tangente au point d'inflexion d'une ligne du troisième ordre contient trois points consécutifs de la courbe; donc, en vertu de notre premier théorème,

Si, par l'un des points d'inflexion d'une courbe du troisième degré, on mène trois transversales arbitraires, les six intersections nouvelles de ces transversales et de la courbe seront à une simple ligne du second ordre, de sorte que trois quelconques d'entre elles, appartenant à des transversales distinctes, ayant été prises sur une même droite, les trois intersections restantes seront également à une autre droite.

Donc encore :

Tout point d'inflexion d'une ligne du troisième ordre jouit, par rapport à cette courbe, de propriétés métriques ou descriptives analogues à celles du pôle d'une conique considéré par rapport à sa polaire.

Et, en particulier,

Si d'un tel point on mène les trois tangentes correspondantes de la courbe, leurs points de contact se trouveront sur une même droite qui peut être appelée la polaire de ce point.

Concevons enfin que, par deux quelconques des points d'inflexion d'une courbe du troisième degré, on mène une ligne droite, il en résultera que la dernière intersection de cette droite sera naturellement un troisième point d'inflexion de la courbe qui ne pourra évidemment en avoir aucun autre de cette sorte. Donc :

Les trois points d'inflexion d'une courbe du troisième degré sont toujours en ligne droite.

157. *Revendication en faveur de Mac-Laurin.* — Ces corollaires ne sont point tous nouveaux ; plusieurs ont été donnés, par Mac-Laurin, dans son *Traité des lignes géométriques* de 1748, et ont été même exposés, par M. Chasles, dans la *Correspondance physique et mathématique des Pays-Bas*, t. V, p. 235, et t. VI, p. 11 (années 1829 et 1830), mais par une marche qui ne permet pas de supposer que ce dernier géomètre ait eu connaissance des recherches spéciales entreprises par Mac-Laurin, sur les lignes du troisième ordre ; recherches qui embrassent beaucoup d'autres théorèmes sur ces lignes, et dont les plus généraux et les plus remarquables, par l'analogie qu'ils présentent avec les propriétés connues des quadrilatères inscrits aux sections coniques, peuvent être traduits et résumés en ce peu de mots :

Un quadrilatère complet et à trois diagonales étant inscrit à une ligne plane du troisième ordre, 1° les trois points de concours des couples de tangentes issues des sommets respectivement opposés de ce quadrilatère, sont situés en ligne droite et sur la courbe ; 2° chacun de ces couples de tangentes forme, par ses intersections avec l'un quelconque des deux autres couples, un nouveau quadrilatère circonscrit à la courbe proposée, et dont les trois diagonales contiennent respectivement, soit l'un des points de contact du dernier couple de tangentes, soit leur point de concours situé sur la courbe.

158. *Démonstration par nos principes et généralisation.* — Ces propositions trouvent leur démonstration naturelle, et en quelque sorte évidente, dans le principe général du n° 154, restreint au cas particulier où la ligne du

second ordre qu'il concerne se réduit au système simple de deux droites. Ce même théorème conduit encore aux énoncés suivants qui renferment implicitement les précédents, et prouvent qu'il existe la plus grande analogie entre les propriétés de situation d'une branche quelconque d'une ligne du troisième ordre, considérée par rapport aux deux autres branches, et les propriétés pareilles d'une ligne droite quelconque, considérée par rapport à une section conique dans le plan duquel elle se trouve située :

1° *Dans tout quadrilatère inscrit au système formé par deux quelconques des branches d'une ligne plane du troisième ordre, les droites qui joignent les couples de points de rencontre des côtés opposés et de la troisième branche vont naturellement se couper en un nouveau point de la courbe.*

2° *Si l'on inscrit, au même couple de branches, une suite de quadrilatères dont les trois premiers côtés pivotent constamment autour de trois quelconques des points de la troisième branche, considérés comme pôles invariables, le dernier côté pivotera, lui-même, sur un quatrième point fixe de cette branche, ayant, par rapport aux trois autres, la corrélation de situation qui vient d'être indiquée.*

159. *Hexagone inscrit aux lignes du troisième ordre.* — Ces énoncés, qui s'étendent sur-le-champ aux polygones inscrits d'un nombre quelconque, pair, de côtés, etc., forment, en effet, les pendants de ceux des nos **180** et **513** du *Traité des Propriétés projectives*, qui sont, comme nous l'avons montré en ces endroits, des conséquences fort simples de la propriété qu'ont (**144**) les quadrilatères inscrits aux sections coniques, d'être coupés, ainsi que la courbe, par une transversale arbitraire, en six points qui sont en involution.

Mais le principe du n° **154** ci-dessus, spécialisé comme nous venons de le dire, conduit à des rapprochements plus singuliers encore. En effet, on en conclut, sans discussion, ce nouvel énoncé :

Ayant inscrit à volonté, à une courbe du troisième degré, un hexagone dont deux quelconques des trois points de concours des côtés respectivement opposés soient sur cette courbe, le dernier s'y trouvera naturellement aussi.

160. *Remarque et théorème général relatif aux lignes du troisième ordre.* — L'entière conformité de ce principe avec celui de Pascal (**148**), relatif à l'hexagone inscrit aux lignes du second ordre, nous dispense d'insister sur les nombreux et intéressants corollaires auxquels il donne lieu, et parmi lesquels d'ailleurs, il faut bien le remarquer, ne se trouvent compris ni ceux qui pourraient avoir trait aux propriétés réciproques des pôles et polaires des sections coniques, ni celui qui se rapporterait au beau principe de Brianchon sur les hexagones circonscrits à ces mêmes lignes. Cette circonstance démontre bien clairement, ce me semble, combien il serait dangereux de se livrer, sans réserve, aux conséquences du principe de *dualité*, mis en avant, sans démonstration ou même sans preuves suffisantes, par un savant géomètre analyste, qui en en proposant l'adoption, en 1826, était loin, comme on sait, de soupçonner que les propriétés de situation des lignes du troisième ordre, par exemple, dussent se retrouver, non pas précisément dans les lignes mêmes de cet ordre, mais bien dans toutes celles qui n'ont, au plus, que trois tangentes possibles issues des mêmes points, comme l'indique très-explicitement la théorie des polaires réciproques, dont nous avons établi les principes dans divers Mémoires ou Traités géométriques publiés depuis 1818.

Laissant donc de côté tous les corollaires du théorème ci-dessus, nous nous contenterons d'observer qu'il fournit, sur-le-champ, un procédé facile et purement linéaire pour mener, aux courbes du troisième degré décrites sur un plan, une tangente en l'un quelconque de leurs points; procédé qui, d'ailleurs, est entièrement analogue à celui qu'a proposé Brianchon, pour mener la tangente en un point donné d'une ligne du second ordre dont quatre autres points quelconques sont assignés.

Mais on est conduit plus directement et plus généralement à la solution de ce même problème, en s'appuyant sur la proposition suivante, qui revient à celle que nous avons déjà plusieurs fois mentionnée :

Si par trois points en ligne droite d'une courbe du troisième degré, on conduit arbitrairement trois transversales rectilignes dans cette courbe, les six nouvelles intersections de ces transversales seront à une simple ligne du second ordre.

Supposant, en effet, que deux quelconques de ces six intersections se confondent, en une seule, au point pour lequel on veut mener la tangente, il est clair que la section conique, appartenant aux cinq autres, touchera elle-même la ligne du troisième ordre en ce point, dont la tangente sera ainsi donnée par le principe cité de Pascal.

Cette seconde manière de construire les tangentes fait, de plus, apercevoir des méthodes générales pour tracer *linéairement* ou avec la *règle* les sections coniques osculatrices du second et du troisième ordre en des points donnés des courbes du troisième degré.

161. *Corollaires relatifs aux coniques osculatrices des lignes du troisième ordre.* — Supposez, par exemple, que l'une des intersections, relative à la troisième des transversales ci-dessus, vienne à se réunir aux deux premières déjà confondues en une seule au point de tangence, la section conique acquerra évidemment, en ce point, un contact du second ordre avec la courbe proposée; ce qui conduit à cet élégant théorème :

Si, d'un point pris à volonté sur une courbe du troisième degré, on mène, à trois autre points quelconques de cette courbe, situés en ligne droite, trois transversales rectilignes, la section conique qui touche la courbe au premier point et contient, de plus, les trois dernières intersections des transversales, sera réellement l'une des osculatrices du second ordre relatives à ce même point.

Par trois points quelconques on ne peut mener qu'une seule section conique tangente en un point donné d'une ligne droite; donc l'osculatrice ci-dessus est complétement déterminée, et, de plus, on a des procédés fort élégants (*Propriétés projectives*, Sect. II, n°s 206 et 207; Sect. III, n° 318 et suivants) pour la décrire par points et linéairement, ou pour construire directement le cercle osculateur qui lui appartient en commun avec la courbe proposée.

Supposez, en particulier, que les trois points en ligne droite, par lesquels passent nos trois transversales, se réunissent en un seul, en l'un des points d'inflexion de la courbe, on sera immédiatement conduit à ce corollaire :

Si, par un point d'inflexion quelconque d'une ligne du troisième ordre, on mène, à cette courbe, une transversale arbitraire, elle la rencontrera en deux autres points appartenant à une section conique osculatrice du second ordre en chacun deux, et qui sera ainsi plus que déterminée.

162. *Osculatrices des troisième et quatrième ordres en un point donné.* — Prenons encore que l'une quelconque de nos trois transversales devienne tangente à la courbe, au point qui est leur concours commun : la section conique ci-dessus deviendra, elle-même, osculatrice du troisième ordre en ce point, et sera entièrement déterminée de position par la condition d'être osculatrice du second ordre avec celle qui a été considérée précédemment, et de passer, en outre, par les deux intersections restantes des transversales (*Ibid.*, n°s 321 et 323).

Enfin, si nous admettons qu'une seconde de nos trois transversales se réunisse à la première déjà devenue tangente à la courbe proposée, on en déduira ce nouveau corollaire propre à faire trouver la section conique unique qui est osculatrice, du quatrième ordre, au point de concours commun de ces transversales :

Si, en un point donné et quelconque, d'une courbe du troisième degré, on mène la tangente relative à ce point, puis la tangente qui répond à la nouvelle intersection de la première, puis enfin la transversale qui joint le point donné avec la troisième intersection de cette seconde tangente, elle ira, à son tour, rencontrer la courbe en un nouveau et dernier point qui appartiendra à la section conique osculatrice du quatrième ordre au point donné.

Et, comme cette section conique doit, elle-même, avoir un contact du troisième ordre, avec l'infinité des osculatrices de cet ordre qui résultent des considérations précédentes, il paraît clair, d'après les endroits déjà cités du *Traité des Propriétés projectives*, qu'elle se trouve complétement déterminée au moyen de l'une quelconque d'entre elles, et sans qu'il soit même nécessaire de recourir directement au tracé effectif de cette osculatrice auxiliaire ni de celle du second ordre dont elle dépend immédiatement d'après ce qui précède. En effet, les méthodes indiquées aux endroits dont il s'agit fournissent le moyen de déduire successivement et directement, les uns des autres, les différents points de ces osculatrices, qui appartiennent à un rayon vecteur ou à une transversale quelconque issue du point de contact donné.

Il y a plus même : comme on possède déjà un point et la tangente en un autre point donné de l'osculatrice du quatrième ordre, on voit qu'il suffira de déterminer deux nouveaux points quelconques de cette courbe, pour être en état (145 et suivants) d'en construire directement et linéairement autant d'autres qu'on le voudra. Mais nous ne saurions insister davantage sur ces considérations faciles sans dépasser, de beaucoup, les bornes que nous nous sommes prescrites dans ces *préliminaires*, et sans anticiper par trop sur ce que nous aurons à dire, dans la seconde partie de ces recherches, touchant les osculatrices des courbes de degré quelconque, dont la construction par points peut également s'opérer à l'aide de procédés fort simples et qui n'exigent que la règle pour tout instrument. Néanmoins je ne puis résister à l'attrait d'indiquer encore quelques conséquences de nos théorèmes, qui d'ailleurs sont susceptibles de s'étendre à l'espace, et nous conduiraient facilement à des procédés généraux pour décrire, par points, toute ligne du troisième ordre dont on connait, soit un point d'inflexion, soit un point double, soit des points quelconques en nombres suffisants pour la déterminer complétement de forme et de position.

163. *Problème relatif au cas de l'espace.* — Ce qui précède fournit déjà, par exemple, plusieurs moyens de construire linéairement le neuvième point d'intersection de trois droites arbitraires avec une courbe plane du troisième

degré; or il en résulte des procédés en eux-mêmes assez simples pour construire, par points, la courbe à double courbure, du même degré, qui contient huit points donnés à volonté dans l'espace.

Une semblable courbe peut évidemment toujours être censée résulter de l'intersection mutuelle de deux surfaces du second degré; ce qui ne peut avoir lieu d'ailleurs à moins qu'elles ne soient réglées et n'aient en commun l'une quelconque de leurs génératrices rectilignes; mais il nous suffit ici de considérer les courbes du troisième degré comme ayant pour caractère essentiel et général de pouvoir être coupées, par un plan arbitraire, suivant trois points au plus, ou de demeurer une courbe du troisième degré quand on la met en projection conique sur un pareil plan.

En effet, concevant, à volonté, un plan par deux quelconques des huit points donnés, il rencontrera la courbe qui les renferme, en un neuvième point qu'on déterminera ainsi qu'il suit.

Par les six points donnés non compris dans le premier plan, conduisez deux nouveaux plans qui les contiennent trois par trois; du point de rencontre de ces plans avec le premier pris pour centre de projection, mettez le système de tous les autres points en perspective ou projection centrale sur un nouveau plan quelconque; il en résultera neuf points situés à l'intersection d'une courbe du troisième degré qui est à déterminer, avec les trois droites projections mêmes de nos trois premiers plans; or huit d'entre eux sont donnés, donc le neuvième s'obtiendra par quelqu'un des procédés linéaires dont il vient d'être parlé, et, par suite, celui qu'on cherche dans l'espace se trouvera sur la projetante qui joint le précédent au centre de projection.

Opérant de la même manière sur une nouvelle combinaison du plan qui contient le point cherché, avec deux des autres plans joignant, trois par trois et dans un ordre différent, les six derniers points donnés, on aura ainsi obtenu deux droites ou projetantes qui, dans le premier plan, se couperont au point demandé; mais, attendu qu'il existe dix manières distinctes de combiner, trois par trois, les six points dont il s'agit, on voit qu'on pourrait aussi construire dix lignes droites différentes s'entrecoupant toutes au point cherché et situées dans le plan qui lui correspond.

On remarquera d'ailleurs que les plans sur lesquels les projections s'opèrent peuvent être choisis de manière à simplifier notablement les constructions, etc.; mais en voilà assez pour prouver que le problème où il s'agit de décrire la ligne à double courbure, du troisième degré, qui contient huit points donnés arbitrairement dans l'espace, est complétement déterminé, et peut se résoudre par des méthodes qui exigent seulement l'intersection de la ligne droite ou d'une simple règle.

§ II.

Des différents modes par lesquels on peut combiner entre elles et traduire graphiquement les relations métriques relatives aux transversales des lignes géométriques.

164. *Observations préalables.* — Toute courbe à double courbure, d'un degré donné, ayant pour projection ordinaire ou conique, sur un plan quelconque, une ligne géométrique du même degré; toute surface géométrique étant pareillement susceptible d'être coupée, par un plan arbitraire, suivant une ligne géométrique de son propre degré; enfin tout polygone, plan ou gauche, considéré comme transversal d'une ligne ou surface, pouvant toujours être décomposé en une suite de simples triangles, on conçoit, *à priori*, qu'il suffira de bien étudier les propriétés qui se rapportent au système des intersections d'une courbe géométrique plane et d'un ordre quelconque avec trois droites ou transversales rectilignes arbitraires, pour être ensuite en état de découvrir, avec facilité, les relations métriques ou descriptives diverses qui peuvent appartenir à des lignes à double courbure, à des surfaces géométriques, et à des polygones transversaux d'un degré ou d'un nombre de côtés quelconques. Tel est l'objet de ce second paragraphe.

En nous restreignant ainsi au cas le plus élémentaire, nous éviterons de compliquer inutilement la marche des raisonnements, et nous pourrons donner aux divers résultats le degré de simplicité qui peut les rendre vraiment recommandables aux yeux des géomètres.

EXPOSÉ DE LA RELATION MÉTRIQUE A DEUX TERMES FONDAMENTALE.

165. *Rappel des notations et conventions.* — Rappelons d'abord l'énoncé de cette relation, cela nous fournira l'occasion de présenter quelques observations préliminaires qui serviront à en faciliter la parfaite intelligence ainsi que les applications.

Soit abc (*fig.* 35) un triangle arbitrairement situé sur le plan d'une ligne géométrique d'un ordre quelconque, et dont les côtés ab, bc, ca, prolongés indéfiniment, rencontrent respectivement cette courbe aux points p, p', p''...; q, q', q''...; r, r', r''..., dont le nombre, pour chaque côté, est marqué par le degré même de la courbe. Désignons par (ap) le produit $ap.ap'.ap''$... de tous les segments compris sur le côté ab du triangle abc, depuis le sommet a de ce triangle jusqu'aux différentes branches ou régions de la courbe; par (bq) le produit semblable de tous les segments bq, bq', bq'',... qui, sur le côté bc, correspondent à ces mêmes branches et au sommet b, et ainsi de suite pour les autres segments ou côtés; on aura l'égalité

$$(ap)(bq)(cr) = (bp)(cq)(ar),$$

que nous mettrons sous cette forme fractionnaire

$$\frac{(ap)(bq)(cr)}{(bp)(cq)(ar)} = 1,$$

et qui demeure applicable à la courbe proposée, même quand quelques-unes de ses intersections avec le triangle deviennent imaginaires, se réunissent par couples ou passent à l'infini, auquel cas le côté correspondant de ce triangle devient simplement parallèle à l'une des branches ou des asymptotes de cette courbe.

En effet, dans cette dernière hypothèse, le rapport des segments infinis se réduit à l'unité (147) et disparaît totalement de la relation ci-dessus; dans la précédente, les segments des paires de points qui se confondent sur chacun des côtés du triangle, devenus tangents à la courbe proposée, sont simplement égaux entre eux, de sorte qu'ils continuent à demeurer dans la relation dont il s'agit; enfin, dans la première, les produits des couples de segments imaginaires restent réels, comme on sait, et peuvent toujours être censés donnés implicitement, soit par le tracé ou la constitution propre de la courbe, soit par le tracé effectif ou possible d'autres courbes plus simples et qui auraient en commun, avec la proposée, les couples de points imaginaires relatifs à ces segments. Les intersections r et r', par exemple, étant imaginaires, les produits $ar.ar'$, $cr.cr'$ qui leur correspondent, ou plutôt le rapport de ces produits, sera donné par la relation même qui les renferme, ou par ses analogues relatives soit à la courbe proposée, soit à une section conique ou à une ligne géométrique quelconque, qui aurait, avec cette proposée, la direction indéfinie de rr' ou ac pour sécante commune idéale (t. Ier, Sect. I et III).

166. *Application directe et numérique de la relation fondamentale.* — La relation générale qui nous occupe met d'ailleurs à même de trouver l'une quelconque des intersections de la courbe avec les côtés du triangle, quand toutes les autres sont connues. En effet, elle donne immédiatement le rapport des segments relatifs à cette intersection, ou des deux distances qui,

sur le côté auquel elle appartient, la séparent des sommets correspondants du triangle; mais il est nécessaire de remarquer qu'on peut diviser, de deux manières distinctes, ce côté en parties proportionnelles à deux nombres donnés, selon que le point de division doit se trouver entre les extrémités mêmes de ce côté ou sur son prolongement. Or un seul de ces points appartient à la courbe, puisqu'il doit être tel (149), que le système de toutes les intersections de celle-ci avec les côtés du triangle transversal en offre un nombre zéro ou pair sur le périmètre même de ce triangle, condition qui lève évidemment toute espèce d'incertitude.

167. *Possibilité de tracer une ou deux des branches d'une courbe au moyen de toutes les autres.* — Il résulte en particulier, des précédentes observations, que si les différentes branches d'une courbe géométrique, une seule exceptée, sont décrites sur un plan, il suffira de connaître deux quelconques des points de cette branche pour être à même d'en déterminer successivement tous les autres par une méthode qui se rapporte uniquement au *premier degré*, et qui n'exige même que l'intervention de la *ligne droite* ou de la règle, comme nous le verrons tout à l'heure.

Effectivement, si l'on suppose que la direction indéfinie de deux des côtés du triangle transversal restent invariables sur le plan de la courbe, tandis que celle du troisième côté change de position d'une manière quelconque, par exemple en pivotant autour de l'un de ses sommets, il est clair, d'après ce qui précède, que les intersections successives de ce côté, avec l'une des branches de la courbe choisie à volonté, pourront être déterminées à l'aide des autres intersections variables de ce même côté et des intersections fixes qui appartiennent aux deux premiers.

On voit donc que chaque branche distincte d'une courbe géométrique se comporte, par rapport à toutes les autres, comme si elle était une simple ligne droite; car deux points de sa direction suffisent pour la déterminer complétement, et son tracé n'exige que des constructions du premier degré.

On prouverait, de la même manière, que le système de deux branches distinctes d'une courbe géométrique se comporte comme une simple ligne du second ordre par rapport à l'ensemble des autres branches censées connues; de sorte, par exemple, que ce système serait entièrement donné au moyen de cinq points quelconques de son contour; et ainsi de suite pour les systèmes de trois ou d'un nombre quelconque de branches. Or ces circonstances mettent à même de prévoir à l'avance que plusieurs des propriétés connues de la ligne droite et des sections coniques doivent être applicables aux branches simples et aux couples de branches des lignes géométriques de degré quelconque.

C'est ainsi, par exemple, que nous avons vu (155 et suiv.) les propriétés projectives les plus générales dont jouit une ligne du second ordre par rapport à une droite arbitraire de son plan, subsister, d'une manière analogue et sans modifications essentielles, pour le système de deux branches quelconques d'une ligne du troisième ordre par rapport à la dernière branche.

168. *Remarques générales concernant les courbes géométriques.* — Il résulte, de la nature des relations qui nous occupent, que toutes les propriétés, toutes les conséquences qu'il sera possible d'en déduire pour les courbes géométriques considérées d'une manière individuelle, seront aussi applicables aux systèmes de droites ou de courbes géométriques quelconques dont la somme des degrés serait un nombre donné, et qui se trouveraient compris dans le même plan. Mais, afin d'éviter les répétitions et de ne pas compliquer inutilement les énoncés ou les démonstrations, nous convenons, une fois pour toutes, de comprendre sous la dénomination de *lignes géométriques*, aussi bien les lignes individuelles et distinctes que les assemblages ou systèmes de lignes auxquels notre théorème fondamental est directement applicable.

Et, puisque ce théorème établit une relation nécessaire entre les intersections des côtés du triangle transversal avec les différentes branches des lignes géométriques, il en résulte réciproquement qu'un système de points, choisis arbitrairement, mais en nombre égal, sur chacun des côtés d'un triangle quelconque, ne saurait, en aucune manière, appartenir à une ligne géométrique de l'ordre marqué par ce même nombre, s'il ne satisfait pas à la relation dont il s'agit; ce qui revient à dire qu'il sera impossible de faire passer une telle ligne par l'ensemble de tous ces points. Ainsi, par exemple, six points étant situés arbitrairement, mais deux par deux, sur les côtés d'un triangle, on ne saurait construire aucune ligne du second ordre qui contienne ces six points, et il est également de toute impossibilité d'en faire passer une du troisième par neuf points qui seraient choisis à volonté, quoique trois par trois, sur ces mêmes côtés.

Enfin il paraît évident, d'après le n° 166, que, lorsque les points considérés satisfont aux conditions de grandeur et de position dont il y est question, toute courbe géométrique, du degré marqué par le nombre des points qui appartiennent à un même côté, et qui passerait par le système de ces points et de tous les autres, un seul excepté, devra nécessairement aussi passer par ce dernier.

Ainsi, bien que nous ignorions actuellement les moyens géométriques de construire une telle courbe à l'aide des points donnés, quand son degré surpasse le deuxième (145), nous n'en devons pas moins regarder la relation métrique qui lie entre eux ces points, comme un indice de l'existence de cette courbe en général, ou, si l'on veut, comme une définition qui exclut seulement toute idée de son impossibilité absolue. Au surplus, lorsque, dans le courant de ce paragraphe, il nous arrivera d'énoncer qu'un certain groupe de $3m$ points, assujettis aux conditions que suppose cette relation, appartient à une ligne du degré m marqué par le nombre des points qui sont situés sur chaque transversale, ce sera uniquement dans la vue de simplifier le langage, et nullement de rien prononcer à l'avance sur l'existence ou la possibilité effective de cette courbe, possibilité qui sera démontrée complétement et généralement dans le paragraphe suivant, où nous nous occuperons, d'une manière spéciale, de la construction des lignes et surfaces géométriques par leurs systèmes d'intersections avec des transversales rectilignes données.

169. *Élimination des segments nuls, infinis ou imaginaires.* — Après les observations préliminaires qui précèdent, nous nous occuperons des différents modes par lesquels on peut transformer notre relation primitive en d'autres également propres à caractériser les lignes géométriques, et à faire construire numériquement ou graphiquement l'une quelconque de leurs intersections avec les côtés du triangle transversal, quand les intersections restantes sont censées données; ce qui conduit nécessairement aussi à autant de théorèmes distincts ou de propriétés nouvelles des lignes géométriques.

En effet, il suffit de traiter cette relation comme nous l'avons fait dans le § Ier, pour le cas particulier des lignes du second ordre, c'est-à-dire en faisant intervenir de nouvelles transversales rectilignes ou courbes qui contiennent quelques-uns des points d'abord considérés, et qui, donnant lieu à d'autres relations analogues, permettent d'éliminer simultanément ou successivement de la proposée tout ou partie des segments qu'elle renferme, de manière à retomber finalement sur une égalité plus simple, sur une relation qui indique plus explicitement que la première la dépendance graphique qui lie entre elles les intersections primitives de la courbe et ses transversales.

Observons en outre que, par de telles transformations, on peut aussi généraliser notre équation fondamentale, de manière à la rendre applicable à des situations de transversales pour lesquelles elle cesserait de l'être sous le point de vue purement géométrique. En effet, par l'élimination de tous ou de partie des segments qui y entrent, au moyen d'équations et de transversales auxiliaires, on rend les relations nouvelles indépendantes du mode d'existence propre des points auxquels ces segments appartiennent; de sorte que ces segments peuvent devenir nuls, infinis, imaginaires, sans que ces dernières relations deviennent, pour cela, identiques, illusoires, etc.

170. *Exemples généraux de pareilles éliminations.* — Nous avons déjà offert différents exemples de ces transformations pour le cas particulier des lignes du second et du troisième ordre, mais il convient de les étudier ici d'une manière tout à fait spéciale et pour les courbes de degré quelconque.

Supposant, entre autres, que, dans le cas général ci-dessus (165, *fig.* 34) d'une courbe géométrique plane coupée par les côtés indéfiniment prolongés du triangle abc, il arrive que le sommet c de ce triangle doive être situé sur la courbe, et se confondre ainsi avec les points q et r qui lui sont adjacents; les segments cq, cr devenant à la fois nuls, la relation proposée prendra la forme $\frac{0}{0} = 1$ ou $0 = 0$, et cessera ainsi d'être apte à définir la courbe, ou à déterminer l'un quelconque des segments du triangle à l'aide de tous les autres. Mais si l'on conçoit, par les points q et r, une nouvelle transversale rectiligne ou courbe quelconque, le système de toutes ces intersections, avec les côtés du triangle abc, donnera lieu à une seconde relation qui permettra d'éliminer de la première, les segments cq et cr censés nuls ou infiniment petits, et qui conduira à une dernière équation propre à déterminer immédiatement l'une quelconque des intersections du triangle abc, avec les deux courbes devenues tangentes entre elles au point c, quand on connaîtra le système de toutes les autres.

171. *Application au cas de la fig.* 34. — Pour nous borner, ici, à ce qu'il y a de plus simple et de plus élémentaire, nous supposerons que la ligne auxiliaire soit la droite indéfinie qr rencontrant au point P le troisième côté ab du triangle transversal; on aura évidemment

$$\frac{ar \cdot cq \cdot b\text{P}}{cr \cdot bq \cdot a\text{P}} = 1,$$

équation qui, multipliée membre à membre par la proposée (165), donne cette autre

$$\frac{(ap)(bq')\,b\mathrm{P}\,(cr')}{(bp)(cq')(ar')\,a\mathrm{P}}=1,$$

dans laquelle (bq') est censé représenter le produit de tous les segments bq', bq'', bq''',..., à l'exception de bq; (ar') le produit semblable de tous les segments ar', ar'', ar''',..., à l'exception de ar, etc., et d'où l'on déduit immédiatement le rapport de bP à aP propre à construire le point P, et par conséquent la transversale qrP, qui devient naturellement une *tangente* de la courbe proposée, dans l'hypothèse ci-dessus où les points q et r se confondraient en un seul avec le sommet c du triangle considéré.

On remplira aussi le même but d'éliminer, de la relation primitive, les segments cr et cq qui la rendent identique, en observant que, dans le triangle cqr, le rapport des segments ou côtés dont il s'agit conserve une valeur déterminée et finie, même quand ce triangle s'évanouit, ou que la direction indéfinie de qr devient tangente à la courbe. En effet, ce rapport est égal à celui des sinus des angles cqr, crq opposés respectivement aux côtés cr et cq dont il s'agit. Mais ce dernier mode d'élimination aurait l'inconvénient de faire intervenir, dans la relation primitive, des éléments d'une nature étrangère à ceux qu'elle contient, et qui ne se prêteraient pas, avec la même facilité, aux interprétations géométriques ou aux transformations que nous aurons à lui faire subir par la suite.

172. *Théorème de situation qui en découle.* — On se convaincra, dès à présent, des avantages inhérents au premier mode d'élimination, en observant que la relation obtenue ci-dessus (**171**) peut immédiatement se ramener à la forme même de celle d'où nous sommes partis. Il suffit, pour cela, de supposer, qu'on mène par le point P, situé sur le côté ab du triangle abc, une seconde droite arbitraire rencontrant en q_1 et r_1 les deux autres côtés de ce triangle; car, étant considérée, à son tour, comme transversale de ce même triangle, elle donnera lieu à une nouvelle relation dont la combinaison avec la précédente conduira à celle-ci

$$\frac{(ap)\times bq_1(bq')\times cr_1(cr')}{(bq)\times cq_1(cq')\times ar_1(ar')}=1,$$

qui, étant absolument de même forme que la relation primitive et assujettie aux mêmes conditions (**149**), exprime (**168**) que les trois groupes de points p, p', p'',...; q_1, q', q'',...; r_1, r', r'',..., appartenant à la courbe proposée à l'exception des deux points q et r, sont eux-mêmes situés sur une autre courbe géométrique d'un degré égal au sien propre.

Ce théorème, qui a son inverse, d'après les principes de la théorie des polaires réciproques, conduit à des énoncés aussi élégants que faciles, mais sur lesquels nous ne pouvons ici insister. Contentons-nous de remarquer que le moyen par lequel nous sommes parvenus à ramener l'équation du n° 171 à la forme de celle du n° 165 peut être mis en usage dans beaucoup d'autres circonstances analogues, ce qui permet de traduire immédiatement, en relations purement descriptives, toute égalité à deux termes, du genre de celles qui nous occupent, et qui ne différerait de celle du n° 165 dont il s'agit, que par l'ordre des facteurs qui y entrent ou l'arrangement des points auxquels elle s'applique.

173. *Manière d'amener certains sommets du triangle transversal en des points ordinaires ou singuliers de la courbe.* — Nous venons de montrer comment on peut transformer cette dernière relation en une autre qui ne devienne pas illusoire quand l'un des sommets du triangle abc (*fig.* 34) se trouve situé sur la courbe proposée, et nous avons vu que cela revient à éliminer de cette relation les deux segments qui sont susceptibles d'y devenir nuls à la fois; or, il est clair qu'on pourrait, de même, en faire disparaître deux autres segments quelconques relatifs à des côtés différents du triangle transversal, ce qui permettrait d'amener de nouveaux sommets de ce triangle sur la courbe, sans que la relation, ainsi transformée, cessât d'être applicable aux intersections qui sont demeurées distinctes de ces sommets.

Je dis plus, c'est que le même procédé d'élimination pourra servir à amener un ou plusieurs des sommets du triangle proposé, ou, en général, d'un polygone transversal quelconque, en des points *multiples* de la courbe, et cela quelle que soit *l'espèce* de ces points ou le nombre des branches qui y passent. En effet, il suffira évidemment de faire intervenir, dans la figure, autant de transversales auxiliaires (171) qu'il y a de ces branches, et qui soient telles que, réunissant deux par deux les intersections du triangle et de la courbe, qui doivent se confondre, soit avec l'un des sommets de ce triangle, soit avec l'un des points multiples de cette courbe, elles finissent par devenir des tangentes véritables aux différentes branches dont il s'agit.

Les points *conjugués*, de *rebroussement* ou d'*inflexion* donnant lieu à des observations analogues, on voit qu'il doit en résulter une infinité de théorèmes absolument neufs sur les points singuliers des courbes géométriques, et, en général, sur les figures qui leur sont inscrites ou circonscrites. Ces propositions pourraient ensuite être doublées au moyen des principes exposés dans notre *Mémoire sur la théorie des polaires réciproques*, et l'on en déduirait notamment des procédés fort simples et sur lesquels nous aurons occasion de revenir dans le paragraphe suivant, pour construire, par points, toute ligne géométrique ayant un point multiple d'un ordre inférieur, d'une ou de deux unités, au sien propre, etc. Mais ce n'est pas ici le lieu de s'étendre sur ces différentes matières dignes d'intérêt et qui sont susceptibles des plus grands développements, soit qu'on s'arrête aux figures situées simplement dans un plan, soit que l'on considère des polygones gauches quelconques coupés par des surfaces géométriques dans l'espace.

TRADUCTION DE L'ÉQUATION FONDAMENTALE EN RELATIONS LINÉAIRES OU DESCRIPTIVES.

174. *Méthode générale.* — Revenons maintenant aux suppositions générales du n° 165, où le triangle *abc* a une situation quelconque par rapport à la courbe, et montrons comment, en suivant la marche qui précède, on peut aisément découvrir les moyens de construire *linéairement*, c'est-à-dire avec une *simple règle*, l'un quelconque des points définis par la relation

$$\frac{(ap)(bq)(cr)}{(bp)(cq)(ar)} = 1,$$

quand tous les autres sont censés donnés sur la direction des transversales *ab*, *bc* et *ac*.

Pour y parvenir, il ne s'agira évidemment que d'éliminer successivement, de la relation dont il s'agit, tous les segments qui y entrent, en conduisant par les points d'intersection de la courbe, pris deux à deux et dans un ordre convenable, de nouvelles droites considérées, à leur tour, comme autant de transversales des côtés du triangle, et en procédant, du reste, comme cela a déjà été indiqué plus haut (171) relativement aux segments des points q et r, c'est-à-dire en s'arrangeant de façon à retomber toujours sur une dernière relation de la forme de la proposée et qui appartienne simplement au système de trois derniers points situés en ligne droite; ce qui est possible d'une infinité de manières différentes, et conduit à autant de procédés graphiques distincts pour construire l'un des points primitivement considérés quand on connaît tous les autres, procédés dont nous nous contenterons de donner quelques exemples, sans insister même sur les conséquences ou les théorèmes qui peuvent en découler pour les lignes géométriques de divers ordres.

175. *Exemple relatif aux courbes du quatrième degré.* — Qu'il s'agisse, en particulier, d'une ligne du quatrième degré, coupée par les côtés d'un triangle *abc* (*fig.* 36), comme il a été expliqué au n° 165; on considérera

d'abord le groupe des six points p et p', q et q', r et r' situés par couples ou deux par deux sur les côtés dont il s'agit, et on les traitera de la même manière qu'on l'a fait au n° **148** pour le cas des simples sections coniques, en complétant, par exemple, l'hexagone inscrit $pp'qq'rr'p$, ou, ce qui revient au même, en traçant les trois transversales $q'r$, pr', $p'q$, joignant des points d'intersection qui appartiennent à des couples de côtés différents du triangle abc, et dont la rencontre respective, avec chacun de ses troisièmes côtés, déterminera les nouveaux points P, Q, R qui sont les points de concours des côtés opposés de l'hexagone dont il s'agit. On mènera pareillement, par les six intersections restantes et toujours dans le même ordre, les trois transversales $q'''r''$, $p''r'''$, $p'''q''$, rencontrant en P', Q', R' respectivement les côtés du triangle abc, dont ces transversales ne dépendent pas. Cela posé, considérant le système complet de ces six transversales comme une courbe unique (**167**) du sixième degré, on aura, entre les trente-six segments qu'elle détermine sur les côtés abc ou sur leurs prolongements, la relation générale

$$\frac{(ap)(bq)(cr)\times a\mathrm{P}.a\mathrm{P}'\times b\mathrm{Q}.b\mathrm{Q}'\times c\mathrm{R}.c\mathrm{R}'}{(bp)(cq)(ar)\times b\mathrm{P}.b\mathrm{P}'\times c\mathrm{Q}.c\mathrm{Q}'\times a\mathrm{R}.a\mathrm{R}'}=1,$$

qui, en vertu de celle qui appartient à la courbe proposée, se réduit à la suivante

$$\frac{a\mathrm{P}.a\mathrm{P}'\times b\mathrm{Q}.b\mathrm{Q}'\times c\mathrm{R}.c\mathrm{R}'}{b\mathrm{P}.b\mathrm{P}'\times c\mathrm{Q}.c\mathrm{Q}'\times a\mathrm{R}.a\mathrm{R}'}=1.$$

Cette nouvelle équation exprime évidemment que le système des six points P et P', Q et Q', R et R', distribués deux par deux et symétriquement sur les côtés ab, bc et ac du triangle proposé, appartient à une seule et même ligne du second ordre, car elle satisfait aux différentes conditions spécifiées aux n^{os} **148**, **149**, **165** et suivants. Traitant donc ces six nouveaux points comme il est indiqué dans le premier de ces numéros, ou comme on vient de le faire des deux groupes des douze premiers points appartenant à la courbe proposée, on obtiendra finalement trois derniers points qui seront situés en ligne droite, conformément à ce qui a été établi dans ce même numéro et à ce qu'indique le principe de Pascal sur les hexagones inscrits aux lignes du second ordre.

Ces constructions, comme on voit, lient entre elles graphiquement les douze intersections de la courbe du quatrième degré et des côtés du triangle abc, de manière que onze quelconques d'entre elles étant données, la dernière s'ensuit nécessairement par le tracé de simples lignes droites.

176. *Remarques diverses.* — S'il s'agissait d'une ligne du troisième ordre seulement, on tracerait une droite arbitraire formant, avec cette ligne, un système qu'on traiterait comme on vient de le faire pour la courbe du quatrième degré. On pourrait aussi détacher, des neuf intersections de la ligne du troisième ordre avec les côtés du triangle abc, un groupe de six points symétriquement situés sur ces côtés, afin de traiter ce groupe comme on l'a fait précédemment; mais la relation à laquelle on parviendrait ainsi, n'ayant pas la forme de celle du n° 165, on n'en pourrait conclure que les trois points nouvellement obtenus, réunis aux trois derniers points de la courbe proposée, appartiennent à une ligne du second ordre; il faudrait nécessairement lui faire subir la transformation du n° 172 pour la rendre susceptible d'exprimer immédiatement une dépendance graphique entre les points auxquels elle se rapporte, ce qui enlèverait à la construction finale toute la symétrie qui caractérise le premier mode d'opérer.

Cette difficulté n'existe pas pour les lignes du cinquième ordre; car, si l'on détache des quinze intersections qui leur appartiennent sur les côtés du triangle transversal, trois quelconques d'entre elles relatives à des côtés différents, puis qu'on traite les douze intersections restantes comme on l'a fait des douze intersections relatives à la courbe du quatrième degré ci-dessus, on arrivera finalement à trois derniers points qui, réunis avec les trois points réservés, appartiendront naturellement à une ligne du second ordre; ce qui tient essentiellement à ce que les douze premiers points ont été soumis à un nombre pair d'opérations qui n'ont pas changé l'ordre des produits des segments qui, dans les équations successives, se rapportent à ces douze points.

Pour les lignes du sixième ordre, on partagerait les dix-huit intersections correspondantes en trois groupes de six points respectivement situés sur les côtés du triangle, et, les traitant séparément comme s'ils appartenaient à une ligne du second ordre, on arriverait à neuf derniers points situés sur une ligne du troisième ordre, qu'on traiterait, à leur tour, comme nous venons de l'indiquer pour cet ordre, en faisant intervenir une droite auxiliaire quelconque dans la figure, afin de n'avoir qu'une ligne du quatrième ordre à considérer.

On procéderait d'une manière analogue pour les lignes des ordres supérieurs au sixième.

177. *Réflexions relatives aux constructions graphiques.* — Les constructions qui précèdent établissant des dépendances purement graphiques et linéaires entre les intersections d'une courbe plane donnée et les côtés d'un triangle pris pour transversal de cette courbe, il est clair que ces dépendances ne cesseront jamais d'être applicables au système des intersections correspondantes, pourvu seulement qu'aucune d'entre elles ne devienne imaginaire : elle servira donc à construire l'une quelconque de ces intersections au moyen de toutes les autres, même quand le triangle dont il s'agit s'évanouira, aura des sommets placés sur la courbe ou situés à l'infini, etc., ce qui fournira, entre autres (**171**), le moyen de construire, toujours par de simples intersections de lignes droites, la *tangente* en l'un quelconque des points d'une courbe géométrique donnée sur un plan.

Ce sont précisément ces constructions, dont l'analogie avec celles qui résultent du principe de Pascal pour les sections coniques est de toute évidence, que nous avions découvertes dès 1816, et que nous avons annoncées à la page 154 du tome VIII des *Annales de Mathématiques,* novembre 1817 (ou t. II de nos *Applications,* p. 476). On voit qu'envisagées individuellement et pour chaque courbe d'un certain ordre, elles sont assez simples en elles-mêmes pour être facilement appliquées, et assez symétriques pour être aisément retenues et saisies par l'esprit. Mais elles n'en manquent pas moins, dans leur ensemble, de ce caractère d'uniformité et d'universalité qui peut seul rendre les méthodes mathématiques vraiment recommandables; c'est pourquoi, dans ce qui va suivre, nous exposerons des constructions absolument exemptes de cet inconvénient.

RÉDUCTION DU SYSTÈME DE TROIS TRANSVERSALES A DEUX.

178. *Remarques concernant les cas d'identité ou d'indétermination.* — Afin de mieux faire apercevoir la marche qui nous a fait parvenir à ces constructions, nous remarquerons que la relation du n° 165 devient complétement illusoire quand l'un des côtés du triangle *abc* passe à l'infini, en sorte que cette relation n'apprend plus rien par elle-même sur la loi ou la dépendance qui lie entre elles les différentes intersections de ce triangle et de la courbe. Or, nous venons de voir que cette dépendance, considérée sous le point de vue purement graphique, n'en existe pas moins dans la supposition dont il s'agit, puisque, d'après les notions généralement admises, toute droite, à distance donnée, qui contient l'un des points d'une courbe, situé à l'infini, n'est autre chose qu'une parallèle à la branche ou à l'asymptote correspondante de cette courbe; donc il doit exister aussi une relation métrique nécessaire entre tous ceux des différents segments du triangle *abc* qui, faisant partie de la relation primitive, n'ont pas acquis une valeur infinie dans l'hypothèse dont il s'agit.

Pour découvrir cette nouvelle relation, il ne s'agira, suivant l'esprit de la méthode que nous avons jusqu'ici prise pour guide, que de transformer la relation du n° 165 en une autre qui cesse de devenir identique quand le côté du triangle *abc* que l'on considère s'éloigne à une distance infinie sur le plan de la courbe, ce qui consiste toujours à éliminer de cette relation, et à l'aide de nouvelles transversales rectilignes convenablement tracées, tous les couples de segments dont le rapport conserve essentiellement la forme indéterminée $\frac{0}{0}$, attendu qu'en devenant infinis ils diffèrent entre eux d'une quantité qui reste elle-même infinie. Or, cette circonstance n'a évidemment lieu que pour les seuls segments qui appartiennent au côté dont il s'agit; c'est donc aussi de ces seuls segments qu'il faut débarrasser la relation proposée, en menant par les intersections correspondantes de la courbe des transversales rectilignes arbitraires.

179. *Cas spéciaux; théorème de Waring relatif aux asymptotes.* — Supposant, par exemple, que ce soit le côté *bc* du triangle *abc* (*fig.* 35 ou 37) qui soit susceptible de passer à l'infini; pour faire sortir de l'égalité du n° 165 les segments qui appartiennent à ce côté, on mènera, par ses intersections q, q', q'',... avec la courbe, des droites ou transversales arbitraires coupant respectivement en P et R, P′ et R′, P″ et R″,..., les deux autres côtés *ab* et *ac* de ce triangle. Cela posé, on aura évidemment, en considérant le système de ces transversales comme une ligne géométrique du même ordre que la proposée, et en conservant d'ailleurs les conventions jusqu'ici admises,

$$\frac{(aP)(bq)(cR)}{(bP)(cq)(aR)} = 1;$$

d'où l'on tire, en combinant avec la relation du n° 165,

$$\frac{(ap)(cr)}{(bp)(ar)} = \frac{(aP)(cR)}{(bP)(aR)},$$

équation dont l'énoncé facile donnerait lieu à un nouveau théorème sur les courbes géométriques, et qui, dans la supposition où *bc* s'éloigne à l'infini et où les transversales auxiliaires PqR, P′q'R′,... se changent, comme nous l'avons dit, en un système de parallèles quelconques aux différentes branches infinies de la courbe, prend cette autre forme encore plus simple

$$\frac{(ap)}{(ar)} = \frac{(aP)}{(aR)},$$

attendu que les rapports de segments infinis se réduisent ici à l'unité, puisque ceux-ci ne diffèrent entre eux que d'une quantité donnée.

D'ailleurs, quand les transversales auxiliaires, au lieu d'être menées arbitrairement, sont prises tangentes à la courbe proposée ou qu'elles se confondent avec ses différentes asymptotes, on retombe sur un théorème démontré par Waring, à la page 85 de ses *Mélanges analytiques*, lequel n'est ainsi qu'un cas particulier du nôtre.

180. *Théorème général concernant les branches infinies des courbes.* — Supposons encore (*fig.* 38) que ces transversales soient conduites par les intersections respectives r, r', r'',... de la courbe et de l'un, bc, des côtés du triangle abc, dont elles ne dérivent pas; ce qui revient à supposer que R coïncide avec r, R' avec r', et ainsi des autres; la relation obtenue en premier lieu deviendra, attendu qu'alors le produit $(cr) = (c\mathrm{R})$, le produit $(ar) = (a\mathrm{R})$,

$$\frac{(ap)}{(bq)} = \frac{(a\mathrm{P})}{(b\mathrm{P})},$$

nouvelle équation qui, lorsque le dernier côté bc du triangle s'éloigne à l'infini ou devient simplement parallèle au côté ab, se réduit à cette autre encore plus simple,

$$(ap) = (a\mathrm{P}),$$

et qui indique, d'après nos conventions (165), que « le produit de tous les » segments ap, ap', ap'',... relatifs à la courbe proposée, est égal à celui de » tous les segments $a\mathrm{P}$, $a\mathrm{P}'$, $a\mathrm{P}''$,... déterminés par les sécantes ou cordes » indéfinies qr, $q'r'$, $q''r''$,... devenues parallèles aux différentes branches » ou asymptotes de cette courbe. »

181. *Système de points en involution simple par rapport à deux points donnés.* — L'équation

$$\frac{(ap)}{(bp)} = \frac{(a\mathrm{P})}{(b\mathrm{P})},$$

relative au cas où ac ou bc restent quelconques, se rapporte évidemment à la forme des trois premières de celles qui ont été établies aux n°s 143 et 144 pour le cas des lignes du second ordre; ce qui conduit à quelques conséquences intéressantes concernant les lignes géométriques en général, et qui peuvent être considérées comme l'extension des propriétés dont jouissent les quadrilatères inscrits au système de deux droites ou à une section conique quelconque, supposés coupés par une transversale arbitraire.

En effet, le système des transversales PqR, P$'q'$R$'$, P$''q''$R$''$,..., dont il a été question ci-dessus (179), forme ici, avec les côtés indéfinis du triangle *abc*, une suite continue de quadrilatères PRR′P′, P′R′R″P″,... également inscrits à la courbe proposée, et dont les différents côtés se trouvent, aussi bien que les branches de cette courbe, coupés à la fois par la transversale arbitraire *ab*; l'équation ci-dessus peut donc être considérée comme indiquant que les points *a* et *b*, qui appartiennent aux deux côtés communs à tous ces quadrilatères, jouent le même rôle ou sont en *involution simple*, soit par rapport aux intersections de la transversale et de la courbe, soit par rapport aux intersections de tous les autres côtés des quadrilatères.

Mais ce rapprochement, entre les propriétés des lignes du second ordre et celles qui appartiennent aux lignes d'un ordre quelconque, peut être rendu plus évident et plus complet encore, en observant que la relation qui nous occupe, étant indépendante de l'ordre même dans lequel on joint, deux à deux, les intersections distinctes des côtés *ac* et *bc* du triangle transversal, avec la courbe, elle a lieu, d'une manière analogue, pour les deux systèmes de diagonales joignant des sommets différents des quadrilatères ci-dessus; de sorte que les intersections de la transversale arbitraire avec la courbe, et ses intersections avec les côtés ou les diagonales distinctes dont il s'agit, constituent quatre groupes de points qui, combinés deux à deux, sont à la fois en *involution* par rapport aux points *a* et *b* de la transversale.

182. *Énoncé plus explicite et théorème relatif aux polygones inscrits.* — Pour traduire ces conséquences en un langage plus explicite encore, concevons une courbe géométrique du degré m tracée sur un plan; soient *ac* et *bc* deux transversales arbitraires rencontrant cette courbe respectivement en autant de points qu'il est marqué par son degré; inscrivons à volonté à cette même courbe (*fig.* 39) un polygone de $2m$ côtés qui ait alternativement pour sommets les m points de rencontre de *ac* et les m points de rencontre de *bc*; soit en outre *ab* une troisième transversale arbitraire rencontrant les deux premières en a et b, la courbe aux m points $p, p', p'',\ldots$, les côtés de rang impair du polygone aux m points $P, P', P'',\ldots$, et enfin ceux de rang pair aux m points $P_1, P'_1, P''_1,\ldots$, respectivement; on aura, selon ce qui vient d'être démontré, les deux relations

$$\frac{(ap)}{(bp)}=\frac{(aP)}{(bP)},\qquad \frac{(ap)}{(bp)}=\frac{(aP_1)}{(bP_1)};$$

d'où l'on déduit immédiatement cette troisième,

$$\frac{(aP)}{(bP)}=\frac{(aP_1)}{(bP_1)},$$

qui se rapporte uniquement aux intersections de la transversale *ab* avec les côtés de rang pair ou de rang impair du polygone, et à laquelle on arriverait directement et généralement, pour un polygone quelconque d'un nombre pair de sommets, inscrit à l'angle de deux droites arbitraires *ac* et *bc*, en considérant alternativement le système de tous les côtés de rang pair de ce polygone et celui de tous les côtés de rang impair comme autant de lignes géométriques (165) transversales du triangle *abc*, formé par la rencontre mutuelle des deux droites *ac* et *bc* dont il s'agit, et d'une troisième droite arbitraire *ab*.

183. *Application linéaire ou graphique de l'involution.* — Ce dernier théorème, qui, selon ce que nous avons fait voir de deux manières différentes aux n°s 515 et 517 du tome Ier du *Traité des Propriétés projectives*, s'étend aisément aux polygones, d'un nombre pair de côtés, inscrits à une ligne du second ordre quelconque; ce théorème, disons-nous, lie entre eux tous les points de deux systèmes en *involution simple* par rapport à deux points donnés, de manière à faire découvrir linéairement l'un quelconque d'entre eux, quand tous les autres sont assignés *à priori*.

Qu'il s'agisse, par exemple, des deux systèmes de points $p, p', p'', \ldots$, $P, P', P'', \ldots$, considérés dans le n° 181, et qui sont en *involution* par rapport aux sommets a et b du triangle *abc*, on inscrira à volonté dans l'angle *acb* des deux transversales *ac* et *cb*, c'est-à-dire de deux droites quelconques issues de a et de b, un polygone dont les sommets, en nombre égal à celui des deux systèmes de points proposés, s'appuient alternativement sur ces droites et de manière que les côtés de rang pair, je suppose, passant respectivement par les points $p, p', p'', \ldots$, les côtés de rang impair, un seul excepté, passent respectivement aussi par ceux des points $P, P', P'', \ldots$ qui sont censés donnés. Cela posé, le dernier côté ira naturellement rencontrer la transversale *ab* au point qui a été excepté, circonstance qui d'ailleurs arrivera quel que soit ce point et quel que soit l'ordre dans lequel on ait opéré.

NOUVEAU TRACÉ DES TANGENTES; FAISCEAUX DE DROITES EN INVOLUTION.

184. *Exposé.* — Ce qui précède fournit une nouvelle méthode, aussi générale qu'elle est symétrique et élégante, pour construire (164 et suiv.) l'une quelconque des intersections d'une courbe géométrique avec trois droites *ab*, *ac* et *bc*, arbitrairement tracées sur son plan et lorsque toutes les autres sont connues ou données par le tracé de la courbe. De là également un

procédé nouveau pour construire linéairement, ou sans autre instrument que la règle, la tangente en un point donné d'une courbe géométrique quelconque, plane ou à double courbure, procédé qui peut aussi servir à construire les asymptotes de cette courbe quand on connaît simplement leur direction ou leur point de tangence à l'infini.

Supposons par exemple que, dans la figure relative aux nos **180** et **183**, le point de rencontre c des transversales ac et bc soit pris sur la courbe, de manière que leurs intersections q et r avec cette courbe se confondent en une seule au point de rencontre dont il s'agit; la droite indéfinie qr deviendra évidemment une tangente de la courbe, et la relation graphique qui précède donnera le point de rencontre P de cette tangente avec la transversale arbitraire ab.

185. *Propositions réciproques.* — En appliquant aux divers théorèmes qui nous ont jusqu'ici occupés, les principes exposés dans les nos **101**, **120** et suivants de la précédente Section *sur la théorie des polaires réciproques*, on arrive à divers résultats, dont nous nous bornerons à citer les suivants parce qu'ils conduisent à des énoncés faciles (*).

« Soient une courbe quelconque, de degré m, tracée sur un plan, et a, b, c » trois points aussi quelconques de ce plan, de chacun desquels on ait mené » à la courbe les $m(m-1)$ tangentes (**) qui lui correspondent (n° 66), » tangentes qui seront ici censées toutes réelles; choisissons, à volonté, » parmi les $m^2(m-1)^2$ intersections mutuelles des tangentes issues de b et » de c, un système de $m(m-1)$ de ces intersections appartenant à autant » de couples distincts de ces tangentes; faisons enfin passer, par les intersections dont il s'agit, un faisceau de $m(m-1)$ droites dirigées vers le » point a : il résulte des nos **180** et suivants que ce faisceau et celui des » $m(m-1)$ tangentes, issues du même point a, seront en *involution simple* » par rapport aux deux droites indéfinies ac et ab, c'est-à-dire que les » intersections respectives de ces faisceaux, avec une transversale arbitraire, » seront elles-mêmes en *involution* par rapport aux intersections de cette » transversale et des deux droites dont il s'agit. »

(*) Ces énoncés suffisent pour dispenser de toute figure, dont le tracé, très-compliqué d'ailleurs, aiderait médiocrement, s'il ne nuisait, à leur conception géométrique intuitive. Or, cette remarque s'applique également à certaines démonstrations algébriques fondées sur de laborieux calculs et qui, trop souvent aussi, substituent, contre l'avis des plus grands géomètres philosophes, l'action directe des sens à celle de l'esprit convenablement préparé. — (Note de 1865.)

(**) Nous reviendrons, dans le § V, sur ce qui concerne le tracé de ces tangentes.

Il résulte en particulier de ce théorème général que, si l'on se donne toutes les tangentes issues des trois points a, b, c, une seule exceptée, on pourra immédiatement déterminer celle-ci par de simples tracés de lignes droites, et en ayant recours aux constructions du n° **183** appliquées aux intersections de la transversale ci-dessus; problème de la solution duquel dépend d'ailleurs la détermination du point de contact des tangentes. Mais on peut aussi opérer directement en renversant les constructions elles-mêmes au moyen de la *Théorie des polaires réciproques*, et observant que la question revient, en définitive, à déterminer l'une quelconque des droites des deux faisceaux issus du point a, qui sont en *involution* par rapport à ab et ac.

A cet effet, ayant choisi à volonté deux points b' et c' sur ces dernières droites respectives, on s'en servira pour faire passer alternativement les côtés, de rang pair et impair, d'un polygone quelconque dont les sommets s'appuieront eux-mêmes alternativement sur chacune des droites du couple de faisceaux considérés, à l'exception cependant de celle qu'il s'agit de déterminer au moyen de toutes les autres. Cela posé, le dernier sommet de ce polygone, celui qui est demeuré entièrement libre, se placera de lui-même sur la dernière droite et servira ainsi à la déterminer complétement de position.

186. *Remarque générale*. — Ces exemples suffisent pour donner une idée du genre de propositions auxquelles on est conduit quand on applique nos principes sur la réciprocité des figures aux diverses considérations qui précèdent; c'est pourquoi, sans insister davantage, nous retournerons à l'objet de nos premières investigations relatives aux applications spéciales de la doctrine des transversales, en remarquant qu'il nous reste une dernière transformation à faire subir à la relation générale du n° **165**, pour qu'elle puisse s'étendre à toutes les situations possibles du triangle ou des transversales dont elle dérive.

§ III.

Du changement complet de forme subi, dans certains cas, par la relation métrique fondamentale. — Théorèmes qui en résultent.

187. *Remarques préliminaires*. — Par les considérations des n^{os} **171** et suivants, **179** et **180**, nous avons déjà converti la relation fondamentale du n° **165** en d'autres relations métriques qui ne deviennent illusoires ou identiques ni quand les sommets du triangle formé par les intersections mutuelles des transversales de la courbe se trouvent situés sur cette courbe, ni quand un ou deux de ces sommets se sont éloignés à l'infini sur son plan. Mais toutes ces nouvelles relations se réduisent, ainsi que la primitive, à des identités de la forme $1=1$, quand ce même triangle vient à s'évanouir complétement, soit que d'ailleurs les directions indéfinies de ses côtés restent distinctes en convergeant en un point unique, soit que deux quelconques d'entre elles se réunissent en une seule également distincte de la troisième.

Toutefois, les relations purement descriptives et linéaires auxquelles nous sommes parvenu aux n[os] **175**, **176** et **183**, en éliminant successivement de celles dont il s'agit tous les segments qui y entrent, ces relations, dis-je, ne cessant nullement d'être applicables au système des transversales, et devant être considérées comme les traductions immédiates des relations métriques dont elles dérivent primitivement, il faut bien encore que l'indétermination de celles-ci tienne purement au changement de forme qu'elles doivent subir dans la nouvelle hypothèse.

188. *Substitution des sommes de réciproques aux produits de segments.* — Il est évident qu'on ne saurait ici employer le mode d'élimination successive des segments dont nous nous sommes servi précédemment, car il nous ferait retomber sur les mêmes relations linéaires. Mais, si on met l'équation du n° **165** sous cette forme :

$$(ap)(bq)(ar+ac)=(ar)(ap+ab)(bq+bc)\,(*),$$

qu'ensuite on développe tous les produits des facteurs binômes en négligeant successivement, dans les résultats, les termes qui contiennent ab, bc et ac à des degrés supérieurs au premier, attendu que les côtés du triangle abc (*fig.* 34 ou 38) peuvent, ici, être censés infiniment petits ou nuls, on obtiendra la nouvelle équation

$$ac\Sigma\left(\frac{1}{ar}\right)=ab\,\Sigma\left(\frac{1}{ap}\right)+bc\,\Sigma\left(\frac{1}{aq}\right),$$

(*) Conformément aux règles de l'Analyse géométrique des coordonnées, précédemment adoptées et justifiées rigoureusement dans le troisième Chapitre ou Cahier du tome II de nos *Applications* de 1864, on n'a point ici, en vue de généraliser, donné *à priori* des signes explicites ou algébriques aux diverses quantités, ce qui offre d'apparentes contradictions entre les données du calcul et celles des figures. Mais on évitera ces difficultés et l'on ramènera tout à une évidence élémentaire en supposant que, dans les diverses figures relatives au triangle transversal abc d'une courbe géométrique plane, non-seulement ce triangle est tout à fait en dehors et d'un même côté de la courbe, mais encore que ses sommets a et b en sont les plus voisins, comme le montre la *fig.* 38, qui pourrait être prise pour figure *type* ou *de départ*, ainsi qu'on l'a expliqué dans l'endroit cité des *Applications*. Mais cela ne serait utile que pour les esprits peu exercés. — (Note de 1865.)

dans laquelle le signe Σ désigne la somme algébrique (*) des valeurs inverses ou des *réciproques* de segments analogues et différant seulement par le signe de position et l'accent ou indice qui affecte les lettres p, q, r.

On arrivera plus rapidement encore à cette transformée, en prenant la différentielle logarithmique des deux membres de l'équation primitive (**165**), dans laquelle on devra, selon ce qui précède, regarder les produits (cr), (bp) et (cq) comme les seules quantités susceptibles de varier, et considérer les variations des segments relatifs à chacun des côtés du triangle abc comme égales entre elles et à ces côtés respectifs censés devenus infiniment petits.

Observant maintenant que ces mêmes côtés sont proportionnels aux sinus des angles respectivement opposés du triangle, et supposant finalement que les trois sommets de celui-ci viennent à se confondre en un seul a, par exemple, on obtiendra la relation

$$\sin.paq\Sigma\left(\frac{1}{ar}\right)=\sin.qar\Sigma\left(\frac{1}{ap}\right)+\sin.par\Sigma\left(\frac{1}{aq}\right),$$

pour remplacer celle du n° 165 dans le cas où les trois transversales arbitraires de la courbe convergent en un même point a (*fig.* 40), en formant entre elles des angles dont, conformément aux hypothèses faites tacitement dans les raisonnements qui précèdent, le plus grand de tous est censé l'angle paq comprenant ar dans son intérieur.

189. *Justification de ces résultats par voie géométrique*. — Mais, ainsi qu'il a déjà été observé au n° 53, relativement aux *centres de moyennes harmoniques*, il n'est nullement indispensable de recourir aux transformations algébriques pour se convaincre que la relation ci-dessus s'étend aux lignes géométriques d'un ordre quelconque, comme elle s'applique également aux systèmes composés de simples lignes droites, d'après les considérations purement élémentaires du n° 51.

Rappelons-nous, en effet, la manière dont on parvient aux relations linéaires et purement descriptives des n°s 175 et suiv. (*fig.* 36), relations directement applicables (**177**) au cas où les transversales ab, ac, bc concourent en un même point a, et observons que si, des trois derniers points en ligne droite obtenus sur ces transversales, on remonte successivement au système des six points qui appartiennent à une même ligne du second ordre, à celui des douze points qui appartiennent à une même ligne du

(*) Section Ire, relative aux *centres de moyennes harmoniques*, n°s 4 et suivants.

quatrième ordre, etc., on aura à considérer un égal nombre d'équations, de la forme de celle ci-dessus, qu'on obtiendra en combinant, de proche en proche, par voie d'addition ou de soustraction, toutes celles qui, d'après le n° 51 déjà cité, se rapportent tant à la droite qui contient les trois derniers points, qu'aux différents systèmes de droites auxiliaires (175) qui servent à remonter, de ces points, aux six précédents, et ainsi de suite jusqu'à ce qu'on soit parvenu aux intersections mêmes des transversales *ap*, *aq* et *ar* avec la courbe proposée.

A l'inverse, en partant de la relation qui convient au système total de ces intersections, et en opérant d'une manière analogue à celle qui a été mise en usage dans les n°s 175 et 176, mais en substituant toujours les additions aux multiplications, les soustractions aux divisions, on retombera finalement sur les relations descriptives mêmes auxquelles on est parvenu pour le cas de trois transversales dirigées d'une manière quelconque.

Quant à la relation générale dont il est question aux n°s 51 et 53, on s'assurera aisément qu'elle n'a pas lieu pour les courbes géométriques, bien qu'elle soit applicable aux simples systèmes de lignes droites; ce qui tient à ce que la diversité des coefficients numériques dont ses termes sont affectés s'oppose à ce que, dans les opérations ci-dessus, les éliminations de segments puissent s'opérer par de simples additions ou soustractions des égalités relatives aux transversales rectilignes. Telle est aussi la manière dont on doit entendre, dans le cas présent (*voyez* l'Introduction de cette Section, p. 127 et suiv.), que les propriétés concernant les systèmes de lignes droites peuvent s'étendre aux courbes géométriques d'un ordre quelconque.

190. *Autres transformations de la relation fondamentale.* — Il résulte d'ailleurs, de ces rapprochements et de ce qui a été exposé au n° 54 (Sect. Ire), que, si l'on suppose (*fig.* 40) le faisceau des trois transversales *aq*, *ar*, *ap*, coupé en A, B, C respectivement par la droite arbitraire AC, on aura, pour remplacer la relation du n° 188 ci-dessus, cette autre équation

$$AC\times\Sigma\left(\frac{Br}{ar}\right)=AB\times\Sigma\left(\frac{Cp}{ap}\right)+BC\times\Sigma\left(\frac{Aq}{aq}\right),$$

qui a l'avantage particulier de ne pas devenir identique ou insignifiante quand on suppose le point de concours *a* à l'infini, ou les transversales *ap*, *aq*, *ar* parallèles. En effet, elle devient simplement alors

$$AC\,\Sigma(Br)=AB\,\Sigma(Cp)+BC\,\Sigma(Aq),$$

AC étant la plus grande des trois distances AB, AC et BC.

191. *Réduction des équations d'involution quand les deux points d'origine se confondent en un seul.* — Je ne m'arrêterai point à montrer comment ces dernières relations peuvent être déduites directement (*) de l'équation générale du n° **188**, ni comment elles peuvent être étendues à un nombre quelconque de transversales convergeant en un point unique et situées dans un même plan, s'il s'agit de courbes géométriques données dans ce plan, ou d'une manière arbitraire dans l'espace, s'il s'agit de surfaces géométriques en général.

Quant aux relations des n^os^ **180** et suivants, qui expriment (*fig.* 37 et 38) qu'il y a *involution simple* entre les systèmes de points $p, p', p'',\ldots$, et $P, P', P'',\ldots$, rangés sur la transversale ab, par rapport aux intersections a, b de cette transversale avec les deux autres ac et bc, il est aisé de voir qu'elle se réduit simplement à la suivante, lorsque ces intersections se confondent en une seule a (*fig.* 40),

$$\Sigma\left(\frac{1}{ap}\right)=\Sigma\left(\frac{1}{aP}\right),$$

ou à cette autre, si l'on adopte les conventions du n° **190**,

$$\Sigma\left(\frac{Cp}{ap}\right)=\Sigma\left(\frac{CP}{aP}\right),$$

équation qui, à son tour, se réduit à cette égalité plus simple encore, quand le point de concours a des transversales passe à l'infini, ou que ces transversales deviennent parallèles entre-elles,

$$\Sigma(Cp)=\Sigma(CP).$$

Il est évident d'ailleurs que toutes les autres équations qui nous ont occupé

(*) Pour en donner au moins une idée, nous ferons observer que dans les triangles AaC, AaB, BaC (*fig.* 40), on a, en nommant P la hauteur du sommet a sur la transversale ABC,

$$\sin AaC=\frac{AC}{aA.aC}P=AC.aB\times\frac{P}{aA.aB.aC},\qquad \sin AaB=AB.aC\times\frac{P}{aA.aB.aC},$$

$$\sin BaC=BC.aA\times\frac{P}{aA.aB.aC};$$

au moyen de quoi l'équation du n° 188 devient, en supprimant les facteurs ou diviseurs communs à tous ses termes,

$$AC\Sigma\left(\frac{aB}{ar}\right)=AB\Sigma\left(\frac{aC}{ap}\right)+BC\Sigma\left(\frac{aA}{aq}\right),$$

relation qui conduira immédiatement à celle dont il s'agit, en observant que

$$aB=ar+Br,\quad aC=ap+Bp,\quad Aa=aq+Aq.$$

dans ce qui précède, et notamment celles du n° 179, subiraient des transformations analogues dans les circonstances dont il s'agit.

192. *Déductions relatives aux centres de moyenne distance et de moyenne harmonique.* — Supposons que, sur la transversale ab ou ap (*fig.* 40) qui contient les m points p, p', p'',... de la courbe, on choisisse un nouveau point x tel qu'on ait, en tenant compte des signes de position (6 et 17),

$$\frac{m}{ax} = \frac{1}{ap} + \frac{1}{ap'} + \frac{1}{ap''} + \ldots = \Sigma\left(\frac{1}{ap}\right),$$

ou, ce qui revient au même (20),

$$m.\frac{Cx}{ax} = \frac{Cp}{ap} + \frac{Cp'}{ap'} + \frac{Cp''}{ap''} + \ldots = \Sigma\left(\frac{Cp}{ap}\right),$$

le point x, ainsi défini, sera, d'après le n° 17 déjà cité, le *centre* ordinaire *des moyennes harmoniques* de tous les points p, p', p'',... par rapport au pôle a, et il en deviendra le *centre* ordinaire *de moyenne distance* (21), quand l'origine a des segments passera à l'infini, ou qu'on aura

$$m.Cx = Cp + Cp' + Cp'' + \ldots = \Sigma(Cp).$$

Donc nos deux relations du n° 191 ci-dessus n'expriment autre chose si ce n'est que le système des points P, P', P'',... qui, dans les hypothèses générales des n°s 180 et suivants, formaient une *involution simple* par rapport aux sommets a et b du triangle transversal abc, ont, dans le cas où ce triangle s'évanouit, *le même centre de moyennes harmoniques ou de moyennes distances par rapport au point de concours commun des transversales*, circonstance qui n'altère d'ailleurs en aucune façon la dépendance purement linéaire (183) que nous avons démontré appartenir à ces deux systèmes et qui sert à faire trouver l'un quelconque des points dont ils se composent au moyen de tous les autres.

Donc aussi les relations générales des n°s 188 et 190 expriment que *les centres de moyenne harmonique ou de moyenne distance des trois groupes de points p, p', p'',..., q, q', q'',..., r, r', r'',.., situés* (*fig.* 40) *à l'intersection de la courbe et des transversales arbitraires ap, aq, ar, issues d'un même point a, ces centres respectifs*, dis-je, *sont rangés sur une même ligne droite*, comme cela résulte d'ailleurs, *à priori*, des considérations exposées dans les n°s 51 et 54 de la Section Ire, relative aux *centres de moyennes harmoniques*.

193. Ces dernières considérations suffisent, je pense, pour convaincre pleinement le lecteur que les théorèmes généraux qui se trouvent exposés, dans cette Section, sur les centres, axes et plans de moyennes harmoniques des systèmes de points, de droites et de plans quelconques, sont susceptibles de s'appliquer, d'une manière analogue, aux lignes et aux surfaces géométriques de tous les degrés, pourvu que les centres de moyennes harmoniques soient censés pris par rapport à des coefficients numériques égaux entre eux ou à l'unité, conformément à ce qui a été observé plus haut. Mais nous reviendrons sur cette remarque importante dans la partie de ces recherches qui est spécialement consacrée à l'exposition des principales conséquences relatives aux lignes et aux surfaces dont il s'agit.

Pour compléter d'ailleurs l'objet que nous nous sommes proposé dans ce paragraphe, il nous reste à présenter quelques observations propres à étendre, de plus en plus, les applications de notre principe fondamental, et à le rendre indépendant, en quelque sorte, de la position relative des transversales.

194. *Cas singulier où les transversales convergent en un point de la courbe.* — Toutes les relations métriques établies depuis le n° **187**, et qui se rapportent au cas où les transversales convergent en un même point, deviennent à la fois illusoires ou prennent la forme $\frac{1}{0} = \frac{1}{0}$ quand on suppose que ce point vient à s'appliquer sur la courbe, circonstance qui, d'après les considérations du n° **192** ci-dessus, annonce évidemment que les centres de moyennes harmoniques ou de moyennes distances relatifs à chacune des transversales se confondent eux-mêmes alors avec le point de concours dont il s'agit. Or, il est très-digne de remarque que ce ne sont pas seulement les relations métriques qui deviennent illusoires, mais toutes les relations purement descriptives jusqu'ici exposées, et que nous avons vues demeurer applicables aux divers autres changements d'état de la figure, sans modifications essentielles.

En y réfléchissant un peu, on verra que cette circonstance singulière tient à ce que trois des intersections de la courbe et des transversales, qui d'abord étaient distinctes sur chacune d'elles, ont dû se réunir en un seul point de concours de ces mêmes transversales. En effet, le système de ces points, supposés à une distance infiniment petite les uns des autres, détermine un élément du second ordre de la courbe, et non plus simplement un élément du premier (171); de sorte que, pour éliminer des relations primitives les segments qui s'y rapportent et dont les réciproques sont infinis, il ne suffit plus de faire intervenir dans la figure de simples transversales rectilignes (169 et suiv.) qui contiennent un à un, deux à deux, le point d'intersection dont il s'agit, mais il devient indispensable de prendre, pour transversale auxiliaire unique, une ligne géométrique d'un degré tout au moins égal au second, et qui renferme à la fois ces trois mêmes points considérés toujours comme distincts, quoiqu'ils soient réellement confondus en un seul.

195. *Méthodes et équations relatives à ce cas.* — Supposant, par exemple, que, dans les hypothèses des n^{os} **187** et suivants, le point de concours a (*fig.* 40) des transversales doive venir s'appuyer sur la courbe proposée, en un point pour lequel les intersections p, q, r se confondent elles-mêmes (*fig.* 40) en une seule avec a, on concevra, par ces intersections, une ligne du second ordre quelconque rencontrant de nouveau les transversales ap, aq, ar en P′, Q′, R′ respectivement. Cela posé, on aura, d'après le n° **190** et en conservant toutes les notations et conventions de ce numéro,

$$\text{AC} = \Sigma\left(\frac{\text{B}r}{ap}\right) = \text{AB}.\Sigma\left(\frac{\text{C}p}{ap}\right) + \text{BC}.\Sigma\left(\frac{\text{A}q}{aq}\right),$$

$$\text{AC}\left(\frac{\text{B}r}{ar} + \frac{\text{BR}'}{a\text{R}'}\right) = \text{AB}\left(\frac{\text{C}p}{ap} + \frac{\text{CP}'}{a\text{P}'}\right) + \text{BC}\left(\frac{\text{A}q}{aq} + \frac{\text{AQ}'}{a\text{Q}'}\right).$$

Soustrayant cette dernière équation de la précédente, il viendra

$$\text{AC}\left[\Sigma\left(\frac{\text{B}r'}{ar'}\right) - \frac{\text{BR}'}{a\text{R}'}\right] = \text{AB}\left[\Sigma\left(\frac{\text{C}p'}{ap'}\right) - \frac{\text{CP}'}{ap'}\right] + \text{BC}\left[\Sigma\left(\frac{\text{A}q'}{aq'}\right) - \frac{\text{AQ}'}{a\text{Q}'}\right].$$

Cette nouvelle relation, étant indépendante des segments qui appartiennent aux points p, q et r, demeure immédiatement applicable au cas où ces points se confondent en un seul avec le pôle a des transversales, et où par conséquent la ligne auxiliaire du second ordre doit devenir osculatrice de la proposée en ce même point. De plus, elle peut servir alors à tracer entièrement cette première ligne par points, puisqu'en laissant aP′ et aQ′ fixes et faisant varier de position, autour de a, la troisième transversale aR′, elle donnera successivement les diverses valeurs de $\frac{\text{BR}'}{a\text{R}'}$ qui déterminent la position correspondante du point R′.

Mais, attendu que cette même relation se présente sous une forme différente de celle de l'équation du n° **190**, qu'elle est plus compliquée et qu'elle n'indique point explicitement la dépendance graphique qui lie entre elles les intersections des transversales et des deux courbes, on cherchera à l'y ramener en opérant à peu près comme nous l'avons fait au n° **172**, à l'occasion de la relation qui concerne le système des trois transversales quelconques.

Par exemple, si l'on conduit, par les points donnés Q' et R' de la ligne du second ordre, une droite auxiliaire rencontrant en p la troisième transversale aP', et que l'on mène semblablement, par le troisième point P' de cette ligne, une droite arbitraire rencontrant, je suppose, en q et r respectivement les deux autres transversales aQ' et aR', on aura, pour le système de ces nouvelles transversales,

$$\mathrm{AC}\left(\frac{\mathrm{B}r}{ar}+\frac{\mathrm{BR}'}{a\mathrm{R}'}\right)=\mathrm{AB}\left(\frac{\mathrm{C}p}{ap}+\frac{\mathrm{CP}'}{a\mathrm{P}'}\right)+\mathrm{AC}\left(\frac{\mathrm{A}q}{aq}+\frac{\mathrm{AQ}'}{a\mathrm{Q}'}\right),$$

relation qui ramène, sur-le-champ, la précédente à la forme mentionnée, et qui apprend que le système de tous les points $p, p', p'', \ldots$, de tous les points q, q', q'' et de tous les points $r, r', r'', \ldots$, appartient à une ligne géométrique du même ordre que la proposée.

196. *Cas des intersections imaginaires.* — Nous ne pousserons pas plus loin ces conséquences, parce que ce serait anticiper sur le sujet de la seconde partie de ces Mémoires, où nous nous proposons d'appliquer, d'une manière spéciale, les principes exposés dans celle-ci, à la théorie des osculatrices des courbes géométriques de tous les ordres. Toutefois, avant de passer à de nouvelles recherches, nous devons encore remarquer que les relations métriques considérées depuis le n° 17 sont, de même que celles du n° 165, indépendantes du mode d'existence propre des intersections de la courbe et des transversales, c'est-à-dire de la réalité ou de la non-réalité absolue de ces intersections.

Car, par exemple, s'il arrivait que les deux points r et r' (*fig.* 40) devinssent imaginaires, les sommes de réciproques ou de quotients

$$\frac{1}{ar}+\frac{1}{ar'}, \qquad \frac{\mathrm{B}r}{ar}+\frac{\mathrm{B}r'}{ar'},$$

relatives à ces points, n'en conserveraient pas moins des valeurs réelles, puisqu'en les mettant sous cette forme :

$$\frac{ar+ar'}{ar.ar'}, \quad \frac{\mathrm{B}r.ar'+\mathrm{B}r'.ar}{ar.ar'}=\mathrm{AB}\left(\frac{ar+ar'}{ar.ar'}\right)+2,$$

leurs numérateurs et leurs dénominateurs conserveraient eux-mêmes une valeur toujours absolue et réelle, ainsi qu'il résulte immédiatement des principes généraux de l'Analyse algébrique.

197. *Manière de se débarrasser par couples des segments imaginaires.* — Mais, pour laisser le moins possible à désirer sur ce sujet et ne rien emprunter, pour ainsi dire, d'étranger aux considérations de la Géométrie, nous rappellerons que, d'après l'observation déjà faite au n° 165, les deux points r et r' peuvent toujours être censés définis par une ligne du second ordre quelconque qui les contiendrait en commun avec la courbe proposée. Or, si on considère une telle ligne comme coupée, à son tour, par les transversales ar et deux autres droites quelconques issues de a, mais dont les intersections seraient toutes réelles et constructibles géométriquement, elle donnera lieu à une nouvelle équation qui permettra de calculer immédiatement les quantités ci-dessus, qu'on obtiendrait également à l'aide des considérations exposées dans la Section I, Chapitre II du précédent volume, sur les sécantes et cordes idéales des lignes du second ordre.

Toutefois, comme ces considérations supposent la section conique auxiliaire donnée *à priori*, il est bon de remarquer qu'on pourra toujours la construire par points sans recourir à des données étrangères à celles qui sont fournies par la courbe proposée, pourvu seulement qu'il ne se trouve pas plus d'un couple de points imaginaires sur chacune des transversales que l'on considère, et qu'on puisse mener, du point de concours de ces transversales, de nouvelles sécantes, dans la courbe, qui la rencontrent en autant de points réels qu'il est marqué par son degré.

Supposons, en effet, que dans les hypothèses générales des n°s 165, 187 ou suivants, le couple des points r et r', et, si l'on veut encore, celui des points p et p' qui appartiennent à des transversales distinctes, soient imaginaires, tandis que tous les autres soient essentiellement réels; on concevra, par ces quatre points et par un cinquième point X pris arbitrairement sur la transversale qq', une ligne du second ordre qui viendra couper cette même transversale en un second point X', lequel pourra être déterminé géométriquement, ainsi que tous ses analogues relatifs à de nouvelles transversales arbitraires passant également par X et dont les intersections, avec la courbe proposée, seraient toutes réelles. Car si l'on élimine, des relations appartenant aux intersections de ces transversales et des deux courbes, tous les segments qui se rapportent aux points imaginaires communs à ces courbes, on obtiendra évidemment d'autres relations du premier degré, propres à calculer ou à construire linéairement les valeurs des segments qui répondent aux différents points Q' dont il s'agit.

Ces dernières considérations se rattachant à la question générale où l'on se propose de construire géométriquement le système des intersections d'une courbe plane, de degré donné, avec une transversale arbitraire, nous renverrons le lecteur au paragraphe suivant, où cette question et ses annexes se trouvent traitées d'une manière tout à fait spéciale.

§ IV.

Détermination des lignes géométriques planes définies par leurs intersections avec certaines transversales rectilignes, etc. (*).

Jusqu'ici nous nous sommes principalement occupé à faire voir comment notre relation fondamentale peut être étendue à des situations quelconques des transversales, et nous avons aussi donné un aperçu de son utilité pour la solution de différents problèmes concernant les lignes géométriques, notamment pour le tracé de leurs tangentes et asymptotes. Nous nous proposons, dans ce paragraphe, de montrer comment il peut aussi servir à déterminer ou à construire ces lignes elles-mêmes tout entières, quand on les suppose définies par un nombre suffisant de conditions et spécialement par leurs systèmes d'intersections avec des droites données; cela nous mettra à même de résoudre plusieurs questions ou difficultés qui se sont présentées dans le précédent paragraphe, et dont nous avons renvoyé l'examen à celui-ci pour ne pas interrompre l'exposition générale de la méthode.

PRÉLIMINAIRES RELATIFS AU CAS OU L'ON SE DONNE UN POINT MULTIPLE D'ORDRE QUELCONQUE DE LA COURBE.

198. Afin de justifier tout d'abord ce qui a été admis, sans démonstration suffisante, dans le nº 168, proposons-nous de prouver que tout système de $3m$ points, assujettis aux différentes conditions des nºs 165 et suivants, appartient nécessairement à une certaine ligne géométrique du degré m, constructible dans toutes ses parties, ou même à une infinité de lignes pareilles, si m surpasse seulement deux unités; car, pour ce qui concerne le cas de $m=1$ et de $m=2$, nous savons déjà (§ I)

(*) Ce paragraphe ou Chapitre ayant bien plus pour objet la démonstration de certaines vérités et principes généraux que le tracé effectif, manuel des courbes géométriques ou l'exposé même de quelques théorèmes et problèmes particuliers, nous nous dispenserons, comme dans le Mémoire original présenté à l'Institut, et imprimé au *Journal de Crelle*, d'accompagner le texte d'aucunes figures qui, ici, en particulier, et d'après la remarque déjà faite dans la note du nº 185, seraient, à cause de leur complication, très-peu propres à faciliter la lecture de ce paragraphe et des suivants. Je ne puis donc qu'engager le lecteur à tracer lui-même ces figures à la main au fur et à mesure du besoin, c'est-à-dire par parties séparées et successivement : cette prescription est surtout applicable aux démonstrations des nºs 216 et suivants. — (Note de 1865.)

que le système des points proposés se trouve situé sur une droite ou une ligne du deuxième ordre, unique et dont le tracé ne présente aucune difficulté.

Pour arriver à la proposition générale où m est quelconque, nous pourrions, en premier lieu, considérer le cas de $m=3$, où la ligne doit être du troisième ordre, puis nous élever successivement à celui de $m=4$, de $m=5$, etc. Mais, comme la marche des raisonnements reste absolument la même pour le cas général et pour chaque cas respectif, nous supposerons tout d'abord (*fig.* 41) $3m$ points sur chacun des côtés d'un triangle abc, entre lesquels on ait la relation métrique

$$\frac{(ap)(bq)(cr)}{(bp)(cq)(ar)}=1,$$

assujettie aux conditions souvent mentionnées.

Cela posé, prenons sur le plan de la figure un point quelconque s pour pôle de *rayons vecteurs* ou d'une suite de transversales rectilignes, telles que sf, rencontrant les côtés ab, bc, ac du triangle abc aux points d, e, f respectivement, et la courbe cherchée, si tant est qu'elle existe, aux points inconnus x, x', x'',... supposés en nombre m. Considérons successivement cette courbe comme transversale des triangles daf, dbe, fce; nous aurons, par hypothèse et d'après le n° 165, les trois nouvelles relations

$$\frac{(ap)(dx)(fr)}{(ar)(dp)(fx)}=1,\quad \frac{(bq)(dp)(ex)}{(bp)(dx)(eq)}=1,\quad \frac{(cr)(eq)(fx)}{(cq)(ex)(fr)}=1,$$

qui reviennent aux suivantes

$$\frac{(dx)}{(fx)}=\frac{(ar)(dp)}{(ap)(fr)},\quad \frac{(ex)}{(dx)}=\frac{(bp)(eq)}{(bq)(dp)},\quad \frac{(fx)}{(ex)}=\frac{(cq)(fr)}{(cr)(eq)},$$

et dont l'une quelconque est comportée par les deux autres en vertu de l'équation précédente, ce qui les réduit à deux relations distinctes devant servir à construire les m points x, x', x'',... au moyen de tous les points donnés.

Cette dernière circonstance annonce suffisamment que le problème restera complétement indéterminé tant qu'on ne fera pas, sur le système des points x, x', x'',..., quelque autre supposition qui rende le nombre des conditions ou des relations distinctes équivalent à celui des inconnues, en admettant, par exemple, que le point s, qui sert de pôle aux transversales variables $sdexf$, soit un point multiple de la courbe du $(m-2)^e$ ordre, ou que $m-2$ des points x, x', x'',... soient constamment confondus en un seul avec ce pôle, de sorte qu'il n'en reste plus que deux, tels que x et x' par exemple, à déterminer sur chaque transversale.

199. Désignant, en effet, par (dx), (ex), (fx) les produits $dx.dx'$, $ex.ex'$, $fx.fx'$ relatifs à ces points, les dernières des relations ci-dessus deviendront

$$\frac{(dx)\overline{ds}^{m-2}}{(fx)\overline{fs}^{m-2}}=\frac{(ar)(dp)}{(ap)(fr)},\quad \frac{(ex)\overline{es}^{m-2}}{(dx)\overline{ds}^{m-2}}=\frac{(bp)(eq)}{(bq)(dp)},\quad \frac{(fx)\overline{fs}^{m-2}}{(ex)\overline{es}^{m-2}}=\frac{(cq)(fr)}{(cr)(eq)},$$

équations dont deux quelconques doivent suffire pour construire les points x' et x'' sur chaque rayon vecteur, et qu'on peut d'ailleurs mettre sous une forme plus simple, en supposant qu'on ait tracé le système des cordes ou sécantes indéfinies qr, $q'r'$, $q''r''$, .. qui rencontrent en P, P′, P″,... respectivement la transversale arbitraire sf, puis le système des sécantes indéfinies pr, $p'r'$, $p''r''$,... rencontrant en Q, Q′, Q″,... cette même transversale, enfin celui des sécantes pq, $p'q'$, $p''q''$,... qui la rencontrent aux points R, R′, R″,... respectivement.

Car, en considérant ces trois systèmes distincts de sécantes comme autant de lignes de degré m, transversales des triangles daf, dbe, fce qui leur correspondent, puis combinant les relations auxquelles ces systèmes donnent lieu, avec les précédentes, à peu près comme on l'a fait dans le cas du n° 179, on obtiendra les nouvelles équations

$$\frac{(dx)\overline{ds}^{m-2}}{(fx)\overline{fs}^{m-2}}=\frac{(dQ)}{(fQ)},\quad \frac{(ex)\overline{es}^{m-2}}{(dx)\overline{ds}^{m-2}}=\frac{(eR)}{(dR)},\quad \frac{(fx)\overline{fs}^{m-2}}{(ex)\overline{es}^{m-2}}=\frac{(fP)}{(eP)},$$

qui indiquent que le système des points x', x'', s, s, s,..., en nombre m, combiné successivement avec le système des m points Q, Q′, Q″,... et celui de m points P, P′, P″,..., forme autant d'involutions simples (181) par rapport aux couples de points respectifs d et f, e et d, f et e.

200. Afin d'obtenir des relations qui indiquent plus explicitement encore la dépendance purement descriptive qui lie les points x' et x'' aux points donnés, nous chercherons à éliminer les segments qui leur appartiennent des relations ci-dessus, en imaginant, par ces deux premiers points, une ligne du second ordre qui contienne en même temps trois quelconques p, q, r des derniers, appartenant à des côtés différents du triangle abc.

Nommons, à cet effet, p_1, q_1, r_1 les points inconnus où la ligne auxiliaire dont il s'agit rencontre de nouveau ces côtés respectifs, et supposant qu'on ait prolongé indéfiniment les sécantes ou cordes r_1q_1, p_1r_1, p_1q_1 jusqu'à leur rencontre en P_1, Q_1 et R_1 avec la transversale $sdx'x''$, on aura évidemment, en raisonnant comme ci-dessus,

$$\frac{(dx)}{(fx)}=\frac{dQ.dQ_1}{fQ.fQ_1},\quad \frac{(ex)}{(dx)}=\frac{eR.eR_1}{dR.dR_1},\quad \frac{(fx)}{(ex)}=\frac{fP.fP_1}{eP.eP_1},$$

équations qui, combinées avec les précédentes, donnent celles-ci

$$\frac{dQ_1.\overline{ds}^{m-2}}{fQ_1.\overline{fs}^{m-2}}=\frac{(dQ')}{(fQ')},\quad \frac{eR_1.\overline{es}^{m-2}}{dR_1.\overline{ds}^{m-2}}=\frac{(eR')}{(dR')},\quad \frac{fP_1.\overline{fs}^{m-2}}{eP_1.\overline{es}^{m-2}}=\frac{(fP')}{(eP')},$$

dans lesquelles n'entrent plus les segments relatifs aux points x, x', P, Q, R, et qui indiquent que le système des $m-1$ points Q, s, s, s,... et des $m-1$ points Q′, Q″,... sont en involution par rapport aux points d et f, comme le système des $m-1$ points R, s, s, s,... et celui des $m-1$ points R′, R″,... sont pareillement en involution par rapport à e et d, etc.

Il suit de là donc que chacun des points P_1, Q_1, R_1, dont dépend la ligne du second ordre qui contient x et x', pourra être construit linéairement (155 et suiv.) au moyen de tous ceux qui lui correspondent et avec lesquels il est directement en involution. Or, je dis que la connaissance des trois points dont il s'agit fixe entièrement la position des points inconnus p_1, q_1, r_1 de cette ligne du second ordre qui, devant en outre passer par les points donnés p, q, r, est elle-même complétement déterminée de position aussi bien que x et x'.

201. Toute la question consiste évidemment à construire un triangle $p_1q_1r_1$ dont les sommets s'appuient respectivement sur les trois droites pp_1 ou ab, qq_1 ou bc, rr_1 ou ac prolongées indéfiniment et dont la direction des côtés passe par les points P_1, Q_1, R_1 pris dans l'ordre assigné par les considérations qui précèdent. Supposant donc un instant que l'un quelconque r_1 de ses sommets devenant *libre*, c'est-à-dire cessant d'être assujetti à demeurer sur la droite rr_1 ou ac qui lui correspond, on le fasse varier de position en l'assujettissant, du reste, à toutes les autres conditions, ce sommet décrira, comme on sait, une nouvelle ligne droite passant par le point de rencontre des directrices ab, bc des deux autres sommets coupant ac au point r_1, l'un des points cherchés de l'auxiliaire du second ordre, et dont les analogues s'obtiendront sur-le-champ, par le simple tracé des droites r_1Q_1, r_1P_1.

Quant à la construction définitive des points x' et x'', on l'obtiendra, soit par le tracé effectif et par points (145 et suiv.) de la ligne du second ordre auxiliaire dont il s'agit, soit en opérant directement sur les points p, q, r, p_1, q_1, r_1 qui lui appartiennent, d'après la méthode générale du n° 344 du tome Ier de ce *Traité;* méthode qui, elle-même, repose sur la théorie des *centres* et *axes d'homologie* des lignes du second ordre, développée dans le Chapitre Ier de la Section III (*ibidem*).

202. Revenant maintenant à la question proposée en premier lieu : de faire passer une ligne de degré m par les trois systèmes de m points, p, p', p'',..., q, q', q'',..., r, r', r'', définis au n° 198, et qui ait le pôle s des rayons vecteurs pour point multiple de l'ordre $m-2$, je remarque : 1° que les constructions précédentes n'assignent que deux seuls points x et x' sur chacune de ces transversales ; 2° que la suite de tous ces points forme naturellement une ligne continue ; 3° que cette ligne passe effectivement par les $3m$ points donnés, puisque les diverses relations qui définissent les points x et x' sur chacune des transversales sd prouvent qu'aucun des segments relatifs aux premiers points ne peut devenir nul sans qu'aussitôt l'un de ceux qui correspondent aux derniers et qui a précisément la même origine ne devienne également nul ; 4° enfin que cette même ligne courbe ne peut rencontrer en aucun autre point que ceux dont il s'agit les trois droites ab, bc et ac qui les contiennent m par m, puisque, par exemple, si le point x' venait à se confondre avec le point d, sur la droite ab, on aurait $dx'=0$, ce qui exigerait, en vertu desdites relations, que l'un, au moins, des segments dp, dp', dp'',... devînt nul à son tour, ou que x' se confondît avec l'un des points correspondants.

Donc, en vertu du principe de continuité (*Introduction* de cette IIIe Sect., p. 129), la ligne tracée comme on vient de le dire est bien une ligne du degré m seulement, ayant le pôle s pour point multiple de l'ordre $m-2$; ce qu'on prouverait également et de plusieurs autres manières, en démontrant, par exemple, que cette ligne n'a que $m-2$ branches passant par le point s, etc. Donc enfin il existe une infinité de lignes pareilles contenant le système des points $p, p', p'',\ldots, q, q', q'',\ldots, r, r', r'',\ldots$, que définit l'équation générale du n° 165, pourvu seulement que le nombre m, qui marque le degré de la courbe, soit supérieur à 2, conformément à la remarque qui en a été faite au n° 198 ci-dessus.

TRACÉ LINÉAIRE DES COURBES DONT ON POSSÈDE UN POINT MULTIPLE DE L'ORDRE LE PLUS ÉLEVÉ. — NATURES DIVERSES DES POINTS MULTIPLES.

203. Les discussions auxquelles nous venons de nous livrer suffisent, sans doute, pour prouver que la relation fondamentale du n° 165, non-seulement exprime une propriété exclusive (168) des lignes géométriques, mais encore les définit d'une manière tellement caractéristique, que, nonobstant son universalité, elle a l'aptitude nécessaire pour les construire par points sous des conditions données, ainsi que nous avons déjà vu, dans les *préliminaires*, que la chose avait lieu pour les simples lignes du second ordre. Mais, afin de mettre cette conclusion dans tout son jour, il convient de ne pas s'en tenir à la solution du problème particulier qui vient de nous occuper, et de montrer, par une suite d'exemples, toute la variété des ressources que peut offrir l'Analyse des transversales, soit pour la construction effective des lignes géométriques de tous les degrés, soit pour la résolution des différents problèmes qui se rapportent aux intersections de ces lignes avec des droites de position donnée.

D'abord nous remarquerons que le problème qui vient d'être traité rentre dans la question générale où il s'agit de construire graphiquement ou par le calcul tous les points d'une ligne plane géométrique dont on connaît un point multiple d'une certaine espèce avec un nombre suffisant de ses systèmes d'intersection par des transversales rectilignes données. Or, la première en ordre de toutes ces questions est celle où le nombre qui indique la multiplicité du point en question est seulement inférieur d'une unité à celui qui exprime le degré de la courbe; car il paraît assez évident, d'après la définition la plus générale des lignes géométriques ou le principe de continuité, qu'une telle ligne ne saurait avoir un point multiple qui surpassât ou égalât même son degré, à moins que, dans ce dernier cas, elle ne se réduisit à un point unique ou à un simple faisceau de droites qui convergent en un tel point, à peu près comme il arrive, dans certains cas, pour les simples lignes du second ordre.

En effet, toute ligne qui passe par un point multiple devant être censée rencontrer la courbe en autant de points, confondus en celui-là, qu'il est marqué par l'ordre de sa multiplicité ou par le nombre des branches réelles ou imaginaires qui elles-mêmes sont censées y passer, il est bien clair que ce nombre ne saurait excéder le degré de la courbe : et ce raisonnement fort simple peut aussi servir à faire découvrir, à l'avance, l'incompatibilité d'existence de certains points singuliers, ainsi que d'autres affections générales des lignes géométriques.

Ainsi, par exemple, on aperçoit sur-le-champ qu'une telle ligne ne saurait avoir deux points multiples dont la somme des indices surpassât son degré, ou, en général, plusieurs points de ce genre situés en ligne droite et dont la somme des indices excéderait ce même degré. On voit pareillement encore que toute droite passant par un point multiple de l'ordre n, tandis que la courbe est elle-même du degré m, ne saurait rencontrer cette courbe en plus de $m - n$ autres points distincts du premier, et qu'en vertu du principe de continuité leur nombre doit précisément être censé égal à $m - n$, etc.

204. Ces notions préliminaires étant établies ou rappelées, nous passerons à la solution du problème où il s'agit de construire les lignes géométriques du degré m, dont un point multiple de l'ordre $m - 1$ est donné, en observant qu'on ne saurait ici assujettir la courbe à passer, comme dans le cas précédent, par $3m$ points quelconques situés m par m sur trois droites arbitraires et satisfaisant d'ailleurs aux conditions du n° 165. Nous bornant donc au double système de m points $p, p', p'',\ldots,$ $q, q', q'',\ldots,$ situés respectivement, mais d'une manière entièrement arbitraire, sur deux lignes droites ou transversales indéfinies ab et ac qui se rencontrent en a, et nommant s le point multiple, de l'ordre $m - 1$, qu'on suppose donné sur le plan de ces droites, on concevra, par s, une troisième transversale arbitraire bc rencontrant en c et b respectivement les deux premières, et la courbe en un nouveau point x distinct de s, et qu'on déterminera facilement en considérant le triangle abc comme transversal de cette courbe : on aura, en effet, en vertu du principe fondamental (165),

$$\frac{(ap)(cq)\,\overline{bs}^{\,m-1}\,bx}{(bp)(aq)\,\overline{cs}^{\,m-1}\,cx} = 1,$$

équation qui donnera immédiatement le rapport de bx à cx, et par suite (165) la position du point inconnu x. Faisant donc varier la direction de la transversale bc autour de s comme pôle, la suite des points x ainsi déterminés sur chacune d'elles tracera une ligne continue qui sera évidemment du degré m, passera une seule fois (202) par chacun des $2m$ points donnés, et $m - 1$ fois par le pôle s des transversales.

Parmi les différentes manières de construire linéairement (175 et suiv.) le point inconnu x, nous choisirons la suivante qui nous paraît une des plus simples et des plus symétriques.

Menons, une fois pour toutes, les droites pq, $p'q'$, $p''q''$,... rencontrant la transversale arbitraire bc aux m points n, n', n'',... qui ainsi seront connus; on aura, en considérant, à son tour, le système de ces droites comme une ligne géométrique du degré m, transversale du triangle abc,

$$\frac{(ap)(cq)(bn)}{(bp)(aq)(cn)} = 1,$$

équation qui, étant comparée à la précédente, donne immédiatement cette autre

$$\frac{\overline{bs}^{m-1}\,bx}{\overline{cs}^{m-1}\,cx} = \frac{(bn)}{(cn)},$$

exprimant (181) que le système de m points donnés $n, n', n'', \ldots$, et celui des $m-1$ points confondus en s, joints au point x, sont en *involution simple* par rapport aux deux points b et c.

Donc on obtiendra immédiatement le point x dont il s'agit, par les constructions linéaires du n° 183, en inscrivant, par exemple, dans l'angle bac, ou dans tout autre angle formé par deux droites issues de b et c, un polygone quelconque, de $2m$ sommets, dont les côtés de rang pair passent respectivement par les points $n, n', n'', \ldots$, et dont les côtés de rang impair, un seul excepté, passent de même par les $m-1$ points confondus en s, c'est-à-dire viennent tous converger en ce point, car le dernier côté ira naturellement rencontrer bc au point x demandé.

205. Telle est la solution fort simple du problème que nous nous sommes proposé en dernier lieu, et de laquelle il nous serait facile d'ailleurs de déduire un bon nombre de propriétés intéressantes concernant les lignes géométriques qui ont un point multiple d'une nature quelconque, mais de l'ordre le plus élevé, s'il nous était ici permis d'insister sur de pareils corollaires.

Nous disons *point multiple d'une nature quelconque*, parce qu'il est évident, en effet, que le caractère général et purement géométrique que nous leur attribuons de représenter, sur chacune des transversales qui y passent, un nombre invariable d'intersections de la courbe, égal à celui qui exprime leur ordre ou espèce, que ce caractère général, disons-nous, comprend aussi bien les points *isolés* ou *conjugués* dont les tangentes sont toutes imaginaires, que les points de *croisement* véritables dont les tangentes sont toutes réelles, et qu'il n'exclut, en aucune façon, soit les points dont les tangentes sont en partie réelles et en partie imaginaires, soit ceux dont les tangentes se trouvent confondues deux par deux, trois par trois, etc., ainsi qu'il arrive aux points de *rebroussement*, d'*inflexion* ou de *serpentement* de différentes espèces, points sur lesquels nous aurons d'ailleurs l'occasion de revenir dans le paragraphe suivant.

Du reste, sans prétendre entamer ici cette discussion relative aux points singuliers, nous devons cependant faire remarquer qu'elle est étroitement liée avec la question qui consiste à déterminer le système total des tangentes en ces points, question qu'on pourra toujours aborder directement et sans hésitation, comme on va le voir, au moyen des principes exposés dans ce qui précède; c'est-à-dire en cherchant à lier entre elles les intersections de certaines droites avec ces tangentes ou avec les différentes branches de la courbe, par des relations métriques ou descriptives convenables et qui permettent de construire les unes de ces intersections par les autres.

RELATIONS QUI LIENT LES TANGENTES DES POINTS MULTIPLES AUX SYSTÈMES D'INTERSECTIONS EN LIGNE DROITE. — TRACÉ DES COURBES AU MOYEN DE CES TANGENTES.

206. Supposant, par exemple, dans la première et la dernière des équations du n° **204**, bx et cx respectivement égaux à bs et à cs, de sorte que la position de la transversale bc doive être telle qu'on ait

$$\frac{(ap)(cq)}{(bp)(aq)}=\frac{\overline{cs}^m}{\overline{bs}^m}=\frac{(cn)}{(bn)},$$

chacune de ses positions répondra à l'une des tangentes du point s, et cette tangente pourra être réelle ou imaginaire, selon que les points b et c, qui la déterminent, seront eux-mêmes possibles ou impossibles d'après la constitution des données du problème.

Mais, afin de n'avoir qu'un seul de ces points inconnus à considérer, on pourra éliminer des relations ci-dessus les segments qui concernent le second de ces mêmes points, en remplaçant, par exemple, le système de m droites pq, $p'q'$, $p''q''$,... par celui de m droites sq, $s'q'$, $s''q''$,... qui rencontrent en o, o', o'',... respectivement la direction prolongée de la transversale ab. Considérant, en effet, à son tour, ce second système de droites comme une ligne du même ordre, transversale du triangle abc, il donnera lieu à la nouvelle équation

$$\frac{(ao)(cq)\overline{bs}^m}{(bo)(aq)\overline{cs}^m}=1,$$

qui réduit la première des précédentes à celle-ci :

$$\frac{(ap)}{(bp)}=\frac{(ao)}{(bo)},$$

laquelle exprime encore que le système des points donnés p, p', p'',... et celui des points o, o', o'',... sont en involution simple (**181**) par rapport aux points a et b, dont le dernier est seul inconnu.

Néanmoins le point dont il s'agit ne saurait être immédiatement déterminé par les constructions linéaires qui nous ont servi précédemment (**204**) à trouver x, attendu qu'ici b n'est point unique et dépend de la résolution d'un problème d'ordre supérieur au premier, ou, ce qui revient au même, du tracé d'une courbe auxiliaire qui, par ses intersections avec ab, doit donner simultanément les $m-1$ positions du point b. Or, quoique nous possédions, dès à présent même, tous les éléments de cette résolution, nous ne l'entreprendrons pas, parce qu'elle se reproduira dans la seconde partie de ces recherches, où nous étudierons d'une manière plus spéciale les propriétés des systèmes de points en involution, et où nous aurons à traiter diverses questions qui s'y rapportent.

207. Mais on peut aborder d'une manière plus directe encore le problème qui nous occupe sur les tangentes des points singuliers dont la position est donnée, en se basant sur les relations générales qui ont été mentionnées dans le n° **173** du précédent paragraphe. Supposant, en effet, que le sommet c du triangle abc, considéré dans les n^{os} **171** et **172**, soit amené en un point multiple s de la courbe, dont l'ordre soit marqué par le nombre $m-n$ inférieur à celui m qui représente le degré de cette courbe, on aura évidemment, en opérant comme on l'a fait (**171**) pour le cas d'une seule tangente, et représentant d'ailleurs par P, P′, P″,... les intersections des $m-n$ tangentes en s, avec le côté opposé ab du triangle abc devenu asb, on aura, dis-je, la relation

$$\frac{(ap)(bq)(sr)(b\text{P})}{(bp)(sq)(ar)(a\text{P})}=1, \quad \text{ou} \quad \frac{(b\text{P})}{(a\text{P})}=\frac{(bp)(sq)(ar)}{(ap)(bq)(sr)},$$

dans laquelle (bq) et (sq), (ar) et (sr) représentent les produits de segments relatifs aux n intersections distinctes de la courbe avec les côtés respectifs as et bs du triangle, et dont on pourra se servir pour déterminer l'une quelconque des tangentes en s, au moyen des $m-n-1$ autres, mais qui sera insuffisante pour les donner toutes à la fois ; de sorte qu'il sera indispensable de recourir à de nouvelles relations analogues, en remplaçant, par exemple, sb par d'autres transversales telles que sb_1, sb_2,..., qui seraient également assujetties à passer par le point multiple, et rencontreraient, je suppose, aux points b_1, b_2,..., la base ab du triangle asb primitivement considéré.

Nommant, en effet, q_1, q'_1, q''_1, . . . les $m-n$ intersections de la courbe avec bs_1; q_2, q'_2, q''_2, . . . ses $m-n$ intersections avec bs_2, et ainsi des autres, on aura la suite d'équations

$$\frac{(b_1\text{P})}{(a\text{P})}=\frac{(b_1p)(sq_1)(ar)}{(ap)(b_1q_1)(sr)}, \quad \frac{(b_2\text{P})}{(a\text{P})}=\frac{(b_2p)(sq_2)(ar)}{(ap)(b_1q_1)(sr)}, \ldots,$$

dont les seconds membres sont censés donnés *à priori* par la construction ou le tracé effectif de la courbe, et qu'il faudra prendre en nombre suffisant pour déterminer complétement de position les n tangentes inconnues sP, sP′, sP″, ... Or, nous aurons bientôt occasion de traiter un système d'équations absolument semblables, et de faire voir que sa résolution dépend du tracé d'une courbe auxiliaire dont le degré est précisément égal au nombre des tangentes ou des points à déterminer.

208. D'ailleurs on pourra, si on le veut, remplacer ces équations par une infinité d'autres également propres à fixer la position des tangentes, soit en éliminant (**169** et suiv.) tous les segments relatifs aux $m-n$ points P, P′, P″, . . . , soit en faisant disparaître ceux qui concernent les intersections mêmes des transversales sa, sb, sb_1, sb_2, ...

Conduisant, par exemple, de nouvelles droites qr, $q'r'$, $q''r''$, . . . par les intersections qui appartiennent aux côtés sa, sb du premier des triangles ci-dessus, et nommant π, π', π'', . . . leurs intersections respectives avec ab, on aura, en tant que leur système peut être considéré comme une ligne de degré n, transversale du triangle sab,

$$\frac{(ar)(sq)(b\pi)}{(sr)(bq)(a\pi)}=1, \quad \text{ou} \quad \frac{(b\pi)}{(a\pi)}=\frac{(bq)(sr)}{(sq)(ar)},$$

équation qui réduit la première de celles ci-dessus à cette autre

$$\frac{(bP)(b\pi)}{(aP)(a\pi)}=\frac{(bp)}{(ap)},$$

d'une forme plus simple, et qui exprime encore (**181**) que le système total de m points $P, P', P'',\ldots, \pi, \pi', \pi'',\ldots$, et celui des m points $p, p', p'',\ldots$ sont en involution simple par rapport à a et b.

209. Ces dernières relations et toutes celles qu'on pourrait obtenir de transformations analogues n'offrant aucun avantage particulier sur les précédentes, du moins quant à la solution du problème qui nous occupe, il serait assez inutile d'insister. Seulement, avant d'entamer d'autres matières, nous ferons remarquer que, lorsque $n=1$ ou que le point multiple s est de l'ordre le plus élevé, ce qui réduit effectivement à une seule les intersections de la courbe et de chacune des transversales sa, sb, sb_1, $sb_2,\ldots$, les dernières relations dont il s'agit, et qui concernent l'involution de $2m$ points, mettent en état de construire successivement et par des méthodes purement linéaires (**183**) ces différentes intersections, au moyen de l'une quelconque d'entre elles, quand les $m-1$ tangentes en s et les m intersections $p, p', p'',\ldots$, relatives à la transversale ab, sont données *à priori*.

Quant au cas où la multiplicité du point s est quelconque, on peut prévoir que le tracé de la courbe, ou la construction de ses n intersections avec chacune des transversales sb, sb_1, $sb_2,\ldots$, se rapporterait à une question d'un ordre supérieur au premier, et dont la solution exigerait que le nombre des systèmes d'intersections données ou des relations métriques distinctes qui les lient aux intersections inconnues fût égal à celui de ces dernières. Mais je me dispenserai de rapporter ces nouvelles relations qui sont faciles à découvrir d'après ce qui précède, et dont la constitution, absolument semblable à celle des équations considérées à la fin du n° **207**, indique le même genre de solution; j'ai seulement prétendu signaler en passant quelques-unes des questions qui se rattachent au problème général du tracé des lignes géométriques par leurs systèmes d'intersections avec des droites données, problème dont la résolution générale fait l'objet spécial de ce paragraphe, et dépend, comme on va le voir, d'un système d'équations analogues encore à celles dont il s'agit.

ÉQUATIONS FONDAMENTALES DONT DÉPENDENT LE TRACÉ EFFECTIF DES COURBES GÉOMÉTRIQUES ET LA DÉTERMINATION DE LEURS INTERSECTIONS PAR DES DROITES DONNÉES.

210. Jusqu'ici nous n'avons encore traité que les cas élémentaires où le nombre des systèmes de points donnés en ligne droite est simplement égal à deux ou à trois, et nous avons vu (**201** et **204**) que, dans le premier, le tracé de la courbe, supposée du degré m, ne peut s'effectuer qu'autant qu'on se donne, en outre, arbitrairement un point multiple de cette courbe dont l'indice soit $m-1$; et dans le second, un point multiple dont l'indice soit $m-2$: il est évident que des circonstances analogues auront lieu à mesure qu'augmentera le nombre des systèmes d'intersections données en ligne droite, c'est-à-dire que l'indice du point multiple devra diminuer successivement d'autant d'unités, en sorte qu'au lieu de 1 ou de 2 points sur chacune des transversales qui y passent, on en aura successivement 3, 4, 5,... ou, en général, n à considérer si l'indice de multiplicité est $m-n$ et le nombre des systèmes de points donnés $n+1$. On doit donc s'attendre encore (**209**) à ce que la question se complique de plus en plus, et qu'au lieu de lignes auxiliaires du premier et du second degré à construire, ainsi qu'il arrive pour les cas précités, on soit obligé de recourir à des lignes de degrés de plus en plus élevés.

Comme le nombre n ne saurait, tout au plus, qu'être égal à m, on peut juger, d'après l'analogie, que le cas le plus général de la question qui nous occupe est celui où le nombre des systèmes donnés d'intersections de la courbe avec des droites arbitraires serait égal à $m+1$, c'est-à-dire supérieur d'une unité à celui qui marque le degré de cette courbe; en vertu de quoi la question se trouve ramenée à celle où il s'agit de construire les m intersections de cette même courbe avec une nouvelle transversale ou une suite de nouvelles transversales quelconques. Mais comme, d'une autre part, il est toujours permis de supposer, sans rien statuer de particulier sur la nature de la courbe, que ces dernières transversales soient toutes conduites par un même point ou pôle choisi à volonté sur son contour, il est clair que nous n'ôterons rien à la généralité de la question en nous arrêtant au cas de $n=m-1$, où le nombre des transversales rectilignes, dont les intersections sont données *à priori*, est précisément égal au degré de la courbe; or ce cas est d'autant plus remarquable qu'il se rapporte à un problème que nous avons déjà implicitement résolu dans ce qui précède (**202**), pour des courbes dont le degré m serait simplement le troisième.

Du reste, on peut juger, par ce qui va suivre, que la solution des problèmes relatifs aux deux cas généraux dont il s'agit est fondée absolument sur les mêmes principes, et comprend naturellement celle de tous les cas particuliers où le nombre des systèmes de points donnés en ligne droite est inférieur à celui du degré de la courbe à tracer; nous pouvons donc borner nos investigations à ce qui concerne le problème général qui suit :

Les m^2 intersections d'une ligne plane, du degré m, avec m droites arbitraires étant données à priori, *tracer cette ligne en l'assujettissant, de plus, à passer par un dernier point choisi à volonté sur son plan; ou, ce qui revient au même, déterminer successivement ses $m-1$ intersections nouvelles avec chacune des transversales arbitraires issues du point dont il s'agit.*

211. Pour démontrer, tout d'abord, qu'en effet la courbe est généralement possible sous ces données, ou que l'énoncé ci-dessus ne contient rien d'incompatible avec la nature des lignes géométriques, nous supposerons que ap, bq, cr, ds,... soient les m transversales considérées, portant respectivement le système des m points p, p', p'',..., celui des m points q, q', q'',..., celui des m points r, r',

r'',..., et ainsi de suite, lesquels sont tous censés donnés *à priori*. Ces systèmes appartenant donc, par hypothèse, à la même courbe géométrique, doivent, lorsqu'on les combine trois par trois, quatre par quatre, etc., donner lieu à des relations métriques analogues à celles du n° **165** et qui se rapportent respectivement aux différents triangles, aux différents quadrilatères, etc., formés par les transversales dont il s'agit.

Mais, d'après la nature même de ces relations, il paraît évident que toutes ne sont pas distinctes, et qu'un certain nombre d'entre elles comportent naturellement les autres, ou peuvent les reproduire quand on les combine convenablement entre elles, par voie de multiplication ou de division.

En particulier, il est clair que les relations qui appartiennent aux quadrilatères, aux pentagones, etc., sont toutes comportées par celles qui se rapportent aux simples triangles; et même on peut prévoir que, parmi ces dernières, il en est toujours un certain nombre qui sont comportées naturellement par toutes les autres. Enfin, puisque chacune des relations distinctes et vraiment essentielles permet de construire immédiatement (**166**, **175** et suiv.) l'un quelconque des points qui s'y rapportent sans recourir au tracé effectif de la courbe, on voit également qu'une partie des m^2 points considérés sur les différentes transversales ap, aq, ar,... ne sauraient être pris d'une manière entièrement arbitraire, et doivent dépendre des autres suivant une loi indiquée par les relations mêmes dont il s'agit.

212. Afin de légitimer complétement ces différentes assertions, nommons, en général, μ le nombre des transversales considérées; détachons-en une quelconque pour la combiner successivement avec les $\mu-1$ autres prises deux à deux, il en résultera $\frac{(\mu-1)(\mu-2)}{1.2}$ triangles différents dont les systèmes d'intersections, avec la courbe, donneront lieu à un égal nombre de relations (**165**) évidemment distinctes entre elles, puisque les sommets opposés à la transversale qui contient à la fois toutes les bases de ces triangles seront eux-mêmes distincts entre eux, aussi bien que les segments qui les concernent dans chaque relation. Or il est facile de se convaincre que ces équations, combinées trois à trois dans un certain ordre, par voie de multiplication ou de division, et de manière à en éliminer complétement tous les produits relatifs à la transversale dont il s'agit, reproduiront nécessairement les différentes relations qui se rapportent aux triangles formés simplement par les intersections mutuelles des $\mu-1$ autres transversales.

Mais, puisqu'on obtient ainsi le système complet des équations relatives à tous les triangles possibles, il est clair que, par la combinaison mutuelle des précédentes, on obtiendra aussi successivement toutes celles du même genre qui peuvent appartenir aux différentes autres figures polygonales formées par les rencontres des m transversales proposées. Donc enfin le nombre des relations véritablement essentielles ou indépendantes se réduit à $\frac{1}{2}(\mu-1)(\mu-2)$ seulement, et ces équations pourront servir à déterminer un pareil nombre des intersections de la courbe proposée avec nos μ transversales.

Ainsi, par exemple, dans le problème ci-dessus (**209**), où le nombre des transversales est précisément égal à celui m qui marque le degré de la courbe, on pourrait se donner, d'une manière tout à fait arbitraire, les m intersections de chacune des deux premières transversales, $m-1$ intersections de la troisième, $m-2$ de la quatrième,..., enfin 2 seulement des intersections de la $m^{ième}$ ou dernière; moyennant quoi on devrait pouvoir construire, à l'aide des équations qui se rapportent à ces transversales, toutes leurs autres intersections avec la courbe, lesquelles sont effectivement en nombre $1+2+3\ldots+m-2=\frac{1}{2}(m-1)(m-2)$.

Si le nombre des transversales, au lieu d'être m, était $m+1$, celui des intersections susceptibles d'être déterminées *à priori* serait $\frac{1}{2}m(m+1)$, c'est-à-dire supérieur de $m-1$ unités au précédent, et celui des intersections arbitraires serait simplement augmenté d'une unité, ce qui s'accorde avec les considérations du n° **210**.

La suite de ce paragraphe offrira d'ailleurs des exemples de la manière dont on doit traiter les problèmes qui se rapportent à la combinaison de données que nous venons de faire connaître ou à des combinaisons équivalentes.

213. Revenons maintenant au problème du n° **210** : nommons x le nouveau point quelconque du plan de la courbe, par lequel il s'agit de faire passer cette courbe en même temps que par les m^2 autres points déjà donnés sur les m transversales ap, bq, dr,... (**211**). Soit ax une dernière transversale arbitrairement menée par ce point, et rencontrant en a, b, c, d,... respectivement les précédentes, qui contiennent déjà les m intersections p, p', p'',..., les m intersections q, q', q'',..., les m intersections r, r', r'',..., etc.; elle viendra déterminer, sur la courbe, de nouveaux points d'intersection x', x'', x''',..., qui devront être en nombre $m-1$ seulement, puisque cette courbe, elle-même, est supposée du degré m.

Pour les découvrir, nous nommerons b', c', d',... les intersections de la droite ap avec bq, cr, ds,... respectivement; et, considérant les triangles successifs abb', acc', add',... comme transversaux de notre courbe (m), nous aurons (**165**) cette suite d'équations :

$$\frac{(bx')}{(ax')}=\frac{(b'p)}{(b'q)}\frac{(bq)}{(ap)}\frac{ax}{bx},$$

$$\frac{(cx')}{(ax')}=\frac{(c'p)}{(c'r)}\frac{(cr)}{(ap)}\frac{ax}{cx},$$

$$\frac{(dx')}{(ax')}=\frac{(d'p)}{(d's)}\frac{(ds)}{(ap)}\frac{ax}{dx},$$

$$\ldots\ldots\ldots\ldots\ldots\ldots,$$

dans lesquelles (ax') représente le produit de tous les segments ax', ax'', ax''',..., (bx') le produit de tous les segments bx', bx'', bx''',..., (cx') le produit de tous les segments, etc., dont aucun ne se rapporte au point donné x.

214. Ces équations, qui se présentent encore sous la même forme que celles du n° **207** ci-dessus, et dont les seconds membres ne contiennent également que des quantités toutes données, ces équations, dis-je, étant en nombre égal à celui des points inconnus, et exprimant des conditions distinctes, attendu qu'elles appartiennent respectivement aux $m-1$ transversales bb', cc', dd',..., ou bq, cr, ds,..., on peut prévoir à l'avance qu'elles sont effectivement aptes à construire géométriquement les $m-1$ points demandés, par des opérations analogues à celles qui ont été exposées pour le cas ci-dessus (202 et 204), où l'on ne se donnait, en outre de x, que deux ou trois groupes seulement de points de la courbe, situés m par m en ligne droite.

Mais, non-seulement ces équations suffisent pour déterminer entièrement de position les points x', x'', x''',...; de plus, il n'en existe aucune autre propre à remplir ce but et qui ne soit une conséquence nécessaire des premières. Car elle ne pourrait qu'être relative encore (212) à l'un des triangles, à l'un des quadrilatères, etc., formés par la transversale arbitraire ax avec les transversales données ap, bq, cr,..., et l'on retomberait directement sur cette équation, si l'on combinait convenablement les proposées avec toutes celles qui se rapportent aux propres intersections de ces dernières transversales.

Considérant, par exemple, le triangle bnc formé par la transversale ax avec deux quelconques nbq, ncr des autres transversales, on aurait

$$\frac{(bx)(nq)(cr)}{(cx)(bq)(nr)}=1, \quad \text{ou} \quad \frac{(bx')}{(cx')}=\frac{(bq)(nr)\,cx}{(nq)(cr)\,bx}.$$

De plus, le triangle $b'c'n$, formé par les intersections mutuelles des transversales ap, $nbb'q$, $ncc'r$, donne naturellement

$$\frac{(b'q)(c'p)(nr)}{(b'p)(c'r)(nq)}=1.$$

Or il est aisé de se convaincre que, en effet, si l'on divise la première des $m-1$ équations du n° 213 par la seconde, et qu'on multiplie ensuite le résultat par celle qui vient d'être posée en dernier lieu, on retombera précisément sur la précédente relative au triangle bnc d'abord considéré.

215. Avant de passer à la résolution effective du système des équations du n° 213, nous insisterons sur l'importance de cette résolution en général; car, indépendamment des questions des n°s 207 et 210, elles en embrassent une variété d'autres concernant la description des lignes géométriques et la détermination de leurs intersections avec des droites de position donnée. Par exemple, si on applique les considérations qui précèdent au problème, sur les intersections des transversales, mentionné vers la fin du n° 212, il paraîtra évident que, pour la combinaison de données qui s'y trouve admise, l'intersection inconnue de la troisième transversale, les deux de la quatrième, les trois de la cinquième, enfin les $m-2$ de la $m^{ième}$, seraient déterminées, de proche en proche, par 1, par 2, par 3,..., enfin par $m-2$ équations de la forme de celles qui nous occupent, en regardant d'ailleurs, dans chaque système d'équations, comme connues les intersections déjà déterminées par les systèmes d'équations précédentes.

En général, on voit que, si l'on connaissait *à priori*, ou si l'on avait déterminé convenablement $n+1$ systèmes quelconques d'intersections en ligne droite d'une courbe plane de degré m, et qu'il s'agît de déterminer ses m intersections avec une nouvelle transversale arbitraire, on serait conduit (213) à n équations distinctes, toujours de la même forme générale, et qui seraient aptes à déterminer n quelconques de ces intersections; de sorte que les $m-n$ autres devraient être assignées *à priori* ou par des conditions équivalentes. C'est ce qui arrive, par exemple, dans les problèmes des nos 198 et suivants, et dans tous ceux que nous avons mentionnés au no 210, où il s'agit de construire la courbe à l'aide de certains points multiples pris pour pôles d'une suite de transversales dont les intersections distinctes, avec cette courbe, sont considérées comme inconnues.

Le seul cas pour lequel le nombre des équations est précisément égal au nombre des intersections de la transversale arbitraire, répond évidemment à celui où $m+1$ systèmes d'intersections en ligne droite seraient donnés ou connus *à priori*. Mais comme, d'après le no 212, $\frac{1}{2}m(m-1)$ de ces $m(m+1)$ intersections peuvent être déterminées directement par un pareil nombre de relations, on voit que $m(m+1)-\frac{1}{2}m(m-1)=\frac{1}{2}m(m+3)$ seulement d'entre elles doivent être considérées comme entièrement arbitraires : c'est, en effet, là le nombre total des points ou des conditions indépendantes nécessaires pour fixer entièrement, de forme et de position, toute ligne du degré m, située sur un plan.

PROBLÈME GÉNÉRAL SUR LA DIVISION DES LIGNES DROITES EN SEGMENTS DONT LES RAPPORTS COMPOSÉS SONT DONNÉS (*).

216. Afin de donner à cette partie de nos recherches toute l'extension dont elle est susceptible et que mérite son importance, nous nous proposons de montrer généralement comment $n+1$ points $a, b, c, d, \ldots, g, h$ étant donnés, à volonté, sur la direction d'une même droite, et n autres points $x, x', x'', \ldots$, de cette droite, étant simplement définis par les n relations

$$\frac{(bx)}{(ax)}=\mathrm{K},\quad \frac{(cx)}{(ax)}=\mathrm{L},\quad \frac{(dx)}{(ax)}=\mathrm{M},\ldots,\quad \frac{(gx)}{(ax)}=\mathrm{P},\quad \frac{(hx)}{(ax)}=\mathrm{Q},$$

dans lesquelles K, L, M, ..., P, Q sont des nombres assignés *à priori*, ou des rapports homogènes et quelconques de longueurs; nous nous proposons, dis-je, de montrer comment, à l'aide de ces données, on peut, de différentes manières, ramener la construction des points $x, x', x'', \ldots$ à celle d'une courbe, de degré n, contenant tous ces points, et dont le tracé effectif exige seulement qu'on sache déjà construire $n-1$ ou $n-2$ points en ligne droite assujettis à des conditions analogues.

Afin de simplifier un peu les raisonnements, nous conviendrons, une fois pour

(*) *Voyez* la note de la page 187.

toutes, de désigner par (X) la droite indéfinie qui contient les n points inconnus x, x', x'',... ainsi que les $n+1$ points donnés a, b, c, d,... g, h, et généralement par (A) toute transversale ou droite arbitraire contenant a, par (B) toute transversale contenant b, par (C) toute transversale contenant c, etc.; ces différentes transversales étant d'ailleurs situées dans un plan unique passant par (X). Enfin nous convenons également de désigner par (AB) l'angle ou le système des deux droites (A) et (B), par (ABC) le triangle formé par la rencontre mutuelle des trois droites (A), (B) et (C), en supposant d'ailleurs que C représente l'intersection de (A) et de (B), A l'intersection de (B) et de (C), etc.

217. *Première solution générale.* — Les conventions qui précèdent étant admises, concevons, par l'un quelconque a des points donnés sur (X), la transversale arbitraire (A); prenons à volonté, sur cette droite, n points p, p', p'',..., distincts de a, pour y faire passer une ligne du degré n, que nous désignerons par (n) et qui devra contenir, en outre, les n points x, x', x'',..., lesquels seront ainsi déterminés quand (n) le sera. Par le point b, menons pareillement l'arbitraire (B), et, sur cette arbitraire, prenons les $n-1$ points quelconques q', q'', q''',... pour y faire passer également la courbe (n); la $n^{ième}$ intersection q, de cette courbe et de (B), sera évidemment déterminée en vertu de la première des équations ci-dessus. Car le triangle (ABX), étant considéré comme transversal de (n), donnera la relation

$$1=\frac{(Bp)(Xq)(Ax)}{(Xp)(Aq)(Bx)}=\frac{(ap)(Xq)(bx)}{(Xp)(bq)(ax)},$$

attendu qu'ici le sommet B du triangle (ABX) se confond avec a et le sommet A avec b.

On aura donc, pour déterminer (166) le point q sur (B),

$$\frac{(ap)(Xq')(bx)Xq}{(Xp)(bq')(ax)bq}=\frac{(ap)(Xq')}{(Xp)(bq')}\cdot K\frac{Xq}{bq}=1,$$

équation dans laquelle il n'y a d'inconnues que Xq et bq.

Si d'ailleurs K était donné en produits de segments, comme cela a lieu pour la question du n° 207, il est clair (172 et suivants) qu'on pourrait construire linéairement le point q au moyen de tous les autres. Et il est évident réciproquement que la connaissance du système des n points q, q', q'',... et de celui des n points p, p', p'',..., équivaut à celle du rapport K, et peut par conséquent tenir lieu de la première des équations proposées.

Menons pareillement la transversale arbitraire (C) par c, et prenons sur elle les $n-1$ points quelconques r', r'', r''',... considérés encore comme appartenant à (n); on construira la $n^{ième}$ intersection r, de (n) et de (C), en regardant, à son tour, le triangle (ACX) comme transversal de la courbe (n) dont il s'agit; au moyen de quoi, le système de ces n nouveaux points et des deux précédents devra encore être censé équivaloir aux deux premières des relations données, ou tenir lieu de la connaissance de K et de L.

On continuerait ainsi évidemment tant que le nombre des systèmes de points p, de points q, de points $r, \ldots$, de points u, successivement déterminés de cette manière, ou tant que le nombre des droites arbitraires (A), (B), (C),... (F) qui leur correspondent, ne surpasserait pas $n - 1$; mais on ne saurait aller au delà, vu que le système des n points x, x', $x'', \ldots$, qui doit être censé donné par les équations ci-dessus, réuni aux $n - 1$ autres systèmes des n points p, des n points $q, \ldots$, des n points u que nous supposons appartenir, ainsi que le premier, à une courbe unique du degré n, ne laissent plus d'arbitraire (214) que le choix d'un seul et dernier point, dont la connaissance, comme on va le voir, complète entièrement les données graphiques nécessaires pour déterminer cette courbe, et pour ramener son tracé à la résolution de systèmes d'équations analogues aux proposées (211), mais en nombre inférieur d'une unité; ou, ce qui revient au même, pour ramener ce tracé à celui d'une autre courbe dont le degré serait seulement $n - 1$.

218. Pour le démontrer, soit v ce point choisi à volonté dans le plan des droites (X), (A), (B),...; menons les nouvelles droites vg et vh aux derniers points g et h donnés sur (X); ces droites, que d'après les conventions précédentes nous nommerons (G) et (H), rencontreront de nouveau et respectivement la courbe (n) en $n - 1$ points y', y'', $y''', \ldots$ et en $n - 1$ points z', z'', $z''', \ldots$ dont la détermination, je le répète, dépendra de la résolution d'une question analogue à la proposée, mais d'un ordre moins élevé.

Considérant, par exemple, la droite (G) ou vg en particulier, on prendra successivement chacun des $n - 1$ triangles (GXA), (GXB), (GXC),..., (GXF) pour transversal de la courbe, ce qui donnera lieu à autant de relations distinctes de la forme de celles du n° 213, et qui seront, en effet, aptes à définir les $n - 1$ intersections y', y'', $y''', \ldots$ relatives à la droite dont il s'agit, attendu que les valeurs des rapports $\frac{(gx)}{(ax)}, \frac{(gx)}{(bx)}, \frac{(gx)}{(cx)}, \ldots$, qui entreront dans leurs seconds membres, seront toutes données immédiatement par les n équations primitives (216) qui définissent les points x, x', $x'', \ldots$. Supposant donc qu'on sache déjà résoudre, pour le degré $n - 1$ ou pour $n - 1$ équations, le problème général qui nous occupe, et traitant le système des points z', z'', $z''', \ldots$, comme on vient de le faire pour celui des points y', y'', $y''', \ldots$, on connaîtra $n + 1$ systèmes de n points en ligne droite, relatifs à la courbe (n), lesquels seront en nombre plus que suffisant (211 et suiv.) pour en déterminer les différents systèmes d'intersections avec une droite mobile autour de l'un quelconque de ces points, et ce à l'aide d'une suite d'équations qui se rapportent elles-mêmes toutes au degré $n - 1$.

219. On simplifiera un peu la première partie de ces constructions, celle qui se rapporte à la détermination des points y', y'', $y''', \ldots$ et z', z'', $z''', \ldots$, en remarquant que, puisque les $n - 2$ points q', r', $s', \ldots$ et les $n - 2$ points q'', r'', $s'', \ldots$ ont été pris d'une manière entièrement arbitraire, on peut les choisir respectivement sur les droites (G) et (H) qui joignent le point v aux deux derniers des points donnés, g et h.

En effet, attendu que les $n - 1$ points v, q', r', $s', \ldots$ appartiendront alors à la courbe (n), la droite (G) qui les porte ne rencontrera plus celle-ci qu'en un seul et dernier point y, que l'on construira immédiatement et linéairement (165 et 172) en considérant (GXA) comme un triangle transversal de cette même courbe. On construira pareillement le $n^{ième}$ point d'intersection z, appartenant à vh ou (H), par la considération du triangle (HXA); menant enfin la droite yz, que nous nommerons (Y), elle rencontrera (n) en $n-2$ autres points qu'on déterminera, à leur tour, en considérant les $n-2$ triangles (YAB), (YAC), (YAD),..., (YAF) comme transversaux de cette courbe, ce qui donnera sur-le-champ autant d'équations distinctes, de la forme des proposées, mais qui ne se rapporteront plus qu'au degré $n-2$.

La courbe (n), qui, par ses intersections avec (X), donne les n points x, x', x'',... demandés, devant contenir le système des n points trouvés en dernier lieu sur (Y), ainsi que les $n-1$ autres systèmes de points q, de points r,..., de points u, situés sur les droites respectives (A), (B), (C),..., (F), cette courbe, dis-je, qui doit en outre passer par v, se trouvera complétement déterminée (211 et suiv.) comme dans le cas qui précède, et son tracé sera ainsi ramené à celui d'une série d'autres courbes d'un degré moindre d'une unité que le sien propre, et dont chacune n'exigera, à son tour, que des constructions d'un degré moindre d'une unité, et ainsi de suite jusqu'à ce qu'on soit retombé sur des constructions du second ou du premier degré seulement.

220. *Deuxième solution générale, plus simple.* — Ces constructions étant encore fort compliquées, on pourra les simplifier notablement, du moins en ce qui concerne le tracé de la ligne auxiliaire (n), si, au lieu de se donner un point ordinaire, tel que v, pour y faire passer cette ligne, on supposait que ce point fût multiple d'un certain ordre; seulement alors il faudrait diminuer en conséquence le nombre des droites (A), (B), (C),... ou des systèmes de points arbitraires qu'elles portent.

Supposant, par exemple, que v soit multiple de l'ordre $n-2$, il est clair que la courbe (n) sera entièrement déterminée (198 et suiv.) par le système des n points x définis par les équations du n° 216, et des n points p de (A), des n points q de (B), construits comme il a été expliqué au commencement du n° 217, de sorte qu'on ne pourra plus se donner arbitrairement aucun autre point pour y faire passer cette courbe. Par conséquent, si, à l'aide de ces deux derniers systèmes de points seulement, du point multiple v et des n équations données qui se rapportent aux $n+1$ points a, b, c,..., g et h, on parvient à déterminer un dernier système de n points r, r', r'',... situés à l'intersection de (n) et d'une droite quelconque, on sera par là même en état de construire tous les points de cette courbe par un procédé qui n'exigera (198 et suiv.) que la répétition d'opérations du premier et du second degré seulement.

Pour prouver la possibilité de déterminer un tel système de points ou un système de points équivalent, montrons d'abord comment on peut construire les deux intersections de la courbe avec chacun des rayons vecteurs vc, vd,..., vg et vh, ou (C), (D),..., (G) et (H), qui sont en nombre $n-1$. Soient, par exemple, y' et y'' les intersections inconnues relatives à (C); on considérera successivement les triangles (CXA), (CXB) comme transversaux de la courbe (n), ce qui donnera deux relations dans lesquelles il n'y aura d'inconnus que les segments des points y', y'' dont il s'agit, et ceux des points x, x', x'',...; remplaçant donc les rapports des produits de ces derniers segments par leurs valeurs déduites de celles des équations proposées (216) qui sont relatives aux points a, b et c, on aura deux équations propres à construire y' et y'', par le tracé d'une ligne qui, d'après ce qui précède (219), sera simplement du second ordre, et pourra même être construite par des opérations purement linéaires.

Ayant déterminé, de la même manière, le système de deux points z' et z'' situés sur vc, celui de deux points t' et t'' sur vd, et ainsi de suite, on pourra supposer, pour simplifier le reste de la solution, que les points p' et q', qu'on s'était d'abord donnés d'une manière entièrement arbitraire sur (A) et (B), aient été choisis de façon que la direction $p'q'$ passe par le point c, direction que nous désignerons par (C_1) pour la distinguer de (C) ou cv. Cela posé, afin de déterminer les $n-2$ autres intersections de (C_1) avec la courbe (n), on considérera successivement les $n-2$ triangles (CXD), (C_1XE),..., (C_1XG), (C_1XH) comme transversaux de cette courbe, ce qui donnera un pareil nombre d'équations distinctes, propres à déterminer les intersections dont il s'agit, attendu que les rapports des produits relatifs à x, x', x'',... pourront encore en être éliminés, au moyen des équations proposées.

Supposant, de même, que la droite (D_1) des points p'' et q'', restés totalement arbitraires, ait été prise, à son tour, de façon à passer par le troisième point d, on déterminera pareillement ses $n-2$ autres intersections avec (n); et l'on voit qu'on pourrait opérer encore ainsi à l'égard d'une troisième droite contenant p''', q''' et passant par e, ce qui permettrait de construire la courbe tout entière par le procédé des n°s 200 et 201. Mais, comme chacune de ces opérations suppose la résolution de $n-2$ équations de la forme de celle du n° 216, il sera plus simple et plus expéditif de se borner à la considération des deux premières droites $p'q'$, $p''q''$ ou (C_1) et (D_1), dont les systèmes d'intersections avec notre courbe (n), joints à ceux des droites (A) et (B), suffisent pour construire successivement tous les couples d'intersections de cette courbe avec des transversales arbitrairement menées par le point multiple v.

221. Soit, en effet, vu' ou (U) une pareille transversale rencontrant la courbe aux points u' et u''; pour déterminer directement ces points, on imaginera une ligne du second ordre qui les contienne à la fois et passe, de plus, par les trois points q', p', p'' qui sont connus et dont celui du milieu est à l'intersection de (A) et de (C_1). Cette ligne rencontrera, de nouveau, la droite (B) qui contient tous les points q, q', q'',..., et la droite (D_1) qui contient p'', q'' et d, en deux autres points qu'on déterminera linéairement en considérant, d'une part le triangle (UAB), d'une autre le triangle (UC_1D_1), comme à la fois transversaux de (n) et de la ligne du second ordre dont il s'agit; car il en résultera deux couples d'équations, de chacun desquels éliminant les produits de segments relatifs aux intersections communes u' et u'' de (U) avec les courbes dont il s'agit, on déduira deux nouvelles équations qui ne contiendront plus que les simples rapports des segments relatifs à chacun des deux points inconnus de la ligne du second ordre. Cette ligne, passant en outre par les trois autres points q', p' et p'', sera ainsi complétement déterminée, et donnera, par ses intersections avec (U), le couple des points u' et u'' demandés.

Faisant maintenant varier la transversale (U) autour de ν comme pôle, on obtiendra, d'une manière assez rapide, la suite de tous les couples de points analogues à u' et u'', qui tracent la courbe (n) dont les intersections x, x', x'',..., avec la droite (X), se trouvent être précisément les n points satisfaisant aux équations proposées.

222. *Troisième et dernière solution générale.* — Si, au lieu de supposer ν un point multiple de l'ordre $n-2$, on le supposait de l'ordre $n-1$, on ne pourrait, au plus, se donner arbitrairement que les n points p, p', p'',..., situés sur la droite (A) menée à volonté par a; car nous avons vu (203 et suiv.) qu'un tel point multiple et les deux groupes de n points, p, p', p'',..., x, x', x'',..., dont le dernier doit toujours être censé défini complétement par les n équations primitives, suffisent pour déterminer et même pour construire linéairement la courbe du degré n qui passe par ces différents points. D'ailleurs, en suivant toujours l'esprit des méthodes mises en usage dans ce qui précède, on chercherait à déterminer, au moyen des points arbitraires p, p', p'',... du point multiple ν et des n équations proposées, un nouveau système de n points de la courbe, situés en ligne droite, lesquels, réunis avec les premiers, serviraient à décrire linéairement cette courbe sans qu'il fût nécessaire de recourir directement aux points x, x', x'', ...

En effet, menant de ν vers les différents points b, c, d,..., g, h, en nombre n, des droites ou rayons vecteurs (B), (C), (D),..., (G) et (H), on déterminera linéairement leurs dernières intersections avec la courbe (n), et qui sont distinctes de ν, en considérant successivement les triangles (AXB), (AXC), (AXD),..., (AXH) comme transversaux de cette courbe, et remplaçant, dans les équations correspondantes, les rapports des produits de segments (ax), (bx), (cx), (dx),..., (hx) par leurs valeurs tirées des équations primitives; car il n'y restera plus d'inconnus que les rapports simples des paires de segments qui, sur chacun des rayons vecteurs νb, νc,..., νh de ces triangles, appartiennent aux n intersections cherchées, rapports qui seront ainsi donnés immédiatement par chaque équation. Conduisant enfin, par l'un quelconque p des points p, p', p'',... et par b, je suppose, une nouvelle droite (B_1), les $n-1$ autres intersections π', π'',... de cette droite et de la courbe seront déterminées par un système d'équations du même genre que les proposées, en nombre $n-1$, et qui seront données par les triangles successifs (XB_1C), (XB_1D),..., considérés à leur tour comme transversaux de cette courbe (*).

(*) La question se trouve ainsi ramenée à une autre du degré $n-1$ seulement; mais on la rabaisserait de suite au $(n-2)^e$ degré, si, au lieu de prendre les points p, p', p'',... de (A) totalement arbitraires, on déterminait l'un d'entre eux d'après la condition que l'intersection de pb ou (B_1) avec $c\nu$ ou (C), par exemple, fût sur la courbe (n). En effet, la même équation qui, d'après ce qui précède, donne cette dernière intersection au moyen des points p, p', p'',..., servirait aussi à déterminer linéairement l'un de ceux-ci au moyen de l'intersection dont il s'agit, censée donnée *à priori*; et, si l'on supposait qu'à son tour l'intersection de $d\nu$ ou (D) et de (B_1)

Ayant ainsi toutes les intersections p, p', p'', ... et p, π', π'', ... relatives aux droites (A) et (B), on sera en état de construire linéairement autant d'autres points de (n) qu'on le voudra, situés sur les différents rayons vecteurs qui partent du point multiple ν. Menant, par exemple, la transversale νm, qui rencontre en m et l respectivement les droites (A) et (B_1) dont il s'agit, on sera en état de construire sa nouvelle intersection z avec (n), en ne faisant usage que d'une simple règle; mais, au préalable, il sera nécessaire de déterminer la tangente au point p, qui est commune à (A) et à (B), ce qu'on fera sans difficulté à l'aide de la relation même qui, d'après le n° **171**, lie le point z à l'intersection correspondante de cette tangente et de $m\nu$, intersection que nous nommerons α. En effet, la considération du triangle lmp, dont le sommet p est sur la courbe (n), donne la relation

$$\frac{(mp')}{(np')}\frac{(n\pi')}{(l\pi')}\frac{l\nu^{n-1}}{m\nu^{n-1}}\cdot\frac{lz}{mz}\cdot\frac{m\alpha}{l\alpha}=1,$$

qui servira à déterminer linéairement (**172**, **174** et **184**) le point α de la tangente en p, si l'on suppose que νl se confonde précisément avec la direction de l'un des rayons vecteurs νb, νc, ..., pour lesquels, d'après ce qui précède, z est connu, ou qui servira à construire linéairement z, quand la tangente dont il s'agit aura été construite une fois pour toutes.

CONCLUSIONS GÉNÉRALES ET PRINCIPALES CONSÉQUENCES.

223. Ce qui précède suffit, je pense, pour convaincre nos lecteurs de la possibilité de résoudre, d'une manière purement géométrique, le problème général que nous nous sommes proposé dans le n° **216**, et pour montrer la variété des ressources qui sont offertes par l'Analyse des transversales dans toutes les questions où il s'agit de construire le système des intersections d'une ligne géométrique avec une transversale arbitraire de son plan, quand cette ligne est simplement définie par un nombre suffisant de semblables systèmes ou de systèmes équivalents (**212** et **215**), ce qui fournit aussi des moyens pour la décrire complétement par points sous ces mêmes données.

On voit qu'en définitive ces constructions se réduisent à une suite d'opérations ou de calculs qui appartiennent uniquement au premier degré ou à la Géométrie de la règle, ce qui signifie seulement que les courbes auxiliaires qui, par leurs intersections avec des droites données, servent à déterminer les points qu'on cherche, se trouvent elles-mêmes construites à l'aide d'opérations purement linéaires. Or, cette circonstance paraît tenir essentiellement

---

fût sur la courbe, on aurait deux équations, de la forme de celles du n° **216**, propres à déterminer deux quelconques des points p, p', p'',..., considérés comme inconnus; de sorte que le problème serait alors ramené à la résolution de deux autres des degrés $n-3$ et 2; et ainsi de suite. — (Note de 1831.)

à ce que les relations métriques qui définissent les inconnues se présentent toutes sous la forme de celles que nous avons nommées ailleurs *projectives*, et spécialement de ce que les segments ou distances qui y entrent constituent une fonction symétrique de produits homogènes.

224. La solution que nous avons présentée en dernier lieu (**222**) nous paraît d'ailleurs aussi simple et aussi rapide que le comporte la nature du problème proposé ; car elle ramène de suite la recherche de n points inconnus x, x', x'',... à celle de $n - 1$ autres points π', π'',..., dépendant d'une question du même genre, mais d'un degré inférieur d'une unité, et qui, étant une fois trouvés, permettraient de construire les proposés par le tracé d'une courbe auxiliaire de degré n. Mais, comme ces $n - 1$ points π', π'',... exigeraient, à leur tour, la détermination de $n - 2$ autres points analogues, et le tracé linéaire d'une ligne de l'ordre $n - 2$ et ainsi de suite, on voit qu'en remontant de proche en proche, on fera dépendre la solution du problème d'un ou de deux derniers points qui exigeront le tracé d'une ligne droite ou d'une section conique, et qui serviront à en déterminer trois autres par le tracé linéaire d'une ligne du troisième ordre, quatre autres par le tracé pareil d'une ligne du quatrième ordre, et ainsi de suite jusqu'à ce qu'on soit arrivé aux n points proposés, qui eux-mêmes réclameront le tracé d'une ligne de l'ordre n.

Ces différentes opérations, qui s'exécutent toutes avec la règle, auront donc nécessité le tracé de $n - 1$ courbes géométriques dont les degrés respectifs sont représentés par la série des nombres naturels compris entre 1 et n (*). Or nous ne voyons pas, pour le moment, comme il serait possible de remplacer, généralement, cette suite de tracés assez pénibles par le tracé unique d'une courbe de degré n ; et quoique, par elle-même, la chose ne répugne en aucune manière, nous devons cependant avouer que nous l'avons jusqu'ici vainement tentée, même pour la question particulière du n° **213**, où le système des équations à résoudre n'exprime autre chose que la dépendance purement descriptive qui lie les $m - 1$ points inconnus aux $m^2 + 1$ points donnés, et en vertu de laquelle tous ces différents points appartiennent à une même ligne géométrique du degré m.

La complication dont il s'agit paraît, du reste, tenir au fond même de la question, et à ce que les données ou conditions graphiques n'en seraient pas

(*) D'après les observations de la note du n° **222**, le nombre des courbes auxiliaires pourra être réduit d'environ moitié.

assez explicitement définies sous le point de vue purement géométrique. Car, par exemple, dans le problème du n° **213** dont il vient d'être parlé, la complication n'a pas lieu lorsque les m^2 premiers points donnés, situés m par m en ligne droite, sont immédiatement définis par la condition de se trouver sur un second système de m droites, ou, en général, sur une courbe géométrique du même degré que la proposée, et elle n'a pas lieu, non plus, pour le problème du n° **206**, où il s'agit de déterminer le système complet des tangentes en un point multiple d'une courbe, dont l'indice est le plus élevé possible par rapport à son degré. Nous verrons en effet, par la suite (Sect. IV), que dans ces cas particuliers la question, bien qu'elle dépende toujours d'un système d'équations analogues, peut se résoudre néanmoins par le tracé d'une seule courbe auxiliaire dont le degré est marqué par le nombre des points qui sont à déterminer.

225. Quant à présent, nous devons nous borner à tirer quelques conséquences générales des recherches qui précèdent, dans lesquelles nous n'avons prétendu qu'indiquer rapidement des moyens généraux de solution, propres seulement à montrer la possibilité et l'étendue d'une classe de questions qu'on serait volontiers tenté de regarder comme tout à fait en dehors du domaine de la pure Géométrie.

En effet, il résulte clairement, des discussions auxquelles nous nous sommes livré dans ce paragraphe, que pour m systèmes de m points, situés sur un égal nombre de droites s'entrecoupant toutes dans un même plan, et qui, pris trois par trois, satisfont à la relation métrique du n° **165**, on peut mener une infinité de lignes géométriques du degré m; mais que, si un dernier point est donné arbitrairement pour y faire passer la courbe, cette courbe sera entièrement déterminée de forme et de position, aussi bien que ses intersections avec une transversale quelconque passant par ce point, ou même avec une transversale entièrement arbitraire. Il résulte aussi de là évidemment que, « si un nombre quelconque, supérieur à m, de systèmes » de m points, situés sur un égal nombre de droites comprises dans un » plan unique, sont tels que, considérés trois par trois, ils satisfassent à la » relation dont il vient d'être parlé, tous ces points appartiendront néces» sairement à une seule et même ligne géométrique d'un degré précisément » égal à m, et que, si par m quelconques de ces systèmes de points et par » l'un des points restants on fait passer une ligne de ce degré, elle passera » nécessairement aussi par tous les autres » : sur quoi il est important de remarquer qu'au lieu d'épuiser toutes les combinaisons possibles de droites ou systèmes de points, on peut se borner, d'après le n° **212**, à un certain nombre limité de combinaisons essentielles et vraiment distinctes.

Cette proposition est évidente par elle-même pour le cas de $m = 1$, où il n'y a qu'un seul point sur chacune des transversales; car les relations qui leur appartiennent expriment que ces points, pris trois par trois et dans un ordre quelconque, sont situés sur autant de lignes droites; mais il était nécessaire de la démontrer rigoureusement pour tous les autres cas, sans en excepter même celui de $m = 2$, puisqu'il n'est pas certain, *à priori*, qu'un nombre quelconque de couples de points, appartenant à autant de droites tracées dans un même plan, sont situés sur une ligne du second ordre unique, bien que, pris trois par trois, ils déterminent complétement (**145** et suiv.) une semblable ligne.

226. Ainsi donc, les systèmes de relations métriques qui ont la forme et sont assujetties aux conditions indiquées au n° **165** présentent véritablement tous les caractères d'une définition complète des lignes géométriques, et qui suffit pour mettre à même d'en construire toutes les parties sous des données convenables. Mais, attendu que ces relations sont susceptibles de subir des changements de forme et de devenir même complétement illusoires pour certaines positions des transversales ou du système des points donnés (**170** et suiv., **187** et suiv.), il importe de remarquer que les relations qui en tiennent lieu ou qui en sont, d'après nos principes, la traduction plus ou moins immédiate, ne cessent pas de définir, de déterminer même géométriquement, les lignes ou systèmes de points auxquels elles s'appliquent; car toutes les relations purement descriptives, toutes les constructions de points et de lignes auxquelles nous avons été conduits dans ce paragraphe, en raisonnant dans les hypothèses les plus générales sur la position des transversales, toutes ces constructions et relations, dis-je, demeurent, en vertu de la loi de continuité, exactement applicables aux différents états particuliers de la figure, sauf les modifications que réclament les changements de position des points ou des lignes, et qu'indique à l'avance cette même loi.

Cette conséquence d'ailleurs peut être établie directement et sans recourir au principe de continuité, en reprenant la série de nos premiers raisonnements et en y remplaçant immédiatement les relations primitives par leurs transformées, tout en changeant, si cela est nécessaire, le mode de leurs combinaisons et des opérations auxquelles elles donnent lieu, conformément à l'exemple qui en a été offert dans le n° **195** du précédent paragraphe.

227. Considérons maintenant, sur un plan, un système quelconque de points, analogue à celui qui vient d'être défini, ou, si l'on veut, considérons le système complet des intersections réelles ou idéales d'une ligne géométrique, de degré m, avec des transversales rectilignes arbitraires, en nombre quelconque μ, inférieur ou supérieur à m. Supposons que, parmi ces $m\mu$ points, μn quelconques situés n par n sur nos μ transversales respectives aient entre eux la même corrélation de position que le système des proposés, ou, si l'on veut encore, appartiennent à une certaine ligne géométrique du degré n, il résultera de nos principes que les $\mu(m-n)$ intersections restantes et qui se trouvent distribuées $m-n$ par $m-n$ sur ces μ transversales, seront elles-mêmes à une courbe du degré $m-n$.

En effet, si l'on considère l'un quelconque abc des triangles formés par les intersections mutuelles des transversales dont il s'agit, on aura, par hypothèse, entre les segments qui déterminent sur ces côtés les $3m$ points qui sont censés appartenir à la courbe (m), une relation métrique de la forme

$$\frac{(ap)(bq)(cr)}{(bp)(cq)(ar)}=1,$$

en supposant, du reste, que l'on conserve les dénominations et conventions du n° 165. Et, puisque $3n$ de ces mêmes points, situés n par n sur les côtés du triangle abc, sont censés appartenir à une autre ligne du degré n, on aura une seconde relation, de la même forme, entre les segments qui leur correspondent, et en vertu de laquelle tous ces segments disparaîtront, comme facteurs, des produits du numérateur ou du dénominateur de la précédente, laquelle se réduira conséquemment à une autre relation toujours de même forme et exprimant, ainsi que toutes ses analogues relatives aux différents triangles formés par nos transversales, que les $\mu(m-n)$ points restants sont effectivement à une courbe du degré $m-n$, comme il s'agissait de le démontrer. De là aussi ce théorème général :

Si parmi les μm intersections d'une courbe géométrique de degré m tracée sur un plan et du système de μ transversales rectilignes arbitraires, μn se trouvent situées sur une autre courbe quelconque du degré n, les $\mu(m-n)$ intersections restantes seront à une troisième ligne géométrique du degré $m-n$.

228. Considérant, par exemple, le système complet des tangentes aux intersections d'une courbe plane, du degré m, avec une droite arbitraire, il résulte de ce principe général que *les $m(m-2)$ intersections nouvelles de ces tangentes avec la courbe seront sur une autre courbe géométrique du degré $m-2$ seulement.*

D'où il suit aussi, en vertu du principe de continuité, que *le système total des m asymptotes d'une courbe géométrique du degré m rencontre de nouveau cette courbe en* $m(m-2)$ *points qui appartiennent à une autre courbe géométrique dont le degré est* $m-2$ *seulement.*

Supposant la droite ci-dessus des points de contact menée par un point multiple quelconque de l'ordre n, le théorème subsistera toujours, pourvu que l'on comprenne les n tangentes en ce point multiple, au nombre des m tangentes aux intersections de la courbe avec la transversale arbitraire. Qu'il s'agisse, entre autres, d'un point double et d'une ligne du quatrième ordre, on sera conduit à ce corollaire :

Si, par un point double d'une ligne du quatrième ordre, on mène une transversale arbitraire, et deux tangentes par les intersections nouvelles de cette transversale avec la courbe, le système de ces tangentes et du couple de celles qui répondent au point multiple ira rencontrer cette courbe en six derniers points, distincts des premiers et qui appartiendront à une simple ligne du second ordre.

Cette proposition aurait lieu, d'une manière analogue, dans le cas où la transversale passerait par un second point multiple ou s'éloignerait à l'infini, etc. Mais en voilà assez, pour le moment, sur ces corollaires de notre théorème général, que nous verrons, dans la seconde partie de ces recherches, s'étendre aux intersections quelconques des lignes et des surfaces géométriques, et dont nous avions, dès l'année 1817, appliqué les conséquences aux propriétés de situation des lignes du troisième ordre, que nous avons fait connaître à la fin du § I.

§ V.

Des lignes géométriques en tant que définies ou construites par les faisceaux convergents de leurs tangentes. — Recherches et éclaircissements sur divers points de la théorie des polaires réciproques.

229. Toutes les relations métriques ou descriptives qui nous ont occupés dans le précédent paragraphe, étant, de leur nature, projectives, elles peuvent immédiatement (Sect. II, *Polaires réciproques*, n°s 120 et suiv.) être traduites en d'autres qui concernent uniquement les faisceaux de tangentes des lignes géométriques, issues des différents points du plan de ces lignes. Ainsi on déduira de nos recherches des procédés généraux et purement linéaires pour construire autant de ces systèmes qu'on le voudra, quand on s'en sera donné arbitrairement un nombre suffisant pour définir complétement la courbe, et qui permettra de construire celle-ci par l'enveloppement

de ses tangentes, d'une manière analogue à celle par laquelle nous avons vu qu'on pouvait construire les lignes géométriques au moyen de leurs systèmes d'intersections avec des droites variables. On pourra même, si on le désire, déterminer les points de contact de chaque faisceau à l'aide des faisceaux de tangentes, donnés *à priori*, par des procédés inverses de ceux (171, 175 et 184) qui serviraient à tracer les tangentes aux intersections d'une ligne du degré m, avec une droite arbitraire, quand cette ligne est donnée par ses autres systèmes d'intersections pareils, etc., etc.

D'après les exemples que nous avons déjà offerts dans les n°s 163 et 185 des §§ I et II de cette Section, nous croyons assez peu utile d'insister sur les résultats auxquels on parviendrait ainsi. Mais, puisque nous en sommes venus à parler du tracé effectif des courbes planes par leurs systèmes de tangentes issues de points donnés, c'est le cas de présenter quelques réflexions spéciales relatives à la nature, au degré de ces courbes et à l'espèce de corrélation ou de réciprocité qui les lie aux lignes géométriques définies, construites par leurs systèmes d'intersections avec des droites données; sujet en lui-même épineux, qui a suscité des doutes, et que personne, ce me semble, n'a encore abordé avec franchise depuis ce que j'en ai moi-même écrit, en 1817, dans le tome VIII, p. 211 et suivantes, des *Annales de Mathématiques de Montpellier*, ou p. 476 du tome II de mes *Applications, etc.*, et particulièrement, en 1824, dans le *Mémoire sur la théorie générale des polaires réciproques* (Sect. II, n°s 65 et suiv.) : sujet dont toute la difficulté réside, comme on le démontre en ces endroits, dans la manière d'envisager et de poser, pour chaque cas particulier, la question relative au nombre et à l'espèce des tangentes issues d'un même point arbitraire, et qui appartiennent à une courbe plane de degré ou d'espèce donnés.

230. On peut voir, dans les *Annales* citées (t. XVII, XVIII et XIX, années 1827 à 1829), les singulières inadvertances commises par d'estimables géomètres, faute d'avoir donné une attention assez sérieuse à de telles questions, dont la solution, sous le point de vue général et géométrique, ne laisse véritablement ni doute ni obscurité dans l'esprit, et ne semble dépasser les forces actuelles (1831) de l'Analyse algébrique qu'à cause des éliminations laborieuses qu'elle entraîne, et des facteurs singuliers ou étrangers qui compliquent inévitablement les résultats du calcul (*).

(*) *Voyez* nos réflexions, à ce sujet, dans l'article déjà cité du tome VIII des *Annales de Mathématiques*, p. 223 et suiv. (ou p. 496, n° XVI à XX, du tome II des *Applications d'Analyse et de Géométrie*, 1864).

En signalant ces inadvertances, dans deux articles insérés à la page 109, t. VIII, et p. 292, t. IX (années 1827 et 1828) du *Bulletin des Sciences mathématiques* de M. de Férussac (*), je donnai à leurs auteurs l'occasion de les rectifier et d'approfondir une matière digne de fixer l'attention de tous les géomètres algébristes; mais cette provocation, comme on peut le voir à la page 24, t. IX du même *Bulletin*, ou à la page 152 du tome XVIII des *Annales de Mathématiques*, ne produisit qu'une rectification de mots par laquelle ces mêmes auteurs convinrent de nommer *courbe* ou *surface* de $m^{ième}$ *classe*, celle à laquelle, d'un même point ou d'une même droite, on peut généralement mener m tangentes ou m plans tangents, et cela sans rien prononcer sur la relation qui subsiste entre le *degré* et la *classe*, ce qui implique une double définition et ne lève point la difficulté quant au fond.

L'inadvertance de nos auteurs consistait effectivement à avoir confondu la *classe* avec le *degré*, ou à supposer égaux le *nombre des intersections* d'un lieu avec une droite et le *nombre des tangentes ou des plans tangents* qu'on peut lui mener d'un même point ou d'une même droite, guidés en cela, sans doute, par une pure analogie de ce qui se passe dans les lieux du second degré où la réciprocité est parfaite. On peut même voir, par un passage de la page 303, t. IX du *Bulletin des Sciences*, où il est rendu compte d'un Mémoire de Géométrie inséré dans le tome XVIII des *Annales de Mathématiques*, que nos recherches sur cette matière n'avaient pas suffi pour dissiper toute incertitude au sujet de l'erreur commise, puisqu'on y dit textuellement, en effet, « qu'il n'est pas certain que le degré et la classe d'une courbe soient deux » choses différentes, et que MM. Gergonne et Bobillier n'ont adopté cette » distinction que provisoirement, et seulement à cause des *doutes* élevés sur » ce sujet par M. Poncelet. »

231. Cependant, lorsque je relevai cette erreur aux endroits cités, je ne manquai pas de rappeler mes recherches de 1817 sur la *théorie de la réciprocité*, dans lesquelles, ce me semble, j'ai prononcé d'une manière assez affirmative sur la relation qui lie, en général, le degré ou le nombre des intersections en ligne droite au nombre des tangentes issues d'un même point. Je ne puis m'expliquer cette obstination à nier des faits mathématiques que par un autre passage du *Rapport* de M. Cauchy (**) sur mon *Mémoire relatif à*

(*) On trouvera ces articles reproduits dans la *Section supplémentaire* du présent volume.

(**) *Voyez* ce Rapport imprimé à la page 227 du tome IX du *Bulletin des Sciences mathématiques*. — Pour la commodité des lecteurs, nous le reproduisons à la fin de ce volume, ainsi qu'un extrait des divers articles cités du *Bulletin de Férussac*. — (Note de 1865.)

la théorie des polaires réciproques, passage dans lequel il est dit que, « pour » mettre hors de doute la conclusion du n° 66 de ce Mémoire, sur le degré » de la polaire réciproque d'une courbe donnée, il paraîtrait nécessaire de » substituer à la démonstration géométrique de M. Poncelet une démons» tration analytique. » Or, le genre de raisonnement que j'ai mis en usage dans cet endroit me semble tout aussi rigoureux que peuvent le désirer ceux qui ne sont pas des admirateurs exclusifs des méthodes purement algébriques.

J'avais en effet démontré, à la page 214 du tome VIII des *Annales de Mathématiques*, en me fondant sur quelques données de calcul fort simples et en elles-mêmes incontestables (*), que les courbes planes de degré m ont, en général et au plus, $m(m-1)$ tangentes issues d'un point arbitrairement donné et dont les points de contact se trouvent tous situés sur une ligne du degré $m-1$ seulement : ce principe une fois admis, on en conclut inévitablement que les réciproques polaires de pareilles courbes sont d'autres courbes du degré $m(m-1)$ en général et au plus.

A la vérité, j'ai négligé de rapporter ou même de rappeler, dans le n° 66 du Mémoire précité (Sect. II), cette démonstration analytique relative au nombre des tangentes; mais j'avais cru pouvoir m'en dispenser, attendu qu'elle me semblait à la portée de tout le monde, et que la proposition analogue, sur le degré des surfaces coniques circonscrites à une surface de degré donné, avait déjà été signalée par Monge à la page 15 de son *Application de l'Analyse à la Géométrie*, ouvrage qui est généralement connu, et qui sert de base à l'enseignement des élèves de l'École Polytechnique. D'ailleurs, la démonstration purement géométrique de ces mêmes propositions repose sur des considérations qui ressortent essentiellement de la théorie générale des courbes et surfaces des divers ordres, que je ne voulais nullement entamer à propos de la doctrine des polaires réciproques, et qui trouvent leur place naturelle dans ce paragraphe, spécialement consacré à répandre un jour nouveau sur les principes qui servent de fondement à cette doctrine.

(*) M. Bobillier a démontré, depuis, ce théorème par une marche analytique générale et fort élégante, dans le tome XIX des *Annales*, n° 4, d'octobre 1828; ce qui n'a pas empêché le savant Rédacteur de ce Recueil de manifester, dans une Note annexée au Mémoire de M. Bobillier, des doutes sur la légitimité de nos conclusions, observant que le nombre $m(m-1)$ n'est qu'un simple *maximum*, une limite que le nombre des tangentes pouvait ne jamais atteindre; il déclare même *ne pas bien concevoir une courbe qu'une droite ne pourrait couper qu'en trois points seulement, et à laquelle néanmoins on pourrait mener six tangentes d'un même point de son plan. Voyez* la page 285, t. X, du *Bulletin des Sciences*, où il est rendu compte de ce numéro des *Annales*.— (Note de 1831.)

232. La justice veut aussi qu'avant d'entamer cette matière et après les réflexions critiques qui précèdent, nous déclarions que les géomètres dont nous avons parlé sont à peu près complétement revenus de leur erreur, ou plutôt des doutes qu'ils avaient élevés contre le résultat de nos premières démonstrations, en reconnaissant, sur des exemples particuliers et par les propres ressources de l'Analyse algébrique, qu'il est des courbes planes, du degré m, qui ont réellement $m(m-1)$ tangentes distinctes issues d'un même point, ou dont la polaire réciproque s'élève réellement au degré $m(m-1)$ (*). Mais on n'en doit pas moins s'étonner que, dans l'état actuel de nos connaissances mathématiques, il ait fallu, à des savants d'une habileté incontestable, plusieurs années pour se rendre à l'évidence d'un fait géométrique en lui-même fort simple, et qu'avec un peu d'attention (**) ou avec de légers calculs ils eussent pu s'approprier tout d'abord; mais tel est le résultat de l'espèce de défaveur et de prévention qui s'attache aux idées et aux notions les plus évidentes, quand elles contrarient notre manière de voir et les préjugés que nous nous sommes formés sur l'état d'une question.

Montrons actuellement comment, par la voie purement intuitive de la Géométrie, on peut découvrir le nombre des tangentes que, d'un même point, il est, en général, possible de mener à une ligne du degré m donnée sur un plan; ce que, dans notre article du tome VIII des *Annales de Mathématiques*, nous n'avions, je le répète, établi qu'avec le secours de l'Analyse algébrique, dont la marche, parfois plus expéditive, a le désavantage de ne pas toujours éclairer parfaitement l'objet des questions.

TRANSFORMATION PARTICULIÈRE DES COURBES, APPLIQUÉE A LA RECHERCHE DU NOMBRE DES TANGENTES ISSUES D'UN MÊME POINT; LOI QUI LES LIE AUX POINTS SINGULIERS.

233. En supposant qu'on mette la figure en perspective ou projection conique sur un nouveau plan, de façon que le point donné passe à l'infini, ce qui peut avoir lieu d'une multitude de manières sans rien changer au degré de la courbe ni au nombre des tangentes, la question sera tout d'abord ramenée à celle où il s'agirait de conduire à cette courbe ses différentes tangentes parallèles à une direction donnée.

Cela posé, conduisons à notre nouvelle courbe, censée du degré m, une

(*) *Annales*, t. XIX, janvier 1829; *Bulletin des Sciences mathématiques*, t. XI, p. 91 et 92.

(**) J'aurais dû ajouter « et de bon vouloir, » puisque la démonstration que j'en avais donnée dix ans auparavant, dans l'endroit déjà cité du tome VIII des anciennes *Annales de Mathématiques*, avait fixé l'attention même de leur Rédacteur. — (Note de 1865.)

suite de transversales parallèles à la direction donnée; elles rencontreront respectivement cette courbe en un nombre m de points réels ou imaginaires, mais en général distincts et à distance donnée, puisque, généralement aussi, ces transversales ne sont ni tangentes ni parallèles aux branches de cette même courbe, la direction donnée étant censée quelconque. Par conséquent le nombre total des distances qui séparent deux à deux ces m intersections, c'est-à-dire le nombre des cordes distinctes qui, dans notre courbe (m), répondent à une même transversale, est généralement et au plus $\frac{1}{2} m(m-1)$; et, attendu que, pour toute transversale tangente à (m), les deux intersections confondues en une seule au point de contact répondent à une corde nulle, on voit que la question qui nous occupe revient précisément à découvrir toutes les positions de la transversale parallèle à la direction donnée, pour lesquelles cette circonstance particulière arrive.

A cet effet, traçons à volonté, dans le plan de (m), un *axe fixe* qui rencontre, à la fois, toutes les transversales parallèles dont il s'agit; portons, sur chacune de ces transversales et à partir de cet axe, toutes les cordes correspondantes; et, attendu que le sens de ces cordes n'est pas déterminé *à priori*, portons chacune d'elles à la fois au-dessus et au-dessous de l'axe fixe : nous obtiendrons ainsi, pour chaque transversale, $2m\frac{(m-1)}{2} = m(m-1)$ nouveaux points, qu'on pourra considérer comme appartenant à une certaine ligne géométrique, et dont la suite, relative aux différentes transversales, formera effectivement une courbe continue comme l'est elle-même, par hypothèse, la proposée, courbe qui se composera d'un nombre $m(m-1)$ de branches, toutes réelles et distinctes, si la première, elle-même, en a un nombre m de pareilles.

En observant d'ailleurs ce qui a lieu pour le cas particulier où la ligne proposée serait formée par un système de m lignes droites, et spécialement celui où elle se réduirait au système de deux droites seulement ou d'une ligne quelconque du second ordre, on reconnaîtra facilement la nécessité d'avoir égard au double sens de chaque corde pour le tracé complet de la *dérivée*, et généralement on verra, par la loi de continuité, en suivant avec attention le mouvement de chacun des points générateurs de cette dérivée par rapport à ceux de la proposée, qu'effectivement tous les points déterminés doublement, comme on vient de le dire, sont assujettis à la même loi ou appartiennent à un même mode de génération continu.

234. Il résulte de ces observations et de ce que chaque transversale pa-

rallèle à l'axe fixe rencontre généralement la dérivée en un nombre $m(m-1)$ de points et non davantage, que cette courbe est nécessairement aussi du degré $m(m-1)$, et qu'elle ne saurait être d'un degré plus élevé. C'est là, en effet, une conséquence nécessaire du principe de continuité (*Introduction commune aux* Sect. III et IV, p. 129), qui veut d'ailleurs qu'on tienne compte aussi bien des intersections idéales que des intersections réelles, et qu'on regarde comme distinctes celles qui se trouvent confondues deux à deux, trois à trois, etc. Donc enfin la ligne que nous venons de construire dans toutes ses parties, et qui est symétrique par rapport à l'axe fixe, rencontrera généralement cet axe en $m(m-1)$ points et non davantage, auxquels correspondront également $m(m-1)$ transversales parallèles ou ordonnées, qu'on pourra considérer comme autant de tangentes de la proposée, attendu que, pour chacune d'elles, l'une au moins des $m(m-1)$ cordes de cette proposée sera nulle.

Tel est donc aussi généralement le nombre des tangentes demandées, nombre absolu et invariable, si l'on entend comprendre, comme nous le faisons en vertu de la continuité, les tangentes imaginaires, les tangentes situées à l'infini, au nombre de celles dont il s'agit, et si nous comptons pour deux, pour trois, celles qui répondent à des intersections doubles, triples de la dérivée avec l'axe fixe d'où se mesurent les ordonnées, intersections qui correspondent au cas où cette dérivée serait tangente à cet axe ou aurait, sur ce même axe, des points de croisement, de rebroussement, des points isolés ou conjugués, etc.: de tels points, qu'on peut comprendre indistinctement (**205**) sous la dénomination générale de *points multiples*, ont en effet pour caractère géométrique que toute droite qui y passe contient une ou plusieurs des intersections de la courbe, confondues en une seule en ces mêmes points.

235. On peut juger, d'après cela, que la recherche du nombre effectif des tangentes distinctes de la courbe proposée, et qui sont parallèles à une droite ou issues d'un point donné, se lie intimement à celle des points multiples mêmes de cette courbe. La discussion montre, en effet, que tout point de cette espèce correspond, dans la dérivée, à un point semblable situé sur l'axe de cette dérivée, et que cet axe n'en peut contenir aucun, de ce genre, auquel ne réponde réciproquement un point pareil dans la primitive. On remarquera aussi qu'attendu la symétrie de la dérivée par rapport à l'axe, ce dernier ne peut la toucher réellement qu'en des points où deux branches au moins viennent elles-mêmes se toucher suivant cet axe. C'est ce qui arrive, par exemple, pour les points de rebroussement, de différentes espèces, appartenant à la courbe primitive; car, non-seulement de tels points demeurent des points de rebroussement du même ordre dans la dérivée, mais en outre ils ont l'axe fixe pour tangente; ce qui suppose au moins trois points confondus en un seul sur cet axe, lesquels répondent par conséquent à un égal nombre de tangentes, de la courbe primitive, superposées entre elles.

En général, la discussion, pour ce cas, prouve qu'à tout point de rebroussement simple et à deux branches, duquel on peut dire et démontrer rigoureusement que la tangente en ce point rencontre généralement la courbe en p points confondus en un seul, de sorte que, le degré de cette courbe étant m par exemple, le nombre des intersections distinctes ou indépendantes du point dont il s'agit soit $m - p$; la discussion prouve, disons-nous, qu'à un tel point correspondent au moins p tangentes confondues en une seule, si le rebroussement est de la première espèce, et $p - 1$ s'il est de la seconde.

Les points d'inflexion simple, ou qui sont tels, qu'à toute droite arbitrairement menée par ces points correspondent, sur la courbe, autant d'intersections distinctes qu'il est marqué par son degré, ces points, dis-je, ne donnent évidemment pas lieu à des tangentes superposées, à moins que la transversale ne se confonde avec la tangente même du point considéré, auquel cas elle représente deux tangentes réunies en une seule, tout comme la tangente au point de rebroussement simple et de première espèce en représente *quatre*, et la tangente au point de rebroussement de la seconde espèce *cinq*. Mais nous ne poursuivrons pas cette discussion épineuse, et qui ne nous fournirait que des données fort incertaines relativement aux points de rebroussement ou d'inflexion d'espèces supérieures.

236. Quant aux points multiples qui répondent au croisement véritable des branches de la courbe proposée ou primitive, on peut, sans aucune incertitude, fixer généralement le nombre des tangentes superposées qui leur correspondent dans la dérivée, en observant que, si p est le nombre des branches distinctes dont il s'agit ou des tangentes à ces branches, cette dernière courbe devra également avoir, au point correspondant de l'axe, $p(p - 1)$ branches distinctes passant par ce point, et qui indiqueront un pareil nombre de tangentes superposées de la courbe primitive, passant par le point multiple qui lui est relatif.

S'il s'agit d'un point conjugué dont l'ordre de multiplicité soit p, c'est-à-dire duquel on puisse dire que p branches se trouvent confondues en ce point, le nombre des tangentes qui lui correspondent devra, en vertu de la continuité, être encore considéré comme égal à $p(p-1)$, attendu qu'il représente à lui seul une sorte de courbe du degré p. On arrive à la même conséquence en regardant le point conjugué comme le croisement de p branches imaginaires de la courbe, d'après la même notion qui permet de regarder indifféremment un point réel comme un cercle de rayon nul ou comme le croisement de deux droites imaginaires.

Du reste, on reconnaîtra aisément l'ordre de multiplicité d'un point quelconque donné, en recherchant rigoureusement combien de points de la courbe, confondus en un seul avec celui-là, porte toute transversale menée arbitrairement par ce même point; sur quoi il est essentiel de remarquer qu'il ne sera pas nécessaire de s'inquiéter de la réalité ou de la non-réalité des branches qui y passent, c'est-à-dire s'il est un point de croisement véritable, ou en partie de croisement (**205**), en partie conjugué, ce qui peut évidemment arriver dans certains cas.

Il peut aussi se faire que deux des branches de la courbe primitive et qui aboutissent au point considéré aient la même tangente en ce point ou y aient un contact d'un certain ordre; alors, n représentant cet ordre, $n+1$ le nombre des points consécutifs communs aux deux branches, il faudra évidemment ajouter à $p(p-1)$ le nombre $2n$ pour avoir celui des tangentes superposées avec celle dont il s'agit, puisque chacune des intersections consécutives doit être considérée comme un point double.

237. Ces considérations, sur lesquelles nous avons un peu insisté, montrent en quoi réside la difficulté d'assigner, dans chaque cas particulier, le nombre effectif des tangentes distinctes d'une courbe, et qui sont parallèles à une droite ou issues d'un point arbitrairement donné sur son plan. Mais, comme il est évidemment une infinité de lignes, d'un degré donné m, qui n'ont aucun point multiple même dans le sens général que nous entendons, il en résulte qu'il existe aussi une infinité de lignes de ce degré qui ont $m(m-1)$ tangentes distinctes issues d'un point donné. Quoi qu'il en soit, et en admettant même qu'on n'eût jamais vu ni construit de lignes géométriques privées de tout point multiple, il n'en serait pas moins vrai de dire, d'après ce qui précède et d'après le principe de continuité, que toujours le nombre total des tangentes d'une courbe de degré m sera égal à $m(m-1)$, pourvu qu'on tienne compte des tangentes superposées, des tangentes imaginaires, etc., de la même manière que, dans l'appréciation du degré d'une courbe donnée, nous tenons compte aussi de ses intersections de toutes les espèces avec une transversale arbitraire, sans nous inquiéter d'ailleurs s'il existe ou non des transversales dont les intersections soient essentiellement réelles ou distinctes.

En effet, la Géométrie intuitive comme la Géométrie analytique nous présentent à l'envi des courbes et des surfaces dont certains points, certaines branches ou nappes sont imaginaires, confondues, réduites à des lignes ou à des points isolés, etc., soit en totalité, soit seulement en partie (*Supplément* du tome Ier de ce *Traité*, n° 628) (*), sans que ces courbes et surfaces cessent, pour cela, de jouir de certaines propriétés, sans qu'elles doivent cesser, d'une manière absolue, de faire l'objet de nos raisonnements et de nos investigations géométriques, car toutes ces bizarreries ne nous répugnent que parce que nous ne possédons pas bien encore la métaphysique de la science qui a pour objet la grandeur figurée.

EXEMPLES PARTICULIERS; RECHERCHE DU DEGRÉ ET DU NOMBRE DES INTERSECTIONS MUTUELLES DES COURBES ET DES SURFACES.

238. Pour montrer comment le principe général, établi ci-dessus, sur le nombre des tangentes des lignes géométriques issues de points donnés, trouve son application dans chaque circonstance particulière, il n'y a qu'à se proposer (233) la recherche directe de la *dérivée* du système de m droites tracées arbitrairement sur un plan, en remarquant qu'ici on peut prendre les tangentes parallèles à une direction donnée, sans limiter en rien l'étendue de la question. La construction générale fournira positivement $\frac{1}{2}m(m-1)$ droites distinctes passant respectivement par les intersections mutuelles des m droites proposées, mais dont chacune devra être censée double, ce qui

(*) Je supprime ici une longue note de la première édition, devenue inutile par le triple motif : 1° que l'erreur signalée dans le n° 628 de ce *Supplément*, relative aux lignes de courbure résultant de l'intersection des surfaces orthogonales du deuxième degré, se trouve déjà mentionnée et rectifiée dans une *Note additionnelle* au tome Ier de cette seconde édition (p. 419 et 420, Lettre de M. Charles Dupin); 2° que l'ouvrage allemand de Breysig sur la *Perspective des reliefs* (Magdebourg, 1798), que je citais à propos des nos 584 et suivants du même *Supplément*, et dont je devais la communication à l'illustre géomètre Jacobi, ne méritait nullement les éloges que, dans la note ici supprimée, je lui accordais avant de l'avoir suffisamment apprécié par moi-même, du moins sous le point de vue géométrique, car il n'y est nullement question de points, de droites ou de plans situés à l'infini, ni, *à fortiori*, de *centres* et de *plans d'homologie*; 3° enfin que, dans le tome XVI des *Comptes rendus de l'Académie des Sciences* de Paris, j'ai inséré au bas de la page 952, à ce dernier sujet, une note rectificative qui fait partie d'un article que, à cause de son importance historique, on trouvera tout entier reproduit parmi les *Extraits* divers imprimés dans la *Section supplémentaire* de ce volume.

donnera en tout $m(m-1)$ tangentes, circonstance qui tient à ce qu'en effet le système de deux droites qui se coupent sur un plan doit être considéré comme une sorte d'hyperbole dont les sommets se sont confondus en un seul avec le point d'intersection de ces droites. Si, d'ailleurs, il arrivait que trois quelconques de nos m droites se croisassent en un même point, ce point devant être considéré comme un point triple du système qu'elles forment, il est clair (**236**) que toute droite qui y passerait représenterait six tangentes superposées de ce système ou de la ligne du $m^{ième}$ ordre qu'il remplace, et ainsi de suite pour les intersections multiples d'espèce supérieure.

239. Concevons encore la parabole cubique ou ses analogues qui ont toutes un point de rebroussement à l'infini dont la tangente est elle-même située tout entière à l'infini, fait dont on s'assure en observant que toute transversale, parallèle aux branches infinies, n'a avec la courbe qu'un seul point d'intersection possible à distance donnée, ce qui en suppose nécessairement (**235**) deux autres confondus en un seul à l'infini, auxquels vient se réunir le premier quand la transversale se transporte parallèlement à elle-même au delà de toute distance donnée. Il est clair que, parmi les $m(m-1)$ ou six tangentes à la courbe, issues d'un point quelconque de son plan, devront se trouver constamment les trois tangentes superposées (**235**) relatives au point de rebroussement, de sorte qu'il ne restera plus que trois dernières tangentes généralement distinctes, et dont deux pourront d'ailleurs être imaginaires. Si les tangentes devaient être parallèles à une direction donnée, ou que leur point de concours dût être à l'infini sur la tangente du point de rebroussement, celle-ci représenterait évidemment quatre tangentes superposées (**235**), et il ne resterait plus ainsi que deux tangentes distinctes qui pourraient même devenir totalement imaginaires.

La même discussion peut être appliquée mot pour mot à la parabole du troisième degré qui sert de développée à la parabole ordinaire, si ce n'est qu'ici le point de rebroussement est à distance donnée, et que le point de simple inflexion est à l'infini aussi bien que sa tangente, qui devra toujours (**234**) être comptée deux fois au nombre des six tangentes de la courbe qui seraient parallèles à une direction quelconque donnée ou devraient concourir en un point quelconque de la tangente dont il s'agit. On appliquera une discussion analogue aux lignes du troisième ordre, mentionnées par M. Lacroix à la page 128, n° **86**, de son excellent *Traité élémentaire de Calcul différentiel* (4e édition), *Traité* où la ligne représentée par la *fig.* 22 offre en effet l'exemple d'une courbe du troisième ordre qui est susceptible d'avoir six tangentes, toutes distinctes et réelles, issues d'un même point donné. Cette courbe, qui a trois points d'inflexion en ligne droite dont un à l'infini, et qui est sans points multiples, a été spécialement considérée par Mac-Laurin dans son *Traité des lignes géométriques*.

240. Soit enfin le système de deux lignes géométriques quelconques, de degrés m et n, tracées sur le même plan et qu'on peut regarder comme une seule ligne géométrique du degré $m+n$; le degré de sa dérivée, ou, ce qui est la même chose, le nombre de ses tangentes parallèles à une droite ou issues d'un point donné, sera toujours $(m+n)(m+n-1)$; mais, parmi ces tangentes, se trouveront comprises : 1° les $m(m-1)$ tangentes de la courbe (m); 2° les $n(n-1)$ tangentes de (n); 3° enfin chacun des couples de tangentes superposées relatives aux intersections de ces courbes, lesquelles doivent être considérées comme autant de points doubles de la ligne $(m+n)$, dont le nombre est ainsi, en général et au plus,

$$\frac{(m+n)(m+n-1)-m(m-1)-n(n-1)}{2}=mn,$$

c'est-à-dire égal au produit des degrés des deux courbes simples (m) et (n), comme on pouvait le prévoir d'après le théorème connu sur le nombre des intersections de deux courbes de degrés donnés et tracées sur un même plan.

Ainsi la considération de la dérivée des courbes planes géométriques nous fournit un moyen de découvrir le nombre des intersections communes à ces courbes, comme elle nous a fourni celui de découvrir le nombre de leurs tangentes issues de points donnés, et comme elle fournirait aussi les moyens de trouver, *à priori*, tous leurs points multiples de différents genres, c'est-à-dire de croisement, de tangence, de rebroussement, etc. : il ne s'agirait, en effet, que de prendre leurs dérivées par rapport à deux directions arbitraires et au même axe, puisqu'elles devraient avoir en commun, sur cet axe, les points qui répondent aux points multiples dont il s'agit.

Le même genre de raisonnements étant applicable d'ailleurs aux surfaces et aux systèmes de surfaces géométriques, pourvu qu'on remplace l'axe par un plan fixe quelconque, on en déduira beaucoup d'autres théorèmes analogues relatifs aux plans tangents de ces surfaces issus d'une droite donnée, aux cônes qui leur sont circonscrits, au degré et au nombre de leurs intersections communes deux à deux, trois à trois, etc., théorèmes dont plusieurs ont déjà été démontrés ou simplement mentionnés dans la première partie du *Mémoire sur la Théorie générale des polaires réciproques* (Sect. II).

241. A cet effet, on prouvera d'abord sans beaucoup de peine que la surface conique, circonscrite à une surface quelconque du degré m, est généralement du degré $m-1$ seulement; d'où l'on conclura, par le genre de raisonnement que nous venons de mettre en usage, que la courbe d'intersection de deux surfaces quelconques des degrés m et n est elle-même du degré mn; proposition d'ailleurs évidente *à priori*, d'après celle qui concerne les intersections des simples courbes planes, et si l'on admet, pour définition des courbes à double courbure de degré m, que de telles courbes sont susceptibles d'être rencontrées en m points réels, imaginaires, etc., par un plan arbitraire, ou, ce qui revient au même, que leurs différentes projections sur des plans quelconques doivent être des courbes géométriques du degré m.

Ces préliminaires étant établis, on démontrera ensuite que le nombre des intersections d'une courbe à double courbure, du degré μ, avec une surface quelconque de degré m, est généralement et au plus μm, en observant, à cet effet, que la dérivée (233) du système de cette courbe et de cette surface, prise par rapport à un plan-axe quelconque et parallèlement à une droite fixe arbitraire, est elle-même une courbe à double courbure du degré $\mu . m$, puisque d'ailleurs on doit ici faire abstraction des $m(m-1)$ cordes qui, sur chaque transversale issue des points de (μ), appartiennent à la surface (m).

Menant, en effet, un plan transversal quelconque parallèle à la direction donnée, il coupera (μ) en μ points, à chacun desquels correspondra une transversale parallèle à cette même direction, contenant m intersections de la surface (m), et par conséquent m abscisses ou cordes comptées de ce point, ou enfin (233) $2m$ points de la dérivée que l'on considère. La totalité des points (μ), compris dans le plan transversal dont il s'agit, sera donc μm, donnant lieu à $2m\mu$ points de la dérivée également compris dans ce plan; et, attendu que cette dernière ne saurait y en avoir d'autres à distance donnée ou infinie, il faut bien qu'elle soit, en général et au plus, du degré $2m\mu$.

Finalement, comme aux intersections de la dérivée avec le plan-axe doivent correspondre un pareil nombre d'intersections de (μ) avec (m), et que ces dernières donnent lieu à des points doubles sur le plan dont il s'agit, ou qui sont la rencontre mutuelle de deux branches distinctes de la dérivée, il s'ensuit rigoureusement la proposition avancée, que :

Toute courbe à double courbure, du degré μ, rencontre, généralement et au plus, en $m\mu$ points une surface géométrique quelconque du degré m.

Donc aussi :

Trois surfaces quelconques des degrés m, n, p s'entrecoupent, généralement et au plus, en $m \times n \times p$ points.

GÉNÉRALISATION DU MODE DE TRANSFORMATION DES COURBES GÉOMÉTRIQUES.

242. Nous ne pousserons pas plus loin ces dernières considérations, qui nous conduiraient à un grand nombre de propositions curieuses sur les courbes à double courbure et les surfaces, parce qu'elles nous feraient perdre de vue, trop longtemps, l'objet actuel de nos investigations relatives aux faisceaux de tangentes des lignes géométriques.

Jusqu'ici, en effet, nous avons supposé les points de concours de ces faisceaux à l'infini ou les tangentes parallèles, ce qui nous a permis de discuter, avec facilité, les singularités qui leur appartiennent; or il est bon de faire voir comment nos constructions peuvent s'étendre directement au cas où le point de concours est à une distance donnée sur le plan de la courbe, sans qu'on soit obligé de recourir (233) à la projection de la figure sur un nouveau plan. Pour cela, il ne s'agira que de généraliser ces constructions de manière qu'elles deviennent naturellement *projectives*, ou telles, qu'elles demeurent applicables à la fois à toutes les projections coniques de la courbe proposée; ce qui est très-facile, comme on va le voir.

Afin d'obtenir, sur une transversale quelconque parallèle à la direction donnée, tous les points qui appartiennent à la dérivée de la courbe (m), nous avons tacitement supposé, dans le n° 233, qu'on ferait usage du compas ou de mesures graduées; mais on peut immédiatement ramener la détermination de ces points à une opération qui n'exige que le tracé de droites parallèles, lesquelles, comme on sait, se changent, dans les perspectives ou projections coniques de la figure, en de simples lignes concourant en des points donnés; ce qui rend les opérations purement linéaires ou les abaisse au premier degré.

Ayant, en effet, déterminé, sur la transversale que l'on considère en particulier, les m intersections qui lui correspondent dans la courbe proposée, on mènera, par un point ou pôle arbitrairement choisi sur la droite qui sert d'axe à la dérivée, une parallèle à cette transversale, puis m autres droites aux intersections dont il s'agit. Cela posé, on conduira par chacune de ces intersections $m-1$ nouvelles droites parallèles à celles des m droites précédentes qui n'y passent pas; ce qui donnera, en tout, $m(m-1)$ droites de cette espèce, rencontrant la parallèle à la transversale en un pareil nombre de points distincts du pôle fixe par lequel est conduite cette parallèle, et qu'on ramènera sur la transversale elle-même, à l'aide d'un dernier système de parallèles à l'axe; ce qui donnera évidemment tous les points et les seuls points qui peuvent appartenir à la fois à la dérivée et à la transversale considérée. Ainsi donc ces mêmes points seront au nombre de $m(m-1)$, comme nous l'avons précédemment trouvé.

Faisant maintenant varier la transversale dont il s'agit, sans en changer la direction et de façon que sa parallèle, passant par le pôle fixe, reste elle-même invariable, on obtiendra la suite de tous les systèmes de $m(m-1)$ points de la dérivée, dont le degré sera ainsi $m(m-1)$, comme nous l'avions primitivement démontré en recourant à des considérations relatives à l'ordre et aux permutations possibles des intersections de chaque transversale avec la courbe proposée.

243. Le degré de cette dernière courbe, pas plus que celui de la dérivée, ne pouvant changer par les effets de la projection conique, on voit que les constructions qui précèdent seront immédiatement applicables au cas où le système des tangentes cherchées et les transversales auxiliaires des deux courbes, au lieu d'être parallèles à une droite donnée, devraient concourir en un point fixe quelconque du plan de ces courbes. Seulement alors, il conviendra de remplacer également chacun des autres systèmes de parallèles considérés, par autant de systèmes de droites qui convergent en de nouveaux points situés sur une droite quelconque passant par le point de concours des tangentes, et représentant ici la droite qui contenait, dans nos premières hypothèses, tous les points situés à l'infini sur le plan de la figure (*voyez* les n°s 105 et 106, p. 53, du tome Ier de ce *Traité*).

Mais, sans nous arrêter à ces constructions par lesquelles nous serions ramenés aux diverses conséquences des n°s 234 et suivants, relatives aux tangentes singulières et superposées des points multiples, nous passerons de suite à ce qui concerne le rôle que jouent de pareilles tangentes dans toutes les relations de grandeur ou de situation relatives aux faisceaux convergents de tangentes quelconques des lignes géométriques, relations que la théorie des polaires réciproques nous montre être exactement les inverses de celles qui appartiennent aux systèmes d'intersection de ces lignes par des droites arbitraires.

DU RÔLE JOUÉ PAR LES TANGENTES SINGULIÈRES DES POINTS MULTIPLES, DANS TOUTES LES RELATIONS MÉTRIQUES OU DESCRIPTIVES DES COURBES. — REMARQUES NOUVELLES SUR LA THÉORIE DES POLAIRES RÉCIPROQUES.

244. Reportons-nous au principe général des n°s 129 et 130 du *Mémoire* (Sect. II) qui contient cette théorie, principe que, d'après la remarque déjà plusieurs fois faite (p. 127 à 135, et n° 153), on doit considérer comme fondamental dans toutes les recherches qui ont pour objet de découvrir les propriétés ou relations quelconques concernant les faisceaux convergents de tangentes aux lignes géométriques.

Soit d'ailleurs, sur un plan, une ligne de cette espèce du degré m, et à laquelle par conséquent répondent, en général, $m(m-1)$ tangentes issues d'un même point quelconque; supposons enfin que cette courbe ait un point multiple d'une certaine nature, auquel correspondent, par exemple, n tangentes *singulières* confondues en une seule suivant la direction indiquée par une droite arbitrairement menée par ce point, et qui devront être censées faire partie des $m(m-1)$ tangentes issues d'un autre point quelconque de cette droite. Cela posé, si, en vertu des n°s 129 et 130, on suppose que, des trois sommets d'un triangle quelconque ABC situé sur le plan de la courbe, on mène, à cette même courbe, les trois systèmes de $m(m-1)$ tangentes qui leur correspondent, et qu'ayant tracé arbitrairement une transversale au travers de ces systèmes et des côtés du triangle, on nomme p, p', p'',... ses intersections avec le faisceau des tangentes issues du sommet c du triangle; q, q', q'',... ses intersections avec le système des tangentes issues de B, enfin a, b, c ses intersections avec les côtés BC, AC et AB respectivement, on aura constamment

$$\frac{(ap)(bq)(cr)}{(bp)(cq)(ar)}=1,$$

en conservant d'ailleurs les autres conventions adoptées aux numéros dont il s'agit.

Mais, attendu que n tangentes de chaque faisceau se trouvent confondues avec la droite qui joint le sommet correspondant du triangle et le point multiple, la relation précédente prendra cette autre forme :

$$\frac{\overline{ap}^n.\overline{bq}^n.\overline{cr}^n}{\overline{bp}^n.\overline{cq}^n.\overline{ar}^n}\frac{(ap')(bq')(cr')}{(bp')(cq')(ar')}=1,$$

dans laquelle p, q, r sont censés représenter les intersections de la transversale avec la tangente multiple, et p', p'',..., q', q'',..., r', r'',... celles des trois systèmes des $m-n$ tangentes restantes relatives à chacun des sommets du triangle, tangentes qui sont censées distinctes entre elles et de la transversale du point multiple, quoique d'ailleurs elles puissent être indifféremment réelles ou idéales.

D'une autre part, et en vertu du n° 126, nous avons aussi, pour les trois droites joignant les sommets A, B, C au point multiple :

$$\frac{\overline{ap}^n . \overline{bq}^n . \overline{cr}^n}{bp . cq . ar} = 1;$$

donc enfin

$$\frac{(ap')(bq')(cr')}{(bp')(cq')(ar')} = 1,$$

ce qui fait voir que les faisceaux de tangentes, distinctes du point multiple, jouissent entre eux, et par rapport aux côtés du triangle ABC, de la même corrélation de situation qui appartient en général aux faisceaux complets formés de toutes les tangentes issues des mêmes points.

Ces considérations s'appliquant d'ailleurs aussi bien à la relation du n° 129 qu'à celle du n° 130 qui vient de nous occuper, et étant également applicables à toutes les autres relations qui pourraient être déduites de celles-là, il en résulte généralement que, *dans les recherches relatives aux propriétés projectives des lignes géométriques, on peut indifféremment supprimer ou tenir compte des tangentes singulières superposées qui se rapportent aux points multiples, pourvu qu'on en retienne un nombre pareil dans chacun des faisceaux de tangentes issues des divers points considérés.*

245. D'après ces observations, on ne sera plus surpris de voir la théorie des polaires réciproques nous offrir des courbes géométriques dont le degré surpasse, en apparence, le nombre des tangentes issues de points arbitrairement donnés sur leur plan, et jouissant, par rapport à ces systèmes de tangentes, de relations métriques ou descriptives essentielles et distinctes : cette circonstance tient, comme on voit, à ce que, dans certains genres de questions, on peut négliger totalement la considération des tangentes singulières, de la même manière que, dans d'autres, relatives au degré et aux systèmes d'intersections des lignes géométriques, on peut négliger les droites ou assemblages de droites, que, dans des circonstances plus générales, on aurait été primitivement conduit à regarder comme formant une partie intégrante de ces lignes.

C'est précisément là, en effet, ce qui arrive à l'égard de la polaire réciproque d'une courbe donnée possédant des points multiples, comme nous l'avons fait voir aux n°s 67 et suivants de la précédente Section. Car cette polaire doit nécessairement comprendre un certain nombre de fois les tangentes communes à deux ou à plusieurs de ses branches, les tangentes en ses différents points d'inflexion et de rebroussement; seulement nous nous sommes trompés dans l'appréciation de la multiplicité ou du nombre des tangentes confondues en une seule avec chacune de celles-là, attendu que nous n'avions pas, en 1824, approfondi la question comme nous venons de le faire, et que nous ne prétendions qu'expliquer généralement comment la polaire réciproque d'une courbe de degré m, qui est elle-même du degré $m(m-1)$ en général, pouvait cependant n'avoir que m tangentes issues d'un point arbitraire, c'est-à-dire n'être simplement que de la même *classe*, suivant la dénomination depuis admise par divers géomètres.

Or, cela se conçoit très-bien si cette polaire possède des points multiples en nombre et d'espèce tels, que la somme des tangentes multiples qui leur sont relatives soit nécessairement

$$m(m-1)[m(m-1)-1]-m=m^2(m-2).$$

246. Pour faire entrevoir l'origine et la possibilité de tous ces points multiples, nous supposions que la courbe proposée, censée la plus générale du degré m, devait elle-même nécessairement avoir un certain nombre de *tangentes multiples* communes à deux ou plusieurs de ses branches; ce qui est vrai en thèse générale, et si l'on n'entend point prononcer que ces branches sont essentiellement distinctes entre elles, mais ce qui cesse de l'être si l'on admet, au contraire, comme nous semblons l'avoir fait inconsidérément vers la fin du n° 67, que les points multiples de la réciproque peuvent être des points de croisement véritable, ou, tout au moins, des points doubles répondant à des tangentes communes à deux branches distinctes de la courbe primitive. Car il paraît clair, d'après les observations des n°s 237 et 239 ci-dessus, que les courbes géométriques, quels qu'en soient d'ailleurs le degré et l'espèce, ne sauraient essentiellement et toujours posséder de telles tangentes, pas plus qu'elles ne possèdent toujours et nécessairement des points de croisement véritable.

Or, comme suivant ce qui précède (235 et suiv.) les points de rebroussement des divers genres jouent aussi le rôle des points de croisement véritable, et qu'ils ont pour réciproques polaires d'autres points de rebroussement ou des points d'inflexion (69 et 70), dont la tangente en représente plusieurs (235) confondues en une seule qui doit être censée commune au moins à deux branches aboutissant à ces mêmes points; attendu ces circonstances, disons-nous, il faut bien admettre que toute courbe du degré m, qui n'a ni points de croisement véritable, ni tangentes communes à des branches distinctes, doit au moins posséder des points d'inflexion et de rebroussement ou toute autre espèce analogue de points dont les tangentes seraient osculatrices de la courbe. On peut même affirmer, d'après ce qu'indique la théorie des polaires réciproques, qu'une courbe plane d'un degré donné, non-seulement possède généralement de ces points, mais en possède d'autant plus que le nombre ou la multiplicité de ses points conjugués et de croisement véritable est moindre.

QUESTIONS ET TRANSFORMATIONS INVERSES RELATIVES A LA LOI QUI LIE LE DEGRÉ DES COURBES A LEUR CLASSE OU AU DEGRÉ DE LEURS POLAIRES.

247. Si nous nous proposions cette question, inverse de celle qui nous a occupés dans les nos 233 et suivants : *Une courbe de la $n^{ième}$ classe* (245) *étant donnée sur un plan, quel est son degré ou quel est le nombre de points suivant lesquels elle est susceptible d'être coupée par une droite arbitraire?* on trouverait pour réponse inévitable le nombre $n(n-1)$, soit qu'on observât que le degré de la polaire réciproque de cette courbe est simplement (66 et 67) n, et sa classe généralement $n(n-1)$, soit qu'on recherchât directement, et par des opérations inverses de celles qui ont été exposées au n° 233, quel est le nombre des intersections de la courbe proposée par une droite arbitraire. Mais attendu que, parmi ces intersections, se trouvent nécessairement comprises, un certain nombre de fois, celles de cette même droite avec les tangentes singulières communes à des branches distinctes ou à des branches dont le raccordement s'opère aux points de rebroussement et d'inflexion de différents genres; comme ces tangentes ne font réellement pas partie de la courbe proposée (n), on voit que le degré de cette courbe sera réellement moindre que $n(n-1)$, si elle possède de pareilles tangentes, et elle en possédera nécessairement un certain nombre, comme on le verra tout à l'heure, même quand elle serait la plus générale possible de son degré. Sans insister sur les opérations inverses dont il s'agit, nous ferons cependant remarquer qu'elles donnent lieu à la considération d'une nouvelle espèce de dérivée, dont la classe est effectivement $n(n-1)$, quand celle de la proposée est n, et dont la construction peut être finalement ramenée à ce qui suit :

248. Soit (a) une droite arbitrairement donnée sur le plan d'une courbe de la classe n, c'est-à-dire susceptible d'avoir n tangentes distinctes issues d'un même point quelconque de ce plan, et de laquelle il s'agit de trouver le système total des intersections avec (n) au moyen du tracé d'une certaine courbe auxiliaire. Par un point p également arbitraire, soit menée une parallèle (b) à (a); d'un point quelconque a de cette dernière soient menées les n tangentes relatives à (n) et rencontrant (b) en n points censés généralement distincts entre eux. A partir de p, on portera sur (b) les $n(n-1)$ distances ou intervalles qui séparent ces n points combinés deux à deux, de toutes les manières possibles, par rapport à la grandeur et à la position (233); cela donnera lieu à $n(n-1)$ nouveaux points sur (b), qui, étant joints avec a, fourniront un pareil nombre de droites; faisant varier le point de départ a de ces droites sur (a), leur enveloppe générale sera une courbe continue de la classe $n(n-1)$, qu'on peut nommer la *dérivée* de (n), et dont les tangentes, issues de p, donneront, par leurs rencontres avec la droite (a), toutes les intersections demandées de cette droite et de (n), lesquelles seront en général au nombre de $n(n-1)$, conformément à ce qui a été primitivement annoncé.

Mais, comme parmi ces intersections se trouveront nécessairement comprises, un certain nombre de fois selon leur espèce, les intersections de cette même droite (a) avec les tangentes aux points de rebroussement ou d'inflexion de (n) et les tangentes multiples communes à plusieurs branches, on voit qu'effectivement le nombre des intersections véritables de la courbe (n) et de la transversale (a), ou, ce qui revient au même, son degré, pourra être de beaucoup inférieur à $n(n-1)$, conformément à la remarque qui en a déjà été faite ci-dessus.

249. Je dis maintenant que cette circonstance aura nécessairement lieu, même pour les courbes les plus générales de chaque degré, ou qui posséderaient véritablement $m(m-1)$ tangentes distinctes issues des mêmes points et dont le degré serait m.

En effet, on a alors, n désignant toujours la classe,

$$n = m(m-1); \quad \text{d'où} \quad n(n-1) = m^2(m-1)^2 - m(m-1);$$

et comme, par hypothèse, le degré effectif de la courbe est réellement m, il faut bien que cette courbe, si elle n'a aucun point multiple, possède tout au moins des points d'inflexion ou des tangentes osculatrices dont la somme des indices de multiplicité soit

$$n(n-1) - m = m^3(m-2),$$

c'est-à-dire que, dans les opérations graphiques ci-dessus, supposées appliquées à notre courbe générale du degré m et dont la classe est $m(m-1)$, $m^3(m-2)$ des $n(n-1)$ intersections trouvées sur la transversale arbitraire (a), appartiendront aux tangentes osculatrices dont il s'agit.

En général, m étant le degré et n la classe véritable d'une courbe géométrique, si on nomme t la somme des indices qui expriment la multiplicité de ces différentes tangentes osculatrices, et u celle des indices qui se rapportent (236) aux soi-disant tangentes relatives à des transversales ou sécantes quelconques passant par les différents points singuliers, on aura

$$t+m=n(n-1),\quad u+n=m(m-1),$$

ce qui établit une relation nécessaire entre t et u pour une courbe de degré donné m. On en déduit, en effet,

$$t=u^2-u[2m(m-1)-1]+m^3(m-2),$$

relation qui a son analogue pour le cas où la classe est donnée (*).

INDICATION D'UN NOUVEAU MODE DE TRANSFORMATION DES FIGURES, ANALOGUE A CELUI DES PÔLES ET POLAIRES.

250. La polaire d'une courbe plane quelconque, par rapport à une section conique ordinaire, prise pour directrice ou auxiliaire, fait découvrir sur-le-champ, comme nous l'avons vu, la corrélation ou la dépendance qui lie les systèmes de tangentes aux systèmes d'intersections; mais on peut choisir un mode de transformation plus simple encore, et qui permet de discuter, avec une égale facilité, les affections générales des lignes relatives aux unes et aux autres. Nous croyons ne pouvoir mieux terminer les discussions qui précèdent, qu'en faisant ici connaître, en peu de mots, ce nouveau genre de transformation, qui se trouve pour ainsi dire tout indiqué par le rapprochement des propositions exposées dans les n^{os} **204** et **205**, **210** et **211** du tome Ier de ce *Traité*, p. 106 et suivantes, propositions qui permettent de construire linéairement les lignes du premier et du second ordre par l'enveloppement de leurs tangentes ou par les intersections de simples lignes droites.

Soit, en effet, abc un triangle variable dont les sommets a, b sont assujettis à demeurer sur les droites ou *directrices* arbitraires as et bs, se rencontrant en s sur son plan, et dont les côtés ac, bc prolongés indéfiniment aillent sans cesse concourir aux points respectifs ou *pôles* invariables p et q, choisis arbitrairement sur une droite quelconque passant par le point de concours s des directrices. On a vu, par les n^{os} **205** et **211** de l'ouvrage cité, que : 1° si

(*) *Voyez* à la fin de ce volume (*Section supplémentaire*) les *Annotations* relatives à divers passages, points de doctrines scientifiques ou renseignements historiques et critiques.

le dernier sommet c du triangle abc est assujetti à demeurer sur une droite quelconque de son plan, le troisième côté ab, qui reste libre, pivotera lui-même sur un dernier point fixe comme pôle, lequel se trouvera à l'intersection des deux droites menées, de p et de q, vers les intersections respectives de la droite donnée et des directrices sb et sa; 2° réciproquement, si le côté ab pivote sur un dernier point fixe quelconque comme pôle, le sommet c, qui lui est opposé, décrira une troisième ligne droite passant par les intersections des directrices sa, sb et des droites qui joignent respectivement le point fixe dont il s'agit avec les pôles q et p.

En nommant le sommet c *point dérivé* de ab, et le côté ab *droite dérivée* de c, par rapport au système des pôles et des directrices proposés, on pourra énoncer plus simplement ces deux théorèmes de la manière suivante :

Si un certain point est assujetti à demeurer sur une droite donnée, sa dérivée pivotera sur un point fixe ou pôle qui aura réciproquement pour dérivée la droite dont il s'agit, et vice versâ, *si une certaine droite pivote autour d'un point fixe quelconque comme pôle, son dérivé demeurera sur la dérivée même de ce pôle.*

Ainsi les points et les droites dérivés jouissent de propriétés réciproques qui permettraient encore ici de les nommer *pôles* et *polaires réciproques*, comme dans le cas où la dérivation a lieu par rapport aux lignes du second ordre.

251. Ces propositions, qui se démontrent de la manière la plus simple et la plus élémentaire, conduisent sur-le-champ au mode de transformation annoncé. Car, si on remplace la directrice linéaire du sommet c par une courbe quelconque du degré m, le côté ab ou la dérivée de ce sommet enveloppera une autre ligne que la discussion apprend être généralement du degré $m(m-1)$, et qui sera réciproquement le lieu des sommets c qui ont pour dérivées les tangentes de la courbe proposée.

Pour démontrer ce double théorème, qui prouve que la courbe primitive et sa dérivée sont exactement réciproques entre elles par rapport aux directrices sa, sb et aux deux points ou pôles fixes p et q, à peu près de la même manière que le sont, par rapport à une ligne du second ordre quelconque, deux courbes tracées sur le plan de cette ligne et dont chacune serait la polaire de l'autre; pour démontrer, disons-nous, ce double théorème, il ne s'agit que de remarquer que les raisonnements par lesquels nous avons établi cette dernière réciprocité, soit dans les nos 233 et 234 du tome Ier, soit dans les nos 63 et suivants de la précédente Section, demeureraient exactement applicables aux hypothèses actuelles relatives à la manière de conclure le point ou la droite qui sont les dérivés d'une droite ou d'un point donnés.

Il résulte aussi de cette remarque que tous les principes généraux, toutes les conséquences que nous avons établis, dans cette même Section, sur les figures qui sont réciproques polaires par rapport à une ligne du second ordre, se trouvent aussi l'être pour les figures qui sont réciproques suivant la nouvelle acception, et qu'ainsi on arriverait exactement aux mêmes conclusions relativement aux propriétés métriques ou descriptives des figures tracées dans un même plan, sauf celles qui concernent les dépendances particulières qui lient chaque figure et sa dérivée aux directrices et aux pôles fixes donnés.

D'après cela, il paraît fort inutile que nous nous appesantissions sur ce nouveau mode de transformation des figures, et que nous recherchions ce qu'il deviendrait pour le cas de l'espace, puisqu'il n'aurait, sur celui qu'offre la théorie des polaires réciproques, guère d'autres avantages que ceux qui peuvent résulter d'un peu plus de simplicité dans les constructions et l'exposition des principes.

SECTION IV.

PROPRIÉTÉS COMMUNES AUX SYSTÈMES DE LIGNES ET DE SURFACES GÉOMÉTRIQUES D'ORDRE QUELCONQUE (*).

Dans les précédentes Sections, comme dans tout le cours du premier volume de cet Ouvrage, nous nous sommes bien plus occupés de l'établissement

(*) Cette Section constituait un quatrième Mémoire séparé du précédent, mais qui devait l'accompagner dans la présentation, en 1831, à l'Académie des Sciences de l'Institut, et dont les matériaux avaient été préparés ou du moins ébauchés, dès avant mon entrée comme professeur à l'École d'application de Metz, en janvier 1825. Ce ne fut que dans l'hiver de 1830 à 1831, pendant la suspension du cours de Mécanique, que je pus en reprendre la rédaction et lui donner la forme actuelle, demeurée imparfaite en raison des lacunes qu'elle renferme à divers points de vue, et qui proviennent de la suppression de nombreux corollaires et développements, suppression maintenue fidèlement dans la présente publication, afin d'en resserrer le contenu dans de justes limites. Seulement, j'ai tâché de suppléer à ces lacunes par l'addition de quelques passages ou résumés servant de points de transition et de supplément aux parties supprimées, quoique non entièrement effacées dans l'ancien manuscrit.

A cela près, comme dans les précédentes Sections, je n'ai apporté aucune modification essentielle au texte, sauf une correction qui sera mentionnée plus loin au n° 292; car je ne considère pas comme telles l'arrangement indispensable des titres, sous-titres, le numérotage des articles et les renvois laissés en blanc dans les parenthèses, dont le remplissage, après trente-cinq ans écoulés, m'est devenu extrêmement pénible et peut contenir quelques inexactitudes, malgré la scrupuleuse attention que j'y ai apportée. La seule chose qu'il me soit permis d'affirmer, c'est que je n'ai introduit dans cette publication aucun perfectionnement qui puisse en altérer le sens, en étendre la portée, ou m'approprier des idées que je ne possédais pas en 1831, alors que je présentai mes derniers Mémoires à notre Académie des Sciences. Et c'est précisément en vue de sauvegarder mes propres droits de priorité qu'obligé d'ajourner la publication du volume que je livre au public si tardivement, j'ai cru devoir à diverses époques prendre date relativement aux théories principales qu'il renferme, par certains articles ou passages d'articles imprimés, qu'on trouvera reproduits dans la Section supplémentaire ci-après.

A l'égard des suppressions mentionnées ci-dessus et qui remontent toutes à l'époque précitée (1830 à 1831), il est nécessaire de remarquer qu'elles concernent principalement les applications du principe de réciprocité polaire (Sect. III) à diverses propositions dans le genre de celles que M. Gergonne avait si fortement recommandées dans les *Annales* de 1827, et dont j'avais non moins vivement combattu en 1828 et 1829 la fastidieuse multiplication et superfluité (*voir* la *Section supplémentaire*, § II, ou le n° 304 ci-après). J'ajoute que les propositions principales, maintenues dans la rédaction de l'hiver de 1830 à 1831, sont en majeure partie extraites d'un cahier manuscrit remontant à l'hiver de 1822 à 1823, cahier conservé parmi mes papiers et dont le préambule seulement est rapporté dans le § Ier de la Section ci-après. — (Note de 1865.)

des méthodes et des principes généraux que de l'exposition dogmatique des propriétés ou théorèmes individuels relatifs à certaines figures, quels qu'en fussent d'ailleurs le mérite et l'utilité propres. Car les méthodes, les principes généraux et féconds sont à mes yeux, je dois le redire, les acquisitions les plus précieuses comme les plus rares en Mathématiques; tandis que les théorèmes particuliers, isolés, sans lien nécessaire, les problèmes et les corollaires plus ou moins ingénieux qui découlent de ces principes étant en nombre pour ainsi dire illimité, ne peuvent se retenir dans la mémoire quand ils ne sont pas d'une application journalière et en quelque sorte usuelle. C'est là une vérité incontestable et jusqu'à présent incontestée, qui doit nous diriger dans l'exposé des méthodes de cette quatrième Partie, dont l'étendue serait sans bornes si nous ne prétendions nous restreindre aux conséquences les plus générales, les plus élégantes et les plus simples de chaque espèce.

§ Ier.

De l'involution dans les systèmes de points en ligne droite, de courbes ou de surfaces à intersections communes.

252. Les précédentes Sections nous ont offert des exemples divers de faisceaux formés de droites et de plans quelconques rayonnant autour d'un lieu commun d'intersection ou de convergence mutuelle, et susceptibles de prendre différents noms selon la loi ou condition qui les unit entre eux : par exemple, d'être tangents à des lignes ou surfaces données, etc.

La Section III, en particulier, offre des exemples de systèmes plus complexes, dont les propriétés remarquables sont énoncées sous une forme plutôt implicite qu'explicite; quoique, en y réfléchissant, il soit facile, pour les lecteurs attentifs, d'en tirer, sans trop d'hésitation, les divers corollaires qui doivent nous occuper dans ce paragraphe, j'entrerai néanmoins ici dans quelques développements sur certaines théories géométriques d'un intérêt spécial, relatives à de tels systèmes, notamment sur celles de ces questions qui se rapportent aux *transversales* ou *sécantes* (réelles ou idéales), communes à tout un système de lignes, de surfaces géométriques de même ordre.

Cette étude, en effet, est facile d'après les procédés généraux de la Section III, c'est-à-dire en considérant de telles sécantes comme faisant partie des côtés indéfiniment prolongés d'un triangle ou polygone rectiligne transversal du système proposé. Car, par la combinaison mutuelle, successive ou simultanée, des équations de segments qui se rapportent aux hypothèses adoptées dans chaque cas, on éliminerait de ces relations purement métriques tous les segments communs aux lignes ou systèmes de lignes géométriques prises deux à deux, et l'on arriverait ainsi à de nouvelles relations métriques ou descriptives, tout à fait indépendantes de la grandeur et par conséquent de la réalité effective de ces segments communs ou des intersections qui s'y rapportent; ce dont on a eu de nombreux exemples dans la précédente Section. On pourrait ensuite passer au cas de deux, de trois systèmes distincts de sécantes communes, etc.; mais il m'est impossible ici de suivre cette marche méthodique ou ascendante, et je dois me borner à présenter quelques éléments ou fragments épars de cette théorie, propres seulement à fixer l'attention des lecteurs.

PRÉLIMINAIRES RELATIFS A DES CAS SIMPLES D'INVOLUTION ET D'INTERSECTION MUTUELLE DE LIGNES GÉOMÉTRIQUES SUR UN PLAN.

253. Commençons par rappeler que les propriétés individuelles des lignes géométriques continues s'appliquent également aux systèmes composés de droites ou de courbes, en nombre quelconque, situées sur un même plan, et considérées dans leur ensemble comme un lieu géométrique unique, sinon continu dans toutes ses parties, ayant pour degré la somme de leurs degrés propres, et assujetti aux mêmes conditions, telles que de passer par certains points, etc. Or, cette double considération conduit à un grand nombre de propositions curieuses, relatives aux combinaisons de lignes géométriques situées dans un même plan.

Considérant, par exemple, une courbe plane géométrique (A_m) du degré m, coupée par deux droites arbitraires ca, cb, puis une seconde courbe quelconque (B_m) du même degré et passant par les intersections respectives de ces droites avec la première; ces deux courbes seront telles, que si on les coupe ainsi que leurs *sécantes* communes (*réelles* ou *idéales*) par une troisième droite arbitraire ab, les groupes distincts de m intersections, qui leur correspondent respectivement sur cette dernière droite, seront en *involution simple* par rapport aux points a, b d'intersection relatifs à ce couple de sécantes; c'est-à-dire que, si l'on nomme $p, p', p'', \ldots, q, q', q'', \ldots$, les intersections respectives de la transversale arbitraire ab avec les deux courbes, a et b étant les points où elle est coupée par les deux premières sécantes indéfinies ca, cb, communes aux courbes (A_m) et (B_m), on aura l'égalité de rapports composés

$$\frac{ap.ap'.ap''\ldots}{bp.bp'.bp''\ldots} = \frac{aq.aq'.aq''\ldots}{bq.bq'.bq''\ldots},$$

soit, selon nos conventions (165),

$$\frac{(ap)}{(bp)} = \frac{(aq)}{(bq)};$$

relation métrique dans laquelle on peut évidemment échanger entre elles les lettres a et b sans la troubler.

Cela paraîtra évident *à priori*, si l'on considère successivement les deux courbes comme transversales du triangle abc formé par la rencontre des trois droites ci-dessus, et qu'on élimine des relations métriques qui leur appartiennent les segments relatifs aux intersections communes.

254. Remarquons d'ailleurs que, si l'un des points $p, p',\ldots$ venait à se réunir avec l'un quelconque des points $q, q',\ldots$, les segments relatifs à ce couple de points disparaîtraient naturellement de l'équation, et qu'il en serait de même des segments relatifs à un nombre quelconque de couples de points confondus, ce qui réduirait l'involution à une autre d'ordre inférieur, relative toujours à deux groupes ou systèmes de points en nombre égal de part et d'autre.

255. Si, au lieu de deux courbes de même degré sur un plan, on avait eu à en considérer deux (A_m), (B_n) de degrés différents m et n, m étant plus grand que n, on pourrait ajouter à celle du degré le moins élevé une ligne ou un ensemble de lignes formant un lieu du degré $m - n$, par exemple, un système de $m - n$ droites, et alors, en séparant dans l'équation ci-dessus les produits des segments relatifs aux intersections de la transversale et du système additionnel, on aurait, en nommant $k, k',\ldots$ ces intersections, et que nous distinguerons ainsi du système des points $q, q', q'',\ldots$ relatifs à la ligne du degré n :

$$\frac{(ap)}{(bp)} = \frac{(aq)(ak)}{(bq)(bk)} = \mathrm{K}\frac{(aq)}{(bq)}, \quad \text{ou} \quad \frac{(ap)}{(aq)} = \mathrm{K}\frac{(bp)}{(bq)};$$

K désignant le rapport de (ak) à (bk) que l'on peut regarder comme donné, ce qui permet d'étendre la notion de l'involution simple au cas où les groupes de points $p, p',\ldots$ et de points $q, q',\ldots$ sont en nombres différents.

256. Au lieu de considérer comme situées d'une manière quelconque sur le plan des deux courbes les $m-n$ droites ou la ligne de degré $m-n$ que l'on adjoint à la courbe (B_n) pour former un lieu de degré m, on peut leur supposer des situations tout à fait particulières, et arriver ainsi à divers théorèmes plus ou moins remarquables.

Ainsi, par exemple, on peut supposer que la ligne complémentaire de (B_n), au lieu d'intersections distinctes k, k', k'' avec la transversale ab, ait un point *multiple* ou de convergence de ses diverses branches rectilignes ou curvilignes, situé en k sur ab, de sorte que

$$(ak)=\overline{ak}^{m-n},\quad (bk)=\overline{bk}^{m-n},\ldots,\quad \text{et par conséquent}\quad K=\left(\frac{ak}{bk}\right)^{m-n}.$$

On peut même supposer que ces branches deviennent parallèles ou que le point de convergence k passe à l'infini, ce qui donne simplement

$$K=1,\quad \text{et par conséquent}\quad \frac{(ap)}{(aq)}=\frac{(bp)}{(bq)},$$

forme particulière de l'involution qui ne dépend plus de la donnée numérique K, et peut conduire à beaucoup de conséquences jusqu'ici inconnues.

257. Considérons maintenant les $3m$ intersections d'une courbe géométrique continue et plane de degré m avec le système de trois transversales rectilignes arbitraires, et supposons que $3n$ de ces intersections, situées n par n sur des transversales différentes, appartiennent à une courbe unique du degré n ou à un système de droites et de courbes de degrés équivalents en somme à n : il est aisé de voir, d'après les mêmes principes, que les $3(m-n)$ intersections restantes seront à une courbe du degré $m-n$.

En effet, si nous regardons la courbe proposée de degré m comme transversale du triangle formé par les trois droites, et que nous conservions du reste les dénominations du n° 165, nous aurons

$$\frac{(ap)(bq)(cr)}{(bq)(cq)(ar)}=1;$$

mais, attendu que les $3n$ groupes de points $p, p', p'',\ldots, p^{(n-1)}$; $q, q', q'',\ldots, q^{(n-1)}$; $r, r', r'',\ldots, r^{(n-1)}$ appartiennent à une courbe du degré n, on aura une relation semblable entre les segments relatifs à ces points, ce qui réduira la proposée à celle-ci :

$$\frac{(ap^{(n)})(bq^{(n)})(cr^{(n)})}{(bp^{(n)})(cq^{(n)})(ar^{(n)})}=1,$$

laquelle, d'après nos conventions, montre que les trois groupes de points $p^{(n)}$ à $p^{(m)}$, $q^{(n)}$ à $q^{(m)}$, $r^{(n)}$ à $r^{(m)}$ sont à une autre courbe du degré $m-n$.

Ce théorème peut s'étendre à un nombre quelconque de droites arbitraires ou à un polygone quelconque considéré comme transversal d'une courbe plane géométrique.

DE L'INVOLUTION COMPLÈTE DE TROIS GROUPES DE m POINTS EN LIGNE DROITE. — CONSTRUCTION LINÉAIRE DE L'UN DES GROUPES PAR LES DEUX AUTRES.

258. Considérons le système des intersections de m transversales droites arbitraires tracées sur un plan avec une ligne géométrique quelconque du degré m située sur ce plan : il résulte des principes établis dans la précédente Section (**210** à **216**) que, par ces m^2 intersections, on pourra en général conduire une infinité d'autres lignes géométriques de même degré m, et que si un nouveau point est arbitrairement donné pour y faire passer l'une de ces lignes, elle sera complétement déterminée aussi bien que ses $m-1$ autres intersections avec une transversale arbitraire passant par le point dont il s'agit. Or il existe entre le groupe de ces derniers points et les deux groupes de m points d'intersections de la transversale arbitraire, soit avec la courbe, soit avec le système des m droites données, considéré comme une autre courbe de degré m, des relations extrêmement remarquables et qui se déduisent immédiatement du théorème des nos **180** et suiv. Il en résulte en effet que les systèmes d'intersections de ces deux courbes sont à la fois en involution par rapport à tous les couples d'intersections relatives aux lignes droites données, ce qui donne en tout $\frac{m(m-1)}{2}$ relations métriques projectives analogues à celles du n° **253**, mais parmi lesquelles $m-1$ seulement sont distinctes (**210** et **213**) et comportent naturellement toutes les autres; de sorte qu'elles sont seulement aptes aussi à donner $m-1$ des points qui appartiennent à l'une ou à l'autre des deux courbes quand les $2m+1$ points restants sont assignés.

Soient $p, p', p'', \ldots,$ les m intersections de la transversale avec les m droites données; $q, q', q'', \ldots,$ ses m intersections avec l'une des deux courbes correspondantes, et $r, r', r'', \ldots,$ celles qui appartiennent à l'autre; les $m-1$ relations distinctes dont il s'agit pourront être écrites ainsi :

$$\frac{(pq)}{(pr)}=\frac{(p'q)}{(p'r)}=\frac{(p''q)}{(p''r)}=\frac{(p'''q)}{(p'''r)}=\ldots=\text{const.},$$

dans lesquelles la première lettre de chacun des produits indiqués par les parenthèses est censée conserver le même indice supérieur pour tous les facteurs de ces quantités, tandis que l'indice relatif à la seconde lettre change, suivant nos conventions générales (165), en passant d'un facteur à un autre.

259. Les trois systèmes de points considérés jouissent d'un grand nombre d'autres propriétés curieuses et qui établissent entre eux une réciprocité complète.

Substituons en effet à l'une de nos deux courbes, à celle, par exemple, qui contient tous les points r, r', r'',..., un système de m droites quelconques, et concevons, par les m^2 intersections de ces droites avec les proposées relatives aux points p, p', p'',..., une nouvelle ligne géométrique qui contienne de plus q, on aura, pour déterminer les $m-1$ autres points où elle rencontre la transversale pr, $m-1$ relations semblables à celles ci-dessus qui définissent les $m-1$ points q', q'', q''',...; donc les mêmes constructions (210 et suiv.) qui donnent ces derniers points au moyen du premier q serviront aussi à construire les $m-1$ points inconnus de la nouvelle courbe, lesquels par conséquent ne pourront être autres que les points q', q'', q''',... eux-mêmes. Car, pour chacun de ces systèmes de points inconnus, on aura

$$\frac{(pq)}{(p'q)}=\frac{(pr)}{(p'r)},\quad \frac{(pq)}{(p''q)}=\frac{(pr)}{(p''r)},\quad \frac{(pq)}{(p'''q)}=\frac{(pr)}{(p'''r)},\ \text{etc.},$$

relations dont les seconds membres sont des rapports numériques de produits donnés, les mêmes pour les deux systèmes dont il s'agit.

Donc enfin on aura aussi entre les points proposés, les $m-1$ nouvelles relations

$$\frac{(rp)}{(rq)}=\frac{(r'p)}{(r'q)}=\frac{(r''p)}{(r''q)}=\frac{(r'''p)}{(r'''q)}=\text{etc.},$$

exprimant que les deux groupes de m points p, p', p'',... et q, q', q'',... sont, chacun à son tour, en *involution* par rapport à chacun des couples de points du troisième groupe r, r', r'',..., c'est-à-dire que ce dernier et le premier jouissent de propriétés exactement *réciproques* à l'égard du second.

Supposons maintenant qu'au lieu de mener les nouvelles transversales rectilignes par les points r, r', r'',..., on les eût conduites par q, q', q'',..., respectivement, on en conclurait pareillement que ce dernier groupe et celui des points p, p', p'',... sont *en involution réciproque* par rapport au premier, de sorte qu'on aurait encore

$$\frac{(qp)}{(qr)}=\frac{(q'p)}{(q'r)}=\frac{(q''p)}{(q''r)}=\frac{(q'''p)}{(q'''r)}=\text{etc.}$$

Les trois systèmes de relations que nous venons d'établir sont donc tels, que l'un quelconque d'entre eux entraîne forcément les deux autres; ce qui permet généralement de construire $m-1$ points de l'un des trois groupes auxquels ces systèmes d'équations appartiennent quand le dernier point de ce groupe et tous ceux des deux autres sont donnés.

260. Cette liaison remarquable entre trois groupes de m points situés en ligne droite peut se nommer *involution complète et réciproque* de ces points, pour la distinguer de celle (253) qui est relative à deux systèmes de m points comparés à deux points seulement. On voit qu'elle est absolument analogue à l'involution ordinaire de trois couples de points due à Desargues, de sorte qu'elle doit entraîner avec elle un grand nombre de conséquences curieuses relatives aux propriétés des systèmes de lignes et de surfaces géométriques, analogues par extension à celles (143, 150, 151) des lignes et des surfaces du second ordre. Mais, avant de les exposer, donnons un procédé graphique suffisamment simple et rapide pour déterminer les points de l'un des deux groupes au moyen de ceux des deux autres et de l'un quelconque des points du premier de ces groupes.

261. Proposons-nous, par exemple (*fig.* 42) de construire le groupe des points $r, r', r'', \ldots$, en nombre m, quand on en donne le premier r et tous ceux des deux autres groupes $p, p', p'', \ldots$, et $q, q', q'', \ldots$.

Menons par les points de ces derniers groupes deux systèmes de droites arbitraires s'entrecoupant en m^2 points dans un plan quelconque passant par la droite qui contient tous les groupes; par le point donné r et les m^2 points dont il s'agit, traçons également une ligne géométrique du degré m, ou plutôt déterminons par les méthodes des n°s 210 et suivants les $m-1$ nouvelles intersections de cette ligne avec pq : évidemment ces intersections se confondront avec les $m-1$ points demandés. Mais on peut ici notablement diminuer le nombre des opérations graphiques que supposent ces méthodes, en imaginant qu'après avoir mené par le point r une transversale arbitraire, on ait pris à volonté m points sur cette transversale pour y faire passer les deux systèmes de droites considérées; il résultera en effet des principes souvent cités (Sect. III) que les $m^2 - m = m(m-1)$ autres intersections de ces systèmes seront à une courbe du degré $m-1$ complétement déterminée, qu'on pourra construire (224) par points avec la règle, et qui viendra couper la droite des points donnés $p, p', \ldots, q, q', \ldots$, aux $m-1$ points demandés. Mais on peut simplifier davantage encore la construction en supposant que, des m points choisis arbitrairement sur la transversale issue du point donné r, $m-1$ soient confondus en un seul s, et que le dernier point, soit a, reste seul distinct des autres et de s.

En effet, par suite de cette hypothèse, la courbe du degré $m-1$ dont il vient d'être parlé acquerra un point multiple de l'ordre $m-2$ confondu avec le point donné s; de plus, elle passera par les $m-1$ intersections des transversales de chacun des systèmes qui contiennent s avec la dernière transversale de l'autre système, ne renfermant pas s mais a, ce qui fixe complétement la courbe de position et permet de la construire entièrement par points à l'aide du procédé linéaire très-simple du nº **204**, qui n'exige en effet que l'emploi de la règle.

La courbe ainsi obtenue viendra rencontrer la droite pq aux $m-1$ autres points r', r'', r''',... demandés, lesquels, avec r, sont en *involution complète* par rapport aux deux groupes de m points p, p', p'',... et q, q', q'',... qu'on s'est donnés *à priori* sur cette droite indéfinie pq.

262. Ces constructions faciles nous permettent de résoudre très-simplement la question où il s'agirait de faire passer par un point quelconque donné sur le plan de deux systèmes indépendants ou faisceaux distincts de m droites, une courbe géométrique qui contînt tous les points de rencontre de ces systèmes, au nombre de m^2, ou plus généralement de tracer la courbe géométrique qui passerait par un point arbitraire et par les m^2 intersections réelles ou imaginaires de deux lignes géométriques ou systèmes de lignes droites ou courbes du degré m, problème entièrement analogue à celui que nous nous sommes proposé de résoudre dans les nºs **210**, **216** et suivants, pour le cas où les intersections dont il s'agit sont immédiatement données et situées m par m sur m lignes droites distinctes.

Prenons, en effet, le point qu'on s'est arbitrairement donné sur la courbe cherchée, pour pôle d'une suite de transversales rencontrant les deux lignes ou systèmes de lignes donnés en m points respectivement; déterminons, d'après ce qui précède, les $m-1$ autres points qui, avec le pôle fixe, sont en involution par rapport aux $2m$ points dont il s'agit; la suite de tous ces points formera une ligne continue passant une seule fois par le pôle des rayons vecteurs et qui sera par conséquent du degré m seulement. Je dis, de plus, qu'elle passera nécessairement aussi par les m^2 intersections communes aux lignes données; car, d'après les relations qui lient entre eux (**259**) les trois groupes distincts de points en involution, il est clair que deux points quelconques de deux groupes différents ne peuvent se confondre en un seul sans qu'il n'en arrive autant à l'un des points du troisième groupe. Concevant donc que la transversale ci-dessus ait été menée par l'une quelconque des m^2 intersections des lignes données, on voit que l'un des $m - 1$ points inconnus relatifs à cette transversale et à la troisième courbe devra nécessairement se confondre avec l'intersection commune dont il s'agit.

Deux lignes planes quelconques du degré m ne pouvant se rencontrer en plus de m^2 points, il est clair que la courbe qui vient d'être construite ne saurait rencontrer aucune des proposées en d'autres points que ceux qui sont communs à leur système; mais c'est ce qui résulte immédiatement aussi des raisonnements par lesquels nous venons de prouver que cette première courbe passe par les intersections des deux autres.

263. Pour démontrer que la courbe ne passe qu'une seule fois par le pôle des rayons vecteurs, ce qui est assez évident en soi, il ne s'agit que de démontrer que cette courbe n'a qu'une tangente unique en ce pôle. Or, si l'on considère une pareille tangente comme transversale des deux lignes données, il faudra que l'un au moins des $m - 1$ points inconnus qui lui appartiennent se confonde avec le pôle fixe; et, comme d'après les propriétés de l'involution complète ces deux points, avant d'être confondus en un seul, devaient être tels (258) que, par rapport à leur couple, les systèmes d'intersections des courbes données fussent en involution simple, il faut bien (37) que, dans le cas où ils cessent d'être distincts, les *centres de moyennes harmoniques de ces systèmes d'intersections soient aussi les mêmes, pris par rapport au pôle fixe*. Mais, d'après le théorème de Côtes, le lieu des centres de moyennes harmoniques conjugué à ce pôle pour chacune des deux courbes est une ligne droite (n° 42 et p. 131); donc la tangente cherchée devra passer par l'intersection des deux droites ou axes pareils relatifs aux courbes données; donc enfin cette tangente est unique, comme il s'agissait de le démontrer.

264. On peut arriver aux mêmes conséquences, et par conséquent au tracé de la tangente du pôle, sans rien emprunter aux données précédentes. Supposant en effet qu'on ait mené deux transversales infiniment voisines par ce pôle, et concevant par les intersections voisines de nos deux courbes autant de lignes droites qui seront des tangentes véritables de ces courbes, il est aisé de voir que la tangente cherchée sera aussi la tangente d'une quatrième courbe qui passerait par le pôle fixe et par les m^2 intersections des deux systèmes distincts formés par les m tangentes de l'une des courbes données et par les m tangentes de l'autre. Cherchant donc l'intersection des deux axes de moyennes harmoniques de ces systèmes, conjugués au pôle fixe, on aura un second point de la tangente cherchée.

265. Revenons à notre courbe qui, passant par le pôle fixe, contient en outre tous les points d'intersection commune des deux courbes données, et prouvons directement : 1° que toute droite arbitraire la rencontre au plus en m points; 2° que ces m points sont toujours en involution complète avec les deux systèmes d'intersections de la même droite et des courbes proposées.

Soient r le pôle fixe, et s, t deux quelconques des intersections de la courbe qui y passe avec la droite arbitraire dont il s'agit; traçant les transversales rs, rt, dont la première rencontre l'une des courbes données aux m points $p, p', p'',\ldots$, et l'autre aux m points $q, q', q'',\ldots$, tandis que la seconde les rencontre respectivement aux m points $p_1, p'_1, p''_1,\ldots$ et aux m points $q'_1, q'_1, q''_1,\ldots$, les deux premiers groupes de points seront évidemment en involution par rapport aux points r, s, et les deux derniers le seront également par rapport aux points r et t, de sorte qu'on aura

$$\frac{(rp)}{(rq)} = \frac{(sp)}{(sq)}, \quad \frac{(rp_1)}{(rq_1)} = \frac{(tp_1)}{(tq_1)}.$$

Soient enfin $p_2, p'_2, p''_2,\ldots$ et $q_2, q'_2, q''_2,\ldots$ les intersections respectives de nos deux courbes avec la droite arbitraire st, et considérant successivement ces courbes comme transversales du triangle rst, on aura

$$\frac{(rp)(sp_1)(tp_2)}{(rp_1)(sp_2)(tp)} = 1, \quad \frac{(rq)(sq_1)(tq_2)}{(rq_1)(sq_2)(tq)} = 1;$$

divisant l'une par l'autre ces équations et égalant entre eux leurs premiers membres, on obtiendra, en vertu des deux équations primitives, qui définissent s et t par rapport à r,

$$\frac{(sp_2)}{(sq_2)} = \frac{(tp_2)}{(tq_2)},$$

ce qui indique que les deux groupes $p_2, p'_2, p''_2,\ldots$ et $q_2, q'_2, q''_2,\ldots$ de points d'intersection des courbes proposées, avec la droite arbitraire st, sont aussi en involution simple par rapport à s et t.

La même chose ayant lieu pour deux autres points d'intersection quelconques de la droite dont il s'agit et de la courbe qui contient le pôle fixe, on voit que toutes ces intersections sont telles, que les systèmes des m points p_2 et des m points q_2 sont à la fois en involution par rapport à chacun des groupes qu'elles forment; donc leur système total est en involution complète par rapport à ceux dont il s'agit, et leur nombre ne saurait surpasser m, comme il s'agissait de le démontrer; donc enfin le degré de la courbe à laquelle ils appartiennent ne saurait non plus surpasser m, de sorte qu'il est en général ou précisément m.

De là résulte un grand nombre de conséquences dont il nous suffira d'indiquer les principales.

THÉORÈMES RELATIFS A L'INVOLUTION DES LIGNES OU SURFACES DE MÊME DEGRÉ A INTERSECTIONS COMMUNES.

266. Concevons trois courbes géométriques de l'ordre m ayant les mêmes m^2 points communs sur un plan; par l'un des points de l'une de ces courbes menons, d'après le procédé qui précède, une ligne géométrique de l'ordre m passant par les m^2 intersections des deux autres : il est clair qu'elle se confondra tout entière avec la troisième, puisque autrement elle aurait plus de m^2 points en commun avec elle, ce qui est absurde; donc :

Si l'on coupe par une droite arbitraire le système de trois lignes géométriques quelconques du degré m, ayant les mêmes intersections communes sur un plan, les trois systèmes de m points qui en résultent sont en involution complète.

Donc aussi :

Quand trois surfaces géométriques de même degré ont la même ligne d'intersection commune, toute transversale les rencontre en trois systèmes de points qui sont en involution complète.

267. Dans la vue d'abréger, nous pourrons dire par la suite, de trois pareilles surfaces, ou de trois lignes qui ont les mêmes intersections communes, que leur système est aussi en involution complète.

Concevons encore dans un plan ou dans l'espace trois lignes ou trois surfaces géométriques assujetties à ces conditions; leur ensemble ou système jouira de cette autre propriété liée d'une manière intime à la notion des involutions simples ou complètes.

Toute tangente à l'une de ces lignes ou surfaces (m) *coupera les deux autres en deux groupes de m points, qui auront le même* centre de moyennes harmoniques *par rapport au point de contact de la tangente considérée.*

268. Ce théorème, évident d'après les considérations du n° 264 ci-dessus, assigne la tangente ou le plan tangent en un point donné de l'une des trois courbes ou surfaces, quand on connaît les deux autres; mais leur construction suppose la connaissance de propriétés qui seront démontrées dans le § III ci-après, et on pourra substituer à cette construction une autre analogue à celle qui a été exposée au n° 264, et dont la justification paraîtra ici bien évidente d'après les propositions qui viennent de nous occuper.

269. Enfin concevons un système de quatre courbes du degré m, ayant les mêmes m^2 points communs sur un plan; il est évident que les quatre groupes distincts d'intersections déterminées par une transversale arbitraire dans ces courbes respectives formeront trois par trois des involutions complètes; prenons en particulier la transversale tangente à l'une quelconque de nos courbes : il résulte de ce qui précède que le point de contact de cette tangente sera tel, que le centre des moyennes harmoniques, qui lui est conjugué dans les trois autres groupes auxquels il n'appartient pas, sera unique ou le même pour ces groupes. De là on conclut que :

Si trois groupes de m points, en involution complète sur une droite, sont tels, que deux d'entre eux aient le même centre de moyennes harmoniques conjugué à un dernier point de la droite qui les contient, ce centre sera aussi le centre de moyennes harmoniques du troisième groupe par rapport au même point.

En effet, les trois groupes de m points dont il s'agit peuvent toujours être censés appartenir à trois courbes du degré m s'entrecoupant aux mêmes points dans un plan quelconque qui contient la droite donnée; conduisant donc par le point conjugué au centre de moyennes harmoniques, commun à deux de ces systèmes, une nouvelle courbe qui contienne en outre les m^2 intersections des proposées, on conclura de ce qui précède, qu'elle touchera au point dont il s'agit la droite donnée.

270. Le centre des moyennes harmoniques d'un groupe de points quelconque se changeant en un centre de moyennes distances ordinaire, quand le point qui lui est conjugué passe à l'infini, il paraît évident encore que :

Si trois groupes de m points, en involution complète sur une droite, sont tels, que deux d'entre eux aient le même centre de moyennes distances, ce centre sera aussi celui du troisième groupe.

TRANSFORMATION DES RELATIONS D'INVOLUTIONS, ET COROLLAIRES RELATIFS AUX SÉCANTES DES COURBES OU SURFACES, PARALLÈLES A DES DIRECTIONS FIXES.

271. Les groupes distincts de points en involution jouissent de beaucoup d'autres propriétés auxquelles on peut parvenir par des considérations géométriques fort simples, mais qui nous obligeraient d'établir quelques lemmes préliminaires relatifs aux systèmes combinés de lignes droites ou de plans; et, bien que ces lemmes ne soient pas en eux-mêmes dénués de tout intérêt, nous préférons ici, pour la brièveté, mettre en usage les res-

sources de l'Analyse algébrique, qui nous permettent d'arriver tout d'un coup à l'ensemble des relations qui lient entre eux les systèmes de points en involution complète.

Soient en effet (*fig.* 43) les trois systèmes de m points $p, p', p'', \ldots$; $q, q', q'', \ldots$, et $x, x', x'', \ldots$, en involution sur une droite, c'est-à-dire tels, qu'on ait (**258** et **259**)

$$\frac{(xp)}{(xq)} = \frac{(x'p)}{(x'q)} = \frac{(x''p)}{(x''q)} = \ldots.$$

En considérant ces égalités comme propres à définir ou à déterminer les m points $x, x', x'', \ldots$, à l'aide de tous les autres, on pourra poser généralement l'équation unique

$$\frac{(xp)}{(xq)} = \mathrm{K} \quad \text{ou} \quad (xp) = \mathrm{K}(xq),$$

K étant une constante positive ou négative qui est donnée de grandeur et de signe dès que la position de l'un des points $x, x', x'', \ldots$, est connue et qui, lorsqu'elle est assignée *à priori*, suffira évidemment (**261**) pour construire tous ces points, si l'on convient, une fois pour toutes, que les facteurs linéaires qui entrent dans les produits (xp) et (xq) doivent être positifs ou négatifs, selon que les points auxquels ils appartiennent sont situés à droite ou à gauche du point x considéré en particulier comme origine commune des segments.

Cela posé, imaginons que ce point x soit situé à gauche de tous les points donnés, et prenons à volonté une nouvelle origine o située elle-même à gauche de x; l'équation ci-dessus deviendra, en nommant ox simplement x,

$$\frac{(xp)}{(xq)} = \frac{(op - x)}{(oq - x)} = \mathrm{K} \quad \text{ou} \quad (x - op) - \mathrm{K}(x - oq) = 0,$$

dans laquelle K est essentiellement positif. Si au contraire x devait être situé entre deux des points donnés, le coefficient K pourrait être négatif; mais dans tous les cas l'équation ci-dessus subsisterait en attribuant un signe convenable à la constante K.

Développant donc les produits de la dernière équation, ordonnant par rapport à x, nommant P_1 la somme des segments ou abscisses simples op, $op', op'', \ldots, \mathrm{P}_2, \mathrm{P}_3, \ldots, \mathrm{P}_{m-1}, \mathrm{P}_m$ celles de leurs produits deux à deux, trois à trois,..., $m-1$ à $m-1$, enfin m à m, ce qui revient à leur produit total; nommant pareillement $\mathrm{Q}_1, \mathrm{Q}_2, \mathrm{Q}_3, \mathrm{Q}_{m-1}, \mathrm{Q}_m$ les quantités analogues relatives aux abscisses $oq, oq', oq'', \ldots$, on aura évidemment

$$(1-\mathrm{K})x^m - (\mathrm{P}_1 - \mathrm{K}\mathrm{Q}_1)x^{m-1} + (\mathrm{P}_2 - \mathrm{K}\mathrm{Q}_2)x^{m-2} \ldots \pm (\mathrm{P}_{m-1} - \mathrm{K}\mathrm{Q}_{m-1})x \mp (\mathrm{P}_m - \mathrm{K}\mathrm{Q}_m) = 0,$$

équation qui servirait à calculer directement les m valeurs de x à défaut de constructions géométriques, c'est-à-dire à déterminer les m abscisses positives ou négatives ox, ox', ox'',..., relatives au troisième groupe de points en involution par rapport aux proposés.

272. Il résulte de là et de la théorie des équations, que, si l'on nomme semblablement X_1 la somme des abscisses dont il s'agit, X_2 celle de leurs produits deux à deux, X_3 celle de leurs produits trois à trois, et ainsi de suite, on aura

$$X_1(1-K)=P_1-KQ_1,\quad X_2(1-K)=P_2-KQ_2,\ldots,\quad X_{m-1}(1-K)=P_{m-1}-KQ_{m-1},$$
$$X_m(1-K)=P_m-KQ_m,$$

équations dans lesquelles on doit toujours regarder comme positives les abscisses des points situés à droite de l'origine o, et comme négatives celles des points situés à gauche de cette même origine, mais où l'on peut attribuer à K un signe quelconque et le remplacer même par le rapport de deux nombres A et B dont l'un demeure arbitraire, si l'on veut donner aux équations une forme entièrement symétrique.

On conclut encore de ces m équations combinées deux à deux une suite d'autres relations métriques indépendantes du nombre K, et qui expriment autant de propriétés nouvelles des groupes conjugués des points en involution complète, telles que $m-1$ quelconques d'entre elles relatives à un certain groupe comportent nécessairement toutes les autres.

273. Si nous nous arrêtons au système des m équations posées en dernier lieu, il sera facile de conclure de la première d'entre elles que les *centres de moyennes distances* de deux des trois groupes de points considérés ne peuvent se confondre entre eux sans se confondre en même temps avec celui du troisième; des deux dernières équations, on conclura la proposition analogue relative aux centres de moyennes harmoniques de ces groupes respectivement conjugués au point o; ce qui revient aux théorèmes déjà démontrés plus haut. Mais il convient pour notre objet d'étudier spécialement la dernière de toutes ces relations qu'on peut écrire ainsi d'après nos conventions :

$$(ox)(1-K)=(op)-K(oq)\quad \text{ou}\quad (ox)(A+B)=A(op)+B(oq),$$

où $K=-\frac{B}{A}$ (272) et qui exprime une propriété d'autant plus remarquable des groupes de trois points en involution, qu'elle est tout à fait indépendante de la position particulière du point o; en sorte qu'elle demeure applicable même quand ce point est censé confondu avec l'un quelconque des $3m$ points qui constituent les trois groupes x, p, q; ce qui fait retomber successivement sur chacun des trois systèmes d'équations du n° 259 qui définissent l'involution complète.

274. Supposons, par exemple, le point o confondu avec x, le produit (ox) sera nul et l'on aura

$$(op)=K(oq) \quad \text{ou} \quad (xp)=K(xq).$$

Si donc on considère sur un plan, un système de trois courbes de degré m ayant les mêmes m^2 intersections communes et coupées par des transversales quelconques, le nombre K se trouvera défini pour chacune des positions de la transversale et chacune des courbes distinctes du système. Or, il faut remarquer que ce nombre, qui change avec l'inclinaison des transversales, reste constant pour toutes celles qui seraient parallèles à une même direction.

Soit, en effet, x' un nouveau point quelconque de la courbe qui passe par x; traçons la droite indéfinie xx' rencontrant en P, P', P'',..., la courbe des points p et en Q, Q', Q'',..., celle des points q, nous aurons (253), d'après la propriété de la courbe des points x,

$$\frac{(xP)}{(xQ)}=\frac{(x'P)}{(x'Q)}.$$

Menons également par x' une transversale parallèle à celle qui contient x, p, q,..., et nommons p_1, p'_1, p''_1..., q_1, q'_1, q''_1,..., ses intersections respectives avec la courbe des p et celle des q, nous aurons, en vertu du théorème de Newton, les relations

$$\frac{(x'p_1)}{(x'P)}=\frac{(xp)}{(xP)}, \quad \frac{(x'q_1)}{(x'Q)}=\frac{(xq)}{(xQ)};$$

d'où l'on tire

$$\frac{(x'p_1)}{(x'q_1)}=\frac{(xp)}{(xq)}\times\frac{(x'P)(xQ)}{(xP)(x'Q)}=\frac{(xp)}{(xq)},$$

en vertu de l'équation déja posée ci-dessus; ce qui démontre évidemment que le rapport de (xp) à (xq) est invariable pour toutes les transversales parallèles de la courbe des points x, conformément à ce qui a été avancé plus haut.

275. Dans le cas où la transversale $x'\ p_1\ q_1$, au lieu d'être parallèle à pq, la rencontre en un point a, il est aisé de se convaincre que le rapport dont il s'agit ne peut rester invariable que moyennant des conditions tout à fait

particulières; car si l'on considère successivement le triangle axx' comme transversale de la courbe des p et de celle des q, il en résultera deux relations qui, comparées entre elles, donneront

$$\frac{(xq)(x'p_1)}{(xp)(x'q_1)}=\frac{(aq)(ap_1)}{(ap)(aq_1)}\times\frac{(x\mathrm{Q})(x'\mathrm{P})}{(x\mathrm{P})(x'\mathrm{Q})}=\frac{(aq)(ap_1)}{(ap)(aq_1)},$$

à cause de la première des équations ci-dessus; ce qui démontre que le rapport de (xp) à (xq) ne deviendrait égal à celui de $(x'p_1)$ à $(x'q_1)$ qu'autant que a serait tel, qu'on eût

$$\frac{(aq)(ap_1)}{(ap)(aq_1)}=1,$$

circonstance qui n'a lieu généralement que pour le cas cité où a se trouve à l'infini.

276. De là d'ailleurs on conclut la proposition suivante :

Trois courbes géométriques quelconques du même degré et s'entre-croisant aux mêmes points sur un plan sont telles, que si on les coupe par une suite de transversales parallèles à un axe fixe arbitraire, et qu'on forme pour chaque transversale les produits respectifs des segments interceptés depuis l'une quelconque des intersections avec l'une des courbes jusqu'aux intersections relatives à chacune des deux autres, le rapport de ces produits sera le même pour toutes les transversales parallèles.

277. Donc réciproquement :

Si, dans le plan commun à deux lignes géométriques quelconques, mais du même degré, on mène une suite de transversales parallèles à un axe fixe arbitraire, puis qu'on prenne sur chacune d'elles tous les points tels, que les produits de leurs distances à chaque courbe respective mesurées sur cette transversale soient entre eux dans un rapport invariable, le lieu de tous les points pareils sera une troisième ligne géométrique du même ordre que les proposées et passant par tous les points qui leur sont communs.

Par conséquent aussi le système de ces trois courbes géométriques jouit des diverses propriétés d'involution qui nous ont précédemment occupés relativement à des transversales entièrement arbitraires.

278. Ces énoncés s'étendent aux systèmes analogues de surfaces géométriques d'un même degré, pourvu qu'elles aient les mêmes courbes d'intersection, comme elles s'appliquent également au cas où l'on remplacerait les lignes ou les surfaces par des systèmes de droites ou de plans constituant

chacun un lieu du même ordre. De plus, les considérations exposées dans ce qui précède indiquent les moyens de construire géométriquement tous les points qui jouissent de la propriété énoncée.

279. Au lieu de conduire par chacun de ces points une transversale unique pour les deux courbes ou surfaces, concevons qu'on leur mène deux transversales distinctes, sous des inclinaisons déterminées; d'après le théorème de Newton, il est clair que les produits des segments compris sur chacune d'elles entre le point dont il s'agit et la courbe ou surface correspondante seront encore entre eux dans un rapport invariable pour tous les points de la troisième courbe ou surface. Car ces produits, comparés respectivement à ceux qui leur correspondent sur la transversale unique des énoncés précédents, ont avec eux des rapports constants.

Dans le cas où les deux courbes, les deux surfaces géométriques sont remplacées par des systèmes distincts de lignes droites ou de plans quelconques, mais formant des lieux du même ordre, on peut évidemment supposer que de chacun des points considérés on ait mené, sous des inclinaisons données, des transversales différentes pour chaque droite ou chaque plan, sans que nos théorèmes cessent d'exister; car les segments compris sur la transversale unique sont respectivement proportionnels aux distances mesurées sur les transversales distinctes qui correspondent à ces segments.

280. On reconnaît ici le célèbre problème des *lieux*, résolu par Descartes dans sa *Géométrie*, livre II, 2e partie (*), et dont la solution avait été vainement tentée par les Anciens, notamment par Pappus, pour les lieux supérieurs au deuxième degré; mais ce qui précède montre qu'en donnant un peu plus d'extension à la théorie des transversales dont les premiers linéaments leur sont dus, les Anciens eussent très-bien pu parvenir à la découverte de ces propositions universelles, qui, entre les mains de notre géomètre philosophe, ont été le triomphe de l'Analyse moderne.

(*) *Voyez* aussi la *Géométrie de position* de Carnot, p. 444, n° 387, et principalement *Miscellanea analytica*, etc., de Edw. Waring : Cantabrigiâ, 1762, p. 101 à 104. Carnot, en considérant spécialement le cas de quatre droites sur un plan, en a déduit une série de propositions sur les coniques, parmi lesquelles se retrouve l'hexagramme mystique de Pascal. Waring, peu cité par les auteurs, considère le cas d'un nombre quelconque de groupes de n droites sur un plan et d'obliques correspondantes, abaissées sous des angles donnés d'un point mobile assujetti à la condition que la somme des produits relatifs à chaque groupe d'obliques multipliés par des constantes soit égale à zéro. Ces obliques s'exprimant par des fonctions linéaires des coordonnées variables, il en résulte que l'équation de la courbe cherchée est du degré n : pour le cas de deux groupes de trois droites, la courbe est du troisième degré et passe par les intersections mutuelles de ces groupes. Waring étend ces propositions à des courbes données du degré n. — (Note de 1830.)

§ II.

Extension des théories précédentes.

Ces propositions, sur lesquelles je ne crois pas nécessaire d'insister, peuvent s'étendre à un nombre quelconque de courbes et de surfaces géométriques ou de systèmes de droites et de plans ayant ou non les mêmes intersections communes.

DES RELATIONS D'INVOLUTION A PLUSIEURS TERMES ET A COEFFICIENTS INDÉTERMINÉS.

281. Pour démontrer la possibilité de cette extension, concevons sur un plan plusieurs lignes géométriques du même degré m (*) ; coupons toutes ces lignes par une suite de transversales parallèles à un axe fixe ; soient $p, p', p'',\ldots$, les intersections de l'une quelconque de ces transversales avec l'une des courbes données que je nommerai (p); soient pareillement $q, q', q'',\ldots$, les intersections avec (q), $r, r', r'',\ldots$, les intersections avec (r), et ainsi de suite; prenons sur chacune de ces mêmes transversales le point α tel, qu'on ait

$$A(\alpha p) + B(\alpha q) + C(\alpha r) + \ldots = 0,$$

en ayant égard aux signes de position des différents segments relatifs au point α, et A, B, C,... étant d'ailleurs des constantes numériques données, positives ou négatives: je dis que la suite des points α sera sur une ligne du degré m, qui passera par les intersections *communes* aux proposées, si toutefois celles-ci ont une ou plusieurs intersections pareilles.

Considérant en particulier les courbes (p) et (q), on imaginera une nouvelle ligne géométrique du degré m passant par leurs m^2 intersections communes, et dont les points de rencontre avec la transversale proposée, étant représentés par $x, x', x'',\ldots$, soient tels, qu'on ait constamment (**273**), o étant sur cette transversale une origine quelconque des abscisses,

$$(A+B)(ox) = A(op) + B(oq);$$

on aura donc aussi

$$(A+B)(\alpha x) = A(\alpha p) + B(\alpha q),$$

(*) Les courbes peuvent ne pas être du même degré; la courbe résultante sera du degré le plus élevé parmi ceux des proposées, comme on le verra dans une *Addition* à ce paragraphe. — (Note de 1830.)

Ceci se rapporte à diverses Notes manuscrites supprimées, et dont je me propose de donner une idée dans l'un des articles de la *Section supplémentaire* (1865).

et par suite la courbe (α) devra satisfaire à la relation suivante, qui renferme un terme de moins que la proposée :

$$(A+B)(\alpha x)+C(\alpha r)+\ldots=0.$$

En opérant de même sur deux autres lignes quelconques relatives aux produits de segments qui entrent dans cette dernière équation, on pourra réduire le nombre de ses termes d'une seconde unité; par exemple, y, y', y'',... étant les intersections par la transversale proposée d'une nouvelle courbe (y) passant par les intersections de (r) et de (x), on prendra pour la définir la relation

$$(A+B+C)(oy)=(A+B)(ox)+C(or),$$

qui devient, quand l'origine o se confond avec α,

$$(A+B+C)(\alpha y)=(A+B)(\alpha x)+C(\alpha r)=A(\alpha p)+B(\alpha q)+C(\alpha r).$$

Continuant donc ainsi, on arrivera finalement à une dernière égalité ne contenant plus que deux termes, laquelle appartiendra évidemment au lieu géométrique demandé (α) renfermant tous les points α, et qui sera du $m^{ième}$ degré seulement. De plus, il paraît évident que, si toutes les courbes proposées ont un point commun, les courbes auxiliaires, et par conséquent la courbe des α, passeront nécessairement aussi par ce point.

Le même raisonnement étant applicable mot pour mot au cas où l'on remplace les simples lignes par des surfaces de même degré, et trois surfaces pareilles, mais d'ailleurs quelconques, s'entrecoupant nécessairement aux mêmes points, qui sont en général au nombre de m^3, on voit que toute autre surface du degré m qui sera assujettie à la relation ci-dessus par rapport aux premières, passera naturellement aussi par leurs intersections communes, réelles ou imaginaires.

282. Par l'un quelconque α des points de la courbe (α) ainsi obtenue, menons arbitrairement une transversale parallèle à l'axe fixe, on aura

$$A(\alpha p)+B(\alpha q)+C(\alpha r)+\ldots=0;$$

relation qui aurait lieu également pour toutes les autres intersections α', α'',... de la transversale dont il s'agit avec (α). Par le point α concevons une nouvelle droite quelconque, qui pour toutes les positions de ce point doive demeurer parallèle à un autre axe fixe arbitraire; et soient p_1, p'_1, p''_1,..., q_1, q'_1, q''_1,..., r_1, r'_1, r''_1,... ses intersections respectives avec les courbes ou surfaces (p), (q), (r),..., on aura, d'après le théorème de Newton,

$$(\alpha p) = \text{K}(\alpha p_1), \quad (\alpha q) = \text{L}(\alpha q_1), \quad (\alpha r) = \text{M}(\alpha r_1), \ldots,$$

et, par conséquent,

$$\text{A}.\text{K}(\alpha p_1) + \text{B}.\text{L}(\alpha q_1) + \text{C}.\text{M}(\alpha r_1) + \ldots = 0;$$

ce qui montre que (α) jouit de la même propriété par rapport à tous les systèmes de transversales parallèles à des axes fixes quelconques, si ce n'est que les constantes qui entrent dans l'équation ci-dessus changent d'un axe à l'autre, conformément à ce qui vient d'être observé.

Une relation de la même forme aurait évidemment lieu encore, si, par les divers points de (α), on menait dans chaque courbe des sécantes parallèles à des axes fixes distincts.

DÉTERMINATION DES CONSTANTES SOUS DIVERSES CONDITIONS.

283. Supposons maintenant que l'on se donne arbitrairement autant de points α de (α) qu'il y a de constantes moins une dans cette relation, c'est-à-dire un nombre égal à celui des courbes ou surfaces données diminué d'une unité : on obtiendra ainsi autant d'équations linéaires qu'il en faut pour déterminer les rapports des constantes A, B, C,... à l'une quelconque d'entre elles, et, par conséquent aussi, pour déterminer complétement, de forme et de position, la courbe ou surface (α) qui passe par ces points.

Par exemple, si l'on n'a que trois courbes ou surfaces (p), (q), (r) du degré m à considérer, deux points α et α' suffiront pour déterminer la quatrième courbe (α), puisqu'on aura pour la direction de $\alpha\alpha'$

$$\text{A}(\alpha\, p) + \text{B}(\alpha\, q) + \text{C}(\alpha\, r) = 0,$$
$$\text{A}(\alpha' p) + \text{B}(\alpha' q) + \text{C}(\alpha' r) = 0;$$

d'où l'on tire immédiatement

$$\frac{\text{B}}{\text{C}} = \frac{(\alpha r)(\alpha' p) - (\alpha' r)(\alpha p)}{(\alpha p)(\alpha' q) - (\alpha' p)(\alpha q)}, \quad \frac{\text{A}}{\text{C}} = \frac{(\alpha' r)(\alpha q) - (\alpha r)(\alpha' q)}{(\alpha p)(\alpha' q) - (\alpha' p)(\alpha q)}.$$

Soit α'' un troisième point quelconque de (α) situé sur le prolongement de $\alpha\alpha'$, on aura également

$$\text{A}(\alpha'' p) + \text{B}(\alpha'' q) + \text{C}(\alpha'' r) = 0,$$

et, par conséquent,

$$[(\alpha' r)(\alpha q) - (\alpha r)(\alpha' q)](\alpha'' p) + [(\alpha r)(\alpha' p) - (\alpha' r)(\alpha p)](\alpha'' q)$$
$$+ [(\alpha p)(\alpha' q) - (\alpha' p)(\alpha q)](\alpha'' r) = 0;$$

ce qui démontre que les points α, α', α'',..., qui appartiennent à une même transversale arbitraire, ont entre eux, et par rapport aux intersections de cette transversale et des courbes ou surfaces (p), (q) et (r), une corrélation telle, que, ces points étant pris trois par trois et dans un ordre arbitraire, ils donnent lieu à la même équation ou relation métrique, et que, de plus, deux quelconques d'entre eux étant donnés, les $m-2$ autres s'en déduisent nécessairement.

284. Ces propriétés sont analogues à celles qui concernent trois systèmes de points en involution complète sur une droite; en les étudiant d'abord pour les systèmes de lignes droites ou de surfaces planes, on les étendrait facilement ensuite aux lignes et surfaces quelconques, à peu près comme nous l'avons fait pour les propriétés relatives à l'involution qui nous ont précédemment occupés; on serait ainsi conduit à des constructions géométriques élégantes et simples pour trouver la courbe ou surface qui satisfait aux conditions données, quand on assigne deux quelconques de ses points, ou une tangente et son point de contact, etc.

Il m'est impossible de m'arrêter à de telles conséquences, et je me borne à faire observer que la dernière des relations ci-dessus et toutes ses analogues deviennent identiques et, par conséquent, changent de forme quand on suppose α et α' infiniment voisins, ou la transversale $\alpha\alpha'$ tangente à (α); il est aisé en effet (187 et suiv.) de s'assurer qu'on a alors

$$\frac{B}{C}=\frac{\sum\frac{1}{\alpha p}-\sum\frac{1}{\alpha r}}{\sum\frac{1}{\alpha q}-\sum\frac{1}{\alpha p}},\quad \frac{A}{C}=\frac{\sum\frac{1}{\alpha r}-\sum\frac{1}{\alpha q}}{\sum\frac{1}{\alpha q}-\sum\frac{1}{\alpha p}},$$

$$\left(\sum\frac{1}{\alpha r}-\sum\frac{1}{\alpha q}\right)(\alpha''p)+\left(\sum\frac{1}{\alpha p}-\sum\frac{1}{\alpha r}\right)(\alpha''q)+\left(\sum\frac{1}{\alpha q}-\sum\frac{1}{\alpha p}\right)(\alpha''r)=0,$$

équations dans lesquelles il faut attribuer le signe + ou le signe − à chaque abscisse ou segment, selon que ce segment est situé à droite ou à gauche de l'origine α ou α'' d'où il se mesure; de sorte qu'on peut aussi leur donner cette forme plus simple :

$$\frac{B}{C}=\frac{\sum\frac{pr}{\alpha p.\alpha r}}{\sum\frac{pq}{\alpha p.\alpha q}},\quad \frac{A}{C}=\frac{\sum\frac{qr}{\alpha q.\alpha r}}{\sum\frac{pq}{\alpha r.\alpha p}},$$

$$\sum\frac{qr}{\alpha q.\alpha r}(\alpha''p)+\sum\frac{pr}{\alpha p.\alpha r}(\alpha''q)+\sum\frac{pq}{\alpha p.\alpha q}(\alpha''r)=0,$$

sous laquelle on reconnaît que ces relations, de même que celles d'où elles proviennent, satisfont naturellement aux conditions de projectibilité énoncées au n° 11 du tome Ier de ce *Traité*. Ainsi, par exemple, des relations de même forme ont lieu entre les *sinus des angles correspondants* d'un faisceau convergent de droites qui s'appuieraient sur les points considérés, etc.

Mais cette analogie entre les systèmes de points qui nous occupent et les points en involution complète peut être rendue plus évidente encore par les considérations qui suivent.

ANALOGIE ENTRE LES NOUVELLES ET LES ANCIENNES RELATIONS D'INVOLUTION.

285. Reprenons, en effet, le raisonnement du n° 281 où nous avons fait intervenir les courbes ou surfaces auxiliaires (x), (y),..., pour construire celle (α) qui satisfait à la relation

$$A(\alpha p) + B(\alpha q) + C(\alpha r) + \ldots = 0,$$

et observons que, puisque nous avons, par rapport à une origine quelconque o de la direction de la transversale pr parallèle à l'axe fixe,

$$\begin{aligned}(A+B)(ox) &= A(op) + B(op),\\ (A+B+C)(oy) &= (A+B)(ox) + C(or),\\ &\ldots\ldots\ldots\ldots,\end{aligned}$$

nous aurons aussi, en général, (z) étant la dernière des courbes ou surfaces auxiliaires considérées,

$$(A+B+C+\ldots)(oz) = A(op) + B(oq) + C(or) + \ldots.$$

Or il résulte de là que (z) et (α) jouissent absolument des mêmes propriétés par rapport à (p), (q), (r),..., ou qu'elles sont de même espèce.

Supposons donc l'origine arbitraire o de pr, successivement confondue avec divers points de la courbe (z); le premier membre de l'équation ci-dessus s'évanouissant, on aura autant de relations de la forme

$$A(zp) + B(zq) + C(zr) + \ldots = 0,$$

qui ont lieu aussi par hypothèse pour les divers points de (α).

Se rappelant maintenant que chacune des auxiliaires (x), (y),..., (z) supposées en nombre $n-1$, si la relation proposée renferme n termes, comporte un point ou une condition arbitraire, il sera facile de voir que (z) se confondra entièrement avec (α), si l'on choisit les données de façon qu'elle passe par $n-1$ des points de (α). On aura donc aussi

$$(A+B+C+\ldots)(o\alpha)=A(op)+B(oq)+C(or)+\ldots,$$

quel que soit le point d'origine o des segments; ce qui prouve que les systèmes de m points p, de m points q, etc., jouissent entre eux de propriétés entièrement réciproques, et analogues à celles qui constituent (260) l'involution complète de $3m$ points en ligne droite.

286. Supposant, par exemple, l'origine o successivement confondue avec α, avec p, avec q, etc., on aura la suite d'équations

$$A(\alpha p)+B(\alpha q)+C(\alpha r)+\ldots=0,$$
$$(A+B+C+\ldots)(p\alpha)-B(pq)-C(pr)-\ldots=0,$$
$$(A+B+C+\ldots)(q\alpha)-A(qp)-C(qr)-\ldots=0,$$
$$\ldots\ldots\ldots\ldots\ldots\ldots\ldots\ldots\ldots\ldots\ldots\ldots,$$

qui se rapportent au même genre de relations métriques, et subsistent sous la même forme quand on suppose cette origine successivement placée en α', p', q', r',...; ce qui ne fait que changer l'indice de la première lettre de chacun des facteurs des produits compris entre parenthèses, d'après nos conventions (165), cette lettre étant la même pour la même équation.

287. Concevons encore qu'un certain point o de la transversale pr soit tel, qu'il ait même centre de moyennes harmoniques conjugué par rapport aux différents groupes de points p, de points q, etc., un seul de ces groupes excepté; d'après les considérations générales qui précèdent, relatives aux surfaces auxiliaires (x), (y),..., (z), et qui peuvent s'appliquer immédiatement aux groupes des intersections x, x', x'',..., des intersections y, y', y'',..., etc., qui leur appartiennent, le centre conjugué à ce point d'origine o dans le groupe réservé se confondra aussi avec celui qui est commun aux premiers groupes; car il est évident, par exemple, que si le groupe des points p et celui des points q ont même centre de moyennes harmoniques conjugué au point o, ce centre sera aussi celui (269) du système des points x; que s'il est en même temps celui des points r, il devra également se confondre avec celui de y, et ainsi de suite.

Supposant le point o à l'infini, le centre commun des moyennes harmoniques se changera en un centre pareil des moyennes distances des différents groupes de points considérés sur chacune des transversales parallèles à une même direction, la suite de tous ces centres formant un lieu unique, continu et linéaire, dont nous n'avons point ici à nous occuper.

288. L'analogie de ces différentes relations entre les systèmes de points considérés avec celles qui concernent trois systèmes simples de m points (271 et suiv.) permettrait de nommer généralement *involution multiple et réciproque* la corrélation de situation qu'elles définissent.

Mais, afin de ne pas confondre entre elles ces différentes espèces d'*involutions*, il conviendrait d'indiquer le nombre des systèmes distincts de points dont chacune se compose; ainsi, par exemple, on dirait une involution complète de $3m$ points, de $4m$ points, etc., ou de trois groupes, de quatre groupes de m points, etc.

Sans insister sur cette définition, nous ferons observer que l'on pourra toujours substituer à chacune des relations qui viennent d'être posées en dernier lieu, une suite d'équations analogues à celles du n° 285, et qui satisferont aux conditions de projectibilité dont il y est fait mention; ce qui prouve que toutes ces équations ont lieu de la même manière pour les perspectives ordinaires ou en relief de la figure proposée; conséquence évidente en elle-même, puisque les relations qui concernent les surfaces auxiliaires (x), (y),..., dont il a été fait mention précédemment (281), et qui appartiennent aux involutions complètes de $3m$ points, jouissent elles-mêmes de cette propriété.

DÉMONSTRATION DIRECTE DE LA PROJECTIVITÉ DES NOUVELLES RELATIONS D'INVOLUTION ET COROLLAIRES RELATIFS AUX INTERSECTIONS DES LIGNES OU DES SURFACES.

289. Il me paraît utile de montrer *à priori* comment toutes les relations jusqu'ici considérées, et qui contiennent des constantes, peuvent être ramenées de la manière la plus simple à la forme particulière de celles qui satisfont aux conditions de projectibilité du n° 11 du précédent volume; car il en résulte, par là même, une série de relations ou de propriétés nouvelles et plus générales encore des points qu'elles concernent.

Considérant, par exemple, la relation particulière

$$(A+B)(ox)=A(op)+B(oq),$$

qui définit l'involution complète des trois groupes (*fig.* 43) de m points x, x', x'',..., p, p', p'',..., q, q', q'',..., situés en ligne droite, on fera intervenir, conformément aux remarques de la Note IIe du *Mémoire sur les centres des moyennes harmoniques* (Sect. II), le point ω situé à l'infini sur cette droite, parmi tous les autres points considérés; car on aura identiquement

$$(A+B)\frac{(ox)}{(\omega x)}=A\frac{(op)}{(\omega p)}+B\frac{(oq)}{(\omega q)},$$

attendu que les dénominateurs peuvent ici être censés égaux entre eux comme ne différant que d'une quantité finie négligeable. Mais, comme cette nouvelle relation est *projective* de sa nature, ou satisfait aux conditions spécifiées, on conclura qu'elle a lieu également quand on regarde ω comme un point quelconque au lieu de le supposer à l'infini.

On généraliserait de même toutes les autres relations considérées dans ce paragraphe.

290. Le point o étant entièrement arbitraire (273) aussi bien que ω, on pourra à son tour le supposer à l'infini, et observant que les produits (ox), (op), (oq) convergent alors vers l'égalité, on aura

$$\frac{(A+B)}{(\omega x)} = \frac{A}{(\omega p)} + \frac{B}{(\omega q)},$$

nouvelle relation qui n'est pas moins remarquable que la proposée, et qui conduirait, ainsi que ses analogues, à beaucoup de conséquences curieuses, mais sur lesquelles encore nous ne saurions ici insister.

Contentons-nous de remarquer que toutes les relations ainsi transformées, ou les propriétés qu'elles expriment pour les groupes de points proposés, seront, en vertu de nos principes (**120** et **131**), susceptibles d'être traduites immédiatement en d'autres relations projectives appartenant à la figure qui est la polaire réciproque de celle dont cet ensemble de groupes fait partie.

Supposant ensuite que, dans cette figure, la droite et le plan polaire du point o ou du point ω s'éloignent à l'infini, on retombera comme cas particuliers sur autant d'autres théorèmes ou corollaires qu'on pourra considérer comme les corrélatifs ou réciproques de ceux qui ont été établis pour les divers groupes de points primitivement considérés.

Remarquant enfin que, pour la figure dérivée dont il s'agit, tous les points ou groupes de points en ligne droite, tels que o, ω, p, q, r,..., sont remplacés par des droites convergeant en un même point ou par des plans qui se coupent suivant une même droite, on pourra encore supposer que ce pôle ou cette droite polaire conjugués à la droite primitive oq soient à l'infini, sans que les relations qui leur appartiennent cessent d'y être applicables autrement qu'en se modifiant suivant les lois simples établies d'après nos principes (Sect. III).

291. Au surplus, les considérations qui précèdent, applicables aux lignes et aux surfaces géométriques coupées par des transversales arbitraires ou parallèles à des directions fixes, peuvent s'étendre (**278**) au cas où la transversale unique est remplacée par d'autres à directions distinctes pour chacune des lignes ou surfaces, issues du point à partir duquel se comptent les segments qui entrent dans les relations examinées; lorsqu'on fera cette extension, on devra (p. 53), pour opérer la transformation qui rend les relations projectives, considérer un point à l'infini sur chacune de ces transversales distinctes, c'est-à-dire introduire autant de ces points qu'il y a de transversales : d'ailleurs, ces mêmes points devront, d'après nos principes (*Propriétés projectives*, t. Ier, Sect. I et *Supplément*), être censés situés sur une même droite à l'infini, si les transversales sont dans un plan donné, ou sur un même plan à l'infini, si ces transversales sont situées d'une manière quelconque dans l'espace.

Sans insister sur les nombreux corollaires auxquels donnent lieu ces considérations générales, nous nous attacherons spécialement à étudier les propriétés des systèmes de surfaces du même degré qui ont quatre par quatre les mêmes intersections communes, comme nous avons déjà étudié en particulier celles des systèmes de lignes planes passant par les mêmes points.

292 (*). Soient (p), (q), (r) et (s) quatre surfaces géométriques de degré m, ayant les mêmes m^3 points d'intersection communs; soient x un point différent de ceux-ci situé sur la ligne d'intersection de (r) et de (s), et y un point de (s) situé en dehors de cette ligne; par la courbe d'intersection de (p) et de (q) et par le point x, concevons une nouvelle surface (x) de degré m, telle, par conséquent, que ses intersections par une transversale arbitraire soient en involution complète (259) par rapport aux intersections de cette transversale avec (p) et (q). Cette surface sera entièrement déterminée et pourra même (262) être construite géométriquement. Concevons pareillement une surface (y) passant par le point y et par l'intersection commune de (x) et de (r); il est aisé de voir que (y) et (s) se confondront en une seule et même surface; en effet, d'une part, la surface (s) contient x ainsi que les m^3 intersections communes à (p), (q), (r); elle contient donc la ligne d'intersection de (x) et de (y), sans quoi elle la couperait en m^3+1 points, ce qui est absurde (240 et 241); d'autre part, la surface (s) passant par la courbe d'intersection de (x) et de (y), et contenant le point y situé sur (y), il est clair qu'elle se confond avec cette dernière. Ainsi les

---

(*) M. Moutard, qui a bien voulu relire le manuscrit et les épreuves de cette quatrième Section, m'a signalé et a corrigé dans ce n° 292 une erreur de raisonnement, due sans doute à la rapidité de la rédaction ou à toute autre circonstance dont je ne puis me ressouvenir. — (Note de 1865.)

surfaces (x), (r) et (s) ou (y) ont une ligne d'intersection commune et sont par conséquent en involution entre elles (267). Mais, d'après la manière dont (y) a été déterminée, cette surface est liée aux trois surfaces (p), (q) et (r) par les différentes propriétés ou relations métriques qui nous ont précédemment occupés (281); donc enfin il en est de même aussi de la quatrième surface arbitraire (s), ou, en d'autres termes :

Lorsque quatre surfaces quelconques du degré m ont les mêmes points d'intersections communes, réelles ou idéales, toute transversale les coupe suivant quatre groupes de m points chacun, qui sont en involution quadruple.

Cette proposition est la réciproque de celle qui se trouve énoncée à la fin du n° 281.

293. D'après les conventions déjà admises au n° 267, on peut dire encore que ces surfaces sont elles-mêmes en involution mutuelle ou réciproque; puis, par voie de continuité et de transformation polaire (Sect. II), on arrive à des conséquences analogues relatives aux systèmes de surfaces qui ont quatre à quatre les mêmes plans tangents, notamment pour construire l'un des groupes de surfaces par les autres, etc., etc.

Le tour de démonstration ci-dessus est directement applicable à beaucoup d'autres théorèmes sur les courbes et les surfaces. Par exemple, on peut s'en servir pour démontrer ce théorème :

Si trois surfaces du degré m, s'entrecoupant en m^3 points distincts communs à leur système, mais qui, au lieu d'être quelconques, soient telles, que $m^2 n$ de ces points appartiennent à une quatrième surface du degré n, les $m^3 - m^2 n = m^2(m - n)$ intersections restantes seront à une autre surface du degré $m - n$ qui, avec la précédente, formera un système en involution mutuelle ou réciproque avec les trois surfaces proposées.

294. Ce théorème général est, en quelque sorte, évident en lui-même puisque, dès lors qu'il existe une infinité de surfaces du degré m qui contiennent les intersections des trois surfaces données, il doit arriver dans certains cas que, parmi cette infinité de surfaces, il y en ait une ou plusieurs qui soient décomposables en deux ou plusieurs autres, dont la somme des degrés soit m; or, le signe auquel on peut reconnaître avec certitude l'existence d'une semblable décomposition, c'est évidemment qu'une certaine surface d'un degré inférieur à m ait toutes ses intersections avec les différents couples des proposées, comprises au nombre des m^3 points communs à leur système.

Mais on peut établir cette conséquence plus rigoureusement encore, ainsi qu'il suit.

295. Concevons par les m^3 intersections des surfaces (m) une infinité d'autres surfaces du degré m; elles couperont la surface (n) en une suite de courbes du degré mn qui s'entrecouperont toutes aux $m^2 n$ points qui lui sont communs avec les proposées, mais qui ne sauraient avoir un plus grand nombre de points communs sans se confondre entièrement, puisque le nombre des intersections d'une surface du degré n et de deux surfaces quelconques du degré m ne saurait surpasser $m^2 n$.

Supposant donc en particulier, qu'ayant choisi sur (n) un point quelconque α pour y faire passer (281) une infinité de surfaces de degré m contenant les m^3 intersections des proposées, il est clair que toutes ces surfaces, qui sont distinctes entre elles, devront néanmoins rencontrer (n) suivant la même courbe; mais si, pour déterminer complétement de grandeur et de position ces différentes surfaces, on exige que chacune d'elles contienne un nouveau point α' de (n), distinct de α et entièrement arbitraire, comme cette surface ne cesse pas d'être constructible géométriquement, il faudra bien que la surface (n), tout entière, coïncide avec elle et toutes les semblables; autrement, en effet, elle les couperait toutes suivant des lignes du degré mn ayant, en outre du point α', $m^2 n$ autres points communs; ce qui est visiblement absurde.

296. On prouvera plus simplement encore que :

Si, parmi les m^2 intersections communes à deux lignes du degré m, tracées sur un plan, mn sont à une ligne du degré n, les $m^2 - mn = m(m-n)$ intersections restantes sont à une autre ligne du degré mn.

En effet, prenons à volonté sur (n) un point α pour y faire passer une ligne du degré m qui contienne en outre les m^2 intersections des proposées, ce qui est toujours possible (262); il arrivera que cette nouvelle ligne devra comprendre tous les points de (n), puisque autrement elle aurait $mn + 1$ points en commun avec elle, ce qui est absurde. Donc toute la partie de cette ligne qui n'appartient pas à (n) devra constituer elle-même une autre ligne du degré $m - n$, passant par les $m(m-n)$ intersections restantes des deux lignes proposées.

Donc aussi :

Si la ligne d'intersection de deux surfaces de degré m renferme une ligne de degré mn comprise entièrement sur une surface du degré n, le surplus de l'intersection du degré $m^2 - mn = m(m-n)$, sera à une autre surface du *degré $m - n$, qui, avec la précédente, formera un système en involution* (267) *avec les surfaces proposées.*

297. Le même genre de démonstration pourrait servir à établir beaucoup d'autres théorèmes de cette espèce; et, si l'on suppose qu'une ou plusieurs des lignes ou des surfaces considérées se réduisent à des systèmes de droites ou de plans en nombre égal à celui qui marque leur degré, on en déduira une quantité de corollaires plus ou moins intéressants et relatifs à de tels systèmes, tous conséquences particulières des considérations générales exposées aux n°s 266 et suivants.

On remarquera à cette occasion que, par cela même que l'une des courbes ou surfaces en involution avec deux ou trois autres se trouve décomposable en deux courbes ou surfaces distinctes, celles-ci jouissent séparément, avec les premières, de relations spéciales analogues à celles qui concernent leur ensemble ou système total.

Ainsi, par exemple, dans le cas du n° 296, toute transversale rectiligne déterminera dans les courbes (m) deux groupes de m points en involution simple (181, 253, etc.) par rapport à chacun des couples d'intersection de la même transversale avec la courbe (n) ou avec la courbe $(m - n)$. Supposant en particulier que les courbes (m) soient des systèmes de m droites arbitraires, et observant que les intersections de ces systèmes qui appartiennent à (n) ou à $(m - n)$ et qui sont en nombre mn ou $m(m - n)$, peuvent être considérées comme les sommets de certains polygones inscrits à ces courbes respectives et dont les côtés de rang pair se confondent avec les m transversales de l'un des deux groupes et les côtés de rang impair avec les m transversales de l'autre, on en conclura une série de théorèmes relatifs aux figures polygonales d'un nombre quelconque pair de côtés, inscrites aux lignes géométriques et qu'on supposerait coupées, ainsi que ces lignes, par des transversales arbitraires.

298. Pour le cas des lignes des trois premiers ordres, notamment, on retomberait sur la proposition rappelée aux n°s 143 et suivants, à laquelle on arrive directement, comme on l'a vu, quand on suppose le polygone partagé en ses différents quadrilatères simples et qu'on les suppose coupés, ainsi que la courbe, par une transversale unique. Or, le même genre de démonstration directe pouvant s'appliquer aux polygones inscrits à des lignes d'un ordre quelconque, on voit qu'on s'élèverait sans peine aux théorèmes généraux qui viennent de nous occuper sur les intersections des lignes et des surfaces géométriques.

SUR LA REPRÉSENTATION DES LIEUX PAR DES PROCÉDÉS ANALYTIQUES OU GÉOMÉTRIQUES DIVERS. — DUALITÉ, RÉCIPROCITÉ POLAIRE.

299. En terminant cette matière, dont l'étendue est pour ainsi dire sans bornes, nous croyons devoir rappeler que les derniers théorèmes relatifs à la décomposition des lieux en d'autres d'un degré moindre sont d'une généralité vraiment remarquable et ont tout récemment (*Annales de Mathématiques*, t. XVII, année 1827) attiré l'attention de M. Gergonne qui les a obtenus par la méthode purement algébrique des multiplicateurs indéterminés, appliquée aux équations des courbes et des surfaces d'un même degré, méthode dont un savant ingénieur des Mines de France, M. Lamé, actuellement au service de la Russie, avait déjà fait un usage fort remarquable (*Examen des différentes méthodes employées pour résoudre les problèmes de Géométrie*; Paris, 1818, p. 27 à 44) en vue de découvrir les propriétés des diamètres et des plans diamétraux des systèmes de lignes et de surfaces du second ordre ayant les mêmes intersections communes.

Cette méthode, comme on le voit, consiste en ce que « tout lieu géométrique distinct, passant par les intersections communes à d'autres lieux du » même ordre, est représenté par la somme des équations de ces derniers » multipliée par des coefficients numériques arbitraires; » elle a cela de particulier qu'elle dispense de ces éliminations, de ces combinaisons laborieuses d'équations jusque-là en usage pour découvrir les propriétés générales des systèmes de lignes et de surfaces. Entre les mains de plusieurs habiles géomètres, parmi lesquels on doit citer MM. Sturm, Gergonne, Bobillier et Plucker, qui l'ont tour à tour appliquée à la recherche des propriétés de situation des lieux ou des systèmes de lieux géométriques, elle a aujourd'hui acquis une généralité et une extension qui en font une doctrine à part, une branche d'Analyse nouvelle, qui laisse bien loin derrière elle les méthodes restreintes exposées dans les Traités de Géométrie analytique, parce qu'elle permet, jusqu'à un certain point, à cette dernière de suivre les progrès récents qu'a faits la Géométrie intuitive; cette Géométrie dont, à partir de 1817, nous avons, dans les *Annales* mêmes *de Montpellier*, cherché à développer les doctrines et à faire prévaloir l'excellence.

300. Malheureusement, l'Analyse des coordonnées, qui, depuis la tentative de M. Lamé, a acquis une puissance aussi grande pour traiter les questions relatives à la communauté d'intersections des lieux géométriques, n'en a presque aucune pour aborder celles qui concernent leur communauté de

tangence, si l'on peut s'exprimer ainsi. A peine connaît-on l'équation des tangentes communes à deux lignes ou de la développable enveloppe de deux surfaces du second ordre; encore moins connaît-on explicitement les équations de condition qui expriment que plusieurs lignes ou surfaces ont les mêmes tangentes, les mêmes plans tangents ou les mêmes développables enveloppes communes. Aussi est-il à propos de recourir à la théorie des polaires réciproques, qui appartient à la Géométrie intuitive, pour établir les propriétés de ces derniers systèmes qui sont les corrélatives de celles qui appartiennent aux premiers.

301. Les savants auxquels la Géométrie analytique doit déjà de si beaux progrès ne la laisseront probablement pas longtemps dans cet état d'infériorité (*); mais peut-être aussi sera-t-il indispensable de faire choix d'un autre genre de coordonnées, en considérant, par exemple, les lieux géométriques comme l'enveloppe de leurs systèmes de tangentes ou de plans tangents, et prenant, suivant ce qu'indique la théorie des polaires réciproques, pour variables les distances des intersections respectives de ces tangentes ou plans tangents avec deux ou trois axes fixes, soit au point de rencontre commun de ces axes, soit à leurs rencontres respectives avec un nouvel axe ou un plan arbitraire; mais alors l'équation du lieu entre ces coordonnées montera à un degré tantôt plus élevé, tantôt moindre que son équation relative aux coordonnées ordinaires, et il restera toujours à opérer le passage d'une équation à une autre ou ce qu'on nomme la transformation des coordonnées, transformation qui amènera avec elle des *facteurs singuliers* (**) dont il faudra débarrasser l'équation finale pour la réduire au degré de simplicité qui lui est propre, mais qui permettra d'ailleurs de discuter avec la plus grande facilité les propriétés de la courbe ou de la surface relatives à ses systèmes de tangentes ou de plans tangents, sans recourir directement à la théorie des polaires réciproques, qui appartient essentiellement à la Géométrie pure ou intuitive.

Dans ce système, évidemment, un point sera représenté par une équation contenant les inverses de toutes les variables au premier degré; une droite ou un plan par deux ou trois équations de la forme $t = a$, $u = b$, $v = c$; les

(*) Je prie instamment le lecteur de ne pas oublier que ceci a été écrit dans l'hiver de 1830 à 1831. — (Note de 1865.)

(**) *Voyez*, dans le tome II de nos *Applications d'Analyse et de Géométrie*, p. 491, les réflexions qui terminent l'article de 1817, sur la théorie des polaires réciproques, extrait des *Annales de Montpellier*. — (Note de 1865.)

lignes et les surfaces du deuxième ordre par des équations du second degré, susceptibles de se réduire au premier dans certains cas; enfin les lignes et les surfaces du degré m par des équations qui s'élèveront en général au degré $m(m-1)$ ou $m(m-1)^2$, égal au nombre des tangentes ou des plans tangents que, d'un point ou d'une droite arbitraire, on peut mener à cette courbe ou à cette surface, nombre qui, dans certains cas particuliers, peut d'ailleurs se réduire de plusieurs unités, d'après les principes des précédents Mémoires (Sect. II et III).

302. Je ne pousserai pas plus loin ces réflexions sur un genre d'Analyse qui n'aurait d'autre avantage que d'offrir la traduction, au moyen d'équations, des diverses conséquences qui dérivent d'une manière purement intuitive de la théorie générale des polaires réciproques (*). Quant aux proposi-

(*) Soient u et v l'abscisse et l'ordonnée des intersections de la tangente d'une courbe plane donnée avec deux axes arbitraires; supposons que $\varphi(u, v) = 0$ soit l'équation en u et v de cette courbe : on s'assure aisément qu'en prenant $u = \frac{a^2}{x}$, $v = \frac{a^2}{y}$, a étant une longueur arbitraire mais constante, l'équation $\varphi\left(\frac{a^2}{x}, \frac{a^2}{y}\right) = 0$ n'est autre chose que celle de la polaire réciproque de la courbe proposée par rapport aux axes des u et des v.

Quant au calcul qui doit servir à former l'équation analytique entre les variables u et v comptées de la même origine et sur les mêmes axes que x et y, il n'offre pas de difficultés.

Soit $\varphi(x, y) = 0$ l'équation de cette même courbe, et nommons α et β les coordonnées ordinaires d'un point quelconque de son plan : on aura évidemment pour l'équation de ce point rapportée aux variables u et v

$$\frac{\beta}{v} + \frac{\alpha}{u} = 1, \tag{1}$$

laquelle donnera successivement tous les systèmes de valeurs de v et u qui correspondent aux différentes droites passant par le point $(\alpha\beta)$ dont il s'agit.

Si ce point est pris sur la courbe proposée, on aura

$$\varphi(\alpha, \beta) = 0, \tag{2}$$

et si, de plus, v et u doivent appartenir à la tangente en α, β, on aura cette nouvelle relation

$$\frac{d\beta}{v} + \frac{d\alpha}{u} = 0, \tag{3}$$

qui, avec les premières, servira à trouver l'équation de la courbe en u et v, par l'élimination de α et β dont le rapport est donné par la différentiation de l'équation (2).

Quant aux équations de la tangente dans le système u, v, elles sont

$$v = \beta - \alpha\frac{d\beta}{d\alpha}, \quad u = \alpha - \beta\frac{d\alpha}{d\beta}.$$

Si $\varphi(\alpha, \beta) = 0$ est du degré m, ces équations ne s'élèveront pas au delà du degré $m-1$ en α

tions particulières qui peuvent ressortir de l'application de nos principes aux différents théorèmes contenus dans ce qui précède, on ne peut être embarrassé d'en établir les énoncés pour chaque cas, si l'on a bien présents à l'esprit ceux de ces principes qui se trouvent démontrés plus particulièrement dans les nos 67 et 68, 73, 93, 98, 101, 120 et 130.

Par exemple, la proposition du n° 267 (§ Ier de cette Section) conduira à ce théorème réciproque :

Si trois courbes de degré m, tracées sur un plan, ont les mêmes $m^2(m-1)^2$ tangentes communes (73), *et que, d'un point quelconque de ce plan, on mène les trois faisceaux distincts de $m(m-1)$ tangentes à ces lignes, toute transversale rencontrera ce système de courbes en trois groupes de $m(m-1)$ points chacun, qui seront en involution complète entre eux.*

303. Des théorèmes entièrement analogues ont lieu pour trois surfaces quelconques de degré m, enveloppées par une même développable de degré $m^2(m-1)^4[m^2(m-1)^4-1]$ (n° 98), et pour quatre surfaces de degré m touchées à la fois par les mêmes $m^3(m-1)^3$ plans tangents (93), pourvu qu'on remplace les faisceaux de $m(m-1)$ tangentes par des faisceaux semblables de $m(m-1)^2$ plans tangents issus d'une même droite : ces mêmes théorèmes, d'ailleurs, sont l'extension de ceux des nos 150 et 153 (Sect. III), concernant les simples lignes et surfaces du second ordre. De plus, les différentes propositions ou relations métriques que nous avons jusqu'ici présentées sur la manière de construire par points l'une des courbes ou surfaces en involution avec deux ou trois autres données arbitrairement, conduiront également, en vertu de la théorie des polaires réciproques, à des procédés géométriques pour construire par l'enveloppe de ses systèmes de tangentes ou de plans tangents, l'une quelconque des lignes ou surfaces jouissant des propriétés inverses ci-dessus indiquées, quand deux ou trois d'entre elles seront pareillement données *à priori*.

---

et β, et serviront à passer immédiatement de la courbe en u, v à son équation différentielle du premier ordre entre les coordonnées ordinaires α et β.

Pour effectuer d'ailleurs l'élimination de α et de β entre les équations (1), (2) et (3), on fera

$$v = \frac{a^2}{z}, \quad u = \frac{a^2}{t},$$

a étant une ligne arbitraire mais constante; les équations (1) et (3) deviendront ainsi

$$\beta z + \alpha t = a^2, \quad z d\beta + t d\alpha = 0,$$

et seront linéaires en z et t, etc., etc. — (Note de 1830.)

304. Pour justifier ces déductions par rapport aux trois courbes ci-dessus du degré m, par exemple, il suffit de remarquer que ces courbes ont en général pour polaires réciproques des lignes du degré $m(m-1)$ s'entrecoupant aux mêmes $m^2(m-1)^2$ points, et qui, par conséquent, sont en involution complète entre elles, c'est-à-dire telles que, si on les coupe par une transversale arbitraire, les trois systèmes des $m(m-1)$ intersections correspondantes seront eux-mêmes en involution; ce qui entraîne comme conséquence nécessaire (120) que les trois faisceaux de $m(m-1)$ tangentes des courbes primitives, issues du pôle de la transversale arbitraire, aient aussi entre eux la corrélation de situation dont il s'agit. Or, ce principe une fois admis, on en conclut tout de suite des moyens pour construire les tangentes de l'un des faisceaux (262 et suiv.) quand l'une d'entre elles est donnée, etc., etc.

Toutefois, dans les applications de ces théorèmes, il faudra avoir égard à des observations du genre de celles des n°s 67, 244 et suivants (*Théories des transversales* et *des polaires réciproques*, Sect. II et III), relativement au degré des courbes et au nombre de tangentes qu'on peut leur mener d'un point donné; c'est-à-dire que l'énoncé ci-dessus suppose essentiellement que, parmi ces tangentes, on comprenne même les droites qui ne font que passer par les points multiples, de rebroussement et conjugués, lesquelles d'ailleurs devront être comptées pour un certain nombre de tangentes distinctes, quoique confondues entre elles, selon le nombre des branches appartenant à ce point, etc. En un mot, l'application de nos théorèmes suppose que les systèmes des tangentes relatives à chaque courbe, à chaque point donnés, aient été obtenus par une méthode purement géométrique et suffisamment générale pour donner à la fois toutes celles qui sont distinctes, réelles ou imaginaires, à distance donnée ou infinie, confondues par deux, par trois,..., ou multiples, et dont le nombre, en vertu de la loi de continuité, s'élève toujours à $m(m-1)$.

Cette méthode, que nous ferons connaître et que nous étudierons d'une manière spéciale dans les paragraphes suivants, attendu son importance et sa généralité, ne pourrait être ici développée sans déranger la marche systématique des idées et du plan que nous avons adopté, après divers essais infructueux de rédaction datant de 1816 et 1817 (*). Enfin, ce que nous disons des simples faisceaux de tangentes aux courbes, issues de points

(*) *Voyez* le tome II de mes *Applications d'Analyse et de Géométrie*, p. 149, 484 et suivantes. — (Note de 1865.)

donnés, doit s'entendre également des faisceaux de plans tangents aux surfaces convergeant en des droites également assignées de position dans l'espace.

305. Dans ce qui précède, ne se trouve pas mentionnée la tentative de M. Gergonne et de ses imitateurs pour doubler le nombre des propriétés des figures au moyen du *principe de dualité*, principe fondé, d'une part, sur la considération de la *classe* des courbes et surfaces, d'une autre, sur l'adoption des énoncés à *doubles colonnes ;* car, outre que ce principe métaphysique n'a point été démontré par l'inventeur et ne repose que sur de simples inductions ou rapprochements, il n'est point applicable directement aux *relations métriques* en général, fussent-elles de leur nature *projectives*, non plus qu'aux figures composées de lignes, de surfaces d'un ordre supérieur au deuxième, à moins de se contenter du vague que comporte leur définition par le numéro de la *classe* dans l'étude des affections qu'elles offrent par rapport aux transversales linéaires, étude que le principe de dualité, ni même celui de la réciprocité polaire, ne peuvent faciliter, puisqu'ils font retomber sur des lignes ou surfaces à points singuliers dont, *à priori*, on ignore les propriétés et l'espèce.

Ce vice radical devient bien apparent dès la troisième classe, si l'on se propose notamment de traduire en propositions inverses les énoncés divers des théorèmes ou constructions des n°s 184, 206, 229, 244, 247 et suiv., relatifs aux systèmes de lignes droites ou courbes qui nous ont occupés au commencement de cette Section; car les relations d'involution simple ou composée n'ont pas de dépendance directe et explicite avec le théorème d'Analyse algébrique mentionné aux n°s 299 et suivants, ni avec les relations de réciprocité polaire de situation qui concernent le tracé effectif des courbes géométriques, etc. Aussi le principe de dualité, s'il est appliqué à des êtres géométriques inconnus *à priori* au delà de la seconde classe, n'offre-t-il aucun intérêt immédiat ou logique; le mot *classe* lui-même n'ayant primitivement servi qu'à pallier une grossière erreur mathématique. Aussi les géomètres consciencieux, éclairés par les discussions (*) des tomes VII et XII du *Bulletin des Sciences mathématiques* de Férussac (années 1827 à 1829), n'ont-ils pas tardé à abandonner la méthode des doubles colonnes de M. Gergonne, tout en mettant à profit mes propres méthodes dont ils ont fait de très-belles et savantes applications, notamment à la transformation polaire

(*) *Voyez* aussi le § II de la *Section supplémentaire*. — (Note de 1865.)

et réciproque des figures en prenant pour directrices des pôles le cercle, la sphère, la parabole, le paraboloïde ou toute autre courbe ou surface du second degré choisie en particulier, ce dont moi-même j'avais offert d'intéressants exemples dans mes écrits antérieurs.

§ III.

Des axes, des plans et des centres de moyennes harmoniques ou de moyennes distances des lignes ou surfaces géométriques.

Mon objet ici n'est point de m'étendre longuement sur les corollaires nombreux qui découlent des propositions établies dans les précédents paragraphes; je prétends me borner aux conséquences les plus générales de chaque espèce, en insistant seulement assez pour bien faire voir l'étendue d'application propre aux différents principes. L'analogie de ces conséquences avec celles qui concernent les pôles, polaires, diamètres et plans diamétraux, etc., des lignes et des surfaces du second degré, et surtout ce que j'ai dit déjà, dans les précédentes Sections ou Mémoires, sur les centres, les axes et les plans de moyennes harmoniques, sur les systèmes de lignes et de surfaces en involution et leurs réciproques polaires, enfin sur les systèmes de points, de droites et de plans quelconques, me dispense d'entrer dans aucun développement nouveau et d'insister sur des définitions pour lesquelles je renverrai aux Sections ou Mémoires dont il s'agit.

GÉNÉRALISATION DES THÉORÈMES DE NEWTON, DE CÔTES ET DE MAC-LAURIN, RELATIFS AUX COURBES PLANES.

306. Considérons en particulier les deux propositions du n° 192; il est clair qu'elles donnent immédiatement lieu à ces énoncés :

Une courbe géométrique de degré quelconque et un point fixe étant donnés à volonté sur un plan,

1° *Si, de ce point considéré comme pôle, on mène une suite de sécantes ou de transversales rectilignes dans la courbe, puis qu'on prenne sur chacune d'elles le centre des moyennes harmoniques des points d'intersection correspondants, par rapport au point fixe ou pôle, la suite de tous ces centres appartiendra à une droite unique que nous nommerons l'*axe des moyennes harmoniques *de cette courbe conjugué au pôle dont il s'agit;*

2° *Si, ayant choisi à volonté deux des transversales ci-dessus, on joint deux à deux, par de nouvelles droites, celles de leurs intersections qui appartiennent aux mêmes branches de la courbe, le système de toutes ces droites, en nombre égal à celui qui marque le degré de cette courbe, aura même axe des moyennes harmoniques par rapport au pôle fixe des transversales.*

307. Le premier de ces deux théorèmes, pour le cas particulier où les moyennes sont prises avec des coefficients numériques égaux, n'est autre que celui de Côtes, démontré par Mac-Laurin dans son *Traité posthume d'Algèbre* (1748). Il redonne le théorème de Newton sur le diamètre des courbes planes, conjugué à la direction d'une droite quelconque, quand on suppose le pôle à l'infini ou les sécantes parallèles entre elles et à la droite fixe dont il s'agit. Par cette supposition, en effet, tous les centres de moyennes harmoniques des transversales se changent (15 et 26) en des *centres de moyennes distances*, et l'axe des moyennes harmoniques en un *axe de moyennes distances pour lequel la somme algébrique des segments interceptés sur les transversales, entre cet axe et les différentes branches de la courbe, est égale à zéro.*

Quant au second de ces théorèmes, il conduit immédiatement à ce nouveau corollaire :

« Si l'on coupe une ligne plane géométrique par une droite arbitraire, » puis qu'on mène des tangentes aux diverses intersections correspondantes, » le système de toutes ces tangentes aura même axe de moyennes harmo- » niques que la courbe par rapport à un point quelconque de cette droite » pris pour origine des segments et pôle d'une suite de transversales. »

308. Ce dernier corollaire renferme comme cas particulier une belle proposition démontrée par Mac-Laurin dans l'ouvrage déjà cité, et qu'on peut considérer également comme une conséquence fort simple du théorème de Côtes. En y supposant le pôle situé à l'infini sur la droite arbitraire, les transversales qui s'y rapportent deviendront toutes parallèles à cette droite, et l'axe des moyennes harmoniques se changera encore en un axe des moyennes distances ou *diamètre de la courbe, conjugué à la direction* de cette même droite. Enfin, si l'on suppose que la sécante ou transversale d'abord considérée s'éloigne tout entière à l'infini sur le plan de la courbe proposée, on retombera directement sur cette autre proposition due à Newton :

Dans toute courbe plane géométrique, le système total des asymptotes a même diamètre que la courbe, conjugué à une direction donnée quelconque; corollaire d'où l'on aurait pu inversement déduire, par nos principes, les théorèmes généraux ci-dessus; mais il est évident que Newton, Mac-Laurin et Côtes n'ont point aperçu la liaison intime existant entre ces différents théorèmes, qui (Sect. Ire) s'étendent aux cas où les moyennes sont prises par rapport à des coefficients numériques arbitraires.

THÉORÈMES CORRESPONDANTS POUR LES LIGNES A DOUBLE COURBURE ET LES SURFACES.

309. Les mêmes propositions relatives aux courbes planes et à leurs asymptotes, qu'on pourrait multiplier pour ainsi dire à volonté à l'aide des théorèmes généraux contenus dans les précédentes Sections, s'étendent immédiatement aux surfaces et aux lignes géométriques à double courbure quelconques, en vertu de raisonnements analogues à ceux qui ont été mis en usage dans les n°s 44 et 45 du *Mémoire sur les centres de moyennes harmoniques* (Sect. Ire). On est ainsi conduit aux théorèmes généralisés qui suivent:

Étant donnés, dans l'espace, une surface géométrique quelconque et un point fixe pris pour pôle commun d'une infinité de transversales rectilignes arbitraires, le système de tous les centres de moyennes harmoniques des intersections de ces tranversales avec la surface, conjugués au pôle fixe, appartiendra à un plan unique qu'on peut appeler : plan des moyennes harmoniques *relativement à ce même pôle.*

310. Considérant, en particulier, trois quelconques des transversales dont il s'agit, et concevant un système de *plans-cordes* joignant trois par trois les intersections qui appartiennent à des transversales distinctes et aux nappes diverses de la surface proposée, le plan des moyennes harmoniques de ce système de plans cordes, relatif au pôle fixe des transversales, se confondra avec celui de cette surface. Et, si les trois transversales dont il s'agit se réunissent en une seule, les plans-cordes se confondront avec les plans tangents de la surface aux extrémités de cette droite unique; de sorte que tous les systèmes de plans tangents pareils qui appartiennent à des transversales différentes, issues dudit pôle, auront un seul et même plan de moyennes harmoniques, confondu avec celui de la surface proposée par rapport à ce point fixe ou pôle.

Si, d'ailleurs, on suppose dans ces énoncés que le pôle fixe passe à l'infini ou que les transversales deviennent parallèles à une direction donnée, les centres de moyennes harmoniques divers se réduisant à des centres de moyennes distances, on arrivera à des théorèmes analogues relatifs aux plans de moyennes distances qu'on pourra nommer *plans diamétraux* de la surface *conjugués* à la direction dont il s'agit.

Ainsi, par exemple, « tout plan diamétral d'une surface géométrique, » conjugué à la direction d'une droite donnée, est aussi le plan diamétral » de chacun des systèmes de plans tangents à cette surface qui corres- » pondent à ses intersections avec une droite quelconque parallèle à la » direction fixe de la proposée. »

311. En remarquant qu'une surface géométrique donnée possède une infinité de développables du même degré, circonscrites aux contours de ses différentes sections planes, ou ayant mêmes plans tangents aux points de ces sections; en remarquant de plus que, parmi toutes ces développables, il en est une, mais une seule, qui est *asymptote* de la surface proposée, ou dont la ligne de contact est entièrement située à l'infini dans un plan qui peut être considéré lui-même (*Propriétés projectives*, t. Ier, *Supplément*, n°s 576 et suiv.) comme contenant tous les points à l'infini de l'espace; enfin, en se rappelant que, dans tout système de droites ou de plans parallèles, ces droites et ces plans doivent être censés concourir en un même point ou en une même droite commune à l'infini, on conclura de ce qui précède les propositions suivantes :

1° *Toute surface développable circonscrite à une surface géométrique quelconque suivant le contour de l'une quelconque de ses sections planes, a même plan diamétral que la proposée, conjugué à la direction d'une droite arbitraire, parallèle à ce plan; ou, plus généralement, cette surface développable a avec la proposée, même plan de moyennes harmoniques conjugué à l'un quelconque des points de ce plan de section de contact.*

2° *La surface développable asymptotique d'une surface géométrique quelconque a même plan diamétral que celle-ci, conjugué à la direction d'une droite arbitraire; ou, en d'autres termes, toute transversale droite coupe l'une et l'autre de ces deux surfaces en deux groupes de points qui ont le même centre de moyennes distances, pris toujours par rapport* (38) *à des coefficients numériques arbitraires.*

3° *Dans toute surface géométrique, le système total des plans asymptotes relatifs à la direction d'un plan donné, ou qui contiennent toutes les asymptotes des intersections de la surface parallèles à ce plan, ce système, dis-je, a même plan diamétral que la surface proposée, conjugué à la direction d'une droite prise arbitrairement dans le plan donné.*

312. Ce dernier théorème est, pour les surfaces géométriques, l'analogue de celui de Newton pour les simples lignes planes : on y parvient immédiatement en supposant que, dans le dernier des énoncés du n° 310, la droite

unique qui contient les points de contact des plans tangents passe tout entière à l'infini suivant la direction marquée par un certain plan.

313. Passons aux lignes géométriques à double courbure qui ont généralement pour projection sur un plan arbitraire d'autres lignes géométriques de même degré, et rappelons-nous que, d'après les définitions et propriétés (nos 28 et suiv.) du centre des moyennes harmoniques d'un système de points situés à volonté dans un plan ou dans l'espace : ce centre n'a point, comme celui des moyennes distances, une position absolue, même quand on assigne (38) les coefficients numériques ou facteurs qui correspondent à chacun des points considérés, mais qu'il est toujours relatif ou conjugué à une certaine droite fixe, à un certain plan fixe que nous avons nommés *axe, plan des origines harmoniques,* et dont l'éloignement à l'infini réduit le centre correspondant des moyennes harmoniques à un simple centre de moyennes distances.

En examinant ce qui a lieu dans les projections planes de ces courbes, sur un plan perpendiculaire à l'arête commune d'un faisceau de plans sécants, on arrive tout de suite à ce théorème, qui est l'analogue ou l'extension de celui qui appartient (45) aux systèmes de simples lignes droites situées à volonté dans l'espace :

Une ligne géométrique à double courbure et un axe fixe étant donnés dans l'espace, si, par cet axe, on conduit dans la courbe un faisceau ou infinité de plans transversaux, puis qu'on prenne pour chacun d'eux le centre des moyennes harmoniques des intersections correspondantes, la suite de tous ces centres appartiendra à une même droite qu'on peut appeler (49) *l'*axe des moyennes harmoniques *de la courbe, conjugué à l'axe fixe du faisceau.*

L'axe des moyennes harmoniques dont il s'agit se confond évidemment (305, 306) à la fois, et avec celui qui appartient à chacun des systèmes distincts de cordes joignant, deux par deux, les intersections relatives à un couple quelconque de plans transversaux, et avec celui de chacun des systèmes de tangentes relatives aux intersections de la courbe et d'un même plan.

314. Supposant l'axe fixe à l'infini, tous les plans transversaux deviendront parallèles entre eux et à un plan donné; les centres des moyennes harmoniques se changeront en des centres de moyennes distances, et l'axe des moyennes harmoniques en un axe des moyennes distances qu'on pourra nommer le *diamètre* de la courbe conjugué à la direction du plan fixe.

Considérant d'ailleurs le système total des asymptotes de la courbe ou des tangentes qui répondent aux points à l'infini de cette courbe, on s'assurera, par nos principes, qu'il a le même diamètre qu'elle, conjugué à la direction d'un plan fixe arbitraire. De plus il sera évident encore que :

Les m asymptotes d'une courbe plane ou à double courbure de degré m, devant être considérées comme une ligne de ce degré, *tout plan transversal de ces m asymptotes et de la courbe y déterminera deux groupes de m points ayant un même centre de moyennes distances.*

PROPRIÉTÉS DIVERSES DES AXES, DES PLANS ET DES CENTRES DE MOYENNES HARMONIQUES DES LIGNES OU SURFACES GÉOMÉTRIQUES, CONJUGUÉS A DES FAISCEAUX DE TANGENTES OU DE PLANS TANGENTS, ETC.

315. Des propositions plus générales encore ont lieu pour les courbes de l'espace, leurs enveloppes développables osculatrices ou tangentielles (82), par rapport aux faisceaux de plans tangents et de génératrices droites issus de points, de droites ou de plans arbitrairement donnés au dehors de la courbe, à laquelle on peut d'ailleurs substituer une surface géométrique quelconque. C'est ce dont on verra divers exemples ci-après.

Si d'ailleurs on applique à ces propositions générales les principes exposés dans le *Mémoire sur la théorie des polaires réciproques* (Sect. II, nos 120, 131 et suiv.), on en déduira un grand nombre de nouveaux théorèmes relatifs aux systèmes de tangentes et de plans tangents, des courbes ou surfaces géométriques, issus de points et de droites donnés. Mais, comme il ne s'agit point ici d'un Traité complet sur ces lignes et surfaces, nous nous contenterons de quelques exemples propres à mettre en évidence la richesse et l'étendue de la matière, en même temps qu'ils nous offriront l'occasion de poser quelques définitions nouvelles.

316. Appliquons d'abord les principes de la théorie des polaires réciproques à la propriété du n° 305 concernant les axes de moyennes harmoniques des courbes planes, conjugués à des points ou pôles fixes : il en résultera évidemment cet autre théorème, analogue au premier de ceux du n° 29, qui concerne un simple groupe de points :

Une courbe géométrique et une droite fixe étant données arbitrairement sur un plan, concevons que d'un point quelconque de cette droite on mène toutes les tangentes de la courbe, puis qu'on détermine (15 et 25) *l'axe des moyennes harmoniques de ce faisceau de tangentes par rapport à la droite fixe donnée;*

cet axe et tous ses semblables concourront en un point invariable qu'on peut appeler : centre des moyennes harmoniques *de la courbe proposée, relativement à l'axe fixe dont il s'agit.*

317. On remarquera que, pour chacun des faisceaux de tangentes, l'axe des moyennes harmoniques contient nécessairement (30) le centre de moyennes harmoniques conjugué à la droite fixe du système des points de contact de ces tangentes; donc :

Le centre des moyennes harmoniques d'une courbe plane donnée, relativement à un axe fixe arbitraire, est aussi le centre pareil de tous les faisceaux de tangentes issues des différents points de cet axe.

318. Supposant que l'axe fixe passe à l'infini sur le plan de la courbe, les faisceaux de tangentes qui convergeaient en des points de cette droite deviendront des faisceaux de tangentes parallèles, et les mêmes conséquences subsisteront toujours, si ce n'est (28) que les centres et les axes de moyennes harmoniques se changeront respectivement en des *centres* et des *axes de moyennes distances*. En nommant, pour abréger, CENTRE de la courbe le point de concours unique de tous les axes des moyennes distances des faisceaux de tangentes parallèles, on devra se garder de croire que ce point est aussi le concours unique de tous les diamètres de la courbe, ni ce qu'on appelle en général le centre des moyennes distances d'une ligne : cette coïncidence ne peut avoir lieu que dans certains cas particuliers, comme nous le démontrerons un peu plus tard.

319. Les énoncés des nos 308 et suivants conduisent encore aux propositions réciproques ci-après :

Une surface géométrique quelconque et un plan fixe étant donnés dans l'espace, supposons que, par une droite choisie arbitrairement dans ce plan, on mène à la surface tous les plans tangents, puis qu'on détermine le plan des moyennes harmoniques de leur système total (Sect. Ire) *par rapport au plan fixe* d'origine *auquel il est conjugué; le nouveau plan ainsi déterminé passera, de même que tous ses analogues relatifs aux différentes droites de ce dernier, par un point unique, que nous nommerons encore* CENTRE DES MOYENNES HARMONIQUES DE LA SURFACE, *conjugué au plan fixe.*

Le centre général dont il s'agit se confond évidemment avec celui qui, conjugué harmoniquement au même plan d'origine, appartient (31) à chacun des groupes de points de contact correspondants aux faisceaux distincts de plans tangents à la surface proposée, qui émanent des diverses droites arbitrairement choisies sur le plan fixe, pour servir d'*axe d'origines* aux segments harmoniques.

320. Ce théorème est l'extension évidente de celui du n° 49, qui concerne un simple groupe de points situés arbitrairement dans l'espace. Quand on suppose que le plan fixe passe à l'infini, il fournit la définition du *centre général de moyennes distances* des surfaces géométriques, qu'il n'est pas permis, comme nous en avons déjà prévenu (**318**), de confondre avec ce qu'on nomme ordinairement le *centre* de figure des surfaces, et qui ne se confond pas non plus avec l'enveloppe des plans diamétraux conjugués à des directions de plans quelconques.

Passant aux propositions inverses de celles qui concernent la courbe à double courbure (**313**), rappelons-nous que la polaire réciproque (**83**) d'une telle courbe est une surface développable quelconque dont l'arête de rebroussement est, à son tour, la réciproque polaire de la surface développable osculatrice de la proposée ou qui est formée par le système de toutes ses tangentes. On arrive à ces divers énoncés :

Une surface développable et une droite ou axe fixe étant donnés, si, des différents points de cette droite, on mène autant de systèmes de plans tangents à la surface, et qu'on détermine pour chacun d'eux le plan des moyennes harmoniques conjugué à cet axe fixe des origines (**48**), *tous ces plans iront passer par une droite unique qu'on peut appeler elle-même l'*AXE DES MOYENNES HARMONIQUES *de la surface, conjugué à la droite fixe. — Ce même axe est aussi l'*AXE *des moyennes harmoniques de chacun des systèmes de génératrices de contact de la surface par rapport à la droite fixe dont il s'agit.*

321. Les plans tangents d'une développable n'étant autre chose que les plans osculateurs de son arête de rebroussement, il résulte aussi de ce qui précède que :

*Si, des différents points d'une droite d'origine arbitraire, on mène les systèmes correspondants de plans osculateurs à une courbe à double courbure quelconque, le plan des moyennes harmoniques de chacun de ces systèmes par rapport à la droite fixe d'origine, ira passer par une autre droite ou axe de concours unique, qu'on peut nommer l'*AXE DES MOYENNES HARMONIQUES *de la courbe proposée, relativement à la droite d'origine, axe de moyennes harmoniques qui est aussi celui des systèmes distincts de tangentes aux points de contact des divers plans osculateurs.*

322. L'axe des moyennes harmoniques dont il s'agit étant lui-même distinct de celui qui appartient (313) aux différentes intersections des plans conduits par la droite d'origine, on pourra le nommer *axe harmonique par osculation*, et celui-ci *axe harmonique par intersection*.

Le théorème précédent est d'ailleurs évidemment l'extension du second de ceux énoncés au n° 49 pour les assemblages de lignes droites.

Enfin la proposition du n° 320 ci-dessus étant applicable aussi bien aux surfaces développables qu'aux surfaces courbes quelconques, on en déduit immédiatement la proposition réciproque qui suit :

Une courbe géométrique et un plan quelconque (A) *étant donnés dans l'espace, si, par une droite prise à volonté dans ce plan pour axe des origines harmoniques, on conçoit le faisceau des plans tangents à la courbe et son plan harmonique conjugué* (47) *au plan* (A), *qui est aussi le* plan moyen *relatif aux points de contact de ces plans tangents, conjugué également à* (A), *ce plan* moyen, harmonical *ou* harmonique, *passera, ainsi que tous ses analogues émanés des divers axes d'origine compris dans le plan général d'origine* (A), *par un seul et même point qu'on peut nommer encore* le centre général des moyennes harmoniques *conjugué au même plan d'origine* (A).

323. Ce théorème se déduirait sur-le-champ de celui qui a été exposé n°s 316 et 317 ci-dessus relativement au centre harmonique général des courbes planes; car si, d'un point quelconque du plan d'origine (A), on fait la projection conique ou perspective de la courbe à double courbure sur un plan arbitraire (X), la projection du centre *harmonical* ou *harmonique* de cette courbe s'y confondra évidemment avec le centre pareil de la projection de la même courbe par rapport à l'intersection du plan de projection (X) et du plan (A) des origines harmoniques.

324. Supposant maintenant que, dans les théorèmes qui précèdent, les plans, les droites d'origine dont il s'agit passent à l'infini, on arrivera à autant de théorèmes dans lesquels les axes, les plans et les centres de moyennes harmoniques seront devenus des axes, des plans et des centres de moyennes distances. Enfin, si, des propriétés et définitions diverses qui appartiennent aux lignes planes géométriques, on passe à celles qui concernent les cônes et les cylindres en général ou les cônes, les cylindres circonscrits à une surface et à une courbe à double courbure quelconque, ce qui est facile, on arrivera à une série de nouveaux théorèmes dont la correspondance avec leurs analogues relatifs aux pôles, polaires et plans polaires conjugués dans les lignes ou surfaces du second degré est trop évidente pour qu'il soit nécessaire d'insister; car ces théorèmes peuvent être considérés, par voie de

continuité, comme une simple extension de ceux qui leur correspondent (Sect. Ire) pour les systèmes de points, de plans et de droites arbitraires.

325. Observant, par exemple, qu'un groupe quelconque de points dans l'espace peut être envisagé comme constitué d'autant de surfaces fermées, réduites à des dimensions infiniment petites et représentant une surface formée de points singuliers; observant, en outre, que les faisceaux de tangentes ou projetantes émanées d'un autre point fixe quelconque de l'espace représentent autant de petits cônes constituant une surface conique générale circonscrite à cette surface fictive; qu'enfin l'axe harmonique d'un tel faisceau, conjugué à un plan d'origine arbitraire contenant le sommet commun des cônes, doit être regardé comme l'axe pareil du faisceau représenté par l'ensemble de toutes les droites projetantes, etc.; par ces considérations purement inductives et fondées sur la notion de continuité, etc., on sera conduit (31 et 49) à ce théorème général (*), qu'il serait facile de justifier au moyen de raisonnements *à priori* analogues à ceux des nos 313 et suivants, théorème qui se lie intimement d'ailleurs avec celui du no 319 :

Une surface géométrique et un plan fixe étant donnés dans l'espace, si, des différents points de ce plan origine, on mène des cônes circonscrits à la surface, la série des axes harmoniques de ces cônes, conjugués au plan d'origine, passera par un seul et même point qui se confond à la fois et avec le centre des moyennes harmoniques de la surface proposée par rapport au plan fixe d'origine, et avec tous les centres pareils des différentes lignes de contact des cônes circonscrits à cette même surface.

326. A son tour, ce dernier théorème est susceptible d'être traduit dans le suivant par les principes de la théorie des polaires réciproques :

Une surface géométrique et un point fixe étant donnés à volonté dans l'espace, si, par ce point général d'origine des segments harmoniques, on mène une infinité de plans sécants dans la surface, puis qu'on prenne le centre harmonical des courbes d'intersection, conjugué au point fixe, tous ces centres seront situés en un seul et même plan qui est à la fois, par rapport au point fixe d'origine, le centre pareil de la surface proposée et des différentes développables qui lui sont circonscrites suivant les sections planes.

(*) Quelqu'un m'ayant fait observer avec raison que l'ancienne rédaction du no 325 ne pouvait servir à justifier l'énoncé du théorème qui suit, malgré de légères corrections qui n'en changent nullement l'esprit ou le sens logique, cela m'engage à rappeler qu'il ne s'agit là que d'aperçus rapides que le temps ne me permettait pas de développer davantage. — (Note de 1865.)

REMARQUES ET DOCUMENTS DIVERS RELATIFS AUX THÉORIES PRÉCÉDENTES.

327. Mais en voilà assez sur cette matière, dont quelques corollaires intéressants ont fait récemment l'objet des investigations de M. Chasles dans des *Mémoires sur les transformations paraboliques des relations métriques des figures*, insérés aux tomes V et VI de la *Correspondance mathématique et physique* de M. Quetelet, et reproduits plus récemment encore dans le tome XIII (année 1830) du *Bulletin des Sciences* de M. de Férussac, p. 9 et 164. En effet, si l'on change, dans mes propres énoncés, les mots *centres, axes* et *plans de moyennes harmoniques* en ceux de *pôles, diamètres* et *plans-diamètres* conjugués au point ou à la direction de la droite et du plan que j'ai nommés *points, axes* et *plans des origines,* parce qu'ils servent de point de départ commun aux segments qui définissent la relation harmonique; en faisant, dis-je, cette substitution de mots qui s'appliquent exclusivement au cas où, ces origines passant à l'infini et les *moyennes harmoniques* se changeant en *moyennes distances* (Sect. I), les droites ou rayons qui y aboutissent deviennent parallèles aux directions correspondantes, on retombera directement sur les théorèmes des Mémoires précités; auxquels d'ailleurs on parvient en prenant pour point de départ le théorème de Newton relatif aux diamètres ou axes de moyennes distances des courbes planes géométriques, théorème qui, par des considérations très-simples de projection, s'étend sur-le-champ aux lignes à double courbure et aux surfaces géométriques quelconques.

328. Appliquant ensuite à ces mêmes théorèmes les conséquences qui résultent de la doctrine des polaires réciproques envisagée dans le cas particulier où la directrice des pôles et polaires est une parabole ou un paraboloïde, M. Chasles en déduit les théorèmes inverses concernant les *pôles* ou centres des courbes et surfaces géométriques, à peu près comme j'en ai agi moi-même dans ce qui précède, mais en prenant pour point de départ le théorème général de Côtes et ses annexes de l'espace, relativement à une directrice quelconque; ce qui m'a conduit à des résultats qui comprennent comme cas particulier les théorèmes de cet habile géomètre, parmi lesquels ne se trouvent ni les miens propres, ni divers autres de Mac-Laurin, ni en général ceux qui définissent l'axe et le plan de moyennes harmoniques conjugués à un point fixe, bien qu'ils puissent s'en déduire immédiatement par la projection centrale, attendu que le centre des moyennes distances s'y change en un centre de moyennes harmoniques, en vertu des principes établis dans la Section Ire, qui contient d'ailleurs sur les systèmes de points, de droites ou

de plans, assez de propositions et de démonstrations relatives au centre de moyennes distances en général, pour mettre sur la voie de théorèmes analogues relatifs au cas où l'on viendrait à substituer à ces systèmes, des lignes et des surfaces géométriques quelconques; remarque, au surplus, que je n'ai pas manqué de faire en présentant, en 1824, les Mémoires des Sections I et II à l'Institut de France (*voyez* p. 8, 45, etc., de ce volume).

329. A cette occasion, je ne puis m'empêcher de regretter que M. Chasles n'ait point adopté franchement et largement, dans ses diverses recherches géométriques, les principes et les définitions dont je m'étais antérieurement servi dans le *Traité des Propriétés projectives des figures* ou dans les Mémoires sur la *Théorie des polaires réciproques et des centres de moyennes harmoniques*: cela n'eût rien ôté au mérite de ses propres travaux, et il en serait résulté que, parlant une langue commune, tout le monde se serait parfaitement entendu dans une partie de la science qui commence à se compliquer tellement, qu'il n'est désormais qu'un petit nombre d'adeptes qui soient en état aujourd'hui (1831) d'en suivre les progrès. Et, par exemple, à quoi bon substituer le mot *axe de symptose* à celui d'*axe d'homologie* que j'ai employé dans le Traité dont il s'agit, pour désigner les sécantes communes au système de deux lignes du second ordre, surtout lorsqu'on avait, avec moi, adopté celui de *centre d'homologie* pour les points de concours de leurs tangentes communes, et qu'on entendait d'ailleurs indiquer les mêmes propriétés de situation de ces objets? A quoi bon aussi remplacer les mots *centres*, *axes* et *plans de moyennes distances*, qui paraissent très-convenables, par les mots vagues de *pôles*, *diamètres* et *plans-diamètres*, qui désignant les mêmes objets ne répondent à aucune idée nouvelle et précise?

Il est évident que dès qu'on se croit autorisé à changer ainsi les mots, soit pour l'élégance, soit pour la simplicité du discours, on devrait tout au moins indiquer au lecteur ce qu'ont de commun les dénominations proposées avec les anciennes. Ces réflexions, qui, je le répète, n'ôtent rien au mérite des travaux de M. Chasles, me conduisent naturellement à remarquer que les principes de la transformation parabolique, qui ne sont que ceux de la théorie des polaires réciproques, limités au cas particulier où la directrice des pôles et polaires est une parabole ou surface parabolique, ne sauraient conduire à aucune conséquence générale qu'on ne puisse en même temps obtenir par la combinaison des principes de cette dernière théorie et de la doctrine des projections coniques; je veux dire à aucune conséquence générale qui ne rentre dans la classe de celles des n°s 120 et suivants de ce volume, et dont le caractère ou les conditions spéciales ont été établis au n° **10** du tome Ier du *Traité des Propriétés projectives*.

330. En examinant, en effet, les conditions particulières que M. Chasles a assignées à la transformation parabolique des relations métriques (*voyez* son Ier Mémoire sur cet objet, dans le tome V de la *Correspondance* de M. Quetelet, p. 283 et 306), on aperçoit qu'elles n'indiquent autre chose si ce n'est que les relations qui y satisfont sont *projectives*, mais projectives *orthogonalement* par rapport à un axe donné. Or, cette remarque suffit pour montrer que ces relations doivent être comprises, implicitement ou comme cas particuliers, dans la classe de celles qui subsistent pour les projections analogues relatives à un plan quelconque, et *à fortiori* (*) dans la classe plus générale encore de celles qui sont projectives coniquement, et dont j'ai spécialement étudié les caractères dans le Chapitre Ier, Sect. I, du *Traité des Propriétés projectives* (t. Ier). C'est, au surplus, ce que j'établis directement dans une Note que je me propose d'adresser prochainement au savant Rédacteur de la *Correspondance mathématique et physique de Bruxelles;* Note qui faisait d'abord partie de ce Mémoire, mais que j'en détache à cause de son étendue et de la nature toute particulière des importantes questions qui s'y trouvent traitées (**).

331. Ainsi donc, non-seulement la transformation parabolique ne saurait donner aucun résultat qu'on ne puisse obtenir également par la combinaison de principes généraux sur la projection centrale et la théorie des polaires réciproques, mais encore elle a l'inconvénient de ne point permettre la traduction ou conversion immédiate de la relation métrique proposée en d'autres qui se rapportent simplement aux angles et aux lignes trigonométriques de la figure corrélative; traduction toujours facile, d'après les n[os] **123** et **137** de mon Mémoire sur cette dernière théorie, quand les relations sont projectives en général, et qui doit par conséquent l'être pour les relations particulières dont il s'agit, quand elles ont été convenablement étendues ou transformées; ce qui est possible de diverses manières, au moyen des règles fixes exposées dans les Notes indiquées ci-dessus.

Après cette longue digression, je passe à des considérations d'un ordre

(*) *Voyez* la Note II placée à la fin du Mémoire *sur le centre des moyennes harmoniques* (p. 52 du présent volume).

(**) Cette nouvelle Note se trouve rapportée textuellement dans le § I de la *Section supplémentaire*, ci-après.

diffèrent de celles qui nous ont jusqu'à présent occupés dans ce paragraphe, et qui complètent ce que je voulais dire de spécial touchant les centres, les axes et les plans de moyennes harmoniques des courbes et des surfaces géométriques.

DES PÔLES ET POLAIRES SUCCESSIVES DES COURBES ET SURFACES GÉOMÉTRIQUES.

332. J'ai remarqué, dans le n° 22 du premier Mémoire (Sect. II), que le centre de moyenne harmonique d'un groupe de points quelconques situés sur une ligne droite n'était pas en général *réciproque* à l'égard du point qui sert d'*origine* aux segments ou lui est *conjugué*, comme cela arrive dans le cas particulier où ce groupe se réduit à deux points seulement; c'est-à-dire qu'en prenant, à son tour, ce centre pour l'origine des abscisses ou segments, le centre de moyenne harmonique qui lui correspond ainsi qu'au groupe des points arbitraires considérés, centre qu'on pourrait nommer le *contre-harmonique* du premier (*), ne se confondra pas essentiellement avec le point d'origine qui lui est conjugué dans la première hypothèse. Or il résulte de cette simple remarque, que la réciprocité qui s'observe entre le pôle et la polaire ou le plan polaire des lignes et des surfaces du second ordre, ne peut non plus se soutenir complétement entre les points, axes ou plans d'origines harmoniques, et les axes ou plans de moyennes harmoniques de courbes, de surfaces géométriques quelconques, ou conjugués respectivement aux premiers.

Ainsi, par exemple, le point d'origine conjugué à l'axe harmonique d'une courbe géométrique plane n'est pas nécessairement le point de concours unique des axes harmoniques de la courbe, conjugués aux différents points du premier axe.

333. Pour bien apercevoir la différence essentielle qui existe entre un pareil axe et la polaire des lignes du second ordre, conjuguée à un point ou pôle fixe donné, il faut considérer que cette polaire jouit d'une propriété particulière et caractéristique qui n'appartient pas à l'axe harmonique en général, à savoir : que ses intersections avec la courbe sont les points de contact mêmes des tangentes issues du pôle correspondant.

Soit, en effet, a un point quelconque du plan d'une courbe géométrique

(*) *Voyez* dans le tome II des *Applications d'analyse et de Géométrie* (IIe cahier, art. IV, p. 142) un résumé des premières tentatives que j'avais faites en 1816, sur l'application de la *méthode des transversales* aux courbes géométriques, tentatives qui sont devenues plus tard la base des développements géométriques qui suivent. — (Note de 1865.)

du degré m, pris pour pôle d'une suite de transversales rectilignes; soient p, p', p'',... les intersections de l'une quelconque de ces transversales avec la courbe et x leur centre de moyennes harmoniques simple, par rapport à a, de sorte qu'on ait

$$\frac{m}{ax} = \frac{1}{ap} + \frac{1}{ap'} + \frac{1}{ap''} + \ldots,$$

ou, ce qui revient au même (17),

$$\frac{xp}{ap} + \frac{xp'}{ap'} + \frac{xp''}{ap''} + \ldots = 0,$$

la suite des centres pareils sera, comme nous l'avons vu (193), sur une droite unique.

Or, si l'on suppose que la transversale soit conduite par l'une quelconque des intersections de cette droite ou de l'axe harmonique dont il s'agit, il arrivera seulement, dans l'équation ci-dessus, que ax sera égal à l'un quelconque des segments ap, ap', ap'',..., correspondant, par exemple, à ap; ce qui réduira l'équation à cette autre

$$\frac{m-1}{ax} = \frac{1}{ap'} + \frac{1}{ap''} + \ldots, \quad \text{ou à} \quad \frac{xp'}{ap'} + \frac{xp''}{ap''} + \ldots = 0,$$

exprimant que x est devenu simplement *le centre des moyennes harmoniques de toutes les intersections non communes à la transversale et à l'axe des points x.*

334. Au contraire, si l'on prend, pour déterminer le point x par rapport à a, la relation

$$\frac{m}{xa} = \frac{1}{xp} + \frac{1}{xp'} + \frac{1}{xp''} + \ldots, \quad \text{ou} \quad \frac{ap}{xp} + \frac{ap'}{xp'} + \frac{ap''}{xp''} + \ldots = 0,$$

puis qu'on suppose x confondu avec p, on aura $xp = 0$, et l'équation contenant un terme infini dans son second nombre, il faudra qu'un autre au moins de ses termes le devienne également, afin que, retranché du premier, le reste soit une quantité finie donnée par les autres termes de l'égalité. Le point a étant d'ailleurs étranger à la courbe, il est clair que ce ne peut être xa qui soit nul en même temps que xp, mais bien un autre segment quelconque tel que xp', par exemple; ce qui exige que les points p et p' se confondent en un seul avec x, soit que d'ailleurs la transversale qui les porte devienne tangente à la courbe, soit qu'elle passe par un de ses points multiples, etc.

Dans ces mêmes hypothèses, on aura, pour déterminer tous les autres points x différents de p et de p', l'équation de condition

$$\frac{m}{xa}=\frac{2}{xp}+\frac{1}{xp''}+\ldots,\quad \text{ou}\quad \frac{2ap}{xp}+\frac{ap''}{xp''}+\ldots=0,$$

attendu que $xp=xp'$, ou $ap=ap'$.

Réciproquement aussi, quand p se trouve confondu avec p' ou que la transversale tangente à la courbe passe par un de ses points doubles, conjugués ou de rebroussement simple, l'un des points correspondants de la courbe x se trouve également confondu avec p, et le système de tous les autres est donné par la dernière des équations ci-dessus.

335. Des observations analogues sont applicables au cas où un nombre quelconque de points $p, p', p'',\ldots$ se trouveraient confondus en un seul pour certaines positions de la transversale, qui ne peuvent évidemment être que *singulières* ou en nombre déterminé pour une courbe de degré donné. Quant au cas où le pôle a des transversales se trouverait sur cette courbe ou se confondrait constamment avec l'une des intersections $p, p', p'',\ldots$ de ces transversales, avec p par exemple, on aurait $xa=xp$, et par conséquent

$$\frac{m-1}{xa}=\frac{m-1}{xp}=\frac{1}{xp'}+\frac{1}{xp''}+\frac{1}{xp'''}+\ldots,$$

ou, ce qui est la même chose,

$$\frac{pp'}{xp'}+\frac{pp''}{xp''}+\frac{pp'''}{xp'''}+\ldots=0,$$

équations qui définissent le point x par rapport à tous les autres censés donnés *à priori*, et qui conduiraient à des conséquences analogues relativement au cas où quelques-uns des points $p, p', p'',\ldots$ se confondraient entre eux, si ce n'est que la courbe passerait alors par le pôle a ou p, ce qui n'a pas lieu dans le cas général ci-dessus.

336. Cette discussion prouve évidemment que le lieu des points x a la propriété de rencontrer la courbe proposée du degré m aux points de contact mêmes des tangentes issues du pôle a, et cela seul suffit pour convaincre qu'elle n'est autre que la courbe du degré $m-1$, que l'Analyse ordinaire des coordonnées nous offre comme renfermant tous les points de contact analogues; mais c'est ce qu'on démontre aussi *à priori*, en cherchant à construire géométriquement le système des points x qui, pour chaque transversale, sont définis par l'équation générale ci-dessus.

Concevez en effet que, d'un point quelconque s, on mène aux différents points de cette transversale des droites ou projetantes sa, sp, sp', sp'',... et sx, toute transversale parallèle à sx coupera sa en un point qui sera (n° **11**) le centre des moyennes distances des intersections relatives aux autres droites du faisceau, et réciproquement toute transversale qui aura cette propriété par rapport au même faisceau sera telle, qu'en lui menant par s une parallèle, elle viendra rencontrer la transversale ap'' en l'un des points x demandés; de sorte que la question est ramenée à celle de trouver le système des transversales auxiliaires qui remplissent les conditions dont il s'agit; ce à quoi on peut parvenir de différentes manières.

Supposez, par exemple, que, de l'un p des points donnés, on mène une suite de transversales arbitraires dans le faisceau des projetantes $sp, sp', sp'', \ldots$, puis qu'on détermine sur chacune d'elles le centre des moyennes distances des m intersections correspondantes, la suite de tous ces centres formera une certaine ligne continue que la discussion montre avoir, au plus, $m-1$ asymptotes parallèles respectivement aux $m-1$ droites $sp', sp'', \ldots, sp$ étant excepté, et $m-2$ branches distinctes passant par le pôle p des rayons vecteurs, en sorte que, d'après la loi de continuité, cette ligne est généralement et au plus du degré $m-1$. Ses intersections avec la projetante sa seront donc, en général, au nombre de $m-1$, intersections auxquelles correspondront un égal nombre de rayons vecteurs, et par suite de points x conjugués à a.

337. Si l'on veut résoudre analytiquement la même question, on mettra l'équation proposée sous cette forme :

$$\frac{pa}{xa} = \frac{1}{xa - ap} + \frac{1}{xa - ap'} + \frac{1}{xa - ap''} + \ldots,$$

ou, ce qui revient au même, sous celle-ci :

$$\frac{ap}{xa - ap} + \frac{ap'}{xa - ap'} + \frac{ap''}{xa - ap''} + \ldots = 0;$$

réduisant ensuite au même dénominateur, et effectuant les produits des numérateurs, on obtiendra, en xa, une équation du degré $m-1$ dont la résolution donnera les $m-1$ points x cherchés (*).

(*) Soient A la somme algébrique de tous les segments $ap, ap', ap'', \ldots$; B, F celles de leurs produits 2 à 2, 3 à 3, ..., $m-1$ à $m-1$, enfin G le produit de tous ces segments, l'équation développée et ordonnée par rapport à xa deviendra

$$\overline{ax}^{m-1} - \frac{2B}{A}\overline{xa}^{m-2} + \frac{3C}{A}\overline{xa}^{m-3} - \ldots \pm \frac{(m-1)F}{A}xa \mp \frac{mG}{A} = 0.$$

Cette équation conduit à des conséquences curieuses. Soient, en effet, $x, x', x'', \ldots$, les points en

338. Revenons à la courbe proposée et à la ligne du degré $m-1$ qui, outre tous les points x des transversales issues du pôle a, contient aussi les points de contact, en nombre $m(m-1)$, des tangentes issues du même pôle ; il est clair que cette ligne, qu'on peut nommer la *polaire par contact* relative au point a qui est véritablement le lieu des *centres contre-harmoniques* conjugué à ce pôle des rayons vecteurs, cette courbe polaire, dis-je, devra jouir d'une série de propriétés distinctes de celles qui appartiennent à l'axe des moyennes harmoniques ordinaire de la courbe proposée, et qui seront analogues à certaines des propriétés de la polaire des sections coniques ou courbes du second degré.

Pour les découvrir, nous remarquerons que, de même qu'à chacun x des points du plan d'une courbe géométrique de degré m, correspond (**193**) un certain axe de moyennes harmoniques, de même, à chaque droite donnée arbitrairement sur ce plan, doit correspondre aussi un ou plusieurs points, en nombre déterminé, qui soient respectivement conjugués à cette droite considérée comme axe des moyennes harmoniques. Mais, d'après les propriétés qui définissent un tel axe et les polaires de contact d'une courbe donnée, il est clair que, si, pour un point quelconque a de cet axe, on construit la polaire correspondante, cette polaire devra nécessairement contenir tous les points x conjugués à ce même axe ; donc on a ce théorème :

Une droite étant donnée à volonté sur le plan d'une ligne géométrique du degré m, les polaires de contact qui correspondent à ses différents points s'entrecouperont aux mêmes $(m-1)^2$ points fixes ou pôles, qui auront respectivement la droite donnée pour axe des moyennes harmoniques par rapport à la courbe que l'on considère.

339. Quand cette dernière courbe contient des points multiples, conjugués ou de rebroussement, ces points se trouvent nécessairement compris, une ou plusieurs fois selon leur espèce, parmi les $(m-1)^2$ points fixes dont il s'agit.

---

nombre $m-1$ qui satisfont à la question, $\frac{mG}{A}$ sera égal au produit de tous les segments ax, ax', ax'', ..., et $\frac{(m-1)F}{A}$ à la somme de leurs produits $m-2$ à $m-2$, en sorte qu'on aura

$$\frac{(m-1)F}{m.G} = \frac{1}{ax} + \frac{1}{ax'} + \frac{1}{ax''} + \ldots = \frac{(m-1)}{m}\left(\frac{1}{ap} + \frac{1}{ap'} + \frac{1}{ap''} + \ldots\right),$$

ce qui indique évidemment que *le centre de moyenne harmonique de tous les points x, x', x'', ..., par rapport à a, est le même que celui des points p, p', p'', ..., conjugué au même point.*

Quand l'origine a est à l'infini, le centre commun dont il s'agit devient un centre de moyenne distance, etc. (Les lecteurs qui ont entre les mains le tome II des *Applications d'Analyse et de Géométrie* s'apercevront que le contenu de cette Note est extrait de l'art. IV, p. 142 à 161. — 1865.)

Il résulte encore de la proposition qui précède que :

Si l'on fait mouvoir la droite donnée autour d'un point fixe quelconque du plan de la courbe proposée, les $(m-1)^2$ pôles qui lui correspondent décriront la polaire de contact relative au point fixe.

Ces théorèmes s'étendent aisément au cas de l'espace, mais ici ils acquièrent un degré d'évidence de plus.

340. Soit en effet une surface de degré m; d'un point quelconque a de l'espace, menons dans cette surface diverses transversales rencontrant en p, p', p'',..., respectivement ses différentes nappes; prenons sur chacune d'elles les $m-1$ points x définis par la relation du n° 335, la suite de tous ces points formera une surface polaire du degré $m-1$, la même que celle qui a été considérée par Monge, au n° 4 du § Ier de son *Application de l'Analyse à la Géométrie*, et qui contiendra la courbe de contact de la proposée avec la surface conique qui a son sommet au point donné. Supposant donc que ce point parcoure successivement tous ceux d'une droite fixe donnée à volonté dans l'espace, il est clair :

« 1° Que la courbe de contact, qui est du degré $m(m-1)$, passera con-
» stamment par les $m(m-1)[m(m-1)-1]$ points de contact des plans
» tangents issus de la droite donnée;
» 2° Que la surface polaire du degré $m-1$, qui contient cette courbe de
» contact, passera également par les points fixes dont il s'agit, et coupera
» de plus toutes ses semblables suivant une même ligne à double courbure
» du degré $(m-1)^2$ contenant tous les systèmes de $(m-1)^2$ pôles conju-
» gués à la droite fixe par rapport aux différentes intersections planes de la
» surface, issues de cette droite;
» 3° Que si l'on fait pivoter arbitrairement la droite dont il s'agit autour
» d'un point fixe quelconque de sa direction, la courbe polaire correspon-
» dante demeurera sans cesse sur la surface polaire de ce point, mais s'y
» trouvera d'une manière également arbitraire;
» 4° Que, si cette même droite est seulement assujettie à demeurer dans
» un plan fixe quelconque, la courbe polaire qui lui correspond coupera
» chacune de ses semblables en des points qui auront respectivement ce
» plan pour plan de moyennes harmoniques par rapport à la surface pro-
» posée, et qui, étant en nombre déterminé, seront nécessairement com-
» muns à la fois à toutes les courbes polaires;
» 5° Que ces mêmes points ou pôles fixes sont aussi les intersections com-

» munes de toutes les surfaces polaires du degré $m-1$ conjuguées aux dif- » férents points du plan dont il s'agit, de sorte qu'ils sont en général et au » plus au nombre de $(m-1)^3$;

» 6° Etc., etc. »

341. On reconnaît ici les théorèmes sur les *pôles, polaires* et *plans polaires* des courbes et des surfaces algébriques, que M. Bobillier a exposés par une voie analytique fort élégante et qui lui est propre, dans plusieurs excellents Mémoires insérés aux tomes XVIII et XIX des *Annales de Gergonne* (1827 à 1829), et dont il a été rendu compte ensuite dans le *Bulletin des Sciences mathématiques* de Férussac, t. VIII, p. 303, et t. IX, p. 302.

Les considérations qui précèdent laissent de plus apercevoir la liaison intime qui subsiste entre la droite ou le plan donnés et les $(m-1)^2$, $(m-1)^3$ pôles fixes qui leur correspondent, liaison qui consiste, comme on l'a vu, en ce que le plan et la droite dont il s'agit sont l'axe, le plan des centres de moyennes harmoniques de la courbe ou surface proposée, conjugués à la fois à tous les points fixes. De plus, ces mêmes considérations fournissent un procédé géométrique direct pour construire la courbe ou surface polaire relative à un point donné, et elles conduisent à quelques propriétés nouvelles de ces polaires, qui paraissent dignes de remarque et auxquelles j'étais parvenu dès mes premières recherches (1816) sur les courbes géométriques (*).

Voici les énoncés de quelques-unes de ces propriétés choisies parmi les plus élémentaires et les plus simples :

« 1° Tous les points de la polaire de contact d'un point fixe donné ou » pôle, par rapport à une ligne géométrique plane d'un certain ordre, ont » pour axes de moyennes harmoniques, à l'égard de cette dernière, des » droites qui passent toutes par le pôle dont il s'agit.

» 2° Tous les points de la surface polaire de contact d'une surface géo-

---

(*) *Voyez* le tome II des *Applications d'Analyse et de Géométrie* (p. 142 à 161, articles déjà cités précédemment). Remarquez d'ailleurs que les énoncés de ces articles et les suivants sont des conséquences nécessaires des théories anciennes de l'élimination, appliquées aux équations dérivées qui expriment les conditions successives de l'égalité des racines, lorsque dans la proposition fondamentale ou de définition de la *polaire de contact*, on suppose le pôle ou point de concours des tangentes à l'infini, comme je l'ai fait dans mon Mémoire de 1817, sur la *Théorie des polaires réciproques* (même ouvrage, t. II, p. 483 à 500).

Les propositions relatives en particulier au centre de *moyennes distances* se rattachent à des considérations analytiques analogues, comme on peut le voir dans un *Mémoire* présenté par M. Liouville à l'Académie des Sciences de Paris en août 1841, et inséré à la page 345, t. VI, du *Journal de Mathématiques*, publié par cet éminent géomètre. — (Note de 1865.)

» métrique quelconque ont pour plans de moyennes harmoniques, par rapport à cette dernière, des plans qui passent par le pôle conjugué à cette surface polaire.

» 3° Tous les plans de moyennes harmoniques d'une surface géométrique, qui sont conjugués aux différents points de la courbe polaire de cette surface par rapport à une droite quelconque donnée, passent par cette même droite.

» 4° Toute transversale menée par le pôle conjugué à la polaire de contact d'une ligne ou surface géométrique donnée, détermine dans cette dernière et dans la polaire deux systèmes de points qui ont le même centre de moyennes harmoniques par rapport au pôle dont il s'agit (*).

» 5° L'axe ou le plan des moyennes harmoniques d'une courbe ou surface donnée par rapport à un point fixe quelconque, est aussi l'axe ou le plan des moyennes harmoniques de la polaire de contact de cette courbe ou surface, conjuguée à ce même point.

» 6° Ayant construit par rapport à un point ou pôle fixe quelconque la polaire de contact d'une courbe ou surface donnée, puis la polaire de cette polaire et ainsi de suite, toutes ces polaires successives, dont le degré va sans cesse en diminuant d'une unité, et dont la dernière est une simple droite, ont le même axe ou le même plan de moyennes harmoniques conjugué au pôle fixe dont il s'agit, etc., etc. »

342. Ce dernier énoncé pourra servir à lier les élégants théorèmes démontrés par M. Bobillier, sur les *polaires successives* (voyez *Annales de Mathématiques*, t. XIX, p. 302, et *Bulletin des Sciences*, t. XI, p. 255), avec celles qui concernent les axes et les plans de moyennes harmoniques des courbes planes et des surfaces. Il sera d'ailleurs facile d'étendre ces considérations aux courbes à double courbure situées arbitrairement dans l'espace; ce qui répandra un jour nouveau sur la théorie des pôles et polaires de contact. Supposant ensuite que certains points, certaines droites ou certains plans fixes de la figure passent à l'infini, on arrivera à une série de théorèmes analogues dans lesquels les axes et les plans de moyennes harmoniques se trouveront remplacés par des axes ou des plans de moyennes distances, c'est-à-dire par des diamètres ou plans diamétraux conjugués à la direction d'une droite donnée.

(*) Cette proposition, conséquence évidente de ce qui a été démontré dans la note du n° 337 ci-dessus, peut aussi être établie, ainsi que la suivante, par des considérations de pure Géométrie.

Mais je ne puis insister sur ces conséquences d'ailleurs très-faciles, et je me hâte de terminer ce que j'avais à dire sur cette matière, par quelques observations nouvelles qui compléteront toutes celles qui précèdent.

343. Nous venons de voir en particulier que les axes de moyennes harmoniques des différents points de la polaire de contact d'une courbe donnée allaient toutes concourir au pôle conjugué à cette polaire, propriété entièrement analogue à celle dont jouit la polaire d'une section conique ordinaire par rapport à son pôle; or, si l'on recherche par les moyens purement géométriques dont j'ai souvent donné des exemples dans le *Mémoire sur les polaires réciproques* (Sect. II), ce que c'est en général que l'enveloppe des axes de moyennes harmoniques des points d'une autre courbe quelconque du degré n située dans le plan de la proposée supposée du $m^{ième}$ degré, on trouve, sans beaucoup de peine :

» 1° Que, d'un point choisi à volonté sur son plan, on ne peut mener » que $n(m-1)$ tangentes à cette courbe enveloppe; 2° que son degré est, » en général et au plus, $n(m-1)[n(m-1)-1]$. »

Supposant, par exemple, que la courbe directrice soit une droite, on aura

$$n = 1 \quad \text{et} \quad n(m-1)[n(m-1)-1] = (m-1)(m-2)$$

pour le degré de l'enveloppe de l'axe des moyennes harmoniques. Supposant, de plus, que la droite dont il s'agit s'éloigne à l'infini ou se confonde avec celle qui contient tous les points à l'infini du plan de la courbe proposée, les différents axes de moyennes harmoniques se changeant en autant d'axes de moyennes distances ou diamètres de cette dernière courbe, il résultera de ce qui précède que :

Tous les diamètres d'une courbe plane du $m^{ième}$ degré enveloppent une autre courbe du degré $(m-1)(m-2)$, à laquelle on ne peut mener que $m-1$ tangentes d'un point quelconque de son plan, c'est-à-dire de la $(m-1)^{ième}$ classe, selon l'expression convenue.

Pour le cas des lignes du second ordre, on a $m = 2$, et l'enveloppe des diamètres est du degré 0 ou un point; pour les lignes du troisième ordre, $(m-1)(m-2) = 2$, par conséquent l'enveloppe est une section conique ordinaire; et ainsi de suite pour les courbes de degrés supérieurs.

344. Ces considérations confirment ce qui a été avancé plus haut (318) relativement au centre des moyennes distances des courbes et des surfaces géométriques, qu'on ne saurait généralement confondre avec le centre de

figure que dans quelques cas exceptionnels. Il n'est pas non plus, en général, le concours commun de leurs axes et plans de moyennes distances, de leurs diamètres et plans diamétraux conjugués à toutes les directions possibles, mais bien uniquement celui de tous les diamètres et plans diamétraux de leurs systèmes de tangentes ou de plans tangents parallèles à des directions données, ainsi que de tous les diamètres et plans diamétraux des surfaces cylindriques circonscrites à leur périmètre ou qui embrassent leurs différentes nappes en les touchant. Enfin ce centre n'est pas davantage le centre des moyennes distances ou de figure, ordinaire, de tous les éléments linéaires et superficiels de la courbe ou surface proposée, mais bien uniquement celui des éléments ou points de contact distincts des faisceaux de tangentes et de plans tangents parallèles à des directions données.

345. Quant au théorème ci-dessus, relatif à l'enveloppe de tous les diamètres d'une courbe plane géométrique, je ne crois pas nécessaire de montrer ce qu'il devient pour les courbes à double courbure et les surfaces géométriques quelconques, je me contenterai de remarquer qu'il s'étend au cas où l'on substitue aux diamètres dont il y est question les axes de moyennes harmoniques conjugués aux différents points d'une droite fixe donnée, et qu'il a essentiellement pour point de départ la solution de ce problème :

« Un point quelconque étant donné sur le plan d'une courbe géométrique
» du degré m, combien peut-on par ce point mener de diamètres à cette
» courbe, ou en général d'axes de moyennes harmoniques qui soient con-
» jugués à des points d'une courbe donnée du degré n. »

D'après les propriétés dont jouit la polaire de contact de (m), relative au point proposé (336), il est clair que les points de (n) qui résolvent le problème doivent se trouver sur cette polaire, et par conséquent en nombre $n(m-1)$ au plus.

En particulier, ce nombre, qui indique aussi celui des axes de moyennes harmoniques cherchés, se réduit à $m-1$ quand $n=1$ ou qu'il s'agit de simples diamètres de la courbe proposée, puisque tous les points à l'infini d'un plan doivent être considérés idéalement comme distribués sur une droite unique (*Traité des Propriétés projectives*, t. Ier, Sect. I).

346. De ce dernier théorème d'ailleurs, qui s'étend d'une manière analogue aux surfaces, on conclut immédiatement le suivant, en invoquant le principe de continuité :

« Si, d'un point pris à volonté sur le plan d'une courbe géométrique de

» degré quelconque, on mène une suite de transversales dans cette courbe, » puis qu'on prenne sur chacune d'elles le centre des moyennes distances des » intersections correspondantes, la suite de tous ces centres formera une » courbe unique du même degré que la proposée, dont les asymptotes se- » ront parallèles aux siennes propres, et qui aura $m-1$ branches passant » par le pôle fixe des transversales. »

347. Ce théorème, qui a été démontré, quant au degré de la courbe des centres, par le géomètre anglais Waring (*Mélanges analytiques*, p. 90), s'applique d'une manière analogue aux surfaces géométriques, et aux courbes à double courbure en général; mais il s'étend également au cas où l'on remplacerait les centres de moyennes distances des transversales par les centres de moyennes harmoniques de leurs intersections, pris par rapport aux points où elles vont couper une même droite ou un même plan donné. Appliquant ensuite à ces théorèmes ainsi généralisés, nos méthodes ou principe de réciprocité polaire, on arriverait à de nouveaux théorèmes non moins dignes d'intérêt.

En général, on déduit de l'application de ces mêmes principes aux diverses propositions qui nous ont occupé depuis le n° 338 une suite de théorèmes plus ou moins intéressants sur les courbes et les surfaces de tous les degrés.

348. Ayant vu, par exemple, que l'enveloppe de tous les axes de moyennes harmoniques d'une courbe plane de degré m, relativement aux différents points d'une droite donnée arbitrairement sur son plan, est du degré $(m-1)(m-2)$, on en conclura réciproquement que : *le lieu de tous les centres de moyennes harmoniques d'une courbe géométrique, de degré m, conjugués aux différentes droites issues d'un même point ou pôle fixe donné, est elle-même du degré $m(m-1)-1$, etc., etc.*

§ IV.

Application de l'Analyse des transversales à l'osculation mutuelle des courbes et des surfaces géométriques.

349. Pour comprendre comment des principes exposés ci-dessus on peut déduire tout ce qui concerne la théorie des contacts divers, il suffit de se rappeler en général que, quand deux courbes ou surfaces géométriques ont en commun un certain nombre de lignes ou de points actuellement dis-

tincts les uns des autres et qu'il existe entre ces courbes ou surfaces certaines relations métriques ou descriptives, en vertu du principe de continuité, ces relations doivent toujours demeurer applicables au système, pourvu qu'on ait égard aux modifications particulières survenues dans l'état des diverses grandeurs, et que la nouvelle figure puisse être censée provenir de l'ancienne par un mouvement progressif et continu de ses parties mobiles ou variables. Or, si deux ou plusieurs des points communs aux lignes qui y entrent, de distincts qu'ils étaient d'abord, se sont réunis en un seul dans le nouvel état de la figure, ces lignes ne seront plus simplement sécantes au point correspondant, elles auront un contact de l'ordre marqué par le nombre des points superposés, moins un; les relations descriptives ou métriques qui subsisteront alors entre les deux courbes pourront donc servir, si elles ne sont pas devenues identiques, illusoires, ou si elles ont simplement changé de forme, à construire l'une des deux osculatrices au moyen de l'autre et de certaines données, etc.

Le Mémoire précédent (Sect. III) nous a offert divers exemples de ces transformations qui permettent d'appliquer rigoureusement les nouvelles relations à la figure corrélative répondant à d'autres hypothèses déduites de l'ancienne par voie de continuité.

350. Ainsi, dans différents cas des art. 165, 178, 184, 187 et suivants, on peut supposer que deux, trois, quatre des points communs aux courbes qu'on y considère se réunissent en un seul, sans que les relations établies entre les points communs restants cessent de demeurer applicables à la nouvelle hypothèse; seulement, les relations métriques pourront subir des modifications plus ou moins essentielles (187), d'après la diversité de position du triangle transversal à l'égard des deux courbes, qui, d'ailleurs, seront devenues osculatrices du premier, du second, du troisième ordre au point choisi en particulier.

Il est à remarquer toutefois que trois, au plus, des intersections relatives à un même côté du triangle transversal, ne sauraient se confondre en un seul pour un point quelconque commun à deux courbes; car ce côté aurait alors lui-même, en ce point, un contact du second ordre avec chacune de ces courbes, ce qui ne peut avoir lieu qu'en des points singuliers de la nature des points d'inflexion et de rebroussement.

Faisons voir maintenant comment ces principes généraux conduisent sans peine à la solution des diverses questions que présente la théorie des osculations des lignes géométriques avec les courbes du second degré.

DES CONIQUES OSCULATRICES DU SECOND ORDRE EN UN POINT DONNÉ D'UNE COURBE GÉOMÉTRIQUE TRACÉE SUR UN PLAN.

351. Nous avons montré (Sect. III, § Ier), à l'occasion des courbes du troisième degré, comment l'analyse des transversales peut directement et très-simplement conduire à la détermination des osculatrices de divers ordres, en un point donné d'une telle courbe; mais la marche que nous avons suivie ne laisse pas assez apercevoir comment on devrait se guider à l'égard des courbes d'un degré supérieur au troisième; c'est pourquoi nous allons entrer dans quelques développements nouveaux relativement à cette application intéressante de la doctrine des transversales. La théorie des osculatrices des divers ordres en un point donné d'une courbe géométrique forme d'ailleurs un chapitre considérable de nos anciennes recherches; et, quoique nous ne puissions donner ici qu'une idée sommaire de leur esprit et de leur objet, nous ne pouvons cependant nous dispenser d'en exposer au moins les principaux et plus intéressants linéaments.

352. Concevons deux courbes géométriques tracées sur un même plan et ayant entre elles divers points communs; concevons par un certain nombre de ces points des transversales rectilignes qui les contiennent deux par deux, trois par trois, etc., s'il y a lieu : ces transversales formeront par leurs rencontres mutuelles un certain polygone dont les côtés prolongés iront de nouveau rencontrer les deux courbes en des points distincts de ceux qui leur appartiennent en commun.

Cela posé, d'après le théorème de Carnot, il existera pour chaque courbe une relation de la forme de celle du n° 165, entre les segments formés, sur chacun des côtés de ce polygone, par les intersections correspondantes; or, ces relations étant combinées entre elles par voie de multiplication ou de division, donneront lieu à une autre relation analogue d'où auront disparu les segments relatifs aux points communs des courbes, et qui, par conséquent, sera indépendante de la position, de la réalité même de ces points ou de leur réunion deux par deux, trois par trois, etc.; c'est-à-dire qu'elle s'appliquera, sans modification quelconque, au cas où les courbes proposées auraient un contact du premier, du deuxième ordre, etc., au point qui représente tous les points communs réunis en un seul. La nouvelle relation dont il s'agit mettra donc en état de construire l'une quelconque des intersections restantes et qui sont demeurées distinctes, quand toutes les autres seront connues.

353. En appliquant ensuite à cette relation l'esprit des méthodes que nous avons mises en usage pour les simples triangles transversaux des courbes individuelles, c'est-à-dire en faisant intervenir de nouvelles transversales rectilignes contenant les points non éliminés, on transformera cette même relation en une infinité d'autres également propres à construire ou à définir l'un de ces points au moyen de ceux qui sont donnés *à priori;* et, ce qu'il y a surtout de remarquable, on pourra toujours (18 et suiv.) la traduire en quelque nouvelle relation qui soit purement descriptive et linéaire, ou qui exprime une propriété de situation du système des courbes proposées uniquement dépendante de la Géométrie de la règle.

D'ailleurs, si, par suite des suppositions admises pour faire coïncider certains points communs aux deux courbes, les relations métriques primitives deviennent identiques ou illusoires, les conséquences finales relatives à la situation des points et des lignes n'en subsisteront pas moins en vertu du principe de continuité. Et, non-seulement elles seront applicables au système avec les modifications convenables, mais encore toutes les relations métriques d'abord considérées, et qui ont pris la forme indéterminée, pourront, en vertu des différents principes établis dans le § III de la précédente Section, être sur-le-champ remplacées par d'autres équivalentes et qui n'auront plus les mêmes inconvénients.

354. Passons maintenant de ces considérations générales aux applications particulières, en nous bornant, pour la simplicité, aux osculatrices coniques ou du second degré d'une courbe géométrique donnée; de telles osculatrices, en effet, suffiront pendant longtemps encore au besoin des arts et des applications de la théorie de l'osculation des lignes et des surfaces géométriques en général.

Occupons-nous d'abord des coniques osculatrices du second ordre en un point donné d'une courbe plane géométrique.

Soient ab, bc, ac (*fig.* 44, *Pl. V*) trois transversales rectilignes quelconques tracées sur le plan d'une telle courbe censée du degré m, et la rencontrant aux m points $p, p'\ldots$, aux m points $q, q'\ldots$, et aux m points $r, r',\ldots$ respectivement; on aura (165)

$$(1)\qquad \frac{(ap)(bq)(cr)}{(bp)(cq)(ar)}=1.$$

Concevons une section conique ayant les points q, r et r' en commun avec la courbe proposée, et nommons P et P', Q' les nouvelles intersections de cette section conique avec les transversales ab et bc, ce qui donne l'équation particulière

$$(2)\qquad \frac{b\mathrm{P}.b\mathrm{P}'}{a\mathrm{P}.a\mathrm{P}'}\times\frac{cq.c\mathrm{Q}'}{bq.b\mathrm{Q}'}\times\frac{ar.ar'}{cr.cr'}=1;$$

puis, en éliminant par voie de multiplication les segments bq, cq, ar, ar', cr, cr' communs aux deux courbes, et ayant égard à nos conventions et notations (165),

$$(3)\qquad \frac{(ap)\,bq')(cr'')\,b\mathrm{P}.b\mathrm{P}'.c\mathrm{Q}'}{(bp)(cq')(ar'')\,a\mathrm{P}.a\mathrm{P}'.b\mathrm{Q}'}=1,$$

résultat qui demeure applicable, sans modification, au cas où les points q, r, r', étant confondus en un seul avec le sommet c, nos deux courbes deviennent osculatrices du second ordre, au point correspondant; la relation précédente donnant ainsi le point inconnu Q' de la section conique, quand on connaîtra tous les autres. Faisant d'ailleurs varier la transversale $bcqq'\ldots$, qui contient le point Q' et passe par le point de contact des courbes devenues tangentes à ac ou rr', on obtiendra successivement tous les points Q' de l'osculatrice demandée, qui contient, de plus, les points P et P' choisis arbitrairement.

355. Pour opérer graphiquement, on mènera par P' une droite arbitraire ren-

contrant en q_1 et r_1 les côtés bc et ac du triangle abc; traçant ensuite PQ′ qui coupe ac en r'_1, on aura évidemment par ce triangle

$$(4)\qquad \frac{a\mathrm{P}.a\mathrm{P}'\times b\mathrm{Q}'.bq_1\times cr_1.cr'_1}{b\mathrm{P}.b\mathrm{P}'\times c\mathrm{Q}'.cq_1\times ar_1.ar'_1}=1;$$

d'où, en combinant avec la dernière des précédentes,

$$(5)\qquad \frac{(ap)(bq')\,bq.(cr'')\,cr_1\;cr'_1}{(bp)(bq')\,cq_1(ar'')\,ar_1.ar'_1}=1;$$

relation qui indique que les $3m$ points $p, p', p'', \ldots, q, q', q'', \ldots, r_1, r'_1, r''_1, \ldots$ sont sur une courbe du degré m comme la proposée, et qui, appartenant à la classe de celles qui ont été traitées dans les n^{os} **174** et suivants, conduira à une construction purement linéaire du point Q′ au moyen de tous les autres.

356. Supposons, en particulier, que la section conique $\mathrm{P}qrr'\mathrm{Q}'\mathrm{P}'$, devenue osculatrice en c (*fig.* 45) à la courbe proposée, soit un cercle, on aura alors

$$a\mathrm{P}.a\mathrm{P}'=\overline{ac}^2,\quad b\mathrm{P}.b\mathrm{P}'=bc.b\mathrm{Q}',$$

de sorte que la relation (3) ci-dessus deviendra simplement

$$\frac{(ap)(bq')(cr'')}{(bp)(cq')(ar'')}\,\frac{bc}{\overline{ac}^2}\cdot c\mathrm{Q}'=1,$$

et donnera toujours le point Q′ du cercle osculateur, appartenant à chacune des transversales arbitraires $bcq'\ldots$, menées par le point de contact c représentant les points q, r, r' du cas général (*fig.* 44). Ce cercle sera donc déterminé de grandeur et de position, puisque l'on sait construire la tangente en c de la courbe proposée, par les méthodes des n^{os} **165** et suivants d'abord cités. D'ailleurs, la même relation donnera immédiatement le double du rayon de courbure, en prenant la transversale $cq''\mathrm{Q}'$ normale en c à la courbe proposée.

357. Dans nos anciennes rédactions de 1816 et 1823, nous indiquions des procédés graphiques pour construire le point Q′, et, en passant au cas particulier où la courbe proposée est du second degré, nous en concluions divers corollaires relatifs au cercle osculateur de ces courbes; corollaires dont le plus remarquable, par l'analogie qu'il présente avec une propriété bien connue de la cycloïde, est sans contredit le suivant qui date de mon séjour à l'École Polytechnique :

Dans la parabole, le rayon de courbure en un point quelconque est le double de la normale correspondante, comptée depuis la directrice, comme axe, et prise en sens contraire (*).

(*) Si l'on intègre en effet, par les méthodes connues, la double équation $dx^2+dy^2=\pm y\,d^2y$, qui exprime la propriété en question par rapport aux abscisses et ordonnées ordinaires, on trouve qu'elle appartient à une cycloïde ou à une *parabole* suivant que l'on considère le signe + ou le signe − de l'ambiguïté.

358. Les méthodes que nous venons de rappeler pour construire la section conique osculatrice du second ordre en un point donné d'une courbe géométrique, exigent qu'on détermine préalablement la tangente en ce point ; ce qui, à la vérité, peut se faire d'après nos procédés, en faisant intervenir (171) une nouvelle transversale arbitraire passant par le point dont il s'agit, mais nécessite néanmoins des opérations assez longues. Or on peut aisément se passer de la tangente ou de la transversale arbitraire en question, en supposant que, dans l'exemple qui précède, la section conique ait été conduite primitivement par les trois points p, q, r appartenant à des transversales distinctes, au lieu de l'être par les points q, r et r' ; car en procédant d'une manière analogue sur le système des deux courbes, on arrivera à des constructions graphiques propres à déterminer l'une des nouvelles intersections de la section conique par les transversales ab, bc et ac, quand on se donne les deux autres, et cela même lorsqu'il arriverait que les points p, q, r fussent confondus en un seul ; la section conique étant ainsi devenue osculatrice du second ordre avec la courbe géométrique supposée donnée et tracée.

On remarquera d'ailleurs que l'hypothèse où les points p, q, r se réunissent en un seul, rendant identiques toutes les relations métriques relatives au système des points considérés, ce sera le cas alors de les remplacer par celles que nous avons fait connaître aux n°s 187 et suivants du précédent Mémoire, numéros qui fourniront ainsi des moyens directs de construire la conique osculatrice demandée.

359. Parmi les différentes conséquences auxquelles on est conduit par les considérations dont il s'agit, nous citerons les suivantes, qui nous paraissent des plus simples et des plus élégantes (*).

D'un point quelconque a, d'une courbe géométrique du degré m tracée sur un plan, soient menées les droites arbitraires ap, aq, ar qui la rencontrent aux m autres points p', p'',... ; q', q'',... ; r', r'',... respectivement, et la section conique osculatrice du second ordre en a aux points respectifs p_1, q_1, r_1. Soient tracées les droites ou cordes q_1r_1, $q'r'$, $q''r''$,... relatives aux deux transversales aq', ar', et rencontrant en P_1, P', P'',... respectivement la troisième transversale ap' : le système des points p_1, P', P'',... et celui des points P_1, p', p'',... seront tels, que si l'on inscrit à volonté, dans l'angle de deux droites arbitraires contenant a, un polygone dont les côtés de rang pair passent respectivement par les premiers points et les côtés de rang impair, un seul excepté, respectivement par les divers autres points, le dernier côté ira (183) nécessairement aussi passer par le point excepté.

De plus, on aura entre les segments ap_1, aP_1, aP'', ap'... de tous ces points comptés de l'origine commune a, la relation

$$\frac{1}{ap_1}+\frac{1}{aP'}+\frac{1}{aP''}+\ldots=\frac{1}{aP_1}+\frac{1}{ap'}+\frac{1}{ap''}+\ldots,$$

relation qui exprime que les deux systèmes distincts qu'ils forment ont le même centre de moyennes harmoniques (**).

(*) *Voyez* la note du n° 185, p. 176.

(**) C'est ici le lieu de rappeler que les sommes de valeurs inverses des segments relatifs aux

360. Voilà donc des moyens généraux et simples de construire graphiquement et avec la règle, ou par le calcul, un troisième point quelconque p_1 de la section conique osculatrice, à l'aide de deux autres quelconques q_1 et r_1 qui seraient donnés. Faisant d'ailleurs varier la transversale ap' qui contient le point p_1 autour du point de contact a des deux courbes, on obtiendra successivement tous les points de l'osculatrice demandée qu'on pourra aussi construire plus simplement par les méthodes rapportées Sect. **II**, Chap. **II** du tome Ier du *Traité des Propriétés projectives*, en recherchant seulement un point q_1 de l'osculatrice, si l'on connaît la tangente en a, ou deux seuls points pareils, si cette tangente n'est pas donnée; car en y joignant les deux points q_1 et r_1, qui sont entièrement arbitraires, on aura tout ce qu'il faut pour tracer entièrement la section conique demandée.

361. Les propositions ci-dessus ne changent pas quand on suppose que les transversales aq', ar' se confondent, si ce n'est que les cordes $q'r'$, $q''r''$,... deviennent des tangentes à la courbe donnée. Si, de plus, dans cette hypothèse, on admet que la section conique se réduise à un cercle, c'est-à-dire au cercle osculateur en a, on arrivera à différents corollaires, parmi lesquels se trouve compris celui qu'a donné Mac-Laurin dans le § 15 de son *Traité des courbes géométriques*, et dont il a déduit, pour construire le cercle osculateur, un procédé qui paraîtra d'autant plus pénible, qu'il exige le tracé d'autant de tangentes distinctes de la courbe qu'il y a d'unités dans le nombre qui exprime son degré. Or, en partant de notre proposition générale, on peut aisément éviter cette complication et réduire les tangentes à celle du point de contact a des osculatrices.

Traçant, en effet, un cercle arbitraire tangent en ce point à la courbe donnée et rencontrant en p'_1, q'_1 et r'_1 les transversales ap', aq', ar'; traçant ensuite la corde indéfinie $q'_1 r'_1$ rencontrant en P'_1 la transversale ap', il est clair, d'après les propriétés connues des cercles tangents, que le rapport de ap'_1 à aP'_1 sera le même que celui de ap_1 à aP_1 considérés dans le cercle osculateur. Nommant donc n ce rapport désormais connu, on aura,

$$\frac{1}{aP_1} = \frac{n}{ap_1}$$

d'où, substituant dans la relation générale ci-dessus, on déduira

$$\frac{n-1}{ap_1} = \frac{1}{aP'} + \frac{1}{aP''} + \ldots - \frac{1}{ap'} - \frac{1}{ap''} - \ldots,$$

au moyen de quoi on obtiendra la valeur de ap_1 ou la position de p_1 sur chacune

intersections de la courbe peuvent toujours s'obtenir directement, soit par le tracé effectif de cette courbe, soit par son équation en coordonnées ordinaires, ce qui embrasse même le cas où certaines intersections seraient imaginaires (**196**). En effet, de l'équation de la courbe on déduira aisément, par les principes connus, la nouvelle équation qui a pour racines les segments à considérer; supposant cette équation du degré m et divisant le coefficient qui représente la somme des produits des racines pris $m-1$ à $m-1$ par le coefficient qui exprime leur produit intégral, on obtiendra, selon la remarque que nous en avons déjà faite, la somme de réciproques demandée, et cela quel que soit le mode d'existence individuel de ces segments.

des transversales arbitraires ap'; on pourra donc ainsi construire successivement tous les points analogues à p_1 appartenant au cercle osculateur.

De là d'ailleurs on tire ces nouvelles conséquences.

362. Que, par exemple, ap' soit pris parallèle à $q_1 r_1$, ou de manière à former avec aq' le même angle correspondant que ar' avec la tangente en a, on aura $n = 0$; ce qui donne immédiatement ap_1 sans cercle auxiliaire, et résulte d'ailleurs aussi de ce que aP_1 est infini ou $\frac{1}{aP_1} = 0$.

Pareillement, si ap' est normal à la courbe et que $q'ar'$ soit un angle droit quelconque, $q_1 r_1$ deviendra un diamètre du cercle osculateur qui aura q_1 pour centre; de plus, on aura évidemment $n = 2$ ou $ap = 2aP_1$, d'où la relation

$$\frac{2}{ap_1} = \frac{1}{aP_1} = \frac{1}{aP'} + \frac{1}{aP''} + \ldots - \frac{1}{ap'} - \frac{1}{ap''} - \ldots,$$

pour déterminer immédiatement le rayon de courbure aP_1 de la courbe proposée. Si l'on suppose ensuite que cette courbe soit une section conique, on retombera sur les théorèmes exposés par M. Frégier, dans le tome VI (1816) des *Annales de Mathématiques de Montpellier*, etc., etc.

363. Je crois superflu d'examiner ce que deviennent nos méthodes dans le cas d'une osculatrice quelconque du second degré, quand, au lieu de deux points de son périmètre, on se donne deux conditions quelconques pour la construire, ou qu'on suppose ces points confondus en un seul, à l'infini, etc. Je ferai seulement remarquer que, quand le point de contact lui-même est à l'infini sur la courbe, nos méthodes n'en donnent pas moins des moyens pour construire la parabole osculatrice en changeant les centres de moyennes harmoniques en centres de moyennes distances, ou les *sommes de réciproques des segments* en *sommes simples de distances*, prises toujours avec leurs signes de position : ces corollaires sont trop faciles pour qu'il soit nécessaire de s'y arrêter.

Enfin on remarquera que les propositions précédentes constituent un utile point d'appui à la théorie de la courbure des surfaces, attendu qu'elles fournissent un moyen direct de construire la surface du second degré osculatrice d'une surface géométrique donnée autrement que par son équation ordinaire.

DES CONIQUES OSCULATRICES DU TROISIÈME ORDRE AUX COURBES GÉOMÉTRIQUES.

364. Nous venons de voir avec quelle facilité nos méthodes conduisent à la théorie, au tracé des osculatrices du second ordre des courbes planes géométriques, et par conséquent des courbes à double courbure et des surfaces; ces méthodes ne sont pas moins propres à faire découvrir tout ce qui concerne les osculatrices du troisième ordre en un point donné des mêmes courbes, ou ayant quatre points confondus en un seul en celui-là. Pour cela, il ne s'agira encore que de se reporter au cas général (165) des intersections distinctes d'une section conique et d'une courbe géométrique sur les côtés d'un triangle transversal quelconque, et de

supposer qu'au lieu de trois points communs, elles en aient quatre, puis de voir ce qui arrive dans les diverses relations qui établissent cette communauté de points, quand ceux-ci viennent à se confondre en un seul. Or, comme ici il existe deux manières distinctes de supposer ces points communs distribués sur les côtés du triangle transversal, il en résultera également deux systèmes différents de propositions touchant les osculatrices du troisième ordre. En effet, on peut d'abord supposer que trois des points communs aux deux courbes appartiennent à trois côtés différents du triangle transversal; ensuite, on peut admettre que les quatre points communs soient rangés par couples sur deux de ces côtés seulement.

Parmi les nombreux théorèmes auxquels on est conduit par cette double considération, nous nous bornerons à faire connaître ceux qui présentent le plus d'intérêt par leur élégance ou leur simplicité.

« 365. D'un point quelconque a d'une courbe géométrique de degré m, menez » les droites ou transversales arbitraires aq, ar rencontrant de nouveau aux » $m-1$ points q', q'', q''',... et aux $m-1$ points r', r'', r''',... respectivement, les » différentes branches de cette courbe. Soient p'', p''',... les $m-2$ intersections » pareilles de la tangente en a à cette même courbe; soient enfin q_1 et r_1 les intersec- » tions des premières transversales avec la section conique osculatrice du troisième » ordre en a, et P_1 celle de la corde $q_1 r_1$ prolongée jusqu'à la tangente ap'', le » système des $3(m-1)$ points P_1, p'',..., q', q'',..., r', r'',... appartiendra à une » courbe du degré $m-1$; il y aura donc aussi entre tous ces points certaines rela- » tions descriptives et linéaires déjà rappelées (353), et qui seront telles, qu'on » pourra toujours construire le point P_1, et, par suite, l'un des points q_1, r_1 de la » section conique osculatrice au moyen de tous les autres. »

Par exemple, laissant aq'' fixe et supposant q_1 donné, on obtiendra autant de points r_1 qu'on voudra de cette osculatrice, en faisant varier ar'' autour du point de contact a des deux courbes.

On aura d'ailleurs (nos 188 et suiv.) entre tous les points dont il s'agit les relations métriques

$$\sin(p''ar'')\left[\sum\left(\frac{1}{aq'}\right)-\frac{1}{aq_1}\right]=\sin(p''aq'')\left[\sum\left(\frac{1}{ar'}\right)-\frac{1}{ar_1}\right]+\sin(q''ar'')\sum\left(\frac{1}{ap''}\right),$$

$$\sin(p''ar'')\sum\left(\frac{1}{aq'}\right)=\sin(p''aq'')\sum\left(\frac{1}{ar'}\right)+\sin(q''ar')\left[\sum\left(\frac{1}{ap''}\right)+\frac{1}{aP_1}\right],$$

qui serviront à remplir le même but à l'aide du calcul, puisqu'elles donneront ar_1 ou aP_1 à l'aide de quantités toutes connues.

366. Supposant qu'on trace les cordes $q'r'$, $q''r''$,..., dont la direction rencontre en P', P'',... la tangente ap'' au point a, les relations ci-dessus pourront se remplacer par celle-ci

$$\frac{1}{aP_1}+\frac{1}{ap''}+\ldots=\frac{1}{aP'}+\frac{1}{aP''}+\ldots,$$

qui est fort simple et pourrait être déduite directement de la relation analogue établie pour les osculatrices du second ordre. Comme elle exprime que le centre des moyennes harmoniques de tous les points P′, P″,... est le même que celui des points P_1, p'', p''',..., on en conclut également une construction du point P_1 fort élégante, et qui revient à l'une de celles que nous avons déjà fait connaître précédemment.

Enfin, puisque toutes les quantités qui entrent dans cette équation demeurent invariables avec la position des transversales aq'' et ar'', on en conclut que le point P_1 qu'elle met en état de construire reste le même pour toutes les osculatrices du second ordre au point a, c'est-à-dire que *les cordes* q_1, r_1 *qui sous-tendent l'angle* $q''ar''$ *dans ces sections coniques concourent toutes au point* P_1 *dont il s'agit.*

367. Ce théorème, que nous avons déjà fait connaître, pour les simples coniques, dans la Section III du tome précédent des *Propriétés projectives,* conduit évidemment à cette autre conséquence très-digne de remarque :

Toutes les sections coniques osculatrices du troisième ordre en un point donné d'une courbe géométrique ont même direction de diamètre passant par le point dont il s'agit, et conjugué à la direction de la tangente en ce point ; de plus, le paramètre relatif à ce diamètre commun est aussi le même pour toutes les osculatrices parmi lesquelles se trouve nécessairement une parabole unique, parfaitement déterminée de grandeur et de situation pour chaque point de la courbe proposée.

368. La même relation conduit encore à une construction du cercle osculateur trop élégante pour ne pas la mentionner en passant, et qui se fonde principalement sur le théorème démontré dans la Section III précitée :

« Tous les cercles tangents en un point donné d'une section conique vont de » nouveau rencontrer la courbe en des paires de points tels, que les cordes qu'elles » déterminent dans cette courbe sont toutes parallèles entre elles. »

Ayant déterminé, pour le système des transversales quelconques aq'', ar'' dont il a été parlé ci-dessus, le pôle invariable P_1 de toutes les cordes q_1r_1 des osculatrices, ou, par a, une nouvelle transversale que je nomme as et formant avec l'une ar'' des précédentes, du côté opposé à aq'', un angle précisément égal à celui que cette dernière fait, de son côté, avec la tangente en a; puis, ayant déterminé pour les transversales as et ar'' le pôle invariable qui leur appartient sur cette tangente, on joindra par une droite ce point avec celui où ar'' est rencontrée par la parallèle à as issue du premier pôle P_1; cela posé, le point où cette droite ira couper as sera un des points du cercle osculateur en a, lequel sera ainsi parfaitement déterminé.

369. Revenant à notre proposition générale ci-dessus, et supposant que les transversales aq'' et ar'' se réunissent en une seule, auquel cas les cordes q_1r_1, $q''r''$,..., deviennent des tangentes véritables de la courbe proposée, on en conclut facilement la construction du paramètre et du diamètre de la parabole osculatrice à laquelle Mac-Laurin est parvenu dans le § 19 de son *Traité des courbes géométriques,* en se basant sur des considérations fort obscures concernant la *variation de la courbure* et de l'*angle de contingence* des courbes qui s'osculent en un point donné.

Comme ces constructions de Mac-Laurin exigent le tracé préalable du cercle osculateur au point donné et d'un certain nombre de tangentes, je ne crois pas devoir m'y arrêter, d'autant plus que nos méthodes fournissent des moyens de construction beaucoup moins pénibles, comme on le verra tout à l'heure.

370. En effet, par la seconde manière de considérer la communauté d'intersection d'une section conique avec la courbe proposée, dont il a été fait mention plus haut, on arrive immédiatement à ce nouveau théorème :

Soit q la tangente en un point donné d'une courbe plane géométrique du degré m, rencontrant cette courbe aux $m-2$ nouveaux points $q'', q''' \ldots$; par un point quelconque a de cette tangente soit menée la transversale arbitraire rencontrant aux m points $p, p', p'' \ldots$ ladite courbe et en p_1 et p'_1 sa section conique osculatrice au point q; soient enfin $P'', P''' \ldots$, les intersections respectives de la même transversale avec les tangentes aux points $q'', q''', \ldots$, on aura entre tous les points ainsi définis la relation métrique suivante :

$$\frac{1}{ap}+\frac{1}{ap'}+\frac{1}{ap''}+\ldots=\frac{1}{aP''}+\frac{1}{aP'''}+\ldots+\frac{1}{ap_1}+\frac{1}{ap'_1},$$

qui fournit un nouveau moyen de construire par points l'osculatrice dont il s'agit, en supposant que l'un des points p_1, p'_1 soit donné, puisqu'en faisant varier la transversale ap'' autour de ce point, on en conclura immédiatement la position correspondante de la seconde intersection p'_1.

371. Cela posé, prenons sur la transversale ap'' un point o tel, que

$$\frac{2}{ao}=\frac{1}{ap_1}+\frac{1}{ap'_1},$$

ou qui soit le *centre des moyennes harmoniques* de p_1 et p'_1; ce point sera donné par la relation précédente. Or, si l'on fait varier la transversale qui le porte autour du point a considéré comme pôle, il est clair que *la suite des points o sera sur une droite unique polaire de a par rapport à la section conique osculatrice, et passant par son point de contact q avec la courbe considérée.*

Supposant en particulier le point a à l'infini sur la tangente en q, et observant que le point o devient le milieu de la corde $p_1p'_1$ et se trouve défini par les nouvelles relations

$$2Ao=Ap_1+Ap'_1,\quad Ap+Ap'+\ldots=AP''=AP'''\ldots+2Ao,$$

A étant un point choisi à volonté sur la transversale ap'' parallèle à la tangente en q, on conclura de ce qui précède que *tous les points analogues à o appartiennent au diamètre de l'osculatrice conjugué à la direction de la tangente en q*, ce qui présente un moyen bien simple de construire la direction indéfinie de ce diamètre pour le point donné q.

On a d'ailleurs dans le triangle Aoq, pour fixer la position de ce diamètre,

$$\frac{\sin Aqo}{\sin qoA}=\frac{\sin Aqo}{\sin oqq''}=\frac{Ao}{Aq}=\frac{Ap+Ap'+\ldots-AP''-AP'''-\ldots}{2Aq};$$

relation qui devient, quand A est pris sur la normale au point q de la courbe,

$$\operatorname{cotang} oqq'' = \frac{Ap + Ap' + \ldots - AP'' - AP''' - \ldots}{2Aq}.$$

372. C'est l'expression analytique de l'angle oqq'' que Carnot s'est proposé d'obtenir à la page 477 de sa *Géométrie de position*, et qu'a également obtenue M. Ampère dans un fort beau Mémoire d'*Analyse* lu à l'Institut en 1804, et inséré dans le XIVe Cahier du *Journal de l'École Polytechnique*.

Nos méthodes donnent pareillement le *paramètre de la parabole osculatrice au point q, relatif au diamètre pq, et qui est*, comme on l'a dit, *un élément commun à la fois à toutes les osculatrices du troisième ordre en ce point* : il suffit pour cela de mener par un point quelconque α de la tangente en q une droite parallèle au diamètre oq. Nommant en effet $\pi, \pi', \pi'', \ldots$ les points où elle rencontre la courbe proposée, et $\Pi'', \Pi''', \ldots$ ceux où elle coupe les tangentes en $q'', q''', \ldots$, on aura, pour la valeur du paramètre dont il s'agit,

$$\overline{\alpha q}^2 \left(\frac{1}{\alpha\pi} + \frac{1}{\alpha\pi'} + \frac{1}{\alpha\pi''} + \ldots - \frac{1}{\alpha\Pi''} - \frac{1}{\alpha\Pi'''} - \ldots \right),$$

dont les différents termes doivent, comme dans tout ce qui précède, être pris avec un signe de position convenable, c'est-à-dire tel, qu'en *considérant comme positives les valeurs des segments situés d'un côté de l'origine α qui leur est commune, celles des segments situés de l'autre côté de cette même origine soient considérées comme négatives.*

DES OSCULATRICES DU QUATRIÈME ORDRE; TRACÉ ET PROPOSITIONS DIVERSES.

373. Je me hâte de passer à ce qui concerne la détermination de la conique osculatrice du quatrième ordre en un point donné d'une courbe géométrique décrite sur un plan, problème qui, d'après nos principes, revient au fond à celui de construire, par des procédés qui ne puissent devenir complétement illusoires dans certains cas, une section conique ayant, avec cette courbe, cinq points communs, distincts ou non, réels ou imaginaires, par couples, à distance donnée ou infinie, et dont la solution générale dérive immédiatement des méthodes de la Section III.

Pour le montrer et donner en même temps une nouvelle application de ces méthodes propre à en faire saisir complétement l'esprit, concevons une conique qui ait les cinq points p, q, r, r', q' en commun avec une courbe géométrique de degré m, le premier de ces points étant d'ailleurs réel et les derniers quelconques, mais définis géométriquement par l'intersection des transversales droites qq', rr' avec la courbe.

Concevons, de plus, par le point p, une nouvelle transversale arbitraire coupant les deux premières en b et a respectivement, lesquelles à leur tour se coupent en c, la question à résoudre consiste évidemment à trouver la nouvelle intersection p_1 de la transversale arbitraire ab avec la section conique définie comme on l'a dit.

Or, en conservant toutes les notations et conventions jusqu'ici admises, on aura évidemment, en tant que le triangle abc est considéré comme transversal de la courbe proposée,

$$\frac{(ap)(bq)(cr)}{(bp)(cq)(ar)} = 1,$$

et, en tant qu'il l'est de la section conique,

$$\frac{ap.ap_1 \times bq.bq' \times cr.cr'}{bp.bp_1 \times cq.cq' \times ar.ar'} = 1;$$

donc aussi

$$\frac{(ap')(bq'')(cr'')\,bp_1}{(bp')(cq'')(ar'')\,ap_1} = 1,$$

relation qui donnera évidemment le point p_1 demandé sans l'intermédiaire direct des points q, r, q', r', dont le mode d'existence peut ainsi être quelconque.

374. Pour obtenir une relation purement descriptive, propre à déterminer le point p_1, concevons par ce point une droite arbitraire rencontrant les transversales bc et ac en Q et R respectivement; en considérant cette droite comme une transversale du triangle abc, on aura

$$\frac{ap_1.bQ.cR}{bp_1.cQ.aR} = 1,$$

et par conséquent, en divisant par cette équation la dernière de celles ci-dessus,

$$\frac{(ap')(bq'')(cr'')\,bQ.cR}{(bp')(cq'')(ar'')\,cQ.aR} = 1,$$

nouvelle relation qui indique que les $m-1$ points $p_1, p', p'', \ldots$, les $m-1$ points $Q, q'', q''', \ldots$, les $m-1$ points $R, r'', r''', \ldots$ sont sur une courbe du degré $m-1$, attendu que les produits des segments relatifs à ces points s'y trouvent dans l'ordre convenable, et que ces points eux-mêmes sont nécessairement en nombre impair sur le prolongement des côtés du triangle abc (148 et 149). Donc aussi il résulte de nos méthodes qu'on pourra construire linéairement, avec la règle seule, l'un quelconque de ces $3(m-1)$ points au moyen de tous les autres, par exemple le point R, si l'on s'est d'ailleurs donné Q arbitrairement, et, par suite, le point p_1 demandé, puisqu'il doit être en ligne droite avec les premiers.

375. On arrivera plus simplement encore au même but sans recourir à la transversale arbitraire p_1QR, en traçant les cordes $q''r''$, $q'''r'''$, ... de la courbe proposée qui rencontrent en P'', P''', ... la transversale abp menée à volonté par p : on prouvera aisément que le système des $m-1$ points $p', p'', \ldots$ et celui des $m-1$ points $p_1, P'', P''', \ldots$ sont en *involution* par rapport aux sommets a et b du triangle transversal abc, ce qui, d'après le n° 183 (§ II du précédent Mémoire), donne lieu à une construction très-simple et purement linéaire du point p_1, tous les autres étant donnés *à priori*.

376. Les constructions ou relations graphiques qui viennent d'êtres indiquées sont évidemment indépendantes de la situation relative des transversales ab, bc, ac, qui contiennent les points communs aux deux courbes.

Ainsi, par exemple, elles subsistent quand ces transversales se coupent en un même point, ou que abc s'évanouit; elles subsistent même quand ce point commun est sur la courbe proposée, ou que p, q, r se confondent en ce point, la section conique qui les contient devenant osculatrice du second ordre à la proposée.

On peut aussi supposer que la transversale ar'' devienne, en outre, tangente aux points de contact communs, ou que r' se réunisse avec p, q, r, ce qui se rapporte au contact du troisième ordre. Enfin, si l'on admet que la transversale bq'' vienne à se réunir, à son tour, avec la tangente dont il s'agit, en sorte que les cordes $q''r''$, $q'''r'''$ soient des tangentes de la courbe, et que la section conique devienne osculatrice du quatrième ordre au point commun qui représente les points p, q, r, q', r', confondus en un seul, on peut, dis-je, faire toutes ces hypothèses sans que les relations descriptives ci-dessus mentionnées cessent d'être applicables au système, ou de donner le point p_1 qui appartient à chacune des transversales arbitraires conduites par le point p commun aux deux courbes.

377. Quant aux relations métriques elles-mêmes qui sont la traduction de celles-là, elles prendront, dans chaque cas, les formes souvent indiquées dans le cours du précédent Mémoire (Sect. III).

Ainsi, par exemple, le cas où les points p, q, r, q', r' seront confondus en un seul conduira à la proposition suivante :

« Soit aq'' la tangente en un point quelconque a d'une courbe géométrique tracée » sur un plan, rencontrant de nouveau la courbe aux points q'', q''',...; soit ap' une » droite arbitrairement menée par a, rencontrant en p_1 l'osculatrice du quatrième » ordre en a à la courbe donnée, cette courbe elle-même aux nouveaux points p', » p'', p''',..., et les tangentes aux points q'', q''',... de cette courbe en P'', P''',... » respectivement, on aura constamment la relation

$$\frac{1}{ap'}+\frac{1}{ap''}+\frac{1}{ap'''}+\cdots=\frac{1}{ap_1}+\frac{1}{aP''}+\frac{1}{aP'''}+\cdots,$$

» qui exprime que le *centre des moyennes harmoniques des points* p', p'', p''',... *est* » *le même que celui des points* p_1, P'', P''',...; ce qu'on pourrait conclure directe- » ment de ce qui a été établi ci-dessus sur les sections coniques osculatrices du » troisième ordre. »

278. Cette relation, qui donne immédiatement la valeur de ap_1, répond d'ailleurs à une construction linéaire très-simple du point p_1; construction souvent rappelée dans ce qui précède, et qui consiste en ce que les deux groupes de points considérés peuvent être regardés comme les intersections successives des côtés alternativement de rang pair et impair d'un polygone inscrit dans l'angle de deux droites arbitraires issues du point de contact a des deux courbes.

Trois transversales arbitraires telles que ap' donnant trois points p_1 de l'osculatrice du quatrième ordre en a, ces trois points réunis à la tangente aq'' de cette dernière suffiront pour la tracer complétement par l'*hexagramme* de Pascal, et sans le concours de la courbe proposée. Or, nous avons fait connaître dans la Section III, t. Ier de ce *Traité*, des méthodes très-simples pour construire la section conique osculatrice du second ou du troisième ordre en un point donné d'une pareille courbe, et qui est de plus assujettie à des conditions données; donc les considérations exposées en dernier lieu mettent en état de résoudre immédiatement les problèmes relatifs aux coniques osculatrices des deuxième et troisième ordres en un point donné d'une courbe géométrique quelconque, puisqu'elles sont aussi nécessairement osculatrices des mêmes ordres avec celles dont le contact du quatrième ordre est plus élevé.

D'après cette remarque, nous aurions donc pu réduire à fort peu de chose le problème des coniques osculatrices en des points donnés des courbes géométriques; mais j'ai pensé, avec raison sans doute, que les divers théorèmes ou conséquences recueillis sur la route parcourue ne seraient nullement indignes de l'attention des géomètres, et très-propres, au contraire, à démontrer l'heureuse fécondité de la doctrine des transversales, telle que je l'ai envisagée dans le cours de ces recherches (Sect. III et IV).

379. Pour terminer d'ailleurs convenablement cette quatrième Section, il convient de rappeler quelques observations fort essentielles et sur lesquelles je n'ai fait que glisser dans ce qui précède : c'est que nos théorèmes généraux conduisent, comme conséquences particulières, à un grand nombre de corollaires curieux, quand on vient à spécialiser l'état de chaque figure ou du système des grandeurs considérées, par exemple, en supposant que certains points, certaines droites passent à l'infini; c'est que, par l'application des principes de la *Théorie des polaires réciproques*, la plupart de ces théorèmes sont susceptibles de conduire à d'autres théorèmes inverses non moins remarquables, de la nature de ceux que j'ai rapidement indiqués vers la fin du Mémoire qui contient cette théorie, et qu'il eût été presque superflu ou du moins fort peu utile d'exposer en détail ici, attendu que ces théorèmes se déduisent toujours des précédents par des règles sûres, et sont, en général, d'une complication beaucoup plus grande, qui ne permet guère d'en conclure des constructions faciles pour le tracé des osculatrices des courbes géométriques.

Afin de donner au moins une idée de la nature de ces nouveaux théorèmes, nous considérerons en particulier le cas des sections coniques osculatrices du *quatrième ordre* en un point donné d'une courbe géométrique. Appliquant donc aux propositions qui ont été exposées ci-dessus pour ce système les principes des nos 63, 120 et suivants du Mémoire (Sect. II) dont il s'agit, on arrivera sans peine aux propositions inverses qui suivent.

« 380. Soit a le point de contact d'une tangente quelconque aq, aq' d'une courbe » géométrique du degré m tracée sur un plan, auquel répondent les $m(m-1)-2$ » autres tangentes à la courbe, aq'', aq''',... issues de ce point; d'un second point » b choisi arbitrairement sur la tangente en a, soient également menées la nou- » velle tangente bp_1 à la section conique osculatrice du quatrième ordre au même » point a, les $m(m-1)-1$ nouvelles tangentes bp', bp'', bp''',... à la courbe » donnée, et les $m(m-1)-2$ droites bq'', bq''',... joignant ce point avec les » points de contact des tangentes aq'', aq''',..., issues de a : le faisceau des tan-

» gentes bp', bp'', bp''',... et celui que forme la tangente bp_1 avec les droites » bq'', bq''',... auront *même axe de moyennes harmoniques par rapport à la tangente ab de la courbe proposée* (*m*). »

En d'autres termes, « si l'on coupe ces deux faisceaux par une droite arbitraire, » les systèmes de points d'intersection qui en résultent auront même centre de » moyennes harmoniques conjugué au point de concours de cette transversale avec » la tangente *ab*, pris pour origine des abscisses ou segments. »

381. La courbe (*m*) étant donc donnée ainsi que le double faisceau de ses tangentes, on pourra très-facilement obtenir la tangente bp_1, et successivement autant d'autres qu'on voudra; car la relation harmonique ci-dessus fera connaître la position du point p_1 qui appartient à bp_1. D'ailleurs, on pourrait aussi opérer directement sur les deux faisceaux en question pour obtenir immédiatement cette tangente.

A cet effet, ayant choisi à volonté deux points sur le plan de la courbe proposée, on prendra ces points respectifs pour y faire passer alternativement les côtés de rang pair et de rang impair d'un polygone quelconque, dont les sommets s'appuieront eux-mêmes alternativement sur chacune des tangentes bp', bp'', bp''',..., et des droites bq'', bq''',..., la tangente bp_1 exceptée. Cela posé, le dernier sommet du polygone ainsi formé, celui qui est demeuré libre, se trouvera naturellement placé sur la tangente bp_1 de l'osculatrice demandée.

Cette dernière construction est la traduction de celle qui, d'après les recherches précédentes, donnerait le point p_1 au moyen de la combinaison de tous les autres, ou, plus généralement, l'un quelconque des points de deux groupes en involution par rapport à deux points donnés sur leur direction rectiligne commune, systèmes que j'ai également eu occasion d'examiner dans ce Mémoire (Sect. III, nº 181). On traduirait d'ailleurs avec la même facilité tous les autres théorèmes qu'il renferme sur les courbes géométriques, en ayant égard aux relations de réciprocité polaire établies dans la Section II si souvent citée dans ce qui précède.

382. Enfin, en appliquant les mêmes considérations aux lignes à double courbure et aux surfaces géométriques, ce dont j'ai offert quelques exemples seulement, dans les diverses parties de cet ouvrage, on arriverait à de nouveaux et intéressants théorèmes sur lesquels il m'est impossible d'insister, d'autant plus que la matière étant d'une étendue pour ainsi dire illimitée et d'une complication assez grande, elle pourrait n'offrir dans ses développements aucun avantage bien apparent pour le progrès de la science et le perfectionnement des arts qui reposent sur le dessin linéaire; but important et que j'ai tâché de ne pas trop perdre de vue dans le cours de mes études géométriques.

Remarquons cependant que nos méthodes fournissant des procédés généraux pour construire, par le calcul ou graphiquement, les sections coniques osculatrices des deuxième, troisième et quatrième ordres en un point donné des courbes planes géométriques, elles peuvent offrir quelque utilité dans leur application à certaines courbes particulières, et même aux courbes de l'espace données par leurs projections sur un plan (Sect. supplémentaire, § Ier). D'autre part, ces méthodes, si elles ne mettent en mesure de construire directement des surfaces du second degré osculatrices de divers ordres en un point donné d'une surface géométriquement définie dans l'espace, peuvent au moins fournir des indications utiles sur la nature et la possibilité d'existence de ces osculatrices.

Par exemple, c'est un fait digne de remarque qu'en un point donné d'une surface géométrique quelconque, on peut construire une infinité de sections coniques osculatrices du troisième ordre de la surface en ce point, et passant de plus par un point donné arbitrairement dans l'espace; la droite qui renferme ce point et le point commun d'osculation des coniques constituant, en quelque sorte, un *axe fixe* autour duquel pivote le plan de la conique osculatrice de la surface proposée suivant sa ligne d'intersection avec ce plan. L'ensemble de ces coniques constitue lui-même évidemment au point considéré une surface continue osculatrice du troisieme ordre avec la précédente. Mais, après un examen quelque peu attentif, on s'assure que cette surface osculatrice n'est nullement du second degré, en recherchant, selon nos méthodes, en combien de points elle peut être rencontrée par une droite arbitraire.

383. Les résultats que nous avons obtenus pour l'osculatrice conique du quatrième ordre en un point donné d'une courbe géométrique plane, sont bien plus remarquables encore; car ils enseignent à construire cette conique pour tout plan de section arbitraire d'une surface géométrique également donnée, ainsi que le point de contact, et cela sans conditions accessoires; de sorte que, par exemple, il y a lieu de se demander s'il existe réellement une surface osculatrice continue d'un tel ordre, constituée d'une infinité de coniques contenant le point commun d'osculation; mais la réponse reste à peu près la même que pour le cas précédent. Toutefois, on ne saurait nier qu'en un point donné d'une surface continue, il existe une infinité de surfaces du second degré osculatrices du second ordre seulement en ce point, et telles, que toute section parallèle au plan tangent, infiniment voisine du point de contact mutuel, coupe les diverses surfaces osculatrices suivant une conique commune, elle-même infiniment petite, semblable et semblablement placée par rapport à l'*indicatrice de la courbure*.

FIN DU MANUSCRIT DE 1830 A 1831.

SECTION SUPPLÉMENTAIRE.

Considérations générales.

Cette Section comprend divers développements, articles ou extraits d'articles, notes et additions qui n'ont pu entrer dans le corps de l'ouvrage, et qui néanmoins se rattachent aux différentes matières dont il se compose par des éclaircissements, des données critiques ou historiques indispensables à l'intelligence de certains passages. Non-seulement aucun de ces articles détachés n'est entré dans la composition des tomes I et II des *Applications d'Analyse et de Géométrie,* publiés par l'auteur en 1862 et 1864, mais encore ces articles en sont le complément indispensable, ainsi que de beaucoup de citations du premier volume de ce Traité ayant trait à des écrits dont il serait utile de prendre connaissance pour se former une idée de l'origine et des progrès de cette partie de la Géométrie, aujourd'hui devenue si vaste, qui concerne les relations ou propriétés de l'étendue figurée, indépendantes de toute grandeur absolue et déterminée; relations, propriétés que j'ai le premier nommées *projectives,* et nettement distinguées en *métriques* ou *descriptives.*

En réunissant ici, en des groupes ou paragraphes distincts, ces documents épars, les uns inédits, par conséquent tout à fait inconnus, les autres perdus dans de vastes collections, et par cela même oubliés, rarement cités ou mal interprétés, mais auxquels j'attache d'autant plus de prix qu'ils servent à fixer quelques dates ou droits de priorité; en reproduisant ces documents, j'ai pensé faire une chose agréable à tout lecteur désireux de juger par lui-même et pièces en mains l'état de certaines questions géométriques fort obscurcies par des commentateurs, des vulgarisateurs partisans plus ou moins éclairés des idées de Gergonne et de Cauchy, et peu soucieux d'ailleurs de remonter aux principes des choses; tâche en effet aussi délicate que pénible quand elle est consciencieuse et vraiment désintéressée.

Quant aux critiques personnelles, aux insinuations injustes ou malveillantes qui ne sauraient intéresser les lecteurs de cet ouvrage, je me garderai d'y répondre, me réservant seulement le droit de contrôler les observations sérieuses et vraiment scientifiques; je laisserai également dans l'oubli certains passages de lettres confidentielles ou d'écrits imprimés qui ne m'ont jamais fait prendre le change sur les intentions vraies des auteurs; et, si j'en ai agi autrement dans les tomes I et II des *Applications d'Analyse et de Géométrie*, déjà mentionnés, c'est que je sentais la nécessité de me défendre tout d'abord contre les préventions, les jugements irréfléchis de quelques savants moins autorisés peut-être que Cauchy, envers lequel cependant nos illustres maîtres, Laplace, Legendre, Lacroix, Poisson, Poinsot, Jacobi, etc., professaient, à l'occasion (*), une opinion peu différente de la mienne propre exprimée sans passion, d'après une sage coutume de l'antique Égypte, qui, « pour éclairer dignement les hommes, jugeait avec sévérité mais équité les » morts *glorifiés, adorés* de leur vivant. »

D'ailleurs, tout en reconnaissant l'utilité, l'à-propos, le mérite même de quelques écrits géométriques postérieurs au *Traité des Propriétés projectives des figures*, je ne crains pas d'affirmer que si, à un moment donné, ils ont contribué à populariser, à illustrer certains savants ou certains faits, la conviction qui a pu en résulter ne saurait être entière et durable en dehors des moyens personnels de vérification ou de contrôle de chacun. C'est pourquoi, à l'exemple de quelques-uns de nos très-célèbres prédécesseurs peu confiants dans les jugements de la critique contemporaine ou posthume, je n'ai pas craint de présenter moi-même, dans ces dernières publications, quelques fragments de mes états de service, dépourvus de toute réflexion ou commentaire.

L'accueil fait, à l'origine, au *Traité des Porismes* d'Euclide; les misérables diatribes des Beaugrand et des Curabelle contre la théorie de l'*involution* et les *leçons de ténèbres* (du soir) faites si généreusement aux ouvriers lyonnais ou parisiens par Desargues, le soutien et l'interprète de Descartes, le précurseur de Pascal dans un genre de Géométrie si fort apprécié de nos jours; enfin les jugements sévères portés contre les *coniques* de ce dernier, sont, sans nul doute, les causes premières, efficientes du triste sort réservé à ces

(*) On n'a point encore oublié, je pense, les protestations verbales, les marques de désapprobation et d'impatience manifestées dans le sein même de l'Académie des Sciences à propos des lectures et des écrits intarissables de notre illustre et fécond confrère. On peut voir aussi, dans l'*Histoire de l'École Polytechnique*, par feu de Fourcy, qu'en 1821, une Commission de révision des programmes, stimulée sans doute par les justes critiques de Hoëné Wronski, avait prescrit aux professeurs de cette École l'usage exclusif de la méthode des *infiniment petits*, dont on s'était écarté malgré les prescriptions formelles des programmes de 1813; méthode à propos de laquelle, comme on le sait encore, M. Poinsot avait rédigé des articles éminemment lucides, et qu'on trouve reproduits dans le tome III de la *Correspondance* de cette même École, p. 111 (mai 1815).

divers ouvrages et à quelques autres cités dans le volume précédent, mais dont nous ne possédons que d'infimes fragments grâce aux zoïles et aux sophistes, aux aristarques et aux sosies de chaque époque, esprits étroits avec lesquels il ne faut pas confondre les collectionneurs, savants et habiles, tels que Pappus, ce géomètre philosophe de l'école d'Alexandrie, et ce butineur intrépide, sinon véridique, Philippe de Lahire, dont Fontenelle a fait presque un grand homme dans ses *Éloges académiques*, en le chargeant des dépouilles opimes de Desargues, de Pascal, de Roberval, de Rœmer, et en le représentant comme le patron, le précepteur des ouvriers de son temps, même de l'ancien et célèbre graveur Bosse, ce disciple dévoué de Desargues (*) :

Sic vos non vobis fertis aratra boves;
Sic vos non vobis.....

Quand on songe, en effet, à ce que sont devenues les œuvres originales d'Euclide, de Desargues, de Pascal, dont j'ai essayé, dans le tome Ier du *Traité des Propriétés projectives*, de raviver le souvenir géométrique en partie effacé parmi nous, malgré les favorables mais insuffisantes indications de Pappus, de ce même graveur Bosse et du grand Leibnitz; quand on songe, disons-nous, à la perte tant regrettée de ces anciens manuscrits, on ne peut s'empêcher de plaindre tout novateur ou initiateur d'une doctrine qui, bien que rationnelle, féconde et utile au progrès des sciences ou des arts, choque les idées reçues et n'est point à la portée de tous.

Pauvre Desargues, qui se figurait que des affiches apposées aux murs de Paris, des manuscrits rédigés à la hâte en faveur de la classe ouvrière dont ils imitaient le langage familier; que des leçons sans apprêts, inintelligibles pour les beaux esprits de la capitale, mais communiquées telles quelles à des amis plus ou moins bienveillants et éclairés, pouvaient le défendre effica-

(*) L'éloge de Fontenelle, soumis à un examen approfondi par M. Piobert (t. LVI, p. 497 des *Comptes rendus de l'Académie des Sciences*), le silence calculé de Lahire, dans ses Traités des *coniques*, en partie fondés sur les propriétés de la *division harmonique* et du *pôle* connues des Anciens, de Desargues et de Pascal; cet éloge, ce silence injustifiables, peuvent expliquer comment les géomètres anglais, successeurs de Lahire, adoptant sa synthèse euclidienne, seule alors classique et jugée rigoureuse par les adversaires de la méthode d'invention de Descartes et de Leibnitz (*malo indies serpenti*); comment, dis-je, les Milnes, les Hamilton, les Robert Simson et l'illustre Mac-Laurin lui-même, n'ont jamais cité les écrits originaux de Desargues, de Pascal et de Bosse, envers qui les savants rédacteurs des *Acta eruditorum* de Gœttingen, l'ingénieur Frézier et quelques autres ont été moins oublieux. Depuis que Simson, dans la préface de son Traité de 1750, a lancé cette sentence latine contre l'Analyse moderne, l'état des choses a bien changé en Angleterre, où, à l'instar des savants allemands, on accorde une confiance presque exclusive aux démonstrations algébriques. (Voyez *Applications, etc.*, t. II, 1864, VIIe cahier.)

cement contre les cabales de rivaux puissants, et soustrairaient à l'oubli ses savantes méthodes géométriques, si utiles aux arts dont il s'occupait avec prédilection comme architecte et ingénieur militaire! Pauvre Desargues, qui, peu ambitieux de renommée et fatigué de ces luttes stériles, cultivait, l'été, son jardin de Condrieu non loin de Lyon sa ville natale, où il passait les hivers et mourut en 1662 (année même de la fin douloureuse et prématurée de Pascal), sans éclat, ignoré de ses contemporains (*), sans s'inquiéter du perfectionnement de ses écrits, ni du profit qu'en pourraient tirer des successeurs mieux avisés! Il ne prévoyait guère, sans aucun doute, qu'après deux siècles écoulés, sa mémoire, ses découvertes seraient remises en honneur, sinon en parfaite lumière, tandis que, grâce à une réaction dont il y a de nos jours tant d'exemples injustes et parfois ridicules, on en viendrait, après l'avoir si longtemps négligé, à lui attribuer des pensées, des découvertes auxquelles peut-être il n'avait point songé.

Au surplus, Desargues le libre penseur, traité d'ignorant vaniteux par de jaloux contempteurs, malgré le cas qu'en faisait Descartes, lui-même exilé volontaire à l'étranger où il mourut en fuyant le bruit et la persécution; le modeste et libéral Desargues n'est pas le seul homme de génie qui ait manqué de prévoyance scientifique et de courage vers la fin de ses jours: Galilée, Pascal, Monge eux-mêmes n'ont-ils pas été traités de fous, de lâches ou de serviles par quelques moralistes politiques satisfaits mais mal informés? N'est-il pas évident que ces grands géomètres philosophes ne se fussent pas éteints dans l'angoisse et le découragement si, en se préoccupant moins des jugements contemporains, bien souvent démentis par ceux de la postérité, ils eussent consacré, dans le silence et la retraite, leurs derniers jours à la réédition, à la révision lente, réfléchie et pleine de jouissances morales, de leurs premiers travaux, plus que nuls autres empreints du sceau de l'inspiration et du génie, travaux que l'entraînement et les passions du moment font trop souvent dédaigner, et qui nous parviennent alors mutilés ou mal compris, interprétés par des disciples rarement dévoués et capables de saisir la véritable et philosophique pensée du maître.

Quoi qu'il en soit, je ne suis nullement d'avis, avec notre illustre, loyal et savant vulgarisateur académicien François Arago, que le mérite d'une décou-

(*) *Voyez* dans le *Dictionnaire de la Biographie universelle* un article du savant M. Weiss sur Gérard Desargues, article très-bien fait sans doute, mais qui laisse beaucoup à désirer, quoiqu'il accorde à l'esprit original et fécond de Desargues une justice que ses ingrats compatriotes lui ont refusée, et que Saverien lui-même, de la *Société royale de Lyon, etc.*, a oublié de lui rendre dans son grand *Dictionnaire de Mathématiques*, prétendu *universel*, publié en 1753.

verte appartient exclusivement à celui qui, le premier, l'a *publiée;* car les mots de *publication*, de *publicité*, susceptibles d'interprétations diverses, supposent trop souvent un savoir-faire que possèdent rarement les vrais savants, les véritables inventeurs, toujours timorés, sinon exempts d'un légitime orgueil. Que valent de nos jours, je le demande, les brevets, les patentes avec ou sans privilége, les réclames des journaux, les rapides et séduisants comptes rendus des recueils scientifiques, même quand ils ne sont pas simplement les échos complaisants des auteurs dont ils prétendent analyser ou critiquer les ouvrages? Que valent encore les dépôts de paquets cachetés, les Rapports académiques qui satisfont bien rarement ceux qui les ont sollicités, les improvisations, les leçons orales ou vulgarisations, si elles ne contiennent pas une appréciation exacte et réfléchie de la pensée des auteurs ou inventeurs? N'est-il pas évident pour tout esprit sérieux que, comme les éloges funèbres, ces moyens hâtifs de publication ou de réclame et d'autres plus énergiques, plus *charlatanesques* encore, ne peuvent rien contre l'oubli ou l'indifférence d'un certain public; qu'en un mot tous ces soins, tous ces soucis, s'ils émeuvent et illuminent le présent, sont, par eux-mêmes, incapables d'assurer la durée de la réputation des hommes et des choses, tandis que, sans contredit, ils profitent merveilleusement aux projets ambitieux ou mercantiles du jour?

Sans désespérer néanmoins de l'avenir et jugeant notre siècle comme il est, j'ai cru devoir me prémunir, non pas seulement contre d'injustes critiques et des empiétements plus ou moins manifestes, mais aussi contre le soupçon d'emprunt que, faute d'une attention suffisante, quelques lecteurs pourraient adresser à des publications involontairement tardives. Mais ce que j'appréhende avant tout, ce serait de paraître dédaigner toute justification ou réfutation scientifiquement exprimée, comme l'ont fait Pascal et d'autres grands esprits, auxquels je n'ai jamais prétendu me comparer, quoique eux aussi n'aient point toujours été approuvés hautement dans leurs tentatives hardies d'émancipation mathématique.

Ces réflexions et le blâme, au fond peu mérité, que m'a valu la franchise des opinions et des critiques émises dans mes récentes publications, m'ont fait quelque temps hésiter dans la résolution de réunir ici sous un même titre l'ensemble des documents épars qui peuvent concerner les travaux de Géométrie dont je me suis préoccupé depuis 1820 ou 1822. Je sais que la plupart des lecteurs sont indifférents, hostiles même, à toute espèce de revendication, et généralement enclins à donner gain de cause aux écrits les plus faciles, sinon les plus sincères; mais j'avais pour moi, entre beaucoup d'autres, l'exemple de Mac-Laurin, qui dans les *Mémoires de la Société Royale de Londres* de 1735 n'a pas hésité à revendiquer les découvertes géométriques qu'avait tenté de lui ravir Braikenridge, esprit secondaire qui l'avait devancé dans ses publications et dont il eut à se défendre, quoique son caractère de probité et d'élévation scientifiques dût le mettre à l'abri de tout soupçon de plagiat.

Qui ne connaît d'ailleurs les longues disputes mathématiques du dernier siècle, dont le célèbre Montucla s'est fait l'historien, sinon toujours exact au point de vue géométrique, du moins scrupuleux et impersonnel?

Ces exemples, ces motifs et d'autres qu'il serait inutile d'énumérer ici, suffiront, je l'espère, pour excuser aux yeux du public géomètre l'étendue que j'ai accordée à cette dernière Section, malgré de nombreuses et importantes suppressions.

---

§ Ier. — *Composé de la réunion de divers articles de Géométrie pure postérieurs à l'année* 1822.

I.

HISTORIQUE SERVANT D'INTRODUCTION A UNE THÉORIE DES TRANSVERSALES APPLIQUÉE A LA RECHERCHE DES PROPRIÉTÉS PROJECTIVES DES COURBES GÉOMÉTRIQUES (*).

(Extrait d'un cahier manuscrit rédigé dans l'hiver de 1822 à 1823.)

Les géomètres se livrèrent, dès la plus haute antiquité, à l'étude des propriétés des *lieux géométriques* ou des *lignes courbes;* leur importance est telle, en effet, qu'il est peu de questions relatives aux grandeurs qu'on ne puisse résoudre par leur secours. Les Anciens, je veux dire les Grecs, ne s'étaient pourtant guère occupés que des lieux du premier et du second degré, comprenant la ligne droite et les

---

(*) J'ai déjà mentionné dans diverses notes ou passages des précédentes Sections (p. 122, 123, 135, etc.) la tentative que j'avais faite dès 1822, et même en 1821, d'une première rédaction des Sections III et IV. Cette rédaction, contenue dans un cahier manuscrit de 108 pages, aurait dû, selon le plan que je me suis imposé dans cette publication, être mise sous les yeux des lecteurs, afin de montrer, sans réserve aucune, la série entière des idées, des tentatives et des irrésolutions par lesquelles j'ai dû passer avant de parvenir à une rédaction définitive et pourtant bien imparfaite encore. Pour accomplir convenablement ce dessein, je devrais aussi publier les nombreux et intéressants extraits d'anciens livres de Géométrie qu'il m'a fallu compulser, analyser, avant d'écrire les notes historiques qui accompagnent le tome Ier de cet ouvrage; mais ces divers extraits et les réflexions auxquelles ils donnent lieu composant à eux seuls la matière d'un nouveau volume, je ne saurais pour le moment songer à en faire la publication.

diverses sections coniques, et à cet égard ils avaient poussé leurs recherches très-loin, comme on peut le voir par les ouvrages d'Apollonius de Perge et de Pappus. Les courbes nommées *quadratrice*, *développante*, *conchoïde*, *cissoïde*, les spirales et les hélices, furent ensuite celles qui les occupèrent le plus, soit à cause de leur utilité dans les arts, soit à cause de leur usage pour la solution de problèmes alors fameux et de degrés supérieurs, tels que la duplication du cube, la trisection de l'angle, etc. Mais, attendu la difficulté de définir géométriquement, de classer et d'étudier les courbes de diverses espèces, les Anciens ne nous ont rien transmis de général sur ce sujet; la gloire en est entièrement due aux modernes.

Descartes fut le premier qui, par son ingénieuse *Analyse des coordonnées*, parvint à définir, à classer et même à construire les lignes des divers ordres d'après leurs équations algébriques; il détermina aussi leurs tangentes et sous-tangentes par le moyen du calcul, mais il s'occupa peu de leurs autres propriétés. Roberval, son émule, trouva presque dans le même temps sa méthode graphique de mener les tangentes aux lignes courbes, lorsqu'elles sont définies par la loi géométrique du mouvement de leur point descripteur. Il serait bien à désirer que cette utile théorie pût être étendue aux contacts des ordres supérieurs.

Newton parvint, comme on sait, à de beaux résultats sur les courbes algébriques ou géométriques dans son *Énumération des lignes du troisième ordre*. Parmi ces résultats, je citerai son théorème sur les *diamètres* des courbes, celui sur le rapport constant entre les produits des *abscisses* et des *appliquées parallèles*, enfin son théorème sur les sommes de segments interceptés sur une sécante quelconque par une courbe et ses asymptotes, théorèmes qui sont tous des extensions des propriétés anciennement connues des sections coniques. Côtes y ajouta ensuite son beau principe sur la droite lieu des points qu'on pourrait nommer *centres de moyennes harmoniques*, relatif à un pôle fixe ou point donné sur le plan d'une courbe géométrique. Mac-Laurin réunit ces différentes recherches à celles qu'il avait faites de son côté, et en composa un *Traité sur les Propriétés générales des lignes géométriques*, qui se trouve, sous la forme d'*appendice*, imprimé à la suite de son *Traité d'Algèbre* posthume (Londres, 1748).

Parmi les choses qui lui appartiennent, on doit particulièrement distinguer plusieurs théorèmes sur les sécantes, les tangentes, les cercles osculateurs et sections coniques osculatrices du second ordre en des points donnés des courbes géométriques; théorèmes basés sur la considération des sommes de réciproques des segments interceptés sur une droite à partir d'un certain point, et qui par conséquent offrent quelque analogie avec le théorème cité de Côtes. Mac-Laurin s'applique principalement à faire voir, sur les lignes du troisième ordre, que la plupart des propriétés alors connues des sections coniques pouvaient s'étendre aux courbes de degrés supérieurs.

Ce que, depuis, Waring, dans ses *Mélanges analytiques* publiés à Cambridge en 1762, ajouta à ces diverses théories, n'est point, à beaucoup près, du même intérêt, du moins sous le rapport des propriétés générales que nous avons ici particulièrement en vue : il ne fit qu'étendre à des cas plus compliqués les théorèmes de Newton, de Côtes et de Mac-Laurin.

C'est pour le même motif aussi que je ne citerai ni l'*Énumération des lignes du quatrième ordre* de ce savant géomètre, ni diverses autres recherches particulières sur les courbes, dues à Nichole, à Barrow, ainsi qu'aux auteurs précédemment cités. J'ajouterai cependant que Newton démontra le premier que la *projection centrale* ou *perspective* d'une courbe de degré m est elle-même de ce degré, principe en quelque sorte évident en lui-même, si l'on admet, comme nous l'avons fait dans le *Traité des Propriétés projectives*, que *le degré d'une courbe ou surface est marqué par le nombre de ses intersections avec une droite arbitraire.*

En France et à l'époque du XVIIIe siècle, on était bien loin d'être aussi avancé dans la théorie des lignes géométriques; on y paraissait même ignorer entièrement les recherches qui avaient occupé Côtes et Mac-Laurin. *L'Introduction à l'Analyse des lignes courbes* par Cramer, qu'on doit considérer comme renfermant à peu près tout ce qui était alors connu sur ce sujet, n'est en effet que le développement des principes posés par Newton et Stirling pour la classification des lignes courbes et la discussion de leurs principales affections par rapport aux axes coordonnés. On y enseigne, il est vrai, à déterminer, pour chaque point de la courbe, la tangente et la normale, le cercle osculateur et le rayon de courbure, ainsi que les grandeurs ou les lieux qui en dépendent, tels que les développées, etc.; mais ces recherches, ces solutions de problèmes infiniment utiles aux arts qui se fondent sur le dessin linéaire, ne sont là présentées ou résolues qu'à l'aide des équations des courbes et par le calcul des abscisses et ordonnées; on n'opère presque jamais sur les lignes, sauf dans quelques cas très-simples; en un mot, c'est de l'Analyse algébrique, admirable, il est vrai, par son universalité, mais non de la Géométrie telle que le réclament les divers besoins des arts.

C'est encore ainsi que, de nos jours (1823), on traite volontiers, dans les ouvrages consacrés à l'instruction, la théorie des lignes courbes (*). Cependant il faut avouer que, depuis les travaux de Clairaut, d'Euler, de Lagrange, de Monge, etc., sur ce sujet, les géomètres se sont un peu plus exercés à traduire en constructions graphiques et en propriétés élégantes les résultats abstraits du calcul appliqué aux figures. On commence à sentir que la tâche du géomètre analyste n'est qu'en partie remplie sans l'interprétation complète de ces résultats, et c'est à cette manière d'envisager la théorie des coordonnées que nous devons plusieurs belles propriétés des lignes et des surfaces du second degré récemment découvertes.

Parmi les ouvrages qui ont paru après celui de Cramer et où la théorie générale des courbes a été spécialement étudiée, nous citerons le *Traité* de M. Goudin *sur les Propriétés communes à toutes les courbes algébriques*, et la Section VI de la *Géométrie de position* de Carnot, ouvrages dans lesquels, par la transformation des coordonnées prises dans l'acception la plus générale, on cherche à former des tableaux qui contiennent les diverses relations ou propriétés dont une courbe jouit à l'égard de certaines variables qui en dépendent, telles que ses coordonnées ordinaires, sa sous-tangente, sa normale, etc. Mais, à l'exception du beau principe

(*) On remarquera que ceci avait été, en 1821, lu en ébauche à la Société des Lettres, Sciences et Arts de Metz : séance du mois de décembre même année. — (Note de 1823.)

découvert par Carnot sur le triangle ou le polygone transversal d'une courbe ou surface géométrique quelconque, simplement énoncé au n° **130** du précédent Mémoire (Sect. II) et qui est proprement l'extension du principe de Newton sur les appliquées parallèles, cette manière restreinte d'envisager la théorie des courbes n'a point conduit à des résultats vraiment dignes de remarque sous le point de vue géométrique, et qui soient comparables à ceux qui furent d'abord trouvés par Newton, Côtes et Mac-Laurin.

C'est sans doute la nécessité bien sentie de perfectionner la théorie analytique des courbes et de modifier les méthodes jusque-là suivies pour en découvrir les propriétés essentielles, qui a excité divers savants français à rechercher des systèmes de coordonnées plus avantageux que ceux des coordonnées ordinaires et qui eussent avec la nature de chaque courbe des dépendances plus intimes, plus nécessaires. M. Lacroix observe à ce sujet, dans le tome Ier de son *Traité* in-4° *du Calcul différentiel et du Calcul intégral*, qu'en choisissant pour coordonnées le rayon de courbure de la courbe et son arc depuis un point fixe, on a une équation plus propre qu'aucune autre à caractériser cette courbe, puisqu'elle ne dépend que d'une constante arbitraire relative au point pris pour origine des arcs.

Dans un beau Mémoire présenté à l'Institut en 1803 et inséré dans le XIVe cahier du *Journal de l'École Polytechnique*, M. Ampère propose de substituer à ces coordonnées les coordonnées naturelles de la parabole osculatrice du troisième ordre en chaque point de la courbe, pour obtenir, dit-il, une équation vraiment caractéristique de cette courbe; par là, en effet, cet illustre géomètre obtient des équations qui ne renferment d'autres constantes que celles qui tiennent à la nature et à la grandeur particulière de la courbe, attendu que l'angle des coordonnées de la parabole osculatrice est censé droit.

Carnot, en s'occupant de considérations analogues à la page 475 de sa *Géométrie de position*, a, de son côté, proposé de prendre pour coordonnées des courbes le rayon de courbure en chaque point et l'angle que font en ce point la tangente et la droite qui divise en deux parties égales la corde parallèle à cette tangente et qui lui est infiniment voisine, c'est-à-dire, comme on le verra plus tard, l'angle de la tangente et du diamètre de la parabole osculatrice. Enfin M. Frégier a eu l'idée de choisir pour coordonnées d'une courbe le rayon de courbure en chaque point et les portions de la normale comprises entre ce point et les diverses branches de la courbe; cela lui a donné l'occasion d'énoncer quelques théorèmes nouveaux sur les lignes du second ordre, qu'il a ensuite étendus aux lignes géométriques d'un degré quelconque (*Annales de Mathématiques*, t. VI et VII, 1816 à 1818); mais leur énoncé est fort compliqué, et elles ne paraissent pas devoir être d'un grand usage dans les applications; nous ferons connaître, par la suite, des relations plus simples entre les mêmes lignes et qui permettent également de construire le rayon de courbure en chaque point d'une courbe géométrique.

Au surplus, on a quelque peine à saisir le but véritable de ces diverses recherches, il semble même qu'on ne recueillerait qu'un avantage très-borné de la découverte d'un système de coordonnées tellement lié à la nature de la courbe, que l'équation de celle-ci ne présentât absolument rien d'arbitraire ou qui fût étranger à sa nature. Car, outre qu'il arriverait rarement que cette équation fût bien simple, elle n'aurait encore lieu que pour la courbe elle-même envisagée d'une manière individuelle, et n'apprendrait autre chose que la propriété dont elle jouit, en chaque point, à l'égard des nouvelles coordonnées, et des moyens de construire l'une de ces coordonnées à l'aide de l'autre ou du système des autres quand celles-ci sont immédiatement données par le tracé de la courbe, ainsi qu'il arrive, par exemple, dans le système admis par M. Frégier. Toute combinaison directe d'équations pareilles des lignes devenant impossible, un tel système de coordonnées serait bien loin d'offrir les avantages qui, sous ce rapport, sont inhérents à celui des coordonnées ordinaires, et qui le rendent éminemment propre à la recherche des propriétés les plus générales des figures.

Loin donc qu'il soit convenable de remplacer ce dernier système de coordonnées des courbes par un système tellement particulier, qu'il ne contienne rien d'arbitraire ou d'étranger à la nature de ces courbes, il paraîtrait au contraire beaucoup plus à propos de choisir, pour les définir et les représenter par des équations, une propriété tellement générale, qu'elle puisse appartenir à la fois à toutes les lignes et à toutes les combinaisons de lignes, sans cesser pourtant de les caractériser d'une manière individuelle. Nous avons déjà eu occasion de le remarquer (*Traité des Propriétés projectives*, Introduction, p. XXXIV), « les propriétés de l'étendue sont » d'autant plus fécondes qu'elles sont renfermées sous des énoncés plus généraux » et plus simples; car, sous cette indétermination même, elles embrassent impli- » citement et comme corollaires immédiats toutes les propriétés particulières des » figures. » Or ces conditions ne peuvent être remplies que par un système de coordonnées qui offre lui-même la plus grande indépendance possible, soit quant à la situation des parties, soit quant à leur grandeur; en sorte, par exemple, que le simple déplacement de ce système ne puisse aucunement modifier l'équation qui représente la courbe, non-seulement quant à la forme générale, mais aussi quant aux constantes ou coefficients qui y entrent : on peut même dire, en généralisant davantage encore, que la question est de trouver un système de coordonnées qui délivre l'équation de la courbe de toute espèce de constante explicite. En effet, cette équation fera découvrir les propriétés les plus universelles de toutes les courbes du même genre, sans égard à l'espèce particulière et à la grandeur des figures, c'est-à-dire ce que j'ai nommé ailleurs leurs *propriétés projectives.*

Le système de coordonnées rectangulaires ne remplit qu'en partie ces conditions, puisque le changement d'axe, s'il ne modifie pas essentiellement la forme générale, le degré des équations des lignes, entraîne au moins la variation des constantes ou des coefficients.

Ainsi, comme l'observe Carnot (*Géométrie de position*, p. 474), « la propriété » connue des cordes qui se coupent dans le cercle présente la nature de cette » courbe sous un point de vue plus général que son équation à l'égard des axes » coordonnés, » car cette propriété est même indépendante du paramètre ou rayon. Par la même raison, la propriété due à Newton, sur les abscisses naturelles et les appliquées parallèles des courbes, est plus générale que celle qui définit ces courbes par les abscisses et ordonnées ordinaires; car elle ne dépend pas comme celle-ci de la position particulière de l'origine des coordonnées, quoiqu'elle contienne encore la condition du parallélisme ou de la constance des angles formés par les appliquées avec l'axe des abscisses. Enfin, suivant notre illustre auteur, la relation découverte par lui entre les différents segments formés par une courbe géométrique quelconque prise pour transversale, sur les côtés d'un triangle ou d'un polygone tracé arbitrairement dans le plan de cette courbe, cette relation, disons-nous, entièrement indépendante de toutes grandeurs constantes autres que celles de la courbe, exprime les propriétés et la nature de celle-ci d'une manière plus générale et plus simple encore que la précédente entre les appliquées et les abscisses naturelles.

D'après ces réflexions de Carnot, qui se rapprochent ici beaucoup des nôtres, n'a-t-on pas lieu d'être surpris de le voir ensuite (nos 431 et 432) en abandonner les conséquences pour proposer comme plus général et plus élégant le système de coordonnées mentionné d'abord, attendu qu'il ne concerne aucune grandeur étrangère à la nature de la courbe, aucun axe, aucun point fixe auxiliaire pris pour termes de comparaison? Les segments formés par les intersections d'une courbe avec des transversales droites arbitraires sont-ils donc des grandeurs plus étrangères à la nature de cette courbe que son rayon de courbure, son arc ou ses diamètres de sections coniques osculatrices, etc.? Ces segments ne sont-ils pas tout à fait indépendants de toute origine, de tout axe fixe dans la relation qui les lie entre eux, puisque les transversales sont entièrement arbitraires? Enfin quoi de plus général que cette relation elle-même, qui appartenant à la fois à toutes les courbes, ne dépend explicitement d'aucune grandeur absolue et particulière de ces courbes ou des objets auxquels on les rapporte. D'ailleurs, quelles que soient les coordonnées qu'on emploie pour définir les courbes, elles seront d'autant plus avantageuses qu'elles seront plus simples, plus faciles à comparer et à construire; et, comme la ligne droite entre comme élément nécessaire dans toutes les considérations qui ont pour objet la mesure ou les propriétés de situation des lignes, il semble qu'on doit accorder la préférence à la propriété des transversales comme définition générale de ces lignes, d'autant plus que cette propriété s'étend facilement à un nombre quelconque de transversales, ainsi qu'à des surfaces et à des courbes quelconques considérées dans l'espace.

Note de 1865. — Ce préambule historique était suivi, dans le manuscrit de 1822-1823, de diverses considérations concernant l'application du théorème fondamental de Carnot aux lignes ou surfaces géométriques et à la remarquable correspondance qu'il indique entre les propriétés de ces lignes ou surfaces avec celles des systèmes de droites et de plans quelconques. Mais ces considérations se trouvant reproduites avec des développements, dans la Section III de ce volume, il serait fort inutile de les rapporter ici.

II.

RECHERCHE DU CERCLE OSCULATEUR D'UNE COURBE A DOUBLE COURBURE EN L'UN QUELCONQUE DE SES POINTS.

(Extrait des anciennes *Annales de Mathématiques*, t. XV, p. 245, février 1825.)

« Dans le VIIe volume des *Annales* (p. 18), M. Dupin a donné un procédé assez
» simple pour obtenir le cercle osculateur d'une courbe à double courbure dont on
» a les projections orthogonales sur deux plans quelconques. Ce procédé consiste
» proprement à rechercher deux sections coniques osculatrices des projections
» qui soient telles, que les cylindres projetants qui leur répondent s'entrecoupent,
» dans l'espace, suivant une autre osculatrice plane. La méthode donnée par M. Ha-
» chette, dans le *Bulletin de la Société Philomathique* (année 1816, p. 88), semble
» beaucoup plus compliquée, puisqu'elle est fondée sur l'emploi des surfaces gau-
» ches. On sait d'ailleurs qu'elle a pour principe le beau théorème dû à Meusnier
» sur les rayons de courbure des sections obliques.

» En combinant ce théorème avec celui de M. Dupin, sur l'indicatrice de la
» courbure des surfaces (*), nous sommes parvenu à une troisième solution du
» problème qui nous paraît nouvelle, et qui, si nous ne nous trompons, sera jugée
» beaucoup plus simple encore que les deux que nous venons de rappeler. Voici
» en quoi elle consiste.

» On sait que l'indicatrice de la courbure, pour l'un des points d'une surface
» cylindrique quelconque, se réduit à deux droites parallèles aux génératrices,
» situées dans le plan tangent en ce point et symétriquement placées par rapport
» à celle de ces génératrices qui passe par ce même point, qui d'ailleurs doit être
» considéré comme centre de ces deux droites. On sait aussi que toute section
» normale aux génératrices d'un cylindre est nécessairement une section de
» moindre courbure; de sorte que, pour le point dont il s'agit, la génératrice et sa
» perpendiculaire dans le plan tangent sont les directions de plus grande et de
» moindre courbure de la surface cylindrique. On sait enfin que les rayons de
» courbure des diverses sections normales, en un même point, sont proportionnels
» aux carrés des diamètres correspondants de l'indicatrice relative à ce point;
» lesquels diamètres sont ici des droites terminées aux deux parallèles dont il vient
» d'être question ci-dessus, et passant par le point dont il s'agit.

» Il résulte de là que si, pour un quelconque des points de la surface d'un cy-
» lindre, on connaissait le rayon de courbure de la section normale aux généra-
» trices, on obtiendrait, par une construction très-simple, le rayon de courbure
» d'une autre section normale quelconque, passant par le même point, et dont la
» direction serait donnée par une droite tracée dans le plan tangent en ce point;

(*) Voyez *Annales*, t. IX, p. 176 et 179.

» car il serait une quatrième proportionnelle au rayon donné et aux carrés des » droites ou diamètres qui correspondent respectivement aux deux rayons dans » l'indicatrice.

» Cela posé, ayant une courbe à double courbure quelconque, donnée dans l'es- » pace par ses projections orthogonales sur deux plans, on aura, par là même, » deux cylindres renfermant à la fois cette courbe et dont les rayons de moindre » courbure, en chaque point, seront égaux et parallèles aux rayons de courbure » des points correspondants de leurs bases respectives, c'est-à-dire des deux pro- » jections de la courbe à double courbure dont il s'agit, rayons qui sont censés » connus dans le problème proposé (*); donc, pour l'un quelconque des points de » l'intersection des cylindres projetants, on aura à la fois *les rayons de courbure des* » *deux sections normales faites suivant la tangente commune en ce point.*

» Or, de là on déduira aisément le rayon de courbure de la courbe même d'inter- » section, ainsi que le plan osculateur de cette courbe au point donné, attendu » que le cercle osculateur correspondant doit être commun aux sections obliques » faites par ce plan dans les deux cylindres proposés. En effet, il résulte du » théorème de Meusnier que le plan osculateur dont il s'agit sera perpendiculaire » à la droite qui joint les centres de courbure des deux sections normales respec- » tives faites suivant la tangente commune aux deux cylindres qui répond au point » donné sur leur courbe d'intersection, et de plus coupera cette même droite des » centres de courbure en un point qui sera le centre osculateur demandé.

» Ainsi, la solution du problème que nous nous sommes proposé se réduit pro- » prement à ce qui suit : 1° déterminer, pour le point donné sur la courbe, les » rayons de courbure de ses projections orthogonales sur deux plans quelconques ; » 2° à l'aide de ces rayons, qui sont respectivement égaux et parallèles aux rayons » de moindre courbure des cylindres projetants, relatifs au point donné, déter- » miner les rayons ou centres de courbure des sections normales qui correspon- » dent, dans les deux cylindres, à la tangente en ce même point ; 3° enfin, joindre » les centres dont il s'agit par une droite, et conduire par la tangente un plan qui » soit perpendiculaire à cette droite, et qui la coupera au centre de courbure » demandé.

» On déduit facilement de cette construction une expression très-simple du » rayon de courbure d'une courbe, soit plane, soit à double courbure, située d'une » manière quelconque dans l'espace, en fonction des rayons de courbure des » points correspondants des projections orthogonales de cette courbe sur deux » plans arbitraires.

» Soient, en effet, R et R' les rayons de courbure des deux projections, pour les » points de ces projections qui répondent à celui de la courbe duquel on cherche » le rayon de courbure. Soient, en outre, a et a' les angles que forme la tangente » en ce point avec ses projections respectives sur les deux plans. Soient enfin r et » r' les rayons de courbure des sections normales des deux cylindres projetants,

---

(*) Sur la détermination de ces rayons, voyez *Annales*, t. XI, p. 361, et t. XII, p. 135 et 137.

» faites suivant cette tangente ; on aura, d'après les propriétés de l'indicatrice rap-
» pelées ci-dessus,

$$r = \frac{R}{\cos^2 a}, \qquad r' = \frac{R'}{\cos^2 a'}.$$

» Cela posé, si l'on nomme d la distance entre les centres de courbure des sec-
» tions normales qui ont r et r' pour rayons de courbure, N l'angle formé par ces
» rayons ou les normales au point donné de l'intersection commune des deux
» cylindres, enfin α et α' les angles compris entre les directions de ces normales
» respectives et le rayon de courbure cherché; en représentant ce dernier par ρ,
» on aura également, par ce qui précède, dans les triangles formés par ces diverses
» droites,

$$d^2 = r^2 + r'^2 - 2rr'\cos N,$$

$$\rho = r\cos\alpha, \qquad \rho = r'\cos\alpha',$$

$$\rho d = rr'\sin N;$$

» d'où l'on tirera

$$\tang\alpha = \frac{r - r'\cos N}{r'\sin N} = \frac{R\cos^2 a' - R\cos^2 a\cos N}{R'\cos^2 a'\sin N},$$

$$\tang\alpha' = \frac{r' - r\cos N}{r\sin N} = \frac{R'\cos^2 a - R\cos^2 a'\cos N}{R\cos^2 a\sin N};$$

» et par suite,

$$\rho = \frac{RR'\sin N}{\sqrt{R^2\cos^4 a' + R'^2\cos^4 a - 2RR'\cos^2 a\cos^2 a'\cos N}}.$$

» Il serait facile, au surplus, d'arriver directement à ce résultat par la théorie
» ordinaire des coordonnées dans l'espace. »

III.

ANALYSE DU MÉMOIRE SUR LA THÉORIE GÉNÉRALE DES POLAIRES RÉCIPROQUES.

[Extrait d'une Lettre en date du 10 décembre 1826, adressée au rédacteur des anciennes *Annales de Mathématiques*, et publiée partiellement dans le tome XVII, p. 265 (mars 1827), et t. XVIII, p. 142 et 145 (novembre 1827)].

Le Mémoire dont M. Arago a bien voulu, Monsieur, vous entretenir lors de son passage à Montpellier, a pour objet la *Théorie générale des polaires réciproques*, et fait suite au *Mémoire sur la théorie des centres de moyennes harmoniques*, dont vous avez inséré le Rapport fait à l'Institut par M. Cauchy, dans votre cahier du mois de mai dernier. C'est précisément le Mémoire dont j'ai eu l'honneur de vous parler dans ma dernière lettre à l'occasion du *principe de dualité* que vous avez mis en avant et développé d'une manière très-philosophique à la page 209 du tome XVIe des *Annales de Mathématiques*. Il se trouve en effet que le Mémoire sur la théorie des polaires réciproques que j'ai présenté à l'Académie royale des Sciences le 12 juin 1824, et sur lequel j'ai lu une Notice fort étendue en présence des membres de cette société célèbre, n'a d'autre objet que de démontrer dans toute sa généralité cette double existence, si je puis m'exprimer ainsi, des relations soit métriques, soit descriptives qui appartiennent aux *figures projectives* du plan ou de l'espace, et que j'avais déjà fortement recommandé, pour ce qui concerne les relations descriptives, à l'attention des géomètres, soit dans votre recueil, soit dans le *Traité des Propriétés projectives* que j'ai fait paraître en 1822 (*). Dans un article du *Bulletin des Sciences mathématiques* de M. le baron de Férussac (n° 2), février 1826, p. 112 et suiv., où l'on rend compte, Monsieur, de vos vues sur ce sujet sans mentionner mes propres recherches antérieures de quelques années et d'ailleurs plus étendues, puisqu'elles embrassent les lignes et surfaces ainsi que les relations métriques; dans cet article, dis-je, on a avancé que « *si la* » *théorie des pôles et polaires* a mis en évidence cette sorte de *dualité* d'une partie » notable de la Géométrie, ce n'est certainement pas en vertu de cette théorie » qu'elle a lieu, mais bien en vertu de la nature même de l'étendue; » ce qui revient à dire, ce me semble, qu'un théorème quelconque préexiste à sa démonstration, ou plutôt existe indépendamment du principe qui y a conduit : or cela ne prouve nullement que l'on y fût arrivé sans ce principe, ni qu'il y eût aucune difficulté à l'établir et à le signaler. Il est même très-peu philosophique de prétendre que certaines analogies de propriétés soient étrangères aux théories qui y ont conduit; car les mots *analogie*, *corrélation*, *dualité* sont en eux-mêmes vides de sens si l'on ne spécifie les caractères par lesquels on les définit rigoureusement : par exemple, c'est ce que fait la *théorie des projections centrales*, le *principe de continuité*, enfin la *théorie des polaires réciproques*, qui, par là même, sont seules aptes à justifier et à faire découvrir les propriétés, les relations qui, selon la définition admise, répondent à des relations, à des propriétés déjà connues. Voilà pourquoi aussi l'on ne saurait dire qu'il n'y a simplement que dualité entre certaines propriétés des figures, et il serait facile au contraire de prouver qu'il y a souvent aussi *trialité*.

Quant à ce que l'on a dit, au même endroit du *Bulletin des Sciences*, sur l'indépendance de ces propriétés, qui vont par couple, de toute espèce de calculs, il me semble que j'ai fait dans le *Traité des Propriétés projectives* assez d'efforts pour la mettre hors de doute et que je n'ai point été sans obtenir quelque succès (**). Je ne puis pas même admettre avec M. Sarrus (*Annales de Mathématiques*, t. XVI, p. 378) que les géomètres de l'école de Monge ne soient pas encore parvenus à démontrer, sans calculs, les propriétés des *axes*, des *plans* et des *centres radicaux* des cercles et des sphères, supposé toutefois que l'on ne tienne pas à la définition

---

(*) Voyez *Annales de Mathématiques*, t. VIII, janvier 1818, p. 201. — *Traité des Propriétés projectives des figures*, nos 235, 400, 406, 407, etc. — Supplément du même Traité, n° 592, etc.

(**) Consultez particulièrement, pour le cas des figures comprises dans un plan, les nos 293, 294, 295, 300, 301, 302 et suiv., relatifs aux sections coniques, etc., ainsi que les nos 247, 248, 281, 282 et suiv., relatifs aux cercles en particulier et aux droites qui leur appartiennent; consultez pareillement, pour le cas des figures dans l'espace, les nos 577, 578, 583, 589, ainsi que la plupart de ceux qui les suivent dans l'ouvrage jusqu'à la fin.

primitive de ces mots; et pour le convaincre qu'il s'est totalement trompé à cet égard, il me suffirait de le renvoyer à l'ouvrage déjà souvent cité, ainsi qu'à ceux de Monge, de Dupin, etc. (*). Enfin j'ai peine à comprendre pourquoi quelques géomètres, tout en rendant justice à ce qu'ils appellent l'*école de Monge*, montrent une telle répugnance à en adopter les méthodes, qu'ils se croient obligés de refaire la démonstration des théorèmes qu'elles ont servi à découvrir et à établir. Sans contester d'ailleurs le mérite réel de ces nouvelles démonstrations, je me permettrai cependant de faire observer qu'elles conduisent rarement à quelque chose de neuf, et sont circonscrites dans des limites fort étroites, tandis que les méthodes en question, qui ne sont actuellement un mystère pour personne, offrent, comme vous l'avez vous-même remarqué, Monsieur, des moyens larges et puissants de démontrer et de découvrir en Géométrie. Au surplus, ces reproches ne s'adressent qu'à un petit nombre d'écrits géométriques de notre époque, et, je dois me hâter de le dire, ils ne sauraient concerner ceux du savant rédacteur des *Annales de Mathématiques*, qui a suffisamment prouvé dans divers endroits de son recueil, que non-seulement il avait goûté ces méthodes, mais encore qu'il savait les appliquer heureusement à la recherche de vérités nouvelles et utiles.

Je reviens au *Mémoire sur la Théorie des polaires réciproques*, dont vous me demandez l'analyse (**).

J'ai avancé et prouvé, ce me semble, par un nombre suffisant d'exemples, soit aux endroits cités des *Annales de Mathématiques*, soit dans le *Traité des Propriétés projectives* de 1822, qu'il n'existe pour ainsi dire aucune relation descriptive et suffisamment générale d'une figure donnée sur un plan ou dans l'espace, qui n'ait son analogue, ou plutôt sa réciproque, dans une autre figure tout aussi générale que la première, et cela en vertu même de la *théorie des polaires réciproques;* mais je n'avais fait qu'indiquer à la hâte les principes de cette théorie pour le cas de l'espace, et surtout j'avais totalement négligé ce qui concerne les relations métriques d'angles et de distances, sur lesquelles jusqu'ici il n'existe rien nulle part. Cette nouvelle extension étant indispensable à l'objet des recherches que j'ai depuis longtemps entreprises sur les propriétés des courbes et des surfaces d'un ordre quelconque, j'ai jugé à propos d'en faire le sujet d'un Mémoire spécial, qui, avec celui sur les *centres de moyennes harmoniques*, pût servir d'introduction à mes recherches subséquentes.

Le but principal que je me propose dans ce Mémoire est d'examiner quelle espèce de modification éprouvent une figure donnée et les relations qui lui appartiennent lorsque l'on passe à celle qui en est la polaire réciproque, et *vice versâ*, de façon à réduire en quelque sorte à un pur mécanisme, à une simple substitution de mots et de lettres mis à la place les uns des autres, la traduction de toutes les affections, de toutes les propriétés tant soit peu générales qui concernent une figure donnée et sa réciproque; enfin, de montrer comment on peut, au simple

(*) *Voyez* le numéro de mars des *Annales de Mathématiques*, t. VIII.

(**) C'est cette analyse qui a paru tardivement dans les *Annales de Mathématiques*, numéro de mars 1827, p. 265.

énoncé d'une proposition qui se rapporte soit aux relations projectives en général, soit aux relations d'angles des figures situées dans un plan ou dans l'espace, comment on peut, dis-je, obtenir sur-le-champ et sans recourir à aucun calcul ou raisonnement, une, deux ou trois autres propositions tout à fait distinctes de la première et néanmoins tout aussi générales.

Ce Mémoire est divisé en quatre parties. Dans la première, j'expose la théorie des polaires réciproques pour le cas du plan; je reviens ainsi, mais avec plus d'extension, sur les principes que j'avais déjà mis en avant ailleurs, en insistant plus particulièrement sur les relations de réciprocité qui concernent les figures polygonales et les lignes courbes; la discussion complète des affections qui surviennent dans le cours d'une ligne quelconque, et qui constituent ce que l'on nomme les *points singuliers*, met en état d'assigner le degré véritable des polaires réciproques de courbes données dans chaque cas particulier.

La seconde partie du Mémoire est relative aux figures dans l'espace; j'y établis les relations de réciprocité qui existent entre les polygones gauches et les polyèdres indéfinis, et entre les polyèdres définis ordinaires qui sont polaires par rapport à une surface du second degré quelconque; je montre ainsi l'emploi de ces principes pour la démonstration des propriétés les plus générales des polyèdres, etc. Ces notions préliminaires me conduisent directement par l'application de la loi de continuité aux relations de réciprocité entre les courbes à double courbure et les surfaces développables, ainsi qu'entre les surfaces quelconques; en un mot, je généralise ici, pour le cas de l'espace, tous les principes de la première partie relatifs aux figures comprises dans un seul plan, ce qui permet de traduire sur-le-champ toute relation descriptive donnée en une autre essentiellement distincte, pourvu toutefois qu'il ne s'agisse que de relations et de figures *projectives;* on peut même, à l'aide de ces principes, transporter à l'espace toute relation pareille qui n'aurait été établie que pour les figures comprises dans un seul plan. En les appliquant en particulier aux surfaces du second degré, ils conduisent à un grand nombre de nouveaux théorèmes, dont quelques-uns ont été indiqués dans le Supplément du *Traité des Propriétés projectives*, n°s 592 et 610. Par exemple, j'ai fait voir, n° 636, comment les nombreuses propriétés des systèmes de sphères qui, par leur généralité, appartiennent à la classe de celles qui nous occupent, comment, dis-je, ces nombreuses propriétés pouvaient s'étendre immédiatement aux systèmes de surfaces quelconques du second degré qui ont un plan de section commune réelle ou idéale; or, de là on est conduit par les principes de la théorie des polaires réciproques aux propriétés générales qui appartiennent aux systèmes de surfaces du second degré inscrites à un même cône, à deux cônes, ou à une autre surface du second degré quelconque.

Pour ne pas rester dans des généralités trop vagues, j'ai rapporté dans mon Mémoire quelques-unes des propriétés d'un système de surfaces du second degré ayant huit points communs ou la même courbe d'intersection, et j'en ai déduit sans discussion les propriétés réciproques des surfaces du second degré qui ont huit plans tangents communs, ou qui sont inscrites à une même surface développable : il en résulte, par exemple, que *les centres de toutes ces surfaces sont situés sur une même ligne droite dans l'un ou l'autre système.* Je montre pareillement encore comment on peut passer directement des propriétés qui appartiennent à la courbe d'intersection de deux surfaces du second degré quelconques, et qui ont été démontrées nos 611 et suiv. de l'ouvrage cité, à celles qui concernent la surface développable circonscrite à deux surfaces du second degré également quelconques. La courbe de contact de cette développable n'est autre chose, comme on sait, que celle qui sert de limite à l'ombre et à la pénombre de l'une des surfaces du second degré lorsqu'on suppose l'autre lumineuse; or, je démontre : 1° *que cette courbe est du quatrième degré ;* 2° *que les nappes de la développable portent généralement quatre lignes de striction qui sont planes et du second degré ;* 3° *que les plans de ces quatre sections coniques forment par leurs rencontres mutuelles un tétraèdre dont chaque sommet est respectivement, et pour chacune des surfaces du second degré proposées, le pôle de la face opposée ;* 4° *enfin que ces mêmes quatre sommets du tétraèdre sont aussi ceux des quatre cônes du second degré qui contiennent les branches d'intersection des deux surfaces que l'on considère.*

Ces considérations conduisent d'ailleurs à une solution géométrique très-simple du problème intéressant et quelquefois traité à l'École Polytechnique, où il s'agit de construire la courbe de séparation d'ombre et de lumière pour le cas des surfaces du second degré.

Jusqu'à présent il n'a encore été question que des relations descriptives des figures; dans la troisième partie du Mémoire, j'examine les moyens de traduire, à l'aide de la théorie des polaires réciproques, les relations d'angles en d'autres relations pareilles. Il me serait impossible d'indiquer, même sommairement, l'esprit de la méthode que j'emploie : je me contenterai, comme précédemment, d'en citer quelques-unes des conséquences. Par exemple, je prouve de suite que les théorèmes des nos 452, 481, 487 du *Traité des Propriétés projectives* sont les réciproques de ceux qui ont été énoncés nos 482 et 488; je montre pareillement comment on peut traduire la construction des sections coniques au moyen d'angles constants donnée par Newton, et en général toutes celles de la *Géométrie organique* de Mac-Laurin, en d'autres absolument analogues quoique néanmoins bien différentes. Pour le cas de l'espace, je fais voir que les propriétés de la *pyramide supplémentaire* sont des conséquences immédiates de la théorie des polaires réciproques; en appliquant les principes de cette même théorie à la proposition de Monge relative au *lieu sphérique* des sommets d'angles trièdres tri-rectangles circonscrits à une surface du second degré, on en conclut pareillement que, *si un tel angle se meut autour d'un point quelconque de l'espace pris pour sommet invariable, les plans qui renferment constamment trois des points d'intersection de ses arêtes avec une surface donnée du second degré demeurent perpétuellement circonscrits à une autre surface de ce degré, unique, de révolution, qui a pour foyer général le sommet invariable des angles, et qui se réduit à un point quand le sommet est pris sur la surface directrice :* comme l'a démontré M. Frégier pour ce cas qui répond d'ailleurs à celui du théorème de Monge dans lequel la surface enveloppe des angles est un des paraboloïdes, la sphère décrite par le sommet de ces angles se réduisant à un plan. On peut faire subir une transformation analogue aux théorèmes de

MM. Hachette et Binet (t. II de la *Correspondance de l'École Polytechnique*, p. 71), relatifs aux angles dièdres rectangulaires qui s'appuient sur deux droites données dans l'espace, et en général à toutes les propositions analogues concernant les angles, ce qui permet dès à présent d'en doubler le nombre. On remarquera d'ailleurs que nos principes s'appliquent au cas où les angles sont variables ou donnés par leurs lignes trigonométriques.

Enfin je crois devoir encore signaler l'application que j'ai faite de la théorie des polaires réciproques aux propriétés des sections coniques ou des surfaces du second degré de révolution qui ont un foyer commun ou sont *confocales*. J'établis sans discussion, d'une part, que les propriétés descriptives, de l'autre que les propriétés d'angles d'un tel système, sont les réciproques de celles qui appartiennent à un système de cercles quelconques tracés sur un même plan, ou de sphères également quelconques situées arbitrairement dans l'espace. Si maintenant on joint à ces propositions générales celles que j'ai déduites des principes posés dans le *Traité des Propriétés projectives* (t. Ier, Sect. IV, chap. Ier), consistant en ce qu'un système de lignes ou de surfaces du second degré qui ont un foyer commun peuvent être considérées comme la *perspective plane* ou *relief* (*) les unes des autres ; si, en outre, on substitue à quelqu'une de ces lignes ou surfaces un cercle ou une sphère, il en résultera une foule de propositions et de rapprochements très-curieux relativement au foyer commun des lignes ou surfaces du second degré, dont quelques-uns ont servi à M. Dupin, dans ses *Applications de Géométrie*, pour établir la théorie des faisceaux lumineux réfléchis à leur rencontre avec une surface quelconque.

La quatrième et dernière partie est relative aux principes à l'aide desquels on peut traduire une relation métrique donnée, de la nature de celles que j'ai considérées dans le *Traité des Propriétés projectives*, en une ou deux autres qui appartiennent à la figure réciproque de la proposée; cette dernière partie du Mémoire offre donc les moyens de traduire sur-le-champ toutes les propriétés métriques de la théorie des transversales en d'autres tout à fait distinctes. Cette traduction s'opère d'ailleurs d'une manière très-facile par une simple substitution de lettres.

Par exemple, on sait que si une section conique quelconque est coupée par les côtés prolongés d'un triangle abc tracé à volonté sur son plan, on a, en nommant p, p' les intersections de ab avec cette courbe, q et q' celles de bc, r et r' enfin celles de ac,

$$ap.ap'.bq.bq'.cr.cr' = bp.bp'.cq.cq'.ar.ar'.$$

Or, si l'on applique à cette propriété les principes du Mémoire, on arrive à cet autre énoncé :

« Si, des sommets d'un triangle ABC, situé sur le plan d'une section conique, » on mène à la courbe trois couples de tangentes, puis qu'ayant coupé par une » droite arbitraire le système de ces six tangentes et des côtés prolongés du » triangle, on nomme a, b, c ses intersections respectives avec les côtés opposés

(*) Nous renverrons aux n°s 297, 300, 376 et suiv. du *Traité des Propriétés projectives* (t. Ier), pour l'intelligence de ces expressions, qui reviennent d'ailleurs à ce que nous avons nommé également l'*homologie* des figures.

» aux sommets A, B, C; p et p' ses intersections avec les tangentes issues de C;
» q et q' ses intersections avec les tangentes issues de A; r et r', etc., on aura,
» entre les divers segments formés sur la transversale, la nouvelle relation

$$ap.ap'.bq.bq'.cr.cr' = bp.bp'.cq.cq'.ar.ar',$$

» analogue à la première, quoique bien distincte dans le fond. »

Les principes posés dans le Mémoire permettent également de traduire la relation primitive en une autre relation entre les lignes trigonométriques des angles formés par les droites de la dérivée; enfin ils donnent des moyens pour traduire immédiatement cette même relation en d'autres qui appartiennent à des figures situées dans l'espace et dans lesquelles les angles dièdres remplacent les angles plans, etc. Le Mémoire est terminé par quelques applications de la théorie des polaires réciproques aux propriétés métriques des courbes à double courbure et des surfaces géométriques quelconques, ainsi que par l'exposé de la méthode très-simple à l'aide de laquelle on peut transformer toute propriété qui se rapporte à celles que j'ai nommées ailleurs *projectives* en plusieurs autres très-différentes de la première et non moins générales. La conclusion de ce travail est donc que les principes qu'il contient mettent en état de doubler et de tripler même le nombre des propositions dont il s'agit, ainsi que celles qui concernent les angles des figures, ce qui comprend toutes celles de la *théorie des transversales*, de la *Géométrie de la règle*, et une infinité d'autres plus générales encore.

Permettez-moi, Monsieur, de profiter de l'occasion de cette Notice pour vous adresser quelques réclamations relatives à des articles insérés récemment dans les *Annales de Mathématiques*, et dont il a été rendu compte dans divers numéros du *Bulletin des Sciences mathématiques*.

M. le docteur Plucker a donné, t. XVII, p. 37 et 69 des *Annales*, divers problèmes et théorèmes sur les contacts des sections coniques fort intéressants en eux-mêmes, mais dont, ce me semble, il aurait dû citer plus *scrupuleusement* les auteurs : par exemple, le théorème énoncé au bas de la page 71 et la construction qui en dérive pour le cercle osculateur des sections coniques, sont, si je ne me trompe, bien les mêmes que le théorème du n° 336, p. 180 du *Traité des Propriétés projectives*, et que la solution donnée au n° 405, p. 224 et 225 de cet ouvrage; le théorème du n° 404, dont elle a été déduite, est même plus général que celui de M. Plucker, quoiqu'il soit encore un cas particulier de l'énoncé du n° 403 qui, en observant (*voyez* n° 184 et la fin des n°s 490 et 407 *bis*) que le système de deux droites peut être considéré comme une section conique, comprend aussi les problèmes et les théorèmes fondamentaux du Mémoire à deux colonnes, inséré à la page 37 du tome cité des *Annales*. Que l'on compare également les autres théorèmes de ce Mémoire et les solutions de problèmes qu'il renferme sur les contacts des sections coniques avec ce qui en a été dit du n° 297 au n° 326 du *Traité des Propriétés projectives*, et spécialement du n° 318 au n° 326; que l'on compare enfin les *fig.* 41, 42 et 43 de cet ouvrage, qui sont relatives à des exemples particuliers, avec celles qui résultent de plusieurs des énoncés de M. Plucker, et l'on trouvera que ce géomètre n'a pas dû éprouver beaucoup de difficultés à refaire, en partant des belles propriétés de Pascal et de Brianchon sur les hexagones inscrits et circonscrits aux coniques, les démonstrations des théorèmes et des problèmes contenus dans son Mémoire sur le contact de ces courbes. Je dirai même plus, c'est que les endroits cités du *Traité des Propriétés projectives*, malgré leur laconisme, indiquent des solutions plus générales, plus directes et plus complètes des problèmes en question, puisqu'elles permettent de trouver, au moyen de la section conique donnée, tout ce qui appartient à celle qu'on cherche: par exemple, son centre, ses axes et diamètres, ses intersections avec une droite donnée, ses tangentes partant d'un point également donné, etc. (n°s 302 et suiv., 328 et suiv. de cet ouvrage, t. Ier).

M. le docteur Plucker a bien voulu rappeler, dans une note de la page 52 de son Mémoire, que j'avais énoncé (t. VIII des *Annales de Mathématiques*) la construction de la section conique osculatrice du second ordre en un point donné d'une autre section conique; je crois à propos de remarquer que cette construction est uniquement relative au contact du troisième ordre, et qu'elle a été justifiée complétement, ainsi que beaucoup d'autres analogues, dans les endroits cités du *Traité des Propriétés projectives*, que M. Plucker connaît sans doute et qu'il aurait pu citer comme il l'a fait à l'occasion de la construction particulière dont il s'agit. Il me semble d'ailleurs que s'il est louable de développer dans des articles spéciaux les théories qui n'ont pu l'être en détail dans les ouvrages qui embrassent un grand nombre de sujets divers, on n'est pas pour cela dispensé, en aucune manière, d'indiquer les sources auxquelles on a puisé ses principaux résultats; il ne suffit même pas de dire en termes généraux, comme le fait M. Plucker, que les questions dont on s'occupe ont fait le sujet des recherches de tel ou tel auteur, il convient encore de dire qu'elles nous ont été utiles. Quant à l'usage de mettre en deux colonnes les propositions de Géométrie de la règle, il me semble que c'est un double emploi très-pénible, peu motivé quant aux démonstrations, et qu'il suffira toujours d'indiquer, d'après les principes de la théorie des polaires réciproques, la manière directe de conclure les unes de ces propositions des autres déjà démontrées; du moins ne saurait-on arguer de ce que je n'ai pas employé un tel mode de rédaction dans le *Traité des Propriétés projectives*, que je n'ai point établi ni justifié les propositions réciproques qui dérivent aussi immédiatement des principes que j'ai posés dans cet ouvrage et que j'y ai rappelés dans tant de circonstances différentes.

J'aurais, Monsieur, plusieurs autres réclamations à vous adresser pour mon propre compte, mais elles trouveront naturellement leur place ailleurs, et la tâche deviendra alors pour moi moins délicate et moins pénible. Permettez-moi, au surplus, d'espérer que la Notice qui précède et les réflexions qui l'accompagnent pourront trouver place dans votre savant recueil, et que vous ne les considérerez pas comme entièrement dénuées d'intérêt pour vos lecteurs.

Agréez, etc.

Metz, le 10 décembre 1826.

Note de 1865. — On trouvera dans le paragraphe II ci-après, un extrait des discussions auxquelles cette lettre a donné lieu.

IV.

NOTE SUR QUELQUES PRINCIPES GÉNÉRAUX DE TRANSFORMATION DES RELATIONS MÉTRIQUES DES FIGURES, ETC.

[Extrait du recueil belge intitulé : *Correspondance mathématique et physique, etc.*, par A. Quetelet (Bruxelles, t. VII, 1831-1832, p. 118 et 141 à 158) (*).]

« Dans un travail étendu sur les *Applications de l'analyse des transversales aux » propriétés projectives des courbes ou surfaces géométriques de tous les ordres,* » travail dont la première partie s'imprime actuellement dans le *Journal de Mathé-» matiques pures et appliquées* de M. le docteur Crelle, de Berlin, j'ai montré » comment les principaux théorèmes de M. Chasles, relatifs aux *pôles, diamètres* » et *plans diamètres* de ces lignes et surfaces, insérés au tome VI, p. 1 de la *Cor-» respondance mathématique et physique*, se trouvent compris, comme cas parti-» culiers, parmi ceux que j'ai moi-même établis depuis nombre d'années sur les » *axes, centres* et *plans de moyennes harmoniques*, et dont j'avais offert les prin-» cipaux éléments dans un Mémoire présenté en mars 1824, à l'Académie royale » des Sciences de Paris, en considérant spécialement le cas où les courbes et sur-» faces se trouvent remplacées par de simples systèmes de points, de droites et de » plans quelconques.

» J'ai de plus affirmé, dans le travail dont il s'agit, que toutes les relations métri-» ques envisagées par M. Chasles, dans ses deux *Mémoires sur les transformations » paraboliques* (*Correspondance mathématique*, t. V, p. 281, et t. VI, p. 1), non-» seulement ne sont pas plus générales que celles que j'ai caractérisées jus-» qu'ici par l'épithète de *projectives*, et que j'ai spécialement soumises aux prin-» cipes généraux de la transformation polaire, dans un autre Mémoire également » présenté à l'Académie royale des Sciences au commencement de 1824, mais » encore qu'elles doivent être considérées comme autant de cas particuliers des » relations de ce dernier genre, relations auxquelles il est toujours possible de » remonter par des transformations fort simples et analogues à celle dont j'ai donné » précédemment une idée dans la Note II de mon *Mémoire sur les centres de » moyennes harmoniques*. Or, c'est ce que je me propose ici de démontrer d'une » manière générale, en observant que les conditions assignées par M. Chasles aux » relations métriques de la *transformation parabolique* reviennent précisément à » celles qui exigeraient que ces relations eussent lieu dans les projections ortho-» gonales de la figure sur une droite ou un axe arbitraire (*voyez* t. V, p. 283 et » 306 de la *Correspondance mathématique*), genre de projection qui n'est effecti-» vement qu'un cas très-particulier de celui où elle s'opère, soit orthogonalement

(*) Cette Note est précédée, p. 79, d'une autre sur les lignes du troisième ordre, fort courte, écrite en 1831, mais tardivement parue dans la *Correspondance* de Bruxelles, et qui, ne contenant rien qui ne soit déjà dans le *Mémoire sur l'analyse des transversales* (t. Ier, Sect. III), ferait ici double emploi. — (Note de 1865.)

» sur un plan quelconque, soit coniquement par des systèmes de droites et de » plans convergeant en un même point, ou suivant une même droite.

» Les relations métriques qui sont projectives d'après ce dernier mode le sont » nécessairement aussi et *à fortiori* pour les projections ordinaires de la figure; » mais l'inverse n'a évidemment pas lieu : c'est-à-dire que, de ce qu'une relation » métrique subsiste dans les projections orthogonales d'une figure ou même dans » sa projection par des parallèles quelconques, ce n'est pas un motif suffisant pour » croire qu'elle ait lieu, par cela même, dans ses projections coniques ou centrales : » cette circonstance n'arrive que dans quelques cas spéciaux, pour lesquels d'ail- » leurs la transformation parabolique n'offre aucun avantage sur la transformation » polaire en général, et a l'inconvénient de ne point laisser apercevoir immédiate- » ment la possibilité de traduire la relation proposée en une relation pareille » d'angles ou de lignes trigonométriques, comme le fait cette dernière transfor- » mation d'après ce que nous avons établi aux n°s 123 et 137 du *Mémoire sur la* » *Théorie générale des polaires réciproques*. Or, je le redis encore, l'objet de cette » *Note* est précisément de faire voir comment il est toujours possible, par des » règles précises, de convertir une relation, projective orthogonalement, et qui ne » l'est pas coniquement, en une autre qui, non-seulement le soit en général, mais » qui de plus satisfasse aux conditions particulières examinées aux n°s 9 et suivants » du *Traité des Propriétés projectives des figures*, t. Ier.

» I. *Caractère général des relations projectives orthogonalement.* — Rappelons » d'abord les conditions d'après lesquelles on peut reconnaître qu'une relation » métrique entre les diverses grandeurs d'une figure subsiste dans les projections » orthogonales de cette figure sur un axe ou un plan arbitraires.

» Soient AB l'une quelconque des distances, (ABC) l'une quelconque des aires » planes qui entrent dans cette même relation, et auxquelles correspondent res- » pectivement, en projection, la distance ab et l'aire abc : on aura évidemment

$$AB = \frac{ab}{\cos(AB, ab)}, \quad (ABC) = \frac{(abc)}{\cos(ABC, abc)},$$

» (AB, ab), (ABC, abc) désignant respectivement les angles que forment la droite » et le plan d'aire considérés avec l'axe ou le plan de projection correspondant. » Supposant donc qu'ayant substitué, pour chacune des distances et des aires » planes qui entrent dans la relation proposée, sa valeur ci-dessus en fonction de » la distance ou de l'aire qui en est la projection orthogonale, il arrive que les » dénominateurs ou cosinus disparaissent d'eux-mêmes du résultat, et sans qu'on » soit obligé de faire aucune hypothèse particulière sur la position de l'axe ou du » plan de projection par rapport aux diverses parties constituantes de la figure; cela » arrivant, disons-nous, la relation dont il s'agit sera *projective orthogonalement*, » elle aura lieu pour toutes les projections orthogonales possibles de la figure sur » des droites ou des plans arbitraires.

» Pour découvrir maintenant comment ces conditions peuvent être généralement » remplies pour une relation métrique et une figure données, il faut supposer

» qu'on ait ramené cette relation à sa forme rationnelle la plus simple, c'est-à-dire » à une autre qui ne soit plus composée que d'une suite de termes *monômes* sans » dénominateurs ni radicaux, mais contenant différents facteurs simples de dis- » tances ou d'aires, que pour abréger nous désignerons par les épithètes de *facteurs* » *linéaires, facteurs superficiels*. Or, il est clair que si l'on substitue, dans une » telle relation, les expressions ci-dessus de chacun de ces facteurs, les lignes » trigonométriques correspondantes ne pourront disparaître d'elles-mêmes, et gé- » néralement du résultat, qu'autant 1° qu'elles s'y trouveraient en nombre égal » dans chacun des termes, qui ainsi devraient se composer d'un même nombre de » facteurs simples et d'une nature analogue ; 2° que les produits de ces lignes tri- » gonométriques seraient égaux pour les différents termes, ce qui, attendu la » position générale et arbitraire de l'axe et du plan de projection par rapport aux » parties de la figure, exige que les mêmes cosinus se reproduisent dans les déno- » minateurs de ces termes.

» AB, par exemple, étant facteur simple dans l'un des termes de l'équation pri- » mitive, il devra correspondre à AB, dans les différents autres termes des dis- » tances A'B', A''B'', etc., qui aient respectivement pour cosinus d'inclinaison ou » pour coefficients trigonométriques celui qui se rapporte à la première. Et pa- » reillement, s'il entre dans un certain terme un facteur superficiel tel que (ABC) » par exemple, chacun des autres termes de la relation devra contenir un facteur » superficiel (A'B'C'), (A''B''C'') analogue, et auquel devra correspondre le même » coefficient ou le même cosinus.

» D'après cela, il est aisé d'apercevoir que, si l'on ne veut absolument rien sta- » tuer de particulier sur la position des distances AB, A'B',..., ou des aires planes » (ABC), (A'B'C'),..., par rapport à l'axe et au plan de projection, c'est-à-dire si » cet axe et ce plan doivent demeurer quelconques, il est aisé d'apercevoir, dis-je, » que les conditions qui viennent de nous occuper ne pourront être généralement » remplies qu'autant que les distances et les aires dont il s'agit appartiendraient » à la direction d'une même droite, d'un même plan indéfinis, ou à celle de droites » et de plans distincts, mais tous parallèles entre eux.

» Telles sont donc finalement les conditions de position générales, auxquelles » doivent être assujetties les différentes grandeurs qui entrent dans toute relation » métrique appartenant à une certaine figure située dans un plan ou dans l'espace, » pour que cette relation soit projective orthogonalement. Prouvons maintenant » que, si une telle relation ne satisfait pas naturellement et dans sa forme actuelle » aux conditions particulières des n°s 9 et suiv. du *Traité des Propriétés projec-* » *tives* (t. Ier), qui se rapportent à la projection conique ou centrale des figures, on » pourra toujours l'y ramener, comme cas particulier, en la transformant, selon les » principes exposés dans la Note II du *Mémoire* (t. II, Sect. I) *sur les centres de* » *moyennes harmoniques*, en une autre plus générale, c'est-à-dire en y introduisant, » comme facteurs de ses différents termes, certains segments ou distances infinies » ayant pour origine quelqu'un des points de la figure proposée.

» II. *Transformation des relations métriques entre les distances rangées sur une*

» *même droite.* — D'après ce qui précède, les relations dont il s'agit peuvent toujours, si elles ne contiennent aucun facteur superficiel, être censées ramenées » préalablement à d'autres de cette forme

$$AB.CD.EF\ldots + A'B'.C'D'.E'F'\ldots + A''B''.C''D''.E''F''\ldots + \ldots = 0,$$

» dans laquelle on suppose que les simples distances ou facteurs linéaires, tels » que AB, A'B', A''B'',..., qui contiennent les mêmes lettres accentuées différemment, appartiennent à une même droite ou tout au moins à des droites parallèles » qui peuvent être considérées comme ayant un certain point commun à l'infini.

» Nommant O ce point, on remarquera que les distances infinies OA, OB, O'A', » O'B',..., qui lui correspondent, peuvent être considérées comme étant numériquement égales entre elles, ou comme ayant deux à deux pour rapport l'unité, » puisqu'elles ne diffèrent entre elles que de quantités assignables et données; si » donc on les introduit, en même nombre, comme facteurs ou diviseurs des différents termes de la relation proposée, elles n'en troubleront nullement l'exactitude en tant que cette relation continuera à exprimer une simple égalité entre des » grandeurs mathématiques.

» Cela posé, considérant d'abord le cas où toutes les distances qui entrent dans » cette relation appartiendraient à une même droite, il ne s'agira, pour la transformer en une autre qui soit projective coniquement, que de la traiter comme » celles qui nous ont occupé, en particulier, dans la Note déjà citée plus haut; » c'est-à-dire que, O étant le point à l'infini sur cette droite, on multipliera chacun » de ses termes par le produit de tous les segments infinis relatifs à O et à ceux » des différents points considérés qui n'appartiennent pas aux facteurs linéaires ou » simples de ce terme; ce qui revient à diviser chaque terme par le produit de tous » les segments infinis correspondants aux points ou aux lettres de ce terme. Mais, » comme ici la même lettre peut se reproduire dans les différents termes de l'équation, il conviendra de ne pas comprendre, au nombre des facteurs de ces produits, le segment infini qui correspond au point indiqué par cette lettre; car ce » segment étant à la fois facteur ou diviseur de tous les termes, disparaîtrait de » l'équation finale, même pour les projections de la figure où il acquerrait une » valeur finie et quelconque.

» Il est clair d'ailleurs qu'en opérant ainsi : 1° on n'aura nullement troublé l'égalité primitive; 2° que l'égalité nouvelle se trouvera composée d'une suite de » termes dans lesquels entreront les mêmes lettres ou qui appartiendront aux » mêmes points; 3° qu'à chacun des facteurs linéaires qui composent un terme » quelconque de cette dernière égalité, il correspondra, dans les différents autres » termes, un facteur linéaire ou une distance située sur la même droite que le » premier facteur ou la première distance. Or, si l'on se reporte aux n°s 9 et suiv. » du *Traité des Propriétés projectives*, t. Ier, on s'assurera que ces circonstances, » toutes indispensables, suffisent néanmoins pour que la relation dont il s'agit demeure applicable à toutes les projections centrales ou perspectives de la figure, » dans lesquelles d'ailleurs les distances infinies et primitivement égales seront

» devenues des distances quelconques aboutissant simplement à un point com-
» mun, projection du point O.

» En effet, S étant un point arbitraire de l'espace pris pour centre de projection,
» AB l'une quelconque des distances qui entrent dans la relation proposée, A et B
» les longueurs des projetantes SA et SB, m le sinus de l'angle ASB formé par ces
» projetantes, p la perpendiculaire abaissée de S sur la direction indéfinie de AB,
» on aura

$$AB = \sin(ASB)\frac{A.B}{p} = m\frac{A.B}{p};$$

» et, d'après les conditions des numéros dont il s'agit, il faudra qu'en substituant,
» dans cette relation, pour la distance AB et ses analogues, les expressions qui leur
» correspondent, il ne reste plus, réductions faites, qu'une relation du même
» genre entre tous les sinus m des angles projetants relatifs aux diverses distances;
» mais c'est ce qui résulte évidemment des circonstances ci-dessus énoncées. Car,
» par suite de la première, toutes les projetantes disparaîtront du résultat de la
» substitution comme facteurs communs de l'équation, et, d'après la seconde, il en
» sera de même des perpendiculaires abaissées de S, sur chaque distance; perpen-
» diculaires ici toutes égales entre elles, mais qui ne le seraient plus s'il s'agissait
» de distances quelconques ou simplement parallèles; ce qui démontre que la
» transformation ci-dessus ne serait plus applicable, avec le même succès, à une
» relation métrique entre de pareilles distances.

» III. *Transformation des relations métriques entre les distances parallèles.* —
» Considérant maintenant le cas où une partie seulement des distances qui appar-
» tiennent aux différents termes de la relation proposée

$$AB.CD.EF\ldots + A'B'.C'D'.E'F'\ldots + A''B''.C''D''.E''F''\ldots + \ldots = 0$$

» se trouveraient rangées sur une même droite, toutes les autres appartenant à de
» simples systèmes de droites parallèles, il est clair que, cette relation étant pro-
» jective orthogonalement, chacun des termes qui la composent devra contenir (1)
» un nombre égal de ces premières distances comme facteurs simples, supposé
» toutefois qu'il n'y entre aucune autre longueur relative à des droites qui seraient
» parallèles à la direction de celle dont il s'agit. Appliquant donc séparément aux
» différents produits formés par ces facteurs le mode de transformation ci-dessus,
» et agissant de même pour les divers autres systèmes de points rangés sur une
» même droite, il ne restera plus qu'à s'occuper des groupes de facteurs qui con-
» cernent les systèmes de droites parallèles à des directions données. Or, c'est ici
» qu'on peut varier, pour ainsi dire à volonté, le mode de transformation sans
» cesser d'obtenir des relations nouvelles tout aussi exactes que la première, et qui
» soient projectives coniquement.

» Considérons en particulier, dans la relation proposée, le groupe des distances
» AB, A'B', A''B'',..., qui sont censées parallèles à une direction donnée; et, pour
» plus de généralité, supposons que ces distances n'appartiennent pas toutes à un

» même plan. Cela posé, concevons que d'un point quelconque de l'espace, on » projette ces distances sur un plan arbitraire, et soient *ab*, *cd*, *ef*,... les distances » qui leur correspondent respectivement dans cette projection; il est clair qu'étant » proportionnelles aux premières, on pourra les substituer à leur place dans la » relation proposée, sans altérer en aucune manière cette équation, puisque chacun » de ses termes doit en contenir (I) le même nombre comme facteurs. Concevant » enfin qu'on ait coupé le système des parallèles *ab*, *cd*, *ef*,... par une droite arbi- » traire qui les rencontre aux points x, x', x'',... respectivement; nommant p le » point situé à l'infini sur cette droite, et remarquant que nos différents systèmes » de parallèles peuvent eux-mêmes être censés avoir un point de concours unique » O dans l'espace, on apercevra de suite le moyen de satisfaire aux conditions » précédemment indiquées, quant à ce qui concerne les facteurs linéaires AB, » A'B', A''B'',... considérés en particulier.

» En effet, si on remplace ces facteurs par les quantités respectives

$$\frac{ab}{a\mathrm{O}.b\mathrm{O}}\cdot\frac{x\mathrm{O}}{xp},\quad \frac{a'b'}{a'\mathrm{O}.b'\mathrm{O}}\cdot\frac{x'\mathrm{O}}{x'p},\quad \frac{a''b''}{a''\mathrm{O}.b''\mathrm{O}}\cdot\frac{x''\mathrm{O}}{a''p},\ldots$$

» qui leur sont simplement proportionnelles attendu l'égalité des segments infinis » qui y entrent, d'une part (II) on n'aura point troublé la relation primitive; d'une » autre, en réduisant tous les termes au même dénominateur, ils se trouveront » composés des mêmes lettres et de facteurs linéaires appartenant, chacun à » chacun, aux mêmes droites indéfinies; la nouvelle relation sera donc applicable » à toutes les projections coniques de la figure.

» Dans le cas où toutes les distances parallèles AB, A'B', A''B'',... se trouveraient » naturellement comprises dans un plan unique, il serait inutile évidemment de » les remplacer ainsi par d'autres *ab*, *a'b'*, *a''b''*,... assujetties à la même condi- » tion; il suffirait de les couper par une transversale quelconque, puis d'opérer » comme on vient de le dire : on pourra même éviter l'emploi de cette transver- » sale auxiliaire, dans tous les cas où les parallèles en question se trouveraient à la » fois et naturellement coupées par quelqu'une des droites de la figure, etc.

» Concevons encore que, dans le cas général ci-dessus, au lieu de projeter les » diverses distances AB, A'B', A''B'',... sur un plan arbitraire, on les projette sur » une simple droite ou axe, soit par un système quelconque de plans parallèles, » c'est-à-dire concourant suivant une même droite à l'infini, soit par autant de » couples d'ordonnées ou de parallèles arbitraires, l'axe étant pris parallèlement » aux distances considérées, soit enfin par des couples d'ordonnées parallèles » choisies de façon que le système de celles qui appartiennent aux extrémités » A, A', A'',..., par exemple, aboutissent à un même point de l'axe parallèle dont » il s'agit; il est évident que, dans ces différentes circonstances, les distances pro- » posées étant respectivement égales ou dans un rapport invariable avec leurs » projections sur l'axe commun, il serait complétement inutile de faire intervenir » une transversale auxiliaire dans le système, pour atteindre le but désiré; car, » ayant remplacé, dans la relation primitive, chaque distance par sa projection, il ne

» s'agira plus que de la traiter comme on l'a fait (II) pour un simple système de » points rangés en ligne droite.

» IV. *Modes de transformation plus simples que les précédents.* — On peut éviter » entièrement de recourir à des projections auxiliaires des distances parallèles » AB, A'B', A″B″,... sur un plan ou une droite arbitraire, et opérer immédiatement » la transformation qui nous occupe, en joignant simplement, par des droites et » deux à deux, les extrémités respectives de ces distances.

» Considérant, par exemple, les distances AB et A'B', on mènera par leurs extré- » mités A et A', B et B', les droites AA', BB' se rencontrant en R', je suppose, et » l'on aura par les triangles semblables ABR, A'B'R',

$$A'B' = AB.\frac{A'R'}{AR}.$$

» On obtiendra de même les valeurs de A″B″, A‴B‴, etc., en fonction de AB; » substituant ensuite ces valeurs dans l'équation proposée, AB disparaîtra comme » facteur commun à tous les termes; mais il est aisé de voir que la réduite ne satis- » fera pas encore aux conditions de projectibilité générale, rappelées au n° II ci- » dessus, et que, pour la faire jouir de cette propriété, il sera nécessaire d'y faire » intervenir certains facteurs infinis.

» Soit effectivement O' le point situé à l'infini sur la direction de AA'; O' dési- » gnant toujours le point de concours unique des parallèles AB, A'B', A″B″,..., et » le quotient de AO' par A'O' étant égal à l'unité (II), on aura

$$A'B' = AB.\frac{A'R'}{AR'}.\frac{AO'}{A'O'}.$$

» On aura de même, en nommant R″ le point de concours de AA″ et BB″, O″ le » point à l'infini de AA″,

$$A''B'' = AB.\frac{A''R''}{AR''}.\frac{AO''}{A''O''},$$

» et ainsi des autres distances.

» Substituant ces valeurs dans la relation proposée, je dis qu'elle aura lieu pour » toutes les projections centrales de la figure sur un plan arbitraire, projections » dans lesquelles d'ailleurs les points correspondants à O', O″,... sont à distances » données, de sorte que les distances AO', A'O', AO″,... cessent d'être infinies.

» En effet, chacune des expressions qui multiplient AB dans les équations ci- » dessus se trouve composée des mêmes lettres au numérateur et au dénomina- » teur; de plus, les distances qui y entrent appartiennent à une même droite; donc » elle est naturellement projective coniquement (II); et, comme le facteur commun » AB disparaît, sans conditions, du résultat de la substitution dont il s'agit, la ré- » duite ne se trouvera plus composée elle-même que de quantités jouissant de » cette propriété; de sorte qu'elle exprimera ainsi une relation beaucoup plus gé- » nérale que la primitive, et qui subsistera dans toutes les projections centrales de » la figure.

» Cette méthode a, comme on voit, l'inconvénient de substituer de nouvelles » droites et de nouveaux points à ceux de la figure; mais on peut l'éviter en ob- » servant qu'on a identiquement, O étant toujours le point de concours unique de » notre système de parallèles,

$$AB = AB, \quad A'B' = A'B'.\frac{OB}{OB'}.\frac{O'A}{O'A'}, \quad A''B'' = A''B''.\frac{OB}{OB''}.\frac{O''A}{O''A'}, \ldots$$

» et substituant ces expressions à la place de AB, A'B', A''B'',... dans la relation » proposée.

» En effet, si l'on fait la projection centrale de la figure à partir d'un point quel- » conque S de l'espace, puis qu'on remplace, dans les seconds membres des iden- » tités ci-dessus, les valeurs des distances qui y entrent en fonction des sinus des » angles projetants de ces distances, etc., conformément encore à ce qui a été indi- » qué précédemment (II), il est clair que les résultats ne contiendront plus, comme » facteurs ou diviseurs, que les sinus dont il s'agit et le quotient du produit des » projetantes SA, SB par la perpendiculaire abaissée de S sur AB. Ce quotient dis- » paraîtra donc comme multiplicateur commun à tous les termes de la transformée » qu'on obtient en substituant les valeurs générales ci-dessus de AB, A'B', A''B'',... » dans la relation primitive, et la réduite sera ainsi purement fonction des sinus des » angles projetants des différentes distances qui entrent dans cette transformée; » ce qui est le caractère des relations projectives qui nous occupent.

» Les mêmes choses s'aperçoivent plus directement encore en observant que, si » l'on réduit au même dénominateur tous les termes de la transformée dont il » s'agit, ces termes se trouveront composés des mêmes lettres et de facteurs » linéaires appartenant aux mêmes droites, chacun à chacun.

» En insistant sur ces transformations, notre objet est d'en bien faire saisir l'es- » prit et d'en montrer la variété. Mais, attendu cette variété même et l'arbitraire » qui règne dans le choix des moyens auxiliaires à employer pour chaque cas, il » est clair qu'on sera conduit, par nos procédés, à un grand nombre de propriétés » ou de relations générales et nouvelles des figures, parmi lesquelles il conviendra » surtout de choisir celles qui offrent le plus de symétrie, d'élégance ou de simpli- » cité; ce qui exigera qu'on mette à profit, avec adresse, la disposition particulière » des points et des lignes de la figure primitive.

» Ainsi, par exemple, dans la dernière des transformations générales qui viennent » de nous occuper, si deux systèmes différents de distances parallèles entrent dans » la relation primitive et se trouvent avoir des extrémités communes, il conviendra » évidemment de faire passer de préférence, par ces extrémités, les droites auxi- » liaires AA', AA'', etc.; car, par là, on diminuera nécessairement le nombre de ces » droites et des facteurs infinis qui s'y rapportent, facteurs qui pourront même » disparaître totalement dans certains cas de la relation définitive, ce qui la réduira » à un degré de simplicité plus grand encore.

» V. *Transformation des relations descriptives et des relations métriques entre » les aires.* — En opérant les diverses transformations qui précèdent, on devra se

» servir, pour ce qui concerne la traduction des relations purement descriptives de » la figure proposée, des principes qui se trouvent exposés, tant dans la Section I » que dans le *Supplément* du *Traité des Propriétés projectives* (t. Ier) : notamment » on devra se ressouvenir que, dans le passage de cette figure à la figure générale » qui en est la projection conique, soit *linéaire*, soit *plane*, soit en *relief*, tous les » points à l'infini de la première se trouvent remplacés dans celle-ci par d'autres » points à distance donnée, situés sur une même droite si les proposés sont com- » pris dans un même plan, ou sur un plan unique s'ils sont arbitrairement distri- » bués dans l'espace.

» Quant au cas où la relation primitive contiendrait, comme facteurs de ses dif- » férents termes, des aires planes quelconques, il nous suffira de montrer d'une » manière générale comment on peut leur appliquer des transformations analo- » gues à celles qui viennent de nous occuper relativement aux simples facteurs » linéaires.

» D'abord je remarque que si, parmi ces facteurs superficiels, il en est qui ap- » partiennent à des quadrilatères, à des pentagones, etc., on pourra toujours les » remplacer par les sommes d'aires triangulaires dans lesquelles ils sont décom- » posables, ce qui, en effectuant les produits, ramènera l'équation à une autre qui » ne contiendra comme facteurs que de simples aires triangulaires, et qui n'en » sera pas moins soumise aux mêmes conditions (I) quant à sa forme générale; en » sorte, par exemple, qu'à chacun des facteurs superficiels ABC de l'un quelconque » de ses termes, il devra en correspondre d'autres $A'B'C'$, $A''B''C''$, etc., dans les » termes restants qui appartiennent à des plans parallèles. Cela posé, voici en par- » ticulier comment on pourra transformer cette relation, qui est déjà projective » orthogonalement, en une autre qui le soit coniquement.

» D'un point quelconque situé à l'infini dans l'espace, on projettera les triangles » $A'B'C'$, $A''B''C''$,... sur le plan du triangle ABC; il en résultera de nouveaux » triangles $a'b'c'$, $a''b''c''$,... dont les aires pourront être substituées à celles des » premiers dans l'équation proposée, puisqu'elles leur seront respectivement » égales. Maintenant, ayant tracé les droites Aa', Bb', Cc', Aa'', Bb'', Cc'', etc., et » nommant p', q' et r', p'', q'' et r'', etc., les points situés à l'infini sur ces droites » respectives, on aura identiquement, dans ces suppositions particulières,

$$a'b'c' = a'b'c' \cdot \frac{p'A \cdot q'B \cdot r'C}{p'a' \cdot q'b' \cdot r'c'}, \quad a''b''c'' = a''b''c'' \cdot \frac{p''A \cdot q''B \cdot r''C}{p''a'' \cdot q''b'' \cdot r''c''}, \ldots;$$

» substituant ces expressions dans l'équation proposée, elle se changera en une » autre qui aura lieu de la même manière, pour toutes les projections centrales de » la figure sur un plan quelconque, ou pour ses projections en relief; car on s'as- » sure aisément qu'elle satisfait aux conditions spécialement énoncées dans le n° 45 » du *Traité des Propriétés projectives des figures*.

» Pour compléter l'objet des considérations qui précèdent, il nous resterait à » exposer une suite d'exemples propres à familiariser le lecteur avec l'emploi de » la méthode, et à en démontrer la bonté et l'importance; mais ces détails nous » entraîneraient beaucoup trop loin, et seront facilement suppléés par quiconque

» est déjà initié aux doctrines de la Géométrie que nous cherchons à faire prévaloir » dans nos écrits. C'est pourquoi, satisfait d'avoir mis chacun sur la voie de dé- » couvertes nouvelles, nous nous contenterons de tirer quelques conséquences » générales des considérations qui viennent de nous occuper.

» VI. *Transformation polaire des relations précédentes, et spécialement de leur* » *transformation parabolique.* — Remarquons d'abord que, puisque toute relation » métrique projective orthogonalement, peut être transformée de différentes ma- » nières en une autre qui le soit coniquement, et qui satisfasse notamment aux » conditions indiquées à l'art. II ci-dessus, ces mêmes relations pourront aussi être » converties immédiatement et de plusieurs manières, en d'autres entièrement » distinctes et jouissant du même caractère, au moyen des principes de la théorie » des polaires réciproques qui se trouvent exposés dans les n°s 120 et suivants de » notre *Mémoire* sur cette théorie. Or, ces dernières relations conduiront, à leur » tour et comme simples corollaires, à une infinité de relations ou de propriétés » particulières relatives au cas où certains points, certaines droites, certains plans » de la figure s'éloignent entièrement à l'infini, et parmi lesquelles se trouvent » comprises toutes les relations ou propriétés qui ont été examinées par M. Chasles, » dans ses deux *Mémoires*, déjà cités, *sur la transformation parabolique des rela-* » *tions métriques des figures.*

» Pour le prouver, nous considérerons avec ce géomètre, dans l'espace ou sur un » plan, une figure entre les distances de laquelle il y ait une certaine relation mé- » trique telle, qu'en abaissant, des différentes extrémités de ces distances, des plans » perpendiculaires à un axe fixe donné, et par conséquent parallèles entre eux, la » même relation ait lieu entre les distances qui, sur cet axe, peuvent être censées » la projection orthogonale des premières; il est clair qu'on pourra faire subir à » cette relation les diverses transformations indiquées dans ce qui précède, et en » vertu desquelles elle devient applicable désormais aux projections coniques les » plus générales de la figure proposée. Passant ensuite, au moyen des principes de » la théorie des polaires réciproques, à la figure inverse de ces projections, dans » lesquelles les points à l'infini de la figure primitive sont remplacés (V) par des » points, à distance donnée, situés sur une même droite ou sur un même plan, on » conclura en particulier, des théorèmes exposés aux n°s 122 et 138 du Mémoire » qui contient cette théorie, que les relations ainsi généralisées ou transformées » ont lieu sans changements quelconques, dans cette dernière figure, quand aux » différentes distances qui entrent dans lesdites relations on substitue les seg- » ments formés, sur une droite ou axe arbitraire, par les intersections de ce même » axe avec les polaires ou plans polaires des extrémités respectives de ces diffé- » rentes distances.

» Maintenant on remarquera que les différents points situés à l'infini dans la » figure primitive sont ici remplacés par des droites ou des plans polaires conver- » geant en un point unique, qui lui-même remplace le lieu de tous les premiers » points, et représente le pôle de ce lieu dans la nouvelle figure réciproque de la » proposée. Supposant donc que l'axe transversal dont il a été question ci-dessus

» soit conduit en particulier, par ce même pôle, dont la position peut d'ailleurs être » censée quelconque puisqu'elle ne dépend que de celle de la directrice des po- » laires, il arrivera que les distances auxiliaires, introduites dans la relation pro- » posée pour la rendre projective coniquement, et qui sont infinies sur la figure » primitive (II et suiv.), il arrivera, dis-je, que ces distances seront représentées, » dans la figure réciproque, par d'autres qui auront pour origine commune le point » de concours ou pôle dont il vient d'être parlé. Supposant en outre que ce pôle, » au lieu d'être pris d'une manière quelconque sur l'axe transversal, y soit censé à » l'infini, de sorte que les droites et plans polaires correspondants deviennent tous » parallèles à l'axe, il est évident que les distances, comptées de ce même point, » deviendront infinies dans la nouvelle figure comme celles qui leur sont corréla- » tives dans la première; donc elles devront être censées égales entre elles (II), et » elles disparaîtront comme facteurs communs aux différents termes de la relation » générale à laquelle elles se rapportent; donc enfin cette relation se réduira pré- » cisément à la forme particulière de celle d'où l'on est parti; corollaire qui » constitue précisément l'objet des transformations paraboliques de M. Chasles, et » qu'on peut énoncer ainsi :

« *S'il existe entre les distances d'une figure quelconque, située dans un plan ou » dans l'espace, une relation métrique telle, qu'elle subsiste dans toutes les pro- » jections orthogonales de cette figure sur une droite arbitraire, la même relation » aura lieu aussi, dans sa polaire réciproque prise par rapport à une parabole ou à » un paraboloïde quelconque, entre les distances formées, sur l'axe de cette para- » bole ou de ce paraboloïde, par ses intersections avec les polaires ou plans po- » laires des extrémités respectives des distances qui appartiennent à la première » relation.* »

» En effet, dans la parabole ou le paraboloïde, toutes les polaires et plans po- » laires des points à l'infini de l'espace sont autant de diamètres ou plans diamé- » traux parallèles à l'axe principal. Mais ce qui précède montre que la même » relation a lieu aussi pour les intersections relatives à des diamètres quelconques » pris pour axes transversaux, et conduit d'ailleurs à des modes de transformations » dont la transformation parabolique n'est, comme on va le voir, qu'un cas très- » particulier.

» VII. *Généralisation des résultats particuliers à la transformation polaire » parabolique.* — Supposons, entre autres, que la relation qui concerne la figure » primitive soit, de sa nature, tellement générale qu'elle subsiste, sans conditions » quelconques, pour toutes les projections coniques ou centrales de la figure; il est » clair qu'il en sera de même de celle qui se rapporte à la figure polaire, dont la » directrice pourra aussi être une courbe ou surface auxiliaire quelconque du » second degré, conformément aux principes des n°s 122 et 128 de notre *Mémoire » sur la théorie de la réciprocité;* la transversale de cette dernière figure pourra » donc être quelconque, et non plus simplement parallèle à une direction donnée. » Si, au contraire, la relation appartenant à la figure primitive ne subsiste que dans » les projections orthogonales de cette figure, la même restriction aura évidem-

» ment lieu à l'égard de celle qui appartient à la dérivée parabolique de cette » dernière figure, de sorte qu'on devra la considérer comme un cas particulier » d'une autre plus générale, et à laquelle on remontera facilement au moyen des » considérations exposées dans le n° II de cette Note.

» Par exemple, la relation primitive étant généralement de la forme

$$AB.CD.EF + A'B'.C'D'.E'F' + A''B''.C''D''.E''F'' + \ldots = 0,$$

» si l'on passe à la réciproque polaire parabolique, dans laquelle a, b, c, d, e, f; » a', b', c', d', e', f'; a'', b'', c'', d'', e'', f'', etc., sont les intersections respectives » des polaires de A, de B, de C,...; de A', B', C',...; de A'', B'', C'',..., etc., avec » l'axe ou un diamètre quelconque de la directrice, on aura également

$$ab.cd.ef + a'b'.c'd'.e'f' + a''b''.c''d''.e''f'' + \ldots = 0,$$

» relation qui n'est qu'un cas particulier de celle qu'on obtiendrait en prenant les » pôles et polaires par rapport à une directrice quelconque du second ordre.

» En effet, nommant p le point qui a pour polaire la droite ou le plan qui con- » tient tous les points à l'infini de la figure primitive, et remplaçant le diamètre » ci-dessus par une transversale quelconque passant par p, on aura généralement, » selon nos principes de transformation (II),

$$\frac{ab.cd.ef}{pa.pb.pc.pd.pe.pf} + \frac{a'b'.c'd'.e'f'}{pa'.pb'.pc'.pd'.pe'.pf'} + \frac{a''.b''.c''.d''.e''.f''}{pa''.pb''.pc''.pd''.pe''.pf''} + \ldots = 0,$$

» relation qui est projective coniquement, de sorte qu'elle a lieu, soit entre les » sinus des angles projetants des distances qui y entrent, considérés par rapport à » un point arbitraire de l'espace, soit entre les sinus des arcs de grands cercles qui » leur correspondent sur une sphère quelconque dont le centre serait pris pour » centre de projection de la figure proposée.

» Pour démontrer généralement et directement cette relation qui, d'après l'ob- » servation déjà faite plus haut, n'est elle-même qu'un cas particulier de relations » beaucoup plus générales encore, bien qu'elle comprenne implicitement toutes » celles de la transformation parabolique, il n'y a qu'à supposer qu'on projette, par » des droites ou des plans parallèles quelconques, les points A, B, C,... de la figure » primitive, sur une transversale entièrement arbitraire; on aura, par hypothèse (I) » et en désignant par les mêmes lettres les points de la projection qui correspon- » dent aux premiers, l'équation

$$AB.CD.EF. + A'B'.C'D'.E'F'. + A''B''.C''D''.E''F'' + \ldots = 0,$$

ou identiquement, en nommant P le point situé à l'infini sur la transversale,

$$\frac{AB.CD.EF}{PA.PB.PC.PD.PE.PF} + \frac{A'B'.C'D'.E'F'}{P'A'.P'B'.P'C'.P'D'.P'E'.P'F'}$$
$$+ \frac{A''B''.C''D''.E''F''}{P''A''.P''B''.P''C''.P''D''.P''E''.P''F''} = 0.$$

» Passant à la polaire réciproque générale de cette figure, et nommant a le pôle

» de la projetante ou du plan projetant du point A, pôle qui se trouve situé sur la » polaire ou le plan polaire de ce point; b le pôle de la projetante ou du plan pro- » jetant de B, et ainsi des autres; enfin p le pôle de la droite ou du plan qui con- » tient tous les points à l'infini de la figure primitive, on observera : 1° que les » points a, b, c,...p, sont sur une même droite polaire de l'intersection qui, à l'in- » fini, doit être censée commune à toutes les projetantes ou plans projetants consi- » dérés; 2° que tous les points A, B, C,..., P de la transversale servant d'axe de » projection ont pour polaires des droites ou des plans qui concourent en un » même point ou suivant une même droite quelconque pôle ou polaire de cette » transversale; d'où l'on conclura, d'après les principes exposés dans les nos **120** et » suivants ou **131** et suivants de notre *Théorie des polaires réciproques*, principes » qui ont lieu généralement quand on prend pour directrice des pôles une ligne » ou surface quelconque du second ordre, on en conclura, disons-nous, que la rela- » tion ci-dessus aura lieu pareillement, soit entre les sinus des angles formés par » les polaires des extrémités respectives des distances que concerne cette relation, » soit entre les distances correspondantes interceptées par ces angles sur une trans- » versale arbitraire; ce qui donne, en particulier, pour la transversale rectiligne » qui contient les points a, b, c,..., p, la relation métrique suivante

$$\frac{ab.cd.ef}{pa.pb.pc.pd.pe.pf}+\frac{a'b'.c'd'.e'f'}{pa'.pb'.pc'.pd'.pe'.pf'}+\frac{a''b''.c''d''.e''f''}{pa''.pb''.pc''.pd''.pe''.pf''}+\ldots=0,$$

» conformément à ce qui a été avancé ci-dessus.

» VIII. *Moyens directs de parvenir aux résultats généralisés de la transforma- » tion parabolique.* — En terminant ce sujet, nous ferons remarquer que les » relations du genre de celles qui précèdent peuvent toujours être mises sous » cette forme

$$\left(\frac{1}{pb}-\frac{1}{pa}\right)\left(\frac{1}{pd}-\frac{1}{pc}\right)\left(\frac{1}{pf}-\frac{1}{pe}\right)+\left(\frac{1}{pb'}-\frac{1}{pa'}\right)\left(\frac{1}{pd'}-\frac{1}{pc'}\right)\left(\frac{1}{pf'}-\frac{1}{pe'}\right)+\ldots=0,$$

» dans laquelle $\frac{1}{pa'}$, $\frac{1}{pb'}$, $\frac{1}{pc'}$, etc., représentent les valeurs *inverses* ou réciproques » des segments pa, pb, pc, etc., mesurés du point p, et qui supposent ce point » placé à gauche et en deçà de tous les autres, les différents groupes de ceux-ci » étant eux-mêmes censés disposés dans l'ordre $abcdef$, $a'b'c'd'e'f'$... respecti- » vement. Or, sous cette nouvelle forme, la relation proposée est une conséquence » très-simple de la loi qui lie le pôle et la polaire d'une ligne du second ordre au » centre même de cette ligne, ou le pôle, le plan polaire et les polaires conjuguées » des surfaces de cet ordre au centre même de ces surfaces.

» En effet, il est évident que, dans les suppositions précédentes, le point p n'est » autre chose que le centre de la ligne ou surface directrice des pôles et polaires; » que la transversale qui porte les points a, b, c, d,... n'est elle-même que le » diamètre de cette directrice, conjuguée à la direction des projetantes ou plans » projetants parallèles considérés; qu'enfin, A étant l'intersection de ce diamètre

» avec la projetante ou le plan projetant qui a pour pôle *a*, B celle de ce même
» diamètre avec la projetante ou le plan projetant qui a *b* pour pôle, et ainsi de
» suite, on aura d'abord

$$\mathrm{AB.CD.EF} + \mathrm{A'B'.C'D'.E'F'} + \mathrm{A''B''.C''D''.E''F''} + \ldots = 0,$$

» et ensuite, par les propriétés connues des pôles et polaires,

$$p\mathrm{A} = \frac{r^2}{pa}, \quad p\mathrm{B} = \frac{r^2}{pb}, \quad p\mathrm{D} = \frac{r^2}{pd}, \ldots,$$

» relations dans lesquelles r désigne la demi-longueur du diamètre dont il s'agit,
» et qui, étant combinées avec la précédente, conduisent immédiatement à l'équa-
» tion rapportée plus haut, sans employer aucune considération étrangère à la
» théorie des pôles et polaires réciproques.

» On remarquera sans doute que les relations de l'espèce dont il s'agit, devien-
» nent purement identiques ou se réduisent à la forme $0 = 0$, quand le point p est
» censé à l'infini; mais en réduisant au même dénominateur les quantités com-
» prises entre chaque parenthèse, effectuant la soustraction des lignes du numé-
» rateur, et observant que tous les dénominateurs infinis sont égaux comme ne
» différant entre eux que de quantités finies, on pourra supprimer tous ces déno-
» minateurs comme diviseurs communs aux différents termes, ce qui fera retomber
» sur des équations de la forme même de celles d'où nous sommes partis.

» Les équations les plus simples et les plus remarquables parmi toutes celles
» dont il s'agit appartiennent à la doctrine du *centre des moyennes harmoniques*,
» et elles se convertissent toutes en d'autres qui se rapportent à la définition ordi-
» naire du *centre des moyennes distances*, quand on suppose l'origine commune p
» des segments à l'infini.

» Nous n'insisterons pas sur ce sujet, pour lequel nous renverrons à notre
» *Mémoire sur les centres de moyennes harmoniques*, déjà cité au commencement
» de cette Note. »

Metz, le 29 octobre 1831.

V.

NOTE RELATIVE A UNE RÉCLAMATION DE M. AMYOT ET AUX OBSERVATIONS DE MM. CHASLES ET CAUCHY QUI Y ONT DONNÉ LIEU; PAR M. PONCELET.

[Extrait des *Comptes rendus de l'Académie des Sciences*, t. XVI, 1843, p. 947 à 954 (*).]

« L'Académie, dans l'une de ses précédentes séances, a entendu, avec intérêt,
» le Rapport que M. Cauchy lui a fait, en son nom et en celui de M. Liouville, sur
» un Mémoire de Géométrie présenté par M. Amyot, et dans lequel ce jeune pro-

(*) Je ne rapporte point ici un autre passage du même volume des *Comptes rendus*, p. 1110, dans lequel j'ai pris la parole en vue de clore une discussion où j'avais pour principal but d'appuyer, à sa demande, les réclamations d'un jeune professeur dont on paraissait méconnaître les

» fesseur s'est proposé de rechercher, d'une manière directe et purement analy-
» tique, ce qui, dans les surfaces du second degré, peut être l'analogue du foyer et
» de la directrice des lignes du même degré. Avec sa fécondité ordinaire, notre
» savant confrère a montré, soit dans le texte même du Rapport, soit dans une
» série de notes qui s'y trouvent annexées, que la démonstration des nouveaux
» théorèmes découverts par M. Amyot pouvait être généralisée et étendue, à cer-
» tains égards, au moyen de considérations analytiques d'un ordre élevé et qui lui
» sont propres. Les amateurs de cette branche de Mathématiques regretteront
» néanmoins que, sous ces développements, auxquels je suis le premier à rendre
» justice, les idées de l'auteur du Mémoire et le caractère de sa méthode aient à
» certains égards disparu; car, il est bon ici de le répéter, ce qui intéresse le plus
» dans l'histoire et la philosophie des sciences, c'est la route par laquelle l'esprit
» humain est parvenu à la découverte des vérités fondamentales.

» Quoi qu'il en soit, le Rapport de notre savant confrère ayant donné lieu, de la
» part de M. Chasles, à une réclamation de priorité ou à des observations scienti-
» fiques qui ont conduit l'auteur à venir protester, dans la séance suivante, contre
» toute interprétation qui tendrait à priver ses recherches du mérite de la nou-
» veauté qui les caractérise, et en ferait remonter l'idée à des théories antérieures,
» je crois de mon devoir de déclarer, dans cette occasion, comme je l'ai fait pri-
» mitivement en encourageant M. Amyot à présenter son travail à l'Académie :
» 1° que ses théorèmes sur les *foyers*, les *focales*, les *directrices* et les *plans direc-*
» *teurs* des lignes et surfaces du second degré me semblent tout à fait neufs, et
» par la marche qui les lui a fait découvrir, et par le caractère même des énoncés;
» 2° que les propriétés des lignes du second ordre, citées, par M. Cauchy, comme
» appartenant à M. Chasles, et qui se trouvent exposées aux pages 398 et suivantes
» du tome III de l'intéressant Journal de notre confrère M. Liouville, n'ont pu
» servir de point de départ aux nouvelles doctrines, aux nouvelles définitions de
» M. Amyot, dont même elles n'offrent aucune trace ; 3° que ces propriétés et leurs
» correspondantes, pour les surfaces du second degré, mentionnées dans les ob-
» servations de M. Chasles, ne sont que des corollaires, des cas particuliers de
» propriétés plus générales et déjà anciennement connues.

» Pour se convaincre de la vérité de la première de ces assertions, il suffit de
» remarquer que la proposition revendiquée par M. Chasles et citée dans le Rapport
» de M. Cauchy se réduit à ceci :

« *Un cercle quelconque étant tracé dans le plan d'une section conique, le carré*

---

droits de priorité, et qui fut bientôt après appelé à l'honneur de soutenir ses doctrines au Collège de France, mais dont je n'ai plus entendu parler depuis.

D'ailleurs, la Note ci-dessus ne serait pas en soi d'un intérêt assez puissant pour mériter d'être insérée dans cette Section supplémentaire, si elle ne contenait quelques indications historiques et un passage où je me proposais de rappeler mes anciennes recherches sur la théorie de l'involution généralisée et appliquée aux courbes ou surfaces d'ordre quelconque. C'est par des motifs tout autres qu'ont été supprimées dans ce § Ier les rares communications que j'ai eu occasion de faire à l'Académie des Sciences, sur des matières purement géométriques. — (Note de 1865.)

» *de la tangente à ce cercle, menée par un point quelconque de la conique, sera*
» *au produit des perpendiculaires abaissées de ce point sur les deux lignes con-*
» *jointes, dans un rapport constant.* » (Tome IV, p. 400, du Journal de M. Liou-
» ville.)

» Pour comprendre cet énoncé, il faut savoir que les lignes *conjointes* dont il » s'agit, nommées dans d'autres circonstances, par M. Chasles, *axes de symptose,* » ne sont autres que les *sécantes, réelles* ou *idéales,* communes à la section co- » nique et au cercle proposés; sécantes dont je me suis d'abord occupé, soit dans » un Mémoire présenté en 1818 à l'Académie des Sciences, soit dans le *Traité des* » *Propriétés projectives des figures,* publié en 1822. Il faut observer, en outre, que » les propriétés de pareilles sécantes, celles qui en définissent le caractère le plus » général, sont indépendantes de la réalité de leurs communes intersections avec » les courbes proposées, et demeurent, en vertu d'un principe fondamental de » Géométrie posé pour la première fois dans ces deux écrits, applicables à tous les » états par lesquels peuvent passer les grandeurs de la figure, comme, par exemple, » lorsque l'une des coniques ou toutes deux se réduisent à des points, à de simples » droites ou deviennent complétement imaginaires. C'est ainsi, en particulier, qu'à » l'endroit cité du Journal de M. Liouville, M. Chasles, après avoir déduit l'énoncé » ci-dessus de la considération des sections sous-contraires dans le cône du second » degré, en conclut la propriété corrélative pour le cas où le cercle considéré » devient infiniment petit ou se réduit à un point.

» Or, quoiqu'il n'y ait, pour ainsi dire, qu'un pas à faire pour passer, de la pro- » priété de ce point et de ses droites conjointes, à la définition générale des foyers » et des couples de directrices des coniques, qui font l'objet du Mémoire de » M. Amyot, quoique M. Chasles ait pu apercevoir directement, dans le cône, que » la coïncidence des deux lignes conjointes faisait retomber sur la définition ordi- » naire de la directrice et du foyer; cependant, cette généralisation et les consé- » quences qui en dérivent ne lui sont pas venues à la pensée; et, sans aucun doute, » la proposition ci-dessus, relative aux lignes du second degré, serait longtemps » encore restée stérile et inaperçue au milieu de tant d'autres exposées dans le » Mémoire de M. Chasles, si M. Amyot n'était venu, de prime abord, se poser cette » question purement analytique : Existe-t-il, dans l'espace, des points tels, que le » carré de leur distance à un point quelconque d'une surface donnée du second » degré soit décomposable en deux facteurs des coordonnées de ce dernier point, » purement linéaires et, par conséquent, susceptibles de représenter deux plans » conjugués à la surface et aux premiers points?

» En second lieu, on peut se convaincre, tout aussi facilement, que le Mémoire » de M. Chasles renferme encore moins de traces des définitions et des théorèmes » relatifs aux foyers et plans directeurs des surfaces dont il s'agit; tout ce qui a » été exposé à ce sujet, dans les pages 831 et 832 du *Compte rendu* de la précédente » séance, étant déduit de propriétés dont rien même ne peut faire soupçonner » l'énoncé dans ce Mémoire.

» Ainsi, de quelque façon qu'on envisage les choses, l'idée des nouvelles défini- » tions et des nouveaux théorèmes sur les foyers des lignes et des surfaces du

» deuxième degré appartient, sans aucune réserve, à M. Amyot. Mais, en venant » ici soutenir ses droits à toute priorité, la justice me fait un devoir de déclarer » que, dans ma conviction, basée sur une lecture attentive des observations de nos » savants confrères, rien n'autorise à croire qu'ils aient eu la pensée d'amoindrir » ou d'obscurcir, en quoi que ce soit, le mérite des recherches géométriques dont » il s'agit, bien que les apparences aient fait craindre à leur estimable auteur que » les expressions dont s'était particulièrement servi M. Chasles pussent induire » en erreur les personnes peu au fait de la matière.

» Trop souvent, d'ailleurs, il arrive, au détriment du progrès des sciences, que » des mots nouveaux servent à cacher des vérités anciennes, et que les inventeurs » de ces mots essayent de donner le change à certains lecteurs ; mais ce n'est point » ici le cas; et, quelle que soit la facilité avec laquelle MM. Cauchy et Chasles sont » parvenus à démontrer, à étendre même les bases des nouvelles doctrines de » M. Amyot, elle ne saurait, je le répète, en diminuer le mérite scientifique : car » il n'est pas moins vrai de dire qu'une simple définition, quand elle renferme une » idée nouvelle, un point de doctrine demeuré jusque-là inaperçu, peut devenir » la source des plus fécondes découvertes.

» J'en viens maintenant à prouver que les théorèmes de Géométrie qui servent » de base aux démonstrations *à posteriori* de M. Chasles ne sont que de purs co- » rollaires, des cas particuliers d'autres propriétés générales déjà bien connues.

» En effet, notre savant confrère, M. Sturm, dans un intéressant Mémoire inséré » aux tomes XVI et XVII des *Annales de Mathématiques* (années 1826 et 1827), a » démontré analytiquement, parmi beaucoup d'autres propositions du même genre, » cet élégant et nouveau théorème, qui doit être considéré comme fondamental » dans la théorie des coniques :

« *Lorsque trois lignes du second ordre, tracées sur un même plan, ont les mêmes » intersections communes, soit réelles, soit imaginaires, toute transversale recti- » ligne les rencontre en six points qui sont en* INVOLUTION, *suivant l'expression de » Desargues; c'est-à-dire tels que, si l'on forme les rectangles des segments com- » pris, sur cette transversale, entre l'un quelconque de ces points, appartenant à » l'une des trois courbes, et les couples respectifs de ceux qui appartiennent aux » deux autres, le rapport de ces rectangles sera égal à celui que l'on obtiendrait » en substituant, au premier point, son conjugué dans la première courbe.* »

» Menant, d'ailleurs, de l'un quelconque des deux points d'où se mesurent les » segments, dans les courbes qui ne leur appartiennent pas, des sécantes parallèles » à des directions fixes arbitraires et distinctes pour chacune de ces courbes, » M. Sturm conclut immédiatement, en s'appuyant sur un théorème bien connu » relatif aux appliquées parallèles des coniques, cet autre principe non moins » fécond que le précédent, et qui renferme, comme cas particulier, le théorème » des Anciens concernant les quadrilatères inscrits aux coniques :

« *Étant données, dans un plan, trois lignes du second ordre ayant les mêmes » points d'intersection, si par un point A, pris à volonté sur l'une d'elles* (c), *on » mène des parallèles à des droites données de position, l'une coupant la courbe* (c') » *en deux points c, d, et l'autre coupant la courbe* (c'') *en deux points e, f, les*

» *produits de segments* $Ac \times Ad$, $Ae \times Af$, *seront toujours entre eux dans un* » *rapport constant* (*). »

» Substituez, à l'une des trois courbes, le système de deux droites devenues les » sécantes réelles ou idéales communes aux deux autres; supposez, de plus, que » l'une de ces dernières courbes se réduise à un cercle ou à un point, et vous » retomberez sur le théorème particulier de M. Chasles, rappelé au commencement » de cette Note : car, dans la proposition ci-dessus, on peut toujours remplacer » les segments obliques, relatifs aux sécantes communes, par des perpendicu- » laires abaissées, du point A de la courbe (c), sur leurs directions respectives.

» M. Sturm n'a pas fait connaître, dans la partie de son Mémoire qui a été mise » au jour, l'extension dont sont susceptibles les théorèmes ci-dessus pour le cas de » trois surfaces du second degré qui ont les mêmes intersections planes ou à » double courbure; mais, outre que cette extension est, par elle-même, évidente » et comporte identiquement le même genre de démonstration, elle a encore été » indiquée, d'une manière très-explicite, dans divers Mémoires de Géométrie, » publiés peu d'années après celui de M. Sturm.

» Supposez donc que l'une des trois surfaces proposées se réduise à deux plans » de sections, réelles ou imaginaires, communes aux deux autres surfaces, auquel » cas celles-ci seront inscriptibles à un même cône du second degré, dont le som- » met, toujours réel, conservera, par rapport à la direction indéfinie des plans » dont il s'agit, des relations indépendantes de la réalité de leurs intersections avec » les surfaces proposées (**); supposez, plus particulièrement encore, que l'une » des deux surfaces restantes soit une sphère, ce qui exige que ses sections planes, » communes avec la troisième, soient circulaires, et que le cône droit, circonscrit » à toutes deux, ait son sommet situé dans l'un des plans principaux de cette troi- » sième surface, et vous retomberez sur les théorèmes énoncés, en dernier lieu, » par M. Chasles, pour le cas de l'espace; théorèmes dont, comme on l'a vu, son » *Mémoire sur les lignes conjointes des coniques* ne laisse aucunement pressentir » la démonstration, à cause de la manière restreinte avec laquelle leurs analogues, » pour le cas du plan, y sont tirés de la considération directe du cône.

» Au surplus, ces observations n'ont aucunement pour but de prouver que » M. Chasles ait ignoré l'extension dont sont susceptibles les théorèmes cités par » lui dans sa dernière Note à l'Académie, comme étant propres à servir de base » aux nouvelles doctrines sur les foyers (***), mais bien qu'il l'avait perdue de vue, » ou ne lui avait pas accordé le degré d'attention et d'importance qu'elle mérite, » importance qui, *à fortiori*, ne pouvait être soupçonnée par M. Amyot beaucoup » moins au fait des récents progrès de la Géométrie. Car, si ce jeune professeur

---

(*) *Voyez* la page 178 du tome XVII des *Annales de Mathématiques*. En vertu de la *théorie des polaires réciproques*, ces propositions ont leurs analogues évidentes pour les cas où l'on substitue la considération des tangentes à celle des points d'intersection.

(**) *Traité des Propriétés projectives des figures*, t. Ier, Supplément, p. 378, 380 et 404.

(***) *Voyez* notamment les Mémoires insérés par ce géomètre dans le tome V de la *Correspondance mathématique et physique* de M. Quetelet.

» avait fait une étude spéciale des écrits originaux que nous avons précédemment » cités, s'il n'avait tout tiré de son propre fonds, il eût puisé plus largement dans » ces écrits, et n'aurait pas manqué de déduire des théories qui s'y trouvent expo- » sées beaucoup de propriétés curieuses et caractéristiques des nouveaux foyers, » indépendamment même de celles qui ont été indiquées en dernier lieu, par » M. Chasles, dans sa Note à l'Académie; propriétés qui sont une suite nécessaire » de ce que ces foyers sont les points de l'espace d'où l'on verrait la surface pro- » posée sous l'aspect d'une sphère dont les sections circulaires représenteraient » ainsi, perspectivement, les sections planes correspondantes de cette surface (*).

» En terminant cette Note déjà si étendue, je ferai remarquer que les théo- » rèmes de M. Sturm, relatifs aux lignes du second degré qui ont les mêmes inter- » sections, réelles ou imaginaires, sur un plan, s'étendent, ainsi que leurs » corrélatifs dans les surfaces de ce degré, aux systèmes analogues de courbes » planes ou de surfaces géométriques d'un degré quelconque, et qui peuvent » d'ailleurs être formées de la réunion de plusieurs courbes ou surfaces distinctes » de degrés inférieurs. J'ai annoncé cette extension dans l'introduction d'un » *Mémoire sur l'Analyse des transversales*, publié dans le tome VIII du Journal de » M. Crelle: sa démonstration purement géométrique se trouve exposée dans la » partie de ce Mémoire encore inédite, et qui renferme d'autres théorèmes analo- » gues, ainsi que leurs réciproques polaires. Pour l'établir, j'ai dû, au préalable, » étendre la définition même et les propriétés de l'*involution*, telle que l'avait d'a- » bord envisagée Desargues, au système de trois groupes (A), (B), (C), de m points » chacun, rangés en ligne droite et qui jouissent de ce caractère remarquable :

« Si l'on forme, respectivement, les produits de m segments interceptés entre » l'un quelconque des points du groupe (A), par exemple, et les m points apparte- » nant respectivement à chacun des deux autres groupes (B) et (C), le rapport de » ces produits restera le même pour un autre point choisi à volonté dans le pre- » mier groupe. De plus, cette égalité de rapports aura lieu pareillement si l'on » substitue aux points du groupe (A), qui servent d'origine aux segments, ceux de » tout autre groupe. »

(*) *Voyez* les endroits déjà cités du Supplément du *Traité des Propriétés projectives*; notamment ceux qui concernent la *perspective* ou *projection centrale* des reliefs, que nous avons généralement nommée *homologie* des figures. Je saisirai cette occasion pour présenter, au sujet de la théorie de la perspective des reliefs donnée dans ce même endroit, une remarque concernant la prétendue conformité qui existerait entre cette théorie et les méthodes pratiques exposées dans la *Perspective des reliefs*, publiée à Magdebourg, en 1798, par J.-A. Breysig, conformité que je me suis trop empressé de reconnaître dans une Note insérée à la page 397 du tome VIII du *Journal mathématique* de M. Crelle (1832). Une traduction exacte de cet ouvrage diffus, entreprise à ma recommandation par M. Polke, sous la direction de M. Bardin, ancien professeur aux Écoles d'artillerie, a convaincu cet estimable professeur que l'analogie des méthodes n'existe absolument que dans le titre. J'ai d'autant plus de regret d'avoir commis à mon préjudice cette erreur, qu'elle a été depuis reproduite dans l'*Aperçu historique sur l'origine des méthodes en Géométrie*, publié par M. Chasles, lequel, je dois le reconnaître ici, se trouvait, moins que moi, à même d'en constater l'existence. — (Note de 1843.)

» Cela posé, on peut énoncer ces théorèmes généraux :

« *Quand trois courbes, de même degré m, situées sur un plan, ou trois surfaces,* » *de même degré m, situées dans l'espace, ont les mêmes points ou les mêmes lignes* » *d'intersection, réels ou imaginaires, toute transversale rectiligne les rencontre* » *en trois systèmes de m points, qui constituent une* involution. *Supposant, d'ail-* » *leurs, que cette transversale soit dirigée tangentiellement à l'une quelconque des* » *courbes ou surfaces proposées, le point de contact correspondant deviendra un* » centre de moyennes harmoniques, *commun aux groupes respectifs de m points* » *appartenant aux deux autres courbes ou surfaces.*

» Supposant encore que, de l'un quelconque des points appartenant à nos trois » courbes ou surfaces, on mène respectivement et sous des directions fixes arbi- » traires, des transversales rectilignes dans chacune des deux autres courbes ou » surfaces, on conclura, du théorème de Newton sur les appliquées parallèles, que » *les produits de segments formés, sur ces transversales respectives, entre le point* » *considéré et chacune des intersections correspondantes, seront entre eux dans* » *un rapport invariable;* propriété analogue à celle qui, pour des cas beaucoup » plus simples, a été l'origine du fameux problème des *lieux*, résolu dans la Géo- » métrie de Descartes, et dont, selon Pappus, la solution avait été vainement tentée » par les Anciens.

» Je pourrais étendre ces mêmes énoncés à des cas plus généraux encore, et » montrer qu'ils suffisent pour tracer les courbes et surfaces géométriques sous » certaines données; mais je craindrais, en insistant, d'abuser des instants de » l'Académie. »

---

§ II. — *Rapports académiques et articles divers de critique ou de polémique rétrospectives.*

I.

RAPPORT A L'ACADÉMIE ROYALE DES SCIENCES DE L'INSTITUT SUR UN MÉMOIRE RELATIF AUX PROPRIÉTÉS DES CENTRES DE MOYENNES HARMONIQUES, PRÉSENTÉ EN MARS 1824 PAR M. PONCELET.

[Commissaires (*) : MM. Legendre, Ampère, et Cauchy rapporteur, dans la séance du lundi 23 janvier 1826.]

« L'Académie nous a chargés, MM. Legendre, Ampère et moi, de lui rendre compte d'un Mémoire de M. Poncelet sur les centres de moyennes harmoniques. Pour donner une idée succincte de l'objet de ce Mémoire, il est d'abord nécessaire

---

(*) Je remarque, non sans regret, que, par suite d'une confusion introduite à l'origine, dans les titres ou attributions des deux premières *Sections* de l'Académie des Sciences, la liste des Commissaires ci-dessus désignés pour l'examen de mes Mémoires de Géométrie pure, ne renferme pas

de rappeler en quoi consiste la division harmonique d'une droite AB, par rapport à un point pris sur cette droite ou sur son prolongement. Si l'on désigne par la lettre C le point milieu de la droite dont il s'agit, la distance d'un point quelconque P de la même droite au point C sera évidemment la moyenne arithmétique entre les distances PA et PB; en sorte qu'on aura

$$PC = \frac{1}{2}(PA + PB).$$

» Or, si dans l'équation précédente on remplace les distances PA, PB, PC par les rapports $\frac{1}{PA}$, $\frac{1}{PB}$, $\frac{1}{PC}$, la formule qu'on obtiendra, savoir :

$$\frac{1}{PC} = \frac{1}{2}\left(\frac{1}{PA} + \frac{1}{PB}\right),$$

ne pourra être vérifiée qu'autant que le point C coïncidera, non plus avec le milieu de la droite AB, mais avec un autre point situé sur cette droite, et qui se déplacera en même temps que le point P. Le point C, déterminé comme on vient de le dire, est *le centre des moyennes harmoniques* des points A et B, relativement au point P pris pour origine. Si plusieurs points consécutifs A, B, C, D, E,... sont tels, que l'un quelconque d'entre eux coïncide avec le centre des moyennes harmoniques des deux points les plus voisins, ces différents points formeront une échelle harmonique; et il est facile de prouver que, pour obtenir une semblable échelle,

---

les noms des Membres qui, par la nature de leurs travaux, en étaient les juges les plus compétents depuis l'expulsion politique et la mort des illustres Monge et Carnot. Je ferai aussi observer : 1° qu'à l'époque de la présentation de mes Mémoires à cette célèbre Compagnie, on n'y avait point encore, sous le titre de *Comptes rendus hebdomadaires*, établi un Bulletin d'annonces scientifiques en concurrence avec les feuilletons si souvent inexacts et passionnés des revues et des journaux politiques; Bulletin où, par une faveur spéciale de MM. les Secrétaires perpétuels, chaque auteur peut prendre date par une analyse plus ou moins étendue, et par là même dispenser l'Académie de tout examen ultérieur; 2° que les *Annales de Mathématiques pures et appliquées* avec commentaires de M. Gergonne étaient alors l'unique recueil de son espèce, en Europe, sauf le *Journa de l'École Polytechnique* auquel il était bien difficile d'atteindre, même tardivement, sans la recommandation expresse de MM. Binet et Cauchy; 3° que grâce au but, à la tendance philosophique, à l'étendue même de mes anciens Mémoires de Géométrie si peu encouragés par les vulgarisateurs de l'époque, ils pouvaient bien moins encore recevoir un favorable accueil du public des Écoles et des libraires-éditeurs, alors, comme aujourd'hui, si rares pour un genre d'écrits qui s'adresse bien plus à la raison qu'aux passions des lecteurs.

D'après cela, on conçoit comment j'ai dû attendre avec une impatience anxieuse les jugements en quelques lignes qui terminent les Rapports ci-après de M. Cauchy, qu'il faut bien se garder de confondre avec les textes mêmes de ces Rapports qui expriment les opinions scientifiques personnelles du plus jeune ou du plus actif des Commissaires. On comprend aussi comment, par la revue rétrospective ci-après de mes luttes passées, mon but a été de mettre à nu les appréciations inexactes de quelques savants privilégiés, dont on s'est trop souvent autorisé pour rabaisser, aux yeux des lecteurs mal éclairés, la valeur de quelques-unes de mes doctrines géométriques ou mécaniques. — (Note de 1865.)

il suffit de mettre en perspective une échelle de parties égales. Plusieurs des conséquences qui résultent de la division harmonique d'une droite avaient déjà été développées par divers géomètres, entre lesquels on doit distinguer Mac-Laurin. M. Poncelet ajoute de nouvelles propositions à celles qui étaient connues. Les plus remarquables sont celles auxquelles il est conduit en généralisant la définition du centre des moyennes harmoniques. On peut en simplifier la démonstration et les rendre plus faciles à saisir, en substituant aux définitions qu'il présente celles que nous allons indiquer.

» Si l'on suppose que chaque élément d'une droite matérielle homogène, et prolongée de part et d'autre à l'infini, attire un point situé hors de cette droite, suivant une certaine fonction de la distance, ce point sera sollicité au mouvement par une force perpendiculaire à la droite et proportionnelle à une autre fonction de sa distance à cette droite. Si l'attraction entre deux points est réciproquement proportionnelle au carré de leur distance, la force dont il s'agit sera réciproquement proportionnelle à la simple distance du point donné à la droite vers laquelle il est attiré. Cela posé, soient DE la droite que l'on considère et A, A', A'',... plusieurs points situés avec elle dans un seul et même plan. Si l'on suppose différentes masses $m, m', m'',\ldots$ concentrées sur les points A, A', A'',..., ce que M. Poncelet nomme *le centre de leurs moyennes harmoniques*, par rapport à la droite DE, ne sera autre chose que le centre des forces parallèles qui solliciteront les masses $m, m', m'',\ldots$ dans les directions perpendiculaires à la droite.

» Concevons maintenant que les masses $m, m', m'',\ldots$ soient concentrées sur les points A, A', A'',..., situés d'une manière quelconque dans l'espace. Ce que M. Poncelet nomme le centre des moyennes harmoniques des points A, A', A'',..., relativement à un plan donné DEF, ne sera autre chose que le centre des forces parallèles qui solliciteront ces différents points, dans des directions perpendiculaires au plan, si l'on admet encore que chaque force soit réciproquement proportionnelle à la distance au plan, ce qui revient à supposer l'attraction entre deux points réciproquement proportionnelle au cube de l'intervalle qui les sépare. En partant des définitions qui précèdent, on établit sans peine les diverses propriétés des centres des moyennes harmoniques.

» Ainsi, par exemple, concevons que, les points A, A', A'',... étant situés dans un même plan avec la droite DE, on joigne un quelconque D des points de cette droite avec les points A, A', A'',..., et qu'une parallèle *de* à DE coupe les droites DA, DA', DA'',... aux points $a, a', a'',\ldots$. Si, après avoir pris la droite DE pour axe des x, on désigne par h la distance entre les droites DE et *de*, puis par $y, y', y'',\ldots$ les ordonnées des points A, A', A'',..., et si l'on applique à ces points des forces parallèles $P=\frac{m}{y}$, $P'=\frac{m'}{y'}$, $P''=\frac{m''}{y''},\ldots$, la force $P=\frac{m}{y}$ pourra être remplacée par deux composantes parallèles, l'une égale à $\frac{m}{h}$, appliquée au point a, et l'autre appliquée au point D. Donc le système des forces $P, P'\, P'',\ldots$ pourra être remplacé par des forces $\frac{m}{h}, \frac{m'}{h'}, \frac{m''}{h''},\ldots$, appliquées aux points $a, a', a'',\ldots$, et par la résultante des forces appliquées au point D. Donc la droite qui joindra le point D avec le centre de gravité G des masses $m, m', m'', \ldots$, concentrées sur les points $a, a', a'', \ldots$, passera par le centre des forces parallèles P, P′, P″,..., ou, ce qui revient au même, par le centre des moyennes harmoniques des masses $m, m', m'', \ldots$, concentrées sur les points A, A′, A″,.... Cette proposition continuera de subsister si les points A, A′, A″,... changent de position sur les droites DA, DA′, DA″,.... Or, on peut imaginer que, par suite du changement de position, ils se rangent sur une nouvelle droite KL, qui soit parallèle à DE, ou qui vienne rencontrer DE en un point donné E; et comme, dans ce dernier cas, le centre des moyennes harmoniques des points A, A′, A″,... restera le même, par rapport à toutes les droites qui passeront par le point E, on pourra le nommer centre des moyennes harmoniques des points A, A′, A″,..., relatif au point L. Les remarques précédentes fournissent les principales propriétés du centre des moyennes harmoniques de plusieurs points situés dans un plan.

» Concevons encore que, les points A, A′, A″,... étant placés à volonté dans l'espace, on trace dans un plan donné DEF une droite quelconque DE, et qu'ayant coupé les plans DEA, DEA′, DEA″,... par un nouveau plan *def*, parallèle à DEF, on prenne, sur les droites d'intersection, des points quelconques $a, a', a'', \ldots$. Si, après avoir choisi le plan DEF pour plan des xy, on désigne par h sa distance au plan *def*, puis par $z, z', z'', \ldots$ les ordonnées des points A, A′, A″,..., et si l'on applique à ces mêmes points des forces parallèles $P = \frac{m}{z}$, $P' = \frac{m'}{z'}$, $P'' = \frac{m''}{z''}, \ldots$, la force $P = \frac{m}{z}$, appliquée au point A, pourra être remplacée par deux forces parallèles, l'une égale à $\frac{m}{h}$, appliquée au point a, et l'autre appliquée au point d'intersection de la droite Aa avec la droite DE. Donc le système des forces P, P′, P″,... pourra être remplacé par des forces $\frac{m}{h}, \frac{m'}{h'}, \frac{m''}{h''}, \ldots$, appliquées aux points $a, a', a'', \ldots$, et par la résultante des forces appliquées à différents points de la droite DE.

» Donc le plan qui renfermera la droite DE et le centre de gravité G des masses $m, m', m'', \ldots$, concentrées sur les points $a, a', a'', \ldots$, passera par le centre des forces parallèles P, P′, P″,..., ou, ce qui revient au même, par le centre des moyennes harmoniques des masses $m, m', m'', \ldots$, concentrées sur les points A, A′, A″,.... Cette proposition continuera de subsister, si les points A, A′, A″,... changent de position dans les plans DEA, DEA′, DEA″,.... Or, on peut imaginer que, par suite du changement de position, les points dont il s'agit soient ramenés dans un nouveau plan qui soit parallèle à DEF, ou qui coupe DEF suivant une droite donnée KL, et il est clair que, dans le dernier cas, le centre des moyennes harmoniques des points A, A′, A″,..., relatif au plan DEF, sera aussi le centre des moyennes harmoniques relatif à la droite KL. Observons d'ailleurs que, si l'on suppose les points A, A′, A″,... situés sur les droites AD, A′D, A″D,..., menées des points A, A′, A″,... au point D, les composantes P, P′, P″,..., précédemment appliquées à divers points de la droite DE, passeront par le point D, et qu'en conséquence le centre des moyennes harmoniques des points $A, A', A'', \ldots$ sera situé sur le prolongement de DG, G désignant toujours le centre de gravité des points $a, a', a'', \ldots$.

» Les divers théorèmes que nous venons d'établir, et quelques autres que l'on déduit facilement des premiers, ont été démontrés par M. Poncelet, à l'aide d'une méthode très-différente de celle que nous venons de suivre. De plus, après avoir établi les propriétés du centre des moyennes harmoniques, l'auteur en a fait quelques applications ingénieuses, parmi lesquelles nous avons remarqué la construction d'une échelle harmonique, à l'aide d'un procédé fort simple, qui exige seulement l'emploi de la règle.

» En partant de la définition que nous avons donnée du centre des moyennes harmoniques, il serait facile de déterminer analytiquement ce même centre. En effet, supposons les masses $m', m'', m''', \ldots$, respectivement concentrées sur des points (x', y', z'), (x'', y'', z''), (x''', y''', z'''), ..., et cherchons les coordonnées x, y, z du centre des moyennes harmoniques de ces masses, par rapport au plan des xy.

» En faisant, pour abréger,

$$P' = \frac{m'}{z'}, \quad P'' = \frac{m''}{z''}, \quad P''' = \frac{m'''}{z'''}, \ldots$$

et désignant par P la résultante des forces $P', P'', P''', \ldots$, on aura

$$(1) \qquad P = P' + P'' + P''' + \ldots = \frac{m'}{z'} + \frac{m''}{z''} + \frac{m'''}{z'''} + \ldots = \sum \frac{m'}{z'};$$

et, comme on aura de plus, en vertu des formules relatives au centre des forces parallèles,

$$(2) \quad Px = \sum (P'x') = \sum \frac{m'x'}{z'}, \quad Py = \sum (P'y') = \sum \frac{m'y'}{z'}, \quad Pz = \sum (P'z') = \sum m',$$

on en conclura

$$(3) \qquad x = \frac{1}{P} \sum \frac{m'x'}{z'}, \quad y = \frac{1}{P} \sum \frac{m'y'}{z'}, \quad z = \frac{1}{P} \sum m'.$$

» Ces diverses formules s'étendent au cas même où $m, m', m'', \ldots$ représenteraient les masses des divers éléments d'un corps solide divisé en une infinité de parties; alors elles se réduiraient à

$$(4) \qquad R = \iiint \frac{\rho}{z}\, dx\, dy\, dz,$$

$$(5) \quad X = \frac{1}{R} \iiint \frac{\rho x}{z}\, dx\, dy\, dz, \quad Y = \frac{1}{R} \iiint \frac{\rho y}{z}\, dx\, dy\, dz, \quad Z = \frac{1}{R} \iiint \rho\, dx\, dy\, dz,$$

ρ désignant la densité de la molécule située en (x, y, z) et (X, Y, Z) étant le centre des moyennes harmoniques demandé. Si, pour fixer les idées, on cherche le centre des moyennes harmoniques d'une sphère homogène décrite avec le rayon r, et dont le centre soit placé sur l'axe des z, à la distance h du plan des xy, on reconnaîtra que ce centre est lui-même situé sur l'axe des z à une distance Z de l'origine, la valeur de Z étant

$$(6)\qquad Z=\frac{h}{3}\cdot\frac{r^3}{2hr+(r^2-h^2)\log\left(\frac{h+r}{h-r}\right)}.$$

» Si la valeur de h est très-grande, par rapport au rayon r, la valeur précédente de Z, ou

$$Z=\frac{h}{3}\cdot\frac{r^3}{2hr+2(r^2-h^2)\left(\frac{r}{h}+\frac{1}{3}\frac{r^3}{h^3}+\ldots\right)}=h+\ldots,$$

deviendra sensiblement égale à h, et par conséquent le centre des moyennes harmoniques se confondra sensiblement avec le centre de la sphère, comme on devait s'y attendre.

» Soient maintenant $v', v'', v''', \ldots$ les coordonnées des points A′, A″, A‴, ..., relatives à un plan quelconque, perpendiculaire ou oblique au plan des xy; c'est-à-dire, en d'autres termes, les distances des points A′, A″, A‴,... au nouveau plan, prises tantôt avec le signe +, tantôt avec le signe —, suivant qu'elles se comptent dans un sens ou dans un autre. Soit de même v la distance du centre des moyennes harmoniques des points A′, A″, A‴,..., au nouveau plan dont il s'agit. On aura, en vertu des propriétés connues du centre des forces parallèles,

$$(7)\qquad Pv=\sum(P'v'),$$

ou, ce qui revient au même,

$$(8)\qquad v\sum\frac{m'}{z'}=\sum\frac{m'v'}{z'}.$$

» Cette dernière formule comprend, comme cas particuliers, les formules (2), et celles que M. Poncelet a établies relativement au centre des moyennes harmoniques de plusieurs points situés en ligne droite.

» Le Mémoire de M. Poncelet est précédé d'un discours préliminaire qui offre une sorte de résumé de ses recherches sur la Géométrie, et d'une Note sur les moyens d'exprimer que quatre points, appartenant respectivement à quatre droites qui convergent vers un point unique, sont compris dans un seul et même plan. Dans le discours préliminaire, l'auteur insiste de nouveau sur la nécessité d'admettre en Géométrie ce qu'il appelle le principe de *continuité*. Nous avons déjà discuté ce principe, dans un Rapport fait il y plusieurs années sur un autre Mémoire de M. Poncelet, et *nous avons reconnu que ce principe n'était, à proprement parler, qu'une forte induction qui ne pouvait être indistinctement appliquée à toutes sortes de questions de Géométrie, ni même en Analyse. Les raisons que nous avons données pour fonder notre opinion ne sont pas détruites par les considérations que l'auteur a développées dans son* Traité des Propriétés projectives.

» Quoi qu'il en soit, nous pensons que le Mémoire de M. Poncelet sur les » centres de moyennes harmoniques fournit de nouvelles preuves de la sagacité » de son auteur, dans la recherche des propriétés des figures, et qu'il mérite, sous » ce rapport, l'approbation de l'Académie. »

Nota. — Ces paroles sentencieuses, soulignées exprès et dont j'ai suffisamment appelé aux pages 563 à 569 du tome II des *Applications d'Analyse et de Géométrie* (1864), ces paroles reproduites tant de fois par des esprits irréfléchis, vaniteux ou peu bienveillants à mon égard, ont fait un véritable tort à ma réputation dans un certain monde scientifique. Rapprochées du but exclusivement géométrique que je me proposais, dans mon Mémoire de mars 1824 (Sect. Ire), ainsi que des dissertations algébriques où le Rapporteur se montre, comme d'habitude, enclin à établir sa supériorité sur l'auteur auquel les règlements académiques interdisent toute réplique, ces paroles, ces dissertations, si rigoureusement interprétées et commentées par M. Gergonne dans les *Annales de Mathématiques*, prouvent, mieux que je n'ai pu le faire à l'endroit précité des *Applications*, que M. Cauchy ne possédait qu'imparfaitement le sentiment de la véritable Géométrie; j'ajoute que cette réflexion ne s'adresse nullement à MM. Legendre et Ampère qui, je le répète à dessein, n'avaient pas le droit de s'immiscer dans la rédaction du Rapport, mais uniquement dans celle des conclusions soumises à l'approbation de l'Académie.

Quant à l'avenir réservé au *principe de la continuité ou permanence des relations mathématiques relatives à la grandeur figurée*, principe sans lequel les applications du calcul algébrique demeurent sans base logique et certaine, comme je l'ai montré tout au long dans le IVe cahier du volume précité des *Applications*; quant à cet avenir, je n'en désespère nullement, et il s'écoulera peu d'années sans doute, avant que les esprits réfléchis comprennent parfaitement ce principe et se l'approprient, comme l'ont fait déjà, d'une manière plus ou moins ostensible et heureuse, quelques géomètres d'un mérite réel et d'un sens véritablement philosophique.

Pour montrer, par un exemple d'autant plus frappant que je ne doute en aucune façon de la bienveillance de l'auteur, combien M. Cauchy a fait illusion, même à des savants qui passent avec raison pour de très-habiles algébristes, je citerai l'un de mes confrères déjà célèbre, de l'Académie des Sciences, qui, dans un séduisant article, en apparence très-flatteur pour moi, sur le *Traité des Propriétés projectives* (Cahier de novembre 1865 du *Journal des Savants*), est venu néanmoins soutenir les jugements irréfléchis portés par M. Cauchy sur la partie philosophique, à mes yeux la plus importante de cet ouvrage et que cet illustre académicien n'a pas comprise ni voulu comprendre en refusant de m'accorder une heure d'audience avant la rédaction de son Rapport de 1820. Ce Rapport a été transcrit tout au long dans la première édition du *Traité* ci-dessus afin d'appeler spécialement l'attention sur ces jugements hasardés, injustifiables et très-suffisamment rétorqués aux pages XV et suivantes de l'Introduction du tome Ier de cet ouvrage où il s'agit non d'intégrales ou de séries, mais de relations exclusivement géométriques dans leur point de départ et assujetties par là même à la loi de continuité et des signes de position que Cauchy ne connaissait pas.

Dans cette entrevue, en effet, j'aurais, je l'espère du moins, fait revenir mon Rapporteur de ses préventions en lui démontrant, par des arguments tirés d'un examen approfondi de cette loi des signes en Géométrie, combien était grande son erreur relative à ce que je nommais abréviativement le *principe de continuité*, c'est-à-dire de permanence des relations de la grandeur figurée; erreur dans laquelle M. Bertrand persiste aujourd'hui avec une confiance qui semble prouver qu'il n'a pas lu avec une suffisante attention les IIIe et IVe cahiers du tome II de mes *Applications d'Analyse et de Géométrie*, où se trouvent réfutés par avance (p. 180, n° 17, p. 219, n° 47, p. 238, nos 76 et suiv., p. 565-566) les objections et les exemples qu'il m'oppose pour affirmer le prétendu manque de rigueur d'un fait primordial que je considérais simplement, je le répète, dans ses applications à la Géométrie pure, mais non aux formules d'*intégration*; manque de rigueur que M. Bertrand étend hardiment aux démonstrations et aux résultats qui en sont les conséquences nécessaires, en s'exclamant, après avoir cité textuellement un long passage mal compris et qui n'y a qu'un rapport fort indirect :

« Nous sommes bien loin, on le voit, de la rigueur géométrique! »

L'exemple relatif à l'attraction d'une couche sphérique sur un point matériel tour à tour situé à l'extérieur ou à l'intérieur de cette couche prouve, non pas, comme l'entend M. Bertrand, que le principe de continuité avancé et démontré dans mes ouvrages souffre des restrictions en Géométrie, mais bien qu'il y a ici entre la loi des signes et les changements de position un véritable désaccord, dû (*voyez* les endroits précités du tome II des *Applications*) à ce que les forces attractives, supposées *proportionnelles à l'inverse du carré de la distance*, ne peuvent algébriquement changer de signe en même temps que de sens ou de direction.

Voilà, ce me semble, un fait qui aurait dû faire réfléchir un esprit aussi sagace que celui de M. Bertrand, d'autant que de telles restrictions étrangères au principe établi par moi se présentent dans des circonstances analogues en Mécanique et même en Géométrie analytique, comme j'en ai donné la preuve ailleurs (p. 241, n°s 79 et suiv. du tome II précité), afin d'avertir les professeurs (note de p. 243) chargés de cette branche d'enseignement, des méprises que l'on risque alors de commettre, même en employant toutes les ressources du calcul algébrique; méprises ou erreurs dont les solutions et énoncés de problèmes proposés aux concours généraux des lycées et colléges offrent souvent de fâcheux exemples.

En 1820, date du Rapport de M. Cauchy sur les *propriétés projectives*, comme en 1828 où il fit son dernier Rapport sur la théorie des *polaires réciproques*, l'Analyse algébrique, qui, de même que l'Analyse géométrique des Anciens harcelés par l'école des ergoteurs ou sophistiques rhéteurs d'alors, avait horreur de l'infini et de toute mutation dans les signes de position; l'Analyse algébrique, disons-nous, malgré ses notations symboliques trop souvent abusives et stériles, se trouvait débordée par les développements de la nouvelle Géométrie, posés dans le *Traité des Propriétés projectives des figures*. Et cet état de choses, nonobstant l'extension donnée à la méthode ingénieuse des *multiplicateurs indéterminés*, des *déterminants*, etc., etc., devait continuer jusqu'à nos jours, malgré les efforts souvent heureux des Plucker, des Jacobi, des Dirichlet, des Otto Hesse, des Cayley, des Sylvester, des Salmon, etc.; ce dont M. Bertrand, peu au courant de ces matières, ne paraît pas jusqu'ici s'être encore aperçu, si l'on en juge par les objections qu'il m'adresse et le récent appui qu'il vient donner aux anciennes critiques de Cauchy et de Gergonne que je croyais à jamais détruites du moins pour les esprits tant soit peu attentifs, d'après les anciennes recherches des tomes I et II de mes *Applications* de 1862 et 1864, invoquées dans l'Introduction même du tome Ier du présent ouvrage, etc.

Après cela, est-il bien nécessaire de relever des assertions telles que celles qui concernent MM. Terquem, Servois et Brianchon, dont le dernier, véritable géomètre initiateur en fait de Géométrie, s'est refusé à signer la lettre, aussi décourageante que peu réfléchie, due à la plume du premier de ces savants, que je ne refuse cependant pas de considérer comme mes amis scientifiques et mes maîtres en Mathématiques, si M. Bertrand l'exige absolument? Que dire encore de l'interprétation défavorable donnée par mon jeune confrère à une phrase trop réservée d'une note de la page 297 du tome II des *Applications, etc.*, dans laquelle je témoignais le déplaisir d'avoir été mal compris par le Rapporteur Président de la Société Académique de Metz, qui contenait alors très-peu de juges compétents dans la matière? Ce Président, M. Bergery, journaliste moralisant et vulgarisant, esprit faux quand il marchait sans guide, de plus mathématicien médiocre, avait, il est vrai, rendu des services incontestés à la population messine, dont il fut adoré pour ses leçons du soir et ses publications sur la Géométrie industrielle qui lui valurent, dans un but facile à deviner de la part du Ministre puritain Guizot, le titre rétribué de Directeur de l'École

Normale primaire; avortement regrettable, à mon sens, des cours véritablement gratuits et publics de Metz, devenus depuis 1830 le modèle de tant d'autres à Paris et ailleurs, mais que l'Université impériale s'efforce aujourd'hui en vain de remplacer en France par l'enseignement prétendu *professionnel*, faute d'éléments indispensables. De plus, notre Président disert qui, pour ses petits livres in-12, ne tarda pas à être couronné et nommé Membre correspondant de l'Académie des Sciences morales et politiques de l'Institut, où siégeaient les Guizot et les Dupin, maître Bergery, dans un discours, lu avec aplomb en 1822 devant un brillant auditoire messin qui l'applaudit pour la *chaleur* du style et la *hardiesse* des pensées, s'était avisé de généraliser et dénaturer à un tel point la portée et les applications du *principe de continuité* établi dans mon Mémoire (*a*), que, plein de confusion de tant de ridicules excentricités philosophiques et humanitaires, je me hâtai de le retirer en me rappelant ces vers de la Fontaine :

> Rien n'est si dangereux qu'un ignorant ami,
> Mieux vaudrait un sage ennemi.

(*a*) *Voyez*, dans le *Recueil de la Société Académique de Metz* (1821-1822), le *Discours* du Président Bergery, le *Résumé*, par M. Herpin, du Rapport sur le *Principe de la continuité*, et le *Procès-verbal* de la séance, où, en présence de l'illustre Arago, je lus l'*Introduction historique* et un extrait de mon *Analyse des transversales*. Dans ce discours, fausse interprétation de mes idées, on lit des phrases telles que celle-ci (page 18) : « La continuité est une loi de la nature. — La conservation de l'univers repose sur la continuité; — elle n'est pas moins en nous qu'elle est hors de nous, etc. » Dans des écrits subséquents, Bergery parle également de mes travaux, entre autres de ma *roue à aubes courbes*, qu'il fit valoir à sa manière; puis, après avoir ainsi ébruité mes timides essais, il finit, comme Gergonne, cet autre Correspondant de l'Institut de France, par me traiter d'ingrat, alors que las de tant d'outrecuidance, je voulus revendiquer mon bien, et, comme Gergonne aussi, il s'éteignit dans le marasme de l'orgueil et du ridicule. A Dieu ne plaise que, à ces célébrités d'une époque déjà loin de nous, mais dont les écrits propagateurs ont pourtant été utiles, je veuille comparer notre spirituel confrère, M. Bertrand, interprète trop peu convaincu, peut-être, des œuvres de Lagrange, de Poinsot et de Cauchy; seulement je regrette qu'il se soit fait gratuitement, et sans le comprendre apparemment, le contempteur du principe de la continuité géométrique et infinitésimale qui ne devrait être une pierre d'achoppement que pour les esprits étroits ou mal assurés. Pour tout dire enfin, j'éprouve un vif déplaisir à voir notre savant Académicien se constituer, selon la mode du jour, un juge d'abord élogieux, puis sévère et parfois tranchant dans ses appréciations des hommes et des choses; car je n'ai point encore oublié l'estime que m'avait inspirée le brillant examen qu'il a subi naguère devant moi à la Sorbonne, pour l'*agrégation* universitaire, cette rêverie allemande d'un autre célèbre Ministre philosophe, demeurée, hélas! sans suite ni résultats connus, parce qu'en France on est fort peu enclin à rétribuer et faire vivre, en dehors du budget de l'État, des professeurs *agrégés* (*privat docent*), qui, même en Allemagne, faute de savoir-faire et de talent oratoire, meurent trop souvent de besoins et de fatigue.

II.

RAPPORT A L'ACADÉMIE DES SCIENCES DE L'INSTITUT SUR UN MÉMOIRE RELATIF A LA THÉORIE DES POLAIRES RÉCIPROQUES, LU DANS LA SÉANCE DE JUIN 1824, PAR M. PONCELET (*).

(Commissaires : MM. Legendre, Poinsot, et Cauchy rapporteur dans la séance du 8 février 1828.)

« L'Académie nous a chargés, MM. Legendre, Poinsot et moi, de lui rendre compte d'un Mémoire de M. Poncelet sur la théorie des polaires réciproques; ce Mémoire,

(*) Ce Rapport, où se laisse apercevoir l'influence favorable de MM. Legendre et Poinsot, obtenu après quatre ans d'un silence, j'ose le dire, immérité, est arrivé beaucoup trop tard pour réparer

destiné à faire suite au Mémoire sur le centre des moyennes harmoniques dont il a été rendu compte à l'Académie, est divisé en cinq parties dans lesquelles l'auteur traite successivement : 1° des figures polaires réciproques dans un plan; 2° des figures polaires réciproques dans l'espace; 3° des relations d'angles qui ont lieu, dans certains cas, entre les figures polaires réciproques; 4° et 5° des relations projectives entre les sinus d'angles et les distances des figures polaires et réciproques dans un plan ou dans l'espace. Pour donner une idée du travail de M. Poncelet, il est d'abord nécessaire de rappeler ici quelques définitions relatives à ce que l'auteur nomme les *pôles des courbes et surfaces courbes du second degré*.

» Le pôle et la polaire d'une section conique ne sont autre chose que le sommet de l'angle circonscrit à une telle courbe, et la direction indéfinie de la corde comprise entre les points où la courbe touche les côtés de cet angle. De même, le pôle et le plan polaire d'une surface du second ordre sont le sommet d'un cône circonscrit à cette surface et le plan de la courbe suivant laquelle le cône touche la surface. Cela posé, on démontre aisément que si le pôle d'une section conique se meut sur une certaine droite, la polaire passera constamment par un point unique qui sera le pôle de cette droite; et l'on en conclut que, si un point se meut sur une certaine courbe, la polaire correspondante à ce point sera constamment tangente à une seconde courbe dont les différents points seront les pôles correspondants aux

---

le tort scientifique que les opinions tranchantes émises par M. Cauchy, dans ses précédents Rapports, m'avaient occasionné; ce qui m'a finalement conduit à adresser au *Bulletin des Sciences mathématiques* de M. de Férussac les réclamations dont on lira le texte dans ce qui suit.

Quant au passage souligné dans le présent Rapport, j'y ai suffisamment répondu dans le Mémoire sur l'*Analyse des transversales* (Sect. III, p. 212, n° 229 et suiv.).

Enfin je crois indispensable de faire observer que, par une confusion d'idées, une légèreté d'esprit habituelle, le Rapporteur semble attribuer à MM. Livet et Brianchon la découverte d'une *réciprocité polaire* (*dualité*) dont certes ils n'avaient pas conscience, même pour les lignes et les surfaces du second degré, et dont le sentiment général explicite ne s'est révélé que beaucoup plus tard, dans un Mémoire adressé par moi, en 1817, au rédacteur des *Annales de Montpellier* (t. VIII), Mémoire qu'on trouve reproduit littéralement aux pages 476, 483 à 500 (art. I à XX) du tome II de mes *Applications d'Analyse et de Géométrie* (1864). C'est à tort aussi que les auteurs anglais de notre époque prétendent donner à M. Mœbius un droit quelconque de priorité relatif à la doctrine dont il s'agit, puisque son *Calcul barycentrique* n'a été publié qu'en 1827, longtemps même après le *Traité des Propriétés projectives* (t. Ier, 1822). Ce sont là des erreurs qui témoignent l'ignorance ou un manque d'érudition géométrique regrettable, par lequel, comme je l'ai dit ailleurs, on confond trop souvent la découverte des vérités avec leur mode de démonstration *à posteriori* (algébrique ou synthétique). Ce qu'il y a de vrai seulement, c'est que la démonstration *algébrico-statique* de la dualité de Gergonne par l'astronome Mœbius a précédé celles des Plucker, des Bobillier et autres, fondées sur des systèmes particuliers. D'ailleurs, les mêmes savants, prenant Mœbius pour un esprit initiateur et *profond* (*scharfsinnige Mœbius!* Steiner, 1832), lui attribuent la moderne découverte de la *relation à deux termes*, que M. Chasles, en 1837, a nommée *anharmonique*, qu'avait remarquée Brianchon dès 1818, et dont la *propriété projective* avait été parfaitement établie par les Anciens, Euclide et Pappus d'Alexandrie (*voyez* le § III ci-après).

Ce sont là d'autre part des faits, des vérités irrécusables, qu'on ne saurait trop répéter pour l'édification des jeunes amis de la science géométrique. — (Note de 1865.)

tangentes de la première. On prouvera de même, comme l'ont fait MM. Monge, Livet et Brianchon, que, si le pôle d'une surface du second ordre décrit une surface courbe donnée, le plan polaire correspondant touchera constamment une seconde surface courbe dont les différents points seront les pôles correspondants aux plans tangents de la première. Ces remarques justifient la dénomination de *polaires réciproques*, appliquée par M. Poncelet aux deux courbes ou aux deux surfaces courbes dont nous venons de parler. Il est d'ailleurs évident que si la première courbe ou surface courbe se transforme en un polygone ou en un polyèdre, la seconde se transformera en un polygone ou polyèdre correspondant. Ajoutons que, dans le cas où une surface courbe devient développable, cette surface courbe et son arête de rebroussement peuvent être considérées comme ayant pour polaires réciproques : 1° une seconde courbe; 2° une seconde surface dont l'arête de rebroussement est précisément la nouvelle courbe.

» Les figures polaires réciproques, construites comme nous venons de le dire, offrent un grand nombre de propriétés dont quelques-unes se reconnaissent immédiatement d'après leur construction, tandis que d'autres paraissaient plus difficiles à découvrir. Parmi ces dernières on doit citer celle que MM. Livet et Brianchon ont démontrée par l'analyse : l'un pour un cas particulier, l'autre généralement, dans le XIIIe Cahier du *Journal de l'École Polytechnique*, et qui consiste en ce que la polaire réciproque d'une courbe ou surface courbe du second degré est encore une courbe du même degré. Les considérations géométriques dont M. Poncelet a fait usage l'ont conduit à un théorème plus général, savoir : que la polaire réciproque d'une courbe ou surface courbe du degré m est une autre courbe du degré $m(m-1)$ ou une autre surface courbe du degré $m(m-1)^2$.

» Nous allons indiquer en peu de mots les raisonnements à l'aide desquels l'auteur s'est proposé d'établir ce théorème, en nous bornant, pour plus de simplicité, au cas où il s'agit d'une courbe plane. On sait que le nombre des tangentes que l'on peut mener d'un point quelconque à une courbe donnée du degré m, c'est-à-dire à une courbe représentée par une équation du degré m, est, au plus, égal au produit $m(m-1)$. D'ailleurs, il résulte des principes ci-dessus rappelés que, si l'on désigne par n le nombre des points d'intersection d'une droite avec la polaire réciproque de la courbe donnée, on pourra, par le pôle de cette droite, mener n tangentes à cette courbe. Donc le nombre n ne peut surpasser le produit $m(m-1)$. Donc la polaire réciproque d'une courbe de degré m ne peut être coupée par une droite en plus de points qu'il n'y a d'unités dans ce produit. M. Poncelet en conclut que la polaire réciproque est du degré $m(m-1)$. *Mais, pour mettre cette conclusion hors de doute, il nous paraîtrait nécessaire de substituer à la démonstration géométrique de M. Poncelet une démonstration analytique.* Une démonstration du même genre s'appliquerait aux raisonnements dont l'auteur s'est servi pour faire voir que la polaire réciproque d'une courbe du degré m est une surface développable dont le degré ne surpasse pas le produit $m(m-1)$.

» Parmi les propriétés que présentent les figures polaires réciproques et qui résultent immédiatement de leur construction, on doit remarquer celles qui sont relatives aux points singuliers des courbes et surfaces courbes. M. Poncelet fait voir comment ces points singuliers changent de nature, quand on passe d'une courbe donnée à sa polaire réciproque, et comment le degré de la polaire réciproque s'abaisse dans le cas où la courbe donnée offre des points conjugués.

» Les deux premières parties du Mémoire de M. Poncelet sont particulièrement consacrées à l'établissement des principes et des théorèmes que nous venons de rappeler, ainsi qu'à la recherche des conséquences qui s'en déduisent. Parmi ces conséquences, nous en citerons plusieurs qui nous paraissent dignes de remarque. Elles sont renfermées dans les propositions suivantes :

» Le nombre des tangentes communes à deux courbes dont les degrés sont représentés par les nombres m et n est en général et au plus égal au produit $mn(m-1)(n-1)$. — Le nombre des plans que l'on peut mener par un point unique, de manière qu'ils touchent à la fois deux surfaces, l'une du degré m, l'autre du degré n, est en général et au plus égal au produit $mn(m-1)^2(n-1)^2$. — La surface développable circonscrite à deux surfaces quelconques du second ordre offre en général quatre lignes de striction planes et du second ordre seulement. — Lorsque plusieurs surfaces du second degré ont une même développable circonscrite, un plan quelconque a pour pôles, dans ces surfaces respectives, une suite de points rangés sur une même droite. — Lorsque plusieurs surfaces du second ordre ont les huit mêmes plans tangents communs, un plan quelconque a pour pôles, dans ces surfaces respectives, une suite de points rangés dans un nouveau plan, qui jouit de la propriété réciproque à l'égard du premier.

» Les diverses propositions qui précèdent se déduisent, par la théorie des polaires réciproques, d'autres propositions déjà connues; et en général, ainsi que l'observe M. Poncelet, on peut, à l'aide de cette même théorie, déduire d'une propriété graphique commune à toutes les surfaces du second ordre, ou à toutes les surfaces représentées par des équations algébriques, une seconde propriété des mêmes surfaces aussi générale que la première. On doit seulement excepter le cas où la première propriété serait elle-même sa réciproque.

» Dans les trois dernières parties de son Mémoire, M. Poncelet expose, non plus les propriétés graphiques ou descriptives des figures polaires réciproques, c'est-à-dire celles qui concernent les directions indéfinies, l'intersection ou le contact des lignes et des surfaces, mais les propriétés qu'il nomme *métriques* et qui sont relatives aux rapports de grandeur des parties rectilignes des figures dont il s'agit. Ces propriétés consistent, soit dans les relations d'angles qui ont lieu, dans certains cas, entre les figures polaires réciproques, soit dans les relations projectives qui peuvent exister entre les sinus d'angles et les distances. Pour en donner une idée, nous citerons les propositions suivantes :

» Deux droites étant situées à volonté dans l'espace, si entre ces droites on fait mouvoir un angle droit dont le sommet soit en un point fixe de l'espace et dont les côtés s'appuient respectivement sur ces droites, la suite de celles qui appartiennent à la fois aux paires de points de rencontre des droites fixes et des côtés de l'angle mobile sera une surface gauche du second degré ou un hyperboloïde à une nappe. — Une figure quelconque étant donnée sur un plan, s'il existe entre les diverses distances de ses points une relation métrique projective, la même relation existera aussi dans la polaire réciproque de cette figure, prise par rapport à un cercle auxiliaire quelconque, entre les distances correspondantes formées sur une droite arbitraire par les intersections de cette droite avec les polaires des extrémités respectives des premières, et réciproquement.

» En résumé, le Mémoire de M. Poncelet nous a paru offrir de nouvelles preuves » de la sagacité que l'auteur avait déjà montrée dans les recherches des propriétés » des courbes et des surfaces courbes. Nous pensons, en conséquence, que ce » Mémoire est digne de l'approbation de l'Académie. »

III.

NOTE SUR DIVERS ARTICLES DU BULLETIN DES SCIENCES DE 1826 ET 1827, RELATIFS A LA THÉORIE DES POLAIRES RÉCIPROQUES, A LA DUALITÉ, ETC. ; PAR M. PONCELET.

[Extrait du tome VIII (1827), p. 109 à 117 de ce *Bulletin*, publié, sous le patronage du Bon de Férussac, par M. Gergonne, sous le pseudonyme de M. Saigey.]

« On lit, à la page 275 du *Bulletin* de mai 1827, que, *dans un Mémoire présenté » récemment à l'Académie royale des Sciences, M. Poncelet a repris, avec de plus » amples développements*, les recherches de M. Gergonne sur la *dualité des pro- » priétés de situation, dualité* que ce dernier géomètre a *signalée* (*) dans les pre- » miers numéros des *Annales de Mathématiques* de l'année 1826, et dont il a été » rendu un compte fort détaillé à la page 112 du *Bulletin* de février de la même » année. Or il m'importe beaucoup que les géomètres qui n'ont pas l'avantage » d'assister aux séances de l'Académie des Sciences sachent : 1° que le *Mémoire » sur la théorie générale des polaires réciproques*, dont il s'agit, a été présenté à » cette Académie dans sa séance du 12 avril 1824 (**), par conséquent deux années » avant l'époque où M. Gergonne a publié ses idées sur la *dualité* de certains » théorèmes de Géométrie; 2° qu'il a été lu, dans cette même séance, une Notice » étendue qui avait pour but de signaler fortement à l'attention des géomètres, » non-seulement la *réciprocité* des relations descriptives ou de situation des » figures, mais encore celle des relations métriques de distances, d'angles et de » lignes trigonométriques; 3° que ce Mémoire a été renvoyé à l'examen d'une » Commission composée de MM. Legendre, Poinsot et Cauchy rapporteur, qui en » possède encore (1827) le manuscrit. S'il était nécessaire d'appuyer des faits aussi » authentiques, il me suffirait d'invoquer le témoignage des personnes présentes à » la séance du 12 avril 1824, lesquelles se rappelleront très-bien m'avoir entendu

(*) « Le lecteur remarquera que ces recherches de M. Gergonne ne comprennent que les rela- » tions de situation du point, de la ligne droite et du plan, dont la réciprocité ou la dualité est » de première évidence, et que c'est par erreur que l'auteur de l'article cité du *Bulletin* men- » tionne aussi *tous les théorèmes de la Trigonométrie sphérique*, puisque M. Gergonne ne s'en » est point occupé. »

(**) « *Voyez* le résumé de cette séance dans les divers journaux du temps, et notamment p. 74 » du tome II du *Bulletin des Sciences* de 1824. »

» lire la Notice dont l'extrait a paru dans le numéro de mars 1827 des *Annales de* » *Mathématiques*, Notice dont la singularité des vues a même fait dire plaisamment » à d'illustres académiciens que c'était de la *Géométrie romantique*, de la *Géomé-* » *trie à quatre dimensions*.

» On ne me reprochera pas, sans doute, d'avoir attendu jusqu'ici sans réclama- » tions le jugement de MM. les Commissaires de l'Institut; mon silence prouve, » tout au plus, le prix que j'attache à ce jugement, le respect que je professe pour » la personne des Commissaires, enfin le peu d'empressement que je mets à tirer » avantage de mes recherches géométriques.

» Le fait est que le *Mémoire sur la théorie des polaires réciproques* et celui qui » a pour objet la *théorie générale des centres des moyennes harmoniques*, dont il » a été rendu compte, l'année dernière, à l'Académie, par M. Cauchy, composent » les préliminaires d'un grand travail sur les propriétés des lignes et des surfaces » géométriques, déjà annoncé dans le *Traité des Propriétés projectives des figures*. » Les occupations de mon service militaire ne m'ont pas permis, jusqu'à présent, » de perfectionner et de mettre au jour ce travail, et je suis encore moins à même » de le terminer depuis que Son Excellence le Ministre de la Guerre m'a chargé » de créer le cours de Mécanique appliquée aux machines, à l'École spéciale d'ar- » tillerie et du génie, à Metz. Mais si, dans cette position, j'ai dû renoncer à l'idée » de poursuivre et de publier prochainement mes recherches géométriques, je » n'en dois pas moins être jaloux de m'assurer la possession de celles qui ont pu » arriver à la connaissance des géomètres. Comme j'ai eu d'ailleurs occasion de » communiquer, depuis longtemps, quelques-uns des résultats de ma théorie à dif- » férentes personnes, je crois pouvoir déclarer ici que l'objet de ces recherches » embrasse les propriétés descriptives et métriques les plus générales de l'*inter-* » *section*, de l'*osculation* des lignes et des surfaces de divers ordres, et que c'est » en prenant principalement pour base les deux Mémoires ci-dessus, les principes » de la *projection centrale* ou *perspective* et ceux de la *théorie des transversales*, » que je suis parvenu aux résultats de mon travail; je crois devoir déclarer, en » outre, que la méthode par laquelle j'applique la théorie des transversales à la » découverte des propriétés des lignes et des surfaces, présente les caractères d'une » véritable analyse qui permet de combiner les relations des figures et de recon- » naître ce qui leur appartient, même quand ces relations prennent la *forme de l'in-* » *détermination*, ou que certaines grandeurs deviennent *imaginaires*, *infinies*, etc. » J'ajouterai que, pour faciliter l'intelligence de cette méthode, j'ai commencé par » l'appliquer aux sections coniques, et que je suis ainsi parvenu à établir, en quel- » ques pages, les propriétés les plus fécondes, les plus générales de ces courbes, » notamment celles des hexagones inscrits et circonscrits, celles du contact des » divers ordres, celles enfin que Desargues a nommées *involutions* : ces dernières » relations, comme on sait, ont été étudiées spécialement par M. Brianchon, dans » son intéressant *Mémoire sur les lignes du second ordre*; elles se trouvent repro- » duites dans le *Traité des Propriétés projectives*, et elles ont servi de base à » M. Sturm pour établir, dans les *Annales de Mathématiques* (t. XVI et XVII; *Bul-* » *letin des Sciences*, mai 1826 et février 1827), plusieurs des propriétés des sec-

» tions coniques considérées isolément ou combinées entre elles. On conçoit aussi » que la démonstration de l'hexagone de Pascal donnée par M. Gergonne, t. XVII » des *Annales de Mathématiques*, n° 5, en partant des propriétés des sécantes du » cercle, démonstration mentionnée p. 93 du *Bulletin des Sciences* de février 1827, » que cette démonstration, dis-je, doit se trouver comprise nécessairement dans » l'application particulière que j'ai faite de la théorie des transversales aux sections » coniques; et, s'il fallait à ce sujet un témoignage plus spécial, j'invoquerais celui » de M. Brianchon, auquel, depuis nombre d'années, j'ai fait part de ma méthode » avec cette confiance qu'on doit à un ami, à un savant modeste, assez riche de » son propre fonds pour n'avoir rien à envier à ses émules.

» En entrant dans ces développements, mon intention n'est pas de revendiquer » pour mon compte toutes les propositions sur les courbes et surfaces qui ren- » trent dans l'objet spécial de mes recherches; à Dieu ne plaise! Je prétends seu- » lement qu'on m'accorde que je n'ai pas emprunté aux autres les principes et les » méthodes qui en constituent la base essentielle.

» Revenons à la dualité dont le *Bulletin des Sciences* attribue uniquement la » découverte à M. le rédacteur des *Annales de Mathématiques*. Je ne manquai pas » de faire remarquer à cet estimable géomètre l'analogie de ses idées avec les » miennes, dès l'apparition, en janvier 1826, de son Mémoire sur la *dualité;* et, » d'après la demande qu'il voulut bien me faire ensuite de lui donner une idée » plus étendue de mes dernières recherches concernant la théorie des *polaires* » *réciproques*, je me hâtai de lui en adresser l'analyse au mois de décembre 1826; » j'y joignis un article de réclamations qui me paraissait assez intéresser la philo- » sophie de la science pour mériter une place dans les *Annales de Mathématiques*, » et que par la même raison je crois utile de publier à la suite de cette Note (*). » Je respecte les motifs qui ont empêché M. Gergonne d'insérer, avant le numéro » de mars 1827 de son recueil, l'analyse dont il s'agit, et qui lui ont fait supprimer » entièrement ma *réclamation*. J'ignore d'ailleurs pourquoi il a cru devoir ré- » pondre à cette réclamation, dans ce même numéro, sans la citer et sans mettre » ses lecteurs en état d'apprécier ses propres observations. Enfin, je ne comprends » pas davantage pourquoi il a totalement négligé de mentionner mes recherches » dans ses deux Mémoires de janvier et de février 1827, sur les *lois générales qui* » *régissent les lignes et les surfaces courbes*, Mémoires dont l'analyse a été donnée » dans les cahiers de mars et d'avril derniers du présent *Bulletin*. J'ai d'autant plus » lieu d'en être étonné, que la publication de ces Mémoires est postérieure à l'en- » voi de ma réclamation, et qu'ils sont entièrement basés sur la partie de la théorie » des polaires réciproques que j'ai le plus d'intérêt à revendiquer pour mon » compte, puisqu'elle concerne la *réciprocité* ou, si l'on veut, la *dualité* des pro- » priétés des lignes et des surfaces courbes, réciprocité que j'ai étudiée d'une ma- » nière toute spéciale, soit dans mon Mémoire d'avril 1824, soit dans le *Traité des* » *Propriétés projectives*, et dont j'avais même déjà exposé les principes fondamen-

(*) « Le manque d'espace nous oblige à la renvoyer au *Bulletin* suivant. »

» taux et signalé l'importance, dès janvier 1818, dans un article inséré au tome VII » des *Annales de Mathématiques*.

» Quoique les deux Mémoires de M. Gergonne, que nous venons de citer en dernier lieu, renferment, quant à l'objet en discussion, beaucoup de conséquences » qui, suivant nous, sont plus que sujettes à controverse, et dont la publication » peut faire tort aux vues philosophiques de l'auteur sur le principe de dualité, on » avouera que, d'après l'importance même qu'il leur accorde, nous avions quelque » droit d'espérer qu'il ne tairait pas ce que nous avons fait dans ce genre de recherches. Nous professons au surplus, envers sa personne et son caractère, une » trop haute estime pour ne pas croire qu'il serait revenu, dans les numéros suivants des *Annales*, sur ce qui nous concerne, et nous eussions gardé presque indéfiniment le silence sur l'objet de la présente réclamation, si l'article inséré à la » page 275 du *Bulletin des Sciences* de 1827 n'était pas rédigé de manière à laisser » croire aux géomètres qu'en effet nos recherches sont postérieures à celles de » M. Gergonne. L'auteur de cet article est d'autant plus excusable d'ailleurs que » l'omission, dans les *Annales de Mathématiques*, de la date de la présentation à » l'Académie des Sciences du *Mémoire sur la théorie générale des polaires réciproques*, la suppression d'une partie de la lettre d'envoi de l'analyse de ce Mémoire, enfin les réflexions mêmes dont M. Gergonne a jugé à propos d'accompagner cette analyse, ne sont pas très-propres à éclairer la conscience des lecteurs sur l'objet en discussion.

» Par exemple, tout en avouant (*) que les points principaux de la nouvelle doctrine se trouvent indiqués dans le *Traité des Propriétés projectives*, il avance « que c'est d'une manière si fugitive, qu'il n'en est fait aucune mention, ni dans le » Rapport des Commissaires de l'Académie, ni dans la préface de l'auteur, ni même » dans son introduction de trente pages; » puis il ajoute : « N'est-on pas fondé, » d'après cela, à penser que M. Poncelet avait d'abord regardé cette partie de son » ouvrage comme très-accessoire, surtout lorsqu'on lui voit recommander les éléments d'Euclide, et qu'on le voit débuter par des proportions et des calculs. » » Un peu plus loin il nous accuse d'avoir laissé glisser parmi les doctrines qui » font l'objet du *Traité des Propriétés projectives* des doctrines qui sont au moins » sujettes à *controverse*. Or, rien n'est plus facile que de réfuter ces assertions; et » sans parler de l'omission qui a pu être faite dans l'avertissement de deux pages » du *Traité* dont il s'agit, ne paraît-il pas évident que les Commissaires de l'Académie ont dû se borner, dans leur Rapport, à parler de ce qui était contenu dans la » première Section de l'ouvrage, la seule qui ait été soumise à leur jugement, à » quelques propositions près relatives au contact et à l'intersection des cercles. » Quant à l'introduction de trente pages, nous ferons observer que, indépendamment de ce qu'elle a été rédigée fort à la hâte, à l'instant même où l'on terminait » l'impression du texte, cette introduction n'est point une analyse et n'a pour » objet que de signaler le but et l'esprit général de l'ouvrage, mais non pas son

(*) « *Annales de Mathématiques*, mars 1827, p. 274 et 275. »

» contenu. Tout ce qu'avance à ce sujet M. Gergonne ne saurait donc prouver que » nous n'avons pas donné une attention très-sérieuse à la *théorie des polaires réciproques* et à la *dualité* qui en dérive, dès la publication du *Traité des Propriétés projectives*, en 1822, et même avant cette publication. Il est vrai qu'à l'époque » dont il s'agit nous n'avions point fait de cette théorie l'objet d'un Mémoire ou » d'un chapitre spécial, et que nous nous réservions d'y revenir avec plus de détails » dans la partie de nos recherches relative aux propriétés générales des lignes et » des surfaces courbes; toujours est-il que nous en avons traité à toute occasion, » et avec assez de développements pour être à l'abri des reproches que nous » adresse M. le rédacteur des *Annales de Mathématiques*.

» Au surplus, cette discussion doit paraître bien superflue, et l'importance que » nous attachions à la chose bien démontrée, d'après l'empressement que nous » avons mis à faire suivre, presque immédiatement, le *Traité des Propriétés projectives* du *Mémoire sur la théorie des polaires réciproques* (*); il est seulement » surprenant que l'apparition de ce *Traité* n'ait pas stimulé davantage l'esprit d'investigation des géomètres, et que l'année 1823 tout entière se soit écoulée sans » qu'on ait songé à rien publier qui ait trait à cette théorie. Cela nous prouve que » les idées répandues dans notre ouvrage auront quelque peine à s'établir, et qu'il » se passera encore des années avant qu'on en ait saisi le véritable esprit et qu'on » lui rende le degré de justice qui peut lui être dû : les Rapports qui en ont été » faits à l'Académie royale des Sciences n'ont malheureusement que trop servi à » reculer cette époque, en jetant une sorte de défaveur sur les principes d'où nous » sommes parti, et en donnant à penser qu'il s'agit d'une espèce de Géométrie où » l'on remplace la rigueur du raisonnement par des inductions hasardées, des aperçus de pur sentiment. Le fait est que ce reproche a été reproduit vaguement par » divers géomètres et par M. Gergonne lui-même, sans motifs plausibles, disons » plus, sans en avoir suffisamment approfondi le sujet. Nous aurions bien mal employé notre temps et nos peines, si nous n'avions pas réussi, aux yeux des personnes non prévenues, à mettre le résultat de nos démonstrations à l'abri de » toute attaque; peut-être même n'en saurait-on dire autant de beaucoup d'écrits » géométriques de notre époque, où la logique sévère des Anciens est quelquefois » négligée, par suite de l'habitude acquise, assez généralement, d'accorder aux » symboles et aux opérations de l'Algèbre une rigueur mathématique presque indéfinie.

» Nous n'en dirons pas davantage, pour le moment, sur ce qui concerne le » manque de rigueur dont M. Gergonne accuse quelques-unes des doctrines qui » entrent dans le *Traité des Propriétés projectives;* quant au reproche qu'il nous » adresse d'avoir recommandé, dans l'introduction de ce *Traité*, les éléments d'Euclide, en lisant la page 26 de cette introduction, on comprendra, de reste, que

(*) « Nous avions déjà annoncé les conséquences étendues de ce Mémoire, pour la démonstration des théorèmes de Géométrie, dans l'introduction qui accompagne le *Mémoire sur la théorie des centres de moyennes harmoniques*, c'est-à-dire avant la fin de l'année 1823, époque à laquelle » nous remîmes à M. Arago la copie de ce dernier Mémoire, pour en faire hommage à l'Académie » royale des Sciences. »

» nous avons entendu parler, en général, de tous les traités élémentaires où l'on » emploie la *synthèse* pour établir l'enchaînement des propositions, et dans lesquels on prétend se borner aux considérations les plus simples sur chaque objet. Cette recommandation de la Géométrie synthétique sera, si l'on veut, une » concession faite aux idées du siècle, un moyen détourné de faire goûter les nou» velles doctrines, et de ne point effrayer les géomètres qui tiennent à l'ancienne » forme des éléments; mais, à coup sûr, on n'en conclura pas, avec M. Gergonne, » que nous n'ayons point senti l'importance de ces mêmes doctrines, au développement desquelles nous avons consacré presque entièrement un volume de » 400 pages. Pareillement on comprendra, sans difficulté, qu'en débutant par des » proportions et des calculs, nous avons cherché à éviter le reproche que nous » adresse ce géomètre, dans ses *réflexions* du numéro de mars 1827 de son recueil, » d'avoir voulu *brusquer une révolution;* on reconnaîtra que, toute nécessaire que » cette révolution ait pu paraître à nos propres yeux comme à ceux de M. Ger» gonne, nous avons agi prudemment en prenant d'abord un vol moins élevé, » et procédant d'après la manière ordinaire d'envisager la science de l'étendue, » dans un ouvrage dont les derniers chapitres devaient s'en éloigner considérable» ment, et qui devait contenir une multitude de relations *métriques* ou de lon» gueurs, qui rentreront nécessairement, et quoi qu'on fasse, dans le domaine de » la science du calcul.

» Le savant rédacteur des *Annales de Mathématiques*, qui ne paraît pas avoir été » frappé, comme nous, de l'existence de la dualité de ces dernières relations, et » qui n'a eu jusqu'à présent en vue que les propriétés de situation les plus simples, » a donc tout à fait méconnu le but véritable de nos recherches; peut-être même » s'en est-il exagéré, à ses propres yeux, l'importance, quand il a prétendu (numé» ros de janvier et de février 1827 des *Annales*, p. 214 et 229) soumettre indis» tinctement au principe de dualité toutes les propriétés descriptives des figures; » car nos propres méditations nous prouvent que, si cette dualité est exactement » appliquable aux lignes et aux surfaces des deux premiers degrés, il s'en faut » qu'elle le soit aux lignes et aux surfaces des degrés supérieurs, du moins de la » manière dont il l'a entendu dans ses derniers Mémoires : nous n'oserions, par » exemple, affirmer avec lui que, de ce que deux lignes de degrés m et n s'entre» coupent en général, sur un plan, en mn points au plus, de pareilles lignes n'ont » aussi, en général, que mn tangentes communes, ni que la réciproque polaire » d'une ligne d'un certain ordre soit elle-même de cet ordre, etc. En nous occu» pant des mêmes questions dans un article déjà cité plus haut (*Annales de Mathé» matiques*, t. VIII, p. 211 et suiv., année 1818), nous sommes arrivé à des résul» tats très-différents et que nous avons reproduits, avec l'extension convenable, » dans notre dernier *Mémoire sur la théorie générale des polaires réciproques;* or, » nous ne pensons pas qu'on puisse attaquer l'exactitude de ces résultats, bien » qu'ils conduisent à des conséquences qui ne sont pas entièrement d'accord avec » celles que M. Gergonne a déduites des siens propres, dans ses *Recherches sur » les lois qui régissent les lignes et surfaces algébriques.* »

Signé : PONCELET (date omise, pour cause, dans le *Bulletin de Férussac*).

IV.

SUR LA DUALITÉ DE SITUATION ET SUR LA THÉORIE DES POLAIRES RÉCIPROQUES, second article en réponse aux observations pseudonymes du *Bulletin des Sciences de Férussac.*

[Extrait du tome IX (1828), p. 292 à 320 de ce Bulletin.]

« Comme il s'agit ici d'une discussion relative à la priorité de vues et de recher-
» ches, je crois indispensable de donner une notice succincte des découvertes des
» géomètres relatives à la matière, ainsi que je l'ai fait dans l'introduction de mon
» *Mémoire* de 1824 sur la *Théorie générale des polaires réciproques.* Cette notice,
» pour le développement de laquelle je renverrai à la IIIe Section du *Traité des*
» *Propriétés projectives des figures,* servira à faire la part de chacun et mettra un
» terme, j'espère, à une polémique qui, sans cela, deviendrait interminable.

» En lisant, dans les *Annales,* les nombreuses Notes de M. Gergonne, on s'aper-
» cevra que, dans la vue d'être court, j'ai négligé de répondre à beaucoup des
» assertions, des inculpations ou des personnalités qu'elles contiennent, et je me
» suis contenté de réfuter ce qui intéresse directement l'objet en discussion.

» Les propriétés fondamentales du *pôle* et de la *polaire* des sections coniques
» sont dues, comme on sait, à de Lahire. Monge, Livet et Brianchon les démon-
» trèrent depuis par des méthodes plus générales, et les étendirent au *pôle,* au *plan*
» *polaire* et aux *droites polaires* des surfaces du second degré. M. Brianchon s'en
» servit le premier pour déduire, du théorème de Pascal sur les hexagones inscrits
» aux sections coniques, le théorème corrélatif sur les hexagones circonscrits,
» dont les conséquences ne sont ni moins étendues ni moins remarquables; il
» mit ainsi les géomètres sur la voie des applications de la théorie des pôles et
» polaires.

» On a reproduit depuis les propriétés fondamentales de cette théorie, par divers
» moyens plus ou moins recommandables; leur énoncé s'est simplifié et a pris un
» peu plus d'extension par l'emploi des mots *pôles* et *polaires.* A l'exemple de
» M. Brianchon, on s'en servit pour établir la corrélation de situation entre les
» polygones inscrits et circonscrits aux mêmes points d'une section conique (*).
» Mais jusque-là les figures que l'on considérait avaient une relation intime et
» toute particulière avec la courbe.

» C'est encore M. Brianchon qui, le premier, fit voir (*Annales de Mathématiques,*
» t. IV, p. 196 et 379) la corrélation de situation qui lie entre eux, par rapport à
» une section conique quelconque, deux hexagones dont chacun a réciproquement
» pour sommets les pôles des côtés de l'autre. A la vérité, il ne s'agit encore là que
» d'hexagones inscriptibles ou circonscriptibles aux lignes du second ordre; mais

(*) « *Voyez* ces diverses recherches dans les premiers volumes des *Annales de Mathématiques,*
» et notamment la page 122 du tome Ier, où *M. Encontre* établit la corrélation ci-dessus, à l'oc-
» casion de l'inscription et circonscription à un cercle, d'un polygone dont les côtés passent par
» des points donnés, ou dont les sommets sont sur des droites données. »

» ces hexagones ont une situation générale, par rapport à la section conique, qui » sert de directrice des pôles et polaires. Or, c'était un pas de fait dans la théorie » de la *dualité* ou de la *réciprocité* des relations de situation. Déjà d'ailleurs » M. Brianchon avait démontré (X^e et XIIIe Cahier du *Journal de l'École Polytechnique*) que, « quand un point se meut sur une surface du second degré, le » plan polaire de ce point, par rapport à une autre surface de ce degré, en touche » constamment une même troisième, » et que, « quand une droite se meut, en tou- » chant une section conique, le pôle de cette troisième droite, par rapport à une » autre section conique, demeure continuellement sur une section conique. » Mais il » restait à démontrer les propositions corrélatives, qui seules pourraient établir la » *réciprocité* des relations de situation des lignes et des surfaces du deuxième » degré.

» Voilà, ce me semble, où en étaient les choses au commencement de 1818, » lorsque, résumant (*Annales de Mathématiques*, t. VIII, p. 211) en ce peu de mots » les propriétés essentielles du pôle des sections coniques, « la polaire de tout » point d'une droite passe par le pôle de cette droite, et *vice versâ*, » j'établis, sans » autre préambule, la *théorie des pôles et polaires réciproques*, c'est-à-dire la *réci- » procité* parfaite qui existe, non pas seulement entre les relations de situation des » points et des droites, mais entre celles des courbes planes quelconques, *polaires* » par rapport à une section conique prise à volonté pour *directrice*, ou qui sont » telles que les points de l'une ont pour polaires les tangentes respectives de l'autre, » et *vice versâ*. Me servant de cette réciprocité, ainsi justifiée en général, je déter- » minai le degré et les affections principales des lignes polaires de courbes don- » nées, et je fis voir que cette doctrine pouvait s'étendre aux figures dans l'espace, » notamment aux surfaces du deuxième degré. Enfin, j'annonçai tout le parti qu'on » en pouvait tirer pour la démonstration et la recherche des propriétés des figures, » en prenant pour exemple la réciprocité des relations existantes entre les points » d'intersection et les tangentes communes de deux courbes quelconques tracées » sur un même plan.

» D'après ces diverses recherches, d'après tout ce qu'on savait d'ailleurs de la » dualité des propositions de la *Géométrie de la règle*, on concevra aisément que » M. Gergonne ait pu énoncer, dès 1819 et sans beaucoup d'hésitation, le théorème » sur les intersections de lignes droites, qu'il cite dans l'une des notes de la » page 127 du tome XVIII de son recueil (*), comme étant le corrélatif d'un autre

(*) « M. Gergonne y cite aussi, en faveur de ses idées sur la dualité, l'article de la page 321 » du tome IX des *Annales*, relatif aux *polyèdres conjugués*; tout ce que cet article prouve, c'est » que ses vues sur la dualité de l'espace étaient alors bien restreintes, et qu'il ne savait pas encore » se servir de la théorie des polaires réciproques, comme il le fit beaucoup plus tard (t. XV, » p. 157, novembre 1824), en reprenant ses recherches sur les polyèdres. Du reste, le mot de » *dualité* n'est pas même prononcé dans un seul de ces endroits, et rien n'y constate les droits » de M. Gergonne à la découverte du principe de cette dualité, pas plus que toutes les autres » propositions doubles, antérieurement connues, ne constatent ceux des géomètres qui les ont, les » premiers, signalées ou démontrées. »

» beau théorème dû à M. Coriolis; mais ce qu'on ne saurait lui accorder sans » preuves, c'est que ses idées sur la dualité aient été, à cette même époque, *com-* » *plétement fixées,* ainsi qu'il le prétend dans la note en question et qu'on le » répète à la page 213 du précédent *Bulletin.* Car il ne s'agit là que d'une appli- » cation fort simple de la théorie des pôles et polaires, comme le prouvent les » considérations par lesquelles il a justifié son théorème réciproque, deux années » plus tard, dans un article inséré à la page 335 du XIe volume des *Annales,* sans » dire un seul mot, du reste, qui ait trait à la dualité en général. La fin de cet » article démontre même que M. Gergonne ignorait alors le moyen très-simple » d'établir cette dualité pour le cas de l'espace : en effet, dans ce cas, les *points* » des énoncés, au lieu d'être remplacés par des *droites,* devaient l'être par des *plans,* » pour passer aux figures corrélatives; ce qui choquait probablement les idées bien » fixées qu'il avait de la dualité.

» D'ailleurs, ceux qui connaissent l'activité infatigable de la plume de M. Ger- » gonne pour tout ce qui tient à la philosophie des sciences croiront difficilement » que, s'il avait eu alors sur la dualité des idées aussi complétement fixées qu'il veut » bien le faire supposer, il les eût gardées par devers lui jusqu'en 1826, malgré la » haute importance qu'il leur accorde maintenant. Ils admettront volontiers, au » contraire, que l'existence de la dualité n'était encore, pour ce géomètre, qu'un de » ces sentiments vagues, de ces aperçus obscurs, tels qu'il s'en présente quel- » quefois à l'esprit, et qu'une étude un peu sérieuse ne vient pas toujours con- » firmer; en un mot, tout prouve que, même longtemps après 1819, les vues de » M. Gergonne ne s'étendaient guère au delà de celles que pouvaient faire naître » les faits déjà bien connus, et ce que j'avais dit d'un peu général, dès 1818 et » surtout en 1822, dans les *Annales de Mathématiques* et dans le *Traité des Pro-* » *priétés projectives des figures.* Voilà sans doute pourquoi il ne juge pas indispen- » sable d'en entretenir le public avant l'époque de 1826.

» Au surplus, M. Gergonne ne disconvient pas de la priorité de mes recherches » sur les siennes, et son système de réplique paraît se borner à la revendication » des mots *dualité de situation,* mots, selon moi, vides de sens en philosophie » mathématique, et absurdes, qu'on me passe l'expression, lorsqu'on entend en » faire le type d'un principe général indépendant de la théorie qui seule les justifie, » et ne point en borner l'application aux faits antérieurement connus et rigoureu- » sement démontrés.

» Je passerais donc volontiers condamnation sur de pareilles subtilités et j'accor- » derais, selon le désir de M. Gergonne, que le premier il a signalé la dualité, que » le premier il l'a proclamée dans ses *Annales,* s'il ne se montrait aussi habile à » profiter des moindres concessions de ses adversaires, et s'il n'était évident d'ail- » leurs que cette *dualité* n'est que la *réciprocité* telle que nous l'avons entendue » dans nos propres recherches, déguisée sous un nom un peu plus séduisant peut- » être. Car, puisque nous y avons démontré qu'en vertu de la théorie des pôles et » polaires, convenablement étendue, toute relation, toute propriété *descriptive* ou » de *situation* d'une figure a nécessairement sa *réciproque* dans une autre figure, » il faut bien aussi que de telles relations soient *doubles* ou marchent *par couples,*

» comme le dit M. Gergonne. Conçoit-on, d'après cela, qu'il continue à soutenir » dans ses dernières observations que *mes idées n'ont presque aucune analogie* » *avec les siennes*, que j'ai *tout à fait pris le change sur le sujet de ses recherches*, » que la dualité des relations de situation est *une conception toute nouvelle* et qui » date seulement de 1826, qu'elle n'est que *très-faiblement indiquée* dans le *Traité* » *des Propriétés projectives*, qu'elle n'est *guère plus apparente dans l'ouvrage* que » *dans l'introduction*, ce qui pourrait faire croire que j'en ai à peine parlé, puisque » je suis convenu précédemment qu'elle n'est point mentionnée d'une manière » spéciale dans ce dernier endroit?

» Cette affectation de M. Gergonne à reproduire, sans aucune preuve, des asser- » tions que je croyais avoir suffisamment réfutées dans mon premier article du » *Bulletin* d'août 1827, me force de citer ici quelques passages du *Traité des Pro-* » *priétés projectives*, qui prouveront, j'espère, sans réplique, que si la *dualité* n'est » pas apparente dans l'*introduction*, elle l'est du moins très-suffisamment dans le » *texte de l'ouvrage*, et qu'ainsi je n'ai pas même besoin de recourir à mes recher- » ches de 1824, encore peu connues, pour prouver mes droits à la priorité qu'on » me conteste.

» Dans le n° 235, IIe Section, p. 124, après avoir exposé, avec de nouveaux » développements, la *Théorie des polaires réciproques*, ébauchée dans mon Mé- » moire de 1818, je fais remarquer en général que *cette théorie s'étend à des* » *figures quelconques tracées sur un plan*, et *qu'elle donne lieu à une foule de con-* » *séquences et de rapprochements curieux concernant la réciprocité et l'analogie* » *de certaines figures et de certaines propriétés;* j'en cite divers exemples, puis » j'ajoute : « *On peut même dire qu'il n'existe aucune relation descriptive* d'une » figure plane (ou de *situation*, suivant l'acception de M. Gergonne) *qui n'ait sa* » *réciproque dans une autre figure*, etc., » ce que je confirme par de nouveaux » exemples. Enfin, j'annonce que cette doctrine et ses conséquences s'étendent » sans peine aux figures dans l'espace, et j'établis, dans les n°s 589, 590 et 592 » du *Supplément*, les *bases* de cette extension; je donne également des exemples » très-généraux relatifs à ce cas dans les n°s 592-602, et principalement à la fin » du n° 610, où je fais voir comment la théorie des pôles et polaires réciproques » peut servir à passer des relations de situation de figures *inscrites* aux surfaces » du second degré, à celles qui appartiennent aux figures *circonscrites* à ces » mêmes surfaces.

» Dans le corps de l'ouvrage, je suis revenu à plusieurs reprises sur les consé- » quences de la théorie des polaires réciproques (*) pour doubler les propositions » connues et de manière à en devenir presque ennuyeux, attendu l'évidence de la

(*) « *Voyez* les n°s 397 et suivants; le n° 400, la fin des n°s 401 et 406, le n° 423, la fin des » n°s 439, 441 et 502, enfin les n°s 524, 535 et 549. Je ne cite pas, en faveur de mes opinions, la » foule des propositions *doubles* ou *réciproques* qui se reproduisent à chaque pas dans l'ouvrage, » parce que je ne soutiens pas, avec M. Gergonne (*voyez* plus haut), que la découverte de quelques » propositions isolées de ce genre suffise pour établir des droits à celle du principe qui les domine » toutes. »

» chose; cependant, M. Gergonne me reproche de n'en avoir point encore traité » assez au long. Je le répète, la dualité de situation dont il est question dans son » Mémoire de 1826 est une conséquence tellement nécessaire, tellement simple » de la théorie des polaires réciproques, que je ne me serais jamais imaginé qu'à » moins de vouloir travailler pour les commençants ou pour les personnes qui » ne liront pas le *Traité des Propriétés projectives*, il fût nécessaire et utile d'écrire » de longues pages sur cette matière, ni qu'on pût songer sérieusement à en faire » une doctrine toute nouvelle, indépendante de la théorie des pôles et polaires, » comme l'a tenté sans succès M. Gergonne, qui vient aujourd'hui me demander » dans quel ouvrage la *dualité de situation* avait été signalée avant la publication » de son Mémoire de 1826.

» Loin de moi, au surplus, la pensée que M. Gergonne ait puisé dans mon livre » ses principes et ses idées sur la dualité; j'aime mieux supposer qu'il n'avait donné » aucune attention sérieuse aux passages qui les concernent et qu'il y a été con- » duit par ses propres méditations, pourvu qu'à son tour il m'accorde, sans restric- » tion, que la dualité des relations de situation, je veux dire leur *réciprocité*, ne » date pas précisément de 1826, mais bien de 1818, 1822, et particulièrement de » mon Mémoire de 1824, lequel en traite fort au long et avec une extension, une » généralité que M. Gergonne n'a point encore atteinte.

» Je n'ai pas accusé ce savant d'emprunt envers moi, j'ai revendiqué des droits » qu'on ne saurait me contester; je me suis plaint du peu d'attention qu'il avait » donné à mes *réclamations* du commencement et de la fin de 1826, de la manière » dédaigneuse et tant soit peu cavalière dont il les a traitées, dans ses *Réflexions* » du n° 3 de mars 1827, sur l'*analyse* de mon dernier Mémoire. Quand bien » même les termes dans lesquels je réclamais eussent été peu convenables *quant* » *à la forme*, l'essentiel était surtout que j'eusse raison *quant au fond*, et l'on en » va juger par l'exemple qui concerne en particulier M. Plucker, dont M. Gergonne » cherche à défendre la cause comme la sienne propre, en soutenant, contre mon » opinion, que ce géomètre ne connaissait pas le *Traité des Propriétés projectives*.

» Supposant même que je me fusse trompé à ce dernier égard, il n'en résulterait » pas moins, des citations et des preuves irrécusables que j'ai apportées, que les » *théorèmes* et *problèmes* du docteur Plucker, insérés p. 37 et 69 du tome XVII » des *Annales*, étaient, pour la plupart, loin d'avoir le mérite de la nouveauté. C'en » était assez, par conséquent, pour rendre obligatoire l'insertion ou la mention de » mes réclamations dans les *Annales*; mais elle eût fait écrouler l'échafaudage des » doubles colonnes du docteur allemand, auxquelles M. Gergonne attachait beau- » coup d'importance, sans doute par esprit de prosélytisme pour la dualité. Que » penseront donc les lecteurs si, les Mémoires de M. Plucker à la main, nous prou- » vons clairement qu'il avait une parfaite connaissance du *Traité des Propriétés* » *projectives*?

» Or, c'est lui-même qui, dès la première page du premier de ses Mémoires » nous en informe en ces termes (t. XVII, p. 37) : « Ces considérations donnent nais- » sance à une série de problèmes curieux qui ont fait le sujet des recherches de » M. Poncelet, dans son *Traité des Propriétés projectives des figures*. Ce que nous

» nous proposons ici est de considérer quelques cas de cette théorie qui reposent sur » des considérations fort simples et conduisent à des démonstrations qui ne le sont » pas moins. »

» J'ai prétendu seulement prouver que ces mêmes constructions se trouvaient » nettement et pour la plupart indiquées dans mon ouvrage, et que M. Plucker » n'avait pas eu beaucoup de peine à les reproduire sous une nouvelle forme, en » leur faisant perdre même leur caractère primitif de généralité.

» Je n'ai jusqu'ici relevé que la première partie des allégations et des assertions » mentionnées à la page 23 du présent volume du *Bulletin*, j'en viens maintenant » à la partie la plus délicate de ma réplique, parce qu'elle ne pourra manquer, » quelle qu'en soit la forme, de mettre en jeu la susceptibilité de M. Gergonne : » je veux parler des erreurs qui se sont glissées dans les derniers *Mémoires* de 1827 » *sur les lois générales qui régissent les courbes et les surfaces algébriques de tous* » *les ordres*, et que j'ai déjà signalées vers la fin de mon précédent article (p. 117), » erreurs d'autant plus graves qu'elles entachent plus universellement sa théorie » de la dualité, et qui ne peuvent s'expliquer, de la part d'un tel géomètre, que par » la précipitation avec laquelle il a rédigé ses Mémoires et les a livrés à la publicité.

» En se rappelant ce que nous avions démontré, dès 1818, dans le tome XIII » des *Annales*, il n'eût pas commis des inadvertances aussi capitales et il n'eût » pas été obligé de les rectifier après coup. Dans tous les cas, ces inadvertances ne » sauraient certes prouver, qu'à l'époque de janvier 1827, pas plus qu'en 1819, » M. Gergonne ait eu sur la dualité de situation des *idées complétement fixées;* sans » cela, s'excuserait-il en disant que « le principe de dualité ne date que d'hier, » qu'on peut se méprendre quelquefois dans les applications, qu'on est forcé » de parler une langue qui n'a point été construite pour les idées qu'il fait » naître, etc. (*) »

» Enfin, peut-on expliquer d'une autre manière le pressentiment qu'il manifeste, » tout en terminant les Mémoires, des inexactitudes qui pouvaient les entacher, » attendu, dit-il, la *nouveauté des recherches*, l'*imperfection du langage*, etc. » Selon M. Gergonne, c'est s'être simplement mépris *dans les applications* que » d'avoir érigé en autant de principes généraux les propositions fausses qui con- » stituent et qui dominent toute la théorie de la dualité des courbes et surfaces; » de telle sorte que, pour en rectifier les nombreuses conséquences, il ne s'est » agi de rien moins que de torturer le sens des mots, en admettant simultanément » deux classifications essentiellement distinctes pour ces courbes et surfaces, chose » jusqu'alors inusitée en Mathématiques et qu'on ne saurait justifier par aucun » prétexte.

» Dans ses notes et dans son article de rectification du 5 novembre 1827, M. Ger- » gonne traite de *vagues* et d'*insinuations obliques* les assertions qui ont provoqué » cette rectification un peu tardive, parce qu'elles sont rédigées dans ce style de » modération que nous avons voulu employer envers un des doyens de la science, » comme une marque de notre déférence ; modération que, dans un autre endroit

(*) « *Annales*, t. XVIII, p. 141, note. »

» de ces mêmes notes, il nous reproche, comme on l'a vu, de n'avoir pas mise également en usage envers M. le docteur Plucker, qui nous est tout à fait inconnu. » Cette même modération va jusqu'à lui faire dire (*Annales*, p. 141 et 134, notes) : » Voici ce qui semblerait prouver que la *foi* à la dualité des propriétés de situation » n'est pas encore *très-vive* chez M. Poncelet. — S'il n'avait pas *autant dédaigné* » l'étude de la dualité de situation, il pourrait prendre ici un ton *plus décisif*. — » S'il *n'est pas sûr* de son fait, pourquoi accuse-t-il ? S'il l'est, au contraire, pourquoi ne montre-t-il pas où est la faute ? Cela serait beaucoup moins désobligeant » que des insinuations obliques.... »

» Ce qui prouve que j'en avais assez dit pour mettre sur la voie M. Gergonne, » c'est qu'avec très-peu de réflexions il lui a été possible de rectifier sa théorie. » D'ailleurs, la fin de mon précédent article ne contient rien de vague ni d'équivoque. Ce géomètre avait avancé en principe, parmi beaucoup d'autres choses » fausses, *conséquences nécessaires* de ses idées trop étendues sur la dualité, que » la réciproque polaire d'une courbe ou surface d'un *certain ordre* était elle-même » de *cet ordre ;* que le *nombre* des tangentes ou des plans tangents communs à » deux courbes ou à trois surfaces était constamment *égal au produit des degrés* » de leurs équations, etc. (*). Or, en citant mes recherches de 1818 et celles de 1824 » sur la théorie des polaires réciproques, j'annonçais être arrivé à des résultats très-différents et que je croyais inattaquables, aussi bien que tous leurs analogues; » c'était dire, en termes honnêtes, que ceux de M. Gergonne étaient erronés, » c'était lui indiquer du doigt l'erreur qui entachait ses recherches. Il est donc » bien évident que la forme de mes critiques, présentées comme des doutes, a » entièrement fait prendre le change à M. Gergonne, et qu'il est injuste à mon » égard quand il taxe d'insinuations obliques des indications aussi expresses, aussi » positives, des erreurs qu'il avait commises en donnant trop d'extension à ses » idées sur la dualité de situation. En insinuant de plus, au même endroit, que » cette dualité *ainsi entendue* ne pouvait s'appliquer aux lignes et surfaces en » général, comme elle l'est à celles du deuxième degré, c'était une autre manière » de l'avertir de l'universalité de son erreur; c'était annoncer que je ne l'avais pas » commise dans mon Mémoire de 1824; mais ce n'était pas affirmer, comme il le

---

(*) « *Annales*, t. XVIII, p. 216, 218, 232, 234, etc. Dans notre Mémoire de 1818, souvent » rappelé, nous avons prouvé que ce nombre est $mn(m-1)(n-1)$, m et n étant les degrés des » courbes. C'est d'ailleurs ici le lieu de remarquer que, des deux théorèmes de M. Vallès, mentionnés à la page 27 du tome VI du *Bulletin des Sciences*, celui qui concerne les courbes a été » donné dans le Mémoire susdit, et l'autre se trouve indiqué dans l'*Application de l'analyse à la* » *Géométrie*, par Monge, 2e partie, p. 14. Nous rappelons ces faits parce que les propositions qu'ils » concernent se rattachent à la théorie des polaires réciproques, et ont été attribuées uniquement à » M. Vallès, par MM. Gergonne et Bobillier, dans les *Annales de Mathématiques*. En les démontrant, ainsi que plusieurs autres sur les *pôles* des courbes et surfaces, M. Bobillier s'est servi » (*Annales*, t. XVIII, p. 93 et suiv.) des mêmes *principes de projection* que nous avions mis en » usage dans notre Mémoire de 1818, principes démontrés dans la première section du *Traité des* » *Propriétés projectives*, et dont l'emploi eût également pu épargner à M. Bobillier les calculs prolixes de la page 157 du volume cité des *Annales*. »

» prétend dans les notes déjà citées plus haut, que la dualité n'avait pas lieu pour » les courbes et surfaces en général; car je démontre expressément le contraire » dans ce Mémoire (nos 100 et 101), quant à ce qui concerne les relations de situa- » tion indépendantes de leur degré.

» Il résulte aussi de là qu'une infinité de théorèmes généraux relatifs aux courbes » et surfaces peuvent être *réciproques*, dans le sens même que l'entendait primiti- » vement M. Gergonne, sans qu'il soit nécessaire de recourir à la double définition » si mal à propos adoptée par lui en dernier lieu, et que c'est bien à tort qu'il les » a confondus avec tous les autres dans son *article de rectification*.

» Dans le fait, je suis bien loin de trouver les rectifications de M. Gergonne satis- » faisantes et même suffisantes; de plus, elles ne sont pas les seules qu'il faudrait » faire subir au *Mémoire sur les lois générales qui régissent les courbes et sur- » faces*. En traitant des mêmes matières dans mon Mémoire de 1824, je n'ai pas » reculé devant la difficulté de conserver aux classifications des courbes et sur- » faces leur définition légitime et universellement admise; et je crois pouvoir dire » que MM. les Commissaires de l'Académie royale des Sciences, chargés de l'exa- » men de ce Mémoire, y trouveront, sur la double existence des relations de » l'étendue, plus de données positives et surtout moins d'erreurs qu'on n'en » rencontre dans ceux de M. Gergonne. Tout le monde pourra y voir que, même » avant 1824, la *dualité de situation*, comme les *autres dualités*, n'était pas pour » moi une doctrine obscure et qui ne datât que de la veille.

» PONCELET.

» Metz, le 22 janvier 1828. »

V.

RÉPONSE DE M. PONCELET AUX RÉCLAMATIONS DE M. PLUCKER, insérées à la page 330 du tome X du *Bulletin des Sciences de Férussac*.

[Extrait du tome XI (1829) de ce recueil, p. 330 à 333.]

« M. Plucker se plaint, dans la lettre qu'il a adressée, en juillet 1828, au rédac- » teur du *Bulletin des Sciences mathématiques*, des attaques que j'aurais dirigées » contre sa personne à l'occasion de la polémique qui s'est établie entre M. Ger- » gonne et moi; le fait est que mes reproches s'adressaient, non à la personne de » M. Plucker que je n'ai pas l'avantage de connaître, mais bien à l'auteur des Mé- » moires à doubles colonnes insérés dans le tome XVII des *Annales de Mathéma- » tiques*, qui semblait avoir pris à tâche de reproduire, sous une forme inusitée, » les théorèmes et les problèmes sur les contacts et osculations des lignes du » second ordre, qui se trouvent exposés ou indiqués dans le *Traité des Pro- » priétés projectives des figures*.

» M. Plucker vient ici nous déclarer qu'il n'est point l'auteur des doubles » colonnes de son Mémoire, et que par conséquent il n'y a pas, de sa part, esprit » de prosélytisme pour la dualité; que ce n'est pas lui non plus qui a cité le *Traité » des Propriétés projectives* dans une occasion insignifiante, puisque aujourd'hui

» même il ne le connaît pas; que ses citations s'étaient bornées, dans son primitif » et véritable Mémoire, à ce qui concerne le théorème sur l'osculation du troisième » ordre des sections coniques, que j'ai énoncé dans le tome VIII (année 1817) des » *Annales de Mathématiques;* qu'il avait eu pour but, dans ce Mémoire, de prou- » ver que les méthodes de la Géométrie analytique se prêtent facilement à cette » sorte de spéculations; que c'était le rédacteur des *Annales* qui, pour faire préva- » loir ses vues systématiques de dualité, avait ainsi dénaturé son travail, et y » avait ajouté tous les développements favorables; qu'enfin il ne peut qu'approuver » ces changements, bien qu'il ignore, à l'instant même où il écrit sa lettre, tout ce » qui a été publié dans les deux derniers volumes des *Annales,* c'est-à-dire la ré- » daction de son premier Mémoire de 1826, et les discussions qui se sont élevées » à son sujet.

» C'est donc encore à M. Gergonne que, sans le savoir, j'avais affaire lorsque je » lui adressai, en 1826, mes réclamations sur les Mémoires de M. Plucker, récla- » mations auxquelles il ne jugea pas à propos de faire droit alors, par un motif qui » peut maintenant se deviner. Voilà aussi le motif de sa sollicitude toute particu- » lière envers M. Plucker et des graves reproches qui m'ont été adressés, dans les » *Annales,* au sujet de ce géomètre que je n'ai aucun intérêt personnel à attaquer. » Je ne me fusse jamais imaginé de telles choses, je l'avoue, avant les éclaircisse- » ments tardifs que M. Plucker vient aujourd'hui nous donner. Le moyen de sup- » poser qu'un homme du caractère de M. Gergonne se soit complu à mutiler le » travail d'un savant étranger pour lui faire honneur de théories que sciemment » il n'a pas le premier inventées, et en dépouiller ainsi, sans aucun risque, le vé- » ritable auteur! Cela explique aussi comment il se fait qu'à trois reprises diffé- » rentes, le *Bulletin des Sciences* ait, sur le témoignage des *Annales,* attribué à » M. Plucker et à quelques autres géomètres fort étrangers à toutes ces discus- » sions, diverses propositions qui se trouvent dans nos ouvrages, et notamment » celles qui concernent les cercles sécants, tangents et osculateurs d'une section » conique, etc. (*). On s'explique enfin comment nos réclamations, soit dans le » *Bulletin des Sciences,* soit dans les *Annales de Mathématiques,* ont pu paraître » d'injustes agressions, et causer du déplaisir à plusieurs estimables géomètres, » sans que nous ayons fait autre chose que de rappeler que tels ou tels principes, » tels ou tels théorèmes se trouvaient déjà établis ailleurs que dans les *Annales.* Il » semble que M. Gergonne ait eu à cœur de prouver à ses lecteurs et à ceux du » *Bulletin,* que les ouvrages qui renferment ces théorèmes sont presque totale- » ment ignorés des géomètres; si donc j'ai eu quelque droit de me plaindre de cet » oubli général de la part d'auteurs qui cultivent avec prédilection le même genre » de recherches que moi, je ne puis, en aucune manière, être comptable envers » eux du désagrément que ces plaintes leur ont occasionné; ils doivent unique- » ment s'en prendre à la personne qui leur a rendu un si mauvais office, et em-

(*) « Nous prions, entre autres, le lecteur de rapprocher les énoncés du n° 148, p. 186 du tome IV » du *Bulletin des Sciences* de 1828, avec les nos 394, 404, 405, etc., du *Traité des Propriétés* » *projectives.* »

» ployer des mesures pour éviter dorénavant que leurs estimables travaux subissent » de pareilles altérations.

» Il est clair, d'après l'exposé de ces faits, qu'en particulier M. Plucker a eu tort » de se fâcher contre moi, et que, dès lors qu'il n'est pas l'auteur de la partie de » ses Mémoires contre laquelle je réclame, il n'a aucun droit de me reprocher des » attaques envers sa personne; qu'enfin, d'après sa propre déclaration, ces attaques » ne concernaient uniquement que l'auteur pseudonyme de ces mêmes articles. Il » n'en restera pas moins à expliquer comment M. Plucker approuve les change- » ments subis par ses Mémoires, changements qu'il déclare ne pas connaître, non » plus que les discussions qui en ont été la suite; comment enfin, ne les connais- » sant pas, il s'est décidé à prendre fait et cause dans une discussion que je croyais » entièrement terminée. M. Plucker annonce, il est vrai, « qu'une méthode pure- » ment analytique lui a fait découvrir, de son côté, il y a environ un an, *le secret de* » *la dualité*; qu'il rédige, de ses papiers, un Mémoire sur le sujet en discussion. » » Il déclare, en outre, ne faire aucun cas « de quelques résultats réclamés par moi, » qui, en eux-mêmes, *tous corollaires d'un théorème connu*, ne sont d'aucune im- » portance; » mais tout cela ne motive pas suffisamment l'objet de la lettre de ce » savant. Nos droits à la dualité ou plutôt à la réciprocité des relations métriques » et de situation semblent parfaitement constatés, soit par les discussions élevées » à leur sujet, soit par la publication qui vient enfin d'être faite, dans un journal » aussi généralement estimé que répandu (*), de notre *Mémoire* de 1824 *sur la* » *théorie des polaires réciproques*. Quant à l'espèce de dédain que M. Plucker » témoigne pour l'objet particulier des recherches dont nous avons revendiqué » la priorité, on observera que ces recherches concernent les contacts et oscula- » tions des sections coniques, questions auxquelles nous attachons quelque prix, » n'en déplaise à ce géomètre, parce qu'elles ont des applications utiles aux arts » graphiques, et qui ne doivent pas, en elles-mêmes, être dénuées de toute espèce » de mérite, puisqu'elles sont devenues entre les mains de MM. Gergonne et » Plucker le sujet de développements fort étendus. La facilité et la simplicité » même avec lesquelles ces conditions dérivent, soit de nos principes sur l'*homo-* » *logie* ou la *perspective* des figures (*Traité des Propriétés projectives*, Sect. III, » Ch. Ier), soit des théorèmes féconds de Pascal et de Brianchon, n'en font qu'ac- » croître le mérite à nos yeux, comme ils l'accroîtront, sans doute, aux yeux de » tous les vrais amateurs des sciences, qui tiennent encore plus au fond qu'à la » forme, et qui n'apprécient pas uniquement les résultats des recherches mathé- » matiques d'après la facilité plus ou moins grande de les démontrer *à posteriori*. » Nous savons aussi que, dans les sciences rationnelles, les vérités se touchent, » sont corollaires les unes des autres, à des degrés plus ou moins rapprochés, et » que telle découverte qui a coûté beaucoup à son auteur devient presque tou- » jours, entre les mains des successeurs, une vérité facile et presque triviale; je

(*) « *Journal für die reine und angewandte Mathematik*, publié par le Dr Crelle; *voyez* IVe vol., » 1er cahier, 1829. Le Mémoire s'y trouve imprimé en français, conforme, quant au texte, au ma- » nuscrit déposé à l'Institut le 12 avril 1824. »

» n'ai pas besoin, je pense, d'en apporter la preuve, ce ne serait pas ici le cas; je » déclare, au contraire que la théorie des contacts dont il s'agit m'a peut-être » moins coûté encore qu'à MM. Plucker et Gergonne, ce qui résulte, à mon avis, » de l'universalité même du principe d'où je suis parti. »

VI.

PASSAGES DU BULLETIN DES SCIENCES DE FÉRUSSAC QUI ONT DONNÉ LIEU AUX OBSERVATIONS ET RÉCLAMATIONS PRÉCÉDENTES.

[Extrait du compte rendu, par M. Gergonne, des *Annales de Montpellier*, et paru sous le pseudonyme de Saigey, rédacteur des articles scientifiques (t. V du *Bulletin* de *janvier* 1826, p. 112) (*).]

« Soit une figure plane tracée en encre noire sur un plan, et dont la propriété consiste en ce que plusieurs groupes de points y sont en ligne droite, tandis que plusieurs groupes de droites y concourent en un même point. Concevons que l'on fasse, aussi en encre noire, une perspective de cette figure sur la surface d'une sphère, l'œil étant supposé au centre. Cette perspective sera une figure sphérique dans laquelle divers groupes de points seront distribués sur des arcs de grands cercles, tandis que divers groupes d'arcs de grands cercles y concourront en un même point.

» Concevons que sur la même sphère on dessine en encre rouge tous les grands cercles dont les points de la première sont les pôles, ainsi que les pôles de tous les grands cercles de celle-ci; comme les arcs de grands cercles qui concourent en un même point ont leurs pôles sur un même arc de grand cercle, et réciproquement, il arrivera que la figure en encre rouge offrira autant de groupes de points distribués sur des arcs de grands cercles, que la figure en encre noire offrait de groupes d'arcs de grands cercles concourant en un même point, et que la figure en encre noire offrira, à l'inverse, autant de groupes d'arcs de grands cercles concourant en un même point, que la figure en encre noire offrait de groupes de points appartenant à des arcs de grands cercles. En outre, il y aura autant de *points* ou d'*arcs* dans chaque groupe de l'une des figures qu'il y aura d'*arcs* ou de *points* dans le groupe correspondant de l'autre figure.

» Or la figure en encre rouge peut toujours être considérée comme la perspective d'une figure plane tracée sur le plan de la figure primitive; et si l'on y trace, toujours en encre rouge, cette nouvelle figure plane, on aura, sur un même plan, deux figures de couleurs différentes, qui auront évidemment entre elles les mêmes relations que nous venons de remarquer dans les figures sphériques correspondantes, si ce n'est que les arcs de grands cercles s'y trouveront remplacés par des lignes droites.

(*) Les huit alinéa qui suivent sont de véritables *additions* du Rédacteur du *Bulletin Férussac*; ils n'ont aucun rapport avec le contenu de l'article de *philosophie mathématique* inséré aux *Annales* et dont nous donnerons ci-après un extrait. — (Note de 1865.)

» Il résulte évidemment de ces considérations que si une figure plane composée de points assujettis à être distribués sur des droites, et de droites assujetties à concourir en divers points, est possible, une autre figure dans laquelle les points en ligne droite seraient remplacés par des droites concourant en un même point, et réciproquement, sera possible aussi; d'où il suit que les théorèmes relatifs à de telles figures sont toujours doubles; de telle sorte que les deux d'une même couple ne diffèrent uniquement qu'en ce que les mots *point* et *droite* y sont permutés entre eux. Il faut seulement en excepter le cas où le théorème serait symétrique par rapport aux points et aux droites; car alors il serait à lui-même son correspondant; tel est, par exemple, le cas de celui-ci : *un polygone a autant d'angles que de sommets.*

» Cette correspondance inévitable entre les théorèmes du genre de ceux dont il est question ici peut encore être rendue manifeste d'une manière plus savante et plus simple : soit tracée sur le plan de la figure noire une ligne quelconque du second ordre, et soient marqués en encre rouge, sur le même plan, par rapport à cette courbe, les pôles des droites et les polaires des points de la première figure. Comme les pôles des droites qui concourent en un même point sont en ligne droite et que les polaires des points en ligne droite concourent en un même point, la figure rouge se trouvera avoir avec la noire les mêmes relations et la même correspondance que ci-dessus.

» Ceci nous fait apercevoir sur-le-champ que quelque chose de tout à fait analogue doit arriver dans la Géométrie à trois dimensions, toutes les fois du moins qu'il n'est question que de points situés en ligne droite ou compris dans un même plan, de droites situées dans un même plan ou concourant en un même point, et enfin de plans se coupant suivant une même droite ou passant par un même point. Si, en effet, une figure est donnée dans l'espace, en imaginant une surface quelconque du second ordre, et en construisant, par rapport à cette surface, les plans polaires, les polaires conjuguées et les pôles des points, droites et plans de la figure donnée, leur ensemble formera une autre figure qu'on pourra appeler sa corrélative; et tout théorème relatif à l'une de ces deux figures aura pour l'autre son analogue, qu'on en déduira en laissant subsister le mot *droite* partout où il se trouvera, et en échangeant seulement entre eux les mots *point* et *plan.*

» Mais si les propriétés des pôles, polaires et plans polaires mettent en évidence cette espèce de *dualité* d'une partie notable de la Géométrie, ce n'est certainement pas en vertu de ces propriétés, mais bien en vertu de la nature même de l'étendue qu'elle a lieu; et c'est principalement à mettre cette vérité dans le plus grand jour que M. Gergonne a consacré la livraison de son recueil qui vient de paraître.

» Les propriétés de l'étendue, qui marchent ainsi par couple, ont encore un autre caractère extrêmement remarquable; c'est que, bien que jusqu'ici on les ait démontrées, pour la plupart, en s'aidant des proportions et du calcul, leur démonstration peut néanmoins en être rendue tout à fait indépendante; mais il devient souvent nécessaire pour cela de passer alternativement de la Géométrie plane à celle de l'espace, et de celle-ci à la première, comme Monge et les géomètres de son école l'ont si souvent pratiqué et avec un si rare bonheur. M. Gergonne se demande, à ce sujet, si la division adoptée depuis deux mille ans, de la Géométrie en Géométrie plane et en Géométrie de l'espace, est aussi méthodique et aussi exactement conforme à l'essence des choses qu'une longue habitude a pu nous le persuader. Il observe qu'en ne s'y astreignant pas, on parviendrait, en ne recourant, pour ainsi dire, qu'à la simple intuition, à pousser assez avant dans la Géométrie des commençants que l'étude du calcul, présenté dès l'entrée, ne rebute que trop souvent.

» Le Mémoire de M. Gergonne, dont la lecture ne suppose aucune connaissance antérieurement acquise sur la science de l'étendue, peut être considéré comme le commencement d'une *Géométrie de la règle*. Afin de rendre plus apparente la correspondance entre les théorèmes dont nous avons parlé plus haut, l'auteur a fait imprimer son Mémoire à deux colonnes, de manière à placer en regard l'un de l'autre les théorèmes correspondants. Il indique, chemin faisant, divers articles insérés antérieurement dans son recueil qui seraient également susceptibles de cette disposition. Pour en donner une idée à nos lecteurs, il nous suffira de transcrire ici les *questions proposées* qui terminent la livraison.

Théorèmes de Géométrie.

» Deux quadrilatères quelconques étant donnés, il existe un angle tétraèdre auquel ces deux quadrilatères sont l'un et l'autre inscriptibles.

» Deux angles tétraèdres quelconques étant donnés, il existe un quadrilatère auquel ces deux angles tétraèdres sont l'un et l'autre circonscriptibles.

Problèmes de Géométrie.

» On a construit, sur les deux faces d'un angle dièdre, deux triangles tels, que les points que déterminent leurs côtés correspondants sont tous trois sur l'arête de l'angle trièdre, et conséquemment en ligne droite; d'où il résulte que, quelle que soit l'ouverture variable de l'angle dièdre, toujours les droites que détermineront les sommets correspondants des deux triangles concourront en un même point. On suppose que l'on fait varier cette ouverture, et on demande quelle ligne ce point décrira dans l'espace. »

» Deux angles trièdres sont tels, que les plans que déterminent leurs arêtes correspondantes passent tous trois par la droite que déterminent leurs sommets, et se coupent conséquemment suivant une même droite; d'où il résulte que, quelle que soit la distance variable de leurs sommets, toujours les droites que détermineront les faces correspondantes des deux angles trièdres seront dans un même plan. On suppose que l'on fait varier cette distance, et l'on demande à quelle surface ce plan sera constamment tangent. »

(T. VII, p. 274 à 275, *mars* 1827.) — « A la page 112 de notre *Bulletin* de février 1826, nous avons rendu compte d'un Mémoire de M. Gergonne ayant pour but de prouver que tous les théorèmes de la Géométrie qui ne sont relatifs qu'à la *situation* respective des parties d'une figure, et non à leur grandeur, doivent nécessairement être doubles, comme le sont en effet les théorèmes relatifs aux hexagones inscrits et circonscrits aux lignes du second ordre, et comme le sont aussi tous les théorèmes de la Trigonométrie sphérique. Dans un Mémoire présenté récemment à l'Académie royale des Sciences, M. Poncelet a repris ce sujet avec de plus amples développements; il a trouvé qu'un grand nombre de théorèmes relatifs à des relations métriques, soit d'angles, soit de longueurs, étaient, comme les théorèmes de situation, susceptibles de cette sorte de *dualité* signalée par M. Gergonne, et a donné des règles pour reconnaître les théorèmes de cette classe et pour en déduire leurs corrélatifs par de simples mutations de mots et de symboles. Une analyse du Mémoire de M. Poncelet, rédigée par l'auteur lui-même, se trouve insérée dans la livraison que nous annonçons; elle est suivie de quelques réflexions de M. Gergonne sur le même sujet (*). »

(T. IX, p. 23 à 25, *novembre* 1827.)— « La majeure partie de cette livraison (t. XVIII des *Annales*, cahier de novembre 1827) est occupée par la réclamation de M. Poncelet, insérée dans notre cahier d'août 1827 (p. 109), et que M. Gergonne a cru devoir reproduire dans son recueil, afin, dit-il, d'ajouter encore, s'il est possible, à la publicité que l'auteur a désiré d'obtenir pour elle. Mais, en la reproduisant, M. Gergonne a cru devoir l'accompagner de notes tendant à montrer combien sont peu fondées les plaintes de M. Poncelet qui, depuis plus de dix ans, a constamment trouvé dans le rédacteur des *Annales de Mathématiques* un zélé propagateur de ses doctrines. Sans prétendre aucunement d'ailleurs disputer à M. Poncelet la priorité qu'il réclame, M. Gergonne veut prouver, par diverses citations, qu'au moins dès l'année 1819 ses idées sur la *dualité de situation* étaient complétement fixées. Il montre aussi par le rapprochement des dates qu'il n'a pu publier plus tôt le dernier article de M. Poncelet contenant l'analyse de son Mémoire de 1824, analyse qui ne lui était pas même encore parvenue lorsque déjà la dernière partie de son Mémoire sur les *lois générales qui régissent les lignes et surfaces algébriques* était entre les mains de l'imprimeur, et la première totalement imprimée. Personne ne regrette plus vivement que M. Gergonne que des occupations multipliées ne permettent pas à M. Poncelet de poursuivre et de publier des recherches aussi heureusement commencées; mais il ne pense pas que ce géomètre puisse songer sérieusement à s'autoriser des contrariétés qu'il éprouve, pour exercer une sorte de droit de *blocus* sur toutes les recherches qui pourraient avoir quelque analogie avec les siennes. M. Gergonne repousse enfin de toutes ses forces l'insinuation par laquelle M. Poncelet semblerait vouloir restreindre aux seules lignes et surfaces du second ordre les applications du principe de dualité, principe qui, dit-il, s'applique même aux lignes et aux surfaces transcendantes comme aux lignes et aux surfaces algébriques, aux lignes et aux surfaces discontinues comme aux lignes et aux surfaces continues.

» A la suite de cette réclamation, M. Gergonne publie le préambule et le *post-scriptum* que M. Poncelet lui reprochait d'avoir omis, en insérant dans les *Annales* l'analyse du Mémoire de 1824. M. Gergonne déclare qu'il ne s'était permis cette omission que dans l'intérêt de M. Poncelet lui-même et pour lui épargner, vis-à-vis du public, le tort d'avoir dirigé contre plusieurs géomètres des accusations aussi peu méritées quant au fond, que peu convenantes quant à la forme.

» Quelque vagues qu'aient pu lui paraître les assertions de M. Poncelet contre une

(*) Les scandaleux mensonges de ce *compte rendu*, réfutés à la page 363 ci-dessus de ma réclamation, l'avaient été à l'avance par mon savant et digne ami feu le colonel du génie Augoyat, à la page 383 du tome VII du *Bulletin des Sciences* (1827). Je n'ai pas cru nécessaire de transcrire ici cet article. — (Note de 1865.)

application trop étendue du principe de dualité, M. Gergonne ne s'en est pas moins cru obligé de revoir avec soin son Mémoire sur les *lois générales qui régissent les lignes et surfaces algébriques;* Mémoire dont nous avons rendu compte dans notre cahier de mars 1827 (p. 165) et dans celui d'avril, même année (p. 221), et qu'il avait signalé lui-même comme pouvant fort bien être entaché de quelques inexactitudes à raison de la nouveauté des recherches, de celle des procédés d'investigation et de l'imperfection du langage. Voici le résumé de ses réflexions sur ce sujet.

» Si l'on appelle courbe ou surface du $m^{ième}$ degré une courbe ou une surface qui coupe une même droite en m points, et si l'on appelle courbe ou surface de $m^{ième}$ classe une courbe à laquelle on peut mener m tangentes d'un même point quelconque, ou une surface à laquelle on peut conduire m plans tangents par une droite quelconque, on pourra dire que la polaire réciproque d'une ligne ou d'une surface du $m^{ième}$ degré est une ligne ou une surface de $m^{ième}$ classe, et *vice versâ*.

» Ces choses ainsi entendues, tous les *théorèmes de situation*, c'est-à-dire ceux dans lesquels il ne sera aucunement question de relations métriques d'angles et de longueurs, seront doubles et se correspondront deux à deux de telle sorte que, pour passer de l'un quelconque à son correspondant, il faudra substituer aux courbes et surfaces des divers degrés des courbes ou surfaces des classes correspondantes, et réciproquement, et faire en outre à son énoncé toutes les autres modifications connues qui résultent du principe de *dualité de situation*.

» Pour donner un exemple de ces sortes de traductions, M. Gergonne présente en deux colonnes quatre beaux théorèmes de M. Bobillier, qui renferment, comme cas très-particuliers, les théorèmes connus sur les pôles, polaires, plans polaires et polaires conjuguées. Les voici :

I. » Une droite étant tracée arbitrairement sur le plan d'une courbe du $m^{ième}$ degré, si, de différents points pris arbitrairement sur cette droite, on mène toutes les tangentes possibles à la courbe, les courbes qui contiendront les points de contact des divers faisceaux de tangentes, lesquelles ne seront que du $(m-1)^{ième}$ degré seulement, passeront toutes par les $(m-1)^2$ mêmes points.

II. » Un plan étant situé d'une manière quelconque dans l'espace, par rapport à une surface du $m^{ième}$ degré, si l'on circonscrit à cette surface tant de surfaces coniques qu'on voudra, ayant leurs sommets en des points quelconques de ce plan, les surfaces courbes qui contiendront les lignes de contact de ces diverses surfaces coniques, lesquelles ne seront que du $(m-1)^{ième}$ degré seulement, passeront toutes par les $(m-1)^3$ mêmes points. Si, de plus, les sommets des surfaces coniques sont tous situés

I. » Un point étant pris arbitrairement sur le plan d'une courbe de $m^{ième}$ classe, si, par ce point, on mène arbitrairement diverses sécantes à la courbe, puis des tangentes à cette même courbe, par ses points d'intersection avec les sécantes, les courbes que toucheront les divers faisceaux de tangentes, lesquelles ne seront que de $(m-1)^{ième}$ classe seulement, auront toutes les $(m-1)^2$ mêmes tangentes.

II. » Un point étant situé d'une manière quelconque dans l'espace, par rapport à une surface de $m^{ième}$ classe, si par ce point on mène à cette surface tant de plans sécants arbitraires qu'on voudra, et qu'on lui circonscrive ensuite des surfaces développables qui la touchent suivant ses intersections avec ces plans, les surfaces courbes auxquelles les surfaces développables seront circonscrites, lesquelles ne seront que de $(m-1)^{ième}$ classe seulement, auront toutes les $(m-1)^3$ mêmes plans tangents. Si, de plus, les plans sé-

sur une même droite, ces mêmes surfaces du $(m-1)^{ième}$ degré se couperont toutes suivant une seule et même courbe à double courbure. »

cants passent tous par une même droite, ces mêmes surfaces de $(m-1)^{ième}$ classe seront toutes circonscrites à une seule et même surface développable. »

(T. IX, p. 302 à 303, *mars* 1828.) — « Dans un premier article de cette livraison, M. Bobillier poursuit les recherches commencées par M. Gergonne et par lui, dans plusieurs des livraisons précédentes, sur les *lois générales qui régissent les lignes et surfaces courbes*; mais, pour pouvoir énoncer les résultats auxquels il parvient dans une langue qui ne soit pas trop prolixe, il se trouve obligé de créer des dénominations en harmonie avec la généralité de ses recherches. D'abord, il continue d'appeler, avec M. Gergonne, courbe et surface du $m^{ième}$ *degré* une courbe ou une surface qui peut couper une droite en m points, tandis qu'il appelle courbe de $m^{ième}$ *classe* une courbe à laquelle on peut mener m tangentes d'un même point, et surface de $m^{ième}$ *classe* une surface à laquelle on peut mener m plans tangents par une même droite. Sur quoi il faut remarquer, au surplus, qu'il n'est pas certain que le degré et la classe d'une courbe soient deux choses différentes, et que MM. Gergonne et Bobillier n'ont adopté cette distinction que provisoirement, et seulement à cause des doutes élevés sur ce sujet par M. Poncelet. »

(T. X, p. 285, *octobre* 1828.) — « Revenant de nouveau sur ce sujet, M. Bobillier prouve d'abord que si $M=0$ représente l'équation d'une courbe du $m^{ième}$ degré, les points de contact de toutes les tangentes menées à cette courbe, par l'un quelconque (a, b) des points de son plan, seront sur une autre courbe donnée par l'équation

$$\frac{dM}{dx}(x-a)+\frac{dM}{dy}(y-b)=mM,$$

laquelle, par le théorème connu des fonctions homogènes, ne sera que du $(m-1)^{ième}$ degré seulement, d'où il suit que le nombre des tangentes issues du point (a, b) sera au plus $m(m-1)$ comme l'avait déjà trouvé M. Poncelet; mais, comme l'observe fort bien M. Gergonne dans une note, *ce n'est là qu'un simple maximum, que le nombre de ces tangentes pourrait fort bien ne jamais atteindre*; d'où il conclut, *avec les Commissaires* de l'Académie royale des Sciences, que le théorème de M. Poncelet ne doit être considéré que comme purement limitatif. M. Gergonne ajoute qu'en particulier *il ne conçoit pas bien* une courbe qu'une droite ne pourrait couper qu'en trois points seulement et à laquelle néanmoins on pourrait mener six tangentes d'un même point de son plan. Dans le surplus de ce Mémoire, M. Bobillier démontre, d'une manière plus directe, les divers théorèmes qu'il avait déjà établis dans le précédent. »

(T. X, p. 330 à 332, *décembre* 1828.) — Réclamation de M. Plucker. — « Le n° 5 de votre *Bulletin* (1re Section, 1828), qui vient de tomber entre mes mains, m'oblige à vous adresser la réclamation suivante, que je vous prie d'insérer dans le plus prochain numéro.

» C'est d'une lettre de Berlin que j'ai appris, il y a trois à quatre mois, avoir été l'objet des injustes attaques de M. Poncelet. Je n'ai pu y répondre parce que je n'avais aucune connaissance exacte du fait. M. Poncelet, infatigable à reproduire toujours les mêmes accusations contre moi, se présente de nouveau pour donner les preuves de ce qu'il a avancé. Deux mots suffiront pour réfuter tout ce que M. Poncelet allègue contre ma bonne foi. « L'échafaudage des doubles colonnes, » auxquelles M. Gergonne attachait beaucoup d'importance, sans doute par esprit » de prosélytisme pour la dualité » (mai 1828, p. 299), est l'ouvrage de M. Gergonne et non pas celui « du docteur allemand. » J'ai accordé volontiers à M. Gergonne la liberté de changer la rédaction de mon Mémoire; s'il y a trouvé des développements favorables à ses idées sur la dualité (moi, j'ignorais absolument le sens de ce mot avant la lecture du numéro cité de votre *Bulletin*), je ne puis qu'approuver qu'il l'ait fait ressortir par « l'échafaudage des doubles colonnes. » Il n'y a donc ni prosélyte, ni esprit de prosélytisme.

« Que penseront donc les lecteurs si, les Mémoires de M. Plucker à la main, nous » prouvons clairement qu'il avait une parfaite connaissance du *Traité des Propriétés* » *projectives?* Or, c'est lui-même qui, dès la première page du premier de ses » Mémoires (j'abrége le passage suivant), cite ce *Traité.* » Non, ce n'est pas lui, c'est encore M. Gergonne. Dans le huitième volume des *Annales*, que j'avais sous les yeux lorsque je rédigeais le Mémoire en question, M. Poncelet, pour faire prévaloir ses méthodes sur celle de la Géométrie analytique, indique, entre autres constructions, celle de l'un des problèmes traités dans mon Mémoire. C'est cette construction que, moi, j'avais citée en ajoutant les mots suivants : « Voyons si ce problème » se prête si difficilement aux méthodes de la Géométrie analytique. » Ces mots expliquent parfaitement le but de mon Mémoire. Je n'avais pas alors la facilité de me procurer le *Traité des Propriétés projectives*, que je connaissais seulement par le catalogue de M. Bachelier. M. Gergonne, en citant, au lieu de ses *Annales*, l'ouvrage de M. Poncelet, a reconnu par là, plus particulièrement que je n'avais pu le faire, la priorité de ses recherches sur le même sujet; il ne devait pas s'attendre aux réclamations de ce géomètre pour quelques résultats obtenus par lui, qui, en eux-mêmes, *tous corollaires d'un théorème connu*, ne sont d'aucune importance.

» Les arguments allégués contre moi par M. Poncelet ont donc disparu. Je déclare après cela que, jusqu'à ce jour, je n'ai pas vu l'ouvrage de M. Poncelet; j'ajoute que j'ignore absolument tout ce qui a été publié dans les deux derniers volumes des *Annales*, en sorte que je ne connais ni la rédaction de mon premier Mémoire, ni les discussions qui se sont élevées sur mon compte.

» Je vous adresse ci-joint le premier volume de mes *Développements de Géométrie analytique*, qui a paru au commencement de l'année. Je pense que vous y apercevrez des méthodes qui ont dû *nécessairement* me conduire à beaucoup de résultats nouveaux. Depuis l'impression de ce volume, qui a duré très-longtemps, j'ai perfectionné et étendu de beaucoup les méthodes qui y sont exposées. J'ai devant moi les matériaux pour un second volume, mais je n'en peux garantir la publication prochaine.

» J'ai reconnu dès le premier moment (en parcourant les *Annales*) l'importance des travaux de M. Poncelet. Je m'en suis prononcé dans la préface du premier volume, et si, après cela, je n'ai pas consulté son *Traité*, c'est uniquement parce que je ne pouvais me le procurer sur-le-champ et parce que le titre de mon ouvrage me permettait de le faire plus tard.

» La lecture du numéro cité plus haut m'engage à rédiger de mes papiers un Mémoire sur le sujet en discussion entre MM. Gergonne et Poncelet. En y exposant une théorie bien différente de celles données jusqu'ici, je ferai voir peut-être qu'une méthode purement analytique m'a fait découvrir, de mon côté, le secret de la dualité; mais tout cela ne date que d'un an. J'espère que le savant rédacteur des *Annales* voudra bien recevoir ce Mémoire (*).

» PLUCKER.

» Bonn, ce 24 juillet 1828. »

VII.

EXTRAITS DE DIVERS ÉCRITS DE M. GERGONNE SUR LA DUALITÉ, ETC.

Les passages du *Bulletin des Sciences* que je viens de transcrire textuellement, et où M. Gergonne *lui-même* rend compte des *Annales* dont il était le rédacteur souvent peu scrupuleux, à son profit et à celui de quelques collaborateurs; ces passages, surtout ceux qui concernent la *réciprocité polaire*, sont, quant aux dates et aux assertions, arrangés avec un tel art, qu'il deviendrait bien difficile de distinguer la vérité du mensonge, à moins de les confronter page pour page avec les articles correspondants des *Annales de Mathématiques*, où M. Gergonne expose ses idées et sa défense relatives à la *dualité de situation*. C'est pourquoi je crois devoir aussi rapporter textuellement les passages de ces articles qui peuvent intéresser la discussion, et qui ont enhardi les collaborateurs dont il vient d'être parlé à explorer un champ de vérités géométriques dont, avant les spirituelles divulgations et amplifications de M. Gergonne en 1827, ils n'avaient guère pressenti la fécondité et la richesse; vérités auxquelles, je l'avoue sincèrement, je n'avais pas moi-même, dans mes écrits de 1817 et 1818, 1820 et 1822, donné les développements indispensables pour en faire saisir la portée philosophique aux esprits vulgaires ou inattentifs.

Considérations philosophiques sur les éléments de la science de l'étendue, par M. Gergonne, avec cette épigraphe : *Tantum series juncturaque pollet* (HORACE). (*Annales*, t. XVI, p. 209, numéro de janvier 1826.)

« Les diverses théories dont se compose le domaine de la science de l'étendue peuvent être rangées en deux classes très-distinctes. Il est, en effet, certaines de ces théories qui dépendent essentiellement des *relations métriques* qui se trouvent exister entre les diverses portions d'étendue que l'on compare, et qui conséquemment ne sauraient être établies qu'à l'aide des principes du calcul. D'autres, au contraire, sont tout à fait indépendantes de ces mêmes relations, et résultent uniquement de la *situation* que se trouvent avoir les uns par rapport aux autres les êtres géométriques sur lesquels on raisonne; et bien que très-souvent on les déduise des proportions et du calcul, on peut toujours, en s'y prenant d'une manière con-

(*) L'irascible rédacteur des *Annales de Montpellier* a jugé fort prudent de supprimer entièrement ce Mémoire, comme il l'avait fait précédemment du dernier chapitre de celui de notre illustre Sturm; procédé tout au moins peu délicat, dont M. Plucker se plaint dans un ouvrage allemand de 1828, qui sera mentionné dans l'art. III du paragraphe ci-après. — (Note de 1865.)

venable, les en dégager complétement. Mais il peut quelquefois devenir nécessaire pour cela de passer tour à tour de la Géométrie plane à celle de l'espace et de celle-ci à la première, comme Monge et les géomètres de son école l'ont si souvent pratiqué, et avec tant de succès.

» Il est donc raisonnablement permis de se demander, d'après cela, si notre manière de diviser la Géométrie en *Géométrie plane* et *Géométrie de l'espace* est aussi naturelle et aussi exactement conforme à l'essence des choses que vingt siècles d'habitude ont pu nous le persuader. Toujours du moins demeure-t-il vrai qu'en y renonçant on parviendrait, en ne recourant, pour ainsi dire, qu'à la simple intuition, à pousser assez avant dans la Géométrie des commençants que l'étude du calcul, présentée dès l'entrée, ne rebute que trop souvent, et qui peut-être s'y livreraient plus tard avec beaucoup moins de répugnance, lorsque leur intelligence se serait agrandie et fortifiée par l'étude d'une série plus ou moins prolongée de propriétés de l'étendue.

» Mais un caractère extrêmement frappant de cette partie de la Géométrie qui ne dépend aucunement des relations métriques entre les parties des figures, c'est qu'à l'exception de quelques théorèmes symétriques d'eux-mêmes, tels, par exemple, que le théorème d'Euler sur les polyèdres, et son analogue sur les polygones, tous les théorèmes y sont doubles; c'est-à-dire que dans la Géométrie plane, à chaque théorème il en répond toujours nécessairement un autre qui s'en déduit en y échangeant simplement entre eux les deux mots *points* et *droites;* tandis que, dans la Géométrie de l'espace, ce sont les mots *points* et *plans* qu'il faut échanger entre eux pour passer d'un théorème à son corrélatif.

» Parmi un grand nombre d'exemples que nous pourrions puiser, dans le présent Recueil, de cette sorte de *dualité* des théorèmes qui constituent la *Géométrie de situation*, nous nous bornerons à indiquer, comme les plus remarquables, les deux élégants théorèmes de M. Coriolis, démontrés d'abord à la page 326 du XIe volume, puis à la page 69 du XIIe, et l'article que nous avons nous-même publié à la page 157 du précédent volume, sur les lois générales qui régissent les polyèdres. C'est, au surplus, une suite inévitable des propriétés des pôles, polaires, plans polaires et polaires conjuguées des lignes et surfaces du second ordre, qui jouent ici un rôle assez analogue à celui que joue le triangle supplémentaire dans la Trigonométrie sphérique, où, comme il a été montré dans tout le cours de l'intéressant Mémoire de M. Sorlin (t. XV, p. 273), les théorèmes peuvent également être répartis en deux séries parallèles, de manière à se correspondre deux à deux avec la plus grande exactitude.

» Toutefois, quelque digne de remarque que puisse être un fait géométrique de cette importance, et quelque ressource qu'il puisse offrir, dans un grand nombre de cas, pour faire deviner en quelque sorte de nouveaux théorèmes, à peine a-t-il été entrevu, même par les géomètres qui, dans ces derniers temps, se sont le plus spécialement occupés de la recherche des propriétés de l'étendue; tant est peu philosophique encore, même de nos jours, la manière d'étudier les sciences.

» Voilà ce qui nous détermine à faire de cette sorte de Géométrie *en parties doubles*, s'il est permis de s'exprimer ainsi, le sujet d'un écrit spécial dans lequel, après avoir rendu manifeste le fait philosophique dont il s'agit dans l'exposé même des premières notions, nous nous en appuierons, soit pour démontrer quelques théorèmes nouveaux, soit pour donner de quelques théorèmes déjà connus des démonstrations nouvelles, qui les rendent à l'avenir tout à fait indépendants des relations métriques desquelles on a été jusqu'ici dans l'usage de les déduire.

» Nous pourrions fort bien nous borner à démontrer seulement une moitié de nos théorèmes, et à en déduire l'autre moitié, à l'aide de la théorie des pôles. Mais nous préférons les démontrer directement les uns et les autres, tant pour ne pas sortir des premiers éléments et rendre ce qu'on va lire accessible à ceux-là même qui ne connaissent pas les *Éléments d'Euclide*, que pour avoir l'occasion de faire remarquer qu'il existe entre les démonstrations de deux théorèmes d'une même couple la même correspondance qu'entre leurs énoncés. Nous aurons même soin, afin de rendre cette correspondance plus apparente, de présenter les théorèmes analogues dans deux colonnes, en regard l'une de l'autre, comme nous en avons déjà usé dans l'article sur les polyèdres rappelé plus haut; de telle sorte que les démonstrations puissent se servir réciproquement de contrôle.

» Nous croyons superflu d'accompagner ce Mémoire de figures, souvent plus embarrassantes qu'utiles, dans la Géométrie de l'espace ; figures que nous ne pourrions d'ailleurs offrir que sous un aspect unique et individuel au lecteur qui pourra, au contraire, les construire et façonner à son gré, si toutefois il en juge le secours nécessaire. Il ne s'agit ici, en effet, que de déductions logiques, toujours faciles à suivre lorsque les notations sont choisies d'une manière convenable. »

Nota. — J'ai supprimé ici les §§ I, II et III du Mémoire de M. Gergonne, où, pour la *première fois*, les énoncés de diverses propositions géométriques déjà connues et purement élémentaires apparaissent sous l'aspect de *doubles colonnes verticales;* ces énoncés, mis en regard les uns des autres, étant interrompus seulement par quelques remarques, dont la plus importante (p. 230 et 231) est ainsi conçue :

« Quelques personnes trouveront peut-être que ce qui précède manque de développement; mais nous les prierons de remarquer que nous n'écrivons pas pour les commençants, et qu'il nous a dû sembler préférable de multiplier les points de comparaison que d'entrer sur quelques-uns d'entre eux dans de minutieux détails que tout lecteur tant soit peu versé dans la Géométrie pourra facilement suppléer. Nous croyons en avoir dit suffisamment pour mettre hors de contestation ces deux points de philosophie mathématique, savoir : 1° qu'il est une partie assez notable de la Géométrie dans laquelle les théorèmes se correspondent exactement deux à deux, ainsi que les raisonnements qu'il faut faire pour les établir, et cela en vertu de la nature même de l'étendue; 2° que cette partie de la Géométrie, qui prendrait une très-grande étendue si l'on voulait y comprendre les lignes et les surfaces courbes, peut être complétement développée indépendamment du calcul et de la connaissance d'aucune des propriétés métriques des grandeurs que l'on considère.

» Il nous a paru qu'un point de doctrine d'une importance aussi majeure, dont nous avons été frappé pour la première fois il y a plus de dix ans et que l'esprit de détail avait dérobé jusqu'ici à la vue des géomètres, ne devait pas demeurer plus longtemps sans être mis en pleine évidence. Nous craignons bien toutefois que ce que nous venons d'écrire passe sans être aperçu, ou que du moins, d'après un examen superficiel, beaucoup n'y voient qu'un de ces rapprochements forcés qui n'ont de consistance que dans l'esprit de ceux qui les imaginent. »

Du reste rien, si ce n'est l'épithète de *relation métrique*, ne témoigne que M. Gergonne se soit inspiré de la lecture de mes propres écrits (1817, 1818, 1822, etc.).

Recherches sur quelques lois générales qui régissent les lignes et les surfaces algébriques de tous les ordres, par M. Gergonne, avec une épigraphe tirée des *Leçons de* Laplace *à l'École Normale* (*Annales*, t. XVII, p. 214, novembre 1826).

« Nous observions, il n'y a pas longtemps (*), qu'au point où les sciences mathématiques sont aujourd'hui parvenues, et encombrés comme nous le sommes de théorèmes, dont la mémoire la plus intrépide ne saurait même se flatter de conserver les énoncés, on servait moins utilement la science en cherchant des vérités nouvelles qu'en s'efforçant de ramener à un petit nombre de chefs principaux les vérités déjà découvertes. Une science d'ailleurs se recommande peut-être moins encore par la multitude des propositions dont se compose son domaine que par la manière dont ces propositions sont liées et enchaînées les unes aux autres. Or, il est dans chaque science certains points de vue élevés où il suffit de se placer pour embrasser d'un même coup d'œil un grand nombre de vérités que, dans une position moins favorable, on aurait pu croire indépendantes les unes des autres, et que l'on reconnaît dès lors dériver toutes d'un principe commun, souvent même incomparablement plus facile à établir que les vérités particulières dont il est l'expression abrégée.

» C'est dans la vue de confirmer ces considérations par quelques exemples assez remarquables que nous nous proposons ici d'établir, sur les points communs et tangentes communes aux courbes planes, situées dans un même plan, sur les lignes communes et points communs aux surfaces courbes, sur les surfaces développables qui leur sont circonscrites et sur leurs plans tangents communs, un petit nombre de théorèmes généraux, offrant une infinité de corollaires, parmi lesquels nous nous bornerons à signaler les plus simples ou les plus dignes de remarque. Plusieurs de ces corollaires sont connus depuis longtemps; mais nous ne pensons pas qu'on en rencontre autre part des démonstrations aussi simples et aussi brièves, et qui exigent aussi peu de contention d'esprit, que celles qu'on trouvera ici des théorèmes généraux qui les renferment tous.

» Comme il ne s'agira aucunement ici des relations métriques, tous nos théorèmes seront doubles. Pour en faire mieux saisir la correspondance, nous placerons dans deux colonnes, en regard les uns des autres, les théorèmes qui devront se correspondre, ainsi que nous l'avons déjà pratiqué plusieurs fois. »

Nota. — Ce qui suit, divisé en deux SECTIONS relatives aux *courbes planes* et aux *surfaces courbes*, contient, sans contredit, sous forme de doubles colonnes, la partie la plus originale des recherches géométriques de M. Gergonne, bien qu'elle soit une déduction fort simple de la méthode des *multiplicateurs indéterminés* de M. Lamé (*Annales*, t. VII, p. 229, septembre 1817). Dans la première section, l'auteur se sert, pour la première fois, des notions relatives aux *polaires réciproques*, aux intersections *réelles*, *idéales* (imaginaires) à distance finie ou infinie, établies dans le tome Ier du *Traité des Propriétés projectives;* mais la rigueur des propositions réciproques n'est pas justifiée directement, ce qui semble prouver que M. Gergonne en s'appuyant, sans en faire l'aveu explicite, sur les doctrines de ce Traité que, en sa qualité d'algébriste, il avait tout d'abord condamné à l'exemple de Cauchy, se trouve ici obligé d'admettre le résultat de ces

(*) « *Voyez* la page 314 du précédent volume des *Annales de Mathematiques.* »

doctrines avec la généralité d'application que Sturm, esprit sincère et rigoureux, venait de lui accorder dans un *Mémoire sur les lignes du second ordre* que suit immédiatement celui de M. Gergonne, et où mon illustre confrère s'exprime ainsi (*Annales*, p. 197 à 198) :

« Ce qui précède renferme les principes de la théorie des pôles et polaires réciproques, dont nous ferons souvent usage dans la suite de ces recherches. M. Poncelet, à qui est due cette extension importante de la théorie des pôles, a montré dans son grand Traité, et dans un article du tome VIII des *Annales de Mathématiques* (p. 201), comment on peut y parvenir directement, sans recourir aux propriétés des hexagones inscrit et circonscrit. Il a fait voir, par des applications très-variées, toute l'utilité de cette nouvelle théorie, dont il a enrichi la Géométrie. En général, il résulte de cette théorie qu'il n'existe aucune relation descriptive d'une figure donnée sur un plan qui n'ait sa correspondante dans une autre figure; en sorte que toute propriété appartenant à une figure composée de points et de lignes, soit droites soit courbes, et tracée sur le plan d'une ligne arbitraire du second ordre prise pour directrice, entraîne nécessairement l'existence d'une certaine propriété corrélative de la figure qu'on peut concevoir comme polaire réciproque de la proposée. Par exemple, à chaque propriété des polygones inscrits aux lignes du second ordre doit correspondre une propriété analogue des polygones circonscrits de même espèce, et réciproquement. C'est ce qu'on peut vérifier au sujet des quadrilatères et hexagones inscrits et circonscrits, dont il a été question précédemment.

» Pour le présent, nous nous proposons, à l'aide de cette théorie et en partant du théorème général que nous avons établi sur les lignes du second ordre qui ont quatre points communs, lequel est exprimé par les formules (f) du § VI, de démontrer un théorème analogue à celui-là, relatif à des lignes du même ordre qui ont quatre tangentes communes. Cette application fera le sujet du paragraphe suivant. »

Nota. — Ce paragraphe n'a point paru dans les *Annales*.

Réflexion de M. Gergonne *sur l'analyse d'un Mémoire présenté à l'Académie royale des Sciences* par M. Poncelet, *extraite d'une Lettre adressée au rédacteur des* Annales (t. XVII, p. 265 à 272, mars 1827).

« Les esprits superficiels, ceux qui n'étudient les sciences que comme on apprend un métier et qui n'en comptent pour rien la philosophie, pourront ne voir dans le beau travail de M. Poncelet que quelques théorèmes nouveaux ajoutés à ceux dont nous sommes déjà en possession, et une manière nouvelle de démontrer des théorèmes déjà connus. Peut-être même des gens incapables de rien inventer eux-mêmes viendront-ils nous prouver avec une sorte de triomphe que quelques-uns des théorèmes donnés pour nouveaux par l'auteur sont implicitement compris dans d'autres théorèmes déjà démontrés, il y a tant ou tant de siècles, par quelque géomètre grec ou latin bien ignoré.

» Mais il s'agit ici, suivant nous, de bien autre chose ; il ne s'agit pas moins que de commencer pour la Géométrie, mal connue depuis près de deux mille ans qu'on s'en occupe, une ère tout à fait nouvelle ; il s'agit d'en mettre tous les anciens traités à peu près au rebut, de leur substituer des traités d'une forme tout à fait différente, des traités vraiment philosophiques qui nous montrent enfin cette étendue, réceptacle universel de tout ce qui existe, sous sa véritable physionomie, que la mauvaise méthode d'enseignement adoptée jusqu'à ce jour ne nous avait pas permis de remarquer ; il s'agit, en un mot, d'opérer dans la science une révolution aussi impérieusement nécessaire qu'elle a été jusqu'ici peu prévue.

» Ce n'est précisément pas parce que la nouvelle doctrine promet une moisson plus abondante de théorèmes qu'elle mérite toute notre attention. Qu'importent, en effet, quelques théorèmes de plus qui demeureront peut-être éternellement sans applications? Qu'importe, par exemple, que quelques-unes des solutions données récemment par M. le Dr Plucker (p. 37) soient déjà connues et soient même moins générales et moins complètes que celles que d'autres géomètres ont pu donner des mêmes problèmes, comme la remarque nous en a déjà été faite plusieurs fois? La théorie des polaires réciproques aurait même fort bien pu épargner à l'auteur la moitié de ses démonstrations, comme elle nous les a épargnées à nous-même dans notre Mémoire sur les *lois générales qui régissent les surfaces courbes* (p. 214); mais ici le fond est de peu d'importance et la forme est à peu près tout; et ce qui recommande principalement le petit Mémoire de M. Plucker, c'est qu'il nous montre les deux Géométries marchant constamment de front, sans qu'aucune d'elles ait rien à emprunter à l'autre. C'est là aussi ce que nous avons eu principalement en vue, soit dans notre essai sur les *lois générales qui régissent les polyèdres* (t. XV, p. 157), soit dans un autre Mémoire plus étendu (t. XVI, p. 209).

» Mais, comme toutes les révolutions, celle qui se prépare dans la science de l'étendue, et que M. Poncelet regarde peut-être à tort comme étant presque achevée, doit compter pour adversaires, ou tout au moins pour spectateurs indifférents, tous ceux qui n'y auront pas coopéré; et déjà n'entendons-nous pas bourdonner autour de nous que les recherches du genre de celles dont s'occupe M. Poncelet n'excitent, à l'époque où nous nous trouvons, qu'un médiocre intérêt, que cela est à peu près *passé de mode?* Qui sait même si l'on n'aura pas fait des tentatives pour entraîner leur estimable auteur sur un autre terrain et le détourner d'un genre de méditations dans lequel on est contraint d'avouer toute sa supériorité?

» Au surplus, si les doctrines que M. Poncelet cherche à faire prévaloir ne sont pas encore aussi répandues qu'elles méritent de l'être, peut-être y a-t-il aussi un peu de sa faute, et peut-être pourrions-nous nous glorifier d'avoir mieux servi la cause qu'il défend qu'il ne l'a servie lui-même. Ce qu'il y a de plus important et de plus éminemment philosophique dans ces recherches, c'est, ce nous semble, d'une part cette double face de la Géométrie que son dernier Mémoire a pour objet de mettre en évidence, et de l'autre la possibilité de démontrer, sans aucune sorte de calculs ni de constructions, la totalité peut-être des théorèmes qui ne dépendent ni des relations d'angles ni des relations de longueur. Or, le dernier Mémoire de M. Poncelet n'est encore connu jusqu'ici que de peu de personnes; et, bien que les points principaux en soient indiqués dans le *Traité des Propriétés projectives*, c'est d'une manière si fugitive, qu'il n'en est fait aucune mention ni dans le Rapport des Commissaires de l'Académie, ni dans la préface de l'auteur, ni même dans son introduction de trente pages. N'est-on pas fondé, d'après cela, à penser que M. Poncelet avait d'abord regardé cette partie de son ouvrage comme très-accessoire, surtout lorsqu'on lui voit recommander les éléments d'Euclide, et qu'on le voit débuter par des proportions et des calculs?

» L'ouvrage de M. Poncelet est sans doute rempli d'une multitude de choses très-remarquables ; mais peut-être l'auteur aurait-il bien fait d'en faire le sujet d'autant d'ouvrages séparés ; d'autant que, parmi les doctrines qu'il cherche à faire prévaloir, il en est qui sont tout au moins sujettes à controverse et dont le mélange avec les autres peut faire tort à celles-ci, qui sont au contraire au-dessus de toute attaque.

» Quant à nous, convaincu comme nous le sommes que, loin de rien gagner en brusquant les révolutions, on ne fait le plus souvent ainsi qu'en reculer l'accomplissement, et convaincu également qu'il est des choses qu'il faut redire bien des fois avant de les faire recevoir, nous avons embrassé un horizon moins vaste. Certain, même avant que M. Poncelet ait rien publié sur ce sujet, que toute la partie de la Géométrie qui ne dépend pas des relations métriques était double, nous avons saisi toutes les occasions de rendre cette vérité sensible ; et pourtant, malgré tous nos efforts, nous n'oserions nous flatter d'y avoir complétement réussi. Toujours est-il vrai, du moins, qu'aujourd'hui encore nous recevons de diverses parts des énoncés de théorèmes, susceptibles de l'espèce de traduction qui fait le sujet des méditations de M. Poncelet, sans que leurs auteurs aient l'air de se douter que cette traduction soit possible.

» Il est au surplus un obstacle réel à la propagation facile des doctrines que M. Poncelet et nous cherchons à populariser, et cet obstacle, comme nous l'avons déjà insinué plusieurs fois, réside dans l'obligation où nous nous trouvons de parler la langue créée pour une Géométrie bien plus restreinte que celle qui nous occupe. Condillac a sans doute fort exagéré en prétendant réduire toute science à une langue bien faite ; mais ce qu'on ne saurait raisonnablement contester, et ce que prouve victorieusement le progrès immense qu'a dû l'Algèbre au perfectionnement progressif de ses notations, c'est que, quand la langue d'une science est bien faite, les déductions logiques y deviennent d'une telle facilité, que l'esprit va pour ainsi dire de lui-même au-devant des vérités nouvelles. Or, M. Poncelet a pu souvent éprouver ce que nous avons éprouvé nous-même, savoir, qu'il est certaines propositions, évidemment susceptibles de l'espèce de traduction qui fait le sujet de son Mémoire, et que pourtant on ne parvient pas à traduire sans quelque contention d'esprit, et cela uniquement parce que les mots se refusent à les exprimer nettement. La double existence des propriétés de l'étendue pourra donc bien rester encore un mystère pour le gros des géomètres, aussi longtemps que, par exemple, on devra remplacer, dans les traductions, le mot unique *diagonale* par cette suite de mots : *points de concours des directions de deux côtés non consécutifs*. L'embarras est bien plus grand encore dans la Géométrie de l'espace, où nous n'avons pas même de périphrase pour caractériser nettement la surface polyèdre dont une surface développable est la limite ; car M. Poncelet conviendra, sans doute sans peine, que l'expression de *polyèdre indéfini* qu'il emploie n'est guère préférable à celle d'*angle polyèdre gauche*, que nous avions hasardée dans un précédent Mémoire.

» Il sera donc nécessaire, pour présenter la nouvelle théorie sous le jour le plus avantageux, de créer d'abord une langue à sa taille, s'il est permis de s'exprimer ainsi ; mais cette langue, nous en convenons, sera difficile à bien faire, et il sera peut-être plus difficile encore, lorsqu'elle sera faite, de lui obtenir un accueil favorable de la part des géomètres. »

Nota. — On remarquera que cette *Réflexion*, où M. Gergonne veut bien m'associer aux éloges qu'il adresse à la doctrine de la *dualité*, est précédée d'un extrait de la première partie seulement de l'épître que je lui avais adressée le 10 décembre 1826 ; extrait où se trouvent omis et le titre et la date de mon Mémoire de juin 1824 sur la *théorie des polaires réciproques*. Évidemment cette omission ne saurait être excusée ni palliée par les éloges tardifs de M. Gergonne, qui attestent seulement l'embarras où l'avaient jeté cette même lettre de décembre 1826 et les assertions mensongères du *Bulletin Férussac*.

Réclamation de M. le capitaine Poncelet, avec des notes par M. Gergonne, *extraite du* Bulletin universel des annonces et nouvelles scientifiques, *et suivie de divers articles de restitution, de rectifications,* etc. (*Annales*, t. XVIII, p. 125 à 156, novembre 1827).

« M. Poncelet, de qui, depuis plus de dix ans, je n'ai cessé d'accueillir les recherches, de signaler les travaux, de défendre et de propager les doctrines, vient de publier dans le dernier numéro du *Bulletin universel* (août 1827, p. 109) une sorte de note diplomatique, en forme de manifeste, où, à travers des expressions beaucoup trop flatteuses pour moi, on voit percer, de toutes parts, beaucoup d'amertume, des reproches et même des accusations assez graves. Si, croyant avoir à se plaindre de ma part de quelque manque de procédé, bien involontaire sans doute, M. Poncelet s'était directement adressé à moi, j'ose croire qu'il ne m'eût pas été difficile de le convaincre que ses préventions étaient tout à fait dénuées de fondement ; mais puisqu'il a préféré m'accuser devant le public, je crois entrer dans ses vues en consignant sa plainte dans mon Recueil, afin d'ajouter encore, s'il est possible, à la publicité qu'il a désiré d'obtenir pour elle. »

Nota. — Ce préambule n'est nullement justifié par les procédés antérieurs de M. Gergonne envers moi, d'autant plus qu'il n'avait point eu égard, après un an presque écoulé, à ma lettre de 1826, et que la réclamation dont il s'agit ici s'adressait au rédacteur pseudonyme du *Bulletin Férussac*. D'ailleurs, M. Gergonne ayant fait droit, quoique tardivement et de fort mauvaise grâce, à mes réclamations insérées au *Bulletin Férussac*, cela me dispense de rapporter ici les autres notes dont il a cru utile de les accompagner ; notes peu sérieuses au fond et dont le persiflage témoigne de l'embarras, sinon du repentir de leur auteur, dont la conduite persistante, tout au moins peu loyale, a été un scandale jusque-là sans exemple, mais qui ne se renouvellera plus, je l'espère, parmi les rédacteurs de Journaux mathématiques. D'ailleurs encore, les pages 379 à 384 ci-dessus, extraites du *Bulletin Férussac*, contenant de la main même de M. Gergonne la réplique à ma réclamation, par conséquent le sommaire des notes déjà mentionnées aux *Annales*, il eût été fort long et peu édifiant pour le lecteur de transcrire et de réfuter ces notes. J'aurais de même supprimé le préambule rapporté plus haut, s'il ne m'avait semblé éminemment propre à caractériser les sentiments de supériorité, de satisfaction personnelle et de hautaine protection envers moi, que rappelle si bien la correspondance amicale, scientifique, mais quelque peu pédantesque de feu mon compatriote O. Terquem, qui, lui aussi en 1818, s'autorisait du privilége de l'âge et d'une réputation déjà acquise pour juger mes premiers travaux géométriques au point de vue de ses connaissances bibliographiques (*voyez* t. II des *Applications d'Analyse et de Géométrie*, p. 539, 541,

552). C'est à ce titre seulement que je joins, au préambule dont il s'agit, la note insérée par M. Gergonne au bas de la page 128 de l'endroit cité des *Annales*.

« Personne n'a été plus fâché que moi de voir M. Poncelet chargé de ce Cours (il s'agit ici des leçons de Mécanique dont, à partir de janvier 1825, j'avais été chargé à l'École d'application de Metz); je m'en suis expliqué à son ami le colonel Vainsot, dès qu'il m'en a donné la première nouvelle, et plus tard j'ai dit publiquement ce que j'en pensais (t. XVII, p. 274). Il ne manque pas en effet d'hommes propres à appliquer les sciences; et on ne saurait laisser trop de loisirs au petit nombre des esprits privilégiés qui peuvent en reculer les limites. Malheureusement tout le monde ne pense pas ainsi. La *roue à aubes courbes* de M. Poncelet lui a valu d'honorables récompenses, et sa *théorie des polaires réciproques* (*Annales*, t. VIII, p. 201), bien que d'une tout autre importance, a passé pour ainsi dire inaperçue.

» Mais, parce que M. Poncelet est empêché de publier les résultats de ses recherches, s'ensuit-il que tout le monde sera tenu de se croiser les bras pour l'attendre? Je ne puis me persuader qu'il pousse l'exigence à ce point. »

Réponse à cette dernière phrase. — Non certes! mais, quand après avoir seulement sarclé, émondé, greffé, etc., sur le terrain péniblement défriché, labouré, semé et planté par son voisin, on vient à en récolter les fruits, il est de stricte justice de le déclarer sans réserve ni réticence; à moins de braver tout respect humain, de renier Dieu et d'admettre, avec le Proudhon de 1848, que *la propriété c'est le vol*, même pour les choses scientifiques et littéraires.

Au surplus, la façon dont le savant Recteur de l'Université de Montpellier a traité (t. XXI des *Annales*, note de la page 181) M. Liouville, son successeur autorisé, en 1836, dans la rédaction du *Journal* français, in-4°, *de Mathématiques pures et appliquées;* cette façon plus que cavalière suffit, et de reste, pour prouver que, même en fait de *théories mathématiques de la chaleur*, aux yeux de M. Gergonne, *le fond est peu de chose et la forme, le style, presque tout;* jugement sévère ici mal appliqué, démenti par certains écrits de d'Alembert (*Dynamique* et *Opuscules*), et bien peu justifié par les *Préliminaires d'un Cours de Mathématiques pures*, plein de réminiscences philosophiques (*Annales*, t. XXI, p. 305), parmi lesquelles je citerai celles de la page 124, où M. Gergonne se montre imbu de l'espoir que « le genre humain est appelé, peut-être, à des destinées que l'imagination la plus brillante et la plus féconde pourrait à peine concevoir. Qu'est-ce » au fond que cinquante ou soixante siècles, observe notre philosophe, que serait-ce même qu'un » *million* de siècles comparé à la durée possible des choses? » Cette doctrine alors admise dans la savante École de médecine de Montpellier, rivale de celle de Paris, depuis reproduite, et en quelque sorte *vulgarisée*, donnerait à l'homme pour ancêtres, soit le *singe*, avec ou sans queue, le *têtard de la grenouille*, soit l'un des *mollusques* les plus infimes de la *création*, l'*huître* avec ou sans écailles, comme me le soutenait en 1843 l'ex-ami de Gergonne, mon compatriote le Dr Lallemand, le spirituel auteur du *Hachich* et d'anciens écrits beaucoup plus sérieux et surtout plus savants. Enfin, l'Univers, à tout jamais mystérieux pour nous, je le crains fort, serait, d'après ces philosophes matérialistes, non le résultat d'une volonté première de Dieu, l'éternel géomètre de Platon, de Newton, de Linné, de Cuvier, mais le produit fortuit ou spontané de l'*incubation* et de la *transformation* progressive des êtres.

C'est sans doute aussi d'après un sentiment de hautaine incrédulité envers les inventeurs, que le Rédacteur des *Annales* s'est cru en droit de gourmander Montucla (note de la page 223 du tome XVII des *Annales*) d'avoir, contre l'avis de l'ancien philosophe Descartes, attribué au jeune Pascal le théorème de l'*hexagramme mystique*, que M. Gergonne prétend avoir démontré dans ses doubles colonnes, sans recourir à l'Analyse algébrique des Dupin et des Lamé.

C'est ainsi encore que, enhardi, encouragé plus tard (1847) par un estimable professeur de l'École régimentaire du génie de Montpellier, M. Lenthéric neveu, auteur d'une théorie algébrique des *polaires conjuguées et réciproques*, écrite sous le manteau du *Principe de dualité*, le même M. Gergonne, encouragé par les éloges de ce professeur qui le place immédiatement après Lahire, Monge et le Rochat des *Annales* (t. III, p. 302), en oubliant Euclide, Apollonius, Pappus, Desargues, Pascal, Brianchon et d'autres non moins dignes d'être cités; c'est ainsi, dis-je, que l'irascible et vaniteux Gergonne, séduit par d'aussi flatteuses concessions, se réveilla tout à coup, au bout d'un sommeil philosophique de vingt-cinq ans (*Mémoires de l'Académie des Sciences de Montpellier* pour 1847, Mémoires qui manquent à notre Bibliothèque de l'Institut, et dont je dois la communication à mon savant confrère M. Bonnet) et rédigea, comme Recteur et Président, un article de circonstance sur le *principe de dualité*, article où cette fois, oubliant ses aveux antérieurs, il n'en concède plus le partage avec personne, appuyé qu'il est de ses doubles colonnes, que MM. Steiner, Plucker et Chasles avaient aussi complaisamment adoptées : ce principe, ces doubles colonnes n'ont eu pour contradicteur, ajoute le savant Recteur de l'Académie de Montpellier, que l'auteur même de la *théorie des polaires réciproques* (1818, 1822 et 1824), à qui il refuse d'avoir aperçu, de son côté, *le principe de dualité*, et d'avoir lu, ce que lui, Gergonne, en avait écrit. Enfin, satisfait de lui-même, il termine (p. 64 du Recueil cité) par ces réflexions amères où il se garde pourtant de blâmer le *cumul*, cette plaie honteuse de notre époque, barrière infranchissable pour tant d'hommes de talent qu'elle relègue trop longtemps au rang de *suppléants*, même quand ils ont acquis le droit de la franchir après de nombreuses et pénibles années d'exercice avec ou sans compensations :

« M. Poncelet, auteur d'un ouvrage fort remarquable et de plusieurs beaux Mémoires théoriques, n'est presque connu que comme inventeur de la *roue à aubes courbes*, dont, au surplus, il a pu prendre l'*idée* à la vue des *aubes brisées du moulin de Parmentier*. Cela décèle la tendance de l'époque. C'est de la sorte que M. Charles Dupin, après avoir débuté par deux ouvrages théoriques d'un grand intérêt, n'a pas tardé de reconnaître que, au temps qui court, ces sortes d'ouvrages ne mènent ni aux honneurs ni à la fortune, et il a bientôt fait prendre à ses travaux une tout autre direction.

» Dans le siècle et dans le pays où nous vivons, tout ce qui peut contribuer à développer, à étendre et à fortifier les facultés de l'intelligence ne saurait être regardé avec indifférence, et il est bien connu, d'ailleurs, qu'une nation qui ne cultiverait les sciences que sous l'unique point de vue de leurs applications pratiques et immédiates, de leurs résultats matériels, ne saurait se flatter de les voir longtemps fleurir au milieu d'elle. »

Il est bien évident d'après ceci que M. Gergonne, plongé dans les abstractions philosophiques, ne faisait, en 1847, aucun cas des applications pratiques des sciences qu'il ne comprenait pas. Cela n'empêche nullement de regretter qu'un géomètre d'un esprit aussi supérieur, aussi lucide que M. Ch. Dupin, ait été détourné de sa voie naturelle par les jalousies et les rivalités contemporaines des Binet, des Hachette, des Gergonne, des Quetelet, etc.

D'autre part, voici ce qu'on lisait à la fin de l'article *Nouvelles scientifiques*, inséré sur l'enveloppe du numéro d'août 1828 des *Annales de Mathématiques de Montpellier* :

« Du reste, il n'y a pour M. Poncelet que de deux partis l'un à prendre : il faut qu'il cite un théorème de situation, vrai pour une courbe qu'une droite peut couper en m points, dont le polaire réciproque soit faux pour toute courbe à laquelle on peut mener m tangentes d'un même point; ou bien il faut qu'il convienne que la double classification des lignes et surfaces courbes qu'il critique est fondée sur la nature intime de l'étendue, et qu'elle appartient à quelqu'un qui voit, de plus haut que lui, le principe de la dualité. »

Nota. — Ce jugement contraste singulièrement avec la manière encourageante dont le Rédacteur des *Annales* avait accueilli mes premières communications, notamment les *Réflexions sur l'usage de l'Analyse algébrique en Géométrie*, insérées dans le cahier de novembre 1817 de ce Recueil, et reproduites textuellement à la page 466 du tome II des *Applications d'Analyse et de Géométrie*, 1864, mais sans la réplique longuement motivée par M. Gergonne, et qui se termine ainsi (p. 161 du tome VIII des *Annales*) :

« Pour en venir présentement à l'objet particulier de la lettre de M. Poncelet, je m'empresse de reconnaître la supériorité de ses méthodes et de déclarer que, sans oser affirmer que la Géométrie analytique ne puisse parvenir jusque-là, il me paraît au moins très-douteux qu'elle puisse y atteindre d'une manière facile. On ne peut donc que faire des vœux pour que l'auteur, après avoir aussi vivement piqué la curiosité des lecteurs, veuille bien enfin la satisfaire complétement, en faisant connaître les théories sur lesquelles reposent ses ingénieuses et élégantes constructions. On doit désirer, en outre, que M. Poncelet ne borne point là ses recherches, et qu'il pousse aussi avant qu'elles en seront susceptibles des spéculations desquelles il a déjà obtenu un succès aussi remarquable.

» De mon côté, je ne négligerai aucune des occasions que mes courts loisirs pourront m'offrir, pour multiplier les exemples du genre d'application de l'Analyse à la Géométrie que je cherche à faire prévaloir; et j'ose croire que la diversité de nos méthodes ne *fera jamais naître d'autre rivalité entre nous* que celle du zèle pour l'avancement de la science. »

---

§ III. — *Examen analytique et historique d'anciens écrits relatifs à la Géométrie dite moderne.*

En me livrant si tardivement (1865) à cet examen, pour moi non moins délicat que pénible, je n'ai nullement l'intention de prolonger une polémique qui me semble désormais épuisée pour les géomètres sérieux, mais seulement de présenter un tableau impartial, et aussi exact que le permettent les moyens bibliographiques dont j'ai pu disposer, du progrès successif des idées dans cette branche de Géométrie où tant de savants se sont exercés, à partir de 1826 et 1827, en usant d'appellations, de procédés d'exposition plus ou moins heureux et souvent contradictoires, procédés qui sont devenus la source de cette confusion d'idées scientifiques et historiques maintes fois signalée dans mes écrits sans que j'aie pu néanmoins y insister assez pour justifier des réclamations de priorité à coup sûr en elles-mêmes fort réservées, mais que des esprits hostiles ou mal informés ont trouvées sinon injustes, du moins pleines d'amertume. Malheureusement l'étendue de l'examen analytique ci-après et de ce qui doit le suivre m'oblige, bien à contre-cœur, d'employer un caractère d'impression qui sera trouvé trop faible et trop fatigant pour certains lecteurs, auxquels je crois devoir en faire ici mes très-sincères excuses.

I.

SUR LES PORISMES D'EUCLIDE ET LES COLLECTIONS MATHÉMATIQUES DE PAPPUS, D'APRÈS LA TRADUCTION LATINE ET LES COMMENTAIRES DE COMMANDIN (Bononiæ, 1660).

Je me décide enfin, après bien des hésitations provenant de différentes causes, à donner une idée succincte de l'étude que j'avais entreprise dans l'hiver de 1817 à 1818, en vue de me faire une opinion personnelle sur les écrits géométriques des Anciens, principalement sur la question des *Porismes*, dont je voulais parler dans le tome Ier du *Traité des Propriétés projectives des figures*, et dont on ne s'était plus guère préoccupé en France depuis l'époque de Descartes et de Fermat (lettre à Pascal), du moins sous le rapport des interprétations et des discussions qui, un siècle après, sont devenues le partage pour ainsi dire exclusif de quelques savants de l'Angleterre. Ce exposé, quoique fort incomplet, me permettra de relever plusieurs observations critiques, indirectes il est vrai, adressées à mes opinions dans des ouvrages postérieurs de beaucoup à la première édition du *Traité des Propriétés projectives*, et à propos desquelles je n'ai qu'une seule observation à faire : c'est qu'à aucune époque, et moins aujourd'hui que jamais, je n'ai eu l'intention d'intervenir dans les discussions déjà si anciennes, si obscures et à mon sens interminables, qui concernent l'interprétation du texte grec de Pappus, plus ou moins mutilé ou intelligible en soi, ni par conséquent la prétention de trancher aucune des difficultés qui, dans ces derniers temps, ont été soulevées au sujet des *Porismes d'Euclide*, devenus l'objet de polémiques assez vives entre de savants géomètres d'un mérite incontestable :

Non nostrum inter vos tantas componere lites;

car je ne suis ni un helléniste, ni un érudit de profession, et je possède encore moins le don de *divination*. Je me borne donc à présenter ici un extrait analytique de l'ancien manuscrit dont j'ai d'abord parlé.

Les *Collections mathématiques de Pappus*, qui ne sauraient être considérées comme une simple compilation et datent du IVe siècle de l'ère chrétienne, étaient divisées en huit Livres, dont les deux premiers sont entièrement perdus, et dont le huitième concerne la statique et les *machines employées dans les arts* par les Anciens. Les Livres III, IV, V et VI n'offrent qu'un bien faible intérêt au point de vue qui nous préoccupe : ce ne sont, en quelque sorte, que des inventaires suivis d'exercices et de lemmes sur les ouvrages analytico-géométriques des Anciens, en majeure partie perdus. Cependant je remarque particulièrement ce qui suit dans le livre III (p. 12 à 26) :

« *Définitions.* — Soient sur AB (*fig.* 46) les trois longueurs AB, BC et BG entre lesquelles on ait la proportion harmonique suivante :

$$AB : BG :: AB - BC : BC - BG.$$

En faisant attention que $AB - BC = AC$ et $BC - BG = GC$, il viendra

$$BA : BG :: CA : CG;$$

par où l'on voit que AG est *divisée harmoniquement* en C et B; division que Pappus apprend géométriquement à construire au moyen de parties égales.

» Les Grecs avaient distingué plusieurs espèces de relations dans le genre de la précédente, auxquelles ils donnaient le nom commun de *moyennes* (*medietas*), mais qu'ils appelaient *arithmétique, harmonique* et *géométrique, quatrième, cinquième,..., dixième*. « L'*analogie*, dit Pappus (p. 20 de la traduction latine » de Commandin), dérive de la *proportion;* mais le principe de toute proportion est une *égalité*. La » moyenne géométrique, donc, tirant sa première origine de l'égalité, elle se constitue elle-même et les » autres moyennes, en nous faisant connaître (comme le dit le très-divin Platon) la nature de l'ana- » logie, la cause de l'harmonie universelle et la source de l'ordre et de la raison. Platon observe en effet » qu'il n'existe qu'une seule chaîne entre les vérités mathématiques; mais la nature divine de l'analogie » (*proportion*) est la cause, l'origine et le lien de toutes les choses créées. »

» On voit d'après cela quelle importance les Anciens attachaient à ces sortes de relations, puisqu'ils croyaient qu'avec leur secours seul on pouvait enchaîner toutes les vérités, ou propositions mathématiques. Mais, aujourd'hui que l'Analyse algébrique a fait de si grands progrès, on a reconnu qu'il existe entre les grandeurs diverses des lois beaucoup plus compliquées, plus difficiles à saisir, et qui ne sauraient constamment être ramenées à de simples analogies ou proportions. »

L'introduction du Livre VII des *Collections*, le plus important de tous, fait connaître à Hermodore fils ce dont se composaient les ouvrages d'Euclide, d'Apollonius de Perge, d'Aristé l'Ancien et d'Ératosthènes, au nombre de trente et un Livres, connus sous le nom de *Lieu résolu*. Au sujet de cette introduction, on ne peut trop regretter que le savant helléniste Peyrard n'ait pas étendu à l'ouvrage entier de Pappus, ses utiles traductions des écrits d'Archimède et d'Euclide, encouragées et payées, dit-on, par l'Angleterre, moins dédaigneuse que nous envers la Géométrie antique. Heureusement M. P. Breton (de Champ) nous a dédommagés de cette perte pour toute la partie si obscure, si laconique qui concerne le célèbre *Traité des Porismes d'Euclide;* car notre savant compatriote nous en a livré (*Journal de Liouville*, t. X, 1855) une traduction française exempte des commentaires et des altérations ou interprétations que Commandin avait fait subir au texte, aux figures et aux énoncés; altérations que j'avais moi-même remarquées dans mes Notes manuscrites de 1817-1818.

Je ne transcris point ici les passages de ces Notes où, tout d'abord, j'ai vainement tenté de traduire, pour m'en faire une idée personnelle, ce que Pappus dit des trois Livres des *Porismes d'Euclide;* je ferai seulement observer que, malgré les vices de la traduction de Commandin et les lacunes qu'elle présente, je n'avais pas eu trop de difficulté à comprendre les énoncés des théorèmes dont Pappus fait suivre son exposé relatif aux Porismes. Ces énoncés se rapportent à une classe de *lieux plans* ou à la *ligne droite* aujourd'hui bien connus, que cet auteur présente comme le résumé de tout le premier Livre d'Euclide; mais les deux Livres suivants ne lui semblent pas susceptibles d'un tel résumé à cause du manque d'exemples ou d'applications des principes. Peu satisfait d'ailleurs de ses généralisations relatives au contenu du premier Livre des *Porismes*, Pappus ajoute modestement (p. 246 de la traduction de Commandin) :

« Euclidem vero non verissimile est ignorare hoc, sed principium dumtaxat statuere, et in omnibus » porismatibus apparet principia, et seminaria sola multarum, ac magnarum multitudinum ab eo jacta, » quorum vnumquodque non juxta positionum differentias distinguere oportet, sed juxta differentias » accidentium et quæsitorum. Et positiones quidem omnes inter se differunt, cum specialissimæ » sint, accidentium, vero et quæsitorum vnumquodque vnum, et idem existens multis positio- » nibus differentibus contingit, eo quod genere sint eadem. » (Passage aussi explicite que facile à interpréter et à saisir, comme on le verra plus loin.)

« Quant à l'extension que Lhuilier de Genève (*Éléments d'Analyse géométrique*, 1809) a donnée aux énoncés qui précèdent les réflexions ci-dessus de Pappus, non-seulement elle ne peut être regardée comme la véritable interprétation du passage qui s'y rapporte, mais on peut même démontrer qu'elle est fausse, et d'ailleurs, Pappus n'entendant parler que de droites qui ne se coupent qu'au nombre de deux en chaque point, exclut par là les diagonales qui, avec les côtés adjacents, font trois droites passant par un même point. C'est donc à tort que cet auteur reproche à Robert Simson d'avoir oublié le cas où l'on envisage le lieu des points de rencontre des diagonales (*voyez* p. 107 et suiv. de l'ouvrage de Simon Lhuilier).

» Après l'introduction, sans figures ni démonstrations, du Livre VII des *Collections mathématiques*, où Pappus se montre doué d'un certain esprit philosophique de généralisation et d'abstraction, viennent un grand nombre de lemmes, qu'il donne, à ce qu'il dit, pour l'intelligence des ouvrages des anciens auteurs grecs dénommés et analysés dans sa préface.

» De ce genre est le suivant (p. 278 de la *Traduction de Commandin*, Lem. XXIV, *De sectione determinatâ*) :

» Soient une droite AB (*fig.* 47) et trois points C, D, E sur cette droite, tels, que le rectangle BAE, c'est-à-dire BA.AE, soit au rectangle BDE ou BD.DE, comme le carré de AC est à celui de CD, c'est-à-dire

$$BA.AE : BD.DE :: \overline{AC}^2 : \overline{CD}^2 \text{ ou bien } \frac{BA.AE}{BD.DE} = \frac{\overline{AC}^2}{\overline{CD}^2},$$

en écrivant les proportions à notre manière ; je dis que l'on aura aussi

$$AB.BD : AE.ED :: \overline{BC}^2 : \overline{CE}^2, \quad \frac{AB.BD}{AE.ED} = \frac{\overline{BC}^2}{\overline{CE}^2},$$

relation à deux termes, *projective* comme la précédente et dont le VIIe Livre de Pappus offre divers autres exemples fort remarquables.

» Il me semble que c'est dans ces sortes de *transformations* de proportions, que consistait l'*Analyse géométrique* des Anciens ; car elles ressemblent parfaitement à celles que nous faisons subir à nos équations littérales ; la seule différence consistant en ce que nous représentons les grandeurs par des lettres insignifiantes en elles-mêmes et les opérations par des signes abréviatifs, tandis qu'ils les représentaient par des parties de lignes droites, et qu'ils énonçaient ces opérations ou transformations d'égalités dans le langage ordinaire. C'est ainsi, par exemple, qu'ils prouvaient par des images géométriques sensibles que *le carré d'une ligne entière* $ab = ac + cb$ *est égal au carré de la partie* ac *plus le carré de la partie* cb *plus le double du rectangle de l'une de ces parties par l'autre* ; ce que nous exprimons généralement ainsi :

$$(a + b)^2 = a^2 + b^2 + 2ab.$$

» On voit par là que la marche analytique des Anciens n'a pas dû les conduire fort loin ; car n'ayant pas converti ces sortes de transformations en règles générales d'où l'on pût, dans chaque cas, les déduire méthodiquement, symboliquement et pour ainsi dire sans peine, il leur fallait sans cesse employer de nouveaux efforts d'esprit pour découvrir les proportions ou transformées corrélatives des premières ; au moins fallait-il une mémoire prodigieuse pour les retenir quand elles étaient déjà données ou connues (*data*). On voit par là aussi que les lemmes exposés par Pappus dans son Livre VII, constituent véritablement le fond de l'Analyse géométrique des Anciens. Cette marche d'ailleurs est assez conforme à celle de l'Algèbre des Indiens, qui représentent les quantités par des *couleurs*. Les progrès de l'Analyse moderne sont entièrement dus, comme on sait, à la représentation des grandeurs ou quantités par des lettres et des distances ou longueurs simples. De là encore cette extension prodigieuse de l'Algèbre à toute espèce de quantités numériques, géométriques, mécaniques, etc., imaginée par Viète.

» La marche que les Anciens employaient ensuite pour la résolution d'un problème quelconque était absolument la même que la nôtre : ils supposaient la chose toute trouvée ; alors, au moyen de *lignes idéales, fictives*, ils faisaient voir, par une suite de transformations analytiques, la liaison ou relation des inconnues avec les auxiliaires, puis de celles-ci avec des auxiliaires nouvelles, également idéales ou inconnues, et ainsi de suite jusqu'à ce qu'ils parvinssent à trouver la relation des dernières auxiliaires aux objets fixes ou connus ; d'où ils tiraient enfin celle des véritables indéterminées du problème avec les données, par une marche inverse ou rétrocessive, qui leur servait à déduire de proche en proche la construction des différentes auxiliaires, et finalement des véritables inconnues. Tout consistait, comme on voit, à choisir ces auxiliaires multiples de façon qu'elles fussent étroitement liées aux quantités connues ou inconnues. Ainsi, l'Analyse ou *méthode de résolution* des Grecs différait encore de l'Analyse moderne ou de Descartes, en ce que celle-ci n'emploie jamais que les mêmes auxiliaires, *abscisses* et *ordonnées*, ce qui simplifie la mise en équations des problèmes ; car il suffit d'exprimer chacune des parties connues et inconnues par ces coordonnées, et d'écrire la relation qui les lie entre elles, dont ensuite on tire l'inconnue par une suite de transformations algébriques et méthodiques ; transformations, il est vrai, souvent très-compliquées, et que l'Analyse des Grecs n'aurait pu suivre qu'avec une peine infinie. »

Le Livre VII des *Collections* dont il s'agit ici contient 238 propositions et 222 théorèmes ou problèmes constituant, à la réserve de quelques-uns d'entre eux, autant de *lemmes* afférant aux divers écrits géométriques mentionnés dans la préface, et dont les plus intéressants, au point de vue qui nous occupe, au nombre de 38, sont relatifs au Traité même des Porismes (*Porismaton* libri III). Les plus importants de ces lemmes se trouvent rapportés, discutés et interprétés dans mon manuscrit de 1817-1818, et je ne saurais les transcrire ici en entier à cause de la place qu'ils prendraient dans cette *Section supplémentaire*, bien que leur caractère, fort intéressant à mes yeux, concerne la *projectivité* de certaines relations métriques ou descriptives des groupes de points ou de lignes droites coupées par d'autres droites ou un cercle; propositions, redisons-le, dont Commandin, peut-être même Pappus, restreignent, mutilent parfois les énoncés, les démonstrations ou les figures. Ces relations, ces propriétés, en effet, se reconnaissent facilement pour appartenir à la théorie des *transversales*, et satisfont toutes, comme telles, aux règles établies dans les nos 8 et suivants du tome Ier de ce Traité.

Aujourd'hui encore, il n'est pas aussi facile qu'on le pense de deviner à première vue, ou sans quelque contention d'esprit, si les figures dont il s'agit, à angles *saillants* et *rentrants*, appartiennent véritablement à un même type. En particulier, il en est ainsi de celle qui se rapporte à l'hexagone inscrit au système de deux droites que Pappus fait apparaître à nos yeux dans une succession de lemmes sous une forme invariable, quoiqu'il semble bien certain qu'Euclide entendît embrasser toutes les formes possibles sans changement fondamental des énoncés.

A ce propos, qu'on me permette de remarquer, ce que l'on verra mieux dans l'un des Articles subséquents, qu'aucune des figures et des propositions mentionnées par Pappus ne se rapporte à celles qu'on pourrait en déduire par voie de *réciprocité polaire*, mais non de simple *dualité;* car ici cette dualité factice et boiteuse, puisqu'elle n'est que *linéale* et descriptive, serait absolument sans application; ce qui laisse en dehors toute une classe de théorèmes élégants et élémentaires échappés aux Anciens, et même à ceux des modernes qui ont témoigné trop de dédain pour la théorie des polaires réciproques, et se sont efforcés de la remplacer, de la travestir sous des prétextes divers. Il y a plus, nos géomètres hellénistes ne paraissent pas avoir songé que les propositions et les lemmes de Pappus, d'après la traduction latine de Commandin, se rapportent à un état rudimentaire qui s'accorde assez peu avec la préface si élogieuse du Traité d'Euclide par Pappus. Enfin, le passage latin rapporté ci-dessus semble signifier, selon ma façon de voir et de comprendre, mais rien de plus, que, dans ce Traité, un même porisme s'applique à des positions diverses des objets de la figure, et se distingue de tout autre, non par la différence des *accidents*, mais bien par la nature des *choses cherchées* ou *à démontrer*.

En particulier, cette dernière supposition devient évidente à l'égard des huit figures qui accompagnent la page 361-362 (théor. CXIX, propos. CXXX, lemme IV) de l'ouvrage de Commandin, toutes relatives au *quadrilatère* plan GHKLG (*fig.* 48, 49, *Pl. V*), à deux diagonales HL, GK, de formes diverses, et coupé par une droite transversale arbitraire ABCDEF où se comptent les divers segments; figures dans lesquelles la droite KNM, parallèle à AF, sert d'auxiliaire pour la démonstration. Ces huit figures, que je crois fidèlement extraites par Pappus du Livre Ier des Porismes d'Euclide, semblent en effet, sous un énoncé et une démonstration uniques, se rapporter à des propriétés projectives distinctes, bien qu'on puisse les considérer comme appartenant diversement à la *projection centrale* ou *perspective*, sur une droite quelconque, de l'un des triangles dans lesquels les diagonales divisent le quadrilatère considéré, en prenant pour centre de projection le quatrième sommet de ce quadrilatère : soit ici le triangle LHK choisi pour exemple par Pappus, et qui se trouve projeté, à partir du sommet opposé G, sur la transversale ABCDEF; ce qui, d'après la démonstration fort simple de cet auteur, fondée sur la similitude des triangles que détermine l'auxiliaire KN, conduit à une proportion équivalente à l'égalité

$$\frac{AD.BC.EF}{AB.FC.ED} = 1,$$

projective coniquement, et qu'on reconnaît pour appartenir à la théorie de l'*involution entre les distances mutuelles de six points* due à Desargues, remise en lumière par Brianchon dans son élégant *Mémoire* de 1817, p. 11, du moins quant aux sept relations projectives vraiment fondamentales (*voyez* aussi le tome Ier du présent Traité, n° 172) : de ces relations quatre sont d'ailleurs analogues à la précédente, tandis que les trois autres également projectives, connues d'Euclide, selon toute probabilité, renferment huit segments au lieu de six. Au surplus, quoique les lemmes particuliers et divers dont Pappus s'étaye, selon la marche synthétique et ascendante des géomètres de l'école d'Alexandrie, paraissent avoir uniquement pour but de démontrer que certains groupes de trois points sont en ligne droite, il n'en est pas moins évident qu'Euclide n'avait pu s'écarter à ce point de la marche de l'invention qui l'avait guidé *à priori*, sans nul doute.

Les lemmes spéciaux III, X, XVI, p. 357, 366 et 371 des *Collections* de Pappus, qui ne diffèrent entre eux que par la forme de l'énoncé, la position des lignes et des points rangés trois par trois sur une même droite, servent de base aux démonstrations des lemmes plus complexes, plus généraux, mais identiques au fond, XIII et XVII, p. 368 et 372, qui se rapportent à la propriété de l'hexagone inscrit au système de deux droites; or ces différents lemmes, où il s'agit toujours de démontrer, à la manière de Pappus sinon d'Euclide, que certains groupes de trois points sont en ligne droite, donnent lieu à des remarques analogues aux précédentes.

Notamment, dans les trois premiers d'entre eux qui se rapportent aux faisceaux de trois droites AE, AF, AG ou AB, AC, AD (*fig.* 50 et 51, *Pl. VI*), issues d'un même point A de leur plan et qui sont coupées par deux transversales quelconques HDCB et HGFE, on a la proportion

$$DH.BC : DC.BH :: HG.FE : HE.FG,$$

ce qui revient à l'égalité de deux rapports composés

$$\frac{DH.BC}{DC.BH} = \frac{HG.FE}{HE.FG},$$

où les mêmes lettres se reproduisant aux numérateurs et dénominateurs respectifs, démontrent simplement, d'après nos principes fondamentaux (t. Ier, n° 9 et suivants), que de tels rapports, remarqués aussi en 1817 par Brianchon (ouvrage cité, art. I et II, p. 7), bien qu'à un point de vue moins général, sont d'une nature *projective;* ces rapports étant compris parmi ceux auxquels les Mœbius, les Steiner, les Chasles ont, longtemps après, appliqué des dénominations diverses sur lesquelles nous aurons à revenir dans les Articles suivants de ce paragraphe, mais qui n'eussent pas été du goût des Anciens, ennemis de ce moderne néologisme bien plus apte à restreindre qu'à généraliser l'usage et l'intelligence des Mathématiques.

C'est précisément cette égalité ou proportion fort remarquable en soi (*), qui conduit Pappus à divers énoncés (p. 368 et 372) relatifs aux points de rencontre en ligne droite, des côtés de l'hexagone ADECBFA (*fig.* 52) que pourtant l'auteur ne considère que sous une seule forme, et qui d'ailleurs peut en affecter différentes autres non moins remarquables. Or, je le répète à dessein, c'est dans la multiplicité des dispositions possibles des figures relatives à un même *porisme,* que consistait pour les Anciens la difficulté d'en spécifier le véritable caractère dans chaque genre d'énoncé; difficulté que Pappus lui-même exprime et paraît concevoir d'une manière assez obscure, sinon équivoque, mais qu'avaient aussi éprouvée tous ses prédécesseurs, habitués à voir, d'après les traités élémentaires d'Euclide, les raisonnements changer avec la position des données ou des conditions alors réputées fondamentales d'une même figure; car les Grecs n'avaient nullement acquis la confiance

(*) Le genre de démonstration employé par cet auteur ne l'est pas moins, et revient à combiner entre elles trois proportions ou égalités entre rapports composés et projectifs de segments, analogues aux précédentes, et dont nous avons défini le caractère d'après les idées modernes, en évitant d'y appliquer des définitions et des noms grecs, français ou allemands sur lesquels on ne s'est point encore bien entendu.

que nous possédons aujourd'hui dans le *principe de permanence* des relations géométriques, essentiellement basé sur la loi des signes de position, que certains d'entre les modernes se refusent à examiner et à reconnaître sous le nom abréviatif de *principe de continuité* (*voyez* les *Applications d'Analyse et de Géométrie*, t. II, 1864, Cah. III et IV). Ajoutons que les obscurités inhérentes au texte d'Euclide expliquent comment le *Traité des Porismes* a été entièrement perdu, contrairement à ce qui est advenu de ses autres écrits ainsi que de ceux d'Archimède, d'Apollonius, etc., tous marqués du sceau de la clarté et de l'utilité générale.

Dans les lemmes V, XIX et XXVIII des *Collections mathématiques* (p. 362, 372, 384), malgré les erreurs de la traduction de Commandin, sinon du texte de Pappus, on reconnaît aisément des théorèmes relatifs à l'axe *harmonique*, au *pôle* d'un couple de lignes droites, à la *polaire* du cercle, théorèmes bien connus de Desargues et de Pascal, de même que les précédents, qui appartiennent également à ce que j'ai nommé *propriétés projectives des figures*. Toutefois, ces propositions sont ici réduites à un état tellement rudimentaire, qu'il paraît difficile d'admettre qu'Euclide, dans son *Traité des Porismes*, n'y ait pas vu plus que Pappus dans ses lemmes ou propositions diverses. Car, en admettant même que le texte grec ou la traduction latine de Commandin soient corrompus quant aux lemmes V, XXVIII et XXXIII relatifs au quadrilatère et au cercle (*fig.* 53 et 54) (ce que j'ai facilement reconnu et rectifié dans mes Notes de 1818, où se trouvent aussi restitués à la manière antique mais non systématique les lemmes que le texte suppose); cette rectification et les commentaires dont seraient susceptibles les lemmes suivants, exclusivement consacrés au cercle ou au demi-cercle, ne pourraient suffire à restituer aux propositions diverses de Pappus la généralité qui leur manque, et dont par suite se trouve privé le Livre III des Porismes d'Euclide.

Néanmoins, d'après l'introduction du Livre VII des *Collections*, il est au moins douteux qu'Euclide ait étendu les propriétés d'*involution* et de *division harmonique* aux quadrilatères inscrits ou circonscrits aux trois sections coniques, tâche réservée non à Apollonius de Perge, mais à Lahire fils, disciple ingrat de Desargues et de Pascal (*voyez* la Note additionnelle ci-après). Il y a plus, et ceci est particulièrement remarquable, Pappus, qui fait un aussi grand cas de la proportion *harmonique* dans le préambule du Livre III des *Collections*, ne semble plus s'en ressouvenir à l'occasion d'aucun des lemmes ci-dessus, et Apollonius, le continuateur d'Euclide, ne se sert pas davantage de cette locution, due à Platon, comme on l'a vu plus haut.

Après avoir ainsi passé en revue les lemmes les plus importants exposés par Pappus dans le but d'élucider les trois Livres des Porismes, les Notes manuscrites de 1817-1818 en tirent ces conséquences générales :

« Nous penchons à croire, d'après tout ce que dit cet auteur, que les *porismes* étaient des espèces de propositions qu'on ne pouvait appeler, à proprement parler, ni *théorèmes*, ni *problèmes*, parce qu'elles n'avaient pour but, ni la démonstration d'un théorème énoncé en particulier, ni la solution ou construction de tel ou tel problème, mais la recherche en général de toutes les propriétés, relations, lieux parcourus, etc., dans une figure composée d'une certaine manière, de lignes et de points. Ainsi, tandis que, dans un théorème, on démontre que, telle relation ayant lieu, tel point décrit une certaine ligne, dans un porisme on cherchera quelles sont les relations variables ou constantes qui lient entre elles les diverses parties du système, dans cette transformation. Euclide aura sans doute fait connaître dans son *Traité des Porismes* la marche systématique à suivre pour enchaîner les parties connues ou données par leurs rapports aux premières, avec les autres parties de la figure, dont tout d'abord on n'apercevrait pas la relation intime, et de là sera né, pour chaque cas, une espèce de tableau analytique analogue à ceux qu'on trouve dans la Géométrie de position de Carnot, incomplet peut-être, mais d'où l'on pourrait facilement déduire toute autre relation qui n'y serait pas portée. »

Ces lignes sont suivies, dans notre vieux manuscrit, d'une seconde tentative faite en vue, non d'approfondir le sens énigmatique des paroles de Pappus au commencement du Livre VII des *Collections mathématiques*, mais seulement d'expliquer, d'interpréter l'énoncé général dont j'ai déjà parlé, et par lequel Pappus résume le Livre Ier des Porismes, dont l'analogie avec la théorie des polygones mobiles ou variables (*Applications d'Analyse et de Géométrie*, t. II, p. 1 à 66) est évidente; car cette théorie comprend outre les propositions de Pappus sur les *lieux à la ligne droite*, commentées par Robert Simson et Lhuilier (de Genève), celles qu'on devait à leurs prédécesseurs Maclaurin, Braikenridge ou à d'autres, qui ne se doutaient guère sans doute, grâce à Lahire, de l'affinité de leurs idées avec celles de Desargues et de Pascal (*voyez* aussi *Propriétés projectives*, t. Ier, Sect. IV, Chap. II et III).

Cependant, je dois l'avouer, aujourd'hui encore et malgré toutes ces indications, les définitions *à priori* de Pappus sur le sens attaché par les Anciens au mot *porisme*, même en tenant compte des rectifications apportées à la traduction latine de Commandin, ces définitions et leurs commentaires sont demeurés pour moi d'une obscurité profonde, de véritables énigmes que je me garderai bien d'essayer de débrouiller après tant d'autres plus érudits que moi. Je me borne donc à déclarer que mes idées à ce sujet sont restées ce qu'elles étaient lors de la publication de mon ouvrage de 1822, après avoir consulté, non le *Traité posthume* de Robert Simson, alors à peu près inconnu en France et même en Angleterre, mais bien un écrit du géomètre allemand Abraham-Gotthelf Kæstner (*), qui contient une analyse fort bien faite de cet essai d'interprétation des *porismes*; analyse dont je conserve la traduction parmi mes papiers, mais que je ne saurais rapporter ici malgré sa faible étendue relative; car elle ne comporte que onze pages in-octavo d'un texte allemand qu'accompagnent, il est vrai, des notes historiques et bibliographiques fort intéressantes. C'est pourquoi je me borne à transcrire ici un passage de l'art. 12, p. 73, qui contient le jugement de Kæstner même sur cette restitution ou *divination*, par R. Simson, du texte grec de Pappus :

« Je me félicite d'avoir amené quelques sujets d'exercices géométriques, en faisant connaître ce que l'on » entend par le nom de *porisme* parmi les géomètres.

» Quand Simson vient à dire qu'il avait, avec beaucoup de peine, débrouillé quelques propositions » énoncées par Pappus, *ex quibus præstantiam Porismatum, et quam maxime eorum jactura geometris » deploranda sit dignoscere licet*, je pense alors : Des enfants qui sont infiniment plus riches que n'étaient » leurs pères, et qui possèdent beaucoup plus de ressources qu'eux pour acquérir des richesses, ne » devraient pas pleurer aussi amèrement la perte d'une part si médiocre de leur héritage. »

Toutefois, je ne puis m'associer entièrement à ces paroles dédaigneuses de Kæstner qui ignorait, il faut le dire, aussi bien que Fermat, Simson et d'autres, le développement prodigieux qu'ont reçu dans ces derniers temps les idées, les inventions d'Euclide, de Desargues et de Pascal sous le nom de *Géométrie moderne*.

Addition relative aux réciproques des porismes, aux faisceaux projectifs, à Lahire, à Desargues, à Pascal et à Apollonius.

Parmi les théorèmes élémentaires inconnus aux Anciens et qui appartiennent à la réciprocité polaire, mais que la dualité de *situation* ne suffirait pas à démontrer, à découvrir directement, je citerai celui que l'on attribue ordinairement à Jean Bernoulli, et qui est relatif au triangle des sommets duquel on abaisse, sur les côtés opposés, trois droites issues d'un point quelconque de son plan (*Propriétés projectives*, t. I, 1822, n° 158), théorème déjà connu de Desargues, mais qui s'étend (n° 159 du même ouvrage) à un polygone quelconque d'un nombre impair de côtés; car, d'après nos principes (t. II, Sect. II, n° 120), ces théorèmes sont précisément les réciproques polaires de ceux qui se rapportent au triangle et au polygone plan coupé par une transversale arbitraire. Il y a plus : la relation projective des groupes de segments relatifs à la figure primitive ou à sa réciproque, existe aussi entre les *sinus des angles* des droites projetantes qui rayonnent autour du point arbitraire représentant le pôle de la transversale dont il s'agit.

Le cas le plus élémentaire de cette réciprocité polaire est évidemment celui de la division de la ligne

(*) *Geometrische Abhandlungen* (erste Sammlung), Gœttingen, 1790 (*voyez* p. 64, *sur l'idée des Porismes*, principalement d'après R. Simson).

droite en parties harmoniques; ce qui fait retomber sur la propriété du faisceau de *quatre droites harmonicales*, selon la bizarre appellation de Lahire : les mêmes doctrines (Sect. I et II de ce volume), appliquées aux relations projectives à *six* ou *huit segments* de points en ligne droite, mentionnées au début de cet article (p. 400) comme appartenant, d'après Pappus, à la *section déterminée* des Anciens et dont le développement théorique et les appellations non moins étranges par Desargues ont été, quant au fond, si injustement critiqués par Beaugrand, ces doctrines, disons-nous, conduisent aux diverses propriétés des faisceaux, simples ou doubles, de droites rayonnant autour d'un ou de deux points, propriétés aujourd'hui bien connues des géomètres.

En outre, si on les applique aux autres lemmes ou porismes de Pappus et d'Euclide, par exemple au lemme X (p. 366 des *Collections* et 401 ci-dessus), on obtient des relations métriques projectives du quadrilatère *complet* sans diagonale et à *six sommets*, en regardant comme tels les deux points de concours des côtés opposés de ce quadrilatère; relations dans lesquelles le point représentatif du pôle de la transversale primitive, pris pour centre de projection des six sommets du nouveau quadrilatère, donne entre le sinus des six angles correspondants une égalité (relation d'involution) analogue à celle de segments compris sur cette transversale; or, de là il suit, d'après les principes du tome Ier (n°s 9 et suiv.), que la même relation d'involution a lieu aussi entre les six segments fournis par les lignes rayonnantes ou projetantes sur une droite entièrement arbitraire, et peut recevoir diverses positions relativement aux côtés et aux sommets du nouveau quadrilatère; absolument comme dans la *fig.* 51 du lemme X de Pappus, où le quadrilatère n'a que quatre sommets, mais deux diagonales.

Les lemmes correspondant aux *fig.* 48, 49 et 50 de notre *Pl. VI* donnent lieu à des réciproques tout aussi remarquables, mais que je me dispenserai d'énoncer ici, parce qu'ils se rattachent à des théories élémentaires, non moins connues et ayant pour principal but de se substituer au lieu et place de celles du *Traité des Propriétés projectives* (*voyez* les Articles suivants).

Enfin, ce qui est bien plus remarquable encore puisqu'il s'agit d'une simple *dualité de situation*, ces mêmes doctrines, étant appliquées aux lemmes de la *fig.* 52 relatifs à l'hexagone inscrit à deux droites, conduisent à ce théorème réciproque, qui jusqu'ici a peu attiré l'attention, si ce n'est de Jacob Steiner, dans l'ouvrage allemand de 1832 (p. 85 et 86) dont il sera bientôt question, et où l'auteur multiplie l'emploi des énoncés à doubles colonnes, non sans avoir eu recours à la formule et aux principes de transformation des n° 9 et suivants du tome Ier du *Traité* ci-dessus de 1822.

Si l'on prend (*fig.* 55, *Pl. VI*) deux points A et B pour *centres* ou *pôles* respectifs de deux *faisceaux*, formés chacun d'un système de trois droites arbitrairement tracées dans un plan passant par les centres ou pôles A et B, ces faisceaux de trois droites chacun formeront par leurs rencontres mutuelles un *réseau quadrilatéral* à neuf sommets *a*, *b*, *c*, *d*, *e*, *f*, *g*, *h*, *i*, parmi lesquels en en choisissant à volonté six, tels que leur ensemble hexagonal *abfedha*, formé alternativement de trois des côtés mêmes du réseau, à directions convergeant au point A, et de trois autres côtés qui convergent au point B, il arrivera naturellement que les diagonales *bd*, *ae*, *hf* qui joignent les sommets opposés de cet hexagone iront elles-mêmes converger en un autre point non donné par la figure.

La même chose pouvant se dire d'ailleurs de tout autre hexagone formé sous des conditions analogues, en échangeant entre eux les *nœuds* ou *sommets* du réseau, il en résulte que le nombre de tels hexagones distincts est réellement multiple; remarque applicable également au lemme fondamental de la *fig.* 52, empruntée à Pappus, mais que je me garderai bien de développer et de justifier pour ne pas tomber dans les considérations de la *Géométrie combinatoire* de Steiner.

Au sujet de l'académicien Ph. de Lahire, qu'on me permette de rappeler que son père (Laurent Lahire), peintre et ami du célèbre graveur Bosse, était, comme ce dernier, élève de Desargues et de Pascal; que par conséquent il a dû avoir une exacte connaissance des écrits originaux de ces célèbres géomètres, dont il ne nous reste que des fragments imparfaits (*Introduction* au tome Ier de ce *Traité*, p. XLI et suiv.); que, très-probablement aussi, Ph. de Lahire possédait ces écrits à l'époque de 1673 où il publiait ses *Planiconiques*, et, *à fortiori*, lorsque, en 1685, il faisait imprimer son *Traité* in-folio *sur les coniques*, dont les réticences faciles à remarquer dans la préface latine et le commentaire interprétatif et comparatif (p. 210 à 244) sur les coniques d'Apollonius de Perge, suffiraient seuls pour démontrer que ce Lahire fils, bien qu'académicien, n'était qu'un vulgarisateur privé du génie de l'invention et très-habile à s'approprier les idées d'autrui, comme il en existe encore de nos jours, qui, selon la maxime des Gergonne, pensent que *la forme l'emporte sur le fond;* ce qui est parfaitement exact quand il s'agit de ces vulgarisations élégantes et modestes, en elles-mêmes fort utiles, mais non quand on y prétend au titre d'inventeur, et qu'on dissimule, à propos de doctrines fondamentales, les noms des vrais initiateurs, comme l'a fait Lahire dans ses divers écrits géométriques.

Ainsi, notamment, il est bien certain qu'Euclide, Apollonius et Pappus n'ont jamais employé dans leurs énoncés et démonstrations les mots de *proportions*, de *divisions harmoniques*, et c'est gratuitement que, à cet égard, Lahire s'appuie de l'autorité de leurs noms et de leurs œuvres, d'autant plus qu'ils ne se sont nullement occupés de ces *quadrilatères inscrits* ou *circonscrits* aux coniques, du *pôle* et de la *polaire* dont lui-même, Ph. de Lahire, a longuement exposé les théories aux trois premiers Livres de son *Traité* de 1685; théories que, d'après les énoncés de la lettre de Leibnitz à la famille Périer, on reconnaît aisément pour appartenir aux Chapit. III et IV du *Traité des coniques* de Pascal, de 1654. C'est ce dont, au surplus, on s'assure facilement en comparant ces énoncés avec ceux des pages 10 et 14 de l'ouvrage cité de 1685, dont les *fig.* 59 et 60 de notre *Pl. VI* offrent la copie exacte, mais qui n'ont qu'un rapport indirect avec celles des pages 197 et suivantes des *Coniques* d'Apollonius (*voyez* la *traduction latine* d'Halley); tandis que ces dernières concernent exclusivement la division harmonique des sécantes issues d'un pôle ou point fixe arbitraire, comme dans les *Collections de Pappus* que nous avons interprétées graphiquement dans les *fig.* 54 et 58 de la même *Pl. VI*, et qui sont à quelques égards plus complètes que celles d'Apollonius dont, je le répète, aucune n'a trait aux quadrilatères.

II.

QUELQUES MOTS SUR L'ACCUEIL FAIT A L'ÉTRANGER AUX IDÉES ET AUX DOCTRINES DU TRAITÉ DES PROPRIÉTÉS PROJECTIVES DES FIGURES.

Cette tâche serait pour moi aussi délicate que pénible si, tout en laissant de côté notre France scientifique et même la Belgique, naguère encore pays de contrefaçon et de contrebande littéraire qui, sous une décevante liberté de tout dire et de tout faire, et sous le patronage de l'aristocratique et jalouse Angleterre, oublie sa glorieuse origine gauloise, ses instincts naturels et ses véritables intérêts matériels, cette tâche, dis-je, serait pour moi comme impossible même en laissant de côté la France et la Belgique, si je devais étendre mes investigations jusqu'à l'époque actuelle ou beaucoup au delà de 1830, et si je n'avais déjà, dans les tomes I et II des *Applications d'Analyse et de Géométrie*, donné quelques indications touchant le but que je me propose actuellement d'atteindre; enfin, si je devais prolonger cette enquête historique en dehors de l'Allemagne du Nord, seule contrée où, avant 1840-45, on eût prêté une attention sérieuse à un genre de questions qui se rattache bien plus à la philosophie qu'à la scolastique des études.

En effet, l'Angleterre et l'Italie elles-mêmes, ces nations aujourd'hui si avancées à certains égards, se trouvaient alors plongées dans cette sorte d'engourdissement et d'indifférence qu'amène avec elle la culture exclusive du calcul algébrique ou de la lourde synthèse géométrique des Anciens, jusqu'à l'époque précitée où les Trudi (1840), les Padula (1844), les Bellavitis (1851), les Cremona (1862) en Italie; les Hamilton, les Cayley, les Sylvester en Angleterre, et surtout le loyal et docte Salmon, cet interprète bienveillant et lucide des nouvelles doctrines algébrico-géométriques, éveillèrent, quoique tardivement, dans ces pays illustrés par tant de grands hommes et de grandes choses, le goût de la moderne Géométrie, émanée de l'École de Monge et depuis longtemps introduite dans les institutions polytechniques de l'Allemagne (*Polytechnikschule*). Peut-être même auraient-ils ignoré l'existence de cette Géométrie longtemps après 1840 s'ils n'en avaient pris un aperçu dans les publications de Bruxelles, cette capitale demi-anglaise d'un pays violemment séparé de la France en 1814, Géométrie dont le philosophique point de départ date en effet de l'École de Monge, ou plus particulièrement, comme je l'ai tant de fois répété, de 1817, 1820, 1822, 1824 et 1830 à 1831; Géométrie enfin qui, à partir de 1827 ou 1828 seulement, a été cultivée, développée et propagée avec un succès incontestable par les Sturm, les Gergonne, les Bobillier et les Chasles en France ou en Belgique, par les Mœbius, les Steiner, les Plucker et les Jacobi en Allemagne.

Qu'on me permette à cette occasion de présenter quelques réflexions qui, en apparence étrangères au but de cet ouvrage, ne s'y rattachent pas moins de la manière la plus intime, et ne sont point en elles-mêmes d'ailleurs dénuées de tout intérêt scientifique.

Depuis l'époque de 1815, l'esprit de rivalité et de nationalité s'est développé chez nos voisins en haine de la Révolution française et du grand homme qui, présidant à ses destinées, fut si mal apprécié dans ses projets d'émancipation et de progrès civilisateurs, projets rudement combattus par les gouvernements arriérés et les savants mêmes des divers pays moins avancés administrativement, politiquement que le nôtre, pays qui s'étaient montrés naguère aussi injustes, aussi ingrats envers Frédéric II de Prusse, cet autre grand homme non moins absolu que Napoléon Ier et n'admettant que le latin ou le français comme interprètes des hautes questions de sciences philosophiques, politiques ou diplomatiques en Europe. Ces gouvernements réactionnaires de 1815, passionnés et bien autrement despotiques, ont amené dans le domaine des lettres et des sciences, même entre les Académies, une sorte d'isolement, de confusion des langues qui rappelle la tour de Babel, et dont le cosmopolitisme industriel ou mercantile, les télégraphes électriques, les chemins de fer, la navigation à vapeur, etc., ne parviendront pas de longtemps à nous faire sortir, je le crains fort.

Du reste, depuis le siècle de Frédéric le Grand et la fondation de l'Académie des Sciences de Berlin sous les auspices de Voltaire, de Maupertuis, de Diderot, de d'Alembert, etc., le gouvernement, sinon le peuple un peu arriéré de Prusse, n'a pas cessé de sympathiser avec les idées françaises, je ne dis pas au point de vue politique, à cause des ménagements dus à des puissances rivales et jalouses, du moins philosophiquement et scientifiquement, comme le prouve le séjour de notre grand citoyen Carnot à Magdebourg en 1815. Je ne doute nullement que ce soit à cette même sympathie autant qu'à l'intervention de l'illustre voyageur physicien Alexandre de Humboldt que MM. Arago, Biot et moi-même, qu'on me permette de le rappeler ici, avons dû l'honneur de faire partie de cette pléiade d'illustrations scientifiques et artistiques qui constitue l'ordre du *Mérite de Prusse*, sous le patronage du Roi et l'invocation de Frédéric II; ordre dont les titulaires ont préalablement passé sous le contrôle et l'élection de l'Académie des Sciences de Berlin, où, comme à l'Institut de France, l'intelligent et bienveillant appui de l'amitié est souvent nécessaire.

Je n'oublie pas d'ailleurs que, dès le printemps de 1808, alors qu'étant à l'infirmerie de l'École Polytechnique atteint d'une longue maladie qui me fit perdre une année d'études, j'ai acquis l'amitié de M. de Humboldt qui, en attendant le résultat de ses expériences faites en collaboration de Gay-Lussac au laboratoire de cette École, condescendait à s'entretenir familièrement avec l'élève de l'infirmerie, dont ce grand philosophe ami d'Arago déjà professeur de Géométrie analytique, a conservé un assez long souvenir pour continuer la même bienveillance à cet élève et lui en donner témoignage, tant lors d'un séjour à Metz, où il s'occupait d'observations sur le magnétisme terrestre, qu'à l'époque plus rapprochée de son passage à Saratoff, au retour d'un voyage d'exploration en Asie, où il s'enquit de l'ex-prisonnier de guerre des Russes.

Enfin, je me rappellerai toujours avec reconnaissance les entrevues et les entretiens que, avant et après 1830, j'ai eus avec le célèbre Associé de l'Académie des Sciences de Paris, soit chez notre ami commun Arago, soit chez l'honorable général Baudrand, soit chez moi-même où je pus librement le solliciter en faveur de Jacobi, l'illustre professeur exilé à Kœnigsberg, et de Jacob Steiner, alors professeur agrégé (*privat-docent*) à Berlin, réduit aux plus minimes rétributions universitaires. Là, comme dans sa spirituelle correspondance intime et scientifique, j'ai trouvé en Alexandre de Humboldt un ami et un protecteur dévoué, qui n'a pas toujours eu, malheureusement pour les sciences, près du ministère de l'Instruction publique à Berlin, toute l'influence qui était due à sa haute renommée dans les deux mondes; renommée qu'il employait, à Paris ainsi qu'à Berlin, à plaider chaleureusement la cause de ses amis scientifiques, au nombre desquels je pourrais citer quelques-uns de mes illustres confrères à l'Institut.

C'est encore, je n'en doute nullement, au baron A. de Humboldt que sont dus les encouragements et la protection qui furent accordés à l'excellent et savant Dr Crelle pour la fondation du *Journal de Mathématiques pures et appliquées*; ce qui peut expliquer le favorable accueil fait dès l'année 1826 à mes travaux de diverses natures, mentionnés ou insérés dans cet utile et honnête journal, et l'amitié sincère que m'a dès lors et depuis témoignée l'honorable Dr Crelle, dont il m'est interdit de rapporter ici les bienveillants articles bibliographiques; amitié qui ne fit que s'accroître lors du séjour de ce savant à Paris, en juillet 1830, où il se trouva seul et étranger au milieu de la terrible crise sociale subie à cette époque par notre turbulente capitale.

D'ailleurs, je n'ai absolument rien à dire des époques antérieures à celle de 1822, à partir de laquelle on put prendre connaissance du *Traité des Propriétés projectives* partout où l'on cultivait les Sciences mathématiques; mais je dois ici le répéter, ce fut pour moi un véritable bonheur que l'apparition du *Journal de Crelle* en janvier 1826, au milieu des discussions inconcevables que mon ouvrage avait fait naître en France.

En effet, malgré l'appréhension que devaient lui inspirer les critiques et les dénis de justice d'hommes aussi considérés alors que Gergonne et Cauchy, malgré l'esprit de rivalité qu'il risquait de provoquer dans son propre pays, le bon et loyal Dr Crelle osa annoncer avec éloge, dès le premier numéro de son recueil (t. Ier, janvier 1826, p. 96), le *Traité des Propriétés projectives des figures*, dans un article bibliographique remarquable sous le rapport du courage scientifique et de l'équité. Mais, pour ne pas trop éveiller la susceptibilité de son jeune collaborateur, M. Steiner, il fut induit à admettre que 1824, époque probable des études analogues de ce géomètre, était très-voisine de celle de mes propres publications, de 1817 à 1822 : cet acte de bon vouloir a dû confirmer dans leur erreur bien des auditeurs des leçons de l'ingénieux disciple des Pestallozzi en Suisse et des Mœbius à Leipzig, lorsque Steiner affirmait (CRELLE, t. Ier, p. 162) n'avoir rien emprunté aux auteurs français avant 1826, où le docte *Journal* lui fit faire connaissance avec le *Traité des Propriétés projectives*, et n'avoir jusque-là consulté que les écrits antérieurs à cet ouvrage; ce que je consens à accorder pour tout ce qui concerne les problèmes de Pappus, d'Apollonius, de Viète, de Malfatti, etc. (CRELLE, t. Ier, 1826, p. 161), c'est-à-dire pour le contact et l'intersection mutuels des cercles sous des angles donnés : problèmes incomplétement résolus avant M. Steiner et fort amplifiés de nos jours, mais non pour tout ce qui a trait aux propriétés projectives des courbes, des cônes et des surfaces du deuxième degré qui s'entrecoupent sur un plan ou dans l'espace, autres problèmes dont Steiner parle aussi dans un premier Mémoire (*ibid.*, p. 38 à 50). C'est là, en effet, de la belle et bonne Géométrie de l'École de Monge, alors comme aujourd'hui peu cultivée en Allemagne, en Italie et en Angleterre par les algébristes purs. Mais cela prouve seulement qu'à la date de novembre 1825 où il publiait ce premier Mémoire, date postérieure de trois années à celle de 1822, l'esprit intelligent et fertile de Steiner s'était rendu familières les doctrines géométriques et analytiques qui appartiennent à cette célèbre École. Or, si cela est évident d'après ses propres citations, cela ne prouve nullement qu'il n'eût aucune connaissance avant 1825 du *Traité des Propriétés projectives*, ainsi qu'il le prétend à la page 162 du journal précité. Pourquoi donc, devenu professeur à la savante Université de Berlin, s'est-il écarté, dans ses écrits postérieurs, de cette voie géométrique élégante et facile? Serait-ce pour éviter des aveux pénibles au point de vue de l'amour-propre? Ce que je vois seulement à la lecture de ces mêmes écrits, c'est que, sauf dans les dernières années, il a constamment évité de citer aucun des ouvrages français qui ont pu servir historiquement ou philosophiquement de guide à ses propres études sur la matière.

Quant à M. Mœbius, dans sa longue introduction au *Calcul barycentrique* publié en 1827, cinq années après le *Traité des Propriétés projectives* et postérieurement aussi aux premières recherches de Steiner, il ne semblait pas non plus avoir connaissance de ce dernier ouvrage ni de ceux qui l'ont précédé à dater de 1817, bien qu'il cite d'après Gergonne, ou plutôt d'après l'article apocryphe du *Bulletin Férussac* rapporté à la page 379 ci-dessus, divers théorèmes de la Géométrie de la *règle* ou des *transversales*, ici démontrés par une méthode de transformation *collinéaire* (*Collineations Verwandschaft*) tirée de la doctrine des *moyennes distances* qu'on doit à Carnot et à Lhuilier, de Genève, et que M. Mœbius applique à trois ou quatre points fixes nommés *fondamentaux*, auxquels il en rapporte un dernier variable, supposé joint aux précédents par un ensemble de droites qu'il nomme *réseau* (*netz*), et qui, par des relations purement linéaires à coefficients numériques arbitraires (tenant lieu de *masses*), permettent à l'auteur de transformer certaines relations à deux termes et certaines figures les unes dans les autres, à peu près comme dans notre théorie des *polaires réciproques* que Mœbius, d'ailleurs, ne paraît pas ou ne veut pas connaître, bien qu'elle remonte à 1817 (t. VIII des *Annales de Montpellier*) et qu'elle contienne en réalité la première démonstration du principe de *dualité*.

Au surplus, ce n'est que beaucoup plus tard (en 1829) que le même Mœbius, dans le tome IV, p. 101, du *Journal mathématique de Crelle*, recourt à d'autres démonstrations analytiques moins nuageuses et plus directes, stimulé en quelque sorte par les exemples de MM. Bobillier et Plucker, mais sans doute aussi après avoir pris connaissance dans le même recueil (t. III, p. 213, et IV, p. 1) de mes deux Mémoires de mars et avril 1824 (Sect. I et II du présent volume), dont le dernier, accompagné d'une note par le timide rédacteur du *Journal de Berlin*, montre l'espèce de fascination et d'intimidation exercée par son prédécesseur M. Gergonne. Cela me semble évident d'après la page 111 du Mémoire cité de M. Mœbius, où les faits, les preuves sans réplique ne manquent certainement pas : la mention même faite à la page 205 du tome III du *Journal de Crelle* démontre que, dès 1828 tout au moins, on avait connaissance en Allemagne de la *théorie française* des *polaires réciproques*, que feu Steiner invoquait à son tour pour la démonstration d'un théorème *sur les surfaces du second degré*.

Quant au calcul *barycentrique* même de M. Mœbius, je dois rappeler ici qu'il contient, sur la loi des signes dans les relations métriques à deux termes de la théorie des tranversales, une doctrine que je suis loin d'approuver au point de vue de la Géométrie antique ou moderne, et dont les contradictions deviennent surtout manifestes dans les égalités projectives à quatre, six ou huit segments rangés sur une même droite, égalités dont l'auteur s'était, dès 1827, occupé et parmi lesquelles je remarque principalement ce qu'il nomme *Doppelschnittsverhæltniss* (*rapport de double section*), à quoi Steiner, dans son ouvrage de 1832, ajoute avec raison l'épithète de *projective*, en observant que ces relations, déjà connues de Pappus ou d'Euclide, ont lieu entre les *sinus* mêmes des angles correspondant aux divers segments dans le faisceau des droites rayonnantes ou projetantes(*).

Ainsi, dans l'intervalle de 1826 à 1829, cette théorie de la réciprocité polaire, ou la dualité qui prétend en tenir lieu, avait fait des progrès en Allemagne comme en France.

Déjà aussi on connaissait à Berlin mes revendications de priorité qu'avait provoquées le Mémoire de 1827, à double colonne, de M. Gergonne (p. 363 à 378), et M. Plucker, dans un premier volume intitulé : *Développements analytico-géométriques* (*Analytische geometrische Entwickelungen*; Essen, 1828), avait traité algébriquement, avec une certaine franchise (préface) et par des méthodes qui lui sont propres, mais dérivées de l'ancienne Analyse des coordonnées de Descartes, la théorie de l'intersection et du contact mutuel des cercles et des coniques, de leurs sécantes communes (*chordales*), de la *réciprocité polaire*, etc., théories, questions géométriques qui constituent spécialement l'objet du tome Ier des *Propriétés projectives*, et à l'occasion desquelles M. Plucker reproche, non sans quelque raison, à son compatriote Steiner d'avoir marché sur mes traces (*fusstapfen*) : reproche trop général sans doute et contre lequel l'indulgent Dr Crelle

---

(*) *Voyez* le tome Ier du présent ouvrage, n°s 6 et suiv.; *voyez* aussi mes *Applications d'Analyse et de Géométrie*, publiées en 1862, t. Ier, p. 489 à 498, et t. II, 1864, IIIe Cahier, où j'ai non-seulement combattu la loi des signes géométriques de M. Mœbius, adoptée sans discussion par M. Chasles (1852), mais aussi ses singulières prétentions et celles de Steiner à certaines doctrines du *Traité des Propriétés projectives des figures* (t. Ier, 1822). *Voyez* enfin dans ce *Traité* les notes des pages 413 à 414, 417 à 418, ainsi que celles du tome II (p. 359 à 360), où il est également fait mention des savants écrits de ces géomètres.

défend difficilement son jeune collaborateur dans le *Journal de Mathématiques* (t. III, 1828, p. 410), en affirmant que M. Steiner ne connaissait ni l'ouvrage de M. Plucker ni celui de M. Poncelet, pendant qu'il rédigeait les siens propres.

Le tome II de l'ouvrage de M. Plucker, publié, comme le premier, à Essen en 1831, par conséquent un an avant celui de Steiner, sur lequel j'aurai à revenir ci-après, offre une étude plus approfondie des mêmes doctrines, en s'appuyant cette fois sur la méthode du *multiplicateur indéterminé* des équations algébriques de même degré, dont l'idée et l'emploi remontent au moins à l'année 1810 (*voir* le tome Ier, 1864, de mes *Applications d'Analyse et de Géométrie*, p. 249 et suiv.). Cette méthode, comme l'observe M. Plucker, exempte des procédés algébriques, jusque-là si laborieux, de l'élimination. A l'égard de la théorie des *polaires réciproques*, je ferai remarquer que le savant professeur de Bonn la désigne abréviativement par l'épithète de *principe de réciprocité* en l'opposant à celui de *dualité*, dont il hésite pourtant à attribuer la découverte à Gergonne, en lui reprochant même son origine purement *inductive*, et de n'être applicable qu'aux formes linéaires ou *linéales* de l'étendue.

Sans nul doute, M. Plucker eût été beaucoup plus affirmatif s'il avait mieux compris ou retenu le but de mon Mémoire de 1817 (t. VIII des anciennes *Annales*), cité dans son premier volume, ainsi que le contenu du *Traité des Propriétés projectives* (t. Ier, Sect. I et II), et surtout s'il eût prêté un peu d'attention au Mémoire de Sturm (t. XVII des *Annales*), qui précède celui de Gergonne (*voir* la page 390 ci-dessus du présent volume). En reprochant au Rédacteur des *Annales de Montpellier* de n'avoir pas eu égard, en 1828, à une communication tendant à prouver que lui aussi (Plucker) était arrivé, par une voie purement analytique, au *principe de réciprocité*, objet de la dispute, il prétend l'avoir présenté sous un point de vue *beaucoup plus général* (préface, p. 6, texte, p. 259). Mais je crains fort qu'il y ait là quelque méprise ou illusion; car, malgré l'honneur qu'il me fait de citer ici mes travaux antérieurs à ceux de MM. Steiner, Gergonne et Bobillier, imprimés dans les *Annales* de 1827 à 1829, je n'aperçois, même dans le *Mémoire* de M. Plucker *sur un nouveau système de coordonnées* et un *nouveau principe de Géométrie* (Crelle, t. V, 1830, p. 1 et 268), que des essais algébriques plus ou moins fructueux, et qui rappellent ceux de ces savants, pour établir une tardive et incomplète prééminence des méthodes soi-disant purement analytiques sur les miennes (*).

Du reste, dans ce tome II, publié en 1831, M. Plucker annonce en terminant (note, p. 258) qu'il s'occupe, d'après mes écrits anciens ou récents, d'éclaircir le *paradoxe* relatif à l'abaissement

(*) Ce système de coordonnées, comme je l'ai montré ailleurs (*Applications*, t. I, p. 493 et suiv.), est fondé sur la méthode des coefficients ou multiplicateurs arbitraires appliquée à des *conventions*, à des *notations symboliques* qui, pouvant varier au gré de chaque géomètre algébriste, constituent autant de modes distincts de transformations analogues à ceux que l'on a vus surgir dans ces dernières années. M. Plucker parvient ainsi à une sorte de théorie de *réciprocité* dont, ici encore, il feint d'attribuer la priorité à Gergonne, sans se ressouvenir de mon Mémoire, pourtant plutôt analytique que géométrique, de 1817 (t. VIII des *Annales*), qu'il avait, je le répète à dessein mais à regret, précédemment cité dans ses *Entwickelungen* in-4° de 1828.

C'est, je pense, dans le premier des deux Mémoires ci-dessus de M. Plucker que se trouve la première indication, un peu diffuse, il est vrai, du système des coordonnées *trilinéaires*, système mis à profit par ses successeurs en rendant les équations homogènes; ce qui n'est point nettement indiqué par ce savant. Le but du second Mémoire de M. Plucker, où ce que j'ai appelé *principe de continuité* est mentionné avantageusement, paraît être d'ailleurs d'exposer un procédé algébrico-géométrique pour démontrer et découvrir, s'il se peut, les théorèmes qui se rapportent à la *Géométrie combinatoire*, dont Steiner s'était occupé avec une sorte de prédilection dans le numéro de mai 1828 des *Annales de Montpellier;* théorèmes relatifs aux hexagones multiples inscrits à une conique appartenant aux six mêmes points de la courbe, et dont Pascal a découvert la propriété fondamentale, la seule véritablement importante, sous le nom de *hexagrammum*

du degré des polaires réciproques, qui lui laisse encore des doutes, et sur lequel je me propose moi-même de revenir dans l'un des articles du paragraphe suivant.

Si j'ai autant insisté sur ces premiers ouvrages d'un professeur désireux de se tenir au niveau de la science et de l'approfondir au point de vue de l'Analyse algébrique alors si fort en retard par rapport aux récents progrès de la Géométrie, c'est qu'ils émanent d'un esprit droit et consciencieux, quoique un peu diffus et indécis, qui cherche sa voie et prélude à des travaux plus sérieux publiés en 1835 et 1839; travaux dans lesquels M. Plucker cherche à approfondir la théorie des points singuliers et des autres éléments importants de la Géométrie des courbes, dont nous aurons également à nous occuper dans ce qui suit.

Quant au livre de M. Steiner, daté de septembre 1832 et dédié à S. Exc. le Baron A. de Humboldt qui, peu après, me l'adressa à l'École d'Application de Metz, où je m'occupais alors exclusivement de Mécanique et de Machines, en l'accompagnant amicalement de cette traduction littérale du titre : *Développement systématique de la dépendance des formes géométriques;* quant au livre de Jacob Steiner, dis-je, il est aisé d'apercevoir par l'introduction et dès les premières pages du texte que, laissant entièrement de côté le *Traité des Propriétés projectives,* mes Mémoires de 1824 et même de 1831, dès lors imprimés dans le *Journal de Crelle,* l'auteur n'entendait nullement tenir compte du bienveillant avis du Dr Crelle et des graves reproches de son antagoniste M. Plucker, mieux éclairé, plus équitable alors envers ces mêmes écrits. Le mutisme, le mauvais vouloir de Steiner sont ici, en effet, poussés jusqu'au point de placer le *principe de dualité* avant celui de la *réciprocité polaire,* et de se servir avec affectation des *doubles colonnes* de Gergonne, dont pourtant il déclare connaître la discussion avec moi dans le *Bulletin Férussac* de 1827, discussion qu'il désigne (préface, p. VII) par l'épithète fort dédaigneuse de *dispute entre les mathématiciens français.* A plus forte raison continue-t-il à jeter un voile épais sur mes propres théories et conceptions, dans son projet d'établir par la synthèse géométrique, c'est-à-dire sans analyse algébrique, la plupart des résultats auxquels j'étais parvenu dans les ouvrages si souvent rappelés, et où se trouvent exposées les relations métriques projectives les plus générales du faisceau de droites rayonnantes autour d'un point, sous le nom commun d'*homologie,* de *projection centrale,* de *perspective-relief, plane* ou dans un seul plan, comprenant toutes les relations de la *Géométrie de la règle* ou *des transversales* ancienne et moderne.

Tel a été en effet le but de Steiner dans ce livre in-8° de 322 pages imprimé à Berlin en 1832. Or, il est aisé de se convaincre que, dans cette première partie vraiment élémentaire, les procédés de démonstration sont à peu de chose près les mêmes que les miens (*voir* p. 5 et suiv.), si ce

---

mysticum : ce système d'hexagones inscrits offrant par centaines des groupes de trois points en ligne droite, ou de trois droites convergeant en mêmes points, des combinaisons de droites et de nombres sur lesquels le savant professeur de Bonn reproche à Steiner de s'être plus d'une fois trompé dans ses énoncés, sans démonstration, insérés aux *Annales* précitées. On voit d'ailleurs que ce genre de propositions, dont ce dernier géomètre a souvent fait abus et qu'il a mis à la mode parmi une certaine classe de savants, appartient plutôt à la théorie des nombres et à la Géométrie de situation qu'à la Géométrie proprement dite ou d'intuition; ce qui semble indiquer, à mon sens, une faiblesse, un manque d'initiative des esprits qui, confondant la *complication* avec la *profondeur,* s'éloignent de l'élégante simplicité des anciens géomètres. Or ceci doit s'entendre également de ces théories des multiplicateurs indéterminés ou arbitraires, seulement applicables directement et *à posteriori* aux systèmes d'équations homogènes de même degré, par la méthode des *déterminants,* des *discriminants,* etc., dont les combinaisons, variables aussi à l'infini, selon le besoin du moment, sont nées de l'infériorité même de l'ancienne Analyse algébrique par rapport à la Géométrie moderne : celle-ci en effet, marchant par une voie toujours sûre et progressive à de nouvelles découvertes, a ouvert à cette Analyse une route qu'elle aurait beaucoup de peine à parcourir sans la théorie de réciprocité polaire qu'on prétend néanmoins démontrer, si non découvrir *à priori,* de tant de façons différentes; par exemple, en la réduisant, comme l'a fait le premier Mœbius, à une transformation de coordonnées purement linéaires (*lineal Verwandschaft*).

n'est que, dans mon Traité de 1822, je considère spécialement les figures qui se correspondent perspectivement, homologiquement, sur un même faisceau de droites rayonnantes, tandis que Steiner les considère sur deux faisceaux distincts ayant ou non un centre commun de projection, à la condition cependant qu'il y ait entre les *sinus des angles projetants respectifs*, ou entre les segments et les figures correspondantes, les mêmes relations projectives, limitées ici à ce qui concerne les rapports *harmoniques*, *de double section* (Mœbius) ou *d'involution* (Desargues), constituant au fond ce que certains auteurs nomment aujourd'hui vaguement l'*homographie des figures*. Ce genre particulier de transformation fait en effet parvenir, avec une facilité relative et tout élémentaire (*classique*), mais non plus rigoureusement, aux différents théorèmes des transversales que Steiner nomme *porismes*, et qui, au point de vue historique où je me suis placé dans mon ouvrage de 1822 (Sect. II, t. Ier), donnent au livre de ce géomètre l'apparence d'une contrefaçon enrichie de développements divers, notamment sur l'*involution de six points rangés en ligne droite* et sur la *dualité à doubles colonnes*, dualité qu'il confond, pour cause, avec le principe général de la *réciprocité polaire*; et en cela incontestablement Steiner se montre inférieur à M. Plucker, ainsi qu'on le verra plus loin.

A ce point de vue comme à plusieurs autres, les démonstrations de Steiner, limitées aux plus simples relations métriques des figures, paraissent moins générales, moins complètes que celles que j'avais précédemment mises en usage. Elles ne peuvent, dans tous les cas, lui assurer aucun droit positif à la découverte des théorèmes et des théories géométriques connus avant janvier 1832, époque où parut dans le *Journal de Crelle* mon dernier Mémoire, qu'il semble ou prétend ignorer. Ceci soit dit néanmoins sans rien préjuger sur le mode de démonstrations à double *faisceau projetant* qu'il substitue au mien propre ni aux divers théorèmes de *Géométrie combinatoire*, dont j'ai déjà parlé comme ne se rattachant que trop indirectement au caractère de la Géométrie intuitive. N'oublions pas d'ailleurs que c'est en s'appuyant sur cette théorie des doubles faisceaux projectifs s'entrecoupant dans un plan ou dans l'espace qu'il nous a donné, dans son livre de 1832 et depuis, sur les courbes et les surfaces, gauches ou non, ces énoncés en plusieurs pages, privés de toute démonstration, sortes d'aphorismes qui rappellent certaines généralisations placées en tête du livre VII des *Collections de Pappus*, et dont Euclide peut-être avait lui-même offert des exemples dans son *Traité des Porismes*, aujourd'hui encore si peu compris. Il est évident que ces aphorismes sont aussi inintelligibles que certaines formules algébriques d'Arbogast ou autres, et que feu Wœpcke, savant traducteur des derniers Mémoires de Steiner, en a exagéré le mérite dans de longs énoncés insérés, à partir de 1857, dans le *Journal de Crelle* et fort admirés par quelques-uns comme les tours de force d'un esprit profond et improvisateur; or, ce genre de spéculations géométriques est devenu presque à la mode depuis l'encombrement progressif de la moderne branche d'Analyse géométrique qui a son pendant pour l'Analyse algébrique. Toutefois, on ne doit pas l'oublier, cette manière expéditive et un peu *cavalière*, qu'on me passe le mot, de traiter sans commentaires ni démonstrations aucunes les questions de Géométrie, prête beaucoup à l'erreur, à la confusion des idées, et elle ne satisfait nullement les lecteurs sérieux, comme je l'ai fait plus d'une fois remarquer dans cet ouvrage.

Steiner, esprit brillant mais frondeur, en se livrant avec un succès remarquable à de telles spéculations, en a peut-être dépassé le but au détriment de son repos, de sa santé, de ses intérêts matériels et de ceux de l'amitié que lui avaient vouée les Crelle, les Jacobi et d'autres, avec lesquels il s'est refroidi, sinon brouillé, à partir de 1847 ou 1848; ce qu'on doit attribuer à l'exaltation de ses idées politiques ou scientifiques, exaltation que je lui ai d'autant plus volontiers pardonnée pour ce qui me touchait personnellement, qu'il n'a pas cessé un seul instant, dans ses lettres amicales et lors de nos entrevues à Paris, de me témoigner un réel attachement et une estime, j'oserai même dire un culte pour mes anciens travaux, rarement cités cependant dans ses écrits, du moins avec cette franchise qui devrait caractériser les amis sincères et désintéressés des vérités mathématiques. Il y a plus : quelques-uns de ses disciples d'Allemagne, les *Göpel*, les *Adams*, etc., ne se sont pas fait faute, en 1844, de critiquer le *Traité des Propriétés projectives des figures* sans trop prendre garde qu'il avait précédé de dix ans celui de leur maître, auquel je suis loin de contester, au point de vue des méthodes d'exposition, tout mérite de priorité.

Sauf, en effet, dans ses derniers Mémoires, à partir de 1845 et pour quelques théorèmes isolés, Steiner n'a prononcé mon nom qu'en cas d'urgente nécessité, comme, par exemple, il l'a fait dans son Mémoire concernant le nombre des *tangentes doubles* des courbes du quatrième degré (Crelle, t. XLIX, 1855, p. 265), question où il se sentait devancé par MM. Plucker, Cayley, Jacobi et Otto Hesse. C'est ce dont j'ai acquis la conviction par les lettres de juin et d'octobre 1844 que m'a adressées de Naples l'estimable géomètre Fortunato Padula, qui s'était précédemment occupé du problème des tangentes doubles dans les *Mémoires de l'Académie napolitaine* (*); car ces lettres prouvent que, durant le séjour à Naples de Jacobi et de Steiner, alors amis inséparables, M. Padula avait appris que ce dernier géomètre s'était, depuis un certain temps, aussi occupé de cette épineuse question pour les courbes planes algébriques de degré m en général, et qu'il était parvenu à une formule d'après laquelle le nombre des tangentes doubles serait de 28 pour les courbes du quatrième degré, de 120 pour celles du cinquième, etc.; ce qui conduisit M. Padula à retrouver et démontrer analytiquement cette formule générale

$$x = \frac{1}{2} m(m-2)(m-3)(m+3) = \frac{1}{2} m(m-2)(m^2-9),$$

dont la première découverte est réellement due à M. Plucker, comme le prouverait au besoin la lettre qu'il a bien voulu m'écrire de Halle, en Saxe, en m'adressant son savant ouvrage de 1835, où cette formule et d'autres analogues (p. 241 à 270) se trouvent amplement exposées, mais qui, depuis, ont été redémontrées à l'aide de procédés analytiques plus directs par Jacobi, dans un Mémoire de 1850 (Crelle, t. XXXIX, p. 237) où il cite mes propres travaux et ceux de M. Plucker sans mentionner ceux de Steiner (*inde ira!*). Du reste, le souvenir scientifique qu'a bien voulu accorder à mes Mémoires de 1824 et 1831 l'illustre émule d'*Abel de Christiania* est un reproche indirect adressé, non pas seulement au Steiner de 1832 à 1845, mais aussi aux savants algébristes M. Plucker de 1835 et M. Cayley de 1847 (Crelle, t. XXXIV, p. 30 à 45).

Il est évident que le dédain de Steiner pour les doctrines du *Traité des Propriétés projectives* (t. Ier et II) lui ont trop longtemps fait méconnaître la véritable portée des principes de réciprocité polaire, de continuité, etc. Évidemment aussi l'apparition des mes derniers Mémoires dans les tomes VII et VIII du *Journal de Crelle*, c'est-à-dire avant la publication de son livre de 1832, l'avait détourné de s'occuper de la rédaction du second volume qu'il préféra morceler dans divers Articles détachés où il espérait conserver ses droits de priorité pour des matières non encore explorées par d'autres. Au reste, lors des dernières visites que Steiner depuis son retour d'Italie voulut bien me faire à Paris, j'étais par devoir exclusivement occupé de questions de Mécanique pure ou appliquée, et il m'était aussi impossible de prêter une attention suivie aux travaux géométriques du savant professeur de Berlin, que de lui venir en aide dans ses revendications, toutes confidentielles ou verbales, contre MM. Plucker et Chasles, malgré mon désir sincère de lui être agréable et bien que je n'eusse alors aucun ressentiment pour ses singuliers procédés scientifiques à mon égard, dont, à tort sans doute, je ne m'étais pas assez inquiété à l'origine, distrait, je le répète, par des occupations étrangères à la Géométrie, et dominé par un sentiment d'amicale indulgence envers un aussi brillant esprit.

Dans cette situation difficile, je tentai, à sa demande, en 1857, de rédiger, pour la lire à l'Académie des Sciences de l'Institut, une Note sur l'histoire des récents travaux en Géométrie; mais je ne tardai pas à m'apercevoir que, dans le conflit d'amours-propres où j'étais personnellement

(*) *Voyez* la *Note additionnelle* placée à la fin de cet Article II, p. 414.

intéressé, je ne pouvais résumer en assez peu de mots ni assez nettement devant l'illustre Société un examen qui pouvait amener dans son sein de bien longues et délicates discussions. D'un autre côté, je ne tardai pas à rencontrer dans l'état de ma santé, au commencement de 1858, un obstacle matériel qui m'obligea d'ajourner jusqu'à un moment plus favorable l'examen d'une question historique qui, exigeant des recherches nombreuses, ne pouvait être traitée verbalement d'une manière tant soit peu intelligible et intéressante pour nos savants confrères et le nombreux public qui suit les séances académiques. Cela explique aussi comment j'ai été conduit, dès 1860, à entreprendre la réimpression de mes anciens écrits géométriques, et comment je me suis borné, dans le tome Ier des *Applications d'Analyse et de Géométrie*, à consigner les quelques lignes relatives aux revendications de Steiner qu'on trouve dans l'Article intitulé : *Souvenirs, Notes et Additions* (p. 480 à 498 et 509), où d'ailleurs je ne suis entré dans aucun détail concernant les divers griefs reprochés par ce géomètre à M. Chasles; griefs dont ce qui précède n'a pu donner qu'une insuffisante idée pour ce qui concerne la théorie élémentaire des faisceaux projectifs de droites rayonnant autour d'un ou de plusieurs centres de projection, etc.

Je n'oublie pas à cette occasion que le savant géomètre algébriste, M. Plucker, le premier après Bobillier, a admis et goûté, en les traduisant à sa manière, ces mêmes notions prétendues *métaphysiques* ou *ultrà-géométriques* que l'analyse a eu tant de peine à s'approprier ; que le premier aussi il a compris et démontré algébriquement l'existence du contact de divers ordres des courbes aux points communs de l'infini, c'est-à-dire de l'*asymptotisme* de divers genres ou natures, ainsi que de celle des points singuliers qui s'y rapportent, existence dont, après 1822, il devenait facile de s'apercevoir géométriquement (*Propriétés projectives*, t. Ier, Sect. I et II), et dont M. Plucker aussi a tiré un heureux parti dans ses derniers volumes in-4° sur la Géométrie analytique.

De ces deux volumes, le premier, publié à Berlin (*System der analytischen Geometrie*, 1835), comprend la théorie des courbes du troisième degré, et se ressent encore de la lenteur et de la confusion d'idées de ses précédents écrits, en cela si différents de ceux de Bobillier ; le second, édité à Bonn (*Theorie der algebraischen Curven*, 1839), d'une contexture remarquable, a été réellement profitable à l'avancement des idées géométriques pour la classification des courbes algébriques planes jusque-là demeurée fort incomplète. Car Newton, Waring, Euler et leurs successeurs n'avaient aucune idée des notions de l'infini tirées des considérations de la perspective ou projection centrale, dont, à son tour, M. Plucker a prétendu se passer, même dans ses derniers ouvrages, où il s'efforce de démontrer les résultats et théorèmes, par des artifices de calculs ou de raisonnements fondés sur la méthode des *coefficients indéterminés* et la décomposition des équations des lignes courbes en deux termes principaux : l'un, d'une forme algébrique fonctionnelle à déterminer par certaines conditions du problème où l'infini joue un rôle obscur sinon arbitraire ; l'autre composé d'un certain nombre de *facteurs linéaires* destinés à représenter les sécantes ou tangentes aux points de l'infini, etc.; M. Plucker est ainsi conduit à la discussion analytico-géométrique fort laborieuse de l'équation des courbes de divers degrés, non plus simples, mais assujetties à passer par des points donnés, à s'osculer asymptotiquement de différentes manières, tantôt réellement, tantôt imaginairement, selon que le contact est d'ordre pair ou impair; tout cela en se basant sur le système de transformation algébrique linéaire ou *collinéation réciproque* de Mœbius, afin de ne point recourir à la *réciprocité polaire*.

On voit par là combien les idées géométriques du savant algébriste s'étaient agrandies depuis 1831. Pourtant ce n'est pas dans les problèmes particuliers relatifs aux courbes du troisième et du quatrième degrés, et même dans l'énumération ou classification qui s'y rapporte, que réside le mérite de ses écrits de 1835 et 1839, mais en réalité dans la discussion et la distinction des différents points singuliers, des droites *annexes* ou *étrangères* (*voir* les n°s 129 à 250, Sect. III de ce volume) des courbes algébriques, que personne avant M. Plucker n'avait faites avec autant de soin et d'exactitude géométrique. C'est là, malgré quelques reproches qui lui ont été adressés par M. Otto Hesse et d'autres, malgré l'abus des considérations et des notations algorithmiques restreintes qui sembleraient accuser la haute Analyse d'impuissance vis-à-vis de la Géométrie, c'est là, dis-je, ce qui rend l'ouvrage de 1835, dont je viens de parler, d'une utilité incontestable en raison des formules générales par lesquelles il fixe le nombre des points et des droites ci-dessus mentionnées; formules qui ont été résumées, en partie du moins, en 1848, mais sans démonstrations, par Steiner (CRELLE, t. XLVII), et qui ont surtout de l'importance pour l'éclaircissement du paradoxe algébrique dont je compte dire un mot dans l'Article suivant, mais que M. Plucker n'a pas suffisamment approfondi dans son Traité de 1839, où d'ailleurs il n'est point question des courbes gauches ni de tout autre cas de l'espace; ce qui tient, sans aucun doute, à ce que le savant professeur de Bonn s'attachait plus aux monographies et aux détails qu'aux principes fondamentaux qu'ils remplacent bien imparfaitement aux yeux des géomètres philosophes, pour lesquels l'accumulation des théorèmes est une véritable calamité, même dans les écoles préparatoires.

Note additionnelle relative au nombre des tangentes doubles des courbes planes algébriques (*voyez* l'Avertissement au bas de la page 412).

Dans sa lettre du 10 juin 1844, dont je dois la traduction à M. Moutard, M. Fortunato Padula s'exprime ainsi :

« Dans le tome VIII du *Journal de Crelle*, vous avez fait insérer un Mémoire sur l'*Analyse des transversales*, où, au n° 249, je trouve que la formule $m^2(m-2)$ indique la somme des *indices de multiplicité* des tangentes osculatrices que peut avoir une courbe de degré m. M'étant occupé de quelques recherches sur les tangentes doubles et sur les points d'inflexion, il m'a semblé que la formule donnée par vous doit établir une relation entre le nombre des tangentes doubles et le nombre des points d'inflexion d'une courbe, et il m'aurait été facile de la trouver, si vous aviez déclaré explicitement que, par indice de multiplicité d'une tangente, il faut entendre le nombre des tangentes qui sont superposées avec celle que l'on considère, ou bien le nombre des cordes déterminées par la courbe de cette tangente considérée comme une transversale, qui sont nulles. Dans le premier cas, x désignant le nombre des tangentes doubles, y celui des points d'inflexion, on aurait la relation

$$2x+2y=m^2(m-2).$$

» Dans le deuxième cas, au contraire, chaque tangente d'inflexion aurait son indice de multiplicité égal à 3, et la relation serait

$$(1)\qquad 2x+3y=m^2(m-2).$$

» J'incline à croire qu'on doit s'arrêter à cette dernière équation; mais comme, en définitive, je reste dans le doute, j'ai pensé que le meilleur parti était de recourir à vous-même.

» Je crois cependant devoir vous indiquer comment je me trouve dans la nécessité de distinguer les indices de multiplicité des tangentes doubles et des points d'inflexion, afin que vous puissiez prendre un plus grand intérêt dans la question, qui, *comme vous verrez, vous regarde en quelque façon.*

» M. Steiner ayant été dans cette capitale, et me parlant de ses travaux, me disait qu'une courbe de degré m a un nombre de points d'inflexion indiqué par la formule $3m(m-2)$; il me fit connaître ce résultat sans m'indiquer la voie suivie pour l'obtenir, parce qu'il fait partie de recherches qui n'ont pas encore vu le jour. N'ayant pu réussir à démontrer cette formule par des considérations géométriques, car tout le monde ne peut pas, comme MM. Poncelet et Steiner, plier la Géométrie à découvrir des résultats qui semblent du domaine absolu du calcul, j'ai eu recours à ce demi-moyen. »

Je ne rapporte pas ici la partie analytique de la démonstration relative au nombre y des points d'inflexion, donnée dans la lettre de M. Padula, et qui repose sur la considération des équations dérivées ou différentielles du calcul le plus simple, sans aucun recours à des notations, à des systèmes de coordonnées étrangers à ceux qui sont employés dans la *Géométrie analytique* de Monge. M. Padula ajoute ensuite dans sa lettre ces paroles ici transcrites littéralement :

« M. Steiner me disait en outre avoir aussi trouvé une formule qui donne le nombre des tangentes doubles, mais il évite toujours de la faire connaître, se bornant à me dire qu'une courbe du quatrième

» degré en a 24, une du cinquième 120, une du sixième 324, une du septième 700, et qu'il avait trouvé » la formule en question après avoir découvert la relation qui existe entre le nombre des tangentes dou» bles et le nombre des points d'inflexion. Or, on voit maintenant que la formule trouvée par vous » établit précisément cette relation, et si c'est l'équation (1) qui doit être admise, on trouve précisément, » en y faisant $y = 3m(m-2)$,

$$x = m(m-2)(m-3)(m+3),$$

» qui concorde bien avec les résultats indiqués par Steiner. »

Cette lettre, de juin 1844, qui m'a été transmise par M. Dufresne, ingénieur des Ponts et Chaussées de France, fut suivie, en date du 29 octobre 1844, d'une seconde lettre de M. Padula, à qui sans doute ma réponse n'était point encore parvenue, réponse dans laquelle je me prononçais affirmativement pour la formule $2x + 3y = m^3(m-2)$, c'est-à-dire de l'hypothèse des trois cordes ou tangentes réunies en une seule au point d'inflexion, conformément à la manière d'entendre le principe de continuité qui n'a jamais varié chez moi. Pour cela je n'avais pas besoin de prendre connaissance de l'article inséré à la page 105 du tome XII (1834) du *Journal de Crelle*, article plein de réminiscences de mes idées géométriques sur la continuité, et où M. Plucker, heureux d'avoir pu énoncer cette fois la formule ci-dessus, me prend à partie, exalte la dualité de Gergonne à mes dépens, et, pour mieux faire valoir le mérite de sa première découverte, me reproche un peu vivement un *lapsus* que j'avais moi-même rectifié dès 1830-1831, dans le Mémoire sur l'*Analyse des transversales*, inséré au même journal (t. IV, 1832, n° 245, ou Section III du présent volume), c'est-à-dire deux années auparavant, mais auquel sans doute M. Plucker ne voulait pas prêter une attention convenable par un motif d'amour-propre facile à deviner, et par suite duquel il me traite, je puis dire injustement, quant au soi-disant et célèbre *paradoxe* qui, en 1826, avait été la pierre d'achoppement du même Gergonne, si longtemps resté dans une inconcevable erreur mathématique (*voyez* Sect. II, n° 67, Sect. III, n° 230, etc.).

A cet égard, l'illustre géomètre Jacobi a été plus juste et plus généreux envers moi dans son Mémoire de 1850 (Crelle, t. XL, p. 237) *sur les tangentes doubles des courbes du degré n*, où il donne pour la première fois une démonstration analytique complète des énoncés géométriques de M. Plucker, en la tirant d'une théorie générale des équations différentielles qui lui est propre, mais que je ne place pas, pour la clarté géométrique, au-dessus de celles de M. Padula, et dont la marche purement algébrique lui fait trop oublier, après M. Plucker, que la formule $n^2(n-2)$, qui représente la somme des indices de multiplicité d'une courbe algébrique quelconque, m'appartient incontestablement (Crelle, t. VIII, n° 249, ou Sect. III, p. 231), aussi bien que la formule $mn(m-1)(n-1)$, relative au nombre des tangentes communes à deux lignes courbes sur un plan, formule établie, démontrée également par moi dans un premier Mémoire de 1817, *sur la théorie des polaires réciproques* (*voyez* nos *Applications d'Analyse et de Géométrie*, t. II, p. 476 à 483).

Si nous n'étions pas à une époque où trop souvent les vérités sincères passent pour des mensonges et *vice versâ*, je dirais que, dès avant 1824, je m'étais vivement préoccupé de découvrir, par la voie de l'Analyse différentielle, le nombre des points d'inflexion, des points de rebroussement et des tangentes doubles des courbes planes algébriques. Ces recherches n'étaient nullement dépourvues en soi d'intérêt; mais n'ayant pu les accomplir par la voie purement géométrique, à mon sens seule rigoureuse, je me gardai de rapporter ces aperçus dans mes écrits ultérieurs.

Il serait inutile d'ailleurs de rappeler la Note qui termine le Mémoire ci-dessus de Jacobi, où M. Otto Hesse, l'un de ses élèves les plus célèbres, taxe d'erronée la recherche de M. Plucker relative au degré de la courbe qui contient les points de contact des vingt-huit tangentes d'une ligne du quatrième degré, dont, par la théorie des déterminants, ce savant algébriste donne l'équation du quatorzième degré d'une remarquable composition, sinon d'une grande simplicité; cette mention, dis-je, serait tout à fait sans objet si elle ne prouvait que M. Plucker était, à son tour, passible de reproches plus graves encore que ceux qu'il adresse à d'autres dans une multitude d'écrits imprimés où se montre un esprit très-peu sûr de lui-même, et qui marche dans sa propre voie sans jamais changer de route ou de méthode, c'est-à-dire sans s'abandonner au caprice ou au besoin du moment : maladie fort répandue de nos jours. Toutefois, je ne prétends nullement exagérer le mérite de M. Otto Hesse au détriment de celui de M. Plucker; car je vois par une Note subséquente du premier de ces savants algébristes, du 27 novembre 1849 (Crelle, t. XL, p. 315), que, malgré la théorie des *déterminants*, il n'était point non plus en mesure dès lors d'expliquer le mystère relatif aux courbes gauches ou à double courbure.

III.

REMARQUES DIVERSES A L'OCCASION DU PRÉCÉDENT ARTICLE ET DE QUELQUES AUTRES ÉCRITS ALLEMANDS, BELGES OU FRANÇAIS.

Dans ce qui précède, je n'ai pas mentionné l'honorable accueil qui a été fait au *Traité des Propriétés projectives des figures* par l'illustre auteur des *Fundamenta nova*, dès les premiers volumes du *Journal de Crelle* (années 1828 et suiv.), parce qu'il en est parlé fort au long soit par moi, soit par mon très-savant et trop modeste ami M. le professeur Moutard, dans l'Article aussi remarquable que profond qui termine le tome Ier des *Applications d'Analyse et de Géométrie*. Je rappellerai seulement que, malgré ses tendances à placer l'Analyse algébrique au-dessus de la Géométrie intuitive, Jacobi n'a pas hésité en diverses occasions à faire remonter l'origine de quelques-unes de ses idées à mes propres travaux. Le même sentiment de loyauté et de franchise le dirige dans le *Mémoire* de 1850 dont il a été question à l'Article II ci-dessus; mais il s'en écarte dans l'espèce de *post-scriptum* (CRELLE, t. XL, p. 259 à 260), où, après avoir démontré algébriquement la formule $mn(m-1)(n-1)$ déjà citée, il se sert de la *théorie des polaires réciproques* pour vérifier les résultats de son analyse, en oubliant d'en indiquer l'auteur.

Lorsque Monge, dans son admirable *Géométrie descriptive*, empreinte du génie de l'inspiration, d'un caractère de simplicité et de généralité qu'elle doit à cette Analyse fonctionnelle créée par lui, mais pour ainsi dire ignorée de nos jours, exposait sans calculs, en quelques lignes incomprises, critiquées même par des esprits étroits et jaloux, les vérités fondamentales de la théorie des *sécantes* et des *cordes réelles* ou *idéales communes*, du *pôle* et de la *polaire*, etc., Monge, j'en suis sûr, n'a nullement cédé à un vaniteux sentiment de supériorité; car il ne pouvait ignorer les lourds et pénibles échafaudages de démonstrations synthétiques employés par Lahire pour masquer ses emprunts à Desargues et à Pascal; mais, pressé par la trop grande rapidité de la diction, il lui répugnait, sans nul doute, de prononcer sans commentaire un nom qu'il trouvait peu digne d'une mention exceptionnelle.

Quels sentiments animaient Descartes et Newton, ces grands géomètres analystes, quand ils témoignaient, dans leurs œuvres impérissables, si peu de déférence pour les découvertes et la mémoire de Copernic, de Tycho, de Galilée, de Képler, de Snellius? Prétendaient-ils en faire accroire à la postérité comme à leurs contemporains passionnés ou crédules? Qui croirait de nos jours que la chute inopinée d'une pomme du haut d'un arbre aurait, sans les admirables expériences de Galilée, suffi à Newton pour poser la base de ses principes de la *philosophie naturelle;* conceptions toutes géométriques que l'on ne comprend plus guère aujourd'hui et où l'on veut apercevoir ce qui n'y est pas, comme si le génie de l'invention résidait tout entier dans l'Analyse algébrique? Qui a jamais cru sérieusement, même en Angleterre, que les travaux des prédécesseurs ou contemporains de Newton, les Huygens et les Leibnitz notamment, lui aient tout à fait été indifférents ou inutiles? Il est bien évident que de telles suppositions ne sauraient plus être admises à l'époque actuelle, et que le doute même sur la bonne foi de cet esprit sublime est une tache indélébile imprimée à sa mémoire par des amis courtisans et indiscrets.

Pour ma part, je m'afflige sincèrement de la ligne de conduite adoptée par les Collins, les Oldenburg, les Keil, les Fatio et Newton lui-même; je regrette non moins (*s'il est permis de comparer les petites choses aux grandes*) que, dans des spéculations purement géométriques, les modernes imitateurs de ce grand homme, surexcités par des sentiments de vaniteuse jalousie et un ardent désir d'une hâtive célébrité, bien qu'avertis par un aussi illustre exemple, aient si peu redouté les jugements équitables mais sévères de l'avenir ou même la critique contemporaine. Comment, en effet, s'expliquer que les Mœbius, les Steiner et les Plucker en Allemagne, les Gergonne et les Chasles en France, se soient, longtemps après l'apparition du *Traité des Propriétés projectives*, imposé la tâche pénible et tout au moins chanceuse de se faire passer pour les promoteurs, sinon les créateurs de cette branche de la science qu'ils ont, sans ma participation directe, intitulée *Géométrie moderne*, mais dont il serait plus exact de faire remonter les principes à Euclide, à Pappus, à Desargues et à Pascal? Je crois en avoir dit assez dans le précédent Article pour mettre en lumière la nature et le caractère propre des travaux des géomètres allemands que je viens de citer; je n'ai pas non plus, je pense, à revenir sur les prétentions étranges du Rédacteur des *Anciennes Annales de Mathématiques* et de quelques-uns de ses plus ou moins complaisants collaborateurs. Sollicité par des considérations diverses, je m'étais même imposé le pénible devoir de ne rien ajouter aux réflexions et aux revendications, fort circonspectes à coup sûr, que j'ai insérées dans mes Mémoires de 1830 à 1831 (Sect. IV du présent volume); mais la manière maladroite et toute personnelle, quoique détournée, dont s'expriment dans leurs écrits certains disciples de M. Chasles, me contraint à changer de résolution et à dire ma pensée tout entière sur les travaux d'un savant dont, je le dis hautement, j'estime fort le talent géométrique, et qui a plus qu'aucun de ses successeurs et de ses contemporains, peut-être, contribué à propager les nouvelles doctrines géométriques en France et même à l'étranger, un peu tardivement il est vrai et sous une forme que j'ai déjà critiquée dans le tome Ier des *Applications d'Analyse et de Géométrie* publié en 1862. D'ailleurs, je n'admets nullement qu'une succession de théorèmes et de problèmes, démontrés plus ou moins à la manière d'Euclide et de Legendre, puisse autoriser à se croire seul dans le vrai, seul rigoureux, et à repousser tout autre mode de raisonnement, comme le font aujourd'hui encore quelques algébristes arriérés qui dédaignent de lire et de comprendre cette infime Géométrie.

Je ne crains pas d'ajouter qu'en agissant ainsi, en rejetant la forme explicite sinon le bénéfice de la manière de raisonner de nos devanciers, on s'expose à envahir le terrain d'autrui, et, sans le vouloir peut-être, à s'approprier les idées, les points de doctrine fondamentaux, et les plus féconds, de manière à en masquer l'origine philosophique et à faire illusion à bien des personnes prévenues, irréfléchies ou incapables d'établir une exacte et scrupuleuse distinction entre les anciennes et les nouvelles théories.

Mon savant confrère M. Chasles, disciple de Carnot, élève de Poinsot et de Hachette, dont en 1812 et 1813 il suivait les leçons à l'École Polytechnique, s'est par cela même beaucoup rapproché de leurs idées et de leur doctrine, qui n'étaient ni celles de Lagrange, ni celles de Monge, jadis aussi professeurs dans cette célèbre École. Favorisé à juste titre par le Rédacteur de la *Correspondance sur l'École Polytechnique*, il put exposer dans ce Recueil privilégié (t. III, 1814 à 1816, p. 11, 307, 326, 328, 341), sur les courbes et les surfaces du second degré, une succession d'articles analytico-géométriques dont quelques-uns ont déjà été cités aux pages 85, 170 et 416 du tome Ier des *Propriétés projectives*, mais dont les plus dignes d'intérêt, à mon sens, sont relatifs à la *transformation* du cercle et de la sphère en ellipse et ellipsoïde à trois axes inégaux, par la substitution, dans leurs équations considérées sous la forme la plus simple, je veux dire par rapport au centre, de nouvelles coordonnées proportionnelles aux anciennes. Cette généralisation d'une méthode géométrique fort ancienne lui permit, non-seulement de démontrer avec une remarquable facilité un grand nombre de théorèmes relatifs à l'ellipse et à l'ellipsoïde, mais aussi d'étendre les théorèmes antérieurement connus sur l'*enveloppe de la surface sphérique tangente à trois autres*, aux théorèmes analogues *concernant les surfaces ellipsoïdales du second degré, semblables et semblablement placées entre elles*.

Dans ces divers articles, surtout dans le dernier, M. Chasles montre une aptitude particulière à démontrer, à étendre en quelques points, les théorèmes déjà connus; mais, à l'exemple de son maître et ami feu Hachette, il oublie à tort de rappeler les droits justement revendiqués par M. Dupin à la page 420 du tome II de la *Correspondance polytechnique*.

En citant à plusieurs reprises, dans l'Introduction du *Traité des Propriétés projectives* (t. Ier), avec les noms de Desargues, de Pascal, de Monge, Livet, Dupin, Brianchon, Servois ou autres, le nom de M. Chasles comme étant celui de l'un des précurseurs des méthodes de projection, de transformation des figures; en négligeant maladroitement d'y faire valoir mes propres inventions, je ne m'attendais guère que, après quatorze années d'un silence regrettable, ce savant, réveillé enfin par le bruit de mes discussions avec Gergonne, surtout par les belles applications de la théorie des polaires réciproques publiées par l'impatient, mais intelligent Bobillier, dans le numéro de janvier 1828 (*Annales*, t. XVIII, p. 185), je ne m'attendais pas, dis-je, que M. Chasles, à son tour, viendrait prendre pied sur mon propre terrain, encouragé par cette remarquable et peu amicale conclusion de Bobillier, où la plume de l'irascible Gergonne (p. 202 du volume cité) se laisse deviner, et où on lit entre autres les lignes suivantes :

« Tout ce que nous pouvons affirmer avec certitude, c'est que, en rédigeant l'article qu'on » vient de lire, nous ne nous sommes uniquement aidés que du contenu de la lettre de M. Pon- » celet, déjà citée (*voir* la copie de cette lettre et la discussion qui l'ont suivie aux pages 324 » à 332, 363 à 376 du présent volume). C'est sans doute un devoir, lorsqu'on s'aide du travail » d'autrui, de citer soigneusement les sources où l'on a puisé; mais on serait évidemment » découragé de toutes recherches si, après être parvenu, par ses propres méditations, à quelque » résultat que l'on croit nouveau, on était tenu, avant de rien mettre au jour, de lire tout ce qui » aurait pu être écrit sur le même sujet. »

C'est d'après ces faits que je m'explique comment M. Chasles a rédigé hâtivement et a publié, toujours sous les auspices de Gergonne, son Mémoire de mai 1828 (p. 26) *sur les sections coniques confocales*, où il expose avec un succès facile des corollaires négligés par d'autres, et qu'on retrouve pour la plupart dans le tome Ier des *Propriétés projectives*, ou dans le tome II (Sect. II). Mais, jusque-là, je ne vois rien encore qui constate que M. Chasles se soit rendu familières les notions relatives aux systèmes de coniques sur un plan, aux intersections imaginaires, aux points ou aux droites situés à l'infini, etc. C'est dans le Cahier suivant (p. 277) du tome XVIII des anciennes *Annales*, que le même géomètre prétend faire dériver les propriétés de ces systèmes de la théorie de la similitude que j'ai rappelée ci-dessus; mais on peut se convaincre que le Mémoire relatif à cette théorie, daté de 1813 et paru deux ou trois ans plus tard, ne contient absolument rien en ce genre. D'ailleurs, dans ce nouveau Mémoire, M. Chasles s'excuse de n'être point en mesure, à Nice où il résidait, de me citer pour certains points de rencontre entre son récent travail et les miens qui remontent à 1817 et 1818.

Ici commence en réalité l'empiétement : mais, quoique M. Chasles mentionne mes derniers écrits et se serve même avec habileté de la théorie des *polaires réciproques* et des *centres d'homologie*, il n'aperçoit pas encore que les sécantes communes, qu'il nomme *axes de symptose* (axes de rencontre), peuvent passer tout entières à l'infini. Or, c'est là précisément le cas d'un système de cercles quelconques sur un plan, de sphères quelconques dans l'espace, que l'on croyait à tort, chose remarquable mais non remarquée avant 1822, posséder (sauf *leur similitude*) la plus grande indépendance possible relative à la situation dans le plan ou dans l'espace : les courbes et les surfaces du second degré *homothétiques* jouissant elles-mêmes de la propriété d'avoir une sécante commune à l'infini et une certaine indépendance mutuelle, non de *forme*, mais de *position relative*. Évidemment M. Chasles avait horreur de l'infini ou n'osait pas encore s'y fier, tout en se perdant dans une série de corollaires censés jusque-là inconnus.

Enfin, dans un dernier article du tome XVIII (p. 305), et dans le tome suivant (p. 157), où Bobillier se montrait d'une fécondité remarquable, M. Chasles expose sur les *perspectives* ou *projections stéréographiques* divers théorèmes qui rappellent ceux de MM. Dandelin et Gergonne, et ont pour principal but de parvenir indirectement à divers corollaires relatifs aux axes de symptose (*sécantes communes*) des coniques homothétiques sur un plan, etc. Ici encore M. Chasles ne s'aperçoit pas qu'en détournant les yeux du *Traité des Propriétés projectives*, il reste de beaucoup au-dessous de sa tâche, et jette la confusion dans l'esprit des personnes qui ne connaissent pas encore ce *Traité*.

Au point de vue où je me suis exclusivement placé, les Mémoires insérés par M. Chasles dans les *Annales de Montpellier* (1828 à 1829) n'offrent donc qu'un intérêt secondaire. Mais ce savant, désormais averti par moi sinon entièrement éclairé et convaincu, devancé d'ailleurs par Bobillier dans l'application de la théorie des *polaires réciproques* qui préoccupait beaucoup d'autres géomètres, et redoutant peut-être des discussions scientifiques auxquelles il était insuffisamment préparé, M. Chasles recourut au bon vouloir du Rédacteur de la *Correspondance mathématique et physique de Bruxelles*, qui alors, comme il nous l'apprend lui-même à la page 27 du tome IX de son Recueil, consentit, en s'en excusant, à prendre sous son patronage la *moderne Géométrie*, alors fort dédaignée par les partisans exclusifs de l'Analyse algébrique. Là donc (t. V, p. 6, 1829), sans peut-être s'en rendre compte ni le déclarer explicitement, M. Chasles se propose de démontrer divers théorèmes appartenant à l'illustre Sturm ou à d'autres qu'il ne juge pas à propos de citer, tout en mentionnant Bobillier pour ses études originales *sur les coniques confocales*, recherches insérées dans le tome III (1827) du même Recueil (*).

Mais ce qu'il y a de particulièrement remarquable, à mon point de vue, dans le Mémoire inséré par M. Chasles à la page 6 du tome V (1829) de la *Correspondance de Bruxelles*, c'est qu'on y rencontre (n° 14) cette phrase abréviative et tout à fait insolite : « On *sait* que, quand deux coniques » sont semblables et semblablement placées (ou *homothétiques*), elles ont deux points *réels* ou » *imaginaires* à *l'infini*. » Si je ne me fais illusion, cela valait bien un renvoi à mon *Traité* de 1822, ou, tout au moins, un léger commentaire.

Dans l'analyse rapide, mais sans démonstrations (*ibid.*, p. 85), d'un autre Mémoire sur *les principes des transformations polaires des coniques, des cônes*, etc., qui manque d'originalité en quelques points, M. Chasles s'abstient religieusement de toutes notions de cette espèce; enfin, à la page 235, encouragé par M. Quetelet dans ses études sur les courbes des troisième et quatrième degrés, il observe que l'*Énumération* faite par Newton de ces courbes n'est point complète; ce qui n'a rien d'étonnant, puisque ce grand géomètre ignorait les doctrines aujourd'hui encore à peine comprises de la moderne école. Or, M. Chasles se sert de ces doctrines dans l'énoncé de quelques théorèmes relatifs aux points d'inflexion des courbes du troisième degré, également inconnus à l'illustre auteur de l'*Énumération*, par le motif fort simple qu'ils sont la déduction des découvertes postérieures de Mac-Laurin sur ces courbes, découvertes dont j'ai (Sect. III du présent ouvrage, p. 154, n°s 157 et suiv.) présenté le commentaire et le développement relatif aux *quadrilatères* et aux *hexagones inscrits*, qui, longtemps après, ont attiré l'attention de M. Plucker (Crelle, t. XXXIV, p. 339), et de M. Chasles (*Aperçu historique*, p. 149) sans qu'ils en comprissent l'importance et la fécondité, et sans même remarquer que, tous deux, ils avaient été devancés par moi dans leurs prétendues découvertes.

D'autre part, M. Chasles, familiarisé désormais avec la *théorie des polaires réciproques*, s'en sert ici (*Correspondance* de Quetelet, t. V, p. 281) pour établir ce qu'il nomme la *transformation*

(*) Dans ce journal belge, né en 1825, mais qui a éprouvé des interruptions diverses, brillent, entre autres, les noms de MM. Dandelin, Gergonne, Hachette, Garnier, Olivier, Quetelet, esprits imitateurs dont le premier néanmoins a découvert un fort beau théorème relatif au foyer des sections planes du cône de révolution, et qui, avec Bobillier, ne se faisaient pas, comme M. Chasles, scrupule d'adopter les notions et les idées empruntées au *Traité des Propriétés projectives*, notamment sur les *sécantes réelles ou idéales*, les *intersections imaginaires*, l'*infini*, etc. C'est là aussi, pour le dire en passant (t. III, p. 195 de la *Correspondance*), que feu Olivier attaque le *principe de la loi de continuité* qu'il ne comprenait pas, et dont il avait précédemment fait de fausses applications; c'est là enfin que M. Quetelet, le savant astronome statisticien de Bruxelles, adresse à M. Ch. Dupin (note de la page 273) quelques réclamations de priorité sur divers points relatifs aux coniques confocales, etc.

parabolique des relations métriques des figures, et veut bien me citer pour les relations « d'angles et de longueurs qui sont de la nature de celles qu'on rencontre dans la *théorie des transversales*. » M. Chasles use de cette périphrase, sans doute pour ne pas prononcer le mot de *projective*, adopté au commencement de la Section II du tome Ier de mon *Traité* de 1822 et comportant un sens beaucoup plus étendu, plus général, quoi qu'en dise ce savant géomètre, qui, peu au fait alors de la véritable et invariable tendance de mes anciens écrits, confond ici encore, par une préoccupation d'esprit exclusive, l'homologie avec l'*homothétie*. La dernière suppose en effet des relations métriques spéciales et purement élémentaires d'égalité, de proportionnalité des figures, au lieu de relations projectives coniquement, telles que le comportent les divisions harmoniques simples ou composées; ce qui revient à confondre, par exemple, les propriétés du *centre de moyenne distance* avec celles du *centre de moyennes harmoniques*, la *convergence* des lignes en un point avec leur *parallélisme*, etc., bien que la considération en soit séparée par l'abîme de l'infini : de semblables rapprochements se rattachent, en effet, à la philosophie des sciences dont M. Chasles ne s'était point encore, paraît-il, suffisamment occupé en 1829 ou 1830; ses idées le reportant sans cesse en arrière, vers l'époque où, en 1812 et 1813, il cultivait avec prédilection les ouvrages de Carnot et du professeur Hachette.

C'est en vertu de cette manière restreinte de voir que M. Chasles croyait avoir devancé mes écrits de 1817, 1822, 1824, de même, sans doute, qu'en 1829 et 1830 il se croyait l'auteur des beaux théorèmes de Sturm sur les propriétés d'involution des coniques inscrites ou circonscrites au même quadrilatère. Pensant d'ailleurs avoir suffisamment satisfait mon amour-propre d'auteur en citant quelques points de mon Mémoire sur les *centres de moyennes harmoniques* (Sect. Ire de ce volume), où il pouvait lire en toutes lettres (p. 8, *Préliminaires*) que « les propriétés fondamen- » tales démontrées dans ce Mémoire pour les systèmes de droites et de plans s'étendaient aux » courbes et aux surfaces géométriques en général. » M. Chasles, conséquent avec lui même dans ses récents écrits, attribue à M. Lamé des théorèmes auxquels ce géomètre n'avait jamais songé dans son original ouvrage analytique de 1818, où, comme tous ses prédécesseurs, Monge même, il était resté dans les idées géométriques anciennes sans être en mesure encore de donner à ses énoncés la généralité qui leur manque essentiellement, ni de combler une lacune devenue, depuis 1822, en apparence du moins, très-facile à remplir.

En se montrant, jusque dans ces dernières années, aussi gratuitement généreux envers notre confrère, dont auparavant il n'avait jamais cité les travaux analytico-géométriques, M. Chasles m'a suffisamment autorisé à poursuivre l'examen critique de ses écrits antérieurs à 1852. J'ajouterai que si, à son exemple, j'avais cédé à l'attrait de multiplier les corollaires et les théorèmes, j'aurais pu grossir indéfiniment, mais à mon sens peu utilement, le *Traité des Propriétés projectives*; car, je le répète, le tome Ier de ce *Traité* avait pour but principal d'indiquer la route à suivre aux esprits intelligents, et si j'insiste sur ces réflexions, cela prouve seulement l'importance que j'attache aux derniers écrits du professeur du *Cours de Géométrie supérieure*.

Dès l'époque de 1829 et 1830, en effet, ce savant, dans le Mémoire précité du tome V de la *Correspondance de Bruxelles* (p. 281), entrevoyait le moment où il pourrait se passer tout à fait des *polaires réciproques*, comme il se figurait déjà avoir mis de côté cette vaine spéculation de l'*homologie* ou *projectivité centrale*. Mais j'en ai dit assez sur ce sujet, dans les Sections III et IV de ce tome II pour ne plus être obligé d'y revenir ici, en entretenant le lecteur des articles du tome VI de la *Correspondance de Bruxelles*, où se trouvent soit les revendications de M. Chasles envers M. Plucker (p. 81), soit son second Mémoire *sur la transformation parabolique des relations métriques des figures* (p. 1 à 25), soit divers autres articles (p. 92, 113, 289, 312), où l'auteur entre de plus en plus dans la voie des généralisations qu'il avait d'abord trop négligée; articles dignes d'intérêt, sans aucun doute, mais qui m'ont contraint d'abandonner momentanément la Mécanique, de rédiger mes Mémoires de 1830-1831, et d'adresser à M. Quetelet les extraits tardivement parus dans le tome VII, 1832, du Recueil précité (p. 78, 118, 141, 143, 146, 149, 151, 153 et 157, art. Ier à VIII) sur les *courbes du troisième degré* et les *principes généraux de transformation des relations métriques des figures*, extraits rapportés tout au long dans le présent volume (p. 152 et 332 à 351).

La prodigieuse activité de M. Chasles lui a fait rédiger un grand nombre d'autres Notes ou écrits géométriques avec ou sans doubles colonnes, imprimés en 1829, 1830 et 1831 dans les *Mémoires de l'Académie de Bruxelles* dont il a bien voulu, tardivement il est vrai, me communiquer les extraits, où se trouvent de beaux corollaires relatifs *aux cônes cycliques et aux surfaces du second degré, aux coniques sphériques* avec un ou deux foyers communs, etc., corollaires presque tous tirés de la théorie des *polaires réciproques*, ici nommée *transformation polaire*, mais où se trouve aussi évitée avec soin toute notion empruntée au *principe de continuité*, sauf quand il s'agit de *descendre des coniques sphériques aux coniques planes avec ou sans asymptotes*. Comme on le voit, d'ailleurs, M. Chasles n'avait point encore songé à refondre, sinon supprimer, les définitions et les procédés soi-disant de *transformation* qui constituent la base fondamentale et vraiment philosophique du *Traité des Propriétés projectives*, mais il s'y enhardit de plus en plus dans le pays de contrefaçon et de malfaçon dont j'ai à me plaindre à divers titres; car je ne saurais en conscience être de l'avis des personnes qui, exemptes de tels soucis et appartenant à l'école usurpatrice de Gergonne, se montrent moins soucieuses que la loi protectrice du travail, en prétendant qu'il y a bénéfice pour les consommateurs.

En présentant ses divers Mémoires à l'Académie de Bruxelles et non à celle de Paris, M. Chasles s'évitait l'ennui des discussions scientifiques, répandait promptement à l'étranger, en Angleterre et en Belgique surtout, et cela au détriment de ses concurrents, ses propres travaux, et obtenait d'un seul coup, en 1830, le titre de *lauréat* et de *membre* de la jeune Académie de Bruxelles, alors dirigée par M. Quetelet. C'est ce qui, sept années après, donna lieu à ce volumineux *Aperçu historique sur l'origine et le développement des méthodes en Géométrie*, imprimé en 1837 aux frais de l'Académie de Bruxelles, *Aperçu* dont j'ai assez parlé à la fin du tome II des *Applications d'Analyse et de Géométrie* (1862) pour n'avoir point à y insister beaucoup ici; car je n'ai rien à retrancher relativement aux droits de priorité justement acquis par MM. Mœbius, Steiner et Plucker quant au mode d'exposition et de démonstration des principes généraux qui touchent à la théorie de la *réciprocité* ou *dualité*, et à celle des *faisceaux projectifs*; démonstration et exposition qui n'offrent (art. II, ci-dessus) que des déductions particulières et faciles de la formule générale de *transformation métrique* exposée aux n°s 9 et suiv. du tome Ier du présent *Traité*. Or c'est précisément pour justifier ce que j'en ai dit en 1862 que je me suis livré à l'examen consciencieux, et pour moi fort pénible, des écrits de ces géomètres en les comparant aux miens propres.

Je ferai cependant observer qu'à défaut des explications qui nous avaient été promises lors de l'apparition du tome Ier de mes *Applications, etc.*, sur les circonstances qui ont précédé la publication de l'*Aperçu historique*, j'ai dû recourir au tome IX (année 1837, p. 28) de la *Correspondance mathématique* de M. Quetelet, auteur lui-même d'un autre *Aperçu* fort écourté sur l'*état des sciences en Belgique*, écrit à la demande de l'*Association Britannique* réunie en 1835 à Dublin, pour obtenir quelques renseignements bien insuffisants sans nul doute et qui m'ont appris : d'une part, que l'Académie de Bruxelles avait, au concours de 1830, proposé l'*examen philosophique des différentes méthodes employées dans la Géométrie récente et particulièrement des polaires réciproques*; d'une autre, que « M. Chasles, à qui la médaille d'or a été décernée, a traité » ce sujet avec beaucoup de talent, et a fait voir, dans un écrit qui ne tardera pas à paraître, » que la plupart des théories nouvelles peuvent être déduites de quelques principes fondamentaux » d'une fécondité remarquable, et qui sont pour la Géométrie à peu près les analogues du *principe des vitesses virtuelles* pour la Mécanique (*). »

(*) Cette dernière phrase semble prouver que l'honorable Secrétaire perpétuel de l'Académie royale de Bruxelles ignorait beaucoup en fait de Géométrie moderne. En la prononçant à la réunion scientifique

A cet égard, qu'il me soit permis de faire observer que l'auteur du grand ouvrage dont il est ici question, M. Chasles, n'a pas justifié complétement les éloges de M. Quetelet, et qu'en s'appuyant dans la partie historique presque exclusivement sur ses propres recherches, il a trop oublié celles de ses devanciers, dont il ne suffisait point de citer, çà et là, quelques théorèmes ou problèmes pour donner une idée de la partie originale et philosophique de leurs méthodes; de même aussi avant de terminer, en 1837, cette volumineuse collection historique, rien ne le dispensait d'accorder au moins une courte mention aux écrivains allemands ou français dont, même avant 1835, les travaux géométriques étaient justement appréciés dans l'Europe savante.

Qu'il me soit plus spécialement permis de rappeler que, dans cet important ouvrage de 1837, qui a obtenu tant de succès en Angleterre, en Belgique et en France, l'auteur confond trop souvent les plagiaires et les butineurs, anciens ou modernes, tels que Lahire, Cousinery, etc., avec les véritables créateurs: Desargues, Pascal, Monge ou ses successeurs (p. 126 à 137, 194 à 204, 255 à 268, etc.); qu'il rabaisse à tort la Géométrie intuitive qui prend sa source dans la généralité même de l'Analyse fonctionnelle, par rapport au mode de démonstration restreint des Anciens (p. 204 à 210); que notre érudit et savant auteur ne paraît guère se ressouvenir non plus ou faire un cas suffisant des Mémoires qui constituent le fond des trois premières Sections du tome II du présent *Traité* (1824 à 1831); qu'enfin, sous le rapport de la démonstration et de l'application des principes de *réciprocité polaire* ou *dualité*, de *continuité*, de *projectivité*, etc., l'auteur s'était laissé devancer par Bobillier, par cela même que celui-ci ne répugnait point à adopter, appliquer des doctrines aujourd'hui familières à beaucoup de jeunes géomètres qui, par ignorance peut-être de mes anciens écrits, en reportent l'origine et les démonstrations rigoureuses au *Traité* ou au *Cours de Géométrie supérieure*, et croient d'après M. Chasles (*Aperçu historique*, p. 269), que, à l'aide de ces principes, *peut qui voudra généraliser et créer en Géométrie, le génie n'étant plus indispensable pour ajouter une pierre à l'édifice*; ce qui est de toute vérité, pourvu qu'on ne confonde pas trop le maçon avec l'architecte et l'accumulation sans ordre des matériaux, je veux dire des théorèmes et des corollaires, avec la conception première de l'édifice.

En réalité, notre savant professeur et ceux dont j'ai rappelé ci-dessus les noms justement célèbres se recommandent par d'autres titres à l'estime et à la reconnaissance de la postérité, comme cela est prouvé dans les *Articles* précédents et comme cela résulte, pour M. Chasles, de ses récentes études relatives au tracé des courbes et des surfaces sous certaines conditions, où, qu'on me permette de le rappeler, il s'est, d'après l'exemple de quelques-uns de ses prédécesseurs (*Comptes rendus de l'Académie des Sciences*), livré avec succès à cette branche épineuse de questions que j'ai nommée ailleurs *Géométrie combinatoire*, mais dont, à mes yeux, la culture ne saurait conduire à des résultats qui puissent compenser la découverte des vérités simples, saisissables par tous, et en cela même utiles aux sciences et aux arts.

Du reste, ne l'oublions pas, dans cette succession remarquable de travaux qui datent de l'apparition de la *Géométrie supérieure* en 1852, M. Chasles et ses disciples se sont de plus en plus enhardis dans la voie des idées géométriques qu'ils avaient jusque-là trop négligées, et qui se rattachent, quoi qu'on fasse, à la notion de l'infini et de la continuité dont aujourd'hui on prétendrait en vain s'affranchir à l'aide de certains artifices de raisonnement ou de calcul sur lesquels je reviendrai dans les *Articles* suivants, au risque de répétition.

---

de Dublin, cette phrase a dû produire en Irlande une sensation très-vive, qui, de là, par les moyens de propagande familiers à la mère patrie de l'industrialisme baconien, dont à notre tour nous goûtons les fruits, se sera promptement répandue dans les autres villes universitaires de la Grande-Bretagne.

IV.

DONNÉES HISTORIQUES SPÉCIALES RELATIVES A L'ABAISSEMENT DU DEGRÉ ET DE LA CLASSE DES COURBES ET DES SURFACES GÉOMÉTRIQUES, SIMPLES OU POLAIRES.

Il ne s'agit point ici de revenir sur le prétendu *paradoxe* (art. II, p. 409) que M. Plucker aurait le premier éclairci, résolu dans son ouvrage allemand de 1835 (*Système de Géométrie analytique*), et qui n'est au fond que la constatation de l'erreur obstinée de Gergonne et de quelques-uns de ses disciples algébristes, voulant à tout prix lui faire honneur d'un principe de *dualité* ou *réciprocité polaire* que ce savant n'avait ni saisi ni compris dans sa double étendue, puisqu'il ne l'appliquait qu'aux relations descriptives linéaires ou de situation et nullement aux relations métriques des figures; ce qui laissait complétement en dehors les lignes et les surfaces supérieures aux deux premiers degrés. Je ne reviendrais pas sur ces réflexions si la mauvaise foi et l'ignorance n'étaient venues prendre parti dans cette misérable querelle, et si M. Plucker lui-même n'avait pas négligé maladroitement de mentionner dans ses écrits tout ce qu'il avait emprunté à des études antérieures aux siennes propres (Sect. II et III, n°s 67, 97, 244, 247 et suiv.). A moins donc d'avoir affaire à des mathématiciens de la trempe de l'illustre Jacobi, il paraît difficile d'obtenir que les algébristes lisent et comprennent des raisonnements et des vérités qui n'ont pas été préalablement traduites dans la langue à laquelle ils sont exclusivement familiers.

Satisfait d'avoir le premier, quoique indirectement, déterminé le nombre $3n(n-2)$ des points d'inflexion ou de rebroussement des courbes planes algébriques et celui $\frac{1}{2}(n-2)(n^2-9)$ des tangentes doubles qui s'en déduit immédiatement d'après la formule $n^2(n-2)$ tirée de mes études de 1830, où m est changée en n (comparez notamment les n°s 298 et 330 du livre publié en 1835 par M. Plucker, avec les n°s 247 et suiv. du présent volume); satisfait surtout d'avoir pu interpréter, dans la langue algébrique et symbolique qui lui était propre, les notions intuitives de la nouvelle Géométrie relatives au cas du plan, M. Plucker n'a pas songé à étendre ses investigations à celui de l'espace; cas d'autant plus épineux pour les courbes à double courbure qu'il semble se soustraire à l'emploi direct de la méthode ordinaire des coordonnées (*voyez* les *Annotations* du tome Ier de ce *Traité*, p. 415 à 419); ce qui n'ôte rien d'ailleurs au mérite des laborieuses études que l'auteur a faites sur les affections singulières des courbes planes des troisième et quatrième ordres, dans ses volumes de 1835 et 1839.

Moi-même, dans les endroits précités du tome II des *Propriétés projectives* (n°s 240 à 245), je n'ai fait qu'indiquer généralement ce qu'il y aurait à faire pour passer du cas du plan à celui de l'espace, et, par la note du n° 103, j'ai prévenu que le degré de la développable circonscrite à deux surfaces du second ordre, que nos formules de réciprocité polaire élevaient au *douzième degré*, comme limite supérieure il est vrai, devait être abaissé : dans une lettre, en date du 15 juillet 1828, que M. Chasles m'avait fait l'honneur de m'adresser de la ville de Chartres, et qui contenait d'autres remarques intéressantes dont je ne pouvais faire usage, ce savant, en effet, m'affirmait, sans démonstration, que ce degré de la développable devait être réduit de deux unités, preuve que l'auteur, au courant de ma théorie des polaires réciproques de 1818, savait la mettre à profit indépendamment du *principe de dualité*, qui n'a absolument rien à faire ici.

D'autre part, la correspondance échangée entre MM. Chasles et Quetelet dans le tome V du *Journal* de ce dernier, publié à Bruxelles en 1829 (*voyez* plus particulièrement les pages 195, 232, 234 et suiv.), me fait penser que c'était principalement par l'Analyse ordinaire des coordonnées que M. Chasles était parvenu au résultat ci-dessus, concernant la réduction du degré de la développable enveloppe de deux surfaces du second ordre; et, quoique le contenu de cette correspondance relative à la nature et au degré de la projection plane de la courbe gauche commune à de telles surfaces témoigne, sinon d'erreurs manifestes, du moins d'une grande incertitude dans les idées et les résultats du calcul, cela prouve cependant que MM. Chasles et Quetelet avaient, dès 1829 et sans en faire l'aveu explicite, prêté une attention sérieuse à mes objections et revendications envers M. Gergonne. De plus, ce que ces savants affirmaient et niaient tour à tour relativement aux courbes du troisième degré m'a conduit, comme malgré moi, à rechercher la solution géométrique du problème ébauché à la page 159 de la Section II, en me fondant exclusivement sur la définition la plus générale de ces courbes par l'*Analyse des transversales*, d'autant plus qu'il m'était bien démontré qu'il existe des lignes planes du troisième ordre qui, ne possédant aucun point double, offrent par là même *six tangentes distinctes et réelles issues d'un point arbitrairement donné sur leur plan.*

Enfin dans le § 51, p. 248, du grand ouvrage belge intitulé : *Aperçu sur l'origine des méthodes en Géométrie*, après une série d'articles historiques, l'auteur, à mon sens, s'est trop complu à rabaisser le but et la portée réelle de mes théories relatives à la projection centrale, à l'homologie, à la réciprocité polaire, nommées ici *méthodes de transformation*, et qu'en sa manière restreinte de voir et de sentir il compare à des procédés fort anciens déjà, mais étrangers au *Traité des Propriétés projectives des figures* et à la Géométrie de Descartes et de Monge. Néanmoins, dans le même ouvrage, M. Chasles veut bien, pour l'invention de quelques théorèmes, me donner rang entre ses deux amis scientifiques, MM. Hachette et Quetelet, Rédacteurs de deux célèbres recueils mathématiques français et belge, comme m'étant occupé en 1822 des propriétés des courbes d'intersection de deux surfaces quelconques du second degré (*voyez* les *Annotations* du tome Ier, p. 415 à 419) ; ce que j'avais fait, je pense, sans erreurs ni hésitations. Je dis *sans erreurs*, parce que M. Chasles affirme, il est vrai encore contre l'opinion de M. Quetelet, que la projection ou perspective plane d'une telle intersection n'est pas la courbe la plus générale possible du quatrième degré, et qu'elle a *généralement deux points doubles*; ce qui réduit de douze à huit le nombre des tangentes issues d'un point quelconque de son plan, et produit un pareil abaissement dans le degré de la développable du système des deux surfaces polaires réciproques des proposées (Sect. II, n° 103); ce qui ne veut pas dire pourtant que j'aie commis là une bévue, comme le donne à entendre M. Chasles à la page 258 de son *Aperçu historique*.

Du reste, selon sa constante habitude, notre savant confrère énonce cette dernière proposition sans la démontrer; mais, quand bien même il ne l'aurait établie rigoureusement que pour le système des surfaces réglées du second degré, en en étendant les conséquences au cas des surfaces fermées, par une pure induction ou translation du réel à l'imaginaire que n'autorise rigoureusement ici ni le principe de continuité ni l'Analyse algébrique, ce n'en est pas moins une preuve que M. Chasles avait, dès 1837, devancé les géomètres qui se sont occupés depuis de semblables questions ; d'autant plus qu'il ne s'est point borné là, et prévient qu'il s'occuperait plus tard des conséquences, en observant (p. 251) que la perspective d'une courbe à double courbure du troisième degré ne saurait donner *toutes les courbes planes de ce degré;* ce qui concorde avec la détermination d'une telle courbe au moyen de points donnés (p. 403 à 407 de l'*Aperçu historique*), déduite de considérations qui ont un rapport très-intime, comme corollaire, avec les théorèmes généraux sur l'intersection des surfaces du second degré, exposés dans le *Supplément* du tome Ier de ce *Traité* (2e édition, p. 416 à 417).

Évidemment, en feignant de confondre mes recherches de 1830 avec celles de MM. Hachette et Quetelet, qui ont si peu ajouté à la nouvelle branche de Géométrie, en gardant dans ses derniers écrits relatifs aux courbes gauches des troisième et quatrième ordres les mêmes réserves et le même silence sur certaines particularités historiques (voyez *Journal de Liouville* et *Comptes rendus*, vol. de 1857 et 1861), mais surtout en négligeant d'entrer dans aucune des explications et des démonstrations qui eussent servi à initier les lecteurs aux doctrines de cette moderne Géométrie, M. Chasles, non-seulement en a retardé et compromis les progrès ultérieurs, mais encore il s'est fait à lui-même un tort considérable, attendu que, dans ces dernières années (1850 à 1865), on a, sans sa participation directe, beaucoup ajouté à ses précédentes études sur les *courbes gauches*, et qu'il s'est ainsi laissé devancer par les géomètres algébristes des pays voisins qui, ignorant les belles méthodes de l'École de Monge, sont allés rechercher dans l'obscur ouvrage de Mœbius, publié seulement en 1827, les premières traces de l'existence des lignes à double courbure et de leurs réciproques polaires, soi-disant *de même classe* pour ne pas démentir le dualisme géométrique rêvé par un journaliste philosophe (*voyez* la note de la page 241 de l'ouvrage de M. Salmon intitulé : *Analytic Geometry of three dimensions*, 1862).

C'est ainsi encore que les nouvelles doctrines, après être allées tardivement de la France à l'Angleterre, en passant par la Belgique, reviennent de l'Angleterre à la France par la voie officielle la plus sûre et la plus directe. Parmi ces doctrines je range, pour une très-grande part, celles qui servent de base à la *classification des courbes à double courbure* exposée dans le *Journal mathématique de Liouville* (t. X, 1845, p. 245) par M. Arthur Cayley, qui paraît tenir aujourd'hui le sceptre des Mathématiques en Angleterre, puisque M. Sylvester l'appelle *notre grand géomètre* dans un article, en bon français, des *Comptes rendus* de notre Académie des Sciences. Cette tentative de classification, on doit bien s'y attendre, est fondée principalement sur les résultats de la théorie algébrique des points singuliers, dont il a été précédemment parlé à propos de M. Plucker, résultats ici appuyés de considérations géométriques qui, au fond, offrent beaucoup d'analogie avec celles que fournit le principe de continuité, et conduisent l'auteur à cette proposition particulièrement remarquable, que « la projection perspective d'une courbe à double courbure, sur un plan arbitraire, résultant de l'intersection de deux surfaces de degrés m et n, supposée de l'ordre mn, contient en général un nombre de *points doubles*

$$\frac{1}{2} mn(m-1)(n-1),$$

la *classe* de la courbe étant au plus

$$mn(m+n-2); \text{»}$$

résultats sur lesquels M. Cayley n'insiste guère ici et promet de revenir dans une autre occasion, ce qu'il a fait dans le *Cambridge and Dublin mathematical Journal* de Thomson (t. V, 1850, p. 18), avec quelques rectifications utiles, mais sans plus mentionner les formules ci-dessus que M. Salmon, dans l'article suivant, s'efforce de justifier au moyen de l'Analyse algébrique, sans élucider, ce me semble, complétement la question au point de vue géométrique. D'ailleurs, cet article de M. Salmon est à son tour suivi d'un troisième où M. Cayley s'occupe, toujours par la voie géométrico-analytique, de la développable circonscrite à deux surfaces du second degré, sans arriver à des conclusions bien explicites et sans prendre garde que cette dernière question avait été traitée géométriquement avant lui (Sect. II de ce volume); ce qui arrive également à l'honorable et docte Salmon dans sa *Géométrie analytique à trois dimensions* (*voyez* les articles relatifs à la classification des courbes gauches, aux développables, etc.).

Depuis l'époque de 1850, d'autres tentatives ont été faites en France ou ailleurs pour justifier la formule $\frac{1}{2} mn(m-1)(n-1)$, abstraction faite de toute application à la théorie de la réciprocité polaire; mais je ne sache pas qu'on y ait jusqu'à présent complétement réussi, du moins par la voie exclusivement algébrique que suivait surtout Jacobi, ou par la voie exclusivement géométrique fondée sur le principe de continuité. Or, c'est là une lacune que je considère comme très-fâcheuse pour l'honneur de la science, mais je n'ai aucune envie de la combler, quoique de là résulte le complément, à mes yeux fort désirable, des théories géométriques qui se trouvent exposées dans le présent *Traité des Propriétés projectives* (t. II, Sect. II et III).

V.

SUITE DU PRÉCÉDENT ARTICLE; CONFESSION ET PROFESSION DE FOI RELATIVES AUX COURBES GÉOMÉTRIQUES DANS L'ESPACE.

J'aurais volontiers supprimé le n° 163 du tome Ier dans la deuxième édition de ce Traité, à cause des erreurs qu'il renferme et qui offrent un exemple des inconcevables illusions qui peuvent nous surprendre dans la recherche des vérités et des problèmes jusque-là inexplorés; car rien ne démontre que la courbe à double courbure que l'on se propose d'y construire soit véritablement du troisième ordre, ni qu'elle passe réellement par les points indiqués. Lorsque mon ami Steiner me fit remarquer cette inconcevable bévue, il était trop tard pour y porter le seul remède efficace : la suppression entière de l'article malheureusement reproduit en deux endroits déjà dans le *Journal de Crelle* et dans la *Correspondance de Bruxelles*, imprimés loin de mes yeux et à une époque où j'étais occupé de choses bien plus sérieuses pour ma réputation d'ingénieur et de savant. En laissant subsister dans cette nouvelle édition ce même art. 163, j'ai voulu ne rien dissimuler aux yeux du lecteur, et conserver à l'ensemble le caractère de franchise et de véracité auquel je tiens avant tout, sans recourir à de vains palliatifs ou subterfuges qui ne peuvent tromper que les ignorants; notamment en montrant les corollaires, les conséquences plus ou moins remarquables qui peuvent découler de pareilles constructions. Mais j'eusse négligé ainsi de donner un exemple utile aux jeunes gens dont l'esprit, trop souvent aventureux, est en général pressé de jouir du fruit d'un premier travail géométrique ou algébrique, et dont les écrits hâtifs viennent ainsi inutilement accroître le bagage déjà si lourd des problèmes, des théorèmes, des lemmes ou scolies dont les Mathématiques sont aujourd'hui encombrées, mais auxquels les futurs progrès de la science sont rarement intéressés.

Au fait, à l'époque de 1830-1831 où notre malencontreux article fut si précipitamment conçu, rédigé et publié, il régnait, comme je l'ai montré (IV, p. 423 et suiv.), une grande incertitude relativement à la nature des courbes gauches définies géométriquement, d'après les principes posés dans le *Supplément* du tome Ier (*Annotations*, p. 416), et il était naturel, utile même de chercher à les construire sans l'intervention du calcul ou de l'intersection directe des surfaces. Or, c'est véritablement à M. Chasles que revient, pour les courbes gauches du troisième ordre, l'honneur d'une pareille détermination basée au fond sur les notions qui dérivent du principe de continuité (*Aperçu historique*, 1837, Note XXXIII, p. 403 et 404), bien que les conséquences qu'il en tire relativement au lieu des sommets des cônes du second degré assujettis à contenir sept points arbitraires de l'espace renferment quelques inadvertances nées aussi de trop de précipitation : ces erreurs, que des savants anglais lui ont dernièrement reprochées (*Cambridge and Dublin Journal*, t. V, 1850, note de la page 69), ces erreurs, notre confrère les a largement réparées depuis (*Comptes rendus*, t. XLV, p. 189, août 1857, ou *Journal mathématique de Liouville*, t. II, 2e série, 1857, p. 397); d'autant que la Note ancienne de M. Chasles a tout au moins été un trait de lumière mis à profit par ses habiles successeurs.

Dans son Mémoire d'août 1857, notre savant géomètre affirme de nouveau, comme chose *bien connue*, que, *par un point quelconque de l'espace on peut toujours mener une droite, et l'on n'en peut mener qu'une qui s'appuie en deux points sur une courbe gauche du troisième ordre.* Ceci est évident d'après les indications des pages 417 à 419 du précédent volume, puisqu'une telle courbe peut avoir une infinité d'*annexes rectilignes*, et que tout plan mené d'un point arbitraire de l'espace à une droite, rencontre et ne peut rencontrer la courbe gauche qu'en un troisième point nécessairement réel, propre à déterminer la droite unique dont entend parler M. Chasles ; or, de là on infère, en toute raison, que la perspective sur un plan arbitraire de cette même courbe essentiellement continue a toujours un *point double* ou conjugué, qui abaisse à quatre, au lieu de six, le nombre des tangentes issues d'un point quelconque de son plan, et par conséquent à pareil nombre les plans tangents à la courbe de l'espace, issus d'une droite également arbitraire; ce qui abaisse aussi de deux unités (Sect. II et III, n°s 68, 84 et suiv.) le degré de la réciproque polaire de ces courbes, réciproque qui, par conséquent, ne saurait être simplement de la *troisième classe*, comme l'entendent les *géomètres dualistes*, MM. Schrœter et autres, ce qui offre une véritable confusion d'idées et de langage.

Enfin, dans un dernier *Mémoire* de 1862, également paru dans les Recueils précités de M. Liouville et de l'Académie des Sciences, *sur les courbes à double courbure du quatrième ordre intersections de deux surfaces quelconques du second degré*, M. Chasles développe de plus en plus ses idées; et c'est seulement là qu'il indique, pour la première fois je pense, cette démonstration incomplète et peu satisfaisante même au point de vue des idées algébriques ou d'intuition géométrique, mentionnée dans le précédent *Article* et qui concerne l'existence des *deux points doubles* ou *conjugués* de la projection-perspective de cette même intersection sur un plan arbitraire; proposition qu'on pourrait aussi conclure de la considération des cônes du deuxième degré qui la renferme, d'après nos propres théorèmes (t. I, p. 382, et t. II, p. 89). M. Chasles, en renvoyant dans le Mémoire précité aux recherches de MM. Cayley et Salmon (t. V du *Journal de Cambridge et Dublin*), fait acte de probité scientifique, ce dont on doit lui savoir gré; mais cela ne nous éclaire pas suffisamment, et, quelles que soient l'importance et la prodigieuse fécondité des corollaires ou conséquences, nous voudrions plus de lumière et de franchise dans les démonstrations. Toutefois, en prévenant qu'il existe des courbes de quatrième ordre d'une nature plus générale et provenant de l'intersection possible de deux surfaces du deuxième et du troisième degrés, il nous prémunit contre une confusion rendue facile par l'absence de toute explication authentiquement connue ou dûment notifiée aux ignorants de mon espèce.

Malheureusement encore, pendant que M. Chasles complétait avec son talent de rédaction habituel la classification monographique des courbes du quatrième ordre de MM. Salmon et Cayley, ce dernier géomètre insérait dans le même volume de nos *Comptes rendus* (t. LIV, p. 55, janvier 1862) un Mémoire intitulé : *Considérations générales sur les courbes en espace*, principalement fondé sur des données algébriques pour moi difficiles à saisir sans commentaires à cause des réserves, sous-entendus, pétitions de principes et néologismes même qu'il renferme à notre point de vue tout français, et qui proviennent, je le crains, d'un trop faible désir de convaincre ses lecteurs, tout en prenant date, d'une manière hâtive, vis-à-vis d'un public qui n'a pas suffisamment médité les excellents ouvrages de M. Salmon; mais surtout parce que M. Cayley, partisan des nomenclatures et des classifications, prétend embrasser à la fois les cas généraux et les cas particuliers dans une même démonstration analytico-géométrique. Or, c'est là une autre source de confusion et d'obscurité regrettable, dont la large adoption du principe de continuité et les procédés si clairs de l'École de Monge l'auraient facilement débarrassé, et n'eussent pas permis à une aussi forte tête mathématique d'écrire ce que nous lisons à la page 152 du tome XXXIV (1847) du *Journal de Crelle*, à propos des *hyperdéterminants algébriques* et de la *classification des courbes à double courbure*; car une telle courbe, si elle est continue (*Annotations* du tome Ier, p. 416), peut être placée tout au moins sur une infinité de cônes de même degré, ou d'un degré moindre d'une unité en prenant leur sommet sur le périmètre même de la courbe.

Une pareille manière de raisonner, de démontrer, même en Géométrie, est bien propre, en effet, à jeter les esprits dans le doute sur la certitude des Mathématiques, et elle explique comment divers autres Mémoires remarquables de ce savant ont amené des revendications, des commentaires de la part de certains géomètres algébristes : cela est arrivé par exemple pour le Mémoire qui a paru à la page 213 du tome XXXI du *Journal de Crelle* (*sur quelques théorèmes de la Géométrie de position*), et qui a provoqué, tout comme celui de Steiner *sur les courbes planes du troisième ordre* (t. XXXII, p. 182), les tardives observations de M. Plucker (t. XXXIV, p. 329 et 337), principalement dirigées contre la prétentieuse et complexe généralisation du célèbre théorème de Pascal, au moyen de laquelle M. Plucker, oublieux à son tour, ne se fait pas scrupule d'englober comme simples corollaires quelques beaux théorèmes sur les *hexagones inscrits aux courbes planes du troisième ordre*, compris parmi ceux qu'on trouve exposés au commencement de mon *Mémoire sur l'Analyse des transversales* (Sect. III). C'est, comme j'en ai déjà fait la remarque dans l'article précédent, ce dont M. Chasles lui-même avait le premier donné un fâcheux exemple à la page 149 déjà citée de l'*Aperçu historique;* aperçu de 850 pages grand in-4°, qui n'est pas, redisons-le, une histoire impartiale de la Géométrie moderne, mais bien un traité où se trouve jeté, comme à plaisir, un voile sur les noms et les écrits de certains auteurs; ce qu'on peut voir p. 643, 657, 680, 687, 695, où les mots *figures corrélatives*, bien définis par Carnot, signifient au fond *polaires réciproques*, mais où l'on n'a pas craint, si ce n'est pris à tâche, de dépouiller le *Traité des Propriétés projectives* de ses meilleures inspirations. *Tout est dans tout*, selon le célèbre apophthegme de Jacotot, qui, avec Pestalozzi, n'a pas peu contribué à répandre le désordre dans les jeunes esprits.

Mais je ne me propose nullement ici de multiplier ces citations, tendant seulement à justifier non à démontrer la vérité des réflexions qui terminent les *Annotations* du volume précédent (p. 419) sur la confusion introduite depuis un certain temps dans le domaine de la Géométrie; confusion à laquelle MM. Steiner et Plucker, fort capables comme on l'a vu, contribuaient entre tous par des suppressions de dates et de noms propres, qu'on ne saurait mettre complétement sur le compte de l'ignorance ou de l'oubli.

Je tiens, comme on voit, à me disculper de plus en plus des sévères et injustes reproches qui m'ont été adressés par quelques écrivains journalistes sur les signes de mécontentement et de mauvaise humeur qu'ils auraient entrevus dans mes publications de 1862, 1864 et 1865. Mais ces reproches peu fondés ne doivent pas m'empêcher de poursuivre la tâche pénible que je me suis imposée dans cette *Section supplémentaire*, et que je me propose de poursuivre dans le § IV ci-après, avec la même franchise. Seulement, qu'on me permette auparavant de joindre à ce qui précède de courtes observations relatives au contenu des n°s 84 et 85 de la *Théorie des polaires réciproques* (Sect. II, p. 78-79); écrites en 1865 à titre d'*Annotations*, elles pourraient faire partie du § IV dont je viens de parler, mais elles trouveront mieux ici leur place, parce qu'elles se rattachent intimement aux matières que nous venons de traiter.

Addition relative aux numéros 85 et 86 de la Section II de ce volume.

Supposez en particulier, dans le n° 84, p. 78, que la ligne à double courbure (m), d'une nature essentiellement continue par hypothèse, soit tout entière située sur la surface même du second degré qui sert de directrice aux pôles et polaires, les relations descriptives dont il est parlé ne cesseront pas d'avoir lieu, si ce n'est que les points de (m) auront pour polaires les plans tangents en ces points respectifs; de sorte que sa développable réciproque se confondra avec l'enveloppe de la surface du second ordre directrice des pôles le long de (m). Or de là résulte cette conséquence remarquable que, *d'un point quelconque A de l'espace, il pourra être mené à cette développable, ou réciproque, un nombre de plans tangents égal à celui des intersections de la courbe (m) par le plan polaire du point donné A, c'est-à-dire précisément (m).*

Pour s'en convaincre *à priori*, il suffit de remarquer que le plan polaire de A se confond ici avec le plan de contact du cône circonscrit à la surface directrice du second degré ayant son sommet en ce point; ce plan, d'après les définitions admises, coupe en effet la courbe gauche considérée en un nombre m de points réels, imaginaires, etc. En adoptant le langage des géomètres *dualistes*, on peut donc énoncer ce théorème : *la développable circonscrite à une surface du second degré quelconque, le long d'une courbe gauche continue du degré m, située tout entière sur cette surface, appartient à la* classe m; ce qui ne veut pas dire pourtant que cette courbe soit à la fois de l'ordre m et de la classe m; car la *classe* d'une courbe gauche *continue*, de degré m, est généralement $m(m-1)$, et non simplement m, contrairement au prétendu principe de dualité; car tel est aussi le nombre des plans tangents qui peuvent (84) lui être menés, en général, par une droite située d'une manière arbitraire dans l'espace; ce nombre étant susceptible (67 et suiv.) de s'abaisser de plusieurs unités quand la projection conique de la courbe sur un plan arbitraire contient des points multiples, de rebroussement, etc., le cône de projection ayant lui-même des génératrices analogues.

C'est là une question qui n'a point jusqu'ici été suffisamment approfondie. Sans vouloir insister sur ces considérations bien évidentes, on me permettra cependant de remarquer qu'il y a une grande distinction à faire entre le cas où le nombre m est *pair* et celui où il est *impair;* par exemple, entre les courbes continues du quatrième et du troisième degré, comme l'ont récemment fait observer divers géomètres. En effet, celle-ci (note des pages 417 à 419 du précédent volume) ne saurait appartenir à une surface quelconque du second degré non réglée, et comporte une droite conjuguée, *annexe* ou *complémentaire*, qui, avec la courbe gauche principale, forme une ligne discontinue du quatrième degré, susceptible d'appartenir à une infinité de surfaces réglées ainsi que la première, et offre d'ailleurs cela de particulier que sa développable réciproque ou polaire comporte elle-même une droite *isolée* et *conjuguée* à sa surface essentiellement continue.

En général, il est permis d'avancer qu'il ne saurait exister, sur une surface non réglée du second degré que je représente par le symbole (2), aucune courbe gauche (m) distincte et continue, c'est-à-dire assujettie à un mode unique de génération dans toutes ses parties, et qui soit véritablement d'ordre impair m. Car, d'après les principes généraux de l'Analyse algébrique ou géométrique, une telle courbe devrait pouvoir résulter directement de l'intersection de sa surface d'appui ou de base (2) par une autre surface d'un degré $n = \frac{1}{2} m$, incompatible géométriquement avec l'hypothèse de m impair, ce qui revient à supposer que l'imparité de m disparaisse par l'adjonction d'une ou de plusieurs droites, elles-mêmes en nombre impair, servant d'*annexes* à la courbe (m) par là élevée au degré pair : la surface d'appui se changeant alors en l'une des surfaces du deuxième degré, dite *gauche* ou *réglée* (t. I, p. 417).

En particulier, il est visible que l'on peut, d'une infinité de manières différentes, placer la courbe (m) en question sur un cône ayant pour sommet un point quelconque de l'espace, et dont le degré sera, au plus, m, puisque sa base, sur un plan donné, est susceptible d'être rencontrée en ce même nombre m de points par une transversale arbitraire contenue dans un autre plan qui, renfermant le sommet du cône, coupe, d'après notre hypothèse fondamentale, la courbe (m) en m points réels, imaginaires, etc. Or cette proposition, vraie même quand le sommet du cône est pris en un point quelconque de la surface d'appui du deuxième degré, établit des modifications essentielles dans la constitution de la courbe d'intersection des deux surfaces, généralement composée de deux branches de degré $2m$, séparées et distinctes quand la courbe (m) est assujettie à une loi continue donnée *à priori*, mais formant une seule ligne inséparable, aussi continue dans toutes ses parties, quand le cône, de degré m, est entièrement arbitraire. Dans l'un et l'autre cas, en effet, le sommet de ce cône, en se rapprochant indéfiniment de la surface d'appui jusqu'à s'y confondre, donne naissance à un point singulier *elliptique*, *hyperbolique*, etc., tout à fait indépendant, ou simplement conjugué à la courbe (m) par voie de continuité, selon que la branche (m) est ou n'est pas donnée *à priori*.

La modification dont il s'agit devient plus remarquable encore quand le sommet du cône, au lieu d'être supposé en un point quelconque de la surface du $m^{ième}$ degré, est pris n'importe où, sur le périmètre même de la courbe (m); car tout plan transversal mené par le sommet du cône ne rencontrant alors cette courbe qu'en un nombre $m-1$ de points distincts de ce sommet, le cône lui-même, d'après les raisonnements d'où nous sommes partis, se trouvera réduit au degré $m-1$, et il en existera évidemment une *infinité de cette espèce*. D'ailleurs cette proposition et les précédentes, qui ont leurs réciproques polaires, sont applicables à des courbes gauches continues quelconques appartenant ou non à une surface ou à des systèmes de surfaces du second degré.

Mais je ne pousserai pas plus loin ces considérations que l'on doit envisager comme une suite naturelle des remarques contenues dans la Note déjà citée des pages 415 à 419 du précédent volume, sinon comme une émanation directe des larges méthodes, des doctrines fécondes de l'École de Monge, dont, selon moi, on s'est beaucoup trop écarté depuis quelques années, pour se rapprocher de plus en plus de ces procédés mixtes ou *analytico-géométriques*, qui ont été souvent reprochés aux anciens géomètres, notamment à l'École de notre illustre Carnot.

---

§ IV ET DERNIER. — *Annotations spéciales et développements relatifs à différents passages du texte.*

En corrigeant les épreuves des Sections I à IV de ce second volume, je me proposais de les accompagner ou faire suivre immédiatement de diverses notes et développements qui eussent servi de commentaires, sinon indispensables, du moins utiles, aux matières, déjà bien anciennes, traitées dans ces mêmes Sections. Ainsi, par exemple, en corrigeant l'épreuve de la feuille 7, j'avais le dessein (*voyez* au bas de la page 56) de donner un assez grand développement à la partie de la Note II (Section Ire) qui concerne la transformation et la généralisation des propriétés métriques relatives à la théorie du *centre des moyennes distances* ou *des moyennes harmoniques de figures* considérées dans le plan ou sur la surface sphérique; les n°s 84 et suivants, plus particulièrement encore le n° 163, dont je me suis déjà occupé dans le paragraphe précédent (art. IV, p. 423), et tant d'autres passages du texte de ce second volume eussent exigé diverses explications non moins utiles, même à l'époque de vulgarisation et de progrès où nous sommes; mais l'étendue exorbitante qu'a prise à l'impression le contenu des §§ I, II et III de la présente *Section supplémentaire* me force à renoncer à de telles notes ou développements, qui devraient comprendre une variété de questions ou de sujets tout aussi intéressants pour certaines catégories de lecteurs, que ceux sur lesquels j'ai déjà appelé et voudrais mieux encore appeler leur attention.

I.

REMARQUES PRÉALABLES.

Qu'on me permette de faire remarquer ici que le but de ce paragraphe se trouve partiellement rempli par la Note des pages 332 à 345, ainsi que par la discussion de divers points de doctrine contenus dans la Section II (p. 111, n° 131) et les Sections III et IV (*Transformations diverses et développements des théorèmes de Newton, de Cotes, de Mac-Laurin, de Carnot, etc.*)

Toutefois, je rappellerai que la Section Ire de ce volume, qui remonte à l'hiver de 1823 et 1824, et a précédé de longue date tout ce qui a été écrit par d'autres sur ces matières, contient en germe les Sections III et IV que je viens de citer, et qui, dans mes intentions premières, n'ont jamais dû comprendre les relations métriques étrangères à celles que l'on peut proprement nommer *linéaires* et *projectives*. Celles-ci en effet sont les seules qui, par leur élégante symétrie et homogénéité, soient dignes, à mes yeux, de l'École des Lagrange, des Monge, des Euler et des Clairaut, parce que, susceptibles d'être immédiatement traduites, par la théorie des *polaires réciproques*, en d'autres relations de segments ou de lignes trigonométriques analogues, elles laissent aux très-habiles disciples des Lahire, des Robert Simson, des Carnot, des Goudin ou à ceux de leurs modernes successeurs qui ne craignent ni l'arbitraire des transformations ni la complication des relations métriques et descriptives, une entière latitude pour appliquer des méthodes plus ou moins faciles à la recherche toujours épineuse de certaines catégories de théorèmes, de propriétés non immédiatement *projectives*. Parmi ces méthodes mixtes, en soi d'ailleurs très-recommandables, je distinguerai, à cause de leur simplicité et de la fertilité des applications, celles qui se rattachent à la *transformation polaire*, relatives au cercle et à la sphère, transformation dont j'ai moi-même, le premier, offert dans mon Mémoire de 1824 (Sect. II), quelques exemples qui ont depuis attiré l'attention toute spéciale de MM. Bobillier et Mannheim.

Le premier de ces géomètres, M. Bobillier (*Annales de Montpellier*, janvier 1828, t. XVIII, p. 183), a eu l'idée mère d'un genre de *transformations métriques à coordonnées polaires*, nommées depuis *par rayons vecteurs réciproques*, et dont il a été fait de belles, de nombreuses applications soit en France, soit en Angleterre (*voyez* nos *Applications d'Analyse et de Géométrie*, t. I, note de la page 490).

Le second, M. Mannheim, a publié, en 1851 et 1857, sur la *transformation des propriétés métriques* des figures à l'aide de la *théorie des polaires réciproques*, deux intéressants écrits où il s'est principalement proposé pour but d'opérer cette transformation sans faire subir à la *relation métrique donnée aucune préparation spéciale;* c'est-à-dire en exprimant directement la distance, le segment rectiligne compris entre deux points sur une droite donnée, en fonction des grandeurs linéaires ou trigonométriques qui se rapportent au centre, au pôle et à la polaire relatifs à une circonférence choisie à volonté sur le plan de la figure. Par là, en effet, l'auteur est arrivé à divers résultats remarquables, les uns déjà connus, les autres tout à fait inconnus.

II.

RÉFLEXIONS SUR LA FRÉQUENCE ET L'INOPPORTUNITÉ DES CHANGEMENTS DE NOMS ET DE DÉFINITIONS EN MATHÉMATIQUES, PRINCIPALEMENT EN GÉOMÉTRIE.

Je n'ai pas le dessein de m'étendre sur cette délicate et importante question philosophique, déjà traitée fort au long, mais incomplétement, par Blaise Pascal; je me serais même contenté des rares et timides observations critiques répandues dans le § II de cette *Section supplémentaire*, et dans les n°s 327 et suivants de la Section IV du texte, si les lettres confidentielles des auteurs dont j'ai quelque droit de me plaindre, à cause des changements de définitions, des suppressions de dates et de citations qui se laissent apercevoir dans les articles publiés par eux aux *Anciens Recueils de Mathématiques*, sur des sujets dont je m'étais occupé longtemps auparavant, si ces lettres, dis-je, ne m'avaient en vain fait espérer pour ces mêmes articles, tous antérieurs à 1830, une rectification ou *erratum* très-important pour mon amour-propre d'initiateur dans la nouvelle branche de Géométrie. Car c'était là un déni de justice d'autant plus capable d'égarer l'opinion publique, que le talent des géomètres dont j'entends parler, le mérite, au moins apparent, des modifications ou altérations apportées par eux à mes propres doctrines, enfin les réticences dont je ne puis me rendre compte, étaient éminemment propres à séduire, illusionner les esprits non encore initiés et familiarisés avec les doctrines, le but et les intentions du *Traité des Propriétés projectives des figures* publié par moi en 1822.

Une longue et décevante attente m'ayant appris qu'il ne faut pas compter sur des rectifications volontaires de la part d'écrivains dont, par un motif quelconque, on ne s'est pas mis en devoir de combattre immédiatement les erreurs et empiétements, cette attente m'a obligé, après bien des années d'impatients soucis, à m'imposer, sur le déclin de ma vie, la lourde tâche d'une réédition entière de ce que je n'oserais appeler mes œuvres *édites* ou *inédites*, et encore moins mes œuvres *posthumes;* tâche rendue indispensable cependant par l'oubli de plus en plus marqué de mes droits de priorité dans des livres de Géométrie justement appréciés de nos jours.

Du reste, je suis d'avis avec l'auteur des *Pensées*, qu'en Mathématiques on est le maître d'imposer des définitions, des noms nouveaux aux idées et aux choses inconnues, pourvu qu'en se soumettant aux règles du bon sens et de la logique naturelle, on n'en change ou n'en altère jamais l'acception première. J'ajoute, comme conséquence, ce que Pascal ne dit pas et ce que notre illustre géomètre et philosophe Ampère soutenait en pleine Académie avec une persistante ardeur : c'est qu'il n'est, en aucun cas et sous aucun prétexte, permis, même en fait de Chimie et de Mécanique, de substituer à des définitions ou appellations déjà établies et reçues, d'autres définitions, d'autres noms, à moins de démontrer les erreurs, les non-sens ou l'insuffisance radicale des premières; autrement ce serait introduire dans la langue qui devrait être la plus claire de toutes, une confusion inextricable. Or, c'est là un abus dont on ne se fait pas faute de nos jours, même en France, où, à l'exemple des nations étrangères, on commence à faire usage, sans scrupule, d'un néologisme que repousse notre langue, naguère encore si lucide, parce qu'elle fuyait ces amphibologies de mots, ce vague et ces non-sens qui ne peuvent être la pâture que des hommes faciles à satisfaire.

C'est pourquoi aussi, ancien élève de ce bon et spirituel Andrieux, notre professeur vénéré de grammaire et de littérature à l'École Polytechnique, en 1808, je repousse de toutes mes forces l'introduction, dans la langue géométrique, d'expressions *hybrides*, telles que *axes de symptose*, substituée aux mots français de *sécantes* ou *cordes communes*, si anciennement connus, si facilement compris et saisis par tous ceux qui ont une légère teinture des Mathématiques; substitution qu'on est en droit d'attribuer au désir, sinon d'effacer entièrement, du moins de jeter un blâme indirect sur les doctrines du *Traité des Propriétés projectives des figures*, que toutefois on se gardait bien d'attaquer directement, ouvertement.

En effet, feu Gaultier, de Tours, en 1812 ou 1813, et Steiner, de 1826 à 1830, avaient adopté pour la corde commune à deux cercles, la seule dont ces savants s'occupassent alors, les dénominations d'*axe radical*, d'*axe d'égales tangentes*, qui paraissent admissibles dans ce cas particulier parce qu'elles ont l'avantage de ne dépendre en aucune manière de la réalité ou non-réalité de l'intersection de ces cercles. Mais ces dénominations ne pouvaient s'étendre au système de deux coniques s'entrecoupant ou non sur un plan, dont Gaultier, de Tours, n'avait nullement à s'inquiéter, et pour lequel Steiner, dans son Mémoire de 1825 ou 1826 (*Journal de Crelle*, t. I, p. 38), ne propose aucune dénomination spéciale et évite même de s'occuper des sécantes communes que, d'après ce qu'on a vu (p. 406), M. Plucker appelait simplement *chordales*, sans distinction des cas de réalité et d'imaginarité : dans ces cas, en effet (*voyez* nos *Applications*, t. II, IVe Cahier) les quantités et formules algébriques conservent le même signe ou symbole explicite dans les transformations diverses qu'on leur fait subir.

Quant à M. Chasles, excité par le bruit et les succès des Bobillier, des Gergonne, etc., rompant enfin le silence qu'il gardait depuis quatorze ans (1814 à 1828), repoussant d'ailleurs le principe de continuité à l'imitation de Cauchy, et interprétant mal l'adjectif *idéal* dont je me servais pour caractériser la circonstance où une sécante porte des intersections imaginaires tout en conservant dans sa direction indéfinie une existence réelle et distincte, qui peut devenir impossible, imaginaire, même lorsque cette direction contient un point réel à distance donnée ou infinie; quant à M. Chasles, désireux, je le crains fort, de montrer sa supériorité sur l'auteur des *Propriétés projectives*, et comprenant bien que l'expression abréviative d'*axe radical* est ici inadmissible, il est venu en 1828, avec une précipitation et des intentions que j'ai déjà qualifiées, proposer, six ans après la publication de mon *Traité*, l'expression ci-dessus d'*axe de symptose*, en conservant, faute de mieux sans doute, l'épithète de *centres d'homologie* aux points de concours des tangentes communes du système de deux coniques qui s'entrecoupent ou non sur un plan. Or, cette dernière épithète, M. Chasles veut bien l'accepter à cause de sa correspondance avec celle de *centre de similitude* des coniques semblables et semblablement placées sur un plan, dont il s'était particulièrement occupé à l'École Polytechnique.

De là, dans son Mémoire inséré à la page 277 du tome XVIII des *Anciennes Annales de Mathématiques*, sont sortis une série de corollaires sur lesquels je n'ai point à revenir et où les expressions d'*axe de symptose*, de *centre d'homologie* et de *coniques homothétiques* jouent un rôle facile à deviner quand on a lu ou seulement parcouru mon *Traité* de 1822, dont ce géomètre s'excuse d'être, à Nice, hors d'état de consulter le texte pour en confronter les résultats avec les siens propres;

excuse que je veux bien admettre pour quelques énoncés de problèmes, de corollaires ou théorèmes isolés, mais non quant au fond des doctrines, pas plus que je ne l'ai fait pour MM. Gergonne, Plucker et Steiner, qui, il est vrai, ont agi avec moins de circonspection que M. Chasles et se sont écartés, dans leurs écrits, de la loyauté, de la franchise intelligentes dont mes amis Sturm et Bobillier avaient donné auparavant l'honorable exemple.

M. Chasles, provoqué d'ailleurs par les réclamations, à coup sûr fort réservées, que je lui adressai, dès le printemps de 1828, au sujet de ses empiétements, ne parut comprendre ni le véritable sens de ces réclamations ni le désir que j'éprouvais de ne point entrer dans de nouvelles et pénibles discussions avec un savant moins philosophe, moins rhéteur, il est vrai, que Gergonne, mais en revanche plus érudit, plus disert et plus géomètre, qualités qui l'ont fait surnommer, par M. Cremona l'*Archimède*, par M. de Jonquières le *La Fontaine* de la Géométrie moderne. M. Chasles donc, bien averti, mais aussi difficile à combattre qu'à convaincre, adressa au rédacteur des *Anciennes Annales* (t. XIX, p. 26) une sorte d'*erratum* qu'il m'avait annoncé dans sa réponse officieuse du 15 juillet 1828, et où il maintint, sous le patronage du journal, ce qu'il considérait comme un droit dûment acquis de substituer ses théories et dénominations aux miennes propres, que cette fois il blâme sans ménagement, assuré désormais que, discret par nécessité et exclusivement occupé de Mécanique, je ne me risquerais pas à rétorquer des arguments tout aussi peu valables d'ailleurs que ceux dont Gergonne s'était servi envers moi.

Ainsi, dans ce soi-disant *erratum*, non-seulement M. Chasles conserve l'épithète d'*axes de symptose* pour désigner ce que je nommais *cordes* ou *sécantes communes* au système de deux coniques sur un plan, mais encore il critique vivement l'emploi des mots *centres d'homologie*, pour les circonstances diverses où la direction correspondante des rayons vecteurs ne rencontre pas simultanément les deux courbes. De là, d'ailleurs, il tire divers corollaires et conséquences qui prouvent qu'en 1828 il n'avait pas compris ou lu avec une attention suffisante le contenu de la Section III du *Traité des Propriétés projectives*, et qu'imbu alors des idées étroites des géomètres de l'École d'Alexandrie, il n'entendait rien ou ne voulait rien entendre au *principe de continuité*, aux imaginaires, à l'infini de l'espace, dont la notion peut s'étendre même aux centres d'homologie et aux soi-disant axes de symptose supposés même indéfinis. Évidemment ses anciennes études sur la similitude (*homothétie*) de certaines figures, et celles de MM. Gergonne, Quetelet et Dandelin sur les *projections stéréographiques*, entreprises en 1826 et 1827 à propos de la discussion relative à la dualité et à la théorie des polaires réciproques, ces études qui servent de base unique aux démonstrations de M. Chasles, excellentes à certains égards quoique insuffisantes et arriérées sous d'autres, ne pouvaient, comme j'en ai déjà fait la remarque expresse, conduire directement aux notions exposées dans mon ouvrage de 1822. En cela donc, notre savant confrère commettait une inadvertance que l'on peut comparer à celle de certains auteurs pressés de produire, et qui veulent se faire chefs de doctrine avant d'avoir lu avec une attention suffisante les ouvrages de leurs prédécesseurs. Mais, par cela même que l'on s'affranchit de la sévère logique des Anciens, que l'on démontre peu et qu'on suppose beaucoup, on se trouve à la portée d'un plus grand nombre de lecteurs et l'on obtient des succès brillants et faciles.

Pour apercevoir en particulier combien M. Chasles se trompe dans ses critiques relatives aux *centres d'homologie* (points de concours des tangentes communes au système de deux coniques sur un plan), il suffit d'observer que, dans le cas même où les rayons vecteurs émanant de certains d'entre eux ne rencontreraient que l'une des deux courbes, ce n'est nullement un motif pour affirmer qu'il n'existe plus de rapports homologiques à l'égard de tels centres et de tels rayons; car, à chacun de ceux-ci correspondent, dans les deux courbes, deux pôles et deux points milieux des cordes réelles ou imaginaires correspondantes, outre une infinité d'autres couples de points déterminés par certaines relations métriques et descriptives, sur lesquelles il serait fort inutile d'insister puisqu'elles sont admises aujourd'hui.

Récemment, dans son *Traité des Sections coniques* (1865), qui mériterait bien le nom de

Compendium ou *Collection de synthèses géométriques*, M. Chasles, persistant à refuser aux intersections des tangentes communes l'épithète de *centre d'homologie*, les a nommées (p. 228), par abréviation, les *ombilics des coniques*, expression vieillie du mot *foyer* (Desargues, etc.), qui n'a sa raison d'être, comme celle adoptée par Monge pour les surfaces du second degré, qu'en ce que de tels points conservent certaines des propriétés du centre commun à un système de cercles concentriques (t. Ier, nos 453 et suiv.); or, cela s'accorde peu avec l'application qu'on tente aujourd'hui d'en faire aux *points cycliques* de l'infini.

Pour compléter ce que je voulais dire des axes de symptose proposés par M. Chasles en vue de tenir lieu des *cordes* ou *sécantes communes*, je rappellerai : 1° que *symptose*, mot dérivé du grec, signifie *rencontre*, comme *asymptote* signifie *sans rencontre*, expression abréviative qui, si je ne me trompe, a empêché nos prédécesseurs, avant 1822, de deviner l'existence des divers ordres d'asymptotismes ou de contacts de l'infini, réels ou imaginaires, entre les courbes; 2° que les points de rencontre d'un *axe de symptose* avec une courbe plane continue peuvent cesser d'être réels et passer même à l'infini, bien que la direction et la position de cet axe conservent une existence géométrique distincte; ce qui ne permet pas de dire, dans l'esprit de la nouvelle Géométrie, que cet axe est complétement impossible ou imaginaire. D'après cela donc il nous faudra employer quelque épithète caractéristique, telle que *axe de symptose idéal* ou *idéale*, etc., ambiguïté à laquelle je préférerais, comme plus française, plus claire et tout aussi abréviative, celle d'*axe de concours idéal*, ou, ce qui est plus simple encore et rentre tout à fait dans la dénomination que j'ai proposée en 1820 et 1822, et dont je n'ai jamais changé, celle de *sécantes idéales*, pouvant, selon la remarque ci-dessus, devenir à son tour tout entière imaginaire ou passer à l'infini : l'adoption d'un pareil langage n'ayant d'inconvénient que celui de rappeler les préliminaires du *Traité des Propriétés projectives*, que M. Chasles ne veut point admettre.

Après cet exemple, est-il bien nécessaire d'examiner un à un les autres changements, les autres altérations que ce savant a prétendu faire subir à un langage que je croyais très-logique, très-intelligible même pour des esprits ordinaires, dans ses écrits postérieurs à 1828, publiés en Belgique sous le patronage du journaliste et Secrétaire perpétuel de l'Académie des Sciences de Bruxelles? A cet égard, je ne puis que renvoyer au tome Ier des *Applications d'Analyse et de Géométrie*, ainsi qu'à tout ce que j'en ai dit dans le cours de cette *Section supplémentaire*, où j'ai peut-être trop laissé percer l'amer déplaisir que m'avaient causé les tentatives d'empiétements et les critiques, si peu motivées, d'un géomètre dont j'estime fort le talent et les travaux d'érudition, mais auquel je n'ai pu m'empêcher de reprocher d'être en partie le promoteur, du moins en France, de ce néologisme, de cette confusion d'idées et de méthodes qui, en nous envahissant de toutes parts, ont autorisé quelques jeunes célébrités scientifiques, nationales ou étrangères, à remplir nos *Comptes rendus académiques* et nos autres journaux, hebdomadaires ou mensuels, d'une multitude d'articles où les excentricités et les altérations du langage mathématique ont pris une trop grande extension, sans que je prétende néanmoins méconnaître la valeur de certains théorèmes ou aperçus de Géométrie supérieure, qui sont comme la généralisation transcendante d'autres théorèmes, d'autres points de doctrine antérieurement connus.

Dans les ouvrages remarquables de 1852 et 1865 que j'ai souvent cités, plutôt synthétiques qu'analytiques, à la manière d'Euclide, de Legendre, de Carnot, dont je ne pourrais approuver entièrement l'esprit de philosophie et de critique mathématique, où l'intuition géométrique entre pour une bien faible part, où l'on maintient, comme dans l'*Aperçu historique*, les mots vagues, à double sens, tels que : *corrélatif*, employé dans un but très-différent par Carnot, et qui remplacerait désormais le mot *réciproque*, dont je fais usage depuis 1817 ; *dualité* pour *réciprocité ; contingence* (principe) pour *permanence* ou *continuité*, et autres dénominations, changements de mots déjà critiqués ci-dessus ou qui mériteraient de l'être ; M. Chasles paraît s'être efforcé ainsi de restreindre, de changer la signification des anciens mots, sinon de les supprimer tout à fait, de manière à rendre en quelque sorte méconnaissables les ouvrages qui ont précédé les siens, du moins pour les lecteurs, nationaux ou étrangers, peu au courant de la matière. Quel sens logique et grammatical, je me le demande, comportent les mots *anharmonique, homographique,* dont M. Chasles a tiré un si habile parti dans ses ouvrages classiques, et qu'on a prétendu récemment dériver d'un *principe de transformation* plus général que ceux du tome Ier du *Traité des Propriétés projectives?*

Je ferai observer d'abord que, d'après l'analogie et le sens attribué aux mots français *anarchie* (*an-harchie* selon Proudhon), *anhydre*, selon les chimistes, etc., il serait, comme j'en ai déjà fait la proposition, préférable de substituer à l'abréviatif *anharmonique*, auquel je suis loin de contester le mérite d'à-propos, l'épithète toute française de *surharmonique,* dans le sens même que M. Chasles a en vue, ou ce qui vaudrait mieux encore pour se rapprocher de l'école allemande des Mœbius et des Steiner (*voyez* l'Article II du § III, p. 411), on pourrait pour l'exactitude se servir du mot *double-harmonique* auquel il ne manquerait ainsi que le complément de *perspectif* ou *projectif*. Car, non-seulement ces composés sont aussi acceptables que l'hybride *homofocal*, moitié grec et moitié latin, employé par de très-savants géomètres, mais encore il y a lieu de ne pas s'en tenir au rapport de *double section*, comme le veulent les auteurs précités qui prétendent interpréter, continuer synthétiquement Pappus et Desargues dans leurs admirables *Lemmes porismatiques* et *involutifs*, tous projectifs à notre manière et que, dans le présent *Traité*, nous avons cherché à étendre à des relations beaucoup plus complexes et non moins remarquables. Quant au mot *homographie,* signifiant *même description,* comme *homologie* signifie *même discours* ou *langage,* cette expression abréviative, d'une valeur incontestable puisqu'elle sert de base à une très-utile série d'énoncés et de démonstrations élémentaires, n'a d'autre inconvénient que d'être en soi fort vague et de remplacer la locution allemande de *projectivischer gebilde,* employée par Steiner dans son livre de 1832, sans croire emprunter à mes propres écrits.

En second lieu, pour quiconque a médité convenablement sur le contenu des n°s 8 à 21, 45, 46 et 47 du tome Ier des *Propriétés projectives,* dont l'application s'étend aux figures sphériques et aux aires, il est évident que les relations *anharmoniques* et *homographiques* sont dans leurs conséquences d'une nature essentiellement projective ou peuvent le devenir par transformation. Car, d'après les propres remarques et les démonstrations de M. Chasles (*Géométrie supérieure,* n° 363, p. 405 et suiv.), *deux figures homographiques quelconques peuvent être placées de manière à être homologiques ou perspectives l'une de l'autre;* ce qui suppose un simple déplacement relatif comme pour les figures semblables mais non semblablement situées dans l'espace ou dans un plan, en offrant certains avantages, que j'ai déjà signalés ailleurs (*Applications d'Analyse et de Géométrie,* t. Ier, note de la page 493). On le voit, l'homographie n'est qu'une transformation géométrique limitée aux plus simples relations métriques *projectives,* tandis que la nôtre comprend toutes celles de la *Géométrie de la règle,* des *transversales,* etc.

III.

SUR CERTAINES PROPRIÉTÉS DES RÉSEAUX FORMÉS PAR LE CROISEMENT MUTUEL DE DEUX LIGNES OU SYSTÈMES DISTINCTS DE LIGNES CONTINUES SUR UN PLAN.

Lorsque, dans l'hiver de 1830 à 1831, je m'occupais de rédiger, pour les présenter à l'Institut, les Mémoires qui contiennent l'*Analyse des transversales* (Sect. III et IV), je me vis obligé de laisser de côté plusieurs points de doctrine ou d'application relatifs aux systèmes de lignes et de surfaces géométriques à intersections communes, notamment ce qui concerne les osculations mutuelles de ces surfaces, par lesquelles je comptais terminer la IVe Section, et dont s'était occupé M. Plucker dans un intéressant Mémoire de 1829 (Crelle, t. IV, p. 342), où, cependant, il a eu le grand tort (*ibidem*, p. 50) de nier l'influence exercée par le *principe de continuité* sur la direction de ses idées analytico-géométriques. Mais, ce qui m'a plus particulièrement donné des regrets, c'est de n'avoir pu développer davantage les applications (Sect. IV), qui concernent le cas de deux systèmes indépendants de lignes, droites ou courbes, tracées sur un même plan et dont le croisement réciproque sous des formes ou figures polygonales plus ou moins élémentaires, constitue un groupe, un ensemble qu'il ne faut pas confondre avec les figures propres à chaque ligne ou système de rencontres mutuelles en particulier. D'après un usage généralement adopté parmi les géomètres astronomes, les ingénieurs et les artistes fabricants de tissus et d'ornements divers, un tel ensemble peut être nommé *réseau*, sauf à conserver, d'après l'usage, le nom de *faisceau* à une série indéfinie de lignes ou de systèmes de lignes à points de rencontre communs. Les canevas géodésiques formés de méridiens et de parallèles terrestres, le double système des lignes de courbure d'une même surface, des génératrices croisées de l'hyperboloïde à une nappe, etc., offrent tous, comme le canevas à jour des brodeuses, les tulles et les dentelles, le tissu plein, à chaîne et trame, des étoffes les plus simples et les plus riches, l'échiquier même du jeu de dames ou d'échecs, autant d'exemples de *réseaux quadrillés* dont les points de croisement anguleux sont les *nœuds* ou *sommets*.

En m'occupant, au printemps dernier (1865), de l'impression de mes notes manuscrites de 1830-1831, je remarquai que les *propriétés projectives*, les *relations d'involution simple* ou *multiple* dont jouit l'ensemble ou réseau géométrique dont j'entends exclusivement parler, permettent de construire, sous certaines conditions, les lignes qui en contiennent les *nœuds* ou points de croisement mutuels que, pour ce motif, on peut nommer lignes *nodales*. Or, pendant la révision de la partie de ces anciennes notes et des souvenirs qui s'y rattachent, j'ai éprouvé le vif regret, pressé par le temps, l'encombrement des matières et un excès de fatigue, de ne pouvoir donner aucun développement à mes premières idées. A cette occasion j'avais, hors de propos je l'avoue, songé à substituer dans l'impression de la IVe Section dont il s'agit, le mot de *réseau* au mot banal de *système*, afin de mieux caractériser le genre particulier de figures que j'avais prétendu considérer dans le manuscrit de 1830, figures auxquelles le nom de *faisceau* ne pouvait convenir. Mais j'ai renoncé à ces changements ou perfectionnements tardifs, grâce aux observations de mes amis scientifiques, MM. Moutard et Mannheim, qui ont bien voulu soumettre à un contrôle sévère le texte de cette Section restée manuscrite et à laquelle, moi-même, je répugnais d'apporter une modification aussi essentielle. Or, j'ai d'autant plus lieu de me féliciter aujourd'hui d'avoir déféré à leur avis que l'emploi du mot *réseau*, inusité en Géométrie, rappelant celui de *netz* dont se servaient justement Steiner et Mœbius dans leurs ouvrages allemands, aurait pu me donner fort gratuitement les apparences d'un néologisme et de réminiscences que j'ai souvent reprochés à d'autres, avec d'autant plus de motifs ou d'apparence que certains écrits publiés pendant l'impression même de la IVe Section de ce volume en ont donné un nouvel et fâcheux exemple.

Les premiers numéros de cette Section, et plus particulièrement les n°s 261 et suivants (*fig.* 42 et 43), nous ont offert des procédés généraux aussi simples que remarquables pour construire une infinité de courbes *nodales* d'un réseau formé par les rencontres mutuelles de deux systèmes distincts de transversales rectilignes ou curvilignes de même degré : le but qu'on se propose d'atteindre dans de pareilles questions offre, si je ne me trompe et sauf la forme, la continuité des lignes, des routes à déterminer ou à parcourir, beaucoup d'analogie avec le *problème de situation et d'analyse combinatoire* relatif au jeu d'échecs, que s'était proposé le grand Euler dans les *Mémoires de l'Académie des Sciences de Berlin* pour 1759, problème au fond identique à celui qui consiste à faire franchir à un cavalier différents ponts jetés sur les replis, les méandres d'un fleuve, sans jamais repasser deux fois sur le même pont, et dont Euler avait déjà tenté la solution dans les *Mémoires de l'Académie de Saint-Pétersbourg* pour 1736 (*), mais que Vandermonde a résolu à son tour (1771) par des procédés plus simples, comme M. Poinsot en a

(*) *Voyez* la traduction française de cet écrit par M. E. Coupy, insérée à la page 106 du tome X, 1851, des *Nouvelles Annales de Mathématiques*.

fait la remarque dans son Mémoire de 1809 sur les *polygones et les polyèdres étoilés* (*Journal de l'École Polytechnique*, Xe Cahier, p. 16).

Ce genre de questions, les remarques de Vandermonde sur les problèmes de situation, imprimées dans les *Mémoires de* notre ancienne *Académie des Sciences* pour 1774, remarques que j'ai eu l'occasion de citer dans mon *Rapport historique sur les machines-outils à l'Exposition universelle de Londres* (t. II, 1857, p. 410, 466 et 467), et qui concernent la route suivie par le fil d'un tissu au travers d'un réseau quadrillé plan et rectangulaire ou parallélipipédique; enfin les études de notre célèbre Laplace sur le métier à dentelle du sieur Leturc, professeur à l'ancienne École militaire de Paris (*ibid.*, p. 466 et suiv.); ces problèmes, dis-je, n'ont d'affinité avec celui dont il s'agit qu'en ce qu'ici le point mobile doit parcourir indistinctement tous les nœuds ou sommets du réseau sans prescription particulière relative à la forme de la courbe à conduire par ces sommets, tandis que dans notre cas, la courbe *nodale* est continue et l'on ne pourrait lui imposer aucune des autres conditions que comporte le jeu d'échecs ou la fabrication des tissus, si ce n'est de passer en outre par un point arbitrairement donné sur le plan du réseau.

Le problème ainsi entendu géométriquement n'offre en réalité aucune difficulté sérieuse, parce que nous supposons donnés *à priori*, sur un plan, les deux systèmes de lignes distinctes qui fixent, par leurs rencontres mutuelles, les points obligés du passage de la courbe à décrire graphiquement ou à déterminer par points au moyen du calcul.

Mais la difficulté est tout autre quand les nœuds ou points donnés de passage sont indépendants entre eux, et qu'on se propose de tracer par ces points une courbe géométrique d'un degré approprié, c'est-à-dire le moins élevé possible; comme, par exemple, quand il s'agit de faire passer une courbe continue du troisième ordre par neuf points donnés arbitrairement sur un plan; problème diversement résolu par les géomètres, et dont, selon ce qui précède, la véritable difficulté réside dans le choix de deux systèmes de lignes élémentaires dont les rencontres mutuelles comprennent les points assignés, *à priori*, en nombre nécessairement inférieur à celui de ces rencontres, nœuds ou sommets du réseau.

Ainsi, notamment, le réseau quadrillé de la *fig.* 56 (*Pl. VI*), formé par la rencontre de deux systèmes distincts de trois transversales rectilignes à neuf sommets, permettra, d'après le n° 262, de construire linéairement une infinité de lignes du troisième ordre contenant à la fois ces sommets, mais dont une seule sera susceptible de passer par un dernier point p, absolument indépendant des neuf autres assujettis à la condition toute spéciale d'être trois par trois en ligne droite; condition qui, en réalité, n'équivaut qu'à six données entièrement distinctes, telles, par exemple, que d'appartenir à l'hexagone $aa'b'b''c''c'a$, dont les côtés joignent deux à deux, dans un certain ordre, six des neuf sommets du réseau qui peuvent ainsi représenter sept points choisis à volonté avec le point p sur le plan du réseau.

Notre système de construction des lignes planes géométriques serait donc seulement apte à tracer une courbe du troisième ordre passant par sept points entièrement arbitraires, y compris le point p, mais non davantage, à moins que les neuf points donnés soient eux-mêmes assujettis à certaines conditions, comme d'en offrir trois en ligne droite ou six sur une ligne du deuxième degré, etc., etc.: circonstances pour lesquelles le contenu des Sections III et IV offre différents moyens de solution. Si l'on voulait aller au delà, il conviendrait de recourir à d'autres réseaux formés par la combinaison de lignes mieux appropriées encore à la nature intime des courbes géométriques de chaque espèce.

Dans le cas, par exemple, des courbes du troisième degré dont il s'agit ici, on pourrait remplacer les systèmes distincts de transversales rectilignes par deux autres formés respectivement d'une conique et d'une droite, déterminés, tracés convenablement au moyen des points donnés; ce qui permettrait tout au plus d'utiliser huit sur neuf de ces points en laissant l'un quelconque d'entre eux complétement en dehors, etc.

Toutefois, ce n'en est pas moins un fait mathématique digne d'attention que celui qui nous est offert par la propriété des réseaux formés de lignes géométriques droites ou courbes, tracées sur un plan et dont les nœuds, sommets ou points de rencontre en nombre déterminé, sont tels qu'on puisse toujours y faire passer une infinité d'autres lignes géométriques distinctes, bien que ce nombre soit, à partir du troisième degré, généralement supérieur au nombre strict des conditions nécessaires pour déterminer algébriquement l'équation de la courbe.

Ainsi, par exemple, on arrive à ce corollaire remarquable énoncé dans le *Journal de Crelle* (t. XXXIV, année 1847, p. 339) :

Trois ou plusieurs courbes du troisième ordre passant par les mêmes huit points donnés vont se couper toutes dans un même neuvième point.

Mais, malgré la facilité apparente avec laquelle M. Plucker arrive à cette conséquence et à plusieurs autres non moins intéressantes, relatives aux figures rectilignes inscrites dans les courbes du troisième ordre, ce savant professeur n'aurait pas dû oublier que j'avais moi-même, vingt-trois ans auparavant, établi plusieurs de ces théorèmes au commencement de mon Mémoire sur l'*Analyse des transversales* (Sect. III, p. 152, n°s 154 et suiv.).

Je n'insisterai pas davantage sur un genre de questions qui se rattachent de la manière la plus intime au *porisme réciproque* de la page 404 (*fig.* 52), ainsi qu'au paradoxe d'Euler et de Cramer élucidé par MM. Plucker et Jacobi au point de vue de la Géométrie analytique; je me contenterai de faire observer en général, que les mn points d'intersection de deux courbes de degrés quelconques m et n n'équivalent pas toujours à mn points arbitraires, pas même à $m(n-1)$.

IV.

SUR LES INVOLUTIONS ET LES RÉSEAUX PARTIELS OU IMPARFAITS

(Note rectificative et complétive des n°s 252 et suivants du texte).

Les paragraphes et articles divers de la Section III nous ont offert des exemples plus ou moins remarquables de relations métriques et descriptives qui se rapportent aux réseaux et aux involutions que j'appellerais volontiers *simples* ou *élémentaires*, parce qu'il n'y entre qu'un seul système ou ensemble de lignes indépendantes entre elles, et par conséquent un seul système de figures polygonales inscrites à ces lignes, contrairement à ce qui a lieu pour les figures des §§ I et II de la Section IV, où les systèmes entre-croisés de lignes ou de surfaces, ainsi que les involutions y afférentes, *composées* ou *multiples*, peuvent offrir un caractère particulier de symétrie et de réciprocité parfaites, dû à ce que les systèmes distincts que l'on y considère sont d'un même degré, et les groupes de points déterminés par une transversale rectiligne assujettie ou non à des conditions données invariables, sont de même ordre, c'est-à-dire composés d'un nombre égal de points. Mais, entre ces hypothèses extrêmes, il en est une infinité d'autres non moins intéressantes, et dans lesquelles les systèmes considérés isolément sont d'un degré différent; c'est ce dont nous avons eu également des exemples au commencement de la Section IV (n°s 255 et suiv.), où la ligne de moindre degré est complétée par une autre ou par un système de droites en nombre convenable pour égaliser les degrés.

Par cette considération géométrique fort simple, en effet, le problème qui consiste à mener, par un point arbitrairement choisi sur le plan de la figure, la courbe *nodale* contenant tous les *sommets* du réseau ainsi défini, se trouve résolu géométriquement, grâce à nos méthodes relatives aux propriétés de l'*involution complète*, et qui offrent par là même l'exemple de faisceaux de lignes d'égal degré, dont les intersections communes sont en nombre supérieur à celui des conditions strictement nécessaires (n° 245, p. 200) pour déterminer toute courbe de ce degré à une unité près; genre de questions qui a beaucoup occupé les modernes successeurs d'Euler et de Cramer, comme je l'ai fait remarquer à la fin de l'*Article III* ci-dessus, p. 438.

Mais, en recourant aux auxiliaires dont il vient d'être parlé, on complique inutilement la solution du problème, et c'est pourquoi, tout en travaillant à réunir les matériaux de la Section IV, je me préoccupais (note de la page 253, n° 281) de l'idée d'ajouter au § II de cette Section un article spécial ayant pour but de rechercher s'il n'existerait pas quelque propriété générale des involutions partielles, qui permît de déterminer directement les points qui, sur chacune des transversales à considérer (261 et suiv.), appartiennent à la nodale correspondante.

Nommons m le degré de l'une des deux lignes ou systèmes de lignes à considérer, $n<m$ celui de l'autre; $m-n$ sera le degré du système complémentaire ou auxiliaire, qu'on peut représenter par l'indice (n), les indices (m) et $(m-n)$ représentant les lignes ou systèmes de degrés m et $m-n$ respectivement, d'après les conventions mêmes du texte dont on a supprimé, lors de l'impression, deux *Notes* qui devaient constituer l'*Article additionnel* du § II, mentionné ci-dessus. Ces Notes étant demeurées dans un état de rédaction fort imparfait, je me contenterai simplement d'en donner ici une idée tant à cause de leur étendue que des lacunes mêmes qu'elles renferment, lacunes que je n'ai nullement l'intention de combler.

Dans la première de ces Notes, je me proposais de rechercher non-seulement l'équation en x du degré m, analogue à celle de la page 248 (n° 271), et qui est propre à déterminer sur une transversale arbitraire les points qui jouissent, par rapport aux deux groupes d'intersection de cette transversale et des systèmes (m) et (n), de relations d'involutions analogues aussi à celle de cette page, mais encore de construire la courbe nodale des points x, x', x'',..., qui contient les sommets divers du réseau formé par l'entre-croisement de (m) et de (n), et cela même dans le cas où l'on se dispenserait de recourir au système complémentaire de degré $m-n$ dont il a été question d'abord : ce système pouvant être remplacé par des conditions diverses, tour à tour essayées dans cette première Note. Mais j'ai dû y renoncer à cause de la longueur des éliminations, me contentant d'observer que la courbe (m) et la courbe inconnue des points x, étant toutes deux du degré m, constituent par elles-mêmes un réseau complet, dont les m^2 sommets doivent comprendre les mn intersections de (m) et de (n) plus $m-n$ autres points fixes, réels ou imaginaires, à distance donnée ou infinie. D'ailleurs, ces différents points doivent jouir dans leur ensemble des propriétés d'involution définies aux divers endroits du texte (Sect. III, n°s 178 à 210; Sect. IV, n°s 253 et suiv.), et qui concernent non-seulement les sommets dont il s'agit, mais aussi les cordes ou sécantes qui les joignent deux à deux diagonalement et les tangentes simples ou multiples correspondantes ainsi que certains de leurs points singuliers, etc.; tout consistant à modifier convenablement les constructions du n° 261 (*fig.* 42).

A ce dernier égard, je ferai observer que la difficulté que l'on pourrait éprouver à comprendre et appliquer les méthodes que ces numéros indiquent pour déterminer les $m-1$ dernières intersections r', r'',..., d'une transversale arbitraire pqr avec la courbe qui contient les sommets d'un réseau complet d'ordre m, en assujettissant cette transversale à passer par un point r donné à volonté sur le plan des deux lignes fondamentales de ce réseau, je ferai, dis-je, observer que cette difficulté provient uniquement de l'accumulation, de la diversité des méthodes ou systèmes de tracés que le n° 261 et la *fig.* 42 indiquent, et dont les démonstrations ont été supprimées dans le texte comme étant à peu près inutiles d'après le contenu des n°s 181 et 204 ou suivants. Malgré le désir bien légitime d'abréger, je n'en crois pas moins à propos, pour la satisfaction des lecteurs, de reproduire ici (*fig.* 57) avec les mêmes lettres, mais sur une autre échelle, la partie de la *fig.* 42 relative à la dernière des solutions indiquées au n° 261, ainsi que le passage du manuscrit qui lui servant d'explication, est ainsi conçu :

« Supposons, pour fixer les idées, que ap et aq soient les transversales distinctes dont il s'agit, et soient
» P', P'', P''',..., Q', Q'', Q''',... leurs intersections respectives avec les autres transversales sp', sp'', sp''',...,
» et sq', sq'', sq''',..., issues de s. Par ce dernier point, considéré comme pôle des rayons vecteurs de la
» courbe cherchée, menons une suite de transversales dans l'angle des droites aP' et aQ'; soit ab l'une
» d'elles rencontrant aP' en b et aQ' en c, c'est-à-dire considérons le triangle abc comme transversal de
» la courbe dont il s'agit, et observons que bc contient $m-2$ points de cette courbe confondus avec s,

» plus un autre point x, distinct de s et qu'il s'agit de construire sur chaque transversale, on aura » d'après notre principe fondamental (12) :

$$\frac{(aP')(cQ')\,\overline{bs}^{m-2}.\,bx}{(bP')(aQ').\,\overline{cs}^{m-2}.\,cx}=1,$$

» équation qui permettra de calculer immédiatement le rapport de bx à cx, et par suite (13), de déterminer la position du point x.

» Parmi les différentes manières de construire linéairement x, nous choisirons la suivante, qui est une » des plus simples et des plus symétriques.

» Traçons, une fois pour toutes, les droites P'Q', P''Q'', P'''Q''',..., rencontrant aux $m-1$ points » $n', n'', n''',\ldots$ la transversale arbitraire bc, points qui seront ainsi connus, on aura, en considérant à » son tour le système de toutes ces droites comme une ligne géométrique transversale du triangle abc,

$$\frac{(aP')(cQ')(bn')}{(bP')(aQ')(cn')}=1,$$

» équation qui, étant comparée à la précédente, donne immédiatement

$$\frac{\overline{bs}^{m-2}.\,bx}{\overline{cs}^{m-2}.\,cx}=\frac{(bx')}{(cx')},$$

» laquelle exprime que le système des $m-2$ points confondus en s, joint à x, et le système de $m-1$ » points $n', n'', n''',\ldots$, sont en involution par rapport aux deux points b et c. Donc on obtiendra im- » médiatement le seul point inconnu x par les constructions linéaires du n° 183, en inscrivant, par » exemple, dans l'angle bac ou dans tout autre formé par deux droites issues de b et de c, un polygone » quelconque dont les $m-1$ côtés de rang pair passent respectivement par les points $n', n'', n''',\ldots$ et dont » les côtés de rang impair passent de même par les $m-2$ points s; car le dernier côté ira naturelle- » ment rencontrer bc au point x demandé.

» Telle est la construction simplement énoncée aux n°s 183, 204, etc., et de laquelle il nous serait facile » de déduire un bon nombre de propriétés intéressantes relatives aux lignes géométriques qui ont un » point multiple d'ailleurs de l'ordre le plus élevé; mais nous ne pouvons nous arrêter ici à ce problème. »

Au surplus, je dois rappeler à cette occasion (p. 207, n° 223) que les constructions géométriques indiquées dans ces solutions fondamentales, bien que toutes linéaires et faciles en apparence, reposent sur des hypothèses rarement réalisables dans les applications, si ce n'est pour les cas les plus simples de chaque espèce. Il ne s'agit là, en effet, que de figures de *démonstrations*, et les raisonnements, les procédés dont on s'y sert sont entièrement comparables à ceux de l'Analyse algébrique, surtout de l'Analyse fonctionnelle où les équations des courbes d'un degré indéterminé m, simplement supérieur au deuxième, telles que $f^m(xy)=0$, par exemple, sont de purs symboles de raisonnement et de démonstration irréalisables par le calcul ou le tracé, bien qu'on en connaisse certaines propriétés très-remarquables; équations dont, au point de vue de la perception intellectuelle, de la divination et de l'argumentation, on pourrait comparer la *puissance virtuelle* à ce que les Anciens, Euclide notamment, appelaient les *données* (*data*) dans leur Analyse parlée ou écrite consistant véritablement en tableaux mnémoniques dans le genre de ceux de la *Géométrie de position* de Carnot, comme j'en ai déjà fait la remarque dans un autre endroit. La Géométrie de Descartes ou toutes autres méthodes symboliques et de transformation moins universelle et moins parfaite qu'on a vues apparaître depuis un certain temps, ne sauraient donc, sauf la brièveté et la concision pour certains cas fort rares, offrir aucune puissance, aucune supériorité absolue réelle et constante sur les modes ordinaires de découvrir ou de démontrer *à posteriori* les vérités géométriques, et je ne prétends aucunement en excepter l'*Analyse des transversales*, les *Principes de perspective ou projection centrale*, etc., etc.

Après ce préambule indispensable pour les esprits exclusifs ou qui manqueraient de philosophie mathématique, je passe au contenu d'une autre Note manuscrite non moins ancienne et qui fait suite à la précédente que je terminais en me demandant si le réseau formé par la rencontre des lignes ou systèmes différents de lignes, de degrés m et n, ne jouirait pas de quelques-uns des caractères de l'*involution complète et réciproque* par rapport à toute courbe nodale, de degré m, contenant leurs mn points de rencontre ou sommets; notamment si l'on ne pourrait pas se servir des procédés du n° 261 pour déterminer séparément chacun des groupes d'intersection r, r'', r''',..., ou x, x', x'', en nombre $m > n$, de cette courbe, avec les diverses transversales issues de l'un quelconque, r ou x, de ces points, censé fixe ou le même pour chacune de ces transversales. Mais, faute de loisir encore, il m'a été impossible en 1830 de vérifier ce soupçon fondé, je l'avoue, sur une pure analogie de ce qui doit exister entre les résultats des procédés géométriques d'involution et la très-ancienne et ingénieuse méthode algébrique des coefficients ou multiplicateurs indéterminés, appliquée par exemple aux équations fonctionnelles

$$(1)\quad F^m(x, y) = 0, \qquad (2)\quad f^n(x, y) = 0,$$

qui donnent pour l'équation de toute ligne contenant les intersections mutuelles des courbes correspondantes,

$$(3)\qquad F^m(x, y) - Kf^n(x, y) = 0;$$

nouvelle équation du degré $m > n$ dans laquelle K représente un coefficient numérique arbitraire, tenant lieu ici du point qu'on se donne aussi à volonté dans nos méthodes géométriques pour y faire passer la courbe nodale ou des mn sommets du réseau; car en représentant par x' et y' les coordonnées ordinaires de ce point, on a pour calculer le facteur numérique K,

$$F^m(x', y') - Kf^n(x', y') = 0.$$

Lorsque $n = m$, la courbe nodale, représentée par l'équation (3), constitue avec celles des équations fondamentales (1) et (2) du réseau un système en involution triple, c'est-à-dire complète, réciproque et jouissant, par cela même, de toutes les propriétés métriques ou descriptives que nous avons longuement étudiées dans la Section IV, et dont la plus remarquable concerne les différents groupes de $3m$ intersections relatives aux mêmes transversales rectilignes arbitraires; transversales parmi lesquelles se distingue celle qui répond à l'infini du plan des courbes (1), (2) et (3) : les tangentes relatives aux points de rencontre de cette transversale constituant un réseau de $3m$ asymptotes déterminables, constructibles par nos méthodes ou celles de l'Analyse des coordonnées (*voyez* les n°s 178 et suiv. de ce volume et la *Théorie des Polaires réciproques* avec *réflexions* et *additions*, p. 483 à 503 du tome II de nos *Applications, etc.*).

Mais, ce qu'il y a de particulièrement remarquable ici, c'est que le triple faisceau de droites *rayonnantes* ou *projetantes* allant d'un point quelconque du plan de la figure aux $3m$ points de contact des tangentes aux points de l'infini, c'est-à-dire parallèles aux asymptotes respectives dont il s'agit, constitue lui-même une *involution complète entre les sinus des angles projetants* ou entre les trois groupes de m *segments* formés sur toute transversale rectiligne, par les faisceaux correspondants de parallèles.

Les articles que je viens de citer, faute d'une suffisante compréhension des notions infinitésimales de l'*infini relatif* (*ibid.*, t. II, p. 595), ces articles, je le redis à regret, n'ont été (*voyez* p. 413, 419, etc.) compris, goûtés que longtemps après 1828 par les géomètres algébristes ou non algébristes, si ce n'est par mon excellent ami Bobillier, lui aussi mort avant l'âge dans les angoisses d'une vie troublée par les dénis cruels de l'injustice et de bien légitimes espérances trompées. Si je ne fais pas la même exception en faveur du savant professeur de l'Université allemande de Bonn, c'est qu'en suivant les traces de Bobillier, il n'est arrivé, comme on l'a vu (III), que lentement et péniblement à la conception des idées philosophiques ou métaphysiques dont il s'agit, dans ses œuvres in-4° de 1828, 1831 et même de 1835 et 1839, où il n'était guère, plus que d'autres, autorisé à blâmer les tentatives de classification des courbes par Newton, Léonard Euler, etc., privés qu'ils étaient, j'en réitère ici l'observation expresse, des éléments de cette métaphysique de l'infini qu'on repoussait naguère encore, et qui, même aujourd'hui, est à peine comprise par les successeurs de M. Plucker : c'est ainsi notamment que, dans son ouvrage de 1839 (p. 17 et suiv.), il n'est arrivé que par une succession de transformations algébriques pénibles, à notre théorème du n° 228 (p. 217 et 218 de la Section II de ce volume), concernant le système entier des asymptotes d'une courbe plane géométrique, ainsi qu'aux diverses autres notions et propriétés relatives à l'*asymptotisme* de divers ordres ou natures d'une telle courbe : je veux dire *parabolique, elliptique, hyperbolique;* notions bien évidentes d'après les principes du *Traité des Propriétés projectives des figures,* et auxquelles on n'a ajouté depuis, j'ose le dire, que de simples développements de calculs algébriques.

Il résulte en particulier des aperçus rapides des articles XVI et suivants, p. 496 du tome II de nos *Applications, etc.*, articles continués p. 500, que « toute courbe plane du degré m, représentée par » une équation en x et y, a généralement un nombre m d'asymptotes dont les tangentes d'incli- » naison sur l'axe des abscisses sont données par une équation de même degré, obtenue en posant, » par exemple, $y = \theta x$, substituant, divisant par la plus haute puissance de x, et supposant fina- » lement $x = \infty$, équation qui, par la discussion des racines, permet de découvrir les propriétés » essentielles des points situés à l'infini sur la courbe, soit *réels*, soit *imaginaires, simples* ou » *multiples;* le dernier cas se rapportant à celui des racines égales où certains de ces points se » confondent en un seul sur l'asymptote correspondante, et non simplement à un système d'asymp- » totes parallèles selon la note première de la page 497 du volume cité, etc., etc. »

Quant au cas des courbes (m) et (n) de degrés différents, mentionné au commencement du présent article et défini par les équations (1) et (2), d'où se déduit l'équation (3) de degré m, il est évident que des considérations précédentes découlent un grand nombre de conséquences relatives aux osculations mutuelles des courbes en des points qui leur sont communs (*).

Le système des lignes représentées par les trois équations distinctes

$$(1)\quad F^m(x, y) = 0, \qquad (2)\quad f^n(x, y) = 0, \qquad (3)\quad F^m(x, y) = K f^n(x, y) = 0,$$

m'a beaucoup préoccupé anciennement, sans que je fusse arrivé à des conclusions bien certaines, à des résultats entièrement satisfaisants, que pourtant je résumerai ainsi brièvement :

1° Quand $n = m$, et que, dans les équations (1) et (2), les sommes de termes de plus haute puissance y sont, à un facteur constant près, identiques, les courbes correspondantes sont *semblables* et *semblablement placées,* et acquièrent ainsi à l'infini m points communs auxquels correspondent, dans chaque courbe, m asymptotes respectivement parallèles : ces mêmes courbes coïncident entièrement quand elles ont en outre un autre point commun quelconque à distance donnée ou finie. 2° Dans le cas de $n < m$, les lignes (1) et (2) peuvent acquérir à l'infini un contact de l'ordre $p < mn - 1$ quand les équations en θ_∞ mentionnées plus haut, et qui correspondent à $x = \infty$ dans chaque courbe, sont, dans leurs dérivées respectives de divers ordres, susceptibles de devenir identiques; ce qui fixe pour chaque ordre les équations de condition entre les données ou coefficients de (2). 3° La courbe *nodale* de (1) et (2), représentée par l'équation (3), ne peut pour $n < m$ avoir d'autres asymptotes ou points communs à l'infini que ceux qui appartiennent

(*) Ces résultats s'étendent évidemment aux surfaces géométriques en général, et l'on y arrive également, au moyen des notations, symboles et transformations algébriques connus, en rendant les équations homogènes par l'introduction d'une nouvelle coordonnée censée implicitement infinie, et dont le rapport aux coordonnées naturelles correspondantes n'a de signification, de valeur déterminée qu'autant que ces variables convergent simultanément vers un infini du même ordre. Mais en ne s'appuyant qu'implicitement sur le *principe de continuité,* on double ainsi et l'on complique singulièrement, sinon inutilement, le domaine déjà si encombré et si aride de la Géométrie analytique.

à la courbe (1); ce qui constitue des courbes (3), une catégorie très-distincte et toute particulière relativement à la ligne *nodale* appartenant au cas de $n = m$, puisque alors les asymptotes ou points de l'infini peuvent être tout autres que ceux des courbes individuelles (1) et (2). 4° Si, pour comparer directement entre elles les lignes (1) et (3) d'égal degré, on multiplie cette dernière équation par un coefficient numérique K' distinct de K, puis qu'on retranche le produit de cette même équation de (3), on obtient

$$(4) \qquad (1 - K')F^{m}(x, y) = KK'f^{n}(x, y),$$

équation d'une nouvelle courbe *nodale* de degré m, qui se confond avec (1) et (3) quand $K' = \frac{1}{2}$. Or, cela arrive aussi lorsqu'on donne à ces dernières courbes un seul point commun distinct des mn nœuds ou intersections communes de m et de n, et provient, sans nul doute, de ce que les courbes (1) et (3) de même degré sont en involution complète et réciproque. 5° Etc.

J'abrége pour ne pas dépasser sans motifs les limites imposées à ce second volume.

Inutile aussi d'ajouter que, d'après les remarques des pages 483 et suivantes du tome II de nos *Applications*, tout ce qui précède est susceptible d'être étendu plus ou moins directement au cas des surfaces d'ordre quelconque; il me suffit de faire observer que ces investigations, bien qu'imparfaites, laissent un beau champ d'étude aux partisans des nouvelles doctrines géométriques.

FIN DE LA SECTION SUPPLÉMENTAIRE DU TOME II ET DERNIER DES PROPRIÉTÉS PROJECTIVES.

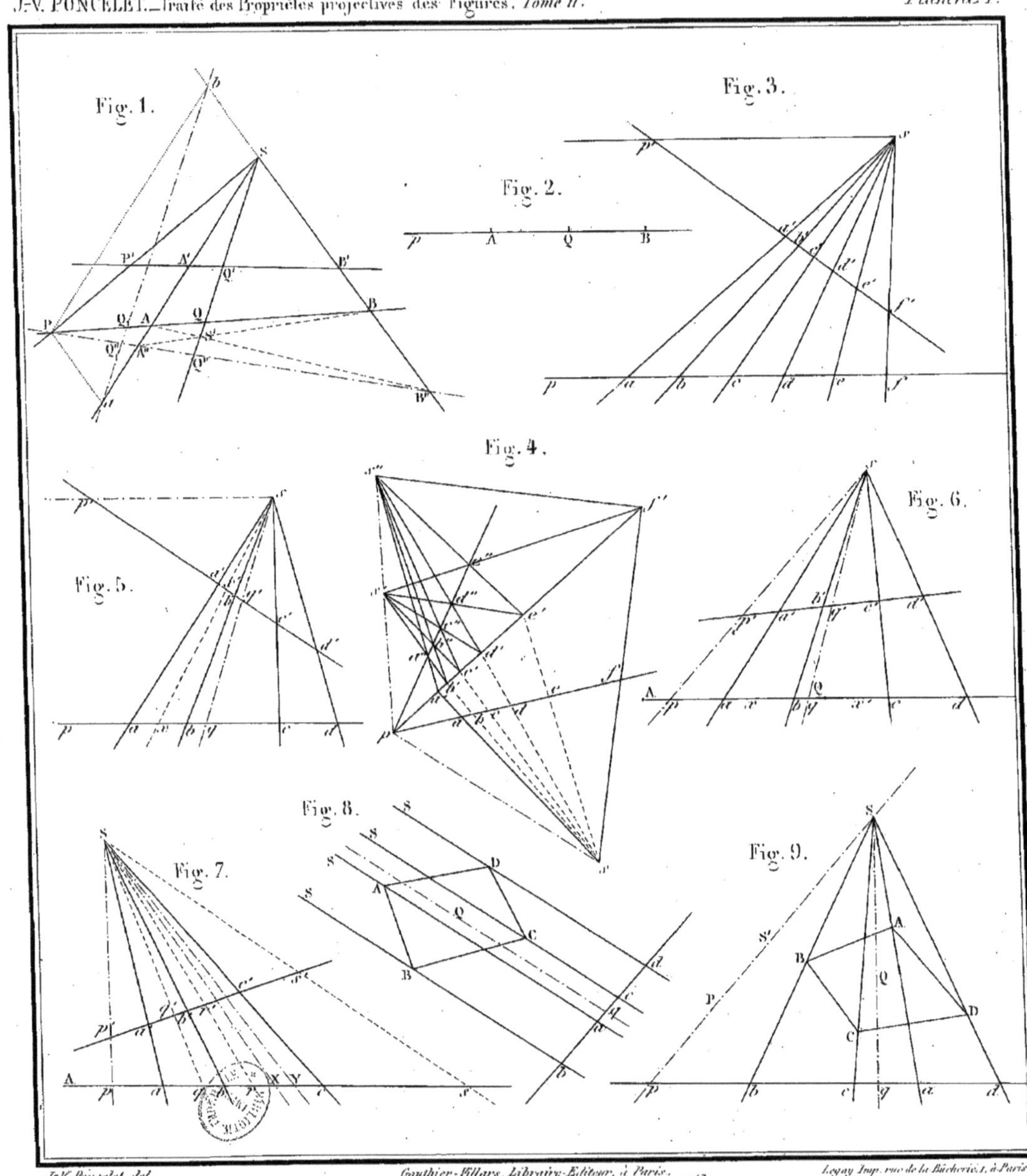

J.-V. Poncelet del. Gauthier-Villars, Libraire-Éditeur, à Paris. Legay Imp. rue de la Bûcherie, 1, à Paris.

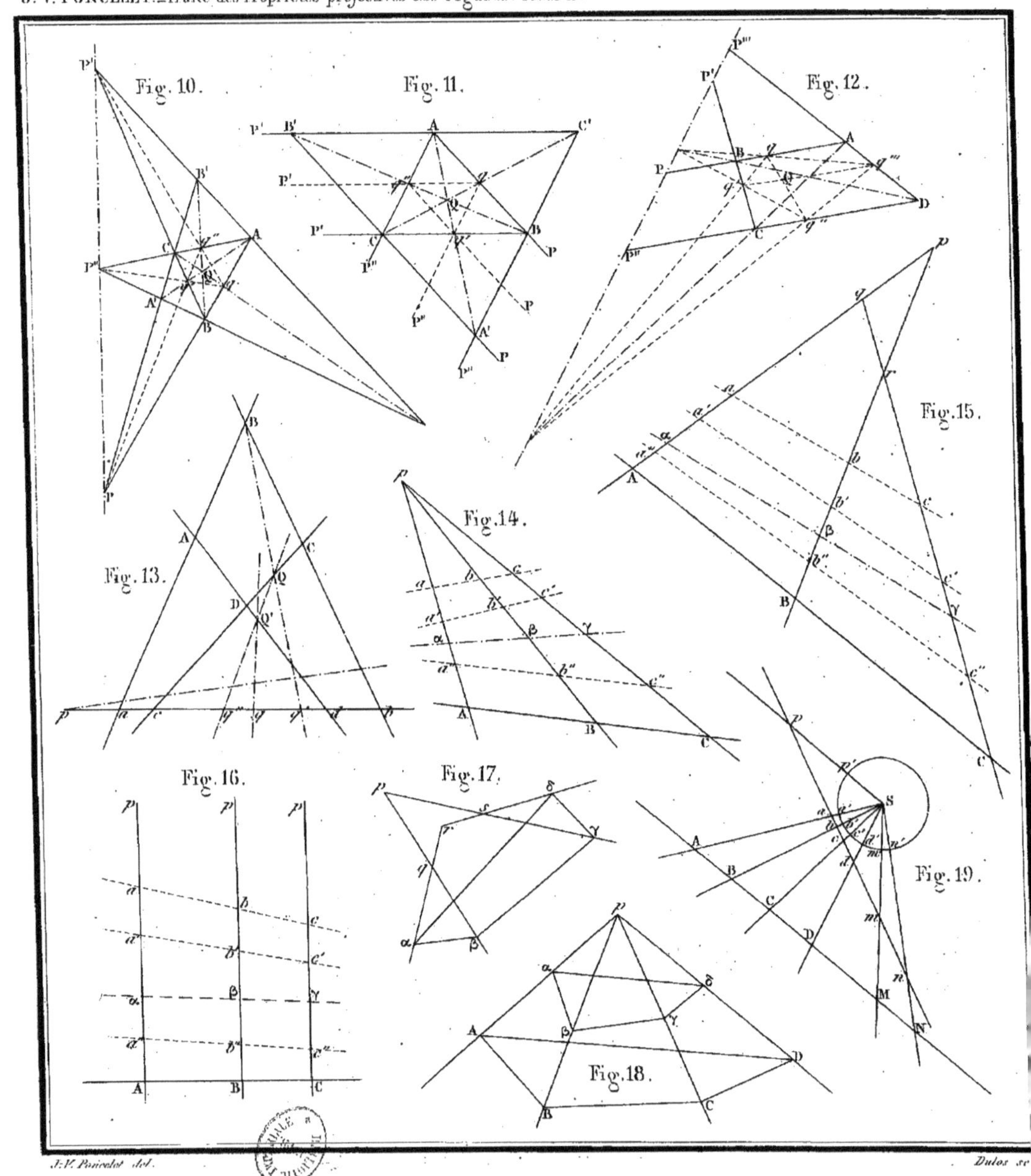

J.-V. Poncelet del. Dulos sc.

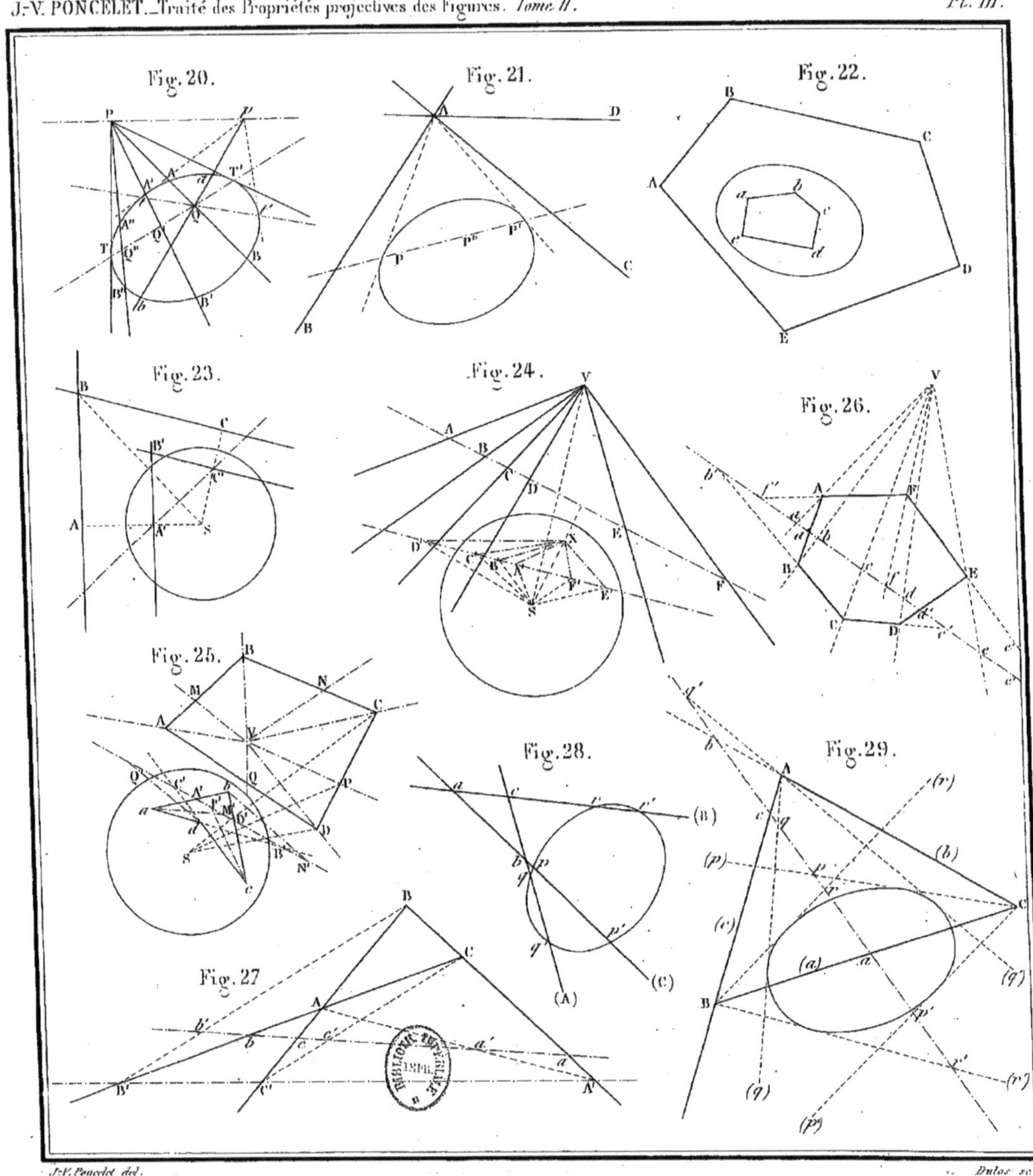
Fig. 20.
Fig. 21.
Fig. 22.
Fig. 23.
Fig. 24.
Fig. 25.
Fig. 26.
Fig. 27
Fig. 28.
Fig. 29.

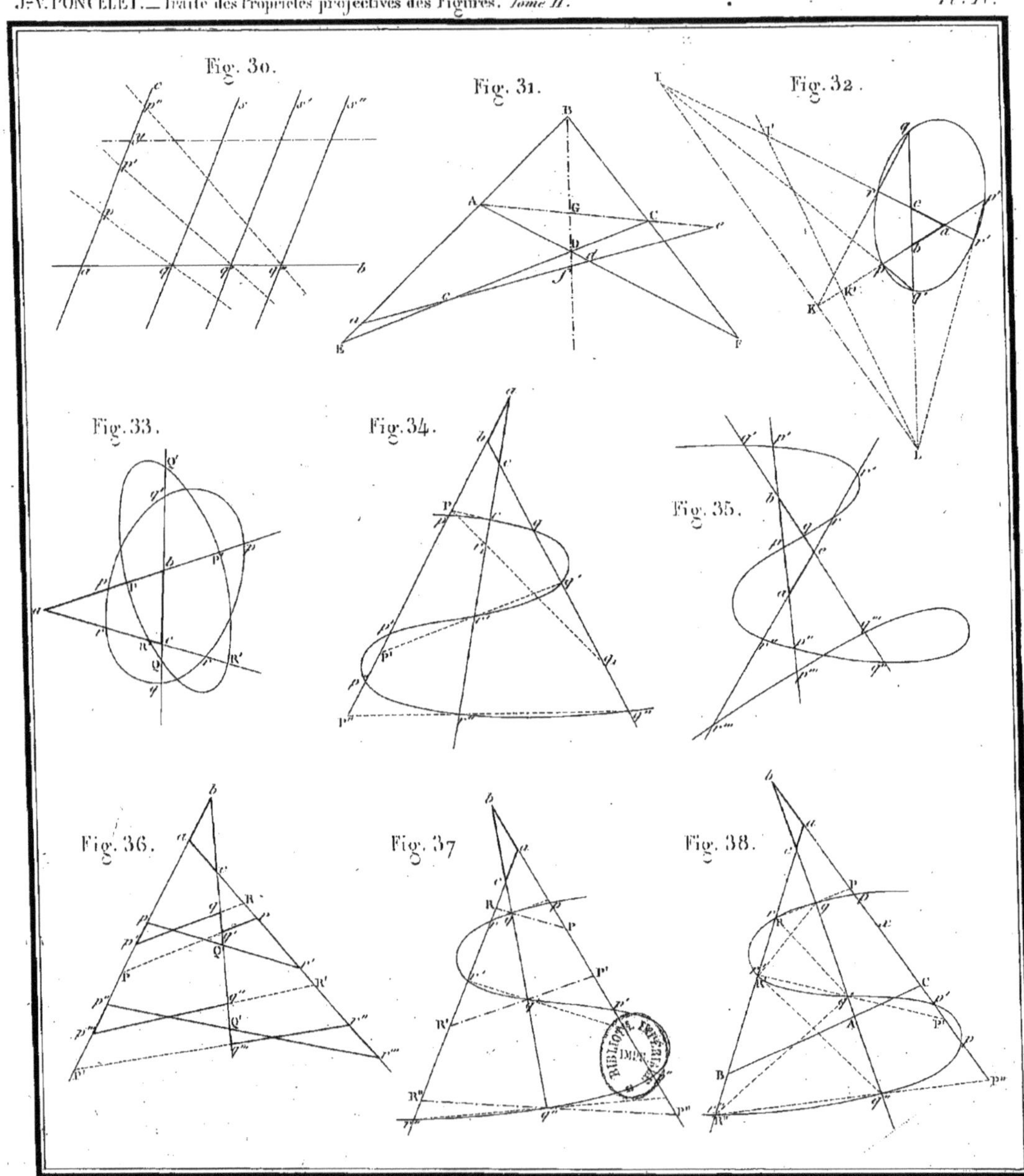

J.-V. Poncelet del. Dulos sc.

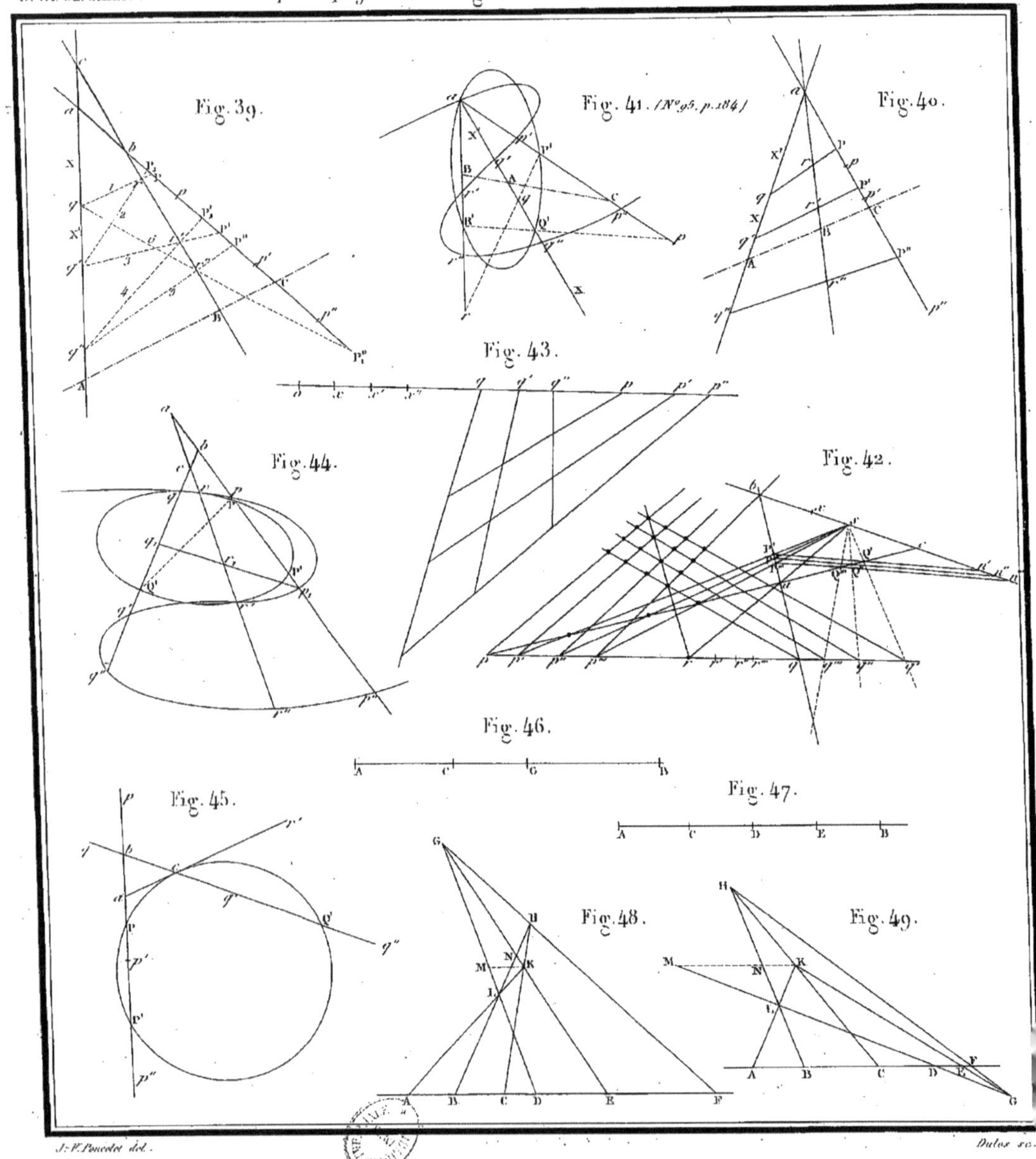
Fig. 39.
Fig. 41. (N°95. p.184)
Fig. 40.
Fig. 43.
Fig. 44.
Fig. 42.
Fig. 46.
Fig. 45.
Fig. 47.
Fig. 48.
Fig. 49.

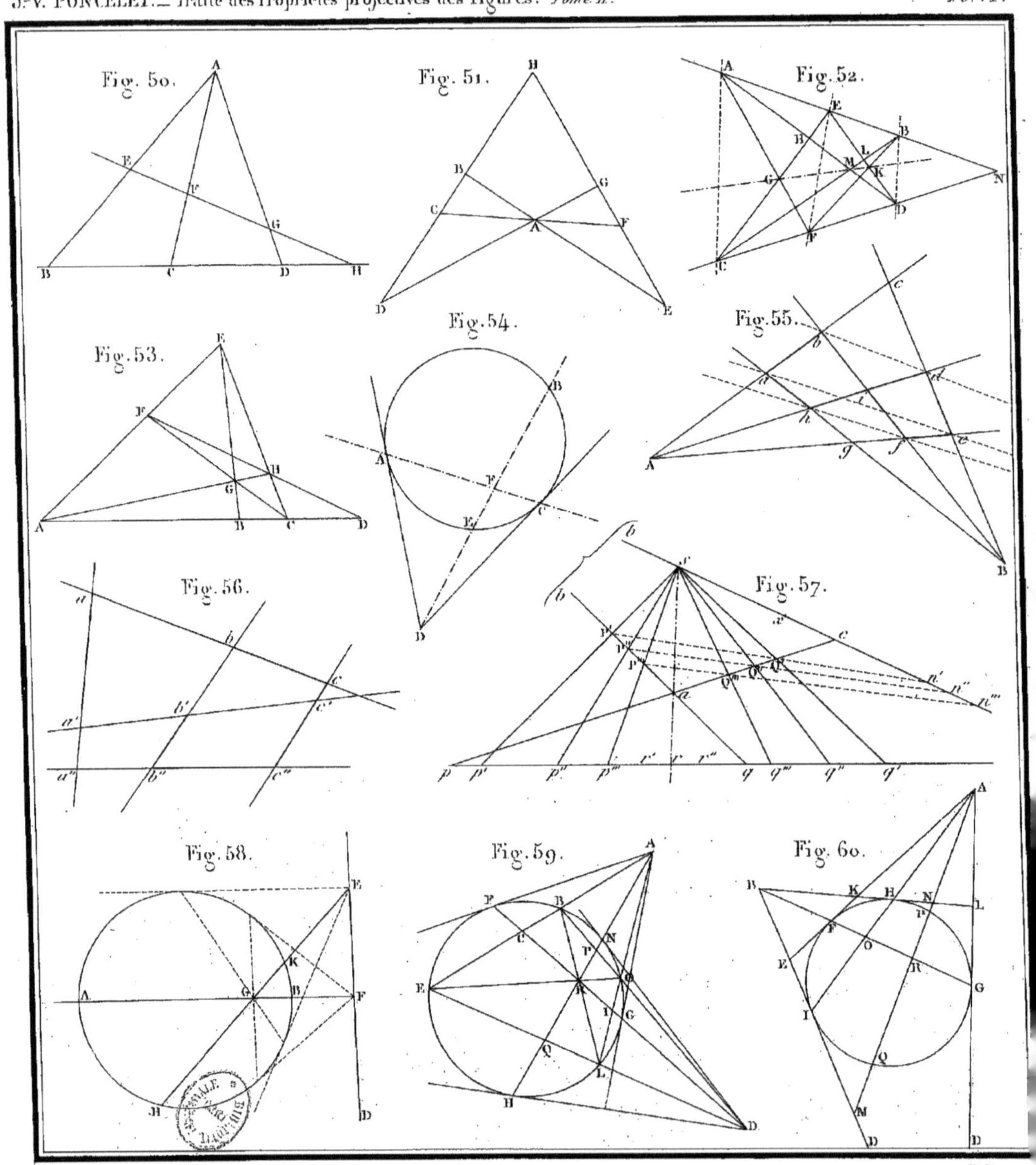

J.-V. Poncelet del. *Dulos sc.*

TABLE DES MATIÈRES

DU TOME SECOND.

SECTION PREMIÈRE.

THÉORIE GÉNÉRALE DES CENTRES DE MOYENNES HARMONIQUES.

§ Ier. — *De la division harmonique des lignes droites, des progressions, des échelles et des moyennes harmoniques.*

§ II. — *Du centre de moyenne harmonique de points quelconques rangés en ligne droite.*

§ III. — *Du centre des moyennes harmoniques d'un système de points quelconques situés ou non dans un même plan.*

§ IV. — *Application de la théorie du centre des moyennes harmoniques aux propriétés des figures rectilignes et polyédrales.*

NOTES DE LA PREMIÈRE SECTION.

NOTE I.

NOTE II.

SECTION II.

THÉORIE GÉNÉRALE DES POLAIRES RÉCIPROQUES

(comprenant le principe de *réciprocité* polaire des relations métriques *projectives*).

§ Ier. — *Des figures polaires réciproques dans un plan.*

§ II. — *Des figures polaires réciproques dans l'espace.*

§ III. — *Propriétés spéciales aux surfaces du second degré.*

§ IV. — *Des relations d'angles relatives aux figures polaires réciproques dans un plan ou dans l'espace.*

§ V. — *Des relations projectives entre les lignes trigonométriques et les distances des figures polaires réciproques dans un plan.*

§ VI. — *Des relations projectives entre les lignes trigonométriques et les distances des figures polaires réciproques dans l'espace.*

SECTION III.

ANALYSE DES TRANSVERSALES APPLIQUÉE AUX COURBES ET SURFACES GÉOMÉTRIQUES.

§ III. — *Du changement complet de forme subi, dans certains cas, par la relation métrique fondamentale. Théorèmes qui en résultent.*

§ IV. — *Détermination des lignes géométriques planes définies par leurs intersections avec certaines transversales rectilignes, etc.*

§ V. — *Des lignes géométriques en tant que définies ou construites par les faisceaux convergents de leurs tangentes. — Recherches et éclaircissements sur divers points de la théorie des polaires réciproques.*

SECTION IV.

PROPRIÉTÉS COMMUNES AUX SYSTÈMES DE LIGNES ET DE SURFACES GÉOMÉTRIQUES D'ORDRE QUELCONQUE.

§ Ier. — *De l'involution dans les systèmes de points en ligne droite, de courbes ou de surfaces à intersections communes.*

§ II. — *Extension des théories précédentes.*

§ III. — *Des axes, des plans et des centres de moyennes harmoniques ou de moyennes distances des lignes ou surfaces géométriques.*

§ IV. — *Application de l'Analyse des transversales à l'osculation mutuelle des courbes et des surfaces géométriques.*

SECTION SUPPLÉMENTAIRE.

CONSIDÉRATIONS GÉNÉRALES.

§ Ier. — *Composé de la réunion de divers articles de Géométrie pure, postérieurs à l'année 1822.*

§ II. — *Rapports académiques et articles divers de critique ou de polémique rétrospectives.*

§ III. — *Examen analytique et historique d'anciens écrits relatifs à la Géométrie moderne.*

§ IV. — *Annotations spéciales et développements relatifs à différents passages du texte.*

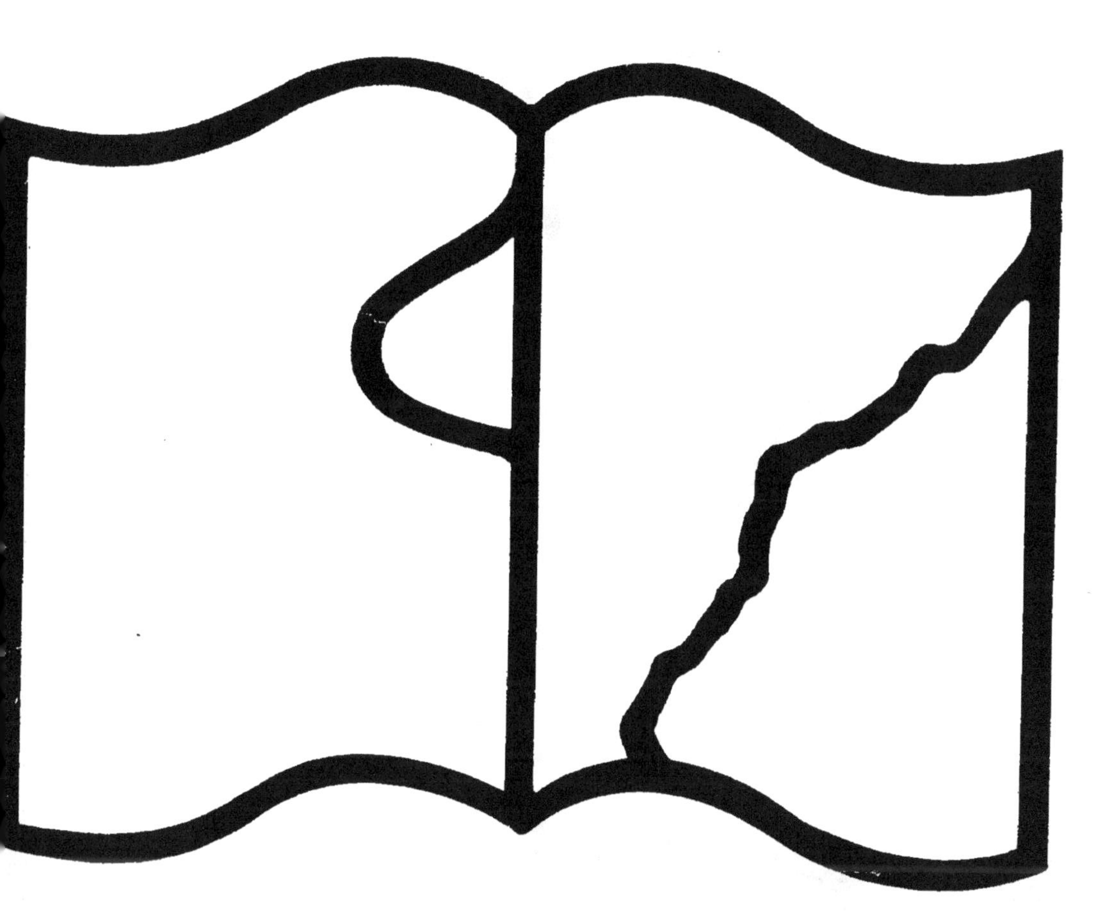

Texte détérioré — reliure défectueuse

NF Z 43-120-11

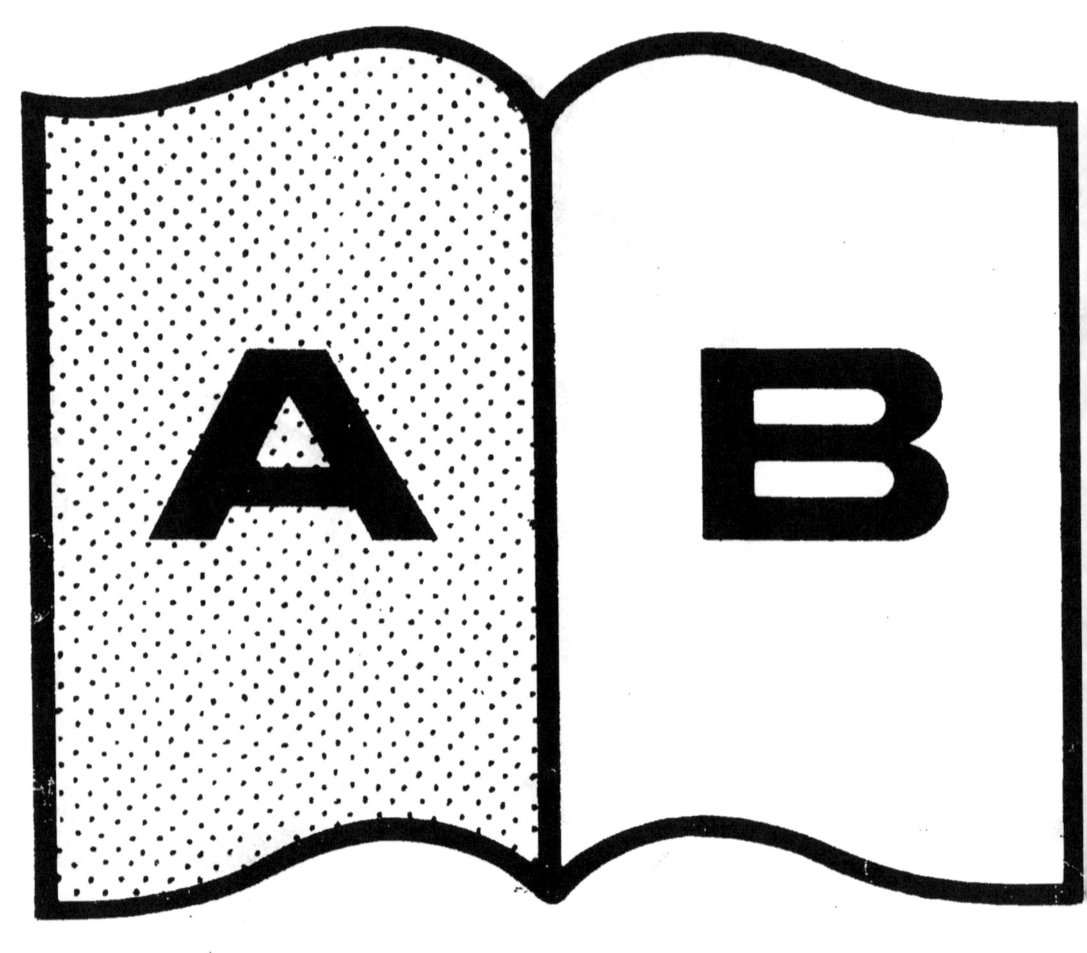
A
B